21世纪全国本科院校电气信息类创新型应用人才培养规划教材

数字电子技术

主　编　秦长海　张天鹏　翟亚芳
副主编　张修太　李红安

北京大学出版社
PEKING UNIVERSITY PRESS

内 容 简 介

本书从当前的教学实际出发，将理论知识和实践教学相结合，既强调理论基础，又注重实践应用。本书重点介绍数字电子技术的基础知识、基本理论以及数字电路的一般分析方法和设计方法。全书共分10章，内容包括逻辑代数基础、EDA技术的基础知识、逻辑门电路、组合逻辑电路、触发器、时序逻辑电路、脉冲波形的产生与整形、半导体存储器、数/模和模/数转换器及数字系统设计。

本书可作为高等院校电子信息工程、电气工程、通信工程、电子科学与技术、自动化、机电一体化及其他相关专业的本科生或专科生教材，也可作为自动化、通信、电子技术等行业的工程技术人员的参考书。

图书在版编目(CIP)数据

数字电子技术/秦长海，张天鹏，翟亚芳主编. —北京：北京大学出版社，2012.10

(21世纪全国本科院校电气信息类创新型应用人才培养规划教材)

ISBN 978-7-301-21304-9

Ⅰ. ①数…　Ⅱ. ①秦…②张…③翟…　Ⅲ. ①数字电路—电子技术—高等学校—教材　Ⅳ. ①TN79

中国版本图书馆CIP数据核字(2012)第230468号

书　　名：数字电子技术
著作责任者：秦长海　张天鹏　翟亚芳　主编
策 划 编 辑：郑　双
责 任 编 辑：程志强
标 准 书 号：ISBN 978-7-301-21304-9/TM・0051
出　版　者：北京大学出版社
地　　址：北京市海淀区成府路205号　100871
网　　址：http://www.pup.cn　http://www.pup6.cn
电　　话：邮购部62752015　发行部62750672　编辑部62750667　出版部62754962
电 子 邮 箱：pup_6@163.com
印　刷　者：北京大学印刷厂
发　行　者：北京大学出版社
经　销　者：新华书店
787mm×1092mm　16开本　26印张　606千字
2012年10月第1版　2017年6月第3次印刷
定　　价：49.00元

前　言

随着社会的进步和科学技术的发展，数字电子技术的理论和应用得到了飞速的发展，数字控制系统和数字电子设备已广泛应用到各个领域，因而电子信息工程、自动化、通信工程、机电一体化及相关专业的技术人员需要掌握数字电子技术的基础知识。“数字电子技术”课程是高校电气类各专业的重要基础课，它主要介绍数字电路的基本特征、基本原理、基本分析方法和设计方法。

本书的编写将理论和实践相结合，既强调理论基础，又突出应用性。每章开篇都列出了本章教学目的与要求和本章知识结构，书中的例题讲解有助于读者熟练掌握基本知识点，而每章最后的习题则有助于理解和巩固本章的重点内容。本书的特点是立足打好基础，重点讲解数字电子技术的基本概念、基本分析方法和设计方法；对于集成电路，忽略器件的内部结构，重点介绍集成电路的基本功能和应用；增加了 EDA 技术基础知识，利用 Multisim 10 对部分电路进行仿真，并用 VHDL 设计部分数字电路。

全书共分为 10 章。第 1 章介绍逻辑代数的基础知识，主要包括各种数制、常用的编码规则、逻辑代数的基本定理、逻辑函数的表示方法和化简方法等。第 2 章简单介绍 EDA 技术的基础知识，主要包括 Multisim 10 基础知识、VHDL 语法结构和 Quartus II 使用说明。第 3 章介绍分立门电路、集成门电路和可编程逻辑器件，然后介绍利用 VHDL 设计门电路的方法，并进行电路仿真。第 4 章首先介绍组合逻辑电路的基础知识，然后讲解组合逻辑电路的应用，最后利用 Multisim 10 对组合逻辑电路进行功能仿真和设计分析，并介绍组合逻辑电路的 VHDL 设计方法。第 5 章介绍各种触发器的功能和应用，并利用 Multisim 10 对触发器进行功能仿真，介绍触发器的 VHDL 设计方法。第 6 章介绍时序逻辑电路的分析方法和设计方法，介绍常用时序逻辑电路的功能和应用，并利用 Multisim 10 对部分时序逻辑电路进行功能仿真，介绍部分时序逻辑电路的 VHDL 设计方法。第 7 章介绍脉冲波形的产生与整形电路，重点介绍集成电路的应用。第 8 章介绍半导体存储器的特点和应用。第 9 章介绍 ADC 和 DAC 的基础知识及它们的应用，并利用 Multisim 10 对部分电路进行仿真测试。第 10 章介绍数字系统设计的基本流程，通过 3 个实例介绍数字系统的不同设计方法。

本书由秦长海、张天鹏、翟亚芳担任主编并负责全书统稿，张修太、李红安担任副主编，协助主编完成统稿工作。本书第 1～3 章由张玮玮、李琪、李红安、董昭编写，第 4～6 章和第 8 章由翟亚芳、张天鹏、李立、胡万里编写，第 7 章由秦长海编写，第 9～10 章由张修太编写。在本书的编写过程中，得到了张继军教授、姚玉钦教授、赵艳春高级实验师的大力支持与帮助，在此表示衷心的感谢。借此机会向所有关心、支持和帮助本书编写、出版、发行工作的同志们表示诚挚的谢意。

由于作者水平有限，书中难免存在不妥之处，恳请读者批评指正。

编　者

2012 年 6 月

目　　录

第 1 章
逻辑代数基础

本章教学目的与要求

(1) 了解数字信号与数字电路的含义。

(2) 熟练掌握数制的概念及不同数制的互换。

(3) 熟练掌握二进制数的算术运算。

(4) 掌握基本逻辑运算、逻辑函数的概念及逻辑问题的描述。

(5) 掌握逻辑函数的常用表示方法：表达式、真值表、逻辑图、波形图，并掌握各种表示方法的相互转换。

(6) 掌握逻辑代数的基本定律。

(7) 能够熟练使用代数法对逻辑函数进行化简和变换。

(8) 能够熟练使用卡诺图对逻辑函数进行化简和变换。

本章知识结构

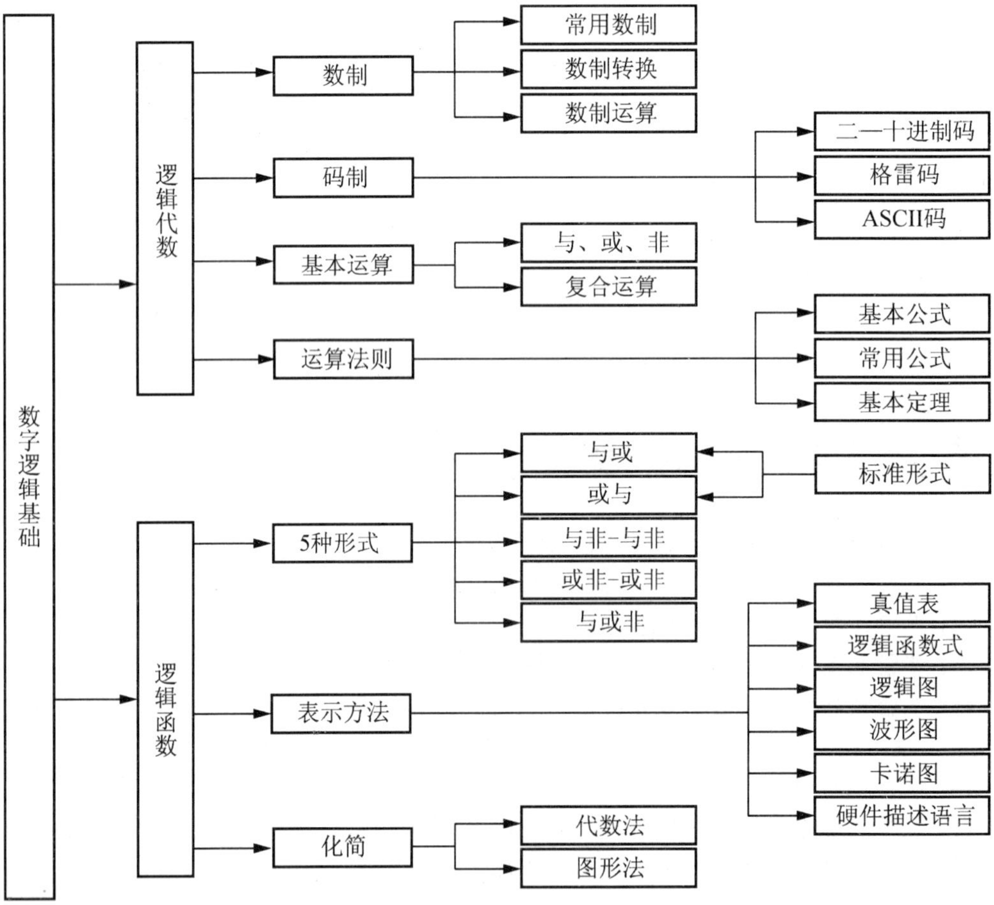

1.1 数字电路概述

1.1.1 数字信号与数字电路

随着现代电子技术的发展，人们正处于一个信息时代，每天都要通过电视、广播、通信、互联网等多种媒体获取大量的信息。而这些信息的存储、处理和传输越来越趋于数字化。在人们的日常生活中，常用的计算机、电视机、音响系统、视频记录设备等电子设备或电子系统，无一不采用数字电路与数字系统。因此，数字电子技术的应用越来越广泛。

1. 数字信号

在电子技术中，按照信号形式的不同，通常将电子电路分为模拟电路和数字电路。模拟电路的工作信号是模拟信号，模拟信号是指随时间连续变化的信号。然而数字信号是一个离散量，具体地讲数字信号的电压或电流在时间和数值上都是离散的、不连续的。这里举一个例子来说明什么是数字信号。普通指针式万用表在指示电阻值时，通过表针的摆动和表面的刻度来指示电阻值，可数字式万用表则通过数字来指示电阻值。例如，某只数字式万用表只能够显示三位数字，当它显示某电阻值为 7.55kΩ 时，比这一阻值再大一点的显示是 7.56 kΩ，但是该表无法显示 7.555kΩ，它只能以每隔 0.01kΩ 来分档显示，这说明它的阻值是不连续的，这种不能连续变化的显示信号称为数字信号。

数字信号的幅值变化只有两种：一是为 0(表示无)，二是为 1(表示有)。数字信号的幅值只能在 1 和 0(有或无)两种幅度之间变化，这就是数字信号幅值的不连续性，也是数字信号的一个重要特点。同样，数字信号在时间上也是不连续的。

2. 数字电路

所谓数字电路就是用于处理数字信号的电路。数字电路与模拟电路相比有很大的不同，数字电路主要是对数字信号进行逻辑运算和数字处理，这些运算和处理有时是相当复杂的，但主要通过软件来进行各种逻辑处理和数字运算的处理。

关于数字电路这里先介绍下列一些特点，以便对这种电路有个初步印象。

(1) 在数字电路中一般采用高、低电平表示两种状态，基本单元电路简单，对电路中各元件的参数精度要求不高，允许有较大的分散性。

(2) 抗干扰能力强、精度高。数字电路传递、加工和处理的是二进制信息，不受外界的干扰，抗干扰能力强。

(3) 易存储。数字信号便于长期储存，使大量信息资源得以保存，使用方便。

(4) 保密性好。在数字电路中可以进行加密处理，使一些信息资源不易被窃取。

(5) 通用性强。可以采用标准的逻辑部件和可编程逻辑器件构建各种各样的数字系统，设计方便，使用灵活。

1.1.2 数字电路的发展和分类

数字电子技术是当今发展最快的学科之一。与模拟电路一样，数字电路经历了由电子管、半导体分立器件到集成电路等几个阶段，但数字集成电路比模拟集成电路的发展更快。从 20 世纪 60 年代开始，数字集成器件用双极型工艺制成了小规模逻辑器件，随后发展到中、大规模集成器件；20 世纪 70 年代末，超大规模集成电路——微处理器的出现，使数字集成电路的性能产生了质的飞跃。

近些年来，可编程逻辑器件(PLD)出现，特别是现场可编程门阵列(FPGA)的飞速进步，为数字电子技术快速发展开创了新局面，它不仅规模大，而且能够将硬件与软件相结合，使器件的功能更加完善，使用也更加灵活。

从集成度来说，数字集成电路可分为小规模、中规模、大规模和超大规模共四类数字集成电路。所谓集成度有两种分类方法，其中一种是指每一块数字芯片所包含的三极管的个数，另一种是指每一块数字芯片所包含的门电路的个数。表 1-1 列出了四类数字集成电路的规模和分类依据。

相应地，数字电路的分析方法和设计过程也在不断地演变和发展进步。由于半导体技术的迅速发展，微型计算机的广泛应用，使得数字电子技术在现代科学技术领域中占有很重要的地位，在各个领域中得到了广泛的应用。

表 1-1 数字集成电路分类

集成电路分类	集成度	电路规模与范围
小规模集成电路 SSI	1～10 门/片， 或者 10～100 个元件/片	逻辑单元电路 包括：逻辑门电路、集成触发器等
中规模集成电路 MSI	10～100 门/片， 或者 100～1000 个元件/片	逻辑部件 包括：计数器、译码器、编码器、数据选择器、寄存器、运算器、比较器等
大规模集成电路 LSI	100～1000 门/片， 或者 0～100000 个元件	数字逻辑系统 包括：中央控制器、存储器、各种接口电路等
超大规模集成电路 VLSI	大于 1000 门/片， 或者大于 100000 个元件/片	高集成度的数字逻辑系统 例如：各种型号的单片机，即在一片硅片上集成一个完整的微型计算机

【思考题】 什么是数字信号和数字电路？

1.2 数制和码制

1.2.1 几种常用的数制

人们在日常生活中经常会遇到计数问题，并且习惯了用十进制数。而在数字系统中，如在计算机系统中，数字和符号都是用电子元件的不同状态表示的，即以高、低电平表示。因为计算机内部只能识别二进制数，因此数字系统通常采用二进制数，有时也采用十六进制数或八进制数。人们把这种多位数码的构成方式以及从低位到高位的进位规则称为数制。

1. 十进制

人类的祖先在长期的生产劳动实践中学会了用十个指头计数，因而产生了人们最熟悉的十进制数。十进制是日常生活中常用的计数进位制。在十进制中，每个数位规定使用的数码为 0～9 十个数码，所以计数的基础是 10。对于超过 9 的数则必须用多位数表示，其中低位数和相邻高位数之间的关系是“逢十进一”，故称为十进制。

例如：

$$396.652 = 3 \times 10^2 + 9 \times 10^1 + 6 \times 10^0 + 6 \times 10^{-1} + 5 \times 10^{-2} + 2 \times 10^{-3}$$

所以，任意一个正的十进制数的都可以展开成

$$D = \sum k_i 10^i \tag{1-1}$$

式中，k_i 是第 i 位的系数，它可能是 0～9 十个数字中的任何一个；10^i 称为第 i 位的位权；$k_i 10^i$ 是第 i 位的数值。在十进制中，若整数部分的位数为 n，小数部分的位数为 m，那么 i 包含了所有从 $n-1$ 到 0 的正整数和从 -1 到 $-m$ 的负整数。

若以 N 代替式(1-1) 中的 10，就可以得到任意进制(N 进制)数展开式的普遍形式

$$D=\sum k_i N^i \tag{1-2}$$

式中，i 的取值与式(1-1) 中的规定相同。

2. 二进制数

在数字系统中，为了便于工程实现，广泛采用二进制计数制。二进制表示的数的每一位只取数码 0 或 1，因而可以用具有两个不同状态的电子元件来表示，并且数据的存储和传送也可用简单而可靠的方式进行。二进制计数的基数为 $N=2$。低位和相邻高位之间的进位关系是“逢二进一”。

根据式(1-2) 可知，任何二进制数均可展开为

$$D=\sum k_i 2^i \tag{1-3}$$

式中，k_i 的取值只有 0 和 1 两种可能。

例如：

$$\begin{aligned}(10101.011)_2&=1\times2^4+0\times2^3+1\times2^2+0\times2^1+1\times2^0+0\times2^{-1}+1\times2^{-2}+1\times2^{-3}\\&=(21.375)_{10}\end{aligned}$$

上式中分别使用下脚注 2 和 10，表示括号里的数是二进制数和十进制数。有时也用 B(Binary)和 D(Decimal)代替 2 和 10 这两个脚注。

3. 八进制

采用二进制计数制，对计算机等数字系统来说，运算、存储和传输极为方便，然而二进制数书写起来很不方便。为此人们经常采用八进制和十六进制计数制来进行书写或打印。八进制数的每一位有 0～7 八个不同的数码，计数的基数为 8。低位和相邻高位之间的进位关系是“逢八进一”。任意一个八进制数可以按十进制数展开为

$$D=\sum k_i 8^i \tag{1-4}$$

式中，k_i 可以是 0～7 这 8 个整数当中的任何一个。

例如：

$$(674.34)_8=6\times8^2+7\times8^1+4\times8^0+3\times8^{-1}+4\times8^{-2}=(444.4375)_{10}$$

有时也用 O(Octal)代替下脚注 8，表示八进制数。$2^3=8$，因而 3 位二进制数可用一位八进制数表示。

4. 十六进制

在十六进制中，每个数位上规定使用的数码符号为 0～9、A、B、C、D、E 及 F。因此，任意一个十六进制数均可展开为

$$D=\sum k_i 16^i \tag{1-5}$$

式中，k_i 可以是 0～F 中的任何一个。

例如：

$$\begin{aligned}(9B3.3C)_{16}&=9\times16^2+B\times16^1+3\times16^0+3\times16^{-1}+C\times16^{-2}\\&=9\times16^2+11\times16^1+3\times16^0+3\times16^{-1}+12\times16^{-2}\\&=(2483.234375)_{10}\end{aligned}$$

式中，下脚注 16 表示括号里的数是十六进制数，有时也用 H(Hexadecimal)代替这个脚注。因为 $2^4=16$，所以 4 位二进制数可用 1 位十六进制数表示。

在计算机应用系统中，二进制主要用于计算机内部的数据处理，八进制和十六进制主要用于书写程序，十进制主要用于运算最终结果的输出。

1.2.2 不同数制间的相互转换

1. 二进制、八进制、十六进制数转换成十进制数

可分别用式(1-3)、式(1-4)、式(1-5) 将任意一个二进制数、八进制数和十六进制数按位权展开，转换成十进制数。

【例 1-1】 将二进制数 1110.001 转换成十进制数。

解：$(1110.001)_2 = 1\times2^3 + 1\times2^2 + 1\times2^1 + 0\times2^0 + 0\times2^{-1} + 0\times2^{-2} + 1\times2^{-3}$

$= (14.125)_{10}$

【例 1-2】 将八进制数 774.23 转换成十进制数。

解：$(774.23)_8 = 7\times8^2 + 7\times8^1 + 4\times8^0 + 2\times8^{-1} + 3\times8^{-2} = (508.296\cdots)_{10}$

【例 1-3】 将十六进制数 6DB 转换成十进制数。

解：$(6\text{DB})_{16} = 6\times16^2 + 13\times16^1 + 11\times16^0 = (1755)_{10}$

2. 十进制数转换成二进制数

将十进制数转换成二进制数时，整数部分和小数部分应分别进行转换。整数部分可采用连续除 2 取余数法，小数部分可采用连续乘 2 取整数法。下面以十进制数 43.8125 转换成二进制数为例来说明。

(1) 整数部分的转换。将十进制数整数部分除以 2，将得到一个商数和一个余数；再将商数除以 2，又得到一个商数和一个余数……继续这个过程，直到商数等于零为止。每次得到的余数(必定是 0 或 1) 就是对应二进制数的整数部分各位数字。

这里需要注意是：第一次得到的余数为二进制数的最低位，最后一次得到的余数为二进制数的最高位。

将十进制数 43 转换成二进制数的具体过程如下所示：

2	43	1	余数为1，即b_0=1
2	21	1	余数为1，即b_1=1
2	10	0	余数为0，即b_2=0
2	5	1	余数为1，即b_3=1
2	2	0	余数为0，即b_4=0
2	1	1	余数为1，即b_5=1；商为0，结束
	0		

结果为：$(43)_{10} = (b_5b_4b_3b_2b_1b_0)_2 = (101011)_2$。

(2) 十进制小数转换成二进制小数采用“乘 2 取整法”。用 2 乘十进制小数，将得到一个整数部分和一个小数部分；再用 2 乘小数部分，又得到一个整数部分和一个小数部分……继续这个过程，直到余下的小数部分为 0 或到满足精度要求为止。最后将每次得到的整数部分(必定是 0 或 1) 自上而下排列即得到所对应的二进制小数。

将十进制小数 0.8125 转换成二进制小数的过程如下：

0.8125	
× 2	
1.6250	整数部分为1，即$a_{-1}=1$
0.6250	余下的小数部分
× 2	
1.2500	整数部分为1，即$a_{-2}=1$
0.2500	余下的小数部分
× 2	
0.5000	整数部分为0，即$a_{-3}=0$
0.5000	余下的小数部分
× 2	
1.0000	整数部分为1，即$a_{-4}=1$
0.0000	余下的小数部分为0，结束

结果为：$(0.8125)_{10}=(0.a_{-1}a_{-2}a_{-3}a_{-4})_2=(0.1101)_2$。

综合(1) 、(2) 的结果得到：$(43.8125)_{10}=(101011.1101)_2$。

3. 十进制转换成八进制

例如，将十进制数 862.140625 转换成八进制数的过程如下。

(1) 十进制整数转换成八进制整数采用“除 8 取余法”。方法与十进制整数转换成二进制整数相同。

8	862	6	余数为6，即$b_0=6$
8	107	3	余数为3，即$b_1=3$
8	13	5	余数为5，即$b_2=5$
8	1	1	余数为1，即$b_3=1$；商为0，结束
	0		

最后结果为：$(862)_{10}=(b_3b_2b_1b_0)_8=(1536)_8$。

(2) 十进制小数转换成八进制小数采用“乘 8 取整法”。方法与十进制小数转换成二进制小数相同。

将十进制小数 0.140625 转换成八进制小数的过程如下：

$$
\begin{array}{rl}
0.140625 & \\
\times\quad 8 & \\
\hline
1.125000 & \text{整数部分为1，即}a_{-1}=1 \\
0.125000 & \text{余下的小数部分} \\
\times\quad 8 & \\
\hline
1.000000 & \text{整数部分为1，即}a_{-2}=1 \\
0.000000 & \text{余下的小数部分为0，结束}
\end{array}
$$

最后结果为：$(0.140625)_{10}=(0.a_{-1}a_{-2})_8=(0.11)_8$。

综合(1)、(2)的结果得到$(862.140625)_D=(1536.11)_O$。

4. 十进制转换成十六进制

例如，十进制数 106.25 转换成十六进制数的过程如下。

先转换整数部分：

$$
\begin{array}{r|l l l}
16 & 106 & 10 & \text{余数为10，即}b_0=\text{A} \\
\hline
16 & 6 & 6 & \text{余数为6，即}b_1=6\text{；商为0，结束} \\
\hline
 & 0 & &
\end{array}
$$

因此$(106)_D=(6\text{A})_H$。

再转换小数部分：

$$
\begin{array}{rl}
0.25 & \\
\times\quad 16 & \\
\hline
4.00 & \text{整数部分为4，即}a_{-1}=4 \\
0.00 & \text{余下的小数部分为0，结束}
\end{array}
$$

最后结果为：$(106.25)_D=(6\text{A}.4)_H$。

5. 二进制与八进制或者十六进制之间的转换

使用二进制表示一个数所使用的位数要比十进制表示时所使用的位数长得多，书写极不方便，不好读也不容易记忆。在计算机系统中，为了口读与书写方便，有时也经常采用八进制或十六进制表示，因为八进制或十六进制与二进制之间有着直接而方便的换算关系。

二进制与八进制、十六进制之间的转换都很方便。由于 8 和 16 都是 2 的整数次幂，即 $8=2^3$、$16=2^4$。因此，3 位二进制数相当于一位八进制数，4 位二进制数相当于一位十六进制数。

(1) 八进制数转换成二进制数的规律是：每位八进制数用相应的 3 位二进制数代替。

例如，八进制数$(732.35)_8$转换成二进制数为：

$$
\begin{array}{cccccc}
7 & 3 & 2 & . & 3 & 5 \\
\downarrow & \downarrow & \downarrow & \downarrow & \downarrow & \downarrow \\
111 & 011 & 010 & . & 011 & 101
\end{array}
$$

即 $(732.35)_8 = (111011010.011101)_2$。

(2) 二进制数转换成八进制数的规律是：从小数点开始，向前以每 3 位一组构成一位八进制数；向后以每 3 位一组构成一位八进制数，当左端的最后一组不够 3 位时，有时可在前面添 0 补足 3 位。当右端的最后一组不够 3 位时，应在后面添 0 补足 3 位。

例如，二进制数 $(1100101111.11)_2$ 转换成八进制数为：

```
001  100  101  111  .  110
 ↓    ↓    ↓    ↓       ↓
 1    4    5    7   .   6
```

即 $(1100101111.11)_2 = (1457.6)_8$。

(3) 十六进制数转换成二进制数的规律是：每位十六进制数用相应的 4 位二进制数代替。

例如，十六进制数 $(ABD.C)_{16}$ 转换成二进制数为：

```
  A     B     D   .   C
  ↓     ↓     ↓   ↓   ↓
1010  1011  1101  .  1100
```

即 $(ABD.C)_{16} = (101010111101.11)_2$。

(4) 二进制数转换成十六进制数的规律是：从小数点开始，向前以每 4 位一组构成一位十六进制数；向后以每 4 位一组构成一位十六进制数，当左端的最后一组不够 4 位时，可在前面添 0 补足 4 位。当右端的最后一组不够 4 位时，应在后面添 0 补足 4 位。

例如，二进制数 $(1101011100.01)_2$ 转换成十六进制数为：

```
0011  0101  1100 . 0100
  ↓     ↓     ↓  ↓   ↓
  3     5     C  .   4
```

即 $(1101001101.01)_2 = (35C.4)_{16}$。

1.2.3 二进制算术运算

在数字电路中，一位二进制数码的 0 和 1 不仅可以表示数量的大小，而且可以表示两种不同的数字逻辑状态。当两个二进制数码表示数量的大小时，它们之间可以进行数值运算，这种运算称为算术运算。本节将介绍无符号二进制数和有符号二进制数的算术运算。

1. 无符号二进制数的算术运算

无符号二进制数的计算可以采用原码进行，也可以用补码进行。无符号二进制数的加、减、乘、除 4 种运算的运算规则与十进制数类似，两者唯一的区别在于进位或借位规则不同。

二进制加法运算法则：

$0+0=0$　　$0+1=1$　　$1+0=1$　　$1+1=10$（逢二进一）

二进制减法运算法则：

$0-0=0$　　　　$10-1=1$　　　　$1-0=1$　　　　$1-1=0$

二进制乘法运算法则：

$0\times0=0$　　　　$0\times1=0$　　　　$1\times0=0$　　　　$1\times1=1$

二进制除法运算法则：

$0\div0=0$　　　　$0\div1=0$　　　　$1\div0$ (无意义)　　$1\div1=1$

二进制的加减运算可借助于十进制数的加减运算竖式，即在进行两数相加时，首先写出被加数和加数，然后按照由低位到高位的顺序，根据二进制加法运算法则把两个数逐位相加即可。

【例 1-4】　试进行二进制加减乘除运算。

(1) 求$1001+1110=?$

解：

$$\begin{array}{r} 1001 \\ +\ 1110 \\ \hline 10111 \end{array}$$

所以$1001+1110=10111$，

(2) 求$11011-11000=?$

解：

$$\begin{array}{r} 11011 \\ -\ 11000 \\ \hline 00011 \end{array}$$

$11011-11000=11$。

(3) 求$10011\times1101=?$

解：

$$\begin{array}{r} 10011 \\ \times\ 1101 \\ \hline 10011 \\ 00000 \\ 10011 \\ 10011 \\ \hline 11110111 \end{array}$$

所以$10011\times1101=11110111$，

(4) 求$1010\div111=?$

解：

```
          1. 0 1 1
     ┌──────────────
111 ) 1 0 1 0
        1 1 1
     ─────────
        1 1 0 0
        1 1 1
     ─────────
          1 0 1 0
            1 1 1
          ─────────
            1 1   …余数
```

$1010\div111=1.011$余 0.011。

二进制的移位运算与十进制的移位运算比较如下。

在十进制中每左移 1 位相当于乘以 10，左移 n 位相当于乘以10^n。

例如：$8000=8\times10^3$ (左移 3 位)。

二进制中每左移 1 位相当于乘以 2，左移 n 位相当于乘以 2^n。

例如：$(10)_2\times2=(100)_2$ (左移 1 位)。

所以二进制乘法运算可以转换为左移位和加法运算，除法运算可以转换为右移位和减法运算。

2. 带符号二进制数的算术运算

在数字电路中，为简化电路中的元件个数常将减法运算变成加法运算。这里引入了原码、反码和补码的概念。

数字的原码、反码和补码表示形式如下。

设一个无符号数的基数为 R，位数为 n 的原码 N，其反码和补码分别为

$$(N)_{反} = R^n - N - 1 \qquad (N)_{补} = R^n - N \tag{1-6}$$

以常用的十进制数为例，2 和 46 的补码分别为 $10-2=8$ 和 $10^2-46=54$。

【例 1-5】　试利用补码分别计算出 $8-6$ 和 $53-28$。

解：根据式(1-6)有

$$8 - 6 = 8 + (6)_{补} - 10 = 8 + 4 - 10 = 2$$

$$53 - 28 = 53 + (28)_{补} - 10^2 = 53 + 72 - 100 = 25$$

带符号二进制数最高位用 0 和 1 表示该数的符号为+和－。下面对原码、反码、补码均以 8 位二进制数为例进行说明。

当二进制数为正数时，其原码、反码和补码 3 种形式完全相同。

例如：

$$X_1 = +48 = 00110000 \qquad [X_1]_{原} = 00110000$$

$$[X_1]_{反} = 00110000 \qquad [X_1]_{补} = 00110000$$

当二进制为负数时，反码取最高位为 1，各数值位为原码逐位求反。负数的补码为该负数的反码加 1。

例如：

$$X_2 = -48 = -00110000 \qquad [X_2]_{原} = 10110000$$

$$[X_2]_{反} = 11001111 \qquad [X_2]_{补} = [X_2]_{反} + 1 = 11010000$$

在原码中，0 的原码有两种表示方式：$[+0]_{原} = 00000000$，$[-0]_{原} = 10000000$。由于 0 占用两个编码——00000000 和 10000000，因此 8 位的二进制数表示范围为 -127～-0，$+0$～127 共 256 个数。

在反码表示中，0 的反码有两种表达方式：$[+0]_{反} = 00000000$，$[-0]_{反} = 11111111$。因此，8 位带符号数反码的表示范围也同样是 -127～-0、$+0$～127 共 256 个数。

总之，在原码和反码中，n 位二进制数的表示范围是 $-2^{n-1}+1$～-0、$+0$～$2^{n-1}-1$。

在补码表示时，0 的补码只有一种表达方式，而用 10000000 来表示 -128，所以 8 位带符号数补码的表示范围是 -128～127 共 256 个数。

在数字系统中带符号数一律用补码进行存储和计算，可通过下面的【例1-6】了解其中的原因。

【例 1-6】　计算 $1-1=?$

利用二进制数的原码来进行计算，可将该式作一下变换，$1-1=1+(-1)=?$

$$[1]_{原} = 00000001 \qquad [-1]_{原} = 10000001$$

$$\begin{array}{r} 0\ 0\ 0\ 0\ 0\ 0\ 0\ 1 \\ +\ 1\ 0\ 0\ 0\ 0\ 0\ 0\ 1 \\ \hline 1\ 0\ 0\ 0\ 0\ 0\ 1\ 0 \end{array}$$

结果显然不对！在此例中，带符号位的原码进行减运算的时候出现了问题，问题出现在(+0)和(−0)上，在人们的计算概念中零是没有正负之分的。而原码和反码中0都有两种表示方法，所以在计算机系统中，对带符号数值一律用补码表示(存储)。

所以，将【例1-6】采用补码计算，结果如下：

$$[1]_{补}=00000001 \qquad [-1]_{补}=11111111$$

$$\begin{array}{r} 0\ 0\ 0\ 0\ 0\ 0\ 0\ 1 \\ +\ 1\ 1\ 1\ 1\ 1\ 1\ 1\ 1 \\ \hline 0\ 0\ 0\ 0\ 0\ 0\ 0\ 0 \end{array}$$

注：两个用补码表示的数相加时，如果最高位(符号位)有进位，则进位被舍弃。结果00000000即为数0的补码形式，即：1−1=0，结果正确！

【例1-7】 试用4位二进制补码计算6−2。

解：

$$(6-2)_{补}=(6)_{补}+(-2)_{补}$$
$$=0110+1110$$
$$=0100$$

$$\begin{array}{r} 0\ 1\ 1\ 0 \\ +\ 1\ 1\ 1\ 0 \\ \hline [1]\ 0\ 1\ 0\ 0 \end{array}$$

所以，6−2=4。

注：进行二进制补码加法运算时，被加数的补码和加数的补码的位数要相等。

【例1-8】 试用4位二进制补码计算7+4。

解：$(7+4)_{补}=(7)_{补}+(4)_{补}=0100+0100=1011$

计算结果1011表示−5，显然正确的结果应为11！因为在4位二进制补码中，只有3位是数值位，即它所表示的范围为−8～+7。而本例的正确结果需要4位数值位(11D = 1011B)表示，因而产生溢出。解决溢出的办法是进行位扩展。

两个符号相反的数相加不会产生溢出，但两个符号相同的数相加可能产生溢出。下面通过具体例子说明溢出的判别方法。

【例1-9】 试用4位二进制补码分别计算 2+3、(−5)+(−3)、7+6、(−6)+(−3) 。

解：

$$\begin{array}{rr} +2 & 0\ 0\ 1\ 0 \\ +)\ +3 & +\ 0\ 0\ 1\ 1 \\ \hline +5 & [0]\ 0\ 1\ 0\ 1 \end{array}$$

(a)

$$\begin{array}{rr} -5 & 1\ 0\ 1\ 1 \\ +)\ -3 & +\ 1\ 1\ 0\ 1 \\ \hline -8 & [1]\ 1\ 0\ 0\ 0 \end{array}$$

(b)

$$\begin{array}{rr} +7 & 0\,1\,1\,1 \\ +)\ +6 & +\ 0\,1\,1\,0 \\ \hline +13 & [0]\ 1\,1\,0\,1 \end{array}$$

(c)

$$\begin{array}{rr} -6 & 1\,0\,1\,0 \\ +)\ -3 & +\ 1\,1\,0\,1 \\ \hline -9 & [1]\ 0\,1\,1\,1 \end{array}$$

(d)

4 位二进制补码表示的范围为−8 ～+7。所以(a)、(b)无溢出；(c)、(d)的运算结果应分别为+13 和−9，均超过了允许范围，产生溢出。

在实际情况中，比较 4 种情况可以看出，当进位位与和数的符号位相反时，则意味着运算结果是错误的，产生溢出。

1.2.4 几种常用的编码

在用不同的数码表示不同的事物或事物的不同状态时，这些数码已经不再具有数量大小的含义了，习惯上把这些数码称为代码。若给每个数码规定它的含义，即称为编码。例如，在体育竞赛中，通常给每个运动员编一个号码。这些号码只表示不同的人，并没有数量大小的含义。这些特定的数码称为代码。若需二进制编码的信息数量为 N，则用作代码的一组二进制数的位数 n 应满足 $2^n \geqslant N$。以一定的规则编制二进制代码，用以表示十进制数值、字母、符号等的过程称为编码。

1. 二—十进制编码

在数字电路中常使用二—十进制码，也称为 BCD(Binary Coded Decimal)码。所谓二—十进制码，就是用 4 位二进制数的代码来表示 1 位十进制数。4 位二进制数一共有 16 种不同的组合可作为代码，而十进制数的 10 个数字符号只需要用其中的 10 种组合来表示，因而从 16 种组合中选用哪 10 种组合的编码有很多种方式。表 1-2 列出了几种常用的二—十进制编码，它们的编码规则各不相同。

表 1-2 常见的二—十进制编码

十进制数码	8421BCD 码	2421 码	5421 码	余 3 码	余 3 循环码
0	0000	0000	0000	0011	0010
1	0001	0001	0001	0100	0110
2	0010	0010	0010	0101	0111
3	0011	0011	0011	0110	0101
4	0100	0100	0100	0111	0100
5	0101	1011	1000	1000	1100
6	0110	1100	1001	1001	1101
7	0111	1101	1010	1010	1111
8	1000	1110	1011	1011	1110
9	1001	1111	1100	1100	1010

8421BCD 码是最常用的一种 BCD 码，它是由 4 位二进制数 0000(0)～1111(15) 这 16

种组合的前 10 种组成的，即 0000(0)～1001(9)，其余 6 种组合是无效编码，其编码中每位的值都是固定数，即每位都有位权，因此它属于有权码。

在一般情况下，有权码的十进制数与二进制数之间可用公式(1-7)来表示。式中，W_3～W_0 为二进制码中各位的权，b_3～b_0 表示二进制码中各位上的数值。

$$(N)_D = W_3b_3 + W_2b_2 + W_1b_1 + W_0b_0 \tag{1-7}$$

2421 码是一种有权码，对应 b_3、b_2、b_1、b_0 的权分别是 2、4、2、1。这种代码的特点是，将任意一个十制数 D 的代码各位取反，所得代码正好表示 D 对 9 的补码。例如，3 的代码 0011 各位取反为 1100，它是 6 的代码，而 3 对 9 的补码为 6，这种特性称为自补性。具有自补特性的代码称为自补码。

5421 码也是一种有权码，由高到低各位的权依次为 5、4、2、1。

余 3 码是自补码，与 2421 码具有类似的自补性。余 3 码是无权码，它的每一位没有一定的权值，不能用公式(1-7)表示其编码关系，但其编码可以由 8421 码加 3(0011)得出。

余 3 循环码是一种无权码，它的特点是具有相邻性，任意两个相邻代码之间仅有 1 位取值不同，例如，4 和 5 两个代码 0100 和 1100 仅 b_3 不同。余 3 循环码可以看成是将格雷码首尾各 3 种状态去掉得到的。下面来介绍格雷码。

2. 格雷码

格雷码也是一种常见的无权码，其编码见表1-3。它具有相邻性，即两个相邻代码之间仅有 1 位取值不同，因而常用于将模拟量转换成用连续二进制数序列表示数字量的系统中，当模拟量发生微小变化从而引起数字量从 1 位变化到相邻时，如从 3 到 4，格雷码变化是从 0010 到 0110，只有 b_2 位从 0 到 1，其余 3 位保持不变。如果对于二进制码，其变化是从 0011 到 0100，有 3 位发生变化，如果 b_2 位从 0 到 1 变化所需的时间比 b_1 和 b_0 从 1 变化到 0 的时间长，则在转换过程中会产生瞬间错误数码 0000。而格雷码可以避免错误数码的出现。

表 1-3 格雷码

二进制代码	格雷码
0000	0000
0001	0001
0010	0011
0011	0010
0100	0110
0101	0111
0110	0101
0111	0100
1000	1100
1001	1101
1010	1111
1011	1110

续表

二进制代码	格雷码
1100	1010
1101	1011
1110	1001
1111	1000

3. 美国信息交换标准代码(ASCII 码)

美国信息交换标准代码(American Standard Code for Information Interchange，ASCII)是由美国国家标准化协会制定的一种信息交换标准代码，已被国际标准化组织选定为国际通用代码，广泛地用于通信和计算机中。

计算机不仅用于处理数字，而且用于处理字母、符号等信息。人们通过键盘上的字母、符号、数值向计算机发送数据和指令，每一个键符可用一个二进制码来表示，ASCII 码即是目前国际上最通用的一种字符码。它是用 7 位二进制码来表示 128 个十进制数、英文大小写字母、控制符、运算符以及特殊符号的，见表 1-4。

表 1-4　ASCII 码表

码值	字符	码值	字符	码值	字符	码值	字符	码值	字符	码值	字符	码值	字符	码值	字符
0	NUL	16	DEL	32	SP	48	0	64	@	80	P	96	′	112	p
1	SOH	17	DC1	33	!	49	1	65	A	81	Q	97	a	113	q
2	STX	18	DC2	34	"	50	2	66	B	82	R	98	b	114	r
3	ETX	19	DC3	35	#	51	3	67	C	83	S	99	c	115	s
4	EOT	20	DC4	36	$	52	4	68	D	84	T	100	d	116	t
5	ENQ	21	NAK	37	%	53	5	69	E	85	U	101	e	117	u
6	ACK	22	SYN	38	&	54	6	70	F	86	V	102	f	118	v
7	BEL	23	ETB	39	`	55	7	71	G	87	W	103	g	119	w
8	BS	24	CAN	40	(	56	8	72	H	88	X	104	h	120	x
9	HT	25	EM	41	)	57	9	73	I	89	Y	105	i	121	y
10	LF	26	SUB	42	*	58	:	74	J	90	Z	106	j	122	z
11	VT	27	ESC	43	+	59	;	75	K	91	[	107	k	123	{
12	FF	28	FS	44	,	60	<	76	L	92	\	108	l	124	|
13	CR	29	GS	45	-	61	=	77	M	93	]	109	m	125	}
14	SO	30	RS	46	.	62	>	78	N	94	^	110	n	126	～
15	SI	31	US	47	/	63	?	79	O	95	-	111	o	127	DEL

【思考题】

(1) 一个班级有 48 名学生，如果用二进制数、十进制数、八进制数和十六进制数对其分别进行编号，则各需要几位数码？

(2) 8421BCD 码和格雷码各有什么特点？

1.3　逻辑代数的基本运算

当一位二进制代码的“0”和“1”两个数表示不同的事物或事物的不同状态的数字逻辑状态时，它们之间还可以进行逻辑推理，以及采用逻辑代数方法进行逻辑运算。逻辑代数是英国数学家乔治·布尔(George Boole)于 1847 年在他的著作中首先进行系统论述的，所以逻辑代数又称为布尔代数。由于它所研究的是两位变量的运算规律，所以又称为两值代数。在普通代数学中，其变量取值可为从 $-\infty$ 到 $+\infty$ 的任何数值，而逻辑代数中变量的取值只能是“0”和“1”，而且逻辑代数中的“0”和“1”与十进制数中的“0”和“1”有着完全不同的含义，这里的“0”和“1”代表了对立或矛盾着的两个方面，如开关的接通和断开，一个事件的是与非、真与假，电平或电位的高和低等。至于在某个具体问题上“0”和“1”究竟具有什么样的含义，则要视具体研究的对象而定了。

1.3.1　3 种基本逻辑运算

在逻辑代数中也是使用字母表示逻辑变量的，但是它有许多不同于普通代数的运算规则。在逻辑代数中有与(AND)、或(OR)、非(NOT)3 种基本逻辑运算。下面用 3 个指示灯的控制电路来分别说明 3 种基本逻辑运算的含义。设开关 A、B 为逻辑变量，开关闭合为逻辑 1，打开为逻辑 0；灯 L 为逻辑函数，灯亮为逻辑 1，灯灭为逻辑 0。逻辑变量所有可能取值的组合与其一一对应的逻辑函数值之间的关系，也可以用表格的形式表示出来，这种表示称为逻辑函数的真值表表示法。

1. 与运算

在现实生活中存在这样一种因果关系：只有当决定一件事件的条件全部具备之后，这件事件才会发生。这种因果关系称为与逻辑。

图 1.1(a)是一个典型的与逻辑电路。图中要发生的事件是灯亮，开关 A、B 的闭合是事件发生的条件。显然，只有开关 A、B 同时闭合，灯 L 才会亮。所以这个电路符合与逻辑关系。

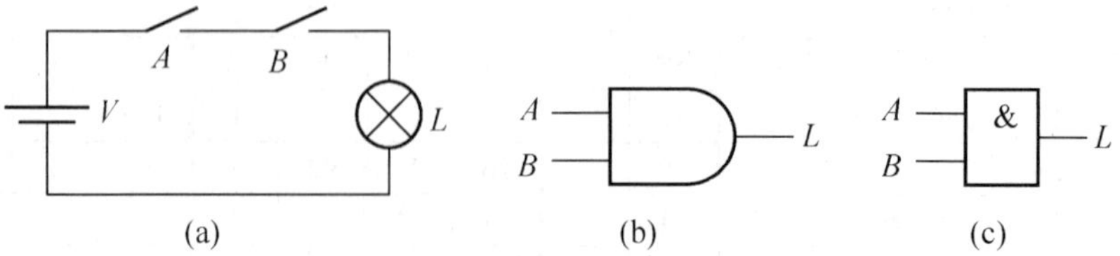

图 1.1　与逻辑电路图和逻辑符号

(a) 与逻辑电路；(b) 特定外形符号；(c) 矩形轮廓符号

设开关闭合或灯亮用 1 表示，开关打开或灯灭用 0 表示，则与运算的真值表见表 1-5。

表 1-5　与运算的真值表

A	B	L
0	0	0
0	1	0
1	0	0
1	1	1

与运算的逻辑表达式为 $L = A \cdot B$，式中的“ · ”为与运算的逻辑符号，有时也可以省略。与运算也称为逻辑乘，它运算的规则为：$0 \cdot 0 = 0$，$0 \cdot 1 = 0$，$1 \cdot 0 = 0$，$1 \cdot 1 = 1$。可描述为“输入全部为 1 时，输出才为 1；否则始终为 0”。

在数字电路中，实现逻辑与运算的单元电路称为与门，与门的逻辑符号如图 1.1 所示。其中，图 1.1(b)为国外教材和 EDA 软件中普通使用的特定外形符号；图 1.1(c)为矩形轮廓的符号。本书中均采用特定外形符号。

与运算可以推广到多个逻辑变量：$L = A \cdot B \cdot C \cdots$。

2. 或运算

或逻辑表示这样一种因果关系：当决定一件事件发生的几个条件中有一个或者一个以上的条件具备，则这件事件就会发生。

图 1.2(a)是一个典型的或逻辑电路。图中要发生的事件是灯亮，开关 A、B 的闭合是事件发生的条件。显然，只要开关 A、B 有一个闭合，或者两个都闭合，灯 L 就会亮。所以这个电路符合“或”逻辑关系。

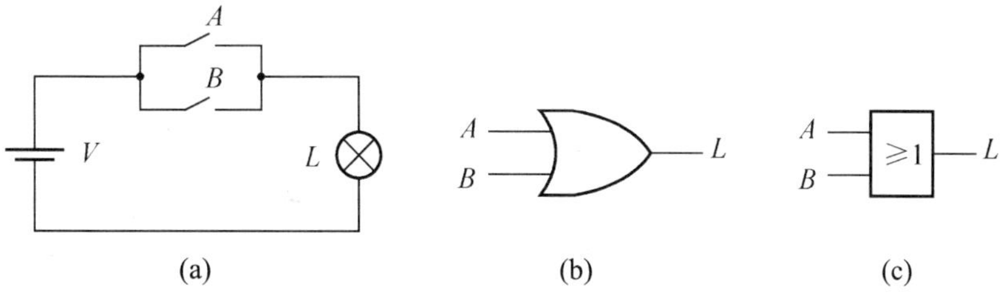

图 1.2　或逻辑电路图和逻辑符号

(a) 或逻辑电路；(b) 特定外形符号；(c) 矩形轮廓符号

设开关闭合或灯亮用 1 表示，开关打开或灯灭用 0 表示，则或运算的真值表见表 1-6。

表 1-6　或运算的真值表

A	B	L
0	0	0
0	1	1
1	0	1
1	1	1

或运算的逻辑表达式为 $L=A+B$，式中“+”为或逻辑符号。或运算又称为逻辑加，或运算的规则为：$0+0=0$，$0+1=1$，$1+0=1$，$1+1=1$。可描述为“输入全部为 0 时，输出为 0；否则始终为 1”。

在数字电路中，实现或运算的单元电路称为或门，或门的逻辑符号如图 1.2 所示。其中，图 1.2(b)为特定外形符号；图 1.2(c)为矩形轮廓的符号。“或”运算可以推广到多个逻辑变量：$L=A+B+C\cdots$。

3. 非逻辑

非逻辑是指这样一种逻辑关系：当这个条件具备时，事件不发生；这个条件不具备时，事件发生。

如图 1.3(a)所示，图中要发生的事件是灯亮，开关 A 的断开与闭合是事件发生的条件。显然，开关 A 闭合，灯不亮；反之，则灯亮。

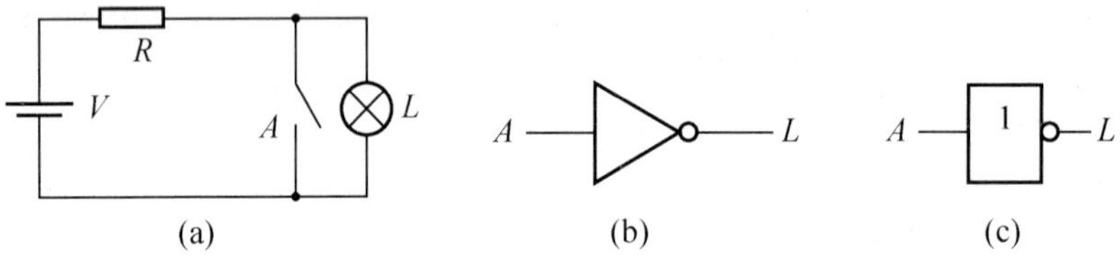

图 1.3　非逻辑电路图和逻辑符号

(a) 非逻辑电路；(b) 特定外形符号；(c) 矩形轮廓符号

设开关闭合或灯亮用 1 表示，开关打开或灯灭用 0 表示。非运算的真值表见表 1-7。

表 1-7　非运算的真值表

A	L
0	1
1	0

非运算的逻辑表达式为 $L=A'$，式中“$'$”为非逻辑符号。非逻辑运算的规则为：$0'=1$，$1'=0$。

在数字电路中，实现逻辑非运算的单元电路称为非门，非门的逻辑符号如图 1.3 所示。其中，图 1.3(b)为特定外形符号；图 1.3(c)为矩形轮廓的符号。

1.3.2　复合逻辑运算

在数字系统中，除了与运算、或运算、非运算之外，经常使用的逻辑运算还有一些是通过这 3 种运算派生出来的运算，这种运算通常称为复合运算，常见的复合运算有：与非运算、或非运算、同或运算及异或运算等。

1. 与非逻辑

在现实生活中存在这样一种因果关系：只有当决定一件事件的条件全部具备之后，这件事件才不会发生。这种因果关系称为与非逻辑。

与非逻辑是由与、非逻辑复合而成的。其逻辑表达式为：$L=(A\cdot B)'$。可描述为“输入全部为 1 时，输出为 0；否则始终为 1。”图 1.4 为与非运算(与非门)的逻辑符号，表 1-8 为与非运算的真值表。

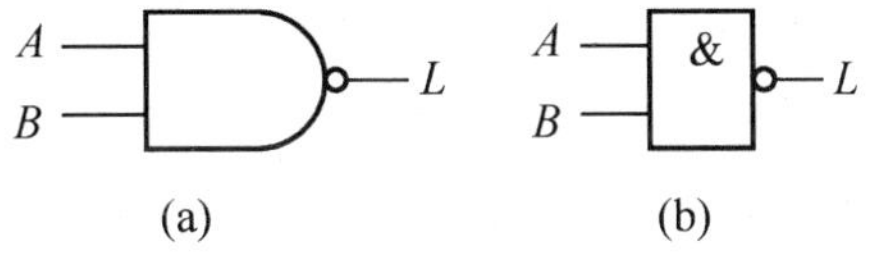

图 1.4　与非逻辑符号

(a) 特定外形符号；(b) 矩形轮廓符号

表 1-8　与非运算的真值表

A	B	L
0	0	1
0	1	1
1	0	1
1	1	0

2. 或非逻辑

或非逻辑表示这样一种因果关系：当决定一件事发生的几个条件中，有一个或者一个以上的条件具备，则这件事件就不会发生。

图 1.5 为或非运算(或非门)的逻辑符号，该逻辑运算的输出取 A 端和 B 端逻辑或结果的反状态，或非的逻辑表达式为：$L=(A+B)'$。表 1-9 为或非运算的真值表。

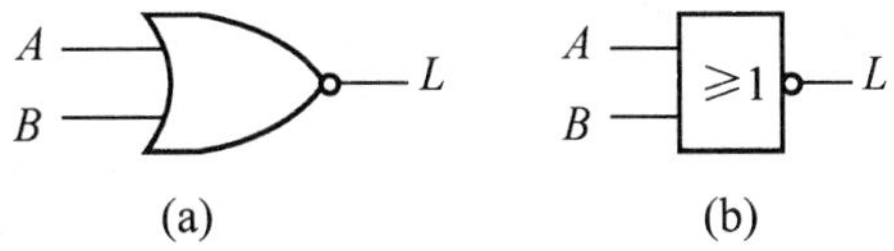

图 1.5　或非逻辑符号

(a) 特定外形符号；(b) 矩形轮廓符号

表 1-9　或非运算的真值表

A	B	L
0	0	1
0	1	0
1	0	0
1	1	0

3. 异或逻辑

图 1.6 为异或运算(异或门)的逻辑符号。异或逻辑表示当两个输入其中有一个为 1，另一个为 0，即两输入不相同时，输出为 1；若两输入同时为 1，或同时为 0，即两输入相同时，输出为 0。异或运算的逻辑表达式为：$L = A \oplus B = A \cdot B' + A' \cdot B$。表 1-10 为异或运算的真值表。

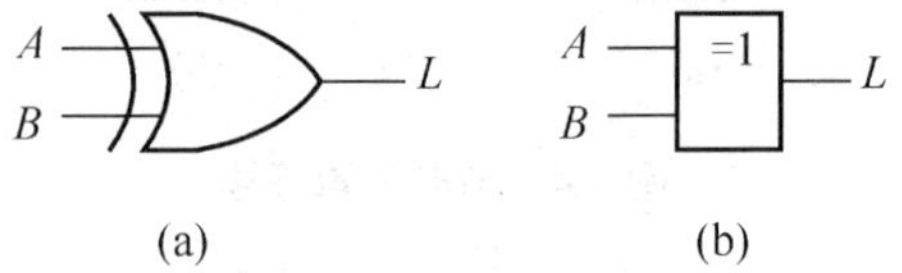

图 1.6　异或逻辑符号

(a) 特定外形符号；(b) 矩形轮廓符号

表 1-10　异或运算的真值表

A	B	L
0	0	0
0	1	1
1	0	1
1	1	0

4. 同或逻辑

图 1.7 为同或的逻辑符号，从图上可以看出，同或实际上是异或的非逻辑，同或运算两个输入端同为 0 或者同为 1 时，输出为 1，否则输出为 0。同或运算的逻辑表达式为：$L = A \odot B = A \cdot B + A' \cdot B'$。表 1-11 为同或运算的真值表。

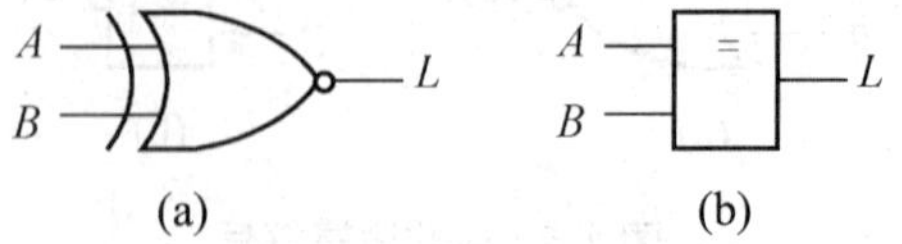

图 1.7　同或逻辑符号

(a) 特定外形符号；(b) 矩形轮廓符号

表 1-11　同或运算的真值表

A	B	L
0	0	1
0	1	0
1	0	0
1	1	1

由表 1-10 和表 1-11 可见，异或和同或互为反运算，即

$$A\oplus B=(A\odot B)';\quad A\odot B=(A\oplus B)'$$

【思考题】 逻辑代数运算的 3 种基本运算和复合逻辑运算是什么？

1.4 逻辑代数的基本公式与定理

1.4.1 逻辑代数的基本公式

根据 1.3.1 节所讲述的逻辑代数中与、或、非 3 种基本运算规则，可推导出逻辑运算的一些基本公式，见表 1-12。表中的所有公式都可通过逻辑函数相等的概念予以证明。所谓两个逻辑函数相等，即对逻辑函数中逻辑变量的所有取值的组合，两个逻辑函数值均相同。

表 1-12 逻辑代数的基本公式

1	0-1 律	$0+A=A$ $1+A=1$	$1\cdot A=A$ $0\cdot A=0$
2	重叠律	$A+A=A$	$A\cdot A=A$
3	互补律	$A+A'=1$	$A\cdot A'=0$
4	交换律	$A+B=B+A$	$A\cdot B=B\cdot A$
5	结合律	$(A+B)+C=A+(B+C)$	$(A\cdot B)\cdot C=A\cdot(B\cdot C)$
6	分配律	$A\cdot(B+C)=A\cdot B+AC$	$A+B\cdot C=(A+B)\cdot(A+C)$
7	反演律	$(A\cdot B)'=A'+B'$	$(A+B)'=A'\cdot B'$
8	还原律	$(A')'=A$	

表 1-12 中公式的正确性可以用真值表证明。如果等式成立，那么将任意一组变量的取值代入公式两边所得的结果应该相等。则等式两边所对应的真值表也必然相等。

【例 1-10】 用真值表证明反演律(摩根定理)的正确性。

解：已知表 1-12 中的式 7 为

$$(A\cdot B)'=A'+B' \text{ 和 } (A+B)'=A'\cdot B'$$

将 A、B、C 所有可能的取值逐一代入上式的两边，算出相应结果，即得到表 1-13 所示的真值表。由表 1-13 可见，等式左右两边所对应的真值表相同，故等式成立。

表 1-13 式 7 的真值表

A	B	A'	B'	$(A+B)'$	$A'\cdot B'$	$(A\cdot B)'$	$A'+B'$
0	0	1	1	1	1	1	1
0	1	1	0	0	0	1	1
1	0	0	1	0	0	1	1
1	1	0	0	0	0	0	0

1.4.2 逻辑代数的常用公式

表 1-14 列出了一些逻辑代数的常用公式，这些常用公式是利用基本公式导出的，直接运用这些导出公式就可以化简逻辑函数。

表 1-14 逻辑代数的常用公式

1	吸收律	$A+A\cdot B=A$
		$A\cdot(A+B)=A$
		$A\cdot B+A\cdot B'=A$
2	消去律	$A+A'\cdot B=A+B$
		$A\cdot(A\cdot B)'=A\cdot B'$
		$A'\cdot(A\cdot B)'=A'$
3	多余项定律	$A\cdot B+A'\cdot C+B\cdot C=A\cdot B+A'\cdot C$
		$A\cdot B+A'\cdot C+B\cdot C\cdot D=A\cdot B+A'\cdot C$

【例 1-11】 证明 $A+A\cdot B=A$ 成立。

证明：$A+A\cdot B=A\cdot(1+B)=A\cdot 1=A$

上式表明，当两个乘积项相加时，若其中一项以另一项为因子，则该乘积项是多余的，可以删去。

【例 1-12】 证明 $A\cdot(A+B)=A$ 成立。

证明：$A\cdot(A+B)=A+AB=A$

上式表明，变量 A 和包含 A 的和相乘时，可以将和消掉，其结果等于 A。

【例 1-13】 证明 $A\cdot B+A\cdot B'=A$ 成立。

证明：$A\cdot B+A\cdot B'=A\cdot(B+B')=A$

上式表明，当两个乘积项相加时，若它们分别包含有 B 和 B' 因子而其他因子相同，则两项可以合并，且可将 B 和 B' 因子吸收。

【例 1-14】 证明 $A+A'\cdot B=A+B$ 成立。

证明：$A+A'\cdot B=(A+A')\cdot(A+B)=1\cdot(A+B)=A+B$

上式表明，当两个乘积项相加时，如果一项取反后是另一项的因子，则此因子是多余的，可以消去。

【例 1-15】 证明 $A\cdot(A\cdot B)'=A\cdot B'$ 和 $A'\cdot(A\cdot B)'=A'$ 成立。

证明：$A\cdot(A\cdot B)'=A\cdot(A'+B')=A\cdot A'+A\cdot B'=A\cdot B'$

上式表明，当 A 与一乘积项的非相乘，且 A 为乘积项的因子时，则 A 这个因子可以消去。

$$A'\cdot(A\cdot B)'=A'\cdot(A'+B')=A'\cdot A'+A'\cdot B'=A'+A'B'=A'$$

上式表明，当 A' 和一个乘积项的非相乘，且 A 为乘积项的因子时，其结果为 A'。

【例 1-16】 证明 $A\cdot B+A'\cdot C+B\cdot C=A\cdot B+A'\cdot C$ 成立。

证明： $A\cdot B+A'\cdot C+B\cdot C$

$$= A \cdot B + A' \cdot C + B \cdot C \cdot (A + A')$$
$$= A \cdot B + A' \cdot C + A \cdot B \cdot C + A' \cdot B \cdot C$$
$$= A \cdot B + A' \cdot C$$

上式表明，若两个乘积项中分别包含 A 和 A' 两个因子，而这两个乘积项的其他因子组成第 3 个乘项时，第 3 个乘积项是多余的，可以去掉，我们把它称为多余项定律。

由上式不难得到：

$$A \cdot B + A' \cdot C + BCD = A \cdot B + A' \cdot C$$
$$A \cdot B + A' \cdot C + B \cdot C \cdot D \cdots = A \cdot B + A' \cdot C$$

从上述的证明可以看到，这些常用公式都是从基本公式导出的。当然，还可以推导得出更多的常用公式。

1.4.3　逻辑代数的基本定理

1. 代入定理

对于任何一个逻辑等式，如果以某个逻辑变量或逻辑函数同时替代等式两端任何一个逻辑变量，等式仍然成立。这就是代入定理的基本内容。

利用代入定理就可以方便地扩展公式。例如，在反演律 $(A \cdot B)' = A' + B'$ 中，用 AC 代替等式中的 A，则等式左边为 $(AC \cdot B)' = A' + C' + B'$，等式右边为 $(AC)' + B' = A' + C' + B'$，显然等式成立。

【例 1-17】　在等式 $B(A + C) = BA + BC$ 中，将等式中所有出现 A 的地方都用函数 $E + F$ 替代，试证明等式成立。

解：原式左边 $= B((E + F) + C) = B(E + F) + BC = BE + BF + BC$

　　原式右边 $= B(E + F) + BC = BE + BF + BC$

　　所以等式 $B((E + F) + C) = B(E + F) + BC$

2. 反演定理

反演定理又称为摩根定理，将其推广可以获得反演规则：对于任何一个逻辑函数 F，如果将其中的“•”换成“＋”，“＋”换成“•”；“0”换成“1”，“1”换成“0”；原变量换成反变量，反变量换成原变量，且运算顺序保持不变，则得到的新的逻辑函数 F' 是原函数 F 的反函数。

利用反演定理时，还需要注意遵守以下两个规则。

(1) 应遵守“先括号，后乘、最后加”的运算优先次序。

(2) 不在单个变量上的反号应保留不变。

【例 1-18】　已知 $F = A'\ B' + CD + 0$，求 F'。

解：按照反演定理，得

$$F' = (A'B' + CD + 0)'$$
$$= (A'B' + CD + 0)'$$
$$= (A'B')' \cdot (CD)' \cdot (0)'$$
$$= (A + B) \cdot (C' + D') \cdot 1$$

$$=(A+B)\cdot(C'+D')$$

【例 1-19】 已知$F=A+(BC'+(D+E')')'$，求F'。

解：按照反演定理，得

$$\begin{aligned}F'&=A'\cdot((B'+C)\cdot(D'\cdot E)')'\\&=A'\cdot((B'+C)'+D'\cdot E)\\&=A'\cdot(BC'+D'E)\\&=A'BC'+A'D'E\end{aligned}$$

3. 对偶定理

若两逻辑式相等，则它们的对偶式也相等，这就是对偶定理。

对偶式可以这样来定义：对于任何一个逻辑式 F，若将其中的“·”换成“+”，“+”换成“·”，“0”换成“1”，“1”换成“0”，则得到一个新的逻辑式 F^D，这个 F^D 就称为 F 的对偶式，或者说 F 和 F^D 互为对偶式。

例如，若 $F=A(B+C)$，则 $F^D=A+BC$；若 $F=(AB+CD)'$，则 $F^D=((A+B)\cdot(C+D))'$；若 $F=AB+(C+D)'$，则 $F^D=(A+B)(CD)'$。

为了证明两个逻辑式相等，也可以通过证明它们的对偶式相等来完成，因为有些情况下证明它们的对偶式相等更加容易。

【例 1-20】 试证明公式 $A+BC=(A+B)(A+C)$。

证明：首先写出等式两边的对偶式，得到左边的对偶式为 $A(B+C)$，右边的对偶式为 $AB+AC$，根据乘法分配律可知，这两个对偶式是相等的，也即

$$A(B+C)=AB+AC$$

由对偶定理即可确定原来的两式也一定相等，即

$$A+BC=(A+B)(A+C)$$

【思考题】

(1) 在逻辑代数的基本公式中，哪些运算规则与普通代数的运算规则是相同的，哪些是不同的？

(2) 代入定理、反演定理和对偶定理各有什么用途？

1.5 逻辑函数及其表示方法

1.5.1 逻辑函数

从上一小节所介绍的逻辑运算中可以知道，逻辑变量分为两种：输入逻辑变量和输出逻辑变量。设输入逻辑变量为 A、B、C、…，输出逻辑变量为 F，当 A、B、C、…的取值确定后，F 的值就被唯一地确定下来，则称 F 是 A、B、C、…的逻辑函数，用以表示输入逻辑变量和输出逻辑变量之间的关系是一种逻辑上的因果关系。记为：

$$F=f(A,B,C,\cdots)$$

由于逻辑变量的取值只能是 0 或 1，没有其他中间值，故逻辑函数也只能取 0 或 1，因此我们也称逻辑函数为二值逻辑函数。

一般来说，一个比较复杂的逻辑电路往往是受多种因素控制的，就是说有多个逻辑变量，输出变量与输入变量之间的逻辑函数的描述方法有真值表、逻辑函数表达式、逻辑图、波形图、卡诺图和硬件描述语言等。下面举一个简单实例介绍前面 4 种逻辑函数的表示，卡诺图表示方法将在 1.6.3 节中介绍，而硬件描述语言将在本书的第 2 章做详细讲述。

图 1.8 所示为一个双控电路，实际生活中以楼梯照明为例，单刀双掷开关 A 装在楼下，B 装在楼上。这样在楼下开灯后，可在楼上关灯；同样，也可在楼上开灯，而在楼下关灯。因为只有当两个开关都向上扳或向下扳时，灯才亮；而一个向上扳、另一个向下扳时，灯就不亮。

1.5.2　逻辑函数常用的表示方法

1. 逻辑真值表

将输入变量所有的取值下对应的输出值找出来，列成表格，即可得到真值表。

仍以图 1.8 所示的楼梯照明双控电路为例，设 L 表示灯的状态，即 $L=1$ 表示灯亮，$L=0$ 表示灯不亮。用 A 和 B 表示开关 A 和开关 B 的位置，用 1 表示开关向上扳，用 0 表示开关向下扳。则 L 与 A、B 逻辑关系的真值表见表 1-15。

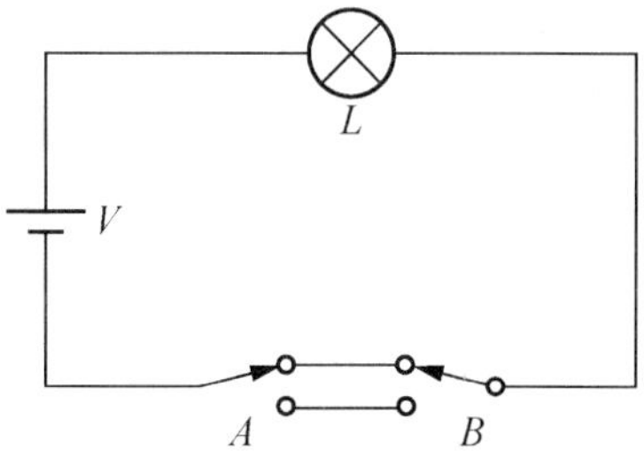

图 1.8　照明双控开关示意图

表 1-15　图 1.8 的逻辑真值表

A	B	L
0	0	1
0	1	0
1	0	0
1	1	1

2. 逻辑函数式

将输出与输入之间的逻辑关系写成与、或、非等运算的组合式，即逻辑代数式，就得到了所需的逻辑函数式。

由真值表可知，在 A、B 状态的 4 种不同组合中，只有 $A=B=0$ 和 $A=B=1$ 两种组合才能使灯亮($L=1$)。对于真值表中的逻辑变量 A、B 和输出 L，凡取 1 值的用原变量表示，取 0 值的用反变量表示。逻辑变量 A、B 之间是与的关系，而两种状态 $A=B=0$ 和 $A=B=1$ 组合之间则是或的关系。故可写出图 1.8 所示电路的逻辑函数表达式：

$$L = AB + A'B' = A \odot B \tag{1-8}$$

3. 逻辑图

将逻辑函数式中各变量之间的与、或、非等逻辑关系用图形符号表示出来，就可以画出表示函数关系的逻辑图(Logic Diagram)。

将式(1-8)中所有的与、或、非运算符号用相应的逻辑符号代替，并按照逻辑运算的先后次序(先非、再与、后或)将这些逻辑符号连接起来，就得到图 1.8 所示电路所对应的逻辑图，如图 1.9(a)所示。式(1-8)表示的是同或逻辑关系，为简便起见，也可以用同或逻辑符号表示，得到图 1.9(b)所示逻辑图。

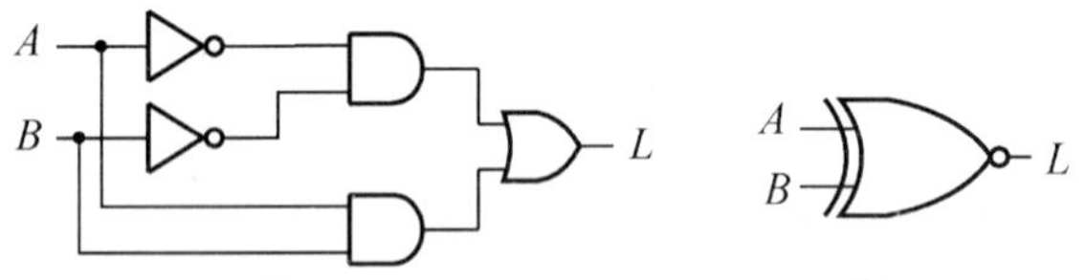

(a)　　(b)

图 1.9　图 1.8 所示电路的逻辑图

(a) 与、或、非逻辑符号构成的逻辑图；(b) 同或逻辑符号构成的逻辑图

4. 波形图

如果将逻辑函数输入变量每一种可能出现的取值与对应的输出值按时间顺序依次排列起来，就得到表示该逻辑函数的波形图。这种波形图(Waveform)也称为时序图(Timing Diagram)。在使用一些计算机仿真工具和逻辑分析仪时，经常以这种波形图的形式给出分析结果。此外，也可以通过实验观察这些波形图，以检验实际逻辑电路的功能是否正确。

用波形图来描述式(1-8) 的逻辑函数则只需将表 1-15 给出的输入变量与对应的输出变量取值依时间顺序排列起来，就可以得到所要的波形图了，如图 1.10 所示。

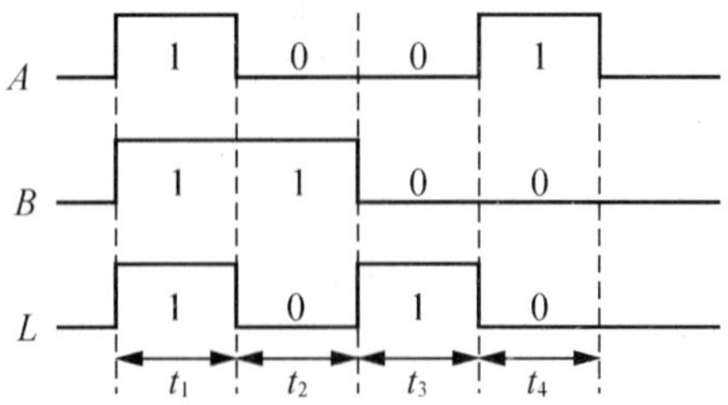

图 1.10　图 1.8 所示电路波形图

从图中可知，在 t_1 时间段内，A、B 输入端均为高电平 1，根据式(1-8) 或表 1-15 可知，此时输出 L 为高电平 1。依照此方法，可得出 t_2、t_3 和 t_4 时间段内输出 L 的波形图。从图 1.10 中可以直观地看出，对于同或逻辑关系，只要输入 A 和 B 相同，输出为 1；A 和 B 不相同时，输出为 0。

5. 各种表示方法间的相互转换

上述 4 种不同的表示方法所描述的是同一逻辑关系，因此它们之间有着必然的联系，可以从一种表示方法得到其他表示方法。

(1) 逻辑函数式与真值表之间的转换。如果给出了逻辑式，则可以很容易列出与之对应的真值表。方法很简单，只要把输入变量的所有各种取值的组合逐一代入逻辑式运算，求出函数的取值，然后列表，就得到了所求的真值表。在 1.4.1 节用列真值表证明逻辑代数的基本公式时已经用过这种方法。

如果给出了真值表，则可以从真值表写出相应的逻辑函数式。具体方法是：首先，从真值表中找出所有使函数值等于 1 的输入变量取值的组合；然后，将每组输入变量取值的组合写成一个乘积项，其中取值为 1 的输入变量写成原变量，取值为 0 的输入变量写成反变量；最后将这些乘积项相加，就得到了所求的逻辑函数式。

【例 1-21】　已知逻辑函数的真值表见表 1-16，试写出它的逻辑函数式。

表 1-16　【例 1-21】的真值表

A	B	C	F	备注
0	0	0	0	
0	0	1	0	
0	1	0	1	$A'BC'=1$
0	1	1	1	$A'BC=1$
1	0	0	0	
1	0	1	0	
1	1	0	0	
1	1	1	1	$ABC=1$

解：由表 1-16 可见，当 ABC 取值为 010、011、111 时，F=1。当 ABC 取值为 010 时，$A'BC'=1$；当 ABC 取值为 011 时，$A'BC=1$；当 ABC 取值为 111 时，ABC=1。这 3 个乘积项中任何一个取值等于 1 时，F 都为 1，所以 F 是这 3 个乘积项的和，即

$$F(A,B,C)=A'BC'+A'BC+ABC$$

(2) 逻辑函数式与逻辑图之间的转换。如果给出了逻辑函数式，则只要以逻辑符号代替逻辑式中的代数运算符号，并依照逻辑式中的逻辑优先顺序(先算括号，再算乘，最后算加)，将这些逻辑符号连接起来，就可以得到相应的逻辑图了。

反之，如果给出的是逻辑图，则从输入端到输出端逐级写出每个逻辑符号对应的逻辑式，就可以得到对应的逻辑函数式了。

【例 1-22】　已知逻辑函数式为 $F=(A'+BC')'+AB'C'+A$，画出对应的逻辑图。

解：将式中所有的与、或、非运算符号用逻辑符号代替，并依据逻辑优先顺序(先算括号，再算乘，最后算加)把这些逻辑符号连接起来，就得到了图 1.11 所示的逻辑图。

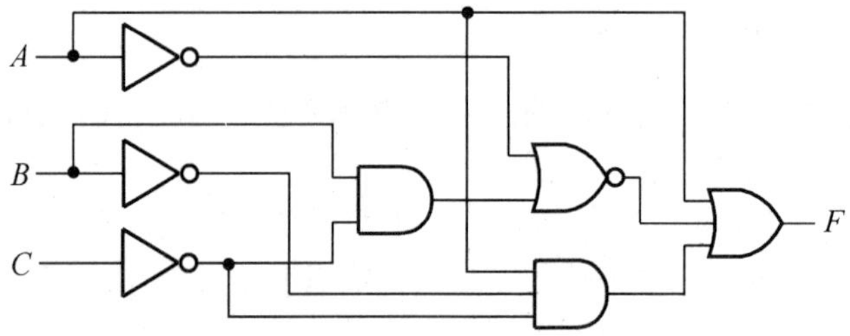

图 1.11　【例 1-22】的逻辑图

【例 1-23】　写出图 1.12 中的逻辑函数表达式。

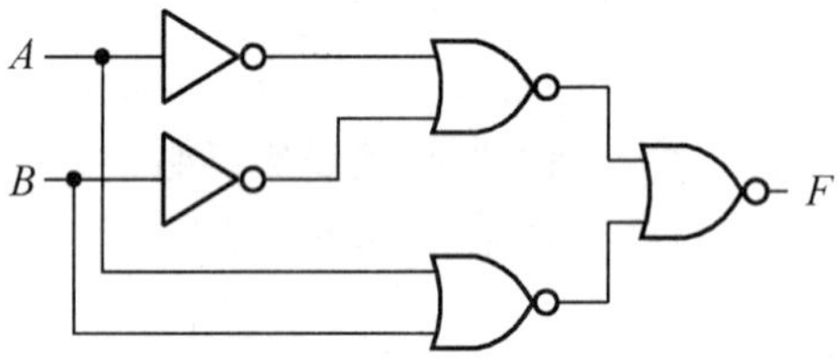

图 1.12　【例 1-23】的逻辑图

解：从输入端向输出端逐级写出逻辑符号表示的代数式，得到 $F=((A+B)'+(A'+B')')'$ 。

将该式变换后，可得 $F=((A+B)'+(A'+B')')'=(A+B)(A'+B')=AB'+A'B=A\oplus B$ 。

可见，输出 F 与输入 A、B 之间是异或逻辑关系。

(3) 波形图与真值表之间的转换。在本节中已经讲过，将输入变量所有可能的取值与对应的输出按时间顺序依次排列起来画成时间波形，就得到函数的波形图。因此，只要给出了函数的真值表，就可以按定义的方法画出波形图了。输入变量取值的排列顺序对逻辑函数没有影响。

相反，如果给出了函数的波形图，则只要将每个时间段的输入与输出的取值列表，就能得到所求的真值表。

【例 1-24】　已知逻辑函数的真值表见表 1-17，试用波形图表示该逻辑函数。

解：将 A、B、C 的取值顺序按表 1-17 中自上而下的顺序排列，即得到如图 1.13 所示的波形图。

表 1-17　【例 1-24】的真值表

A	B	C	F
0	0	0	0
0	0	1	0
0	1	0	1
0	1	1	1
1	0	0	0
1	0	1	1
1	1	0	0
1	1	1	0

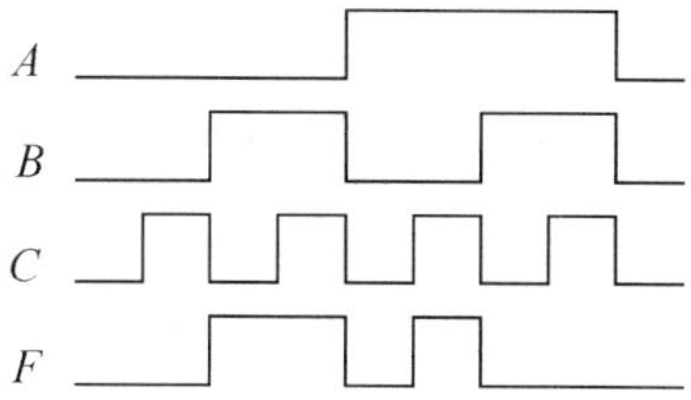

图 1.13 【例 1-24】的逻辑图

【例 1-25】 已知逻辑函数的波形图如图 1.14 所示，试求与之对应的真值表。

解：将图 1.14 所示的波形图上不同时间段中 A、B、C 与 F 的取值对应列表，即得到表 1-18 所示的真值表。

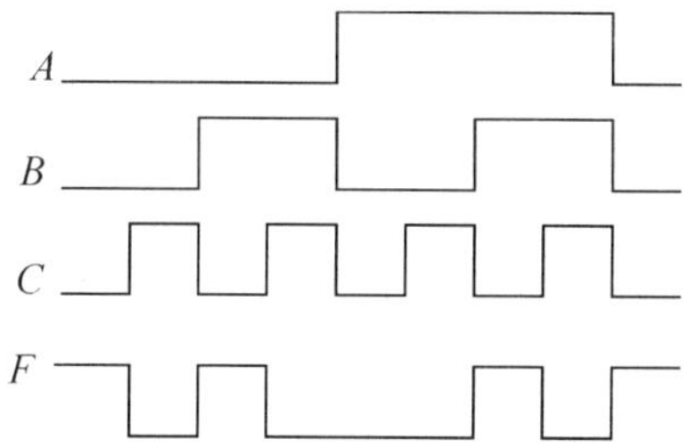

图 1.14 【例 1-25】的逻辑图

表 1-18 【例 1-25】的真值表

A	B	C	F
0	0	0	1
0	0	1	0
0	1	0	1
0	1	1	0
1	0	0	0
1	0	1	0
1	1	0	1
1	1	1	0

另外，还有逻辑函数式与卡诺图、真值表与卡诺图之间的转换将在 1.6.3 节中做详细的介绍，此处不再赘述。

1.5.3 逻辑函数的两种标准形式

逻辑函数的形式都不是唯一的。为了在逻辑问题的研究中使逻辑函数能和唯一的逻辑函数表达式对应，引入逻辑函数的标准形式的概念。

逻辑函数的标准形式是建立在最小项和最大项概念的基础之上的。所以首先来介绍最小项和最大项。

1. 最小项

(1) 最小项的定义：设有 n 个变量，它们所组成的具有 n 个变量的乘积项中，每个变量均是以原变量或反变量的形式出现一次，且仅出现一次，这个乘积项称为最小项。

由定义可知：n 个变量有 2^n 个最小项。例如，三变量 A、B、C 有 8 个最小项如下：$A'B'C'$、$A'B'C$、$A'BC'$、$A'BC$、$AB'C'$、$AB'C$、ABC'、ABC。为了书写方便，把最小项记为 m_i。下标 i 的取值规则是：按照变量顺序将最小项中的原变量用 1 表示，反变量用 0 表示，由此得到一个二进制数，与该二进制数对应的十进制数即下标 i 的值。例如，三变量为 A、B、C 共 8 个最小项可记为：$A'B'C'=m_0$、$A'B'C=m_1$、$A'BC'=m_2$、$A'BC=m_3$、$AB'C'=m_4$、$AB'C=m_5$、$ABC'=m_6$、$ABC=m_7$。

(2) 最小项的性质。对于任何一个最小项，只有对应的唯一一组变量取值才能使其值为 1，即取值为 1 的机会最小，这也就是最小项名字的由来。例如，对于最小项 ABC 来说，只有当输入变量 A、B、C 的组合为 111 时，最小项 ABC 的值才为 1。

相同变量构成的两个不同最小项逻辑与为 0。例如，在四变量最小项中，$m_4 \cdot m_6=0$。

n 个变量的全部最小项的逻辑或为 1，即 $\sum m_i = 1$。

某一个最小项不是包含在逻辑函数 F 中，就是包含在反函数 F' 中。

n 个变量构成的最小项有 n 个相邻最小项。相邻最小项是指除一个变量互为相反外，其余变量均相同的最小项。两个相邻的最小项可以合并，消去不同的变量。例如，$AB'C$ 与 ABC 是相邻最小项，$AB'C+ABC=AC$。

2. 最大项

(1) 最大项的定义：设有 n 个变量，它们所组成的具有 n 个变量的或项中，每个变量以原变量或反变量的形式出现一次，且仅出现一次，这个或项称为最大项。

由定义可知，n 个变量有 2^n 个最大项。例如：三变量 A、B、C 有 8 个最大项如下：$A+B+C$、$A+B+C'$、$A+B'+C$、$A+B'+C'$、$A'+B+C$、$A'+B+C'$、$A'+B'+C$、$A'+B'+C'$。为了书写方便，把最大项记做 M_i。下标 i 的取值规则是：按照变量顺序将最大项中的原变量用 0 表示，反变量用 1 表示，由此得到一个二进制数，与该二进制数对应的十进制数即下标 i 的值。例如，三变量 A、B、C 有 8 个最大项，分别可记为：$A+B+C=M_0$、$A+B+C'=M_1$、$A+B'+C=M_2$、$A+B'+C'=M_3$、$A'+B+C=M_4$、$A'+B+C'=M_5$、$A'+B'+C=M_6$、$A'+B'+C'=M_7$。

(2) 最大项的性质。对于任何一个最大项，只有对应的唯一一组变量取值才能使其值为 0，其余情况均为 1，即取值为 1 的机会最大，这也就是最大项名字的由来。例如，对于最大项 $A+B+C$ 来说，只有当输入变量 A、B、C 的组合为 000 时，最大项 $A+B+C$ 的值才为 0。

相同变量构成的任何两个不同最大项逻辑或为 1。例如，在四变量最大项中，$\mathrm{M4}+\mathrm{M6}=1$。

n 个变量的全部最大项的逻辑与为 0，即 $\prod M_i=0$。

某一个最大项不是包含在逻辑函数 F 中，就是包含在反变量 F' 中。

n 个变量构成的最大项有 n 个相邻最大项。相邻最大项是指除一个变量互为相反外，其余变量均相同的最大项。例如，$A'+B+C$ 与 $A'+B'+C$ 是相邻最大项。

下标 i 相同的最小项与最大项互补，即 $m_i'=M_i$。如：$(ABC)'=A'+B'+C'$，即为 $m_7'=M_7$。

3. 标准与或表达式

任何一个逻辑函数都可以表示成最小项之和的形式，称为标准与或表达式。如果逻辑函数不是以最小项之和的形式给出，则可以利用公式 $A+A'=1$ 把它展开为最小项之和的形式。

【例 1-26】 将 $F=ABC+A'BD'$ 展开为最小项之和的形式。

解：
$$\begin{aligned}F&=ABC+A'BD'\\&=ABC(D+D')+A'B(C+C')D'\\&=ABCD+ABCD'+A'BCD'+A'BC'D'\\&=m_{15}+m_{14}+m_6+m_4\\&=\sum m(4,6,14,15)\end{aligned}$$

【例 1-27】 将 $F=AB+A'BC$ 写成标准与或表达式。

解：
$$\begin{aligned}F&=AB+A'BC\\&=AB(C+C')+A'BC\\&=ABC+ABC'+A'BC\\&=\sum m(3,6,7)\end{aligned}$$

4. 标准或与表达式

任何一个逻辑函数都可以表示成最大项之积的形式，称为标准或与表达式。如果逻辑函数不是以最大项之积的形式给出，则可以利用公式 $A\cdot A'=0$ 及 $A+BC=(A+B)(A+C)$ 把它展开成最大项之积的形式。

【例 1-28】 将 $F=A'BC'+ABC'+A'BC+A'B'C'=\sum m(0,2,3,6)$ 展开为最大项之积的形式。

解：
$$\begin{aligned}F&=((A'BC'+ABC'+A'BC+A'B'C')')'\\&=((\sum m(0,2,3,6))')'\\&=(\sum m(1,4,5,7))'\\&=(A'B'C+AB'C'+AB'C+ABC)'\\&=(A+B+C')(A'+B+C)(A'+B+C')(A'+B'+C')\\&=\prod M(1,4,5,7)\end{aligned}$$

【例 1-29】 将 $F=(A+B')(A+B+C)$ 写成标准或与表达式。

解：
$$\begin{aligned}F&=(A+B')(A+B+C)\\&=(A+B'+CC')(A+B+C)\\&=(A+B'+C)(A+B'+C')(A+B+C)\\&=\prod M(0,2,3)\end{aligned}$$

1.5.4 逻辑函数形式的变换

逻辑函数的变换是指在保持逻辑函数真值表不变的条件下，逻辑函数形式上的变换。以与或型逻辑函数为出发点，在保持逻辑关系不变的前提下，可以有与或型、与非—与非型、或与型、或非—或非型和与或非型 5 种。当然与或型可以有许多种，但最简型只有一种，这几种形式上的变换也是最简型之间的变换。例如：

$F = AB + A'C$　　与或型

$F = ((AB)' \cdot (A'C)')'$　　与非—与非型

$F = (A' + B) \cdot (A + C)$　　或与型

$F = ((A' + B)' + (A + C)')'$　　或非—或非型

$F = (AB' + A'C')'$　　与或非型

它们的逻辑关系都相等，这很容易用真值表加以证明，也可以将它们的与或标准型写出。同时，它们的最小项都相同。它们的最小项如下：

$$F = AB + A'C = ABC' + ABC + A'BC + A'B'C = \sum m(1,3,6,7)$$

$$F = ((AB)' \cdot (A'C)')' = AB + A'C = \sum m(1,3,6,7)$$

$$F = (A' + B) \cdot (A + C) = A'C + AB + BC = \sum m(1,3,6,7)$$

$$F = ((A' + B)' + (A + C)')' = (A' + B)(A + C) = \sum m(1,3,6,7)$$

$$F = (AB' + A'C')' = (AB')' \cdot (A'C')' = (A' + B) \cdot (A + C) = \sum m(1,3,6,7)$$

这些逻辑表达式都可以用相应的与门、或门、与非门、或非门以及与或非门来实现，其电路如图 1.15 所示。

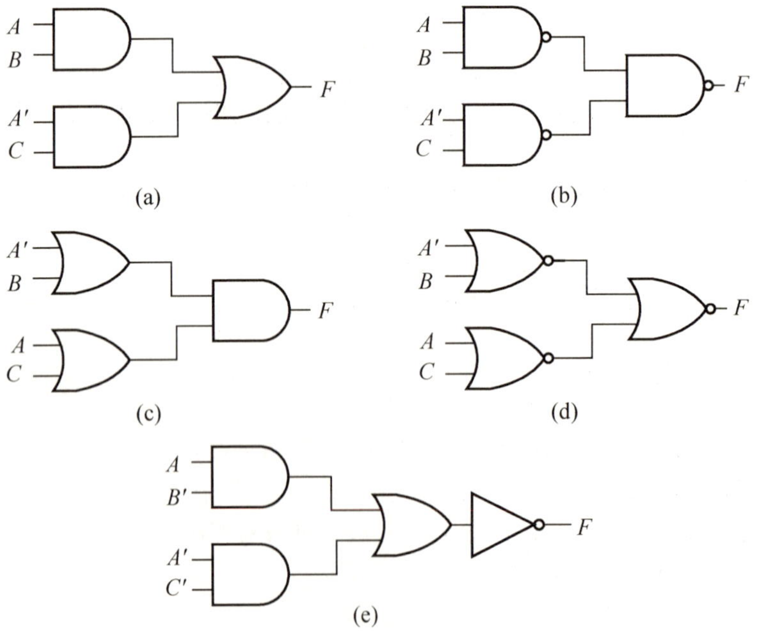

图 1.15　同一逻辑关系的 5 种表达式

(a) 与或型；(b) 与非—与非型；(c) 或与型；(d) 或非—或非型；(e) 与或非型

1. 与或型转换为与非—与非型

逻辑电路用与或式实现时，需要两种类型的逻辑门，与门和或门。用小规模集成电路实现时，门的利用率很低，如果变换为与非—与非型，需要二输入的与非门 3 个，这样用一片小规模集成电路片就可以了。

下面就以 $F = AB + A'C$ 为例说明逻辑式的变换问题。

将与或逻辑式转换为与非—与非型时，先对与或表达式两次求反，然后将最外面的反号保持不变，对里面的反号根据摩根定律进行取反运算，即可得到与非—与非表达式。

$$F = AB + A'C = ((AB + A'C)')' = ((AB)' \cdot (A'C)')'$$

变换中主要利用了摩根定理，具体用与非门实现的电路如图 1.15(b)所示。

2. 与或型转换为或与型

将与或式转换为或与型的基本方法是：利用对偶规则求出与或式的对偶式，将对偶式展开，化简；最后将对偶式进行对偶变换，即可得到或与型逻辑式。这里请注意，与或式进行对偶变换，得到或与式，展开就得到与或式，再一次对偶就得到或与式。

将与或式 $F = AB + A'C$ 转化为最简的或与表达式。

$$F^{\mathrm{D}} = (A + B) \cdot (A' + C) = AC + A'B + BC = AC + A'B$$

$$F = (F^{\mathrm{D}})^{\mathrm{D}} = (A + C) \cdot (A' + B)$$

用或门和与门实现的电路如图 1.15(c)所示。

3. 与或型转换为或非—或非型

将与或表达式变换成或非—或非表达式时，首先将与或表达式转换成或与表达式，然后对或与表达式两次求反，最外面的反号保持不变，对里面的反号根据摩根定律进行取反运算，即得或非—或非表达式。

将与或逻辑函数 $F = AB + A'C$ 转化为最简的或非—或非表达式。

$$F = (F^{\mathrm{D}})^{\mathrm{D}} = (A + C) \cdot (A' + B)$$

$$F = (((A + C) \cdot (A' + B))')' = ((A + C)' + (A' + B)')'$$

用或非门实现的电路如图 1.15(d)所示。

4. 与或型转换为与或非型

先将与或表达式转换为或非—或非表达式，再将其中的各个或非项利用摩根定理进行变换，即可得到与或非表达式。

将逻辑函数 $F = AB + A'C$ 转化为最简的与或非表达式。

$$F = ((A + C)' + (A' + B)')' = (A'C' + AB')'$$

此外，还可以先将与或表达式转换为与非—与非表达式，再将其中的各个与非项利用摩根定理进行变换，并对变换后的结果进行展开化简，即可得到与或非表达式。

$$F = ((AB)' \cdot (A'C)')' = ((A' + B') \cdot (A + C'))' = (A'C' + AB' + B'C')' = (A'C' + AB')'$$

【思考题】　已知逻辑函数的波形图，怎样写出逻辑函数式？

1.6 逻辑函数的化简

1.6.1 逻辑函数化简的意义

对同一个逻辑函数来说，其表达形式多种多样，但如果表达式越简单，它所表示的逻辑关系也就越明确，实际应用中便能用越少的电子器件来实现它，电路也就越简单。因此对于比较繁琐复杂的逻辑表达式，往往要通过化简的方法来找出其最简的表达式。如下列 3 个逻辑函数表达式：

$$P_1 = AB + A'C$$
$$P_2 = AB + A'C + BC$$
$$P_3 = ABC + ABC' + A'BC + A'B'C$$

列出它们的真值表后发现，P_1、P_2、P_3 真值表完全相同，根据逻辑函数相等的定义，它们是同一个逻辑函数。但是很明显，P_1 比 P_2、P_3 简单得多。对于这些与或型逻辑式，最简单就是逻辑式中的与项最少，每一个与项中变量也最少。

而对于同一个逻辑函数，其最简表达式的形式也是多种多样，如上小节 1.5.4 所述最简表达式分为最简的与或表达式；最简的或与表达式；最简的与非—与非表达式；最简的或非—或非表达式；最简的与或非表达式；等等。在众多的最简表达式中大都可以通过最简的与或表达式或者最简的或与表达式转换得出，因此，一般只需研究最简的与或表达式和最简的或与表达式。

一个最简的与或表达式应满足下述两个条件：一个是表达式中所含与项的数目应该最少；另一个是在满足第一个条件的前提下，每一个与项中所含变量的数目应该最少。同样，最简的或与表达式也必须满足两个条件：一个是表达式中所含或项的数目应该最少；另一个是在满足第一个条件的前提下，每一个或项中所含变量的数目应该最少。

在数字逻辑电路中，逻辑函数表达式满足上述最简条件的前提下，设计的逻辑电路结构应该最简单，从而使电路最经济。

从习惯上人们把最简与或表达式认为是逻辑函数的最简表达式，所以本书若无特别申明，最简表达式就是指最简与或表达式。

1.6.2 代数化简法

所谓代数化简法就是运用逻辑代数中的公式、定理、基本公式和常用公式等对复杂的逻辑函数表达式进行变换，将逻辑函数表达式化简为最简形式，即最简与或式。以消去逻辑函数中多余的与项和每个与项中多余的变量因子。代数法化简没有普遍适用的一定之规，有时需要凭借一定的经验。只要熟练地运用逻辑代数中常用的公式、定律和规则，便可以求出最简表达式。常用的代数化简方法有：合并项法、吸收法、消去法及配项法。

1. 合并项法

利用公式 $AB + AB' = A$ 将两项合并为一项，同时消去 B 和 B' 这一对互补因子。其中 A、

B 既可以是变量，也可以是复杂的逻辑式。

【例 1-30】　化简 $F = A\cdot(BC + B'C') + A\cdot(BC' + B'C)$ 。

解法 1：$F = A\cdot(BC + B'C') + A\cdot(BC' + B'C)$

$$= ABC + AB'C' + ABC' + AB'C$$

$$= AB + AB'$$

$$= A$$

解法 2：$F = A\cdot(BC + B'C') + A\cdot(BC' + B'C)$

$$= A\cdot(B \odot C) + A\cdot(B \oplus C)$$

$$= A\cdot(B \oplus C)' + A\cdot(B \oplus C)$$

$$= A$$

2. 吸收法

常利用公式 $A + AB = A$、$AB + A'C + BC = AB + A'C$ 消去多余项。其中 A、B 既可以是变量，也可以是复杂的逻辑式。

【例 1-31】　化简 $F = ((AB')' + C)\cdot ABD + AD$ 。

解：$F = ((AB')' + C)\cdot ABD + AD$

$$= ((AB')' + C)\cdot B\cdot AD + AD$$

$$= AD\cdot(((AB')' + C)\cdot B + 1)$$

$$= AD$$

【例 1-32】　化简 $F = AC + AB'CD + ABC + C'D + ABD$ 。

解：$F = AC + AB'CD + ABC + C'D + ABD$

$$= AC\cdot(1 + B'D + B) + C'D + ABD$$

$$= AC + C'D + ABD$$

$$= AC + C'D$$

3. 消去法

常利用公式 $A + A'B = A + B$ 消去多余因子 A'，其中 A、B 既可以是变量，也可以是复杂的逻辑式。

【例 1-33】　化简 $F = AC + A'D + C'D$ 。

解：$F = AC + A'D + C'D$

$$= AC + (A' + C')\cdot D$$

$$= AC + (AC)'\cdot D$$

$$= AC + D$$

4. 配项法

根据基本公式 $A + A = A$ 可以在逻辑函数表达式中重复写入某一项，或将某一乘积项乘以 $A + A'$，从而将这一项展开为两项，再与其他的项重新进行合并，消去更多的项和变量，最终得到最简表达式。

【例 1-34】 化简 $F = AB' + A'B + BC' + B'C$ 。

解：$F = AB' + A'B + BC' + B'C$

$$= AB' + A'B \cdot (C + C') + BC' + (A + A') \cdot B'C$$

$$= AB' + A'BC + A'BC' + BC' + AB'C + A'B'C$$

$$= (AB' + AB'C) + (BC' + A'BC') + (A'BC + A'B'C)$$

$$= AB' + BC' + A'C$$

【例 1-35】 化简 $F = A'BC' + A'BC + ABC$ 。

解：$F = A'BC' + A'BC + ABC$

$$= A'BC' + A'BC + A'BC + ABC$$

$$= (A'BC' + A'BC) + (A'BC + ABC)$$

$$= A'B + BC$$

化简较为复杂的逻辑函数表达式时，往往需要综合运用上述几种化简方法，才能得到最后的化简结果。

用代数化简法求最简的或与表达式时，可以直接运用前述介绍化简与或表达式中提出的各种方法的对偶公式和定律来进行；也可以采用两次对偶法，首先对用“或与”表达式表示的函数 Y 求出对偶式，得到与或表达式 Y^D，按与或表达式的化简方法求出 Y^D 的最简表达式，然后，对 Y^D 再次求对偶，即可得到 Y 的最简或与表达式。

代数化简法的优点是：方法简单，不受变量数目的约束。当对公式、定律和规则十分熟练时化简就比较方便。其缺点是：对一些题目并不是都很方便和很快奏效的，没有一定的规律和固定的步骤，技巧性很强，而且在很多情况下难以判断化简结果是否最简。有时看上去似乎已经不能再化简了，而实际上还可以化简，所以这种方法有很大的局限性。

1.6.3 卡诺图化简法

卡诺图(Karnaugh Map)是于 20 世纪 50 年代由美国工程师卡诺(M.Karnaugh)提出的。它将逻辑关系以一种图形化表示，形象且直观。卡诺图是数字逻辑设计中常用的一种数学工具。下面将介绍卡诺图的构成、性质以及应用卡诺图化简逻辑函数的方法。

1. 逻辑变量的卡诺图

将 n 变量的全部最小项 2^n 各用一个小方块表示，并使具有逻辑相邻行的最小项在几何位置上也相邻地排列，所得到的图形称为 n 变量最小项的卡诺图。所以卡诺图是逻辑函数的一种图形表示。

图 1.6 中画出了 2～5 变量最小项的卡诺图。图形两侧标注的 0 和 1 表示使对应小方格内的最小项为 1 的变量取值。同时，这些 0 和 1 组成的二进制数所对应的十进制数大小也就是对应的最小项的编号。

为了保证图中几何位置相邻的最小项在逻辑上也具有相邻性，这些数码不按自然二进制数从小到大的顺序排列，而必须按在图中的方式排列，以确保相邻的两个最小项仅有一个变量是不同的。因此，从几何位置上应当将卡诺图看成上下、左右闭合的图形。例如，在图 1.16(c)中，m_{12} 对应于 $ABC'D'$，m_{13} 对应于 $ABC'D$，它们的差别仅在 D 和 D'，m_{13} 和

m_9 的差别在于 B 和 B'，其他的类推。要特别指出的是，卡诺图水平方向同一行里，最左端和最右端的(即最下端)两个方格也是符合上述相邻规律的。例如，M_{12} 和 M_{14} 的差别在 C 和 C' 上。同样，垂直方向同一列里最上端和最下端两个方格也是相邻的，这是因为都只有一个因子有差别。例如，m_3 和 m_{11} 的差别在 A 和 A' 上。4 个对角(m_0、m_2、m_8、m_{10}) 也符合上述相邻的规律，诸如上述的各种情况的介绍均说明了卡诺图具有循环邻接的特性。

A \ B	0	1
0	m_0	m_1
1	m_2	m_3

(a)

A \ BC	00	01	11	10
0	m_0	m_1	m_3	m_2
1	m_4	m_5	m_7	m_6

(b)

AB \ CD	00	01	11	10
00	m_0	m_1	m_3	m_2
01	m_4	m_5	m_7	m_6
11	m_{12}	m_{13}	m_{15}	m_{14}
10	m_8	m_9	m_{11}	m_{10}

(c)

AB \ CDE	000	001	011	010	110	111	101	100
00	m_0	m_1	m_3	m_2	m_6	m_7	m_5	m_4
01	m_8	m_9	m_{11}	m_{10}	m_{14}	m_{15}	m_{13}	m_{12}
11	m_{24}	m_{25}	m_{27}	m_{26}	m_{30}	m_{31}	m_{29}	m_{28}
10	m_{16}	m_{17}	m_{19}	m_{18}	m_{22}	m_{23}	m_{21}	m_{20}

(d)

图 1.16　2～5 变量最小项的卡诺图

(a) 2 变量(A、B)最小项的卡诺图；(b) 3 变量(A、B、C)最小项的卡诺图；
(c) 4 变量(A、B、C、D)最小项的卡诺图；(d) 5 变量(A、B、C、D、E)最小项的卡诺图

在变量数大于等于 5 以后，仅仅用几何图形在两维空间的相邻性来表示逻辑相邻性已经不够了。例如，在图 1.16(d)所示的 5 变量最小项的卡诺图中，除了几何位置相邻的最小

项具有逻辑相邻性以外，以图中双竖线为轴的左右对称位置上的两个最小项也具有逻辑相邻性。同时可以看出卡诺图的主要缺点：随着变量个数的增加，图形迅速地复杂起来。当变量多于 6 个时，不仅画图十分麻烦，而且即使画出来了，形成的许多小方块——最小项是否逻辑相邻也难以辨认，已无实用价值了。

2. 逻辑函数的卡诺图

(1) 逻辑函数卡诺图的画法。既然任何一个逻辑函数都能表示为若干最小项之和的形式，那么自然也就可以用卡诺图来表示任意一个逻辑函数，其方法是先将逻辑函数化为最小项表达式，然后按最小项表达式填卡诺图，凡式中包含了的最小项，其对应方格填 1，其余方格填 0，即任何一个逻辑函数都等于它的卡诺图中填入 1 方格的那些最小项之和。

【例 1-36】　画出逻辑函数 $L(A,B,C,D)=\sum m(0,1,2,3,4,8,10,11,14,15)$ 的卡诺图。

根据图 1.16(c)所示 4 变量卡诺图的简化形式，对上列逻辑函数表达式中的各个最小项在卡诺图相应小方格内填 1，其余填入 0，即可得图 1.17 所示的 $L(A,B,C,D)$的卡诺图。

当逻辑函数的表达式为其他形式时，可将其变换为最小项表达式后，再作出卡诺图。

【例 1-37】　画出 $L(A,B,C,D)=(A'+B'+C'+D')\cdot(A'+B'+C+D')\cdot(A'+B+C'+D)$ $\cdot(A+B'+C'+D)\cdot(A+B+C+D)$ 的卡诺图。

解：由摩根定律，原式可化为

$$\begin{aligned}L' &= ABCD+ABC'D+AB'CD'+A'BCD'+A'B'C'D'\\ &=\sum m(0,6,10,13,15)\end{aligned}$$

由于原式中最小项之和为 L'，故对 L' 中出现的各最小项在卡诺图相应方格内填入 0，其余填入 1，即得如图 1.18 所示的卡诺图。

AB \ CD	00	01	11	10
00	1	1	1	1
01	1	0	0	0
11	0	0	1	1
10	1	0	1	1

图 1.17　【例 1-36】的卡诺图

AB \ CD	00	01	11	10
00	0	1	1	1
01	1	1	1	0
11	1	0	0	1
10	1	1	1	0

图 1.18　【例 1-37】的卡诺图

(2) 化简的依据。卡诺图具有循环邻接的特性，若图中两个相邻的方格均为 1，则这两个相邻最小项的和将消去一个变量。例如，图 1.16(c)所示 4 变量卡诺图中的方格 5 和方格 7，其最小项之和为 $A'BC'D+A'BCD=A'BD(C+C')=A'BD$，消去了变量 C，即消去了相邻方格中不同的那个因子。若卡诺图中 4 个相邻的方格为 1，则这 4 个相邻的最小项之和将消去两个变量，如上述 4 变量卡诺图中的方格 0、2、8、10，它们的最小项之和为

$m_0+m_2+m_8+m_{10}=B'D'$，消去了变量 A 和 C，即消去了相邻 4 个方格中不相同的那两个因子，这就反复应用了 $A+A'=1$ 的关系，以使逻辑表达式得到简化。这就是利用卡诺图法化简逻辑函数的基本原理。

(3) 化简的步骤。用卡诺图化简逻辑函数的步骤如下。

① 将逻辑函数写成最小项之和的形式。

② 按最小项表达式填充卡诺图，凡式中包容了的最小项，其对应方格填 1，其余方格填 0。

③ 找出可以合并的最小项，即相邻的为 1 的方格圈成一组(包围圈)，每一组含 2^n 个方格，对应每个包围圈写成一个新的乘积项。

④ 将所有包围圈对应的乘积项相加，即写出最简的与或表达式。

有时也可以由真值表直接填卡诺图，以上的前两步就合为一步。

可以看出，在利用卡诺图化简逻辑函数时，关键在于画包围圈。包围圈画得不同，逻辑函数的表达式也不相同。因此画包围圈时应注意以下几点。

① 首先要找出孤立的 1 方格并画圈。

② 包围圈的范围越大越好，但必须包含 $2^i(i=0,1,2,3\cdots)$个相邻 1 方格，相邻方格包括上下底相邻、左右相邻和四角相邻。这样能消去的变量就越多。

③ 包围圈的个数越少越好，因为包围圈的个数与化简结果中乘积项的个数相对应，圈数越少意味着与—或表达式中与项越少。

④ 每个包围圈中至少要包含一个其他包围圈中没有包含的1 方格，这样才能保证这个合并圈不是多余的。卡诺图中所有的 1 方格至少要被圈一次，不能有漏画的 1 方格。

⑤ 这样，把每个包围圈相对应的与项“加”起来，就得到最简的与或表达式。

同理的方法，只要包围圈改为针对卡诺图中的 0 方格进行，找出可合并的最大项，就可得到逻辑函数的最简或与表达式。

利用卡诺图表示逻辑函数式时，如果卡诺图中各小方格被 1 占去了大部分，虽然可用包围 1 的方法进行化简，但由于要重复利用 1 项，往往显得零乱而易出错。这时可以采用包围 0 方格的方法进行化简，求出其反函数，再对反函数求非，其结果相同，这种方法更简单。

【例 1-38】　求函数 $Y(A,B,C,D)=\sum m(0,3,7,8,9,10,11,12,14)$ 的最简与或表达式。

解：(1) 由于逻辑函数已给出最小项之和的标准形式，故第一步可省略。

(2) 画出表示该逻辑函数的卡诺图，如图 1.19 所示。

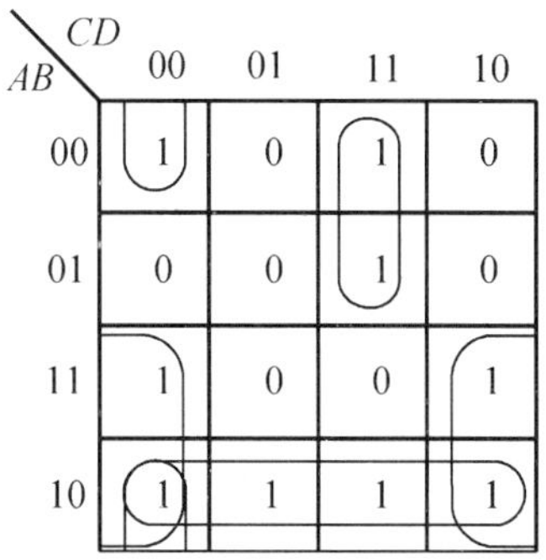

图 1.19　【例 1-38】的卡诺图

(3) 找出可以合并的最小项(1 方格)，并画出合并圈。

(4) 合并最小项，并把每个合并圈对应的与项加起来，得出最简与或表达式。

$$Y = AB' + AD' + B'C'D' + A'CD$$

【例 1-39】 用卡诺图化简下列逻辑函数 $L(A,B,C,D) = \sum m(0,2,5,7,8,10,13,15)$。

解：(1) 由 L 画出卡诺图，如图 1.20 所示。

(2) 画包围圈合并最小项，得到最简与或表达式 $L = BD + B'D'$ 。

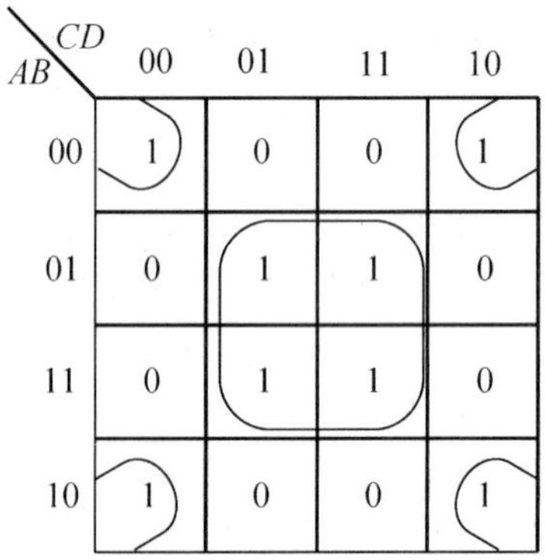

图 1.20 【例 1-39】的卡诺图

【例 1-40】 用卡诺图化简下列逻辑函数 $F(A,B,C,D) = \sum m(0,2,5,6,7,8,9,10,11,14,15)$。

解：画相应的卡诺图，如图 1.21 所示。合并包围圈中的最小项可得

$$F = B'D' + AB' + BC + A'BD$$

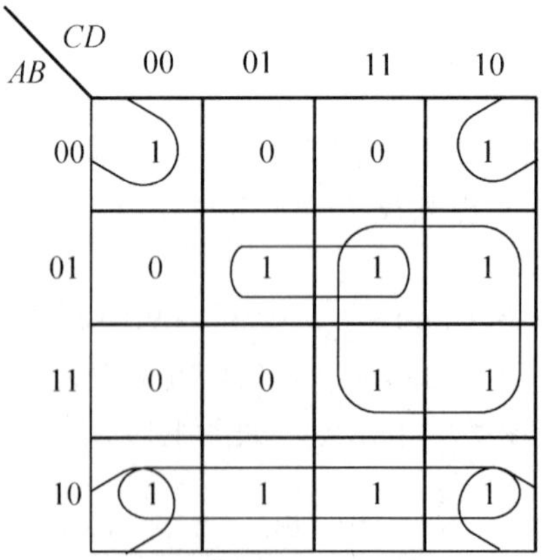

图 1.21 【例 1-40】的卡诺图

【例 1-41】 求函数 $F(A,B,C,D) = \sum m(0,2,4,6,8,9,10,11,12,13,14,15)$的最简与或式。

解：画出逻辑函数的卡诺图，如图 1.22 所示。对“0”方格加圈合并，得

$$F' = A'D$$

$$F = (F')' = A + D'$$

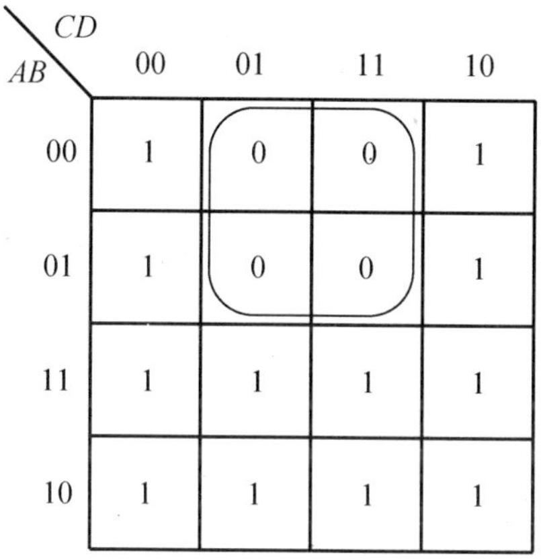

图 1.22　【例 1-41】的卡诺图

【例 1-41】表明，当卡诺图中“0”的个数明显少于“1”时的个数时，也可以对“0”的最小项加圈，但是最后所得的结果是 F'。

1.6.4　具有无关项的逻辑函数及其化简

1. 约束项、任意项及无关项

1) 约束项

在某些实际应用中，经常会遇到这样一种情况，逻辑函数的输入变量取值不是任意的。对输入变量取值所加的限制称为约束。如用 3 个输入逻辑变量 A、B、C 分别表示一台电机的正转、反转、停止，A=1 表示电机正转，B=1 表示电机反转，C=1 表示电机停止。表示电机正转、反转和停止工作状态的逻辑函数可表示为：

$$L_1 = AB'C' \text{ (正转)}$$

$$L_2 = A'BC' \text{ (反转)}$$

$$L_3 = A'B'C \text{ (停止)}$$

而实际应用中，由于电机只能执行其中的一个命令，不可能允许两个以上的变量同时为 1。故 ABC 的取值只能为 001、010、100 当中的一种，而不可能是 000、011、101、110、111 中的任何一种。因此，A、B、C 是一组具有约束的变量，也就是说对这 3 个输入变量的取值加上了限制条件。这种对输入变量所加的限制就称为约束。通常可以用约束条件来描述约束的内容。如上述所举实例，其约束条件可以表示为：

$$A'B'C' = 0$$

$$A'BC = 0$$

$$AB'C = 0$$

$$ABC' = 0$$

$$ABC = 0$$

或写为 $A'B'C' + A'BC + AB'C + ABC' + ABC = 0$。

同时把这些恒等于 0 的最小项称为约束项。

2) 任意项

任意项是指逻辑函数在输入变量的某些取值组合时其输出值不确定，可能为 1，可能为 0，但是对电路的功能并不影响，若用最小项表示这些取值组合，那么这些最小项便称为任意项。

下面仍以电机正转、反转和停止控制为例。如果把电路设计成当 A、B、C 三个控制变量出现两个以上同时为 1 或者全部为 0 时电路能自动切断供电电源，那么这时 L_1、L_2 和 L_3 等于 1 还是等于 0 已无关紧要，电机肯定会受到保护而停止运行。例如，当出现 $A = B = C = 1$ 时，对应的最小项 $ABC(m_7) = 1$。

如果把最小项 ABC 写到 L_1 中；式中，当 $A = B = C = 1$ 时，$L_1 = 1$；如果没有把 ABC 写到 L_1 中，则当 $A = B = C = 1$ 时，$L_1 = 0$。因为这时 $L_1 = 1$ 还是 $L_1 = 0$ 都是允许的，所以既可以把 ABC 这个最小项写入 L 中，也可以不写。因此，我们把 ABC 称为逻辑函数 L_1 的任意项。同理，在此例子中 $A'B'C'$、$A'BC$、$AB'C$、ABC' 也是 L_1、L_2 和 L_3 的任意项。

3) 无关项

一般来说，我们将约束项和任意项统称为逻辑函数式中的无关项。这里所说的“无关”是指是否把这些最小项写入逻辑函数式无关紧要，可以写入也可以删除。在卡诺图中用“×”表示，化简逻辑函数时既可以认为它为 1，也可以认为它为 0。

2. 无关项在化简逻辑函数中的应用

在化简具有无关项的逻辑函数时，如果能合理利用这些无关项，一般都可以得到最简的化简结果。为了达到这个目的，应使加入的无关项能与逻辑函数表达式中尽可能多的最小项具有逻辑相邻性，同时使最小项包围圈的数目最少，而包围圈中包含的相邻最小项的数目最多。

【例 1-42】　化简 $Y(A, B, C, D) = \sum m(0,2,5,9,15) + \sum d(6,7,8,10,12,13)$

解：这是一个具有无关项的逻辑函数表达式，其中 $\sum d(6,7,8,10,12,13)$ 表示所包含的无关项，在卡诺图中可用“×”表示，则表示该逻辑函数表达式的卡诺图如图 1.23(a)所示。

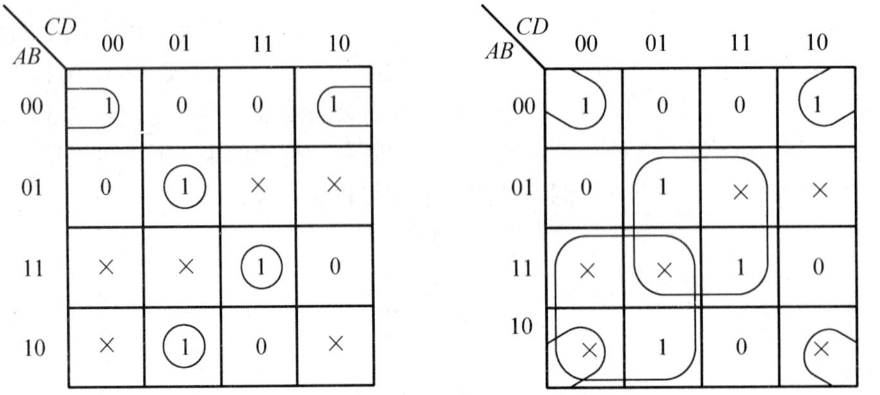

(a)　　(b)

图 1.23　具有无关项的卡诺图的化简

(a) 不利用任意项；(b) 利用任意项

按照无关项的使用原则，其值为 1 还是为 0 应看是否有利于逻辑函数的化简。如果不使用这些无关项，即将它们作为 0 格处理，所得化简结果为：

$$Y = A'B'D' + A'BC'D + ABCD + AB'C'D$$

若合理使用这些无关项，即将有利于化简的无关项作 1 格处理，如 m_7、m_8、m_{10}、m_{12}、m_{13}，并与逻辑相邻的 1 格构成足够大的包围圈，而不利于化简的无关项如 m_6 作 0 格处理，如图 1.23(b)所示，可得化简结果为：

$$Y = B'D' + AC' + BD$$

由此可见，无关项的应用应以有利于化简为前提。

【思考题】

(1) 卡诺图化简逻辑函数分几步？

(2) 什么是无关项？具有无关项函数卡诺图化简中，无关项如何处理？

本 章 小 结

本章首先介绍了数字电路的特点，讲述了数制和码制；然后介绍了数字逻辑的基本知识；最后重点介绍了化简逻辑函数的两种方法：公式法和卡诺图法。

数字电路是传递和处理数字信号的电子电路。它有分立元件电路和集成电路两大类，数字集成电路发展很快，目前多采用中大规模以上的集成电路。数字电路的主要优点是便于高度集成化、工作可靠性高、抗干扰能力强和保密性好等。

常用的计数进制有十进制、二进制、八进制和十六进制。它们之间可以相互转换。编码是用数码的特定组合表示特定信息的过程。BCD 码是用以表示十进制数 0～9 十个数码的二进制代码。

逻辑函数和逻辑变量的取值只能有两个，即 0 或 1。需要注意的是，逻辑代数中的 0 和 1 并不表示数量大小，仅用来表示两种互为相反不同的状态。

基本逻辑运算有与运算(逻辑乘)、或运算(逻辑加)和非运算(逻辑非)3 种，常用复合逻辑运算有与非运算、或非运算、与或非运算、异或运算和同或运算。

逻辑函数常用的表示方法有：真值表、逻辑函数式、卡诺图和逻辑图。不同表示方法各具特点，适于不同的应用范围。

真值表通常用于分析逻辑函数的功能，根据逻辑功能要求建立逻辑函数和证明逻辑等式等；逻辑式便于进行运算和变换。在分析电路逻辑功能时，通常首先要根据逻辑图写出逻辑式；而设计逻辑电路时需要先写出逻辑式，然后才能画出逻辑图；卡诺图主要用于化简逻辑式；逻辑图是分析和安装实际电路的依据。这几种表示方法之间可以进行相互转换。

逻辑函数化简方法主要有代数法和卡诺图法。代数化简法可以化简任何复杂的逻辑函数，但需要一定的技巧和经验，而且不易判断结果是否最简。卡诺图化简法直观简便，易判断结果是否最简，但一般用于 5 变量以下函数的化简。

无关项是逻辑函数中的一个重要概念。在化简具有无关项的逻辑函数时，既可以把无关项写进逻辑函数式中，也可以不写入，合理地利用这些无关项，通常可以得到更简单的化简结果。

习　题

1. 写出如题图 1.1 所示逻辑图的函数表达式。

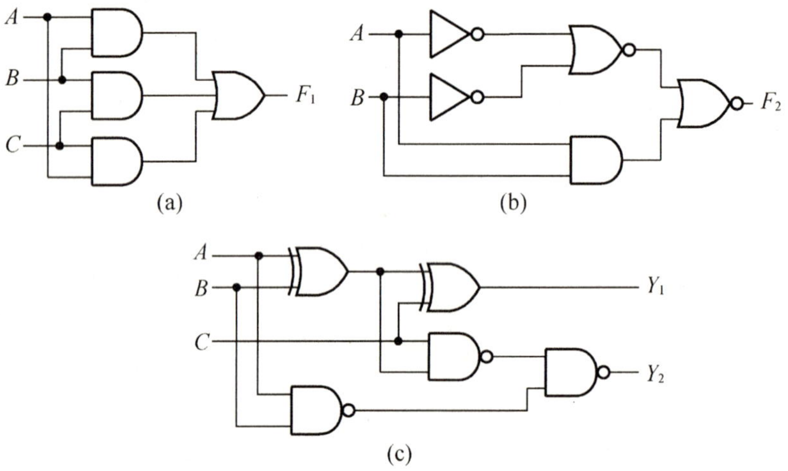

题图 1.1

2. 用真值表证明下列等式。

(1) $AB' + A'B = (A' + B')(A + B)$

(2) $ABC + ABC' + AB'C = AB + AC$

3. 求下列各逻辑函数 F 的反函数 F' 及对偶式 F^D。

(1) $F_1 = CD + A'B'$

(2) $F_2 = (A' + B)(C' + D)'$

(3) $F_3 = (A' + B)'(B' + C) + (D'E)'$

4. 将下列逻辑函数转换成最小项表达式。

(1) $F_1(A,B,C)=AB + A'C$

(2) $F_2(A,B,C,D)=(A'B' + ABC)'(B + CD)$

(3) $F_3(A, B,C)=(AB + B'C + AC)'$

5. 用代数法证明下列等式。

(1) $AB' + A'B = (A' + B')(A + B)$

(2) $ABC + ABC' + AB'C = AB + AC$

(3) $(A + C')(B + D)(B + D') = AB + BC'$

6. 用公式法化简下列函数为最简与或式。

(1) $F_1 = AB + AC + A'B + BC'$

(2) $F_2 = AB' + BC'D + C'D' + ABC' + AC'D$

(3) $F_3 = AB' + (A'C + B'C)'$

(4) $F_4 = ((AB' + A'B)'C + AB'C)(AD + BC)$

7. 用卡诺图法化简下列函数。

(1) $F_1(A,B,C,D) = \sum m(0,1,3,5,7,9,10,13,14)$

(2) $F_2(A,B,C,D) = \sum m(2,5,6,9,14,15)$

(3) $F_3(A,B,C,D) = \sum m(0,4,5,6,8,9,12,13,15)$

8. 用卡诺图化简下列函数为最简与或式，并用与非—与非门实现。

(1) $F_1 = A'B + AC + BC$

(2) $F_2 = AD + AB'D' + A'B'C'D'$

(3) $F_3 = AB'C' + BC' + B'C + A'B'$

9. 化简下列具有约束项 $\sum d$ 的逻辑函数。

(1) $F_1(\mathrm{A,B,C,D}) = \sum m(0,1,3,5,8) + \sum d(10,11,12,13,14,15)$

(2) $F_2(\mathrm{A,B,C,D}) = \sum m(1,4,5,6,7,9) + \sum d(10,11,12,13,14,15)$

(3) $F_3(\mathrm{A,B,C}) = \sum m(3,5,6,7) + \sum d(2,4)$

第 2 章

EDA 技术的基础知识

本章教学目的与要求

(1) 了解 EDA 技术的发展过程。
(2) 掌握 Multisim 10 应用的基础知识。
(3) 掌握 VHDL 语言的基础知识。
(4) 掌握 QuartusⅡ9.0 的基本使用方法。

本章知识结构

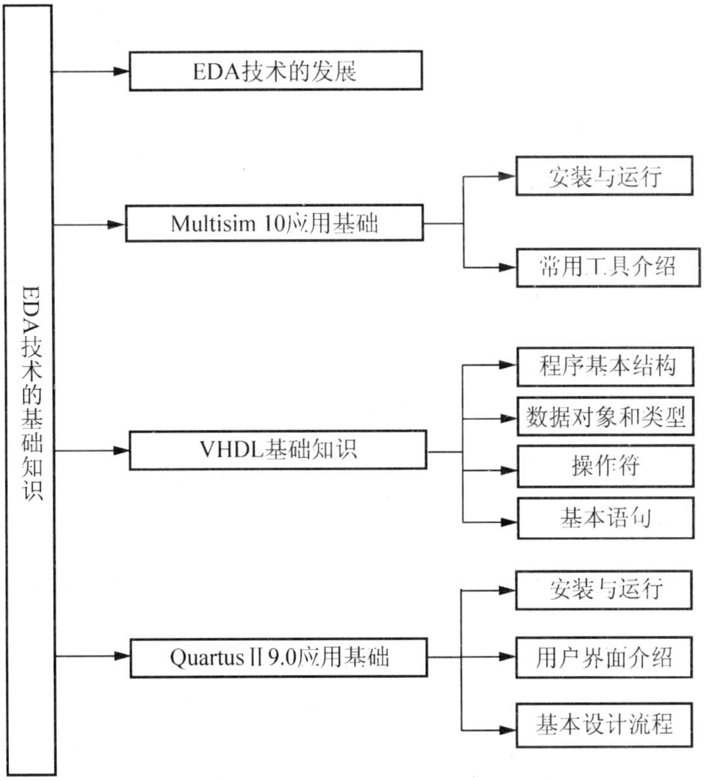

2.1　EDA 技术及其发展

EDA 是电子设计自动化(Electronic Design Automation)的缩写，是从计算机辅助设计(CAD)、计算机辅助制造(CAM)、计算机辅助测试(CAT)和计算机辅助工程(CAE)的概念发展而来的。EDA 技术就是以计算机为工具，融合了应用电子技术、计算机技术、信息处理及智能化技术的最新成果，进行电子产品设计的软件工具。

利用 EDA 工具主要进行集成电路(IC)设计、电子电路设计和印制电路板(PCB)设计。利用 EDA 工具，设计者可以从概念、算法等开始设计电子系统，利用硬件描述语言 HDL 完成设计文件，然后由计算机自动地完成逻辑编译、逻辑化简、逻辑分割、逻辑综合、逻辑优化、布局布线和仿真，直至对于特定目标芯片的适配编译、逻辑映射和编程下载等工作。由于大量的设计工作是计算机自动完成的，所以大大地减少了设计者的劳动强度，缩短了设计周期，提高了电子系统设计的效率和可操作性。

EDA 技术的发展历程同大规模集成电路设计、计算机技术、可编程逻辑器件、电子设计技术及工艺的发展是同步的。就过去近几十年电子技术的发展历程来看，EDA 技术的发展大致分为 3 个阶段。

20 世纪 70 年代到 80 年代初为 CAD 阶段。在这一时期，集成电路制作已广泛采用 MOS 工艺，可编程逻辑技术和可编程逻辑器件已经问世，计算机作为一种运算工具已在科研领域应用，CAD 的概念初步形成。利用 CAD 软件，设计人员开始利用计算机代替手工劳动进行逻辑仿真、集成电路版图编辑、印制电路板布局布线等方面的工作，提高了电子系统设计的效率和可靠性。但由于计算机的运行速度、存储容量、图形处理能力等方面的限制，CAD 没有形成系统，仅是一些孤立的软件程序。

20 世纪 80 年代中后期为 CAE 阶段。在这一时期，集成电路设计进入 CMOS 时代，复杂的可编程逻辑器件已经被应用于商业领域，相应的辅助设计软件也投入使用。CAE 软件主要用来实现电子电路仿真、集成电路版图编辑、印制电路板布局布线、设计文档制作等各设计阶段的自动化设计。与初期的 CAD 相比，这一时期的软件将各种工具软件集成为一个有机的 EDA 系统，在设计电子系统时，可以采用电路原理图的形式输入，可以选择不同的仿真工具和不同的功能模块，可以进行电路的功能设计和结构设计，并通过电气连接网络表将它们联系在一起，以实现工程设计，即计算机辅助工程(CAE)。

20 世纪 90 年代后是设计自动化阶段。随着硬件描述语言的标准化得到进一步的确定，计算机辅助工程、辅助分析、辅助设计在电子技术领域得到了更加广泛的应用，与此同时，电子系统向着多功能、高速度、智能化的方向发展，极大地推动了 EDA 技术的应用和发展。在这一时期，EDA 系统真正具有了自动化设计能力，EDA 技术被推向成熟和实用。

EDA 技术在进入 21 世纪以后，得到了更大的发展，开始步入一个新的时期，主要表现在：电子技术各个领域全方位进入 EDA 领域；电子技术领域各学科的界限更加模糊、更加相互包容和渗透；IP(Intellectual Property，知识产权)核在电子行业的产业领域、技术领域和设计应用领域得到广泛应用；在仿真和设计两方面支持标准硬件描述语言的 EDA 工具不断推出；系统级、行为验证级硬件描述语言的出现，使得复杂电子系统的设计和验证趋于简单；嵌入式微处理器软核的出现，更大规模的 FPGA/CPLD 器件的不断推出，使得单片电子系统(System on a Chip，SoC)进入大规模应用阶段。

EDA 软件工具层出不穷，目前进入我国并具有广泛影响的 EDA 软件有 Multisim(原 EWB 的最新版本)、PSPICE、OrCAD、PCAD、Protel、Viewlogic、Mentor、Graphics、Synopsys、Quartus、Cadence 等。这些工具都有较强的功能，一般可用于多个方面，例如，很多软件都可以进行电路设计与仿真，同时还可以进行 PCB 自动布局布线，输出多种网络报表文件等。

2.2 Multisim 10 应用基础

2.2.1 Multisim 10 概述

Multisim 是在 EWB(Electronics Workbench，电子设计工作平台)的基础上发展而来的，是一款专门用于电子线路仿真与设计的 EDA 工具软件。Multisim 10 是美国国家仪器有限公司(NI)于 2007 年推出的版本，包含在 NI 电子学教育平台(Electronics Education Platform)软件中。Multisim 10 是一个完整的集成化设计环境，它将计算机仿真和虚拟仪器技术完美地结合在一起，为电子线路的仿真和设计提供了良好的环境。

Multisim 10 具有以下特点。

(1) Multisim 10 具有直观的图形界面。Multisim 10 的整个操作界面就像一个电子实验工作平台，电路图中仿真测试仪器的工作面板和操作方式与实物相似，测量数据、绘制波形和特性曲线与真实仪器一样。

(2) Multisim 10 具有丰富的元器件库。Multisim 10 提供了超过 16 000 多种元器件，同时还能对元器件的各种参数进行编辑修改。使用者也可以创建元件库中没有的元件模型，还可以通过互联网获得元器件库的扩充和更新服务。

(3) Multisim 10 具有完全交互式的仿真能力。Multisim 10 不仅可以仿真模拟电路、数字电路，而且可以进行模数混合仿真。另外，Multisim 10 还具有 RF、MCU、LCD 等仿真功能。Multisim 10 的仿真器是完全交互式的，允许使用者实时地修改电路参数，观察仿真结果，了解电路性能的变化。

(4) Multisim 10 具有丰富的虚拟仪器。Multisim 10 提供了数字万用表、双踪示波器、功率表、字信号发生器、逻辑分析仪、逻辑转换仪、网络分析仪等 20 多种虚拟仪器，可以满足不同的测试需要。

(5) Multisim 10 具有强大的分析功能。Multisim 10 提供了多达 24 种分析功能，包括直流工作点分析、交流分析、瞬态分析、傅里叶分析、噪声分析、失真分析、传递函数分析等，对分析结果还可以进行各种数学运算操作，以满足对电子电路的分析和设计要求。

(6) Multisim 10 具有良好的信息转换功能。Multisim 10 提供将设计的电路原理图和仿真数据转换为其他应用程序的方法。Multisim 10 可以将设计的原理图输出到 PCB 布线工具中(Ultiboard、OrCAD、Protel 等)，还可以将仿真结果输出到 Excel、LabVIEW 等软件中。

此外，Multisim 10 还可以用于工控梯形图仿真和基于 Multi MCU 的单片机仿真。

2.2.2　Multisim 10 操作与使用

1. 工作界面

运行 Multisim 10 后，会出现 Multisim 10 的工作界面，如图 2.1 所示。Multisim 10 的工作界面风格很类似于其他 Windows 应用软件，在菜单栏、状态栏、电路窗口、工具栏等的组成下，形成了一个电子设计工作平台，在平台中完成对于电路的具体设计和仿真等相关操作。

2. 菜单命令

Multisim 10 的菜单栏位于工作界面的上方，包括 File、Edit、View、Place、MCU、Simulate、Transfer、Tools、Reports、Options、Window 和 Help 共 12 个主菜单，每个主菜单都有一个下拉菜单。

1) File 菜单

File(【文件】)菜单主要用于管理创建的电路文件，其中包括新建、保存、打开、关闭、打印、退出等对文件进行操作的命令，如图 2.2 所示。

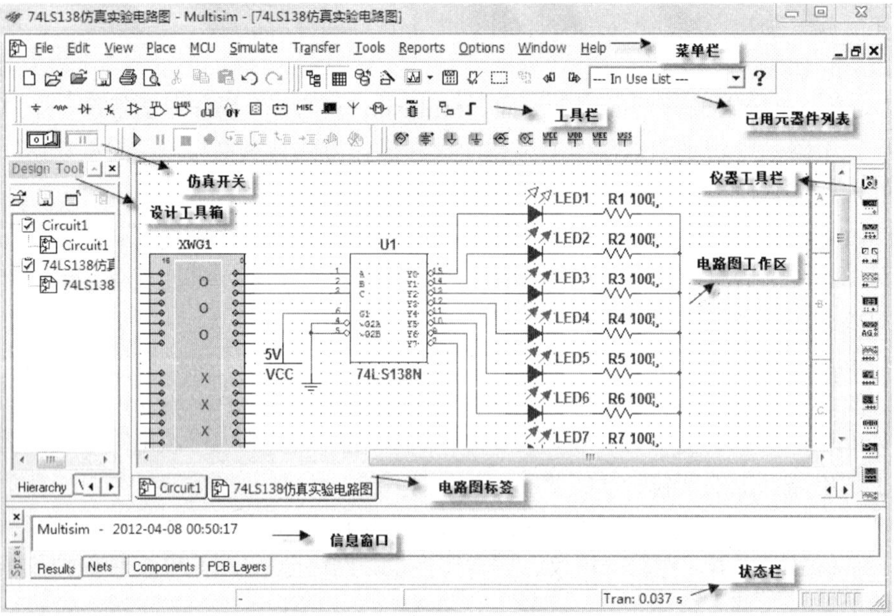

图 2.1 Multisim 10 工作界面

2) Edit 菜单

Edit(【编辑】)菜单包括一些常用的编辑操作命令，主要有复制、剪切、粘贴、删除、全选、查找、旋转等命令，如图 2.3 所示。

3) View 菜单

View(【视图】)菜单主要有各类调整窗口视图、显示网格、放大或者缩小视图尺寸、设置各种显示指标等的命令，如图 2.4 所示。

图 2.2 File 菜单

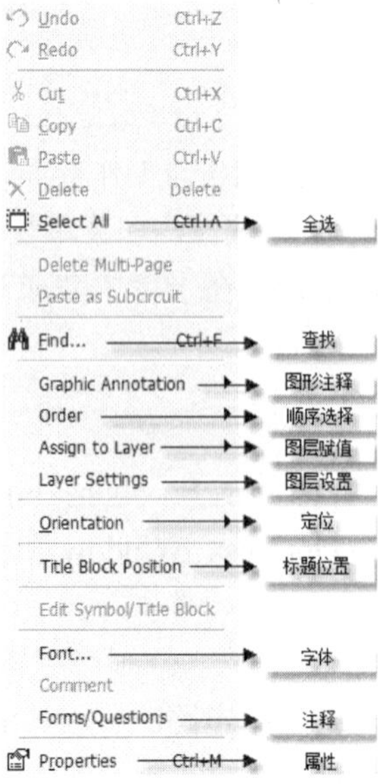

图 2.3 Edit 菜单

图 2.4 View 菜单

4) Place 菜单

Place(【放置】)菜单包括放置元器件、节点、连线、总线、文本、标注等绘制电路图的基本元素，同时包括新建或者替换层次模块等命令，如图 2.5 所示。

5) MCU 菜单

MCU(【微控制器】)菜单包括一些与 MCU 调试有关的命令，包括调试视图格式、MCU 窗口等。此外，还包括一些调试状态的命令，如单步调试的部分选项。

6) Simulate 菜单

Simulate(【仿真】)菜单包括一些与仿真相关的命令，如运行、停止、暂停、仪器、交互式仿真设置等，如图 2.6 所示。

图 2.5　Place 菜单

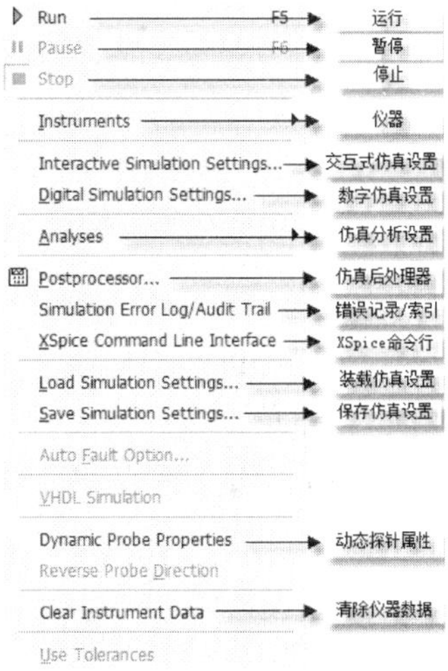

图 2.6　Simulate 菜单

7) Transfer 菜单

Transfer(【文件传输】)菜单包括一些将所设计的电路及分析结果传输给其他应用程序的命令。

8) Tools 菜单

Tools(【工具】)菜单主要用于编辑或管理元件库或元件，包括创建、编辑、删除元器件等命令，如图 2.7 所示。

9) Reports 菜单

Reports(【报表】)菜单包括与各种报表相关的命令，如统计报告等命令，如图 2.8 所示。

10) Options 菜单

Options(【选项】)菜单主要对运行的程序和界面的具体参数进行设置和更改。

11) Window 菜单

Window(【窗口】)菜单主要用于建立或者关闭窗口，或者按照各种不同方式排列窗口。

12) Help 菜单

Help(【帮助】)菜单提供帮助文件，按下键盘上的 F1 键也可以获得帮助。

图 2.7　Tools 菜单

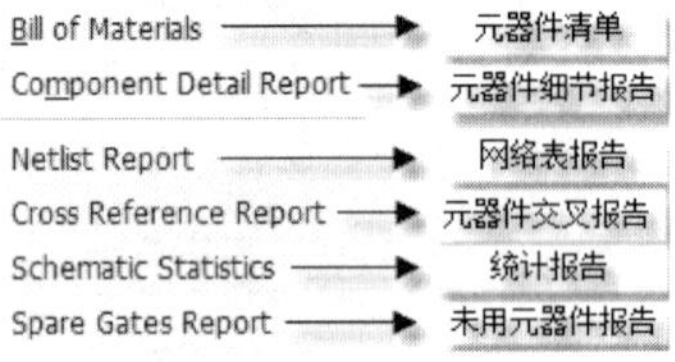

图 2.8　Reports 菜单

3. 常用工具栏

工具栏是将命令以图标按钮的形式呈现在界面中，Multisim 10 软件中共有 24 种工具栏图表按钮，在菜单栏执行 View|Toolbars 菜单命令，或是在工具栏图标区右击，在弹出的快捷菜单中可以对工具栏的显示状态进行设置。

1) Standard 工具栏

Standard(【标准】)工具栏主要有新建、打开、保存、打印、预览、复制、粘贴、剪切、前进、后退等功能。

2) Components 工具栏

Components(【元器件】)工具栏实际上是设计者在电路仿真中可以使用的所有元器件符号库，它和 Multisim 10 的元器件模型库相对应，共有 18 个分类库，每个分类库中存放着同一类型的元器件。在选取某一个元器件符号时，实际上是调用了该元器件的电路模型。Components 工具栏如图 2.9 所示。

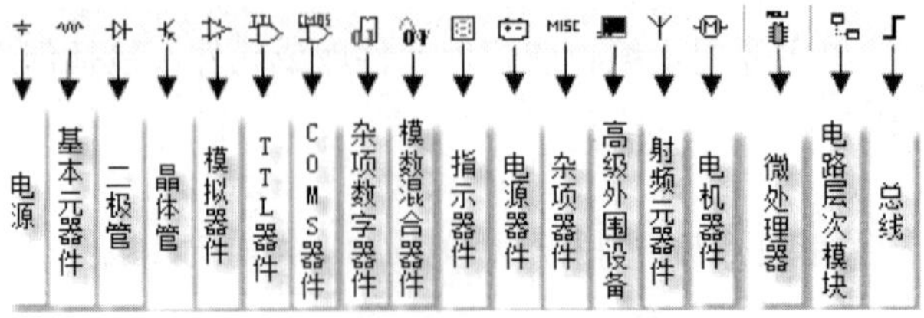

图 2.9　Components 工具栏

3) Virtual 工具栏

Virtual(【虚拟】)工具栏如图 2.10 所示，它有 9 个分类按钮，单击相应的按钮就会弹出各分类元器件工具栏。

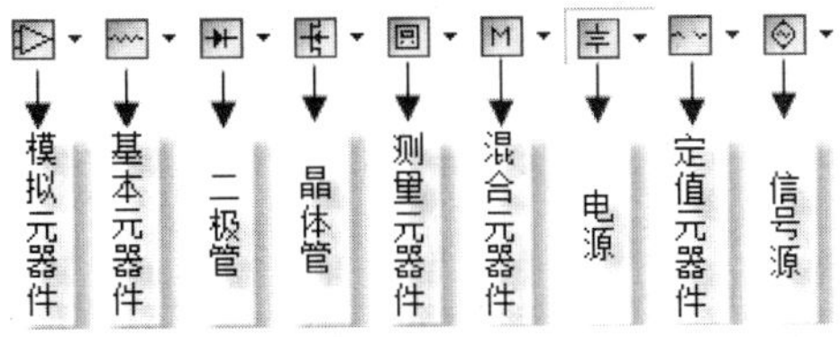

图 2.10　Virtual 工具栏

4. 创建电路窗口

运行 Multisim 10 软件，系统会自动打开一个空白的电路窗口，电路窗口是用户放置元器件，设计电路的工作区域。Multisim 10 允许用户创建符合自己要求的电路窗口，包括界面大小、工具栏、电路颜色、缩放倍数、系统符号等。

在菜单栏执行 Options|Global Preferences…菜单命令后，系统弹出 Preferences 对话框，对话框中有 Paths、Save、Parts 和 General 4 个命令选项卡，单击 Parts 命令选项卡，出现如图 2.11 所示元器件参数选择对话框，在该对话框中可以设置元器件的放置模式和元器件符号标准。在图中的 Place component mode(【元器件放置模式】)选项组内，选中 Return to Component Browser after placement 复选框，在需要放置多个同类型元器件时，放置一个元器件后自动返回元器件浏览窗口，继续选择下一个元器件，不需要再去工具箱中抓取。在图中的 Symbol standard(【符号标准】)选项组内，选中 ANSI 选项，表示采用美国标准，如果选中 DIN 选项，则为欧洲标准。

在菜单栏执行 Options|Sheet Properties…菜单命令后，系统弹出 Sheet Properties 对话框，如图 2.12 所示，对话框中有 Circuit、Workspace、Wiring、Font、PCB 和 Visibility 6 个命令选项卡。通过执行不同命令选项卡中的命令，可以对电路图的显示方式、图幅形式、连接线、字体等进行设置。

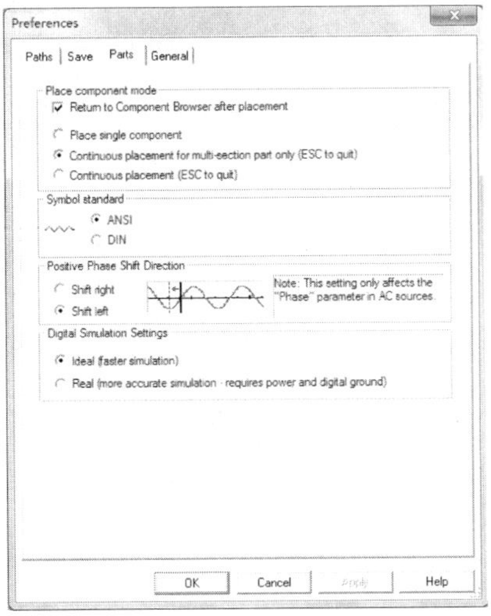

图 2.11　元器件参数选择对话框

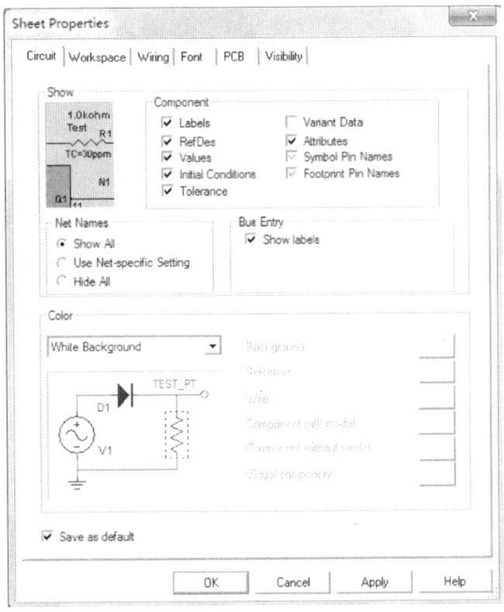

图 2.12　Sheet Properties 对话框

5. 基本操作

1) 元器件的选取和放置

执行菜单命令 Place|Component…，或单击元器件图标工具栏中元器件图标按钮，弹出如图 2.13 所示的 Select a Component(【元器件选择】)对话框。在对话框中的 Database 下拉列表框中可以选择元器件的数据库类型，Multisim 10 有 3 个数据库类型，分别为 Master Database(【主数据库】)、Corporate Database(【共享数据库】)和 User Database(【用户数据库】)。在 Group 下拉列表框中提供了 17 个元器件类别。在 Family 选项组中列出了元器件的不同系列。此外，对话框中还有元器件的名称、示意图、描述、制造厂商信息、封装信息等，可以通过这些辅助信息来选取自己需要的元器件。另外，也可以通过单击 Search…按钮来搜索元器件。

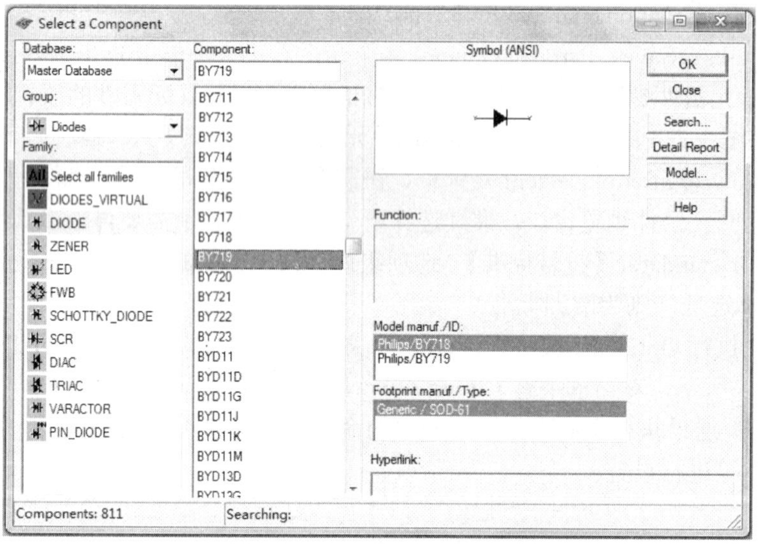

图 2.13　Select a Component 对话框

选定元器件后，被选中的元器件的影子随着光标移动，在电路窗口的合适位置单击，将选定的元器件进行放置。被放置的元器件都有字母和数字组成的编号，其中字母表示元器件的类型，数字表示放置的先后顺序。

2) 元器件的移动、复制

移动一个已经放置好的元器件时，先单击选中待移动的元器件，然后通过移动鼠标或者通过键盘上、下、左、右键来移动元器件。

选中元器件后，右击，在弹出的快捷菜单中选择 Copy 命令，然后在电路窗口的适当位置右击，在弹出的快捷菜单中选择 Paste 命令，以完成对元器件的复制粘贴。也可以利用 Edit 中菜单命令或快捷键<Ctrl+C>、<Ctrl+V>来完成上述功能。

3) 连线

将元器件在电路中放好后，就可以用线把它们连接起来。所有的元器件都有引脚，可以选择自动连线或手动连线，通过连线将元器件或仪表仪器连接起来。自动连线是指

Multisim 10 能够自动找到避免穿过其他元器件或覆盖其他连线的合适路径进行连线。手动连线是用户自己控制连线的路径，连线时把光标放到元器件的引脚上，单击，移动鼠标，这时就会出现一条随着鼠标移动的连线，可以在移动过程中通过单击来控制或者指定连线的路径。

4) 添加连接节点

从非连接点开始绘制连线，必须在该处添加一个节点，该节点可以作为连线点来连线。执行菜单命令 Place|Junction，或在右键快捷菜单中选择 Place Schematic|Junction 选项，然后在电路窗口中的适当位置单击，就可以在该位置完成节点的放置。当光标靠近新的节点时，就会出现光标的变化，然后单击，就可以从节点出发画出一条连线。

5) 旋转或翻转元器件

在选中元器件后，执行菜单命令 Edit|Orientation 的子命令，或在右键快捷菜单中选取 Flip Horizontal、Flip Vertacal、90 Clockwise、90 CounterCW 选项，或使用快捷键<Alt+X>、<Alt+Y>、<Ctrl+R>、<Ctrl+Shift+R>进行翻转和旋转操作。

6) 替换已放置的元器件

在选中需要替换的元器件后，执行菜单命令 Edit|Properties，或在右键快捷菜单中选取 Properties 选项，或双击需要替换的元器件，系统将弹出元器件属性对话框，如图 2.14 所示。在元器件属性对话框中单击 Replace 按钮，系统会弹出 Select a Component 对话框，在 Select a Component 对话框的浏览窗口中选择一个新的元器件，单击 OK 按钮，新的元器件将替代原来的元器件。

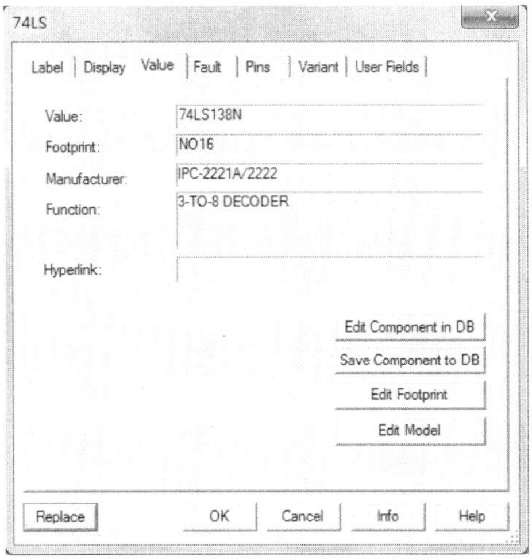

图 2.14　元器件属性对话框

此外，执行菜单命令 Tools|Replace Component…，或在右键快捷菜单中选择 Replace Component…选项，系统都将弹出 Select a Component 对话框，从而可以选择新的元器件进行替换。

7) 修改元器件属性参数

电路中的每个元器件都有各自不同的属性参数，根据电路仿真的需要，可以修改某些

属性参数。选中元器件后，执行菜单命令 Edit|Properties，系统弹出元器件属性对话框，在该对话框中可以对 Label、Display、Value、Fault、Pins 等相关属性参数进行修改。

8) 修改连线轨迹

选中需要修改的连线，在连线上出现一些调整点，将鼠标移动到导线上，光标变为一个向外的双向箭头形状，按住鼠标左键并沿箭头方向拖动可以改变连线的位置。将鼠标移动到调整点上，按住鼠标左键并向任意方向拖动可以改变连线的形状。

选中某条连线时，如果按住 Ctrl 键，并将鼠标移动到选中的连线上，鼠标变为一个向内的双向箭头，单击，可以在单击处增加一个调整点。如果按住 Ctrl 键的同时将鼠标移动到某个调整点上，光标变为一个叉号，单击，可以将该调整点删除。

2.2.3 Multisim 10 常用仪器介绍

Multisim 10 提供了许多种虚拟仪器，利用虚拟仪器不仅可以对仿真电路进行电路参数测试，还可以对测试的数据进行分析、保存等。执行菜单命令 View|Toolbars|Instruments 可以打开 Instruments 工具栏，如图 2.15 所示。

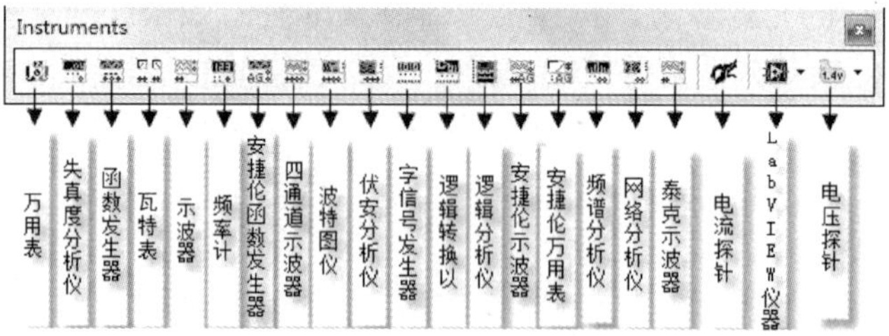

图 2.15 Instruments 工具栏

单击 Instruments 工具栏中的仪器图标，移动鼠标到电路窗口的适当位置，单击放置相应的仪器图标，仪器图标变为仪器接线符号，通过接线符号与电路进行连接。双击仪器接线符号，系统弹出仪器面板，可以在测试前或测试中修改仪器面板的参数，如同真实仪器一样。仪表面板参数设置的正确与否对电路参数的测试非常重要，如果设置不正确，很可能会导致仿真结果出错或难以读数。

Multisim 10 的虚拟仪器可以分为 6 大类，分别为模拟仪器、数字仪器、射频仪器、电子测量中的真实仪器、测试探针和 LabVIEW 仪器。限于篇幅，以下仅介绍几种常用虚拟仪器的使用方法。

1. *万用表*

万用表具有自动量程转换功能，主要用于测量直流或交流电路中两点间的电压、电流、电阻和分贝。万用表的测量精度可以根据需要，通过修改内部电阻来调整。万用表的连接符号和仪器面板如图 2.16 所示。

万用表的测量选项共有 4 个，用 4 个按钮来控制，图 2.16 中选择了电压值的测量，使用中可以根据需要改变测量选项，只需要将鼠标移动到对应的测量选项按钮上单击即可。万用表有两种测量模式，一种是测量交流信号的电压或电流，另一种是测量直流电压或电流，可以根据需要进行选择，图 2.16 中选择了直流测量。

单击图 2.16 中的【Set】按钮，系统将弹出如图 2.17 所示的万用表参数设置对话框，在对话框中可以修改相应的参数设置，修改后单击【Accept】按钮保存修改。

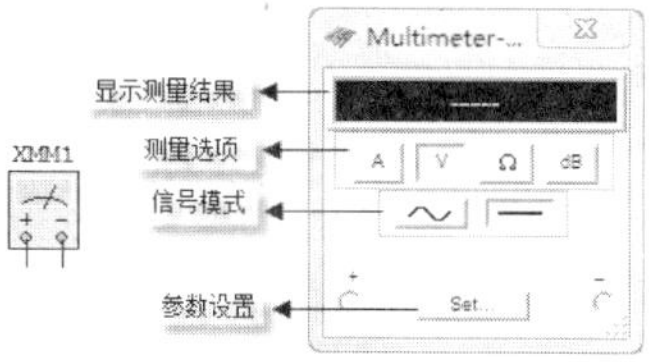

图 2.16　万用表连接符号及面板

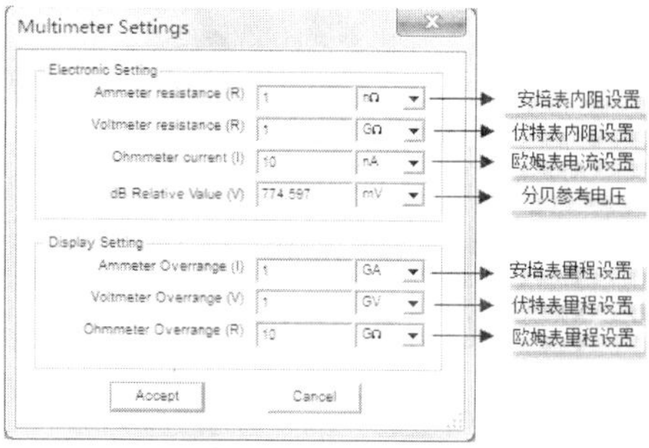

图 2.17　万用表参数设置对话框

测量电流时，将万用表连接符号串联到待测支路中去，并在仪器面板上选择 A 按钮，就可以测量电路中某一支路的电流。如果需要测量多个支路的电流，则可以在每个需要测量电流的支路里串联万用表，然后进行仿真，即可得到要测量的电流值。当万用表作为电流表使用时，它的内阻是很低的，如需改变电流表的内阻，可以在参数设置对话框中修改。

测量电压时，将万用表连接符号并联到待测支路中去，并在仪器面板上选择 V 按钮，就可以测量电路中某一支路的电压。

测量电阻时，将万用表连接符号并联到待测支路的两端，并在仪器面板上选择 Ω 按钮，就可以测量电路中某一支路的电阻。测量电阻时，待测支路中不能包括电源，并且待测支路不能与其他支路并联。

测量分贝时，将万用表连接符号并联到待测支路的两端，并在仪器面板上选择 dB 按钮，就可以测量电路中两点之间的电压增益或者损耗。

2. 函数发生器

函数发生器是产生正弦波、三角波和方波的信号源。函数发生器能够提供标准的模拟信号，而且可以很方便地更改波形、频率、幅度值、占空比和偏置电压。函数发生器的连接符号和仪器面板如图 2.18 所示。

信号发生器有 3 个接线端子，分别为正接线端、公共端和负接线端，信号发生器通过这 3 个接线端子将信号送到电路中去，其中公共端是信号的参考点，正接线端提供正信号，负接线端提供负信号。当函数发生器的输出信号取自于公共端与正接线端(或负接线端)时，输出信号的峰—峰值是信号幅度的 2 倍；当输出信号取自于正接线端与负接线端时，输出信号的峰—峰值是信号幅度的 4 倍。

在信号发生器的仪器面板上，在 Waveforms(【波形选择】)选项组中可以选择输出信号的波形，Multisim 10 提供了正弦波、三角波和矩形波 3 种波形信号。在 Signal Options(【信号选项】)选项组中可以对输出信号的频率、占空比、幅值、偏移量进行设置。

3. 双踪示波器

双踪示波器可以观察一路或者两路信号随时间变化的波形，可以根据周期信号的波形测量其幅值和频率。双踪示波器的连接符号和仪器面板如图 2.19 所示。双踪示波器有 3 个接线端子，分别为 A 通道信号输入端、B 通道信号输入端和外部触发输入端(EXT Trig)。

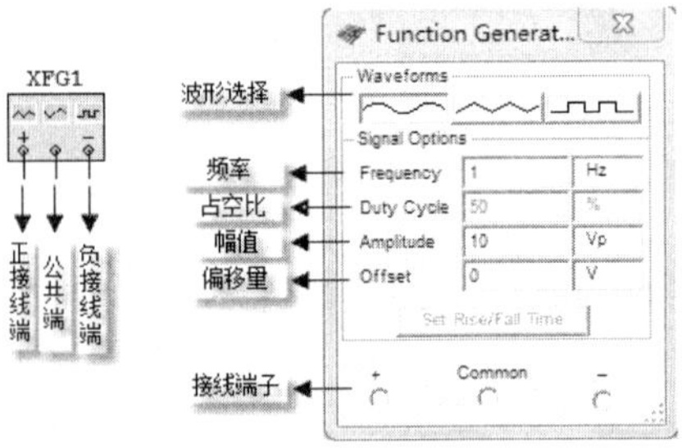

图 2.18　信号发生器连接符号及面板

双踪示波器的时基框是设置扫描时间和信号显示方式的选项组。扫描时间是通过 Scale 选项来设置的，单击 Scale 后面的数值框，会出现一对上下箭头，通过上下箭头可以调整扫描时间的长短，信号频率越高，扫描时间应该调得越短。通过 X position 选项可以设置信号波形在 X 轴的起始点，当其值为“0”时，波形的起始点是从左边沿开始，如果其值是一个正值，则波形的起始点向右移动。信号显示方式选项组有 Y/T、Add、B/A、A/B 这 4 个按钮。单击 Y/T 按钮，示波器显示的信号波形以时间轴为 X 轴；单击 Add 按钮，将 A 通道和 B 通道信号叠加后一起显示；单击 B/A 按钮，示波器将以 A 通道信号作为 X 轴，B 通道信号作为 Y 轴进行显示；单击 A/B 按钮，示波器将以 B 通道信号作为 X 轴，A 通道信号作为 Y 轴进行显示。

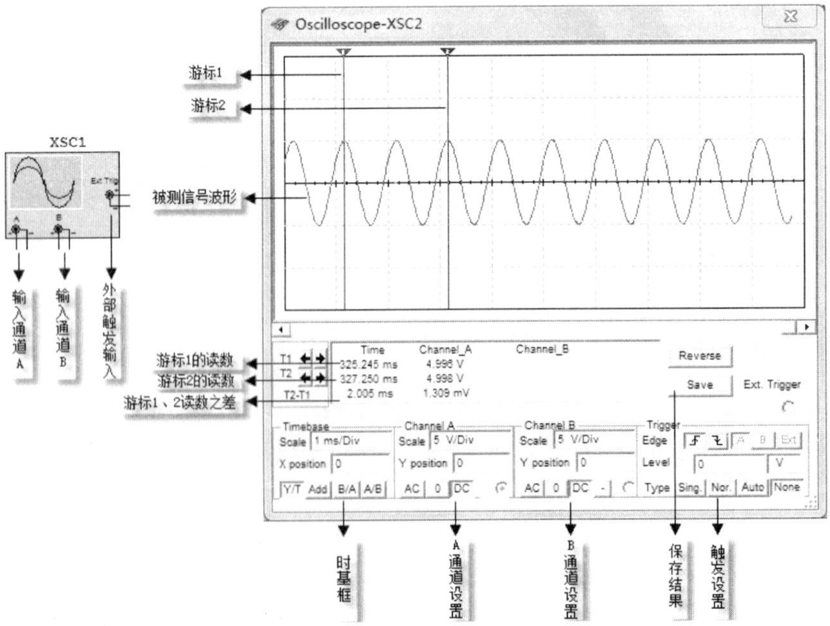

图 2.19　双踪示波器连接符号及面板

双踪示波器的通道设置分为 A 通道设置和 B 通道设置，两者的设置方法完全一样。

Scale 选项用来设置 Y 轴的灵敏度，即每个刻度的电压值。Y position 选项用来设置信号波形在 Y 轴上的起始位置，改变 Y position 的数值可以将信号波形上下移位。A 通道和 B 通道各有 3 种输入耦合方式，分别为 AC、0 和 DC。选择 AC 耦合方式时，示波器仅显示信号波形中的交流成分；选择 DC 耦合方式时，示波器将信号波形中的交流成分和直流成分叠加后显示；选择 0 耦合方式时，使输入端接地，不显示输入信号。B 通道设置中还有一个“-”按钮，其作用是将 B 通道信号翻转180°，与时基框中的 Add 按钮配合使用，可以显示 A 通道减去 B 通道的波形。

双踪示波器的触发设置决定了信号波形在示波器上的显示条件。触发信号分为内部触发和外部触发，内部触发时，触发信号以 A 通道或 B 通道信号作为触发源；外部触发时，需从 Ext. Trigger 端接入触发源。Edge 选项用以设置触发沿，当单击 ⨍ 按钮时，在波形的上升沿到来时触发显示；当单击 ⨍ 按钮时，在波形的下降沿到来时触发显示；当单击 A 按钮时，将 A 通道信号作为触发源；当单击 B 按钮时，将 B 通道信号作为触发源；当单击 Ext 按钮时，将外部输入信号作为触发源。Level 选项用以设置触发电平，触发电平是给输入信号设置一个阈值电压，当输入信号幅度达到触发电平时，示波器才开始扫描。Type 选项用于设置触发方式，当选择 Sing.按钮时，触发信号电平达到触发电平时，示波器只扫描一次；当选择 Nor.按钮时，触发信号电平只要达到触发电平，示波器就扫描一次；Auto 按钮主要用于小信号或为尽快显示波形；如果选择 None 按钮，示波器将不设置触发。

如果要显示波形各参数的准确值，就需要拖动显示窗口中的游标 1 和游标 2 到期望的位置，在显示窗口下方的方框内会显示游标与信号波形交点处的时间值和电压值，并可以显示两个游标之间的差值，为测量信号的周期和幅值提供了方便。

4. 字信号发生器

字信号发生器广泛应用于数字电路的仿真中，它是一个可以编程的通用数字激励源，可以将数字字符或二进制数字信号输入到数字电路中去。字信号发生器的连接符号和仪器面板如图 2.20 所示。

字信号发生器的连接符号有 3 个信号端口，分别为数据准备好输入端、外部触发输入端和 32 个逻辑符号输出端。字信号发生器的仪器面板左侧是控制部分，右侧是字信号发生器的字值显示窗口，底部为字信号发生器当前输出数据的数值。

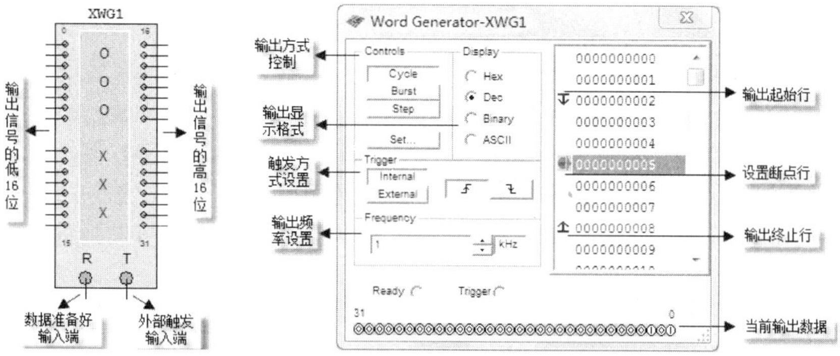

图 2.20　字信号发生器连接符号及仪器面板

字信号发生器的字值显示窗口共分 1024 行，以卷轴形式出现，每一行的字值可以以 8 位十六进制数显示，即从 00000000 到 FFFFFFFF(相当于十进制数的 0～4294967295)。在输出显示格式 Display 选项组中可以设定字信号发生器输出数据的显示格式，如果选择 Hex 单选按钮，则输出数据以十六进制形式显示；如果选择 Dec 单选按钮，则输出数据以十进制形式显示；如果选择 Binary 单选按钮，则输出数据以二进制十进制形式显示；如果选择 ASCⅡ单选按钮，则输出数据以 ASCⅡ码的形式显示。

在数字电路的仿真过程中，一般用不了 1024 行，只需截取输出行的一部分，再逐行输入字值。在字卷轴每一行字值的左侧有一个小方格，在小方格中单击或右击，都会弹出如图 2.21 所示的快捷菜单，在快捷菜单中可以设置输出行的起始位置和终止位置。Set Cursor 命令用以设置仿真开始时从哪一行开始运行，将鼠标移动到某一行左侧的小方格中，单击或右击，就可以将该行设置为仿真起始行，此时在该行的左侧的小方格中出现▶符号。Set Break-Point 命令用于设置断点，其设置方法与 Set Cursor 的设置方法相同，并在该行左侧的小方格中出现●符号。在电路进行仿真时，当输出行运行到断点行时就停止仿真，需要重新单击仿真开始按钮才可以继续仿真。Delete Break-Point 命令用于取消已经设置的断点。Set Initial Position 命令用于设置输出行的起始位置，该起始位置是仿真开始后除第一个周期外的起始行(第一个周期的起始行是 Set Cursor 所设置的行)，设置完成后在该行左侧的小方格中出现⤓符号。Set Final Position 命令用于设置输出行的终止位置，设置完成后在该行左侧的小方格中出现⤒符号。

字信号发生器的输出控制方式有 3 种，分别为 Cycle、Burst 和 Step。当选择 Cycle 选项时，字信号发生器将从起始行到终止行循环输出信号；当选择 Burse 选项时，字信号发生器将从起始行到终止行输出信号，但只输出一次，不循环；当选择 Step 选项时，字信号发生器的输出方式为单步输出，每次只输出一行数值信号。

单击 Set…按钮，系统会弹出如图 2.22 所示的 Settings 对话框，在该对话框中可以设置字信号发生器的预置模式和显示类型。

在 Pre-set Patterns 选项组中可以选择 No Change(【不改变】)、Load(【装载以前保存的模式】)、Save(【保存当前的模式】)、Clear Buffer(【全部清零】)、Up Counter(【增量为 1 的递增编码】)、Down Counter(【增量为 1 的递减编码】)、Shift Right(【只有 1 位代码为 1 的右移编码】)、Shift Left(【只有 1 位代码为 1 的左移编码】)选项。在 Display Type 选项组中可以选择 Hex 或 Dec 选项。Buffer Size 微调框用以设置卷轴上的输出字值的行数。Initial Pattern 微调框用以设置卷轴上的起始行，只有在 Pre-set Patterns 选项组中选择 Shift Right 或 Shift Left 选项后，该选项才能起作用。

Trigger 选项组用以设置信号的触发方式。如果选择 Internal 选项，则选用字信号发生器内部信号进行触发；如果选择 External 选项，则选用外部信号进行触发；如果选择 ⌠ 选项，则在信号波形的上升沿到来时触发；如果选择 ⌡ 选项，则在信号波形的下降沿到来时触发显示。

Frequency 选项组用以设置字信号发生器的时钟频率，它决定了字信号发生器字值输出的速度。时钟频率越高，字信号发生器的字值输出速度就越快。

图 2.21 输出行设置快捷菜单

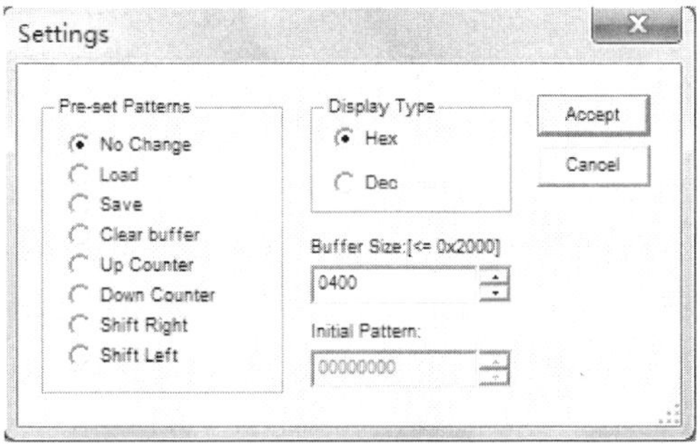

图 2.22 Settings 对话框

5. 逻辑分析仪

逻辑分析仪广泛应用于数字电路仿真测试中，Multisim 10 中的逻辑分析仪能够同时显示 16 路逻辑通道信号，它能快速地获取每个通道的逻辑状态，具有优越的实时分析功能。逻辑分析仪的连接符号和仪器面板如图 2.23 所示。

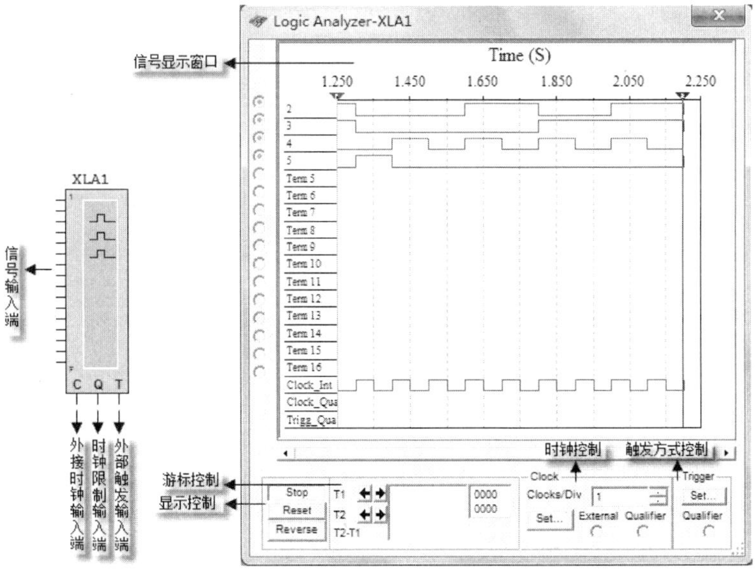

图 2.23 逻辑分析仪连接符号及面板

逻辑分析仪的连接符号有 4 组信号输入端口，分别为 16 路逻辑信号输入端(1～F)、外部时钟输入端 C、时钟限制输入端 Q 和外部触发输入端 T。连接符号中的 16 路输入接线端与仪器面板左侧的 16 个接线柱相对应，当输入接线端接有被测信号时，面板左侧相应的接线柱圆环中间就会显示一个黑点，并同时显示出连线的编号，此编号是按连线的时间先后顺序排列的。

在图 2.23 所示的显示控制选项组内有 Stop、Reset 和 Reverse 3 个按钮。Stop 按钮用于停止数据采集；Reset 按钮用以重新开始采集数据；Reverse 按钮用以改变当前信号显示窗口的背景颜色。

单击 Clock 选项组中的 Set…按钮，系统弹出如图 2.24 所示的 Clock setup 对话框，在该对话框中可以对逻辑分析仪的时钟进行设置。在 Clock Source 选项组中可以将时钟设置为内部时钟信号或外部时钟信号，如果选择 External 选项，则为外部时钟信号，如果选择 Internal 选项，则为内部时钟信号。在 Clock Rate 选项组中可以设置内部时钟的脉冲频率。在 Clock Qualifier 下拉列表框中可以对输入时钟信号设置门槛限制，如果设置为 x，限制就不启动，只要有时钟信号，采样就开始；如果设置为 1 或是 0，时钟信号只有符合限制设置时，采样才开始。在 Sampling Setting 选项组中，Pre-trigger Samples 选项设置触发信号到达前的采样数据的数目；Post-trigger Samples 选项设置触发信号到达后的采样数据的数目；Threshold Volt.(V)用以设置取样的阈值电压值。

单击 Trigger 选项组中的 Set…按钮，系统弹出如图 2.25 所示的 Trigger Settings 对话框，在该对话框中可以对逻辑分析仪的触发方式进行设置。在 Trigger Clock Edge 选项组中可以将时钟触发边沿设置为 Positive、Negative 或 Both 方式，Positive 是上升沿触发；Negative 是下降沿触发；Both 是双边触发。在 Trigger Patterns 选项组中有 Patter A、Patter B 和 Patter C 3 个触发模式，每个触发模式由 16 位数组成，可以是 1、0 或 x(任意值)。在 Trigger Combinations 下拉列表框中可以设置触发模式的组合方式，在下拉列表中共有 A、B、C 的 21 种不同组合可供选择。

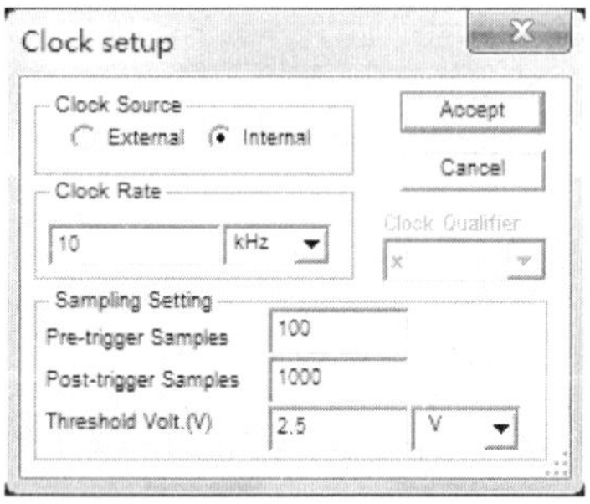

图 2.24　Clock setup 对话框

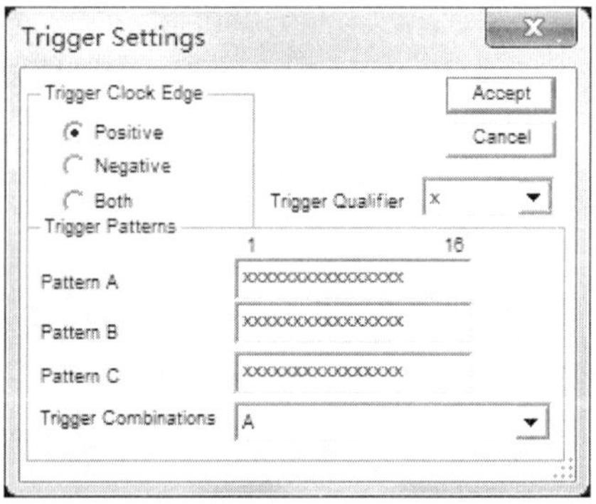

图 2.25　Trigger Settings 对话框

6. 逻辑转换仪

逻辑转换仪主要用于逻辑函数不同表示形式之间的转换，它能将逻辑电路图转换为相应的真值表或逻辑表达式，也可以将真值表或逻辑表达式转换为逻辑电路图。逻辑转换仪的连接符号和仪器面板如图 2.26 所示。

逻辑转换仪面板上方的左侧为 8 个输入端点，右侧为输出端点；中间的左侧为真值表显示窗口，右侧为转换按钮；下方为逻辑表达式显示窗口。

将逻辑电路的输入端连接到逻辑转换仪的逻辑变量输入端，输出端与逻辑分析仪的输出接线柱相连，单击按钮可以将逻辑电路图转换为真值表。

在逻辑转换仪上方左侧的 A～H 8 个圆圈中，单击需要输入的通道，然后在真值表输出取值栏中设定输出值，输出值可以是 0、1 或 x。单击按钮，可以将真值表转换成逻辑表达式，并显示于仪器面板的下方。单击按钮，可以得到最简的与或表达式。

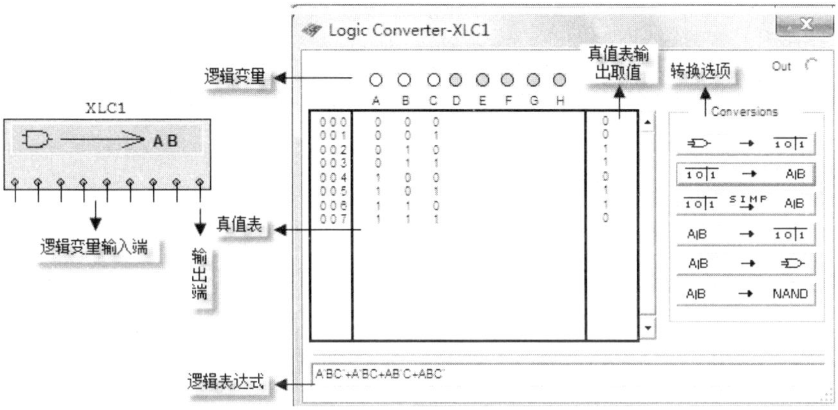

图 2.26 逻辑转换仪连接符号及面板

在仪表逻辑表达式显示窗口可以输入逻辑表达式，但只能用与、或、非的形式表示。单击 AIB → 1011 按钮，可以将逻辑表达式转换成真值表，且显示在真值表显示窗口。单击 AIB → 按钮，可以将逻辑表达式转换成逻辑电路图，且在电路窗口中显示。单击 AIB → NAND 按钮，可以将逻辑表达式转换成用与非门构成的逻辑电路图，且在电路窗口中显示。

【思考题】 如何利用逻辑转换以将逻辑电路图转换为最简与或表达式？

2.3 硬件描述语言 VHDL 基础

硬件描述语言(HDL)是一种能够描述硬件电路的功能、信号连接关系及时序关系的语言，也是一种用形式化的方法来描述数字电路和设计数字系统的语言，是数字系统设计者和 EDA 工具之间的一种工作界面。数字系统设计者可以利用硬件描述语言来描述自己的设计思想，并借助于 EDA 工具进行仿真、综合，最后用 FPGA 或 ASIC 来实现数字系统的功能。目前用于逻辑功能描述的 HDL 有很多种，常见的有 VHDL、Verilog HDL 和 ABEL HDL 等。

VHDL 的英文全写是为 VHSIC(Very High Speed Integrated Circuit)Hardware Description Language，意思是超高速集成电路硬件描述语言，它是由美国国防部于 1983 年发起创建的，并在 1987 年年底被 IEEE 和美国国防部确认为标准硬件描述语言。VHDL 主要应用在基于 FPGA/CPLD/EPLD 的数字系统设计中，主要用于描述数字系统的结构、行为、功能和接口。除了含有许多具有硬件特征的语句外，VHDL 的语言形式、描述风格、句法与一般计算机高级语言十分类似。

2.3.1 VHDL 程序的基本结构

VHDL 的程序结构特点是将一项工程设计，或称为设计实体(可以是一个元件、一个电路模块或一个系统)分成外部和内部两部分。外部为设计实体的端口，是可视部分，内部为设计实体的功能和算法实现部分，是不可视部分。在对一个设计实体定义了外部端口，并完成其内部开发后，其他的设计就可以直接调用这个实体。

对于一个相对完整的VHDL程序来说，其基本结构一般由库(library)、程序包(package)、实体(entity)、结构体(architecture)和配置(configuration)5个部分构成。这5个部分并不是所有的VHDL程序都必须具备的，但每个VHDL程序至少应包含实体和实体对应的结构体这两个部分。

下面以一个半加器为例来说明设计实体的基本结构。半加器是最简单的加法器，它将两个一位二进制数直接相加，而不考虑来自低位的进位。在VHDL程序中定义A、B分别为加数和被加数的输入信号，S为和输出信号，CO为进位输出信号，并将该设计实体取名为halfadder。半加器的具体程序如下：

```
Library IEEE;                                          ——库声明
Use IEEE.std_logic_1164.all;                           ——程序包说明
entity halfadder is                                    ——实体描述开始
  port
  (
  A,B : in   STD_LOGIC;
  S,CO: out  STD_LOGIC
  );
end halfadder;                                         ——实体描述结束
architecture behav of halfadder is                     ——结构体描述开始
  signal incode:STD_LOGIC_VECTOR(1 DOWNTO 0);
begin
  incode<=A&B;
  Process (incode)
    begin
      case incode is
        when"00" => S<='0';CO<='0';
        when"01" => S<='1';CO<='0';
        when"10" => S<='1';CO<='0';
        when"11" => S<='0';CO<='1';
        when others=>S<='0';CO<='0';
      end case;
  end Process;
end behav;                                             ——结构体描述结束
```

程序中Library关键字对程序所使用的库IEEE进行声明，关键字Use打开程序所用到的程序包IEEE.std_logic_1164.all。设计实体中实体描述以entity开始，以“end 实体名”形式结束。结构体描述以architecture来标识，以end behav关键字结束。

1. *库和程序包*

VHDL的库是一种用来存放预先编译好的程序包和数据集合的仓库。在利用VHDL进行设计时，为了提高设计效率以及使设计遵循某些统一的语言标准或数据格式，将一些有用的信息汇集在一个或几个库中以供调用。这些信息可以是预先定义好的数据类型、子程序等设计单元的集合体(程序包)，或预先设计好的各种设计实体(元件库程序包)。如果在VHDL设计中用到某一个程序包，就必须在该项设计中预先打开这个程序包，使此设计能随时使用这一程序包中的内容。

VHDL 程序设计中常用的库有 IEEE 库、STD 库和 WORK 库。IEEE 库是 VHDL 设计中最常用的库，它包含了 IEEE 标准和其他一些支持工业标准的程序包，其中 std_logic_1164 是一个非常重要、最常用的程序包，大部分数字系统设计的程序包都是以 std_logic_1164 程序包中定义的标准为基础的。IEEE 库中所包含的程序包及包中内容见表 2-1。STD 库是设计库，包含了 VHDL 定义的两个标准程序包 STANDARD 和 TEXTIO，在设计中不需要显示说明。WORK 库是用户 VHDL 设计的工作库，用于存放用户设计及定义的一些设计单元和程序包，在设计中不需要显示说明。

表 2-1　IEEE 库中的程序包

程序包	预定义内容
std_logic_1164	定义了 std_logic、std_logic_vector 等数据类型
std_logic_arith	定义了有符号和无符号类型及基于这些类型的算术运算和转换函数
std_logic_signed	定义了基于 std_logic 和 std_logic_vector 的有符号数算术运算
std_logic_unsigned	定义了基于 std_logic 和 std_logic_vector 的无符号数算术运算

在 VHDL 语言中，库的说明语句总是放在实体单元的前面的，用关键字 Library 指明所使用的库名，用 Use 语句指明库中的程序包。VHDL 要求每一个设计实体都必须有自己完整的库的说明语句和 Use 语句。库和程序包的说明形式如下：

```
Library 库名;
Use 库名.程序包名.all;
```

例如，在半加器的设计中引用的库和程序包有如下声明：

```
Library IEEE;                   ——打开 IEEE 库
Use IEEE.std_logic_1164.all;   ——打开 IEEE 库中 std_logic_1164 程序包的所有内容
```

2. 实体

实体是 VHDL 程序设计中最基本的模块，它的功能是描述设计实体的输入输出接口信号或引脚。实体是设计实体的表层设计单元，是对设计实体的外观描述，是设计实体的可见部分。实体不涉及设计实体内部的任何信息，因此两个相同的实体并不代表它们实现相同的逻辑功能。

实体的语句格式如下：

```
ENTITY 实体名 IS
  [ GENERIC (参数名: 数据类型;
                ……
                参数名: 数据类型); ]
[ PORT (端口名: 端口模式   数据类型;
          ……
          端口名: 端口模式   数据类型); ]
END 实体名;
```

定义实体必须以语句“ENTITY 实体名 IS”开始，以语句“END 实体名”结束，其中实体名可以由设计者自己添加。中间的方括号内的语句描述并非是必需的，在特定情况下可以省略。另外，VHDL 语言的标识符名称不区分大小写，ENTITY 和 entity 表示的含义一样。

类属说明语句(GENERIC 语句)是一种常数参数的端口界面，经常放在实体或块结构体头部进行说明，它提供了设计实体与外部环境通信的一种静态信息通道。设计者可以从外面通过类属参量的重新设定而容易地改变一个设计实体或一个元件的内部电路结构和规模。如果类属参量是时间类型的，只能改变设计实体的仿真结果，而在综合时被忽略，不会改变设计实体的硬件结构。如果类属参量是整数类型的，设计实体的仿真结果和硬件结构都会改变。

端口说明语句(PORT 语句)是对一个设计实体界面的说明，是对设计实体与外部电路接口的描述，类似于实际器件的外部管脚，为设计实体与外部电路提供动态通信通道，包括对每一个接口的名称、输入输出模式和数据类型进行定义。端口名是设计者为设计实体的每一个输入输出接口所取的名字，端口名在实体中必须是唯一的。

端口模式定义端口信号的流向，VHDL 提供了 IN、OUT、INOUT 和 BUFFER 4 种端口模式。IN 模式定义输入端口，是单向只读模式，只能读取，不能赋值；OUT 模式定义输出端口，是单向赋值模式，只能将信号通过该端口输出，不能读入；INOUT 模式定义双向端口，可以通过该端口读入或写出信息；BUFFER 模式定义为缓冲端口，是具有读功能的输出模式，只允许内部回读输出的信号，即允许反馈。

数据类型定义端口信号的数据类型，常用的数据类型有 INTEGER、STD_LOGIC、BOOLEAN、STD_LOGIC_VECTOR、BIT 等。

3. 结构体

结构体是实体的具体实现，必须放在实体说明的后面，主要描述设计实体的内部结构以及实体端口间的逻辑关系。结构体的组成部分包括对数据类型、常数、信号、子程序、元件等元素的说明部分和描述实体逻辑行为的、以各种不同描述风格表达的功能描述语句。一个实体可以有多个结构体，每个结构体对应一个不同的结构和实现方案，但结构体不能重名，而且在仿真和综合时，必须采用配置语句指定用于仿真和综合的结构体。

结构体的语句格式如下：

```
ARCHITECTURE 结构体名 OF 实体名 IS
[说明语句]
BEGIN
[功能描述语句]
END 结构体名;
```

结构体中的说明语句对结构体功能描述语句中将要用到的信号、常数、数据类型、元件、函数和过程等进行说明，其形式与端口说明语句类似，有信号名和数据类型，但不需要定义信号的模式，并且只能用在这个结构体中。结构体中的说明语句不是必需的，有时可以省略。

结构体中的功能描述语句具体描述了结构体的行为及其连接关系，它可以含有 5 种不同类型的并行语句结构，分别为块语句、进程语句、信号赋值语句、子程序调用语句和元件例化语句。块语句是由一系列并行执行语句构成的组合体，它的功能是将结构体中的并行语句组成一个或多个模块。进程语句定义顺序语句模块，用以从外部获得的信号值或内部的运算数据向其他信号进行赋值。信号赋值语句将设计实体内的处理结果向定义的信号或端口进行赋值。子程序调用语句用以调用过程或函数，并将获得的结果赋值给信号。元件例化语句对其他的设计实体作元件调用说明，用以调用其他实体所描述的电路。

4. 配置

配置可以把特定的结构体指定给一个确定的实体。通常，在大而复杂的 VHDL 工程设计中，配置语句可以为实体指定或配置一个结构体，例如，利用配置使仿真器为同一实体配置不同的结构体，以比较不同结构体的仿真差别，或者为例化的各元件实体配置指定的结构体，从而形成一个所希望的例化元件层次构成的设计实体。配置语句还可以用于对元件的端口连接进行重新安排等。

配置的语句格式如下：

```
CONFIGURATION 配置名 OF 实体名 IS
配置语句
END 配置名;
```

配置主要为顶层设计实体指定结构体，或为参与例化的元件实体指定所希望的结构体，以层次方式来对元件例化作结构配置。配置分为 4 种类型，分别为默认配置、元件配置、块配置和结构配置。

2.3.2　VHDL 的数据对象和数据类型

VHDL 语言与其他编程语言一样，具有丰富的数据对象和数据类型，正确理解数据对象和数据类型的定义是学习 VHDL 语言编程的基础。

1. 标识符

标识符用来定义常数、变量、信号、端口等的名字。在 VHDL 编程过程中，书写标识符必须符合 VHDL 语言的有关语法规范。习惯上将 1987 版的标识符称为短标识符，将 1993 版的标识符称为扩展标识符。

(1) 短标识符。短标识符由英文小写字母(a～z)、英文大写字母(A～Z)、数字(0～9)以及下划线(_)组成，书写时必须遵循以下规则。

① 必须以英文字母开头。

② 下划线前后必须是字母或数字。

③ 最后一个字符不能是下划线。

④ 英文字母不区分大小写。

⑤ 标识符不能与 VHDL 中的保留字(关键字)相同。

VHDL 的保留字见表 2-2。

表 2-2　VHDL 的保留字

ABS	ACCESS	AFTER	ALIAS	ALL	AND
ARCHITECTURE	ARRAY	ASSERT	ATTRIBUTE	BEGIN	BLOCK
BODY	BUFFER	BUS	CASE	COMPONENT	CONSTANT
CONFIGURATION	DISCONNECT	DOWNTO	ELSE	END	ENTITY
EXIT	FILE	FOR	FUNCTION	GENERATE	GENERIC
GROUP	GUARDED	IF	IMPURE	IN	INERTIAL
INOUT	IS	LABEL	LIBRARY	LINKAGE	LITERAL
LOOP	MAP	MOD	NAND	NEW	NEXT
NOR	NOT	NULL	OF	ON	OPEN
OR	OTHERS	OUT	PACKAGE	PORT	POSTPONED
PROCEDURE	PROCESS	PURE	RANGE	RECORD	REGISTER
REJECT	REM	REPORT	RETUEN	ROL	ROR
SELECT	SEVERITY	SIGNAL	SHARED	SLA	SLL
SRA	SRL	SUBTYPE	THEN	TO	TRANSPORT
TYPE	UNITS	UNTIL	USE	VARIABLE	WAIT
WHEN	WHILE	WITH	XNOR	XOR	

(2) 扩展标识符。扩展标识符的书写规则如下。

① 扩展标识符以反斜杠来分割，如\mux4in1\。

② 允许包含图形符号和空格，如\#mux&4 in 1\。

③ 两个反斜杠之间可以使用数字开头，如\2mux4in1\。

④ 英文字母区分大小写。

⑤ 反斜杠之间的标识符可以是 VHDL 中的保留字。

⑥ 允许多个下划线相连，如\2_mux_4in1\。

⑦ 扩展标识符和短标识符不同。

⑧ 若扩展标识符中含有一个反斜杠，则用两个反斜杠来代替。

2. 数据对象

VHDL 的数据对象类似于一个容器，它接受不同数据类型的赋值。在 VHDL 中，数据对象共包括 4 种，分别为常量、变量、文件和信号。前 3 种数据类型在其他计算机高级语言中都能找到相似的用法，其语言行为与高级语言十分相似。但信号这一数据对象比较特殊，它具有更多的硬件特征，是 VHDL 中最有特色的语言要素之一。

从硬件电路系统来看，这 4 类数据对象都具有一定的物理含义。常量相当于数字电路中的恒定电平，如 GND 或 VCC 接口，代表数字电路中的电源和地线等。信号相当于物理设计中的某一条硬件连线。变量代表暂存某些值的载体。文件是传输大量数据的客体。

1) 常量

常量的定义和设置主要是为了使设计实体中的常数更容易阅读和修改。在程序中，常量必须在使用之前进行数据类型的定义和赋值，是一个恒定不变的值，在程序中不能改变，具有全局意义。

常量的使用可以增强 VHDL 程序的可读性，同时可以使程序中全局参数的修改变得十分简单。例如，将位矢量的宽度定义为一个常量，只要修改这个常量就能很容易地改变位矢量的宽度，从而改变电路的硬件结构。

常量的定义形式如下：

```
CONSTANT  常量名：数据类型:=表达式;
```

CONSTANT 是常量说明的关键字，常量名必须符合 VHDL 标识符规范，数据类型必须与表达式的数据类型一致，可以是标量类型或复合类型，但不能是文件类型或存取类型。

例如：

```
CONSTANT  MAX: INTEGER:=100;
CONSTANT  Vcc: REAL:=5.0;
CONSTANT  dely: TIME:=10ns;
```

常量的使用范围取决于它被定义的位置。在程序包中定义的常量具有最大的全局化特征，可以在调用此程序包的所有设计实体中使用；在设计实体中定义的常量，其有效范围为这个实体中定义的所有结构体；在结构体中定义的常量只能在该结构体中使用。

2) 变量

在 VHDL 语法规则中，变量是一个局部量，只能在进程语句、函数语句和过程语句中使用。变量的赋值是一种理想化的数据传输，是立即发生的，不存在任何延时的行为，其主要作用是在进程中作为临时性的数据存储单元。

变量声明的语句格式如下：

```
VARIABLE  变量名：数据类型[ :=初始值] ;
```

VARIABLE 是变量声明的关键字，变量名必须符合 VHDL 标识符规范，数据类型必须与初始值的数据类型一致。初始值设定不是必须的，设定的初始值只在仿真中有效，在综合时忽略所有的初始值。变量的声明在进程或子程序的内部进行。例如：

```
VARIABLE  A: INTEGER;
VARIABLE  B: INTEGER:=10;
```

变量数值的改变是通过赋值语句进行的，变量赋值的语句格式为：

```
目标变量名:=表达式;
```

例如：

```
A:=100;
A:=B+C;
```

3) 信号

在 VHDL 中，信号是描述硬件系统的基本数据对象，是电子电路内部连接线的抽象。信号是一种全局变量，主要用于设计实体中并行语句模块间的信息交流通道。信号作为一种数值容器，不但可以容纳当前值，也可以保持历史值，这一属性与触发器的记忆功能有很好的对应关系。

信号通常在结构体、程序包和实体中说明，其声明语句格式为：

```
SIGNAL  信号名：数据类型[:=初始值]；
```

SIGNAL 是信号声明的关键字，信号名必须符合 VHDL 标识符规范，数据类型必须与初始值的数据类型一致。初始值设定不是必需的，设定的初始值只在仿真中有效，在综合时忽略所有的初始值。

例如：

```
SIGNAL  count: STD_LOGIC _VECTOR(7 DOWNTO 0);
SIGNAL  A, B: INTEGER;
SIGNAL  C: STD_LOGIC:=0;
```

当信号定义了数据类型和表达方式后，就可以对信号进行赋值。信号赋值的语句格式为：

```
目标信号名<=表达式 [AFTER 时间量];
```

例如：

```
SIGNAL  t1, t2: STD_LOGIC;
t1<=t2  AFTER 10 ns ;
```

信号的初始赋值语句用“:=”，这种赋值方式是没有延迟时间的。信号的赋值语句用“<=”，表示允许信号传递时存在延迟时间。

信号的使用和定义范围是实体、结构体和程序包，不能在进程和子程序中进行定义。信号的赋值可以出现在进程中，也可以直接出现在结构体的并行语句结构中，但它们的运行含义是不一样的。在进程中，同一个信号可以有多个驱动源，或是赋值信号源，即存在多个同名的信号被赋值，但只有最后一个赋值语句被启动，并进行赋值。在并行赋值语句中不允许同一信号有多个驱动源。

4) 文件

文件是用来传输大量数据的数据对象。在系统仿真测试时，输入激励数据和仿真结果输出常通过文件实现。对文件进行说明的语句格式为：

```
FILE  文件变量: TEXT  IS 方向"文件名";
```

其中 FILE 是文件对象声明关键字，文件变量是文件对象标识符，方向指明是读(IN)文件还是写(OUT)文件，文件名所指的文件必须是 ASCⅡ码的文件。当从文件中读入数据时，文件的扩展名为 in；当向文件中读出数据时，文件的扩展名为 out。

3. 数据类型

在 VHDL 中，常量、变量、信号等都要指定数据类型，具有相同数据类型的量才能够相互传递和作用。VHDL 语言是一种强类型语言，不同类型之间的数据不能相互传递，而且即使数据类型相同，如果位数不同，也不能相互传递。

VHDL 中的数据类型可以分为标量型、复合型、存取型和文件型。这些数据类型又可以分为预定义数据类型和用户自定义数据类型两个类别。预定义数据类型是 VHDL 语言中最常用、最基本的数据类型，这些数据类型都已在 VHDL 标准程序包 STANDARD 和 STD_LOGIC_1164 及其他的标准程序包中作了定义，可在设计中随时调用。用户自定义数据类型在设计时必须先声明再调用。VHDL 的仿真器支持所有的数据类型，但综合器并不支持所有数据类型。

(1) 预定义数据类型。VHDL 的预定义数据类型共有 10 种，都是在 VHDL 标准程序包 STANDARD 中定义的，已自动包含在 VHDL 的原文件中，在实际使用时不需要通过 USE 语句显式调用。

① 布尔(BOOLEAN)类型。布尔数据类型是一个二值枚举型数据类型，有 FALSE 和 TRUE 两种取值可能。布尔量不属于数值，不能参与运算，只能通过关系运算获得。

② 位(BIT)类型。位数据类型的取值只能是 1 或 0，可以参与逻辑运算。

③ 位矢量(BIT_VECTOR)类型。位矢量是基于位数据类型的数组，使用位矢量时必须注明位宽，也就是数组中元素的个数和排列。例如：

```
SIGNAL  A: BIT _VECTOR(7 DOWNTO 0);
```

信号 A 被定义为 8 位位宽的矢量，它的最左位是 A(7) ，最右位是 A(0)。

④ 字符(CHARACTER)类型。字符是用单引号括起来的 ASCⅡ字符，它可以是英文大、小写字母，也可以是 0～9 中的任何一个数，或是特殊字符，如“1”、“a”、“$” 等。

⑤ 字数串(STRING)类型。字符串是由字符构成的一维数组，用双引号括起来。字符串可以是文字的，也可以是数值的。数值字符串是预定义的位数组，并以 B、O、X 表示数值的基，放在数值的前面。例如，B"10101"表示一个 5 位二进制数，O"257"表示 3 位八进制数，X"A2C7"表示 4 位十六进制数。如果表示基的符号缺省，表示二进制数。

⑥ 整数(INTEGER)类型。整数类型的数代表正整数、零和负整数，整数的取值范围是 $-(2^{31}-1)\sim+(2^{31}-1)$ 。整数可以用基的形式表示，其表示形式为：

基#以基表示的整数#指数

其中基和指数用十进制数表示，如果指数为 0，可以省去不写。例如，2#1010#表示二进制数 1010，10#17#2 表示十进制数 1700，16#C8#表示十六进制的 C8 等。

⑦ 实数(REAL)类型。实数类型又称浮点数，实数的取值范围为 $-1.0E38\sim+1.0E38$。通常情况下，实数仅在 VHDL 仿真器中使用，VHDL 综合器不支持实数。实数有正负之分，书写时一定要带小数点。例如，-2.3、+4.5、+3.5E12。

⑧ 时间(TIME)类型。时间是一个物理量数据，完整的时间类型包括整数和物理量单位两部分，整数和单位之间至少留一个空格。例如，10 ns、100 ps。

⑨ 错误等级(SEVERITY_LEVEL)。错误等级是比较特殊的数据类型，它用来表征系统的状态，有 NOTE(注意)、WARNING(警告)、ERROR(错误)和 FAILURE(失败)4 种状态。

⑩ 文件(FILE)类型。文件类型是一个变量对象类型的子集，变量对象能用变量赋值语句赋值，而文件对象却不能赋值。

(2) IEEE 预定义数据类型标准逻辑位与矢量。在 IEEE 库的程序包 STD_LOGIC_1164 中定义了两个非常重要的数据类型，即标准逻辑位 STD_LOGIC 和标准逻辑矢量

STD_LOGIC_VECTOR。

① 标准逻辑位(STD_LOGIC)类型。标准逻辑位数据是对标准位数据类型的扩展，共定义了 9 种取值，分别为 0(强 0)、1(强 1) 、Z(高阻态)、X(强未知的)、W(弱未知的)、L(弱 0)、H(弱 1) 、U(未初始化)和_(忽略)。在 VHDL 综合器中，STD_LOGIC 型数据能够在数字器件中实现的只有 0、1、Z 和 X 4 种。

② 标准逻辑矢量(STD_LOGIC_VECTOR)类型。标准逻辑矢量类型是一个标准逻辑位数据类型数据元素的数组，使用时必须定义数组的长度和方向。

(3) 用户自定义数据类型。VHDL 允许用户自定义新的数据类型，用户自定义数据是用类型定义语句 TYPE 和子类型定义语句 SUBTYPE 实现的。

① 枚举(ENUMERATION)类型。枚举类型定义的语句格式为：

```
TYPE  枚举类型名 IS(元素，元素，…，元素);
```

例如：

```
TYPE  week  IS(mon，tue，wed，thu，fri，sat，sun);
TYPE  color  IS(green，yellow，red，blue，orange);
```

② 整数类型。用户所定义的整数类型实际上是整数类型的一个子类，由于 VHDL 综合器无法综合未限定范围的整数类型的信号或变量，所以一定要用 RANGE 来为整数限定范围。整数类型定义的语句格式为：

```
TYPE  整数类型名 IS  INTEGER  RANGE 约束范围;
```

例如：

```
TYPE  digit  IS  INTEGER  RANGE  0 TO 9;
```

同理，实数类型也可以由用户定义子类型，例如：

```
TYPE  date1  IS  REAL  RANGE  1.0E2 TO 1.0E4;
```

③ 数组(ARRY)类型。数组类型是复合类型，是将一组具有相同数据类型的元素集合在一起，作为一个数据对象来处理的数据类型。数组可以是一维数组或多维数组，VHDL 综合器只支持一维数组。数组类型定义的语句格式为：

```
TYPE  数组类型名 IS  ARRAY (范围)OF 类型名称;
```

例如：

```
TYPE  reg0  IS  ARRAY (0 TO 7) OF  BIT;
```

④ 记录类型。记录类型是将不同类型的数据和数据名组织在一起构成的新的复合数据类型。记录类型是用户自定义的数据类型，必须先进行定义，然后再使用。记录类型定义的语句格式为：

```
TYPE  记录类型名 IS  RECORD
      元素名：数据类型名;
      元素名：数据类型名;
      ……
END  RECORD;
```

【思考题】　举例说明数据对象与数据类型的关系。

2.3.3　VHDL 的操作符

操作符是指将 VHDL 中最基本元素连接起来的一种操作符号。VHDL 语言预定义的操作符主要有逻辑运算操作符、关系运算操作符、算术运算操作符和并置运算操作符，可以分别进行逻辑运算、关系运算、算术运算和并置运算。

1. 逻辑运算操作符

VHDL 的逻辑运算操作符共有 7 种，其操作符名称和功能见表 2-3。逻辑运算符的操作数数据类型必须是 BIT、BIT_VECTOR、STD_LOGIC、STD_LOGIC_VECTOR 和 BOOLEAN 这 5 种类型之一，或者由 BIT、BOOLEAN 和 STD_LOGIC 构成的一维数组。在所有的逻辑运算操作符中，NOT 的优先级别最高，其他 6 种的优先级别相同。

表 2-3　逻辑运算操作符名称及功能

逻辑运算操作符	功　　能
NOT	逻辑非
AND	逻辑与
NAND	逻辑与非
OR	逻辑或
NOR	逻辑或非
XOR	逻辑异或
XNOR	逻辑异或非

2. 关系运算操作符

VHDL 的关系运算操作符共有 6 种，其操作符名称和功能见表 2-4。关系运算符两边的操作数类型必须一致，运算的结果为 BOOLEAN 数据类型。等于和不等于关系运算符适用于所有数据类型，其他几种只适用于整数、实数、位和位矢量。矢量类型是从左向右逐位比较的，进行比较的矢量类型的长度必须相同。

表 2-4　关系运算操作符名称及功能

关系运算操作符	功　　能
=	等于
≠	不等于
<	小于
>	大于
<=	小于等于
>=	大于等于

3. 算术运算操作符

VHDL 的算术运算操作符共有 16 种，可以分别进行求和运算、求积运算、符号运算和移位运算，其操作符名称和功能见表 2-5。

表 2-5　算术运算操作符名称及功能

算术运算操作符	功　能
+	正号
–	负号
+	加
–	减
*	乘
/	除
MOD	求模
REM	取余
**	指数
ABS	取绝对值
SLL	逻辑左移
SRL	逻辑右移
SLA	算术左移
SRA	算术右移
ROL	逻辑循环左移
ROR	逻辑循环右移

移位运算操作符作用的操作数的数据类型是一组数组，并要求数组中的元素必须是 BIT 或是 BOOLEAN 的数据类型，同时要求移位的位数必须是整数。SLL 将位矢量向左移，右边补进的是 0，SRL 的功能与 SLL 相反；SLA 和 SRA 是算术移位操作符，其移空位用最初的首位来填补；ROL 和 ROR 是将移出位依次填补移空的位。

4. 并置运算操作符

并置运算操作符为&，是用来将位和位矢量进行连接的运算，它可以将并置操作符右边的内容接在左边内容之后形成一个新的位矢量。

2.3.4　VHDL 的基本语句

在 VHDL 程序设计中，一个设计实体的行为和结构是通过结构体来实现的，而结构体中的处理部分是采用基本描述语句来实现的。VHDL 基本描述语句可以分为顺序语句和并行语句两大类。

1. 顺序语句

VHDL 的顺序语句与其他高级语言基本类似，顺序语句的执行顺序与书写顺序基本一致，它只能用于进程和子程序中。常用的顺序语句有赋值语句、流程控制语句、等待语句、子程序调用语句、返回语句和空操作语句。

1) 赋值语句

赋值语句的功能是将一个值或一个表达式的运算结果传递给某一数据对象。赋值语句分为信号赋值语句和变量赋值语句，信号赋值语句的符号为<=，变量赋值语句的符号为:=。

2) IF 语句

IF 语句是一种具有条件控制功能的语句，它可以根据给出的条件有选择地执行指定的顺序分支语句。IF 语句有 3 种形式，分别为单选择控制、2 选 1 控制和多选控制。

单选择控制 IF 语句的语句格式为：

```
IF 条件 THEN
   顺序处理语句;
END  IF;
```

2 选 1 控制 IF 语句的语句格式为：

```
IF 条件 THEN
   顺序处理语句;
ELSE
   顺序处理语句;
END  IF;
```

多选控制 IF 语句的语句格式为：

```
IF 条件 1  THEN
   顺序语句 1;
ELSIF 条件 2  THEN
   顺序语句 2;
…
ELSIF 条件 n-1  THEN
   顺序语句 n-1;
ELSE
   条件 n  THEN
   顺序语句 n;
END  IF;
```

3) CASE 语句

CASE 语句是一种分支控制语句，它可以根据满足的条件，从多项顺序语句中选择一项进行输出，其语句格式为：

```
CASE 表达式 IS
   WHEN   选择值 1   =>  顺序语句;
   WHEN   选择值 2   =>  顺序语句;
   …
   WHEN   选择值 n   =>  顺序语句;
   WHEN   OTHERS    =>  顺序语句;
END  CASE;
```

CASE 中的=>不是操作符，它只相当于条件语句中 THEN 的作用。CASE 语句中的选择值必须在表达式的取值范围之内，如果选择值不能完全覆盖表达式的取值，最后就必须用 OTHERS 代表其他选择值，而且选择值不能重复出现。

4) LOOP 语句

LOOP 语句包含的一组顺序语句可以被循环执行，其执行的次数可由设定的循环次数决定，循环方式由 NEXT 和 EXIT 语句控制。LOOP 语句有 3 种表现形式。

LOOP 的第 1 种形式为：

```
[标号：] LOOP
         顺序语句;
END   LOOP [LOOP 标号];
```

LOOP 的第 2 种形式为：

```
[标号：] FOR 循环变量 IN  循环次数范围 LOOP
         顺序语句;
END   LOOP [LOOP 标号];
```

FOR 后面的循环变量是一个临时变量，属于 LOOP 语句的局部变量，不必事先定义，而且这个变量只能作为赋值源，不能被赋值。循环变量从循环次数范围的初值开始，每执行一次顺序语句后递增 1，直到到达循环次数范围指定的最大值。

LOOP 的第 3 种形式为：

```
[标号：] WHILE 循环控制条件 LOOP
         顺序语句;
END   LOOP [LOOP 标号];
```

WHILE 循环语句适合重复执行不能确定的场合。

5) NEXT 语句和 EXIT 语句

NEXT 语句和 EXIT 语句是 LOOP 语句的内部循环控制语句。NEXT 语句和 EXIT 语句的语句格式有 3 种，分别为：

```
NEXT/EXIT;
NEXT/EXIT   LOOP 标号;
NEXT/EXIT   LOOP 标号   WHEN 条件表达式;
```

对于 NEXT/EXIT 的语句格式，当 LOOP 内的顺序语句执行到 NEXT 语句时，立即无条件终止当前循环，跳向 LOOP 语句的起始点，开始下一个循环；当 LOOP 内的顺序语句执行到 EXIT 语句时，跳向 LOOP 语句的终点。

6) NULL 语句

NULL 语句是个空操作语句，不执行任何操作，它的唯一功能就是使逻辑运行进入下一步语句执行。NULL 语句常用于 CASE 语句中，为满足所有可能的条件，利用 NULL 来表示所有不用条件下的操作行为。

2. 并行语句

并行语句是硬件描述语言所特有的，并行语句有多种语句格式，各种并行语句在结构体中的执行是同步进行的，或者说是并行进行的，其执行顺序与书写顺序无关。在执行中，并行语句之间可以有信息来往，也可以是相互独立、异步运行的。并行语句的内部语句的运行可以是并行执行方式，也可以是顺序执行方式。

1) 进程语句

进程语句是最具有 VHDL 语言特色的语句，是描述硬件电路系统并发行为的最基本的语句之一。进程语句是一个复合语句，由一段程序构成，各个进程是并行执行的，进程内部的所有语句是顺序执行的。进程之间通过信号进行通信，使系统的各个模块联系起来。进程语句的语句格式为：

```
[标号：] PROCESS[(敏感信号表)] [ IS ]
           [ 说明语句；]
BEGIN
      顺序语句；
END  PROCESS [标号]；
```

每个进程语句都有一个标号，用于区分不同的进程，所以不同进程的标号不能相同，标号不是必需，可以没有。敏感信号表列出了进程语句敏感的所有信号，只有当其中某个或多个敏感信号发生变化时，进程语句才会被启动。说明语句用以说明进程中需要使用的局部变量，可以是常量、变量、属性等，但不能定义信号和共享变量。顺序语句是一段顺序执行的语句，描述该进程的行为。当进程启动后，BEGIN 和 END PROCESS 之间的语句从上到下顺序执行一次，当最后一个语句执行完成以后，程序返回进程语句的开始，等待下一次敏感信号的变化。当用进程描述组合逻辑电路时，所有的输入信号都应该是敏感信号；当用进程描述时序逻辑电路时，并不是所有的输入信号都是敏感信号。

2) 块语句

块语句是一种将结构体中的并行描述语句进行组合的方法，它的主要目的是改善并行语句及其结构的可读性，或是利用 BLOCK 的保护表达式关闭某些信号。块语句的语句格式如下：

```
块标号：BLOCK[(块保护表达式)]
  接口说明；
  类属说明；
  BEGIN
  并行语句；
  END  BLOCK[块标号]；
```

块语句中的并行语句包含结构体中的任何并行语句结构。块语句里面可以包含进程语句，但进程里面不能包含块语句。

3) 并行信号赋值语句

信号赋值语句在进程内部使用时，是以顺序语句的形式出现的；信号赋值语句在结构体中的进程外部使用时，是以并行语句的形式出现的。所以，信号赋值语句和其他并行语句一样，在结构体内的执行是同时发生的，而且赋值目标都是信号。并行信号赋值语句有基本信号赋值语句、条件信号赋值语句和选择信号赋值语句 3 种形式。

基本信号赋值语句的语句格式为：

```
赋值目标 <= 表达式；
```

条件信号赋值语句的语句格式为：

```
赋值目标 <= 表达式 1  WHEN  赋值条件 1  ELSE
           表达式 2  WHEN  赋值条件 2  ELSE
           …
           表达式 n;
```

选择信号赋值语句的语句格式为：

```
WITH  选择表达式  SELECT
赋值目标 <= 表达式 1  WHEN  选择值 1,
           表达式 2  WHEN  选择值 2,
           …
           表达式 n  WHEN  选择值 n;
```

4) 元件例化语句

元件例化语句是将预先设计好的设计实体定义为一个元器件，然后引用特定的语句将此元器件与当前设计实体中的指定端口相连接，从而为当前设计实体引入一个新的低一级的设计层次。元器件例化语句由元器件说明和元器件例化两部分组成。

元器件说明是指对所调用的较低层次的设计实体的名称、类属参数、端口类型和数据类型的说明，其语句格式为：

```
COMPONENT 元器件名 [IS]
  [ GENERIC (类属说明); ]
  [ PORT (端口说明); ]
END  COMPONENT;
```

例如：

```
COMPONENT  DVF
 PORT( clk:IN  STD_LOGIC;
         d:IN  STD_LOGIC_VECTOR(15 DOWNTO 0);
      fout:OUT STD_LOGIC);
END  COMPONENT;
```

元器件例化是将低层次元器件调用到当前层次设计实体内部的过程，包括类属参数传递和元器件端口映射两个过程，其语句格式为：

```
例化名：元器件名 [GENERIC  MAP (类属名称=>表达式{, 类属名称=>表达式})]
           PORT  MAP ([端口名称=>]表达式{, [端口名称=>]表达式});
```

例如：

```
U1: DVF  PORT  MAP (clk=>clk0, d=>ffin, fout=>clkk);
```

5) 并行过程调用语句

过程调用语句在进程内部执行时，它是一种顺序语句，在结构体中的进程之外出现时，它作为并行语句的形式出现。作为并行过程调用语句，在结构体中它们是并行执行的，其执行顺序与书写顺序无关。并行过程调用语句的语句格式为：

```
过程名[ ([ 参数名=>] 表达式{ , [ 参数名=>] 表达式} )] ;
```

6) 生成语句

生成语句是一种可以建立重复结构或者在多个模块的表示形式之间进行选择的语句，它可以简化多个具有相同设计结构的逻辑描述，具有一种复制作用。

FOR-GENERATE 结构生成语句的语句格式为：

```
标号：FOR  循环变量  IN  范围  GENERATE
        并行语句；
      END  GENERATE 标号；
```

IF-GENERATE 结构生成语句的语句格式为：

```
标号：IF  条件表达式  GENERATE
        并行语句；
      END  GENERATE 标号；
```

VHDL 语句中还有一种是属性描述语句，可以对信号或其他项目的多种属性进行检测或统计。属性是关于实体、结构体、信号、过程、函数等的一些特征，可以分为函数类属性和数值类属性。属性描述语句的语句格式为：

```
属性对象'属性标识符
```

信号的函数类属性主要用来检测信号的属性或者建立一种特殊的信号，信号的属性检测语句返回该信号的行为、功能或者历史信息，最常用的是 EVENT。例如，时钟信号 CLK，则 CLK'EVENT AND CLK='1' 表示时钟信号变化了，且其值为 1，即相当于时钟信号的上升沿。CLK'EVENT AND CLK='0' 则表示时钟信号的下降沿。

数值类属性用于返回数组、块等数据的有关值，例如'LEFT 表示左边界，'RIGHT 表示右边界，'LOW 表示下边界，'HIGH 表示上边界，'LENGTH 表示数组长度，'RANGE 表示数据的范围，等等。

【思考题】　举例说明用进程语句描述组合逻辑电路与时序逻辑电路的区别。

2.4　Quartus II 9.0 应用基础

2.4.1　Quartus II 9.0 概述

Quartus II 是 Altera 公司的综合性 FPGA/CPLD 开发软件，是 Altera 公司的 FPGA/CPLD 集成开发软件 MAX+PLUS II 的更新换代产品。Quartus II 支持原理图输入、VHDL 输入、Verilog HDL 输入、AHDL(Altera Hardware Description Language)输入等多种设计输入形式，内部嵌有综合器和仿真器，也可以利用第三方的综合工具和仿真工具，可以完成设计输入、HDL 综合、布线布局、仿真、下载及硬件测试等完整的 FPGA/CPLD 设计流程。

Quartus II 提供了完整的多平台设计环境，能够满足各种特定设计的需要，也是单芯片可编程系统(SoPC)设计的综合性环境和 SoPC 开发的基本设计工具。Quartus II 包含模块化的编译器，包含的功能模块有分析/综合(Analysis&Synthesis)、适配器(Fitter)、装配器

(Assembler)、时序分析器(Timing Analyzer)、设计辅助(Design Assistant)、EDA 网表文件生成器(EDA Netlist Writer)和编译数据库接口(Complier Database Interface)等，可以通过选择 Start Complication 选项来运行所有的编译模块，也可以通过选择 Start 选项单独运行各个模块。

Quartus II 支持 Altera 的 IP 核，还包含了很多十分有用的 LPM(Library of Parameterized Modules)功能模块，它们是复杂或高级数字系统设计的重要组成部分，可以和 Quartus II 普通设计文件一起使用，使用户可以充分利用成熟的模块，简化了设计的复杂性，加快了设计速度。

Quartus II 对第三方 EDA 工具有很好的支持作用，允许来自第三方的设计文件输入，也可以将设计文件转换为其他 EDA 文件输出，可以使用户在设计的各个阶段使用熟悉的第三方 EDA 工具。Quartus II 支持层次化设计，可以在一个新的编辑输入环境中对使用不同输入设计方式完成的模块进行调用，解决了原理图和 HDL 混合输入的设计问题。

Quartus II 的设计流程如图 2.27 所示。用户首先按照设计目的和设计要求选择目标器件，可以是 FPGA/CPLD ，也可以是其他可编程逻辑器件。然后利用原理图输入或 VHDL 输入等进行设计输入，输入完成后进行编译，若编译过程中发现错误，则应检查设计输入以修改错误，直至没有错误产生。编译完成后进行功能仿真、时序仿真和定时分析，利用软件的仿真功能来验证设计项目的逻辑功能和时序关系的正确性。仿真通过后，用得到的编程文件通过编程电缆配置目标器件，最后进行在线调试，或将生成的配置文件写入芯片进行测试。

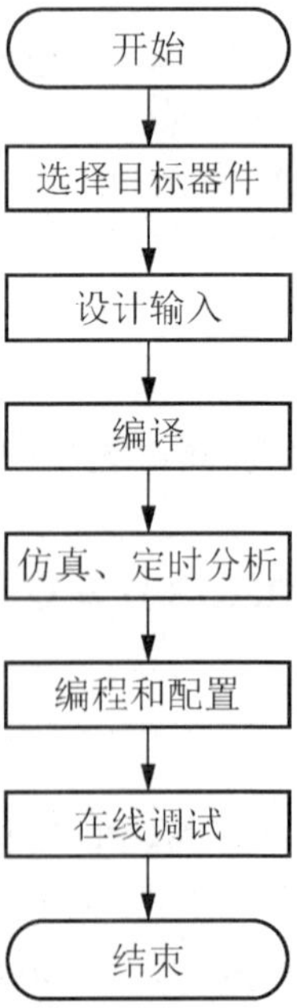

图 2.27 Quartus II 的设计流程图

2.4.2 Quartus II 9.0 的用户界面

Quartus II 9.0 的用户界面如图 2.28 所示。工作界面主要包括标题栏、菜单栏、工具栏、项目导航窗口、状态显示窗口、任务窗口、编辑输入窗口和消息窗口。其中编辑输入窗口是启动 Quartus II 9.0 后由操作人员自己打开的，可以是原理图编辑输入、VHDL 编辑输入等多种编辑输入形式，也可以是具有其他编辑功能的工作窗口。

1. 标题栏

标题栏显示当前工程的路径和程序的名称，操作与 Windows 的标题栏相同。

2. 菜单栏

Quartus II 软件的菜单栏可以帮助操作人员方便快捷地操作软件，同时可以根据软件的不同功能实时动态地改变菜单栏。菜单栏主要由 File(【文件】)、Edit(【编辑】)、View(【视图】)、Project(【工程】)、Assignments(【资源分配】)、Processing(【处理操作】)、Tools(【工具】)、Window(【窗口】)、Help(【帮助】)菜单组成。

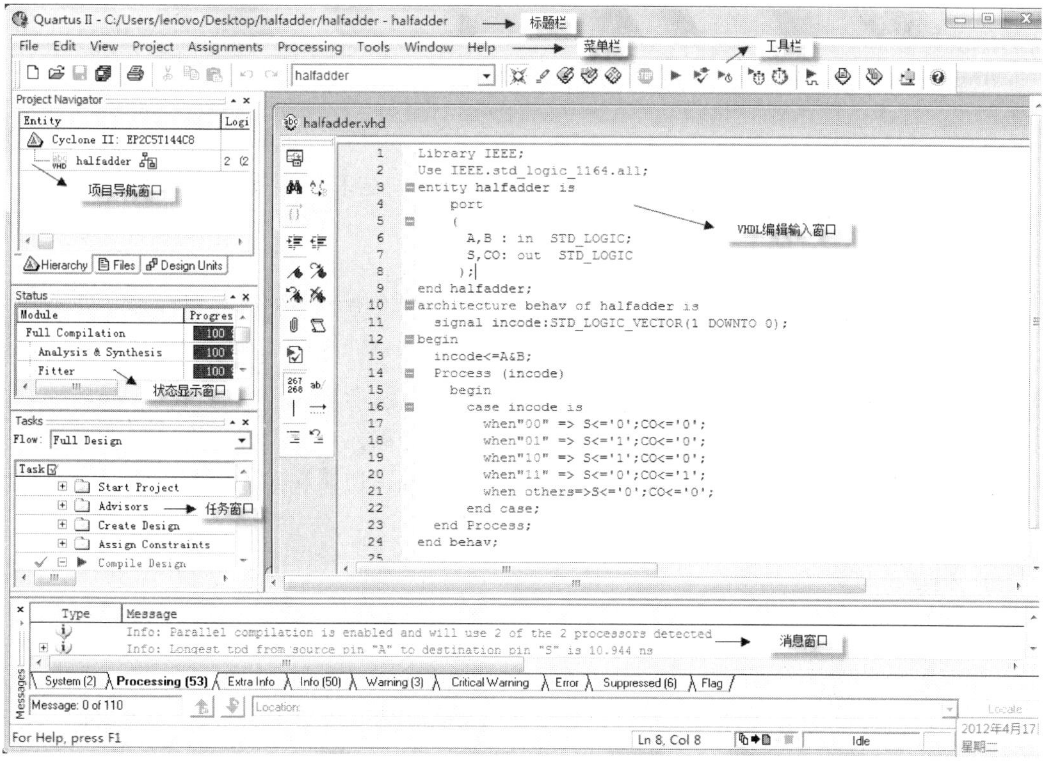

图 2.28　Quartus II 9.0 的用户界面

3. 工具栏

工具栏列出了系统常用命令的快捷图标。将光标移动到相应图标上就能显示出命令提示信息，同时每个图标都可以在菜单栏中找到相对应的命令菜单。可以根据自己的使用习惯定制菜单栏。

4. 项目导航窗口

Project Navigator(【项目导航】)窗口用于显示当前设计项目或工程中所有相关的资源

文件。【项目导航】窗口包括 3 个可以切换的标签，分别为 Hierarchy(【结构层次】)、Files(【文件】)和 Design Units(【设计单元】)。Hierarchy 标签用于显示层次结构，提供了逻辑单元、寄存器、存储器使用等信息；Files 标签提供了项目文件的列表；Design Units 标签提供了设计单元的列表。

5. 状态显示窗口

Status(【状态】)显示窗口用于显示正在编译的模块名称、编译进度及所用的时间。状态显示窗口包括 3 个部分，分别为 Module(【模块】)、Progress(【进度条】)和 Time(【时间】)。Module 部分列出了正在编译的工程模块；Progress 部分用于显示编译、综合、布局布线的进度条；Time 部分用于显示编译、综合、布局布线所用的时间。

6. 任务窗口

Tasks(【任务】)窗口用以显示系统运行任务及进度。

7. 消息窗口

Messages(【消息】)窗口用以实时显示系统消息、警告和错误等信息。

2.4.3 Quartus II 9.0 的工程设计

Quartus II 9.0 软件是一个完全集成化、易于学习的可编程逻辑器件设计和开发系统，它提供了一种真正与结构无关的可编程逻辑器件设计环境。Quartus II 9.0 软件支持原理图输入、VHDL 输入、Verilog HDL 输入、AHDL 输入、波形输入、状态机输入等多种设计输入方式，并且有丰富的图形界面和完整的在线帮助文档，为设计人员提供了良好的设计环境。本节以基于 VHDL 输入的工程设计(半加器)为例，说明利用 Quartus II 9.0 设计数字系统的设计过程。

1. 创建工程文件

1) 指定工程文件名称

在图 2.28 所示 Quartus II 9.0 用户界面中执行菜单命令 File|New Project Wizard…，系统弹出如图 2.29 所示的对话框，在该对话框中分别输入新建工程所在的文件夹名称、工程名称和顶层实体名称。需要注意的是顶层实体名称必须与设计的工程名称一致，并且实体名不能为中文，也不能使用 VHDL 的关键字或与 Quartus II 9.0 设计库中模块名称相同。

2) 添加设计文件和库

在图 2.29 中单击 Next 按钮，如果工程文件夹不存在，Quartus II 9.0 会弹出对话框询问是否新建该项目文件夹。单击 Yes 按钮就会自动创建。这时系统弹出如图 2.30 所示的对话框，如果已有完成的设计文件，可以单击…按钮或 Add All 按钮将其添加到工程中。如果没有预先编译的设计文件，可以直接单击 Next 按钮，进入如图 2.31 所示的目标器件选择对话框。

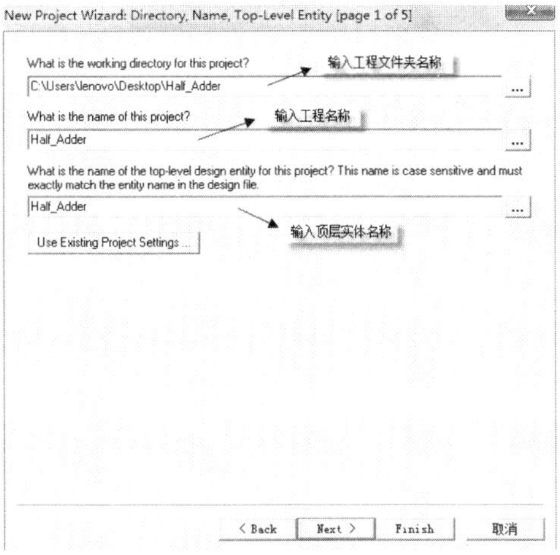

图 2.29　新建工程对话框

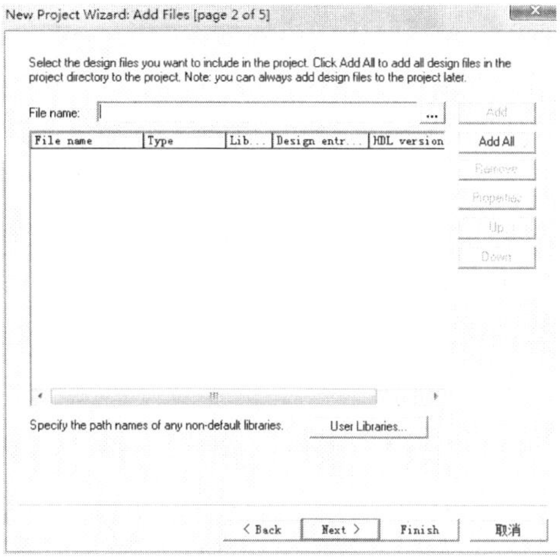

图 2.30　添加设计文件或库对话框

3) 选择目标器件

在图 2.31 所示的目标器件选择对话框中的 Family 下拉列表框中选择器件的种类，在这里选择 Cyclone II 系列，在 Target device 选项组中选择 Auto device selected by the Fitter 选项，系统会自动给设计文件分配器件；选择 Specific device selected in "Available devices" list 选项需要用户指定目标器件，这里选择目标器件为 EP2C5T144C8。单击 Next 按钮，进入如图 2.32 所示的第三方 EDA 工具选择对话框。

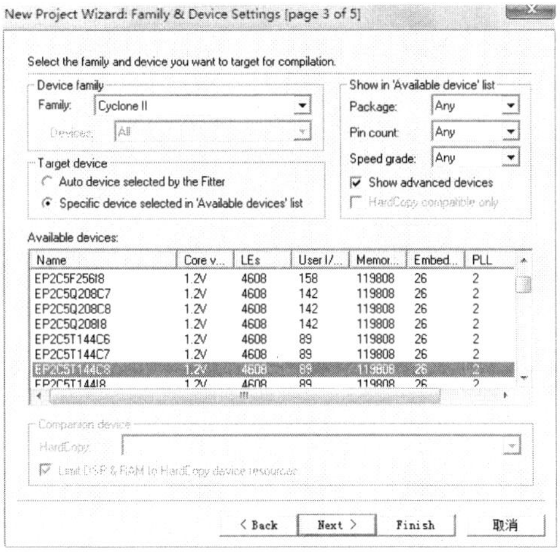

图 2.31　目标器件选择对话框

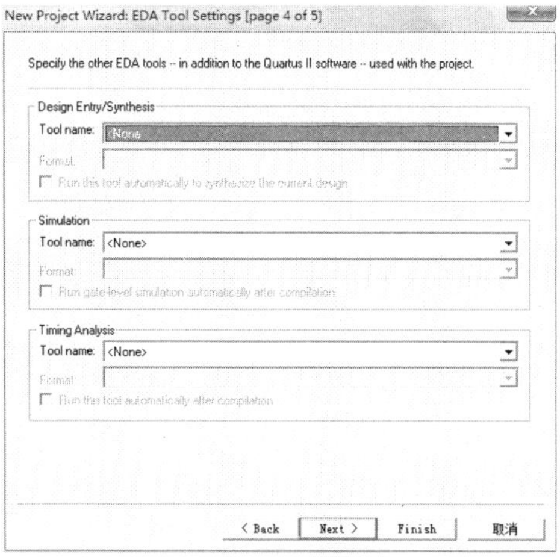

图 2.32　第三方 EDA 工具选择对话框

4) EDA 工具设置

在图 2.32 所示的第三方 EDA 工具选择对话框中，用户可以设置使用第三方的综合器、仿真器和时序分析工具，系统默认值为不使用第三方 EDA 工具，在该对话框中保持默认值不变，单击 Next 按钮，进入如图 2.33 所示的工程创建结束对话框。

5) 工程结束

在图 2.33 所示的工程结束对话框中可以查看设置信息是否正确，如果正确，则单击

Finish 按钮，系统弹出如图 2.34 所示的窗口，在项目导航窗口中可以看到新建的工程名称 Half_Adder。

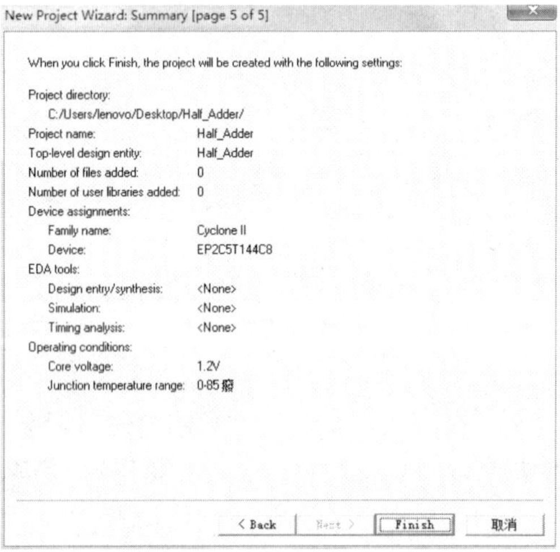

图 2.33　工程创建结束对话框

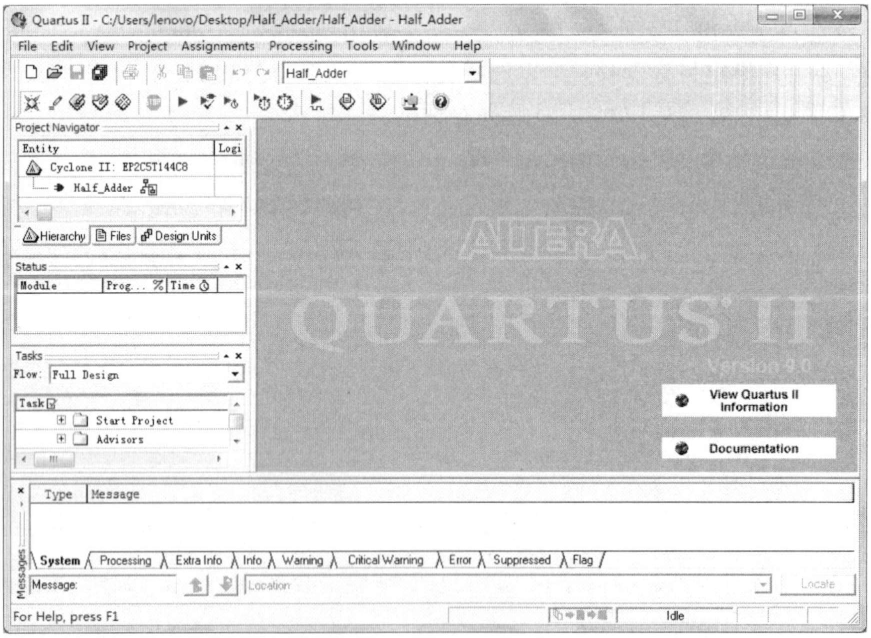

图 2.34　工程创建完成后的界面

2. VHDL 代码输入

1) 建立文本编辑窗口

在图 2.34 中执行菜单命令 File|New…，或者单击工具栏中的□按钮，系统弹出如图 2.35 所示的新建文件对话框，在该对话框中的 Design Files 选项组中选择 VHDL File 选项，单击 OK 按钮，系统将弹出如图 2.36 所示的文本编辑窗口。

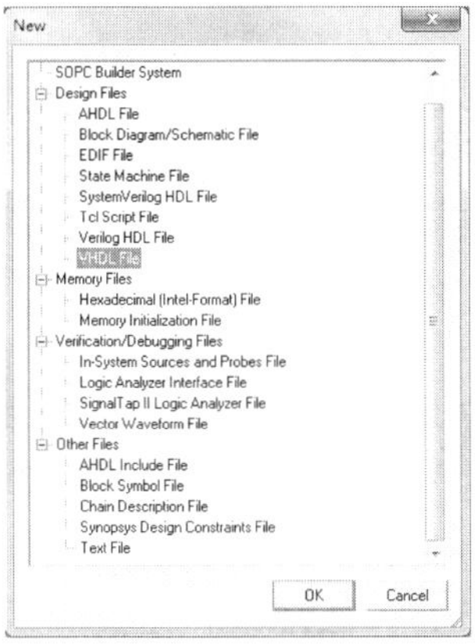

图 2.35　新建文件对话框

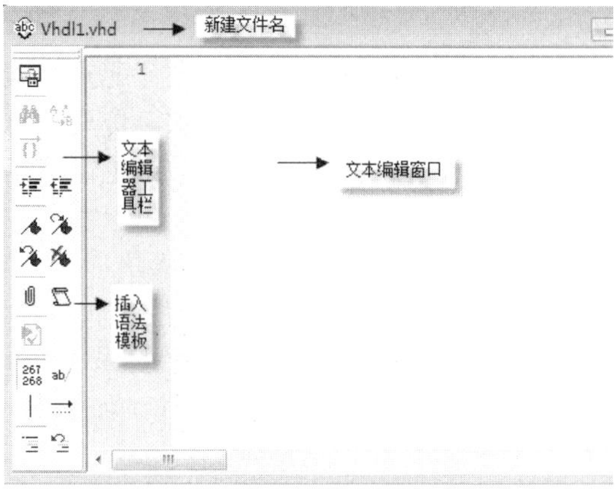

图 2.36　文本编辑窗口

2) 输入 VHDL 源代码

在图 2.36 所示的文本编辑窗口输入 VHDL 源代码。

3) 保存程序

VHDL 源代码书写完成后，执行菜单命令 File|Save As…，或单击工具栏中的按钮，系统弹出如图 2.37 所示的【另存为】对话框。系统默认文件名和顶层实体名相同，保存类型为.Vhd，选中 Add file to current project 选项，单击“保存(S)”按钮，完成文件的保存。保存后的文本编辑窗口如图 2.38 所示。

图 2.37　【另存为】对话框

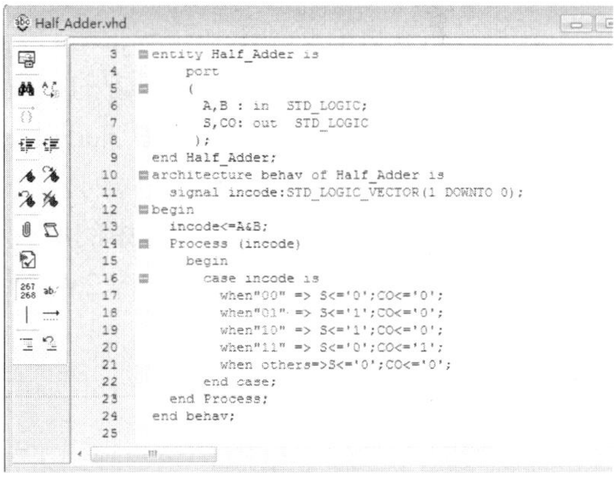

图 2.38　保存后的文本编辑窗口

3. 编译工程文件

执行菜单命令 Processing|Start Compilation…，或单击工具栏中的▶按钮，启动 Quartus II 9.0 的完全编译，可以在任务窗口中看到当前编译的运行状态。在编译过程中，系统会在消息框窗口中显示编译中的警告、错误和消息，当遇到编译错误时，系统会立即终止编译，并给出错误信息，双击错误名称，系统会在 VHDL 源代码中定位出错位置。编译完成后，系统会给出编译报告。

4. 仿真

对项目的编译通过后，把设计配置到器件之前必须对其功能和时序进行仿真测试，以了解设计结果是否满足设计要求。仿真分为功能仿真和时序仿真，功能仿真只能测试设计的逻辑功能，时序仿真不仅能测试逻辑功能，还能测试设计在目标器件处于最差情况下的时序关系。

1) 新建波形文件

在图 2.35 所示的新建文件对话框中的 Verification/Debugging Files 选项组中选择 Vector Waveform File 选项，单击 OK 按钮，系统弹出波形编辑窗口，执行菜单命令 File|Save As…，将其另存为 Harf_Adder.wmf 文件，如图 2.39 所示。

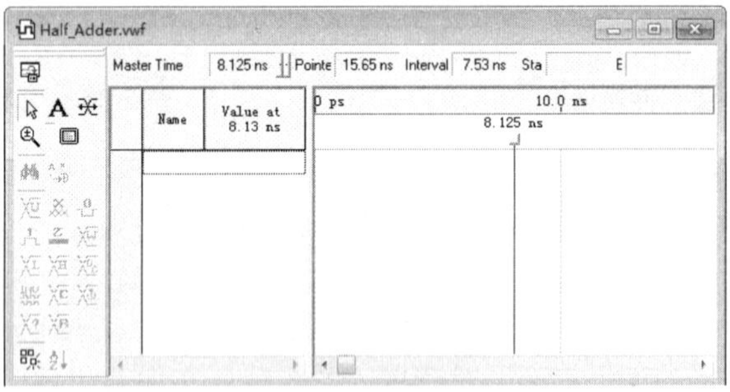

图 2.39　波形编辑窗口

2) 添加仿真信号

在进行仿真之前必须添加仿真信号，即在仿真中所需要观察的信号及其激励。在图 2.39 所示的波形编辑窗口中的 Name 下方的空白处双击，系统弹出如图 2.40 所示的 Insert Node or Bus 对话框，在该对话框中单击 Node Finder…按钮，系统弹出 Node Finder 对话框。在 Node Finder 对话框中的 Filter 下拉列表框中选择 Pins:all，其他选项取默认值，单击 List 按钮，在 Nodes Found 中列出设计中的所有引脚，然后单击 >> 按钮，将找到的所有引脚复制到右边的 Selected Nodes 中，如图 2.41 所示。

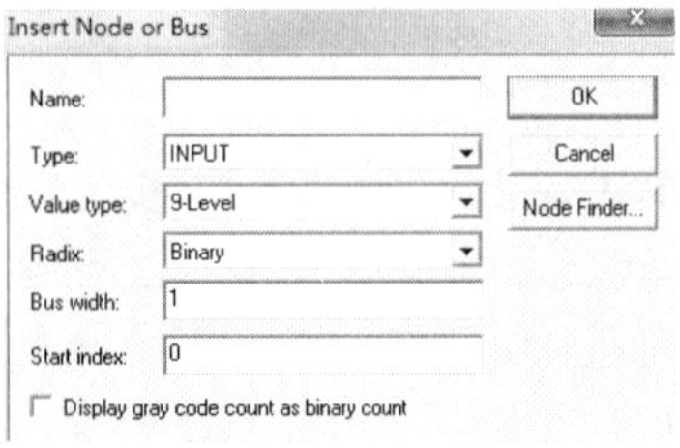

图 2.40　Insert Node or Bus 对话框

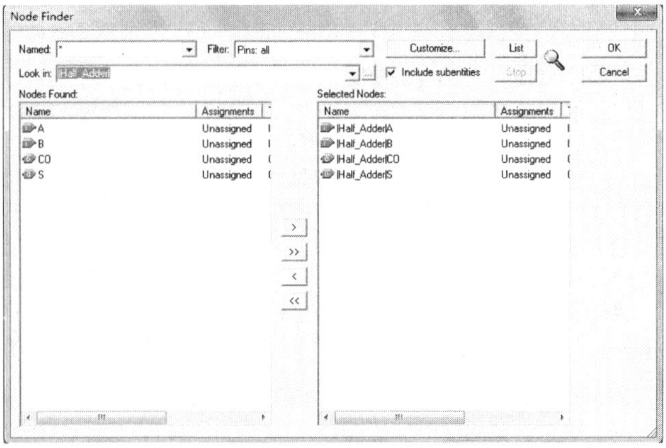

图 2.41　Node Finder 对话框

3) 编辑波形

在图 2.41 所示的 Node Finder 对话框中单击 OK 按钮，系统返回到 Insert Node or Bus 对话框，然后再单击 OK 按钮，系统将出现如图 2.42 所示的窗口，从图中可以看出，选中的信号已经出现在波形编辑窗口中。

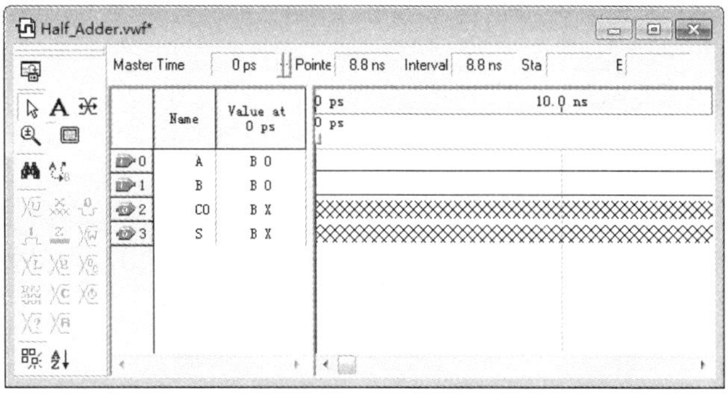

图 2.42　添加仿真信号后的波形编辑窗口

由于系统默认波形文件的时间为 1μs，可以根据仿真需要修改仿真时间。执行菜单命令 Edit|End Time…，系统弹出如图 2.43 所示的仿真时间设置对话框，在 Time 文本框中输入 10，即可将仿真时间设置为 10μs。为了设置与观察波形方便，还可以执行菜单命令 Edit|Grid Size…，将波形显示的尺寸进行调整。

在图 2.42 中，单击 Name 下方的信号名称，选中该信号波形并进行编辑。编辑波形时，可以直接使用工具栏中的工具进行编辑，仿真工具栏上的按钮命令如图 2.44 所示。最终设置完成的波形编辑窗口如图 2.45 所示。

4) 启动仿真

QuartusⅡ9.0 的仿真分为功能仿真和时序仿真。功能仿真是忽略延时、按照逻辑关系进行仿真；时序仿真则是增加了一定延时的仿真。执行菜单命令 Assignments|Settings…，在系统弹出的仿真设置对话框中将 Simulation mode 设置为 Functional 模式，即进行功能仿真。执行菜单命令 Processing|Generate Functional Simulation Netlist，创建功能仿真网络表，完成后系统弹出对应的提示框，单击【确定】按钮即可。单击按钮，进行功能仿真，仿真结果如图 2.46 所示。

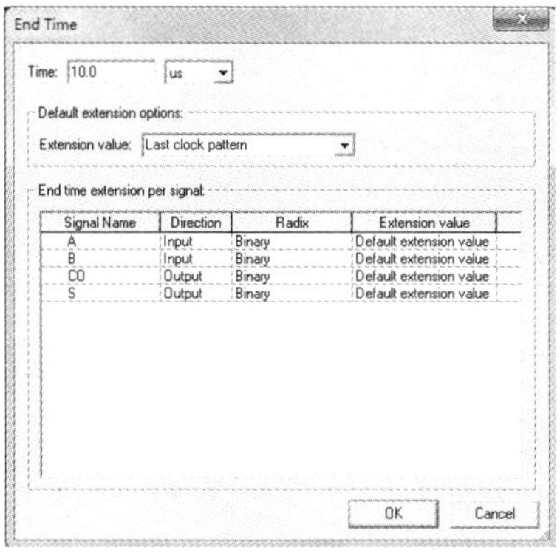

图 2.43　仿真时间设置对话框

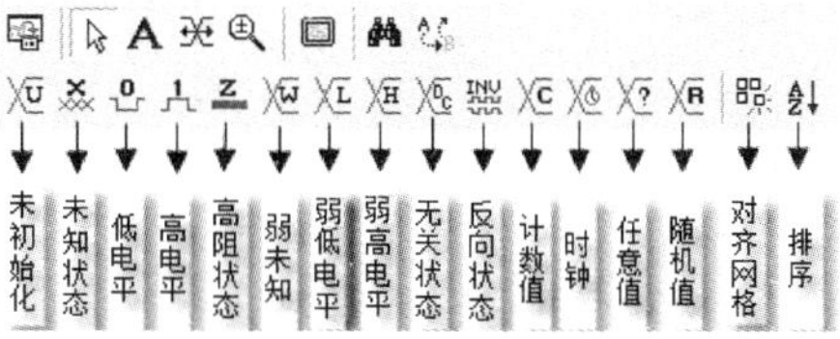

图 2.44　仿真工具栏

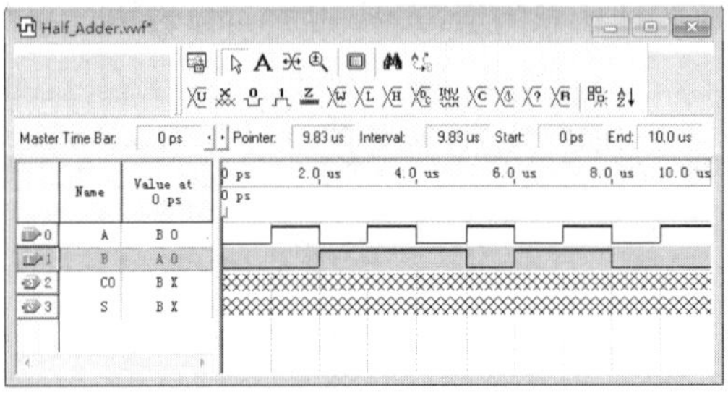

图 2.45　设置完成后的波形编辑窗口

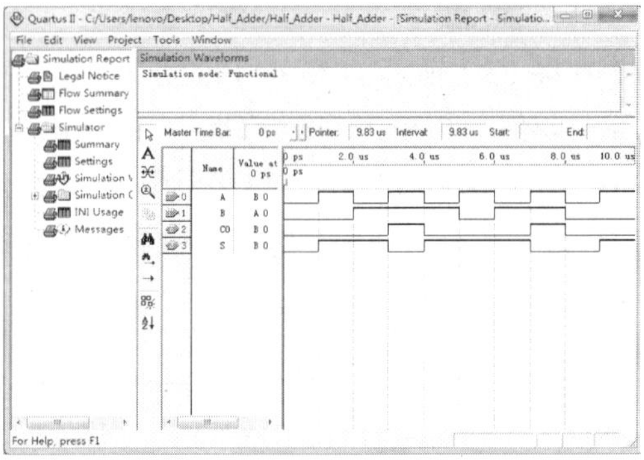

图 2.46　功能仿真结果图

5. 引脚分配

引脚分配是为了对设计进行硬件测试和实际应用，而对设计的输入、输出引脚指定在目标器件上的位置。执行菜单命令 Assignments|pins，或在工具栏中单击按钮，系统将弹出如图 2.47 所示的【引脚分配编辑器】(Pin Planner)窗口。编辑器的主窗口显示的是所选用器件引脚的俯视图，下方表格中列出了所有待分配的输入、输出引脚。

在【引脚分配编辑器】窗口中可以调整视图的大小，可以选择是否显示 I/O 块、VREF 组，可分配 I/O 引脚或者差分引脚对连接等。在相应端口的 Location 列中双击可以打开所有可分配引脚的下拉列表，从中选择需要分配给端口的引脚，即可完成引脚分配。另外，也可以先选中待分配端口，再直接将其拖到上方目标器件引脚图的相应引脚上。完成分配后目标器件引脚的颜色和 Location 列中相应单元格的内容都发生了变化。

引脚分配完成后，还需要再次进行编译，以获得最终的器件配置文件。

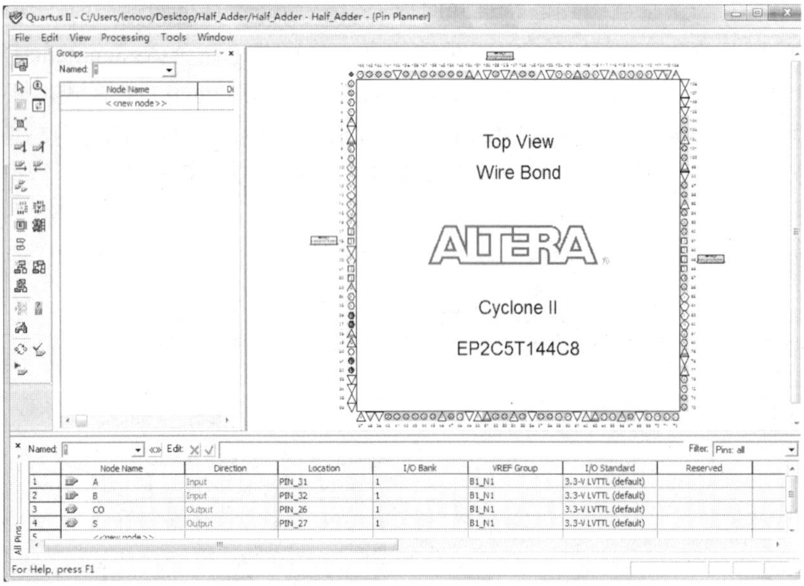

图 2.47　引脚分配编辑器窗口

6. 器件编程

使用 Quartus II 9.0 成功编译工程之后就可以对目标器件进行编程或配置。执行菜单命令 Tools|Programmer，或在工具栏中单击按钮，系统将弹出如图 2.48 所示的 Programmer 窗口。

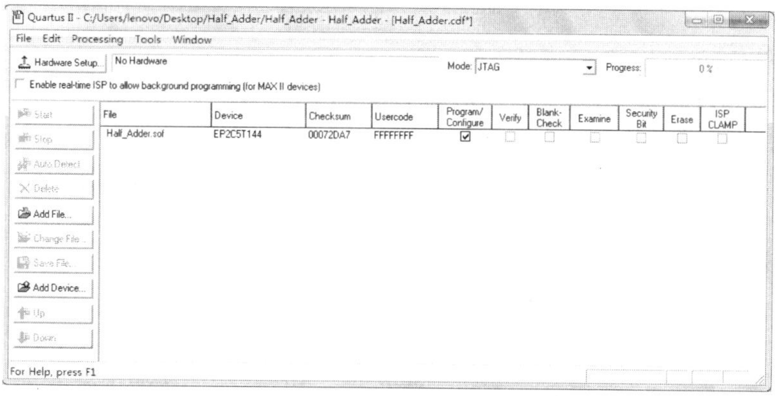

图 2.48 Programmer 窗口

1) 编程电缆设置

编程电缆用于连接 PC 和目标器件，并将编程指令和数据传送到 FPGA/CPLD。Altera 提供的编程电缆主要有并口的 ByteBlaster MV 和 ByteBlaster II 编程电缆、串口的 MasterBlaster、RJ-45 接口 EthernetBlaster 的编程电缆、USB 接口的 USB-Blaster 编程电缆。在图 2.48 中可以看到，在窗口的左上角信息框中显示“No Hardware”，表示编程电缆没有安装。单击 Hardware Setup…按钮，系统弹出如图 2.49 所示的【设置编程电缆】(Hardware Setup)对话框。单击 Hardware Settings 标签，在 Currently selected hardware 下拉列表框中选择编程电缆类型，或在对话框中单击 Add Hardware…按钮添加新的编程电缆类型。

2) 编程模式设置

Quartus II 9.0 的 Programmer 工具可以根据所选择的目标器件类型给出目标器件的编程模式，通过 Mode 栏下拉列表可以进行选择。

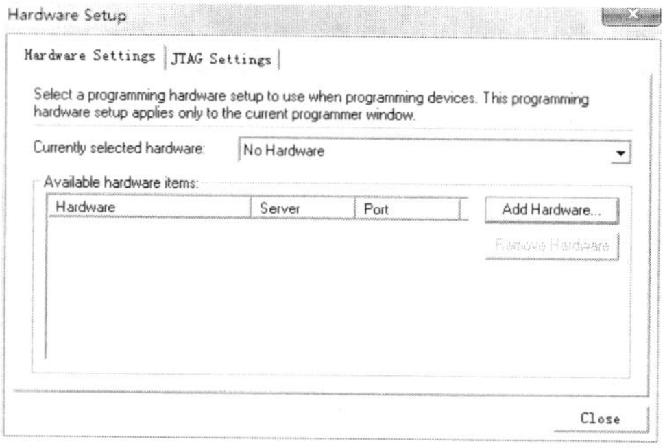

图 2.49 【设置编程电缆】(Hardware Setup)对话框

3) 开始编程

首先确保已经连接好编程电缆，并在 Programmer 窗口中选择 Program/Configure 选项，然后单击 Start 按钮，当系统弹出对话框时，单击 OK 按钮确认，完成器件编程。

本 章 小 结

本章主要介绍了 EDA 技术的发展过程、Multisim 10 应用的基础知识、VHDL 语言编程基础知识和 Quartus II 9.0 应用基础知识。

EDA 技术是以计算机为工具的，融合了应用电子技术、计算机技术、信息处理及智能化技术的最新成果，进行电子产品设计的软件工具。EDA 技术的发展历程同大规模集成电路设计、计算机技术、可编程逻辑器件、电子设计技术及工艺的发展是同步的。就过去近几十年电子技术的发展历程来看，EDA 技术的发展大致分为 3 个阶段： CAD 阶段、CAE 阶段和设计自动化阶段。

Multisim 是一款专门用于电子线路仿真与设计的 EDA 工具软件。Multisim 10 是一个完整的集成化设计环境，它将计算机仿真和虚拟仪器技术完美地结合在一起，为电子线路的仿真和设计提供了良好的环境。本章主要介绍了 Multisim 10 的工作界面、菜单命令、工具栏、基本操作和部分常用的虚拟仪器。

VHDL 的英文全写是为 VHSIC(Very High Speed Integrated Circuit)Hardware Description Language，意思是超高速集成电路硬件描述语言，本章主要介绍了 VHDL 语言的基本结构、数据对象、数据结构、操作符和基本语句结构。

Quartus II 是 Altera 公司的综合性 FPGA/CPLD 开发软件，是 Altera 公司的 FPGA/CPLD 集成开发软件 MAX+PLUS II 的更新换代产品。本章主要介绍了 Quartus II 9.0 的工作界面和菜单命令，并以 VHDL 语言输入的工程设计为例，说明了利用 Quartus II 9.0 设计数字系统的设计过程。

习 题

一、填空题

1. EDA 技术的发展大致分为________阶段、___________阶段和____________阶段。

2. 一个相对完整的 VHDL 程序的基本结构一般由库、程序包、________、________和配置等几个部分构成。

3. VHDL 语言的标识符必须以_______开头。

4. 在 VHDL 中，数据对象包括常量、________、_________和文件。

5. VHDL 基本描述语句可以分为________语句和_________语句两大类。

二、简答题

1. VHDL 语言程序的基本结构可以分成几部分？简要说明各部分的作用。

2. 举例说明结构体的基本格式。

3. 简要说明 Quartus II 9.0 设计数字系统的基本过程。

第 3 章

逻辑门电路

本章教学目的与要求

(1) 了解半导体二极管、双极性晶体管的开关特性。
(2) 理解 TTL 和 CMOS 门电路的工作原理。
(3) 掌握 TTL 和 CMOS 门电路的逻辑功能、外特性和主要参数。
(4) 掌握门电路标准推拉输出、开路输出、三态输出的特点和应用。
(5) 了解 CMOS 与 TTL 接口问题及解决办法。
(6) 了解可编程逻辑器件的结构及工作原理，掌握其应用。

本章知识结构

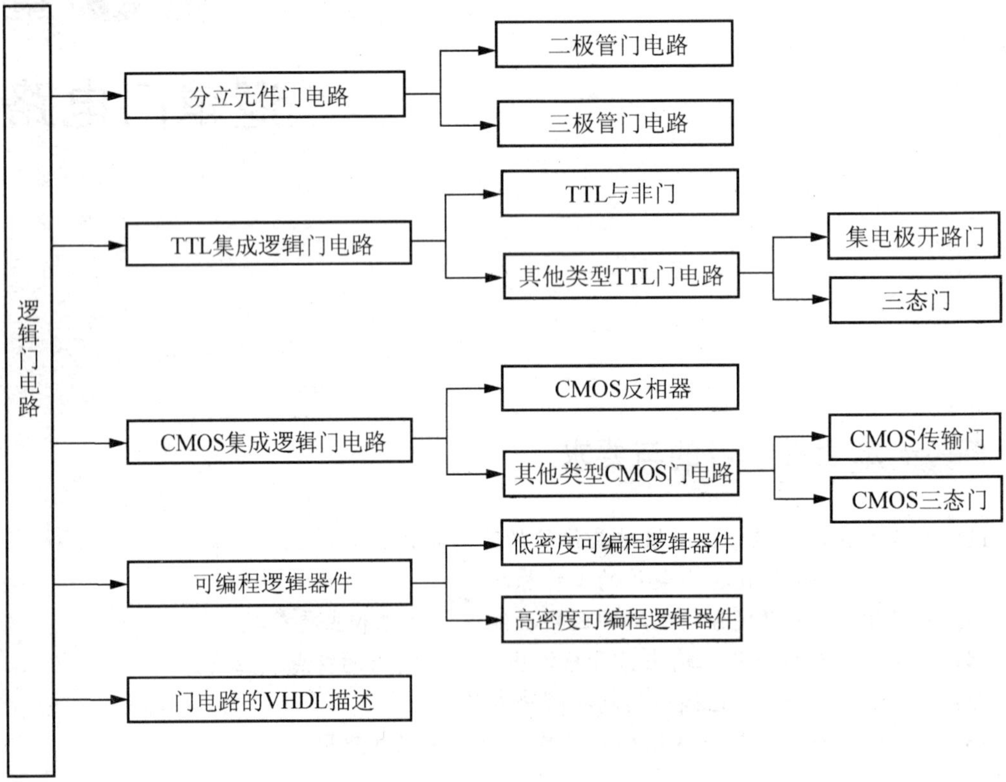

3.1 分立元件门电路

在数字系统中，大量地运用着执行基本逻辑操作的电路。这些基本的逻辑操作是与(AND)、或(OR)、非(NOT)。这些电路称为基本逻辑电路或门电路。什么是逻辑操作？例如，有的电气设备在送电时，必须先送低压后送高压，送低压是送高压的条件，这就是一种逻辑操作。门电路的输入信号用信号的有无、电平(Level)的高低来表示。经过逻辑运算后的输出信号也是如此。早期的门电路主要由继电器的触点构成，后来采用二极管、三极管，目前则广泛应用集成电路。

3.1.1 二极管的开关特性

1. 二极管稳态开关特性

二极管是一个 PN 结，它具有单向导电性，有导通和截止两种工作状态，正好对应于开关的闭合与断开。理想情况下，加正向电压时，二极管导通，导通电阻很小，相当于开关闭合；加反向电压时，二极管截止，截止电阻很大，相当于开关断开。所以可以把二极管看作一个受外加电压极性控制的开关。晶体二极管开关电路如图 3.1 所示。

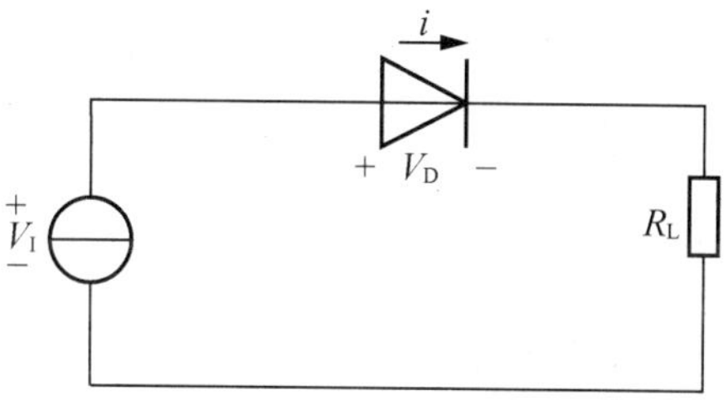

图 3.1　二极管开关电路

2. 二极管瞬态开关特性

电路处于瞬变状态下二极管所呈现的开关特性称为瞬态开关特性。具体地说，就是二极管由导通到截止，或者由截止到导通的瞬态特性。

1) 由导通转向截止

在图 3.1 所示二极管电路中加入一个如图 3.2(a)所示脉冲信号，当输入为正向电压 V_F 时，电路中的电流为流过二极管的正向电流 I_F。则有：

$$I_F = \frac{V_F - V_D}{R_L} \approx \frac{V_F}{R_L}$$

当 V_I 突然反向，输入电压从 $+V_F$ 变为 $-V_R$ 时，相当对二极管加反向电压。在 V_I 反向后的一段时间，反向电流不等于 $-I_s$，而是等于 $I_R \approx -\left|\frac{V_R}{R_L}\right|$，反向电流 $|I_R| \gg |I_s|$，这个电流维持一段时间 t_s 后才开始下降，再经过 t_t 后，反向电流才减小到 $0.1I_R$，二极管才进入截止状态。

通常把二极管从正向导通转为反向截止的转换过程称为反向恢复过程，其中反向电流基本上为恒定的一段，即 I_R 对应的时间，称为存储时间 t_s；反向电流经 t_s 后开始减小直至 $0.1I_R$，这段时间称为渡越时间 t_t。$t_{re}=t_s+t_t$，称为反向恢复时间，如图 3.2(b)所示。

产生反向恢复时间的原因是二极管正向导通时，正向偏压降低了 PN 结的内电场，使 P 区空穴向 N 区扩散，N 区电子向 P 区扩散，这些载流子越过了 PN 结后，一边向前扩散，一边复合掉一部分，最后形成正向电流，如图 3.3(a)所示。这样就在 PN 结两侧形成了载流子浓度分布的梯度，在势垒区两侧就有一定数量载流子的积累。把正向导电时载流子的这种积累现象称为电荷存储效应。当 V_I 突然反向时，这些积累的载流子不会马上消失，除一部分继续复合外，其余的在外加反向电压形成的电场作用下形成了漂移电流，即反向电流 I_R，如图 3.3(b)所示。只要存储的电荷足够多，就可维持住 I_R 这么大反向电流，持续 t_s 时间，该电流的大小由外电路负载电阻 R_L 限制。当存储电荷逐渐消失而维持不住 I_R 这么大的反向电流时，I_R 就要开始下降，趋向于 $-I_s$。为便于计算，当该电流下降到 $0.1I_R$ 时，就认为二极管恢复为截止，动态过程结束。

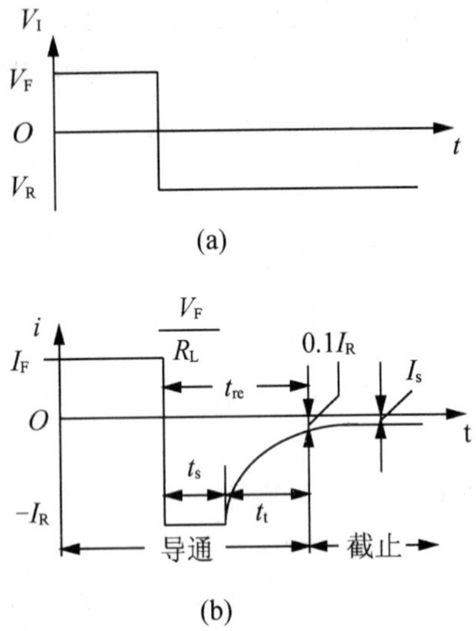

图 3.2 二极管开关的动态特性

(a) 脉冲信号；(b) 反向恢复时间

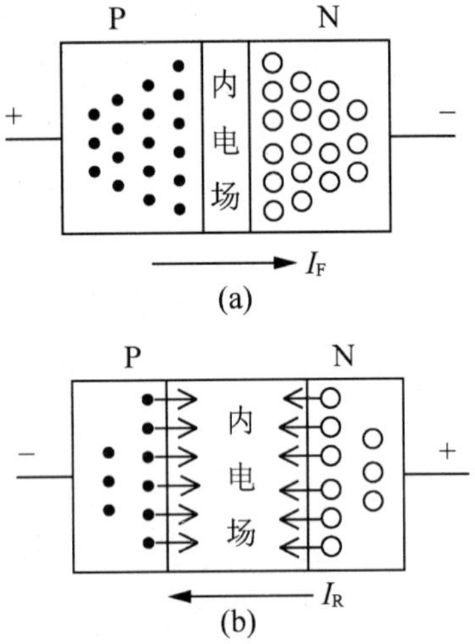

图 3.3 PN 结的反向恢复过程

(a) 正向电流；(b) 反向电流

2) 由截止转向导通

二极管从截止转为正向导通所需的时间称为开通时间。当二极管由截止转为导通时，在 P 区和 N 区中积累电荷所需的时间远比反向恢复时间小得多，故可以忽略。

3.1.2 晶体三极管的开关特性

1. 晶体三极管的 3 种工作状态

NPN 型晶体三极管开关电路如图 3.4 所示。NPN 型晶体三极管截止、放大、饱和工作状态的特点见表 3-1。

表 3-1 NPN 型晶体三极管工作状态的特点

工作状态	截　止	放　大	饱　和
条件	$i_B=0$	$0<i_B<I_{CS}/\beta$	$i_B>I_{CS}/\beta$
集电极电流	$i_C\approx 0$	$i_C=\beta i_B$	$i_C=I_{CS}\approx V_{CC}/R_C$ 且不随 i_B 增加而增加
管压降	$V_O=V_{CE}=V_{CC}$	$V_O\approx V_{CE}=V_{CC}-i_C R_C$	$V_O=V_{CES}\approx 0.2\sim 0.3V$
c、e 间等效电阻	约为数千欧，相当于开关断开	可变	很小，约为数百欧，相当于开关闭合

晶体三极管作为开关，稳态时主要工作在截止状态，称为稳态断开状态。此时 $i_C\approx 0$，$V_O\approx V_{CC}$。工作在饱和状态时称为稳态闭合状态，此时 $i_B>i_{BS}$，$V_O=V_{CE(sat)}\approx 0.3\ V\approx 0\ V$。

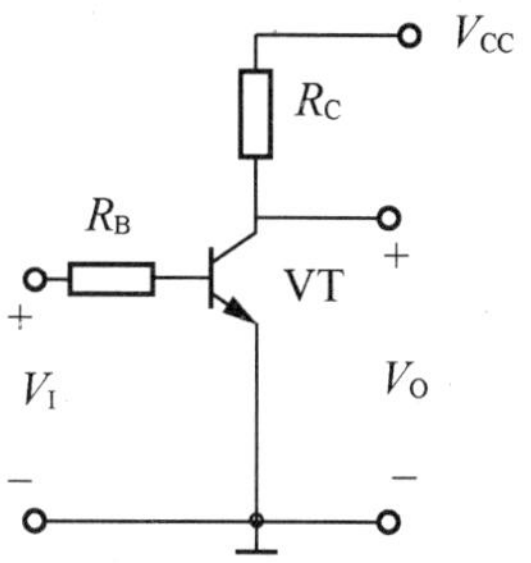

图 3.4 三极管开关

2. 晶体三极管的瞬态开关特性

晶体三极管开关稳态是处于截止或饱和状态的，在外加信号作用下，晶体三极管由截止转向饱和或由饱和转向截止的过渡过程为瞬态开关特性，如图 3.5 所示。在过渡过程中，晶体三极管处于放大状态。

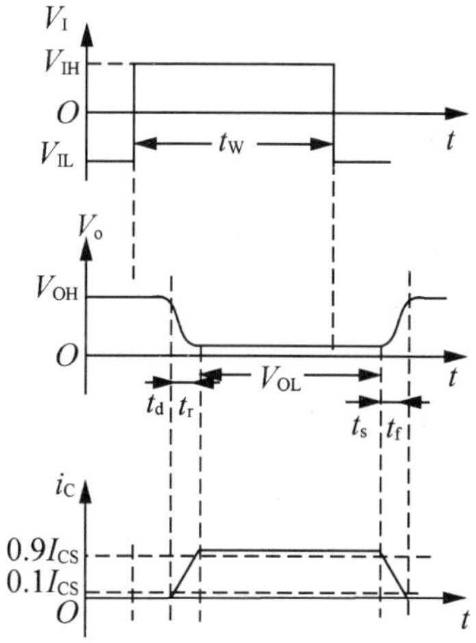

图 3.5 三极管开关特性

(1) 三极管由截止转向饱和的过程。当 V_I 由 V_{IL} 跳至 V_{IH} 时有以下变化。

① 形成集电极电流，i_C 上升至 $0.1I_{CS}$ 的过程，所需时间 t_d 称为延迟时间。

② i_C 由 $0.1I_{CS}$ 上升至 $0.9I_{CS}$ 的过程，所需时间 t_r 称为上升时间。

三极管由截止到饱和，所经历的时间称为开启时间 t_{on}，其大小为 $t_{on}=t_d+t_r$。

(2) 三极管由饱和状态转向截止状态的过程。当 V_I 由 V_{IH} 下跳至 V_{IL} 时，三极管要经历以下过程。

① 三极管集电极电流由 I_{CS} 下降至 $0.9I_{CS}$，所需的时间称为存储时间 t_s。

② 三极管集电极电流由 $0.9I_{CS}$ 下降至 $0.1I_{CS}$，所需的时间称为下降时间 t_f。

三极管由饱和状态转向截止状态，所经历的时间称为关断时间 t_{off}，其大小为 $t_{off}=t_s+t_f$。

三极管的开启时间和关断时间总称为三极管的开关时间，一般为几纳秒到几十纳秒。通常开启时间就是建立基区电荷的时间，关断时间就是存储电荷消散的时间。三极管的开关时间对电路的开关速度影响很大，开关时间越小，电路的开关速度越快。

【思考题】 什么是晶体三极管的饱和状态?

3.1.3 二极管与门

电子电路可以实现逻辑运算，此时它的输入、输出量均为电压或电平(用 1 或 0 表示)。输入与输出量之间满足与逻辑关系的电路称为与门电路。图 3.6(a)所示的是一个二极管与门电路，*A*、*B*、*C* 是输入端，*P* 是输出端，图 3.6(b)是它的逻辑符号。假定 VD1、VD2、VD_3 是理想二极管，忽略二极管的正向压降。利用二极管的开关特性分析图中电路，有下面 3 种情况。

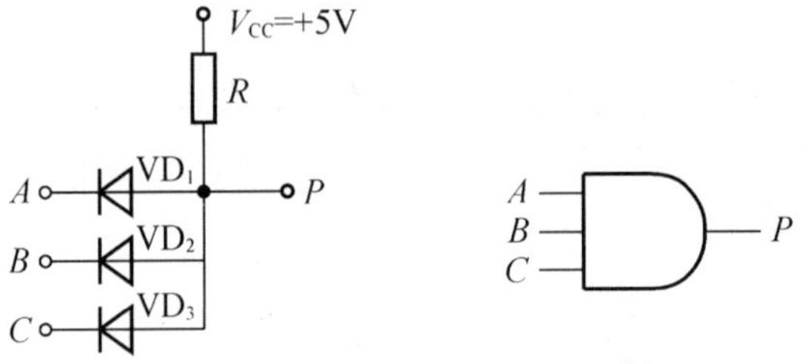

图 3.6 二极管与门

(a) 二极管与门电路图；(b) 与门逻辑符号

(1) 当 *A*、*B*、*C* 全为 0V 时，此时二极管 VD_1、VD_2、VD_3 都导通，*P*=0V，电路输出为低电平。

(2) 当 *A*、*B*、*C* 中任意一个为 0V，例如 *A* 为 0V，另两个为+5V 时，在这种情况下，VD_1 导通，输出 *P* 的电位被钳制在 0V。此时，VD_2、VD_3 受反向电压作用而截止，所以 *P*=0V，电路输出为低电平。

(3) 当 *A*、*B*、*C* 全为+5V 时，VD_1、VD_2、VD_3 都截止，输出 *P* 点电位与 V_{CC} 相等，即 *P*=5V，电路输出高电平。

用 1 表示高电平，0 表示低电平，上述关系可归纳为有 0 出 0，全 1 出 1。这种输入输出之间的逻辑关系称为与逻辑。即输入端 *A*、输入端 *B*、输入端 *C* 全部都是高电平 1 输入时，输出为 1。由以上分析可知该电路可以完成与逻辑运算。3 个输入端可能有 8(2^3)种输入组合情况。可将各种组合情况及其对应的与逻辑输出 *P* 一起列于真值表，见表 3-2。由真值表可明显看出，只有 *A*、*B*、*C* 所有输入端都是高电平，输出才是高电平(对应第 8 种情况)，其逻辑表达式可以写为 *P*=*ABC*。

表 3-2 图 3.6(a)所示电路的真值表

A	*B*	*C*	*P*
0	0	0	0
0	0	1	0
0	1	0	0
0	1	1	0

续表

A	*B*	*C*	*P*
1	0	0	0
1	0	1	0
1	1	0	0
1	1	1	1

3.1.4　二极管或门

图 3.7(a)所示为二极管组成的或门电路，因其输入、输出量之间能满足或逻辑的关系而得名，其逻辑符号如图 3.7(b)所示。二极管或门电路的输出电压与输入电压之间关系分两种情况。

(1) 当 A、B、C 这 3 个输入端中只要有一个是高电平(5V)时，则该路二极管导通，输出 P 被钳制在高电平(5V)。

(2) 只有当 A、B、C 都是低电平(0 V)时，VD_1、VD_2、VD_3 都截止，输出 P 才是低电平。

把若干个输入中只要有一个是 1 电平，输出就是 1 电平这种逻辑关系称为或逻辑。或门真值表见表 3-3。或逻辑可用逻辑式 $P=A+B+C$ 表示，它的运算规则为有 1 出 1，全 0 出 0，即符合或门真值表的规定。

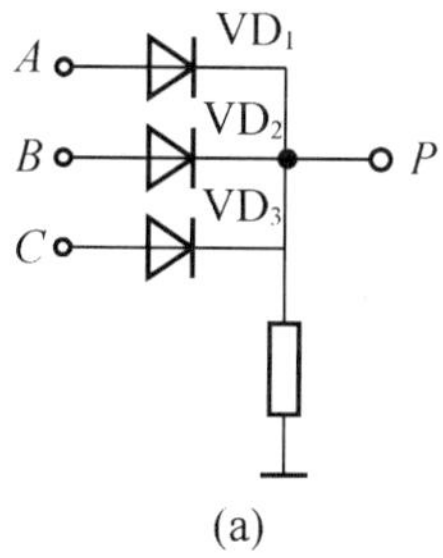

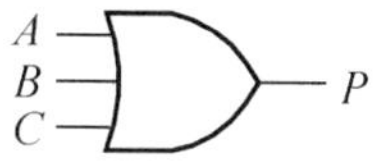

图 3.7　二极管或门

(a) 二极管或门电路图；(b) 或门逻辑符号

表 3-3　图 3.7(a)所示电路的真值表

A	*B*	*C*	*P*
0	0	0	0
0	0	1	1
0	1	0	1
0	1	1	1
1	0	0	1
1	0	1	1
1	1	0	1
1	1	1	1

3.1.5 三极管非门

图 3.8(a)是一个三极管非门，它的输出端 P 的状态总是与输入端的状态相反，是反相关系。仍设输入信号为+5V 或 0V。此时电路只有以下两种工作情况。

(1) 当 A 为低电平时，此时三极管的发射结电压小于死区电压，满足截止条件，所以管子截止，其集电极为高电平，即 $U_P = U_H \approx V_{CC}$。

(2) 当 A 为高电平时，此时三极管的发射结正偏，管子导通，只要电路参数 R_B、R_C 选择适当，使其满足饱和条件 $I_B > I_{BS}$，则管子工作于饱和状态，其集电极即 P 点为低电平，即 $U_P = U_{CES} = 0.3V$。

可见，三极管非门电路实现了非逻辑(A 为 1，P 为 0；A 为 0，P 为 1) 。非门的逻辑关系可用逻辑式用 $P = A'$ 表示。非门的逻辑符号如图 3.8(b)所示，图中的小圆圈“∘”表示非逻辑运算关系。

由于非门有电流放大能力，所以输出电平稳定，带负载能力强。为了利用非门的这种性质，实际工作中，与门、或门总是和非门联合使用，组成与非门、或非门、与或非门等。另外逻辑门在驱动发光二极管、继电器等电流较大的元件时，都采用非门。

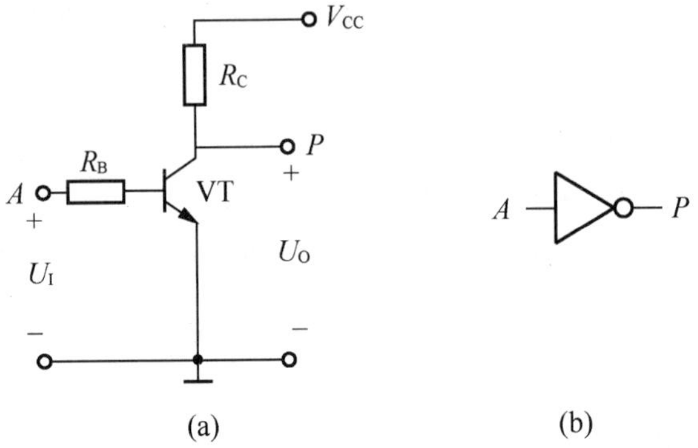

图 3.8 三极管非门

(a) 三极管非门电路图；(b) 非门逻辑符号图

3.2 TTL 集成门电路

在数字系统中应用大量的逻辑门电路，采用分立元件焊接成门电路，不仅体积大，而且焊点多，易出故障，使得电路可靠性下降。集成门电路通过特殊工艺方法将所有电路元件制造在一个很小的硅片上，其优点是体积小、重量轻、功耗小、成本低、使用起来焊点少、可靠性提高。二极管三极管逻辑门电路 DTL(Diode Transistor Logic)是集成电路的早期产品，具有线路简单、成品率高等优点，其缺点是速度较慢。于是发展起来一种新的电路形式——三极管逻辑门电路 TTL(Transistor Transistor Logic)。TTL 电路问世几十年来，经过电路结构的不断改进和集成工艺的逐步完善，至今仍广泛应用，几乎占据着数字集成电路领域的半壁江山。

CT74/54TTL 系列也称 TTL 标准系列，第一个字母 C 代表中国；T 代表 TTL；74 代表标准 TTL 民用系列；54 代表标准 TTL 军用系列。下面以与非门为典型电路，介绍 TTL 集成电路的结构、工作原理和外部特性。

3.2.1 TTL 与非门

1. 电路的组成

与非门电路是 TTL 集成门电路中结构最简单的一种电路，典型的 TTL 与非门电路如图 3.9 所示。

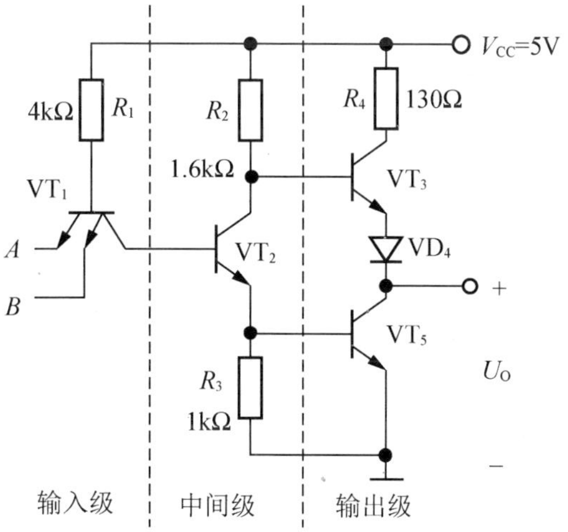

图 3.9 TTL 与非门电路图

由图 3.9 可见，电路由输入级、中间级和输出级 3 部分组成。输入级由多发射极晶体管 VT_1 和电阻 R_1 构成，VT_1 有一个基极、一个集电极和多个发射极，每个发射极都可以与基极和集电极构成一个独立的三极管，发射极与发射极构成与逻辑关系。中间级由晶体管 VT_2 和电阻 R_2 和 R_3 构成。输出级由晶体管 VT_3、VT_5、二极管 VD_4 和电阻 R_4 构成。电路工作时，VT_3 与 VT_5 总是轮流导通，即 VT_3 导通则 VT_5 截止，VT_5 导通则 VT_3 截止，一般把这种结构称为推挽输出级。推挽输出电路不仅有很低的静态功耗，而且带负载的能力很大。因图 3.9 所示电路的输入和输出级电路都是由三极管组成的，所以，图 3.9 所示电路称为 TTL(Transistor-Transistor Logic)门电路。目前较通用的 TTL 门电路是 74LS 系列的集成电路。

2. 电路的工作原理

这里主要分析 TTL 与非门的逻辑关系，并估算电路中有关各点的电压。假设电路输入的高低电平分别为 3.6V 和 0.3V。

1) 输入全为高电平

当与非门输入 *A*、*B* 全部为高电平 3.6V 时，电源 V_{CC} 通过 R_1 和 VT_1 的集电结向 VT_2、

VT_5提供基极电流，使VT_2、VT_5饱和，输出为低电平，即$U_O=U_{CES5}\approx0.3V$。此时$U_{B1}=0.7\times3=2.1V$，从而使VT_1的发射结因反偏而截止。显然，这时VT_1的发射结处于反向偏置，而集电结处于正向偏置，VT_1处于倒置的放大状态。由于VT_2和VT_5饱和，所以$U_{CES2}=0.3V$，同时$U_{E2}=U_{B5}=0.7V$，故有$U_{C2}=U_{E2}+U_{CES2}=1V$。1V的电压作用于$VT_3$的基极，使$VT_3$和二极管$VD_4$都截止。

2) 输入中有低电平

当与非门输入A、B中任一个为低电平0.3V时，电源V_{CC}通过R_1使VT_1发射结导通，VT_1的基极电位被钳位到$U_{B1}=1V$。此时U_{B1}作用到VT_1的集电结和VT_2、VT_5的发射结上，所以VT_2、VT_5都截止。由于VT_2截止，流过R_2的电流仅为VT_3的基极电流，这个电流较小，在R_2上产生的压降也较小，可以忽略，所以$U_{B3}\approx V_{CC}=5V$，使VT_3和VD_4导通，则有：

$$U_O\approx V_{CC}-U_{BE3}-U_{D4}=5-0.7-0.7=3.6V$$

由上面的分析过程可见，该电路实现了与非的逻辑关系，即当输入全为高电平时，输出为低电平；输入中有低电平时，输出为高电平。所以，图3.9所示的电路称为与非门电路，输出电压和输入电压的逻辑关系是：$L=(AB)'$。

3. 电压传输特性曲线及有关参数

描述与非门电路输出电压与输入电压之间对应关系的曲线称为电压传输特性曲线，即$U_O=f(U_I)$，它反映了电路的静态特性。其测试方法如图3.10所示，当输入电压从0V逐步增加到+5V时，测得的与非门的电压传输特性曲线如图3.11所示。

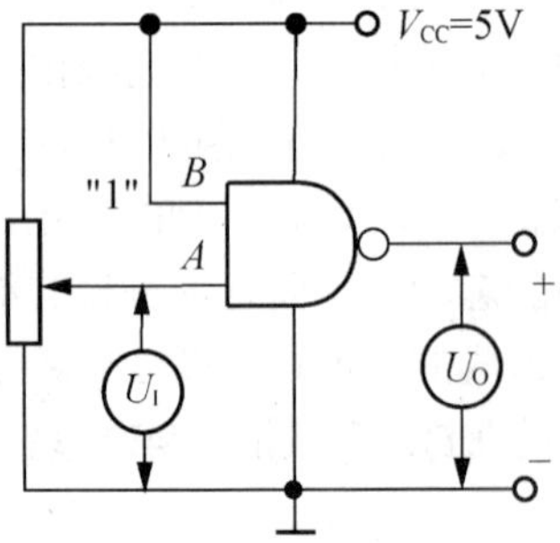

图3.10 测试电路

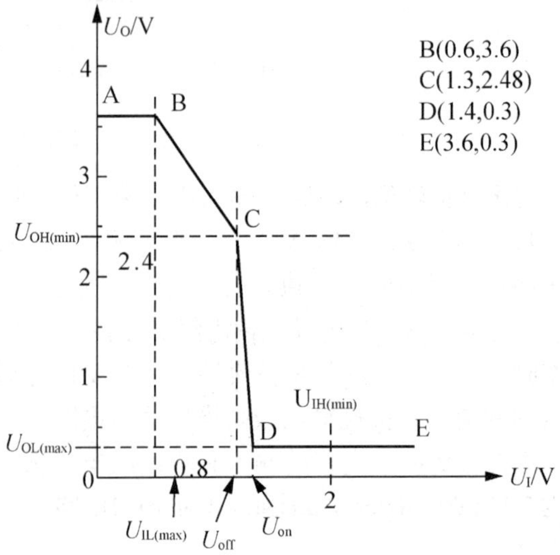

图3.11 电压传输特性曲线

电压传输特性曲线可以分为4个部分来描述。

1) AB段(截止区)

此时输入电压U_I很低，VT_1处于深饱和，设深饱和压降$U_{CES1}=0.1V$，VT_2和VT_5截止，VT_3、VD_4导通，输出电压$U_O=3.6V$基本保持不变。此时VT_2的基极电位$U_{B2}=U_I+U_{CES1}$，

随着 U_I 的增加，当 U_{B2}=0.7V 时，这时 U_I=0.6V，VT_2 开始导通，导通以后由于有了 I_{C2}，R_2 上的压降增大，U_O 开始下降。所以 B 点坐标 $U_{I(B)}$=0.6V。

2) BC 段(线性区)

当 U_I 的值大于 B 点的值以后，VT_2 导通放大，VT_1 仍保持为饱和状态。因为 U_{B2}<1.4V，故 VT_5 仍截止，VT_3、VD_4 仍导通。随着 U_I 的增加，I_{C2} 增加，U_{C2} 下降，U_O 下降。因这段曲线近似为线性关系，所以称为线性区。

3) CD 段(过渡区)

当 U_I 继续升高，U_{E2} 上升到 0.7V 时，VT_5 开始导通，并且随着 U_I 的增加由导通转变为饱和，输出电压急剧下降。CD 段就是电路由输出高电平转换为低电平的阶段，因此称为过渡区或转折区。D 点坐标为 U_I(D) ≈1.4V，U_O(D)≈0.3V。

4) DE 段(饱和区)

VT_5 进入饱和以后，随着 U_I 继续升高，VT_1 管转为倒置工作，VT_1 的基流完全注入 VT_2，使 VT_2 进入饱和，U_{C2} 下降到 1V，VT_3、VD_4 截止，电路进入输出低电平的稳定状态。

从 TTL 与非门的电压传输特性曲线上可以定义以下几个重要的电路参数。

1) 输出高电平电压 U_{OH}

U_{OH} 的理论值为 3.6V，产品规定输出高电压的最小值 $U_{OH(min)}$=2.4V，即大于 2.4V 的输出电压就可称为输出高电压 U_{OH}。

2) 输出低电平电压 U_{OL}

U_{OL} 的理论值为 0.3V，产品规定输出低电压的最大值 $U_{OL(max)}$=0.4V，即小于 0.4V 的输出电压就可称为输出低电压 U_{OL}。

由上述规定可以看出，TTL 门电路的输出高低电压都不是一个值，而是一个范围。

3) 关门电平电压 U_{OFF}

U_{OFF} 是指输出电压下降到 $U_{OH(min)}$时对应的输入电压。显然只要 U_I＜U_{OFF}，U_O 就是高电压，所以 U_{OFF} 就是输入低电压的最大值，在产品手册中常称为输入低电平电压，用 $U_{IL(max)}$ 表示。从电压传输特性曲线上看 $U_{IL(max)}$(U_{OFF})≈1.3V，产品规定 $U_{IL(max)}$=0.8V。

4) 开门电平电压 U_{ON}

U_{ON} 是指输出电压下降到 $U_{OL(max)}$时对应的输入电压。显然只要 U_I＞U_{ON}，U_O 就是低电压，所以 U_{ON} 就是输入高电压的最小值，在产品手册中常称为输入高电平电压，用 $U_{IH(min)}$ 表示。从电压传输特性曲线上看 $U_{IH(min)}$(U_{ON})略大于 1.3V，产品规定 $U_{IH(min)}$=2V。

5) 阈值电压 U_{TH}

阈值电压 U_{TH} 决定电路截止和导通的分界线，也是决定输出高、低电压的分界线。从电压传输特性曲线上看，U_{TH} 的值界于 U_{OFF} 与 U_{ON} 之间，而 U_{OFF} 与 U_{ON} 的实际值又差别不大，所以，近似为 U_{TH}≈U_{OFF}≈U_{ON}。U_{TH} 是一个很重要的参数，在近似分析和估算时，常把它作为决定与非门工作状态的关键值，即 U_I＞U_{TH}，与非门开门，输出低电平；U_I＜U_{TH}，与非门关门，输出高电平。U_{TH} 又常被形象化地称为门槛电压。U_{TH} 的值为 1.3～1. 4 V。

6) 抗干扰能力

抗干扰能力也称噪声容限，它表明电路在多大的干扰电压 U_N 下仍能正常工作。由图 3.12 可知，当输入低电平时，虽有外来正向干扰，但只要不超过 $U_{IL(max)}$，电路的输出高电平状态就不会受到破坏。输入低电平时，允许的干扰电平范围($U_{IL(max)}-U_{OL(max)}$)称为低电平噪声容限 U_{NL}。同样，当输入高电平时，加上外来干扰，只要不低于最小输入高电平，就不会破坏电路输出低电平的状态。输入高电平时，允许的干扰电平范围($U_{OH(min)}-U_{IH(min)}$)称为高电平噪声容限 U_{NH}。

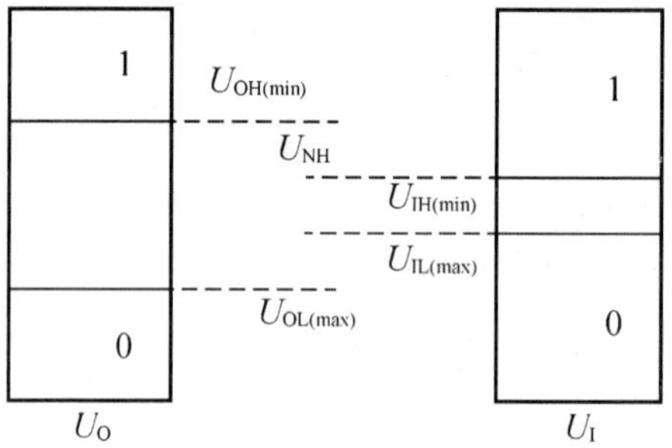

图 3.12 噪声容限的概念图

4. TTL 与非门的带负载能力

数字系统中，门电路的输出端一般都要与其他门电路的输入端相连，如图 3.13 所示，前级门电路称为驱动门，后级门电路称为负载门。对于集成门电路，驱动门与负载门之间的电压和电流关系实际上是电流在一个逻辑电路的输出与另一个电路的输入之间如何流动的描述。在高电平输出状态下，驱动门提供电流 I_{OH} 给负载门，作为负载门的输入电流 I_{IH}，这时驱动门处于"拉电流"工作状态。而在低电平输出状态下，驱动门处于"灌电流"状态。

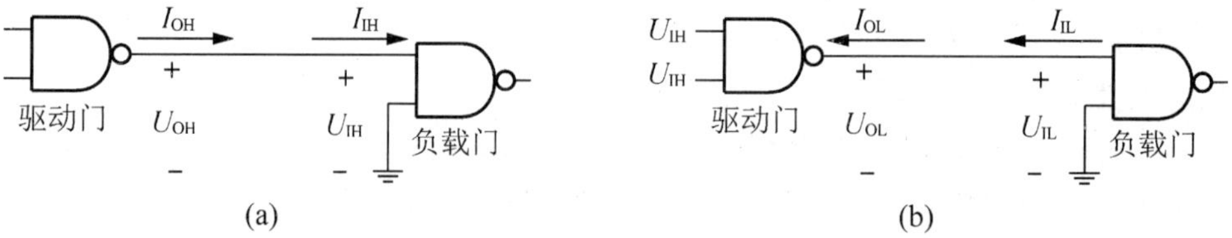

图 3.13 两种逻辑状态中的电流和电压

(a) 输出高电平；(b) 输出低电平

扇入和扇出系数是反映门电路的输入端数目和输出驱动能力的指标。扇入系数是指一个门电路所能允许的输入端个数。扇出系数是指一个门电路所能驱动的同类门电路输入端的最大数目。扇出系数越大，门电路的带负载能力就越强。扇出系数的计算公式为：

$$扇出系数=\frac{I_{OH}}{I_{IH}}或=\frac{I_{OL}}{I_{IL}}$$

从上式可以看出，扇出系数的大小由驱动门的输出端电流 I_{OL}、I_{OH} 的最大值和负载门的输入端电流 I_{IL}、I_{IH} 的最大值决定。这些电流参数已在制造商的 IC 参数表中以某种形式给出。

5. TTL 门电路的传输延迟时间

在 TTL 门电路中，由于二极管和三极管从截止变导通或从导通变截止都需要一定的时间，且二极管，三极管内部的结电容对输入信号波形的传输也有影响。在门电路的输入端加理想的矩形脉冲信号，门电路输出信号的波形不仅要比输入信号滞后，而且波形的上升沿和下降沿也将变坏。门电路输入信号波形和输出信号波形的示意图如图 3.14 所示。

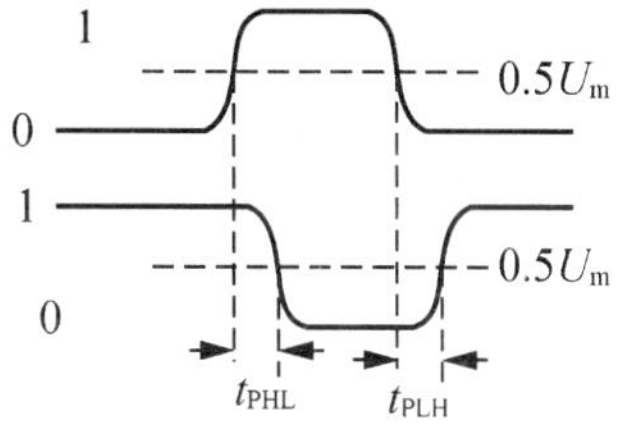

图 3.14　TTL 与非门的传输时间

由图 3.14 可见，输出信号波形延迟输入信号波形一段时间，描述这种延迟特征的参数有导通传输延迟时间 t_{PHL}，截止传输延迟时间 t_{PLH}。t_{PHL} 是指从输入波形上升沿的中点到输出波形下降沿的中点所经历的时间。t_{PLH} 是指从输入波形下降沿的中点到输出波形上升沿的中点所经历的时间。与非门的传输延迟时间 t_{pd} 是 t_{PHL} 和 t_{PLH} 的平均值，即

$$t_{pd}=\frac{t_{PHL}+t_{PLH}}{2}$$

一般 TTL 与非门传输延迟时间 t_{pd} 的值为几纳秒到十几纳秒。

3.2.2　其他类型的 TTL 门电路

TTL 与非门是目前大量生产和使用的门电路，在 TTL 门电路产品中，还有许多其他类型 TTL 门电路，例如或非门、与或非门、或门、异或门、集电极开路门以及三态门等。下面仅介绍其中两种。

1. 集电极开路门(OC 门)

集电极开路(Open Collector)门是一种将 TTL 与非门中的 VT_3、R_4、VD_4 去掉的门电路，即 VT_5 的集电极开路，如图 3.15 所示。由于 VT_5 的上拉部分 VT_3、VD_4 去掉，VT_5 将不能得到高电平，为此 OC 门在工作时必须在输出端与电源之间接一个电阻，这个电阻称为上拉电阻。

由于上拉电阻的接入，又给 OC 门带来一些特点，就是 OC 门的输出端可以并联。在工程实践中，经常需要将几个门的输出端并联使用，以实现与逻辑，称为线与。而普通的 TTL 门电路的推挽输出级是不允许输出端并联的，例如，两个 TTL 与非门电路 G_1 和 G_2 的输出直接连接起来，假设一个是高电平输出，另一个是低电平输出，这样，从 G_1 的电源 V_{CC} 通过 G_1 的 VT_3、VD_4 到 G_2 的 VT_5 将形成一低阻通路，从而产生很大的电流，输出既不是高电平，也不是低电平，逻辑功能将被破坏，还可能烧坏器件。

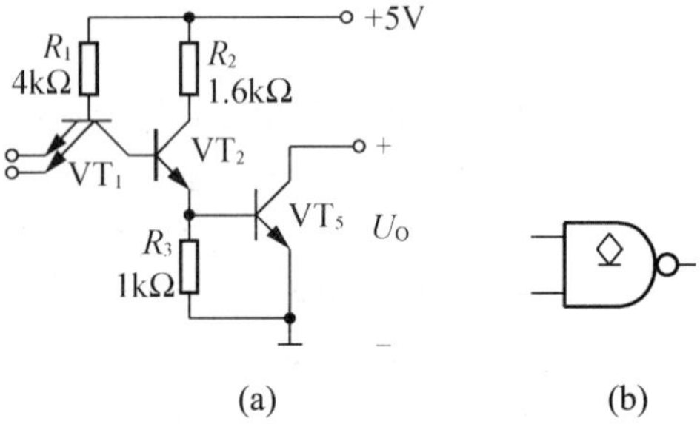

图 3.15　OC 门电路及符号

(a) OC 门电路图；(b) 逻辑符号

OC 门主要有以下几方面的应用。

1) 实现线与

与 TTL 与非门不同的是，它可以将几个 OC 门的输出端连在一起，共用一个集电极负载电阻 R_C，只要 R_C 的阻值大小合适，电路就可正常工作。当然也可一个门单独使用。

当几个 OC 门的输出端连在一起时，图 3.16 给出了两个 OC 门连接的情况。门 G_1 的输出 $Y_1=(AB)'$，门 G_2 的输出 $Y_2=(CD)'$。现在两个门的输出端连在一起后，只要其中有一个输出低电平，总的输出就是低电平。只有两个门都输出高电平时，总的输出才是高电平。这相当于与的逻辑关系，即 $Y=Y_1\cdot Y_2=(AB)'\cdot(CD)'$，由于这个与逻辑关系是在输出线上实现的，所以称为线与。

上述逻辑关系的获得并不需要增添很多元件，只外接一个负载电阻即可，因而十分方便、经济，同时 OC 门的功耗也有所下降。

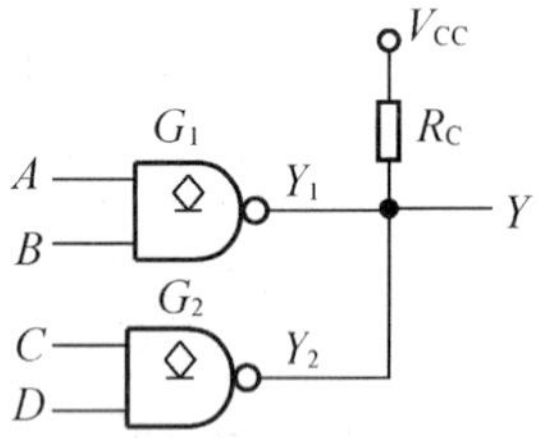

图 3.16　两个 OC 门实现线与

当 R_C 的值大小合适，OC 门连在一起才能正常工作。当 N 个 OC 门并联后输出高电平，即 $U_O=U_{OH}$，后面带 M 个 TTL 门时，如图 3.17 所示，根据图中有关电流的标记，可得：

$$U_{OH}=V_{CC}-I_{R_C}R_C=V_{CC}-(NI_{OH}+KI_{IH})R_C$$

式中，I_{OH} 为 OC 门输出高电平时的漏电流，I_{IH} 为与非门输入高电平时的电流。

R_C 越大，U_{OH} 越低，U_{OH} 是有一定下限值的，即 $U_{OH(min)}$。$U_{OH(min)}$根据电路的用途、使用条件等不同可以有些差别。将 $U_{OH(min)}$代入上式，可得 $R_{C(max)}$，即：

$$R_{C(max)}=\frac{V_{CC}-U_{OH(min)}}{NI_{OH}+KI_{IH}}$$

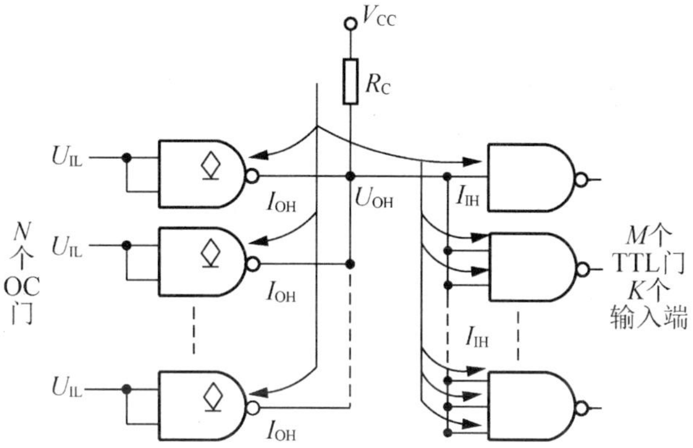

图 3.17　$R_{C(max)}$的确定

当 OC 门线与输出低电平时，如果只有一个 OC 门输出低电平，其他 OC 门输出为高电平，则可得 R_C 的最小值，其电路连接如图 3.18 所示。由图中有关电流的标记可得：

$$I_{OL}=I_{R_C}+MI_{IL}=\frac{V_{CC}-U_{OL}}{R_C}+MI_{IL}$$

显然 R_C 越小，流入 OC 门中的电流越大，U_{OL} 上升也越多，U_{OL} 有一定的上限值，即 $U_{OL(max)}$，当 U_{OL} 上限值一定时，就确定了 R_C 的最小值，即：

$$R_{C(min)}=\frac{V_{CC}-U_{OL(max)}}{I_{OL}-MI_{IL}}$$

综上所述，可得：

$$R_{C(min)}\leqslant R_C\leqslant R_{C(max)}$$

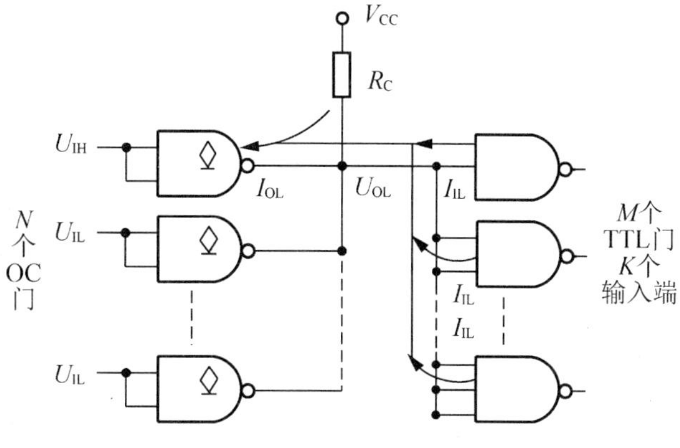

图 3.18　$R_{C(min)}$的确定

如果从工作速度考虑，R_C 越大，驱动电容负载的能力越差，工作速度会降低，如果从提高工作速度这一角度考虑，R_C 应取接近 $R_{C(min)}$值。如果对工作速度没有特别的要求，R_C 一般选 5～10kΩ即可。

2) 实现电平转换

在数字系统的接口部分需要有电平转换的时候，常用 OC 门来完成。如图 3.19 中将上拉电阻接到 12V 电源上，这样 OC 门输入 A、B 为 TTL 电平，而输出 Y 的高电平为 12V。

3) 用做驱动器

可用它来驱动发光二极管、指示灯、继电器和脉冲变压器等。图 3.20 是用来驱动发光二极管的电路。当输入 A、B 都为高电平时，OC 门输出为低电平，发光二极管导通发光。否则，二极管截止，不发光。

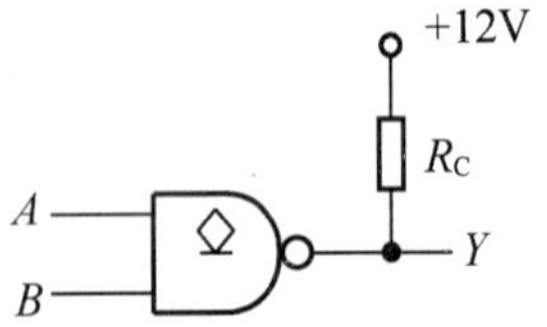

图 3.19　实现电平转换

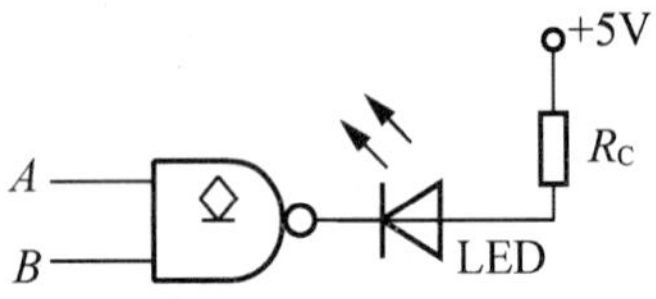

图 3.20　驱动发光二极管

2. 三态门(TSL 门)

三态与非门又称 TSL (tristate logic)门，与一般与非门不同，它的输出端除了可以出现高电平、低电平外，还可以出现第三种状态——高阻状态，或称禁止状态。图 3.21 所示的电路就是一个三态门电路的实例。这个电路实际上是由两个与非门加上一个二极管 VD 组成的。这是标准 TTL 三态与非门的典型电路。

图 3.21(a)的左半部分就是一个非门，右半部分是一个与非门，非门的输入端是 EN'，EN (Enable)称为使能端，在该电路中是低电平有效。当 $EN'=0$ 时，左侧的非门输出一个高电平给右侧的与非门。这时，二极管 VD 截止不起作用，右边的与非门将按照与非的逻辑关系把输入信号 A 和 B 传送到输出端，即当 $EN'=0$ 时，$Y=(AB)'$，此时输出 Y 可以是 0，也可以是 1。

当 $EN'=1$ 时，输出 Y 是第三种高阻状态。$EN'=1$ 使非门输出一个低电平给与非门，与非门的输入端有一个是低电平，这个低电平应该使与非门输出高电平，即与非门输出级的 VT_5' 是截止的。另一方面非门输出低电平，二极管 VD 导通，这时 VT_3' 的基极电位约为 1V，所以 VT_3' 和 VD_4' 截止。这时从输出端看进去，VT_3'、VD_4' 和 VT_5' 均截止，电路处于高阻状态。

因此把按与非逻辑功能工作的三态与非门称为三态门。左边的非门称为三态门的控制部分，使能端可以是低电平有效，也可以是高电平有效，这在逻辑符号上有一些不同，如图 3.21(b)所示。图中在输出端边框线内侧加一个等边三角形，一角向下，表示三态门。图中上面一个是使能端 $EN'=0$ 为有效的工作状态，称这种三态门为低电平有效的三态门，在逻辑符号图中用空心小圆表示；下面的一个是使能端 $EN=1$ 为有效的工作状态，称这种三态门为高电平有效的三态门。高阻状态常用字母 Z 表示。

图 3.21(a)的电路对应的是低电平有效的三态门。

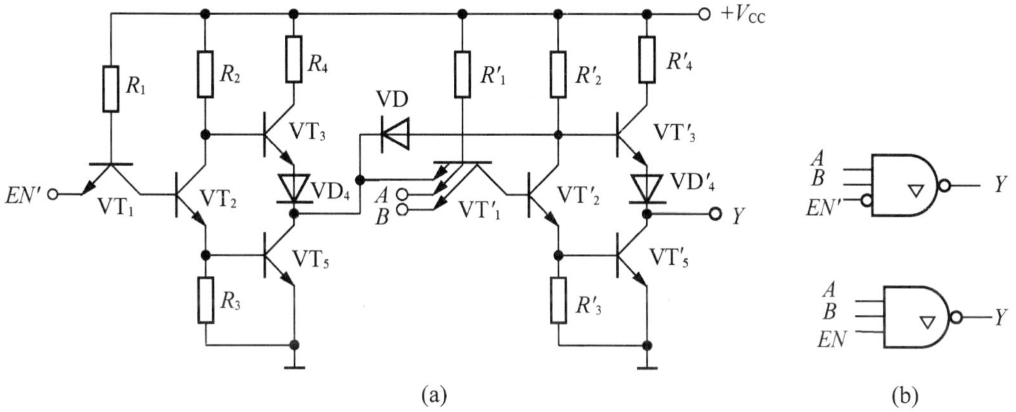

图 3.21 三态与非门电路及符号

(a) 三态门电路图；(b) 逻辑符号图

三态门在数字电路中是一种重要的器件，它大多挂接在一组总线上，以实现不同数字部件之间的数据传输，如图 3.22 所示。

图 3.22(a)的电路可实现数据的双向传输，当控制端 C=0 时，三态门 G_1 工作，G_2 高阻，数据由 A 传输到 B。当 C=1 时，G_2 工作，G_1 高阻，数据由 B 传输到 A。图 3.22(b)是数据的总线传输方式，若干个三态门挂在一条传输线上，其中一个是工作状态，其余的是高阻状态，这样数据就可以向接收端传输。这些三态门采用分时的工作方式，可以使用同一条传输线传输数据。如果这些三态门具有双向功能，每一个三态门既可以发送数据，也可以接收数据。

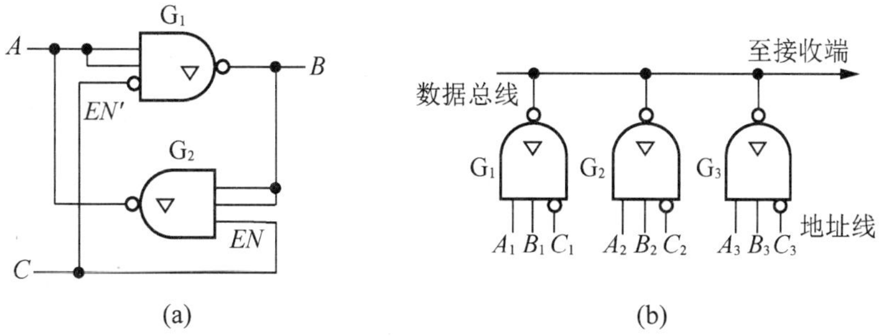

图 3.22 三态门的应用

(a) 数据的双向传输；(b) 数据的总线传输

【思考题】 OC 门、三态输出门各有什么特点？

3.3 CMOS 集成逻辑门电路

CMOS 是互补对称 MOS(Complementary Metal-Oxide-Semiconductor)电路的简称，其电路结构都采用增强型 PMOS 管和增强型 NMOS 管按互补对称形式连接而成，CMOS 逻辑门电路是继 TTL 之后开发的一种数字集成器件，由于具有功耗低、工作电流电压范围宽、抗干扰能力强、输入阻抗高、扇出系数大、集成度高、成本低等一系列优点，其应用领域十分广泛，尤其在大规模集成电路中更显示出它的优越性，是目前得到广泛应用的器件。

3.3.1 MOS 晶体管的开关特性

绝缘栅场效应管即 MOS(Metal-Oxide-Semiconductor)管。它工作时管内只有一种多数载流子参与导电，因此它属于单极型器件。根据导电沟道不同，MOS 管可分为 N 沟道和 P 沟道两类，简称 NMOS 管和 PMOS 管。NMOS 电路的特点是工作速度快、集成度高、直流电源电压较低，从工艺上讲，NMOS 比较适用于制造大规模数字集成电路，如存储器和微处理器等，但不宜制成通用的逻辑门电路。原因是 NMOS 电路带电容负载的能力弱。CMOS 电路是互补对称 MOS 电路的简称。其电路结构都采用增强型 PMOS 管和增强型 NMOS 管按互补对称形式连接而成。本节以 N 沟道增强型 MOS 管为例，分析其开关特性。

MOS 管开关电路如图 3.23 所示。当 MOS 管截止时，漏极和源极之间的内阻 R_{OFF} 非常大，在截止状态下的等效电路可用断开的开关代替。MOS 管在导通状态下的内阻 R_{ON} 约在 1kΩ 以内，而且与 U_{GS} 的数值有关。当 $U_I = U_{IL}$ 时，$U_{GS} = U_{IL} < U_T$，MOS 管处于截止状态，$i_D=0$, 输出 $U_O = U_{OH} = V_{DD}$，相当于开关断开状态。当 $U_I = U_{IH}$ 时，$U_{GS} = U_{IH} > U_T$，MOS 管处于导通状态，合理选择 V_{DD} 和 R_D，使 i_D 足够大，输出 $U_O = U_{OL} = V_{DD} - i_D R_D$，为得到足够低的 U_{OL}，要求 R_D 很大，在实际电路中，常用另一个 MOS 管来做负载，相当于开关接通状态。

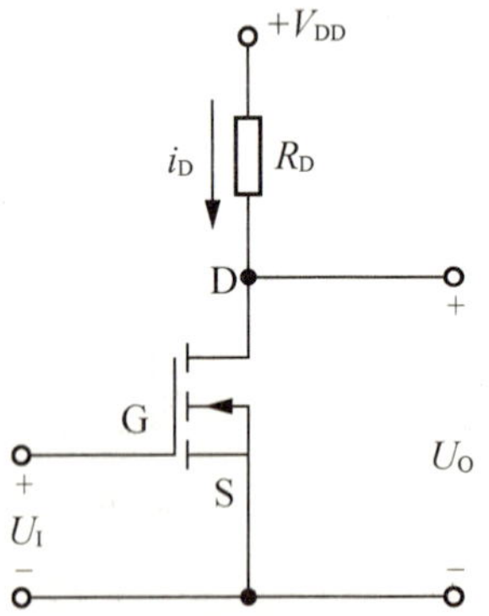

图 3.23　MOS 管开关电路

3.3.2 CMOS 反相器

CMOS 反相器是 CMOS 集成电路最基本的逻辑元件之一，其电路如图 3.24 所示，它是由一个增强型 NMOS 管 T_N 和一个 PMOS 管 T_P 按互补对称形式连接而成的。

两管的栅极相连作为反相器的输入端，漏极相连作为输出端，T_P 管的衬底和源极相连后接电源 V_{DD}，T_N 管的衬底与源极相连后接地，一般地 $V_{DD}>(U_{TN}+|U_{TP}|)$，(U_{TN} 和 $|U_{TP}|$ 是 T_N 和 T_P 的开启电压)。

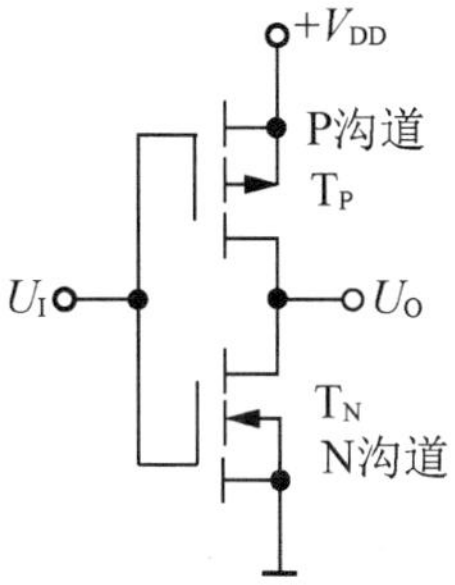

图 3.24　CMOS 反相器

1. 工作原理

(1) 当输入电压为低电平，即 U_I=0V 时，T_N 截止，而 T_P 导通，这时 T_N 管的阻抗比 T_P 管的阻抗高得多(两阻抗比值可高达 10^6 以上)，电源电压主要降在 T_N 上，所以输出 U_O=V_{DD}，即输出电压为高电平。

(2) 当输入电压为高电平，即 U_I=V_{DD} 时，T_N 导通，T_P 截止，电源电压主要降落在 T_P 上，所以输出 U_O=0V，即输出电压为低电平。

可见，此电路实现了非逻辑关系。

通过 CMOS 反相器电路原理分析可发现 CMOS 门电路相比 NMOS、PMOS 门电路具有如下优点。

① 无论输入是高电平还是低电平，T_N 和 T_P 两管中总是一个管子截止另一个导通，流过电源的电流仅是截止管的沟道泄漏电流，因此，静态功耗很小。

② 两管总是一个管子充分导通，这使得输出端的等效电容能通过低阻抗充放电，改善了输出波形，同时提高了工作速度。

③ 由于输出低电平约为 0V，输出高电平为 V_{DD}，因此，输出的逻辑幅度大。

2. 电压传输特性

设 CMOS 反相器的电源电压 V_{DD}=10V，$U_{TN}=|U_{TP}|$=2V (两管的开启电压)，CMOS 反相器的电压传输特性如图 3.25 所示，特性曲线大致分成 5 个区域。

第Ⅰ区域：U_I<2V，T_N 截止，T_P 导通(工作在可变电阻区)，流过两管的电流近似为 0A，$U_O \approx V_{DD}$。

第Ⅱ区域：2V<U_I<5V，T_N 开始导通，但 T_N 的栅源电压小于 T_P 栅源电压绝对值，即 T_N 工作在饱和区，T_P 仍工作在可变电阻区的导通状态。T_N 的导通电阻大于 T_P 的导通电阻，这时有一个较小的电流流过两管，所以 U_O 开始下降。

第Ⅲ区域：U_I=5V，T_N 的栅源电压等于 T_P 栅源电压绝对值，T_N 和 T_P 都工作在饱和区，有较大电流流过两管，且导通电阻相等，所以 $U_O=V_{DD}/2$=5V。

第Ⅳ区域：5V<U_I<8V，情况与第 II 区域相反，T_P 工作在饱和区，T_N 工作在可变电阻区，T_P 的导通电阻大于 T_N 的导通电阻，所以 U_O 变为低电平。

第Ⅴ区域：U_I>8V，　T_N 导通(工作在可变电阻区)，T_P 截止，$U_O \approx$0V。

两管在 $U_I=V_{DD}/2$ 处转换状态，故 CMOS 门电路的阈值电压 $U_{TH}=V_{DD}/2$。

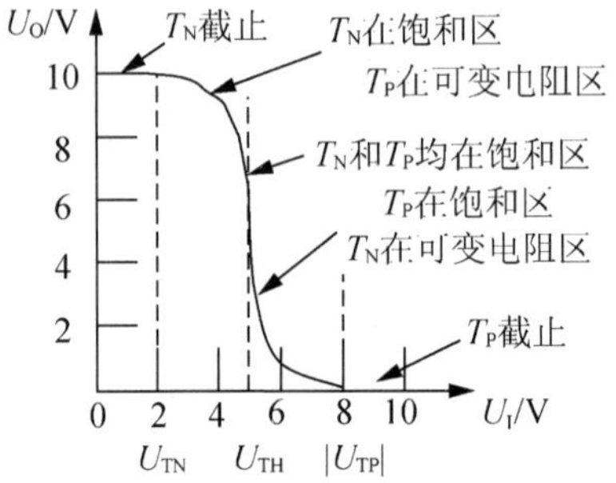

图 3.25　CMOS 反相器电压传输特性

从传输特性曲线可以看出：区域III很陡，且 $U_{TH}\approx V_{DD}/2$，所以，CMOS 反相器的电压传输特性接近于理想开关特性。由于电压传输特性曲线的转折点大约为 $V_{DD}/2$，干扰信号必须大于或等于 $V_{DD}/2$ 才能导致状态改变，所以说 CMOS 门电路具有极强的抗干扰能力。

3.3.3　其他类型的 CMOS 门电路

1. CMOS 与非门电路

电路如图 3.26 所示，图中 T_1、T_2 为两个串联的 NMOS 管，T_3、T_4 为两个并联的 PMOS 管，每个输入端 A 或 B 都直接连到配对的 NMOS 管和 PMOS 的栅极。当两个输入中有一个或一个以上为低电平 0 时，与低电平相连接的 NMOS 管仍截止，而 PMOS 管导通，使输出 F 为高电平，只有当两个输入端同时为高电平时，T_1、T_2 管均导通，T_3、T_4 管都截止，输出 F 为低电平。由以上分析可知，该电路实现了逻辑与非功能，即 $F=(AB)'$。

2. CMOS 或非门电路

图 3.27 所示电路为两输入 CMOS 或非门电路，其连接形式正好和与非门电路相反，T_1、T_2 两 NMOS 管是并联的，作为驱动管，T_3、T_4 两个 PMOS 管是串联的，作为负载管，两个输入端 A、B 仍接至 NMOS 管和 PMOS 管的栅极。

其工作原理是：当输入 A、B 中只要有一个或一个以上为高电平 1 时，与高电平直接连接的 NMOS 管 T_1 或 T_2 就会导通，PMOS 管 T_3 或 T_4 就会截止，因而输出 F 为低电平。只有当两个输入均为低电平 0 时，T_1、T_2 管才截止，T_3、T_4 管都导通，故输出 F 为高电平 1，因而实现了或非逻辑关系，即 $F=(A+B)'$。

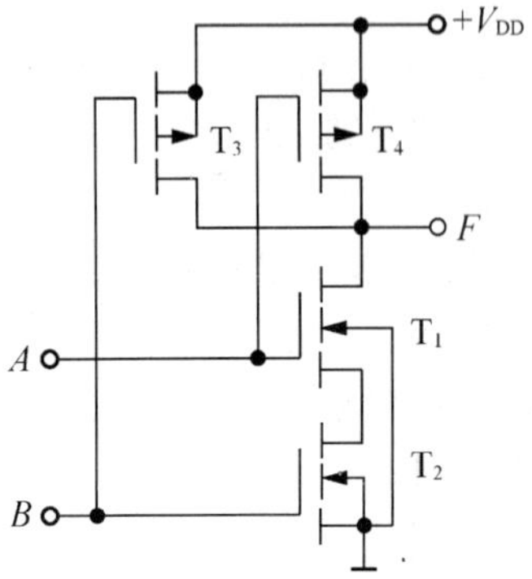

图 3.26　CMOS 与非门

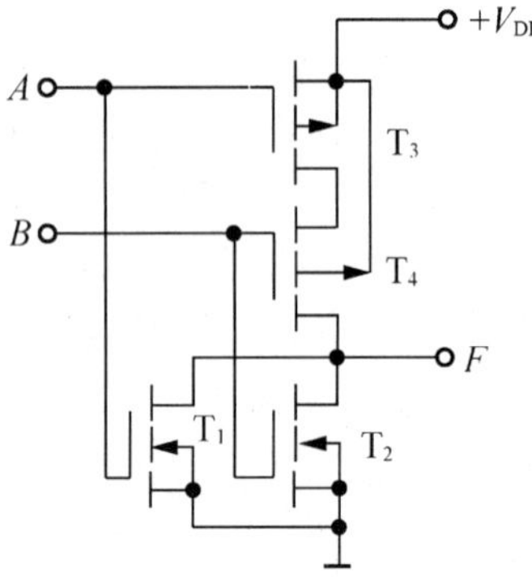

图 3.27　CMOS 或非门

3. CMOS 传输门电路

CMOS 传输门也是 CMOS 集成电路的基本单元，其功能是对所要传送的信号电平起允许通过或者禁止通过的作用。

CMOS 传输门由一个 NMOS 管 T_N 和一个 PMOS 管 T_P 并联而成，如图 3.28(a)所示，逻辑符号如图 3.28(b)所示。

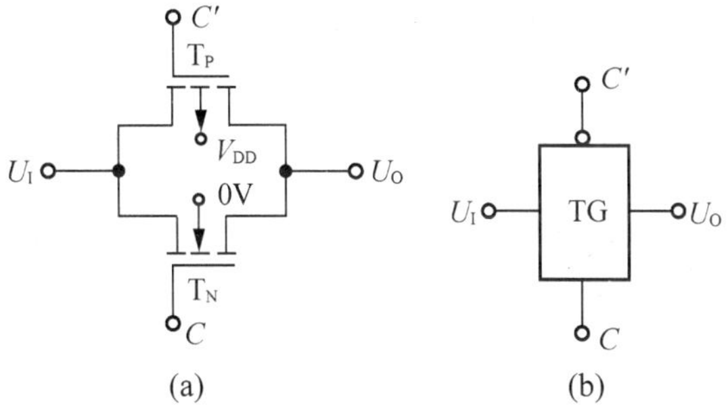

图 3.28　CMOS 传输门

(a) 逻辑电路图；(b) 逻辑符号图

设两管的开启电压 $U_{TN}=|U_{TP}|$。如果输入信号 U_I 的变化范围为 0～V_{DD}，控制端 C 与 C' 的高电平设置为 V_{DD}，低电平设置为 0。并将 T_N 的衬底接低电平 0V，T_P 的衬底接高电平 V_{DD}。

传输门的工作原理如下。

(1) 当 C 端接高电平 V_{DD}，C' 接低电平 0V 时，若 $0<U_I<(V_{DD}-U_{TN})$，T_N 导通；若 $|U_{TP}|\leqslant U_I\leqslant V_{DD}$，$T_P$ 导通，可见 U_I 在 0～V_{DD} 的范围变化时，T_N 和 T_P 中至少有一个导通，将输入电压传到输出端，$U_O=U_I$。

(2) 当 C 端接低电平 0V，C' 接高电平 V_{DD} 时，U_I 在 0～V_{DD} 的范围变化，T_N 与 T_P 都截止，输出呈高阻状态，输入电压不能传到输出端，相当于开关断开。

可见，当 C 为高电平，U_I 在 0～V_{DD} 的范围变化时，T_N 和 T_P 始终有一个导通，即开关始终是接通的，导通电阻约为数百欧。此外，由于两个管子的漏极和源极是可互换的，因此传输门是双向的，输入和输出可以互换。

4. CMOS 三态门电路

CMOS 三态门实现的方法很多，图 3.29(a)所示为其中一种 CMOS 三态门电路，工作原理如下。

当 EN=0 时，T_{P2} 和 T_{N2} 同时导通，T_{P1} 和 T_{N1} 组成的非门正常工作，输出 $L=A'$。

当 EN=1 时，T_{P2} 和 T_{N2} 同时截止，输出 L 对地和电源都相当于开路，为高阻状态。

可见电路组成了一个低电平有效的三态门，逻辑符号如图 3.29(b)所示。

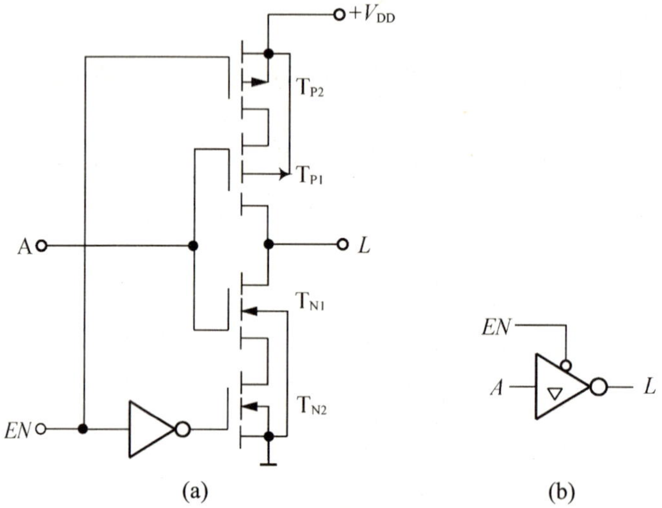

图 3.29　CMOS 三态门

(a) 逻辑电路图；(b) 逻辑符号图

3.3.4　CMOS 集成逻辑门电路的主要特点

CMOS 门电路主要参数的定义同 TTL 电路，下面主要说明 CMOS 电路主要参数的特点。

1) 功耗低

CMOS 门电路工作时总是一个导通另一个截止，因而其功耗低。

2) 逻辑摆幅大

CMOS 门电路 U_{OH} 的理论值为电源电压 V_{DD}，$U_{OH(min)}$=0.9V_{DD}；U_{OL} 的理论值为 0V，$U_{OL(max)}$=0.01V_{DD}。所以 CMOS 门电路的逻辑摆幅(即高低电平之差)较大，接近电源电压 V_{DD} 值。

3) 抗干扰能力强

CMOS 非门的关门电平 U_{OFF} 为 0.45V_{DD}，开门电平 U_{ON} 为 0.55V_{DD}。因此，其高、低电平噪声容限均达 0.45V_{DD}。其他 CMOS 门电路的噪声容限一般也大于 0.3V_{DD}，而 TTL 门电路的噪声容限只有 0.4V。对于 CMOS 门电路电源电压，V_{DD} 越大，其抗干扰能力越强。

4) 传输延迟大

CMOS 门电路传输延迟较大，一般为几十纳秒每门，且与电源电压有关，电源电压越高，CMOS 电路的传输延迟越小，功耗越大。前面提到，74HC 高速 CMOS 系列的工作速度已与 TTL 系列相当。

5) 扇出系数大

因 CMOS 电路有极高的输入阻抗，故其扇出系数很大，一般额定扇出系数可达 50。但必须指出的是，扇出系数是指驱动 CMOS 电路的个数，若就灌电流负载能力和拉电流负载能力而言，CMOS 电路远远低于 TTL 电路。

【思考题】　CMOS 逻辑门电路与 TTL 电路相比有哪些优点？

3.4　逻辑门电路的接口电路

3.4.1　TTL 电路与 CMOS 电路的接口

在数字电路或系统的设计中，往往由于工作速度或者功耗指标的要求，需合理选择逻辑器件。例如，TTL 和 CMOS 两种器件都要使用。TTL 电路和 CMOS 电路接口时，无论是用 TTL 电路驱动 CMOS 电路还是用 CMOS 电路驱动 TTL 电路，驱动门必须要为负载门提供符合要求的高低电平和足够的输入电流，即要满足下列条件。

驱动门的 $U_{OH(min)}$≥负载门的 $U_{IH(min)}$。

驱动门的 $U_{OL(max)}$≤负载门的 $U_{IL(max)}$。

驱动门的 $I_{OH(max)}$≥负载门的 $I_{IH(总)}$。

驱动门的 $I_{OL(max)}$≥负载门的 $I_{IL(总)}$。

表 3-4 列出了 TTL 和 CMOS 主要系列的主要参数，供选择器件参考。

表 3-4　TTL 和 CMOS 逻辑器件主要参数比较

类别 / 参数名称	*TTL*		*CMOS*		
	74	74LS	4000	74HC	74HCT
U_{OL}(max)/V	0.4	0.5	0.05	0.1	0.1
U_{OH}(min)/V	2.4	2.7	4.95	4.9	4.9
I_{OL}(max)/mA	16	8	0.51	4	4
I_{OH}(max)/mA	0.4	0.4	0.51	4	4
U_{IL}(max)/V	0.8	0.8	1.5	1	0.8
U_{IH}(min)/V	2	2	3.5	3.5	2
I_{IL}(max)/mA	1.6	0.4	0.001	0.001	0.001
I_{IH}(max)/μA	40	20	0.1	0.1	0.1

注：上述参数均是在电源电压 V_{CC} 或 V_{DD}=5V 时测得的。

下面分别讨论 TTL 驱动 CMOS 和 CMOS 驱动 TTL 的情况。

1. TTL 门驱动 CMOS 门

由于 TTL 门的 $I_{OH(max)}$和 $I_{OL(max)}$远远大于 CMOS 门的 I_{IH} 和 I_{IL}，所以 TTL 门驱动 CMOS 门时，主要考虑 TTL 门的输出电平是否满足 CMOS 输入电平的要求。

1) TTL 门驱动 4000 系列和 74HC 系列

从表 3-4 看出，TTL 的 $U_{OH(min)}$为 2.4V 或 2.7V，而 CMOS 4000 系列和 74HC 系列电路的 $U_{IH(min)}$为 3.5V，显然不满足要求。这时可在 TTL 电路的输出端和电源之间接一个上拉电阻 R_P，如图 3.30(a)所示。R_P 的阻值取决于负载器件的数目及 TTL 和 CMOS 器件的电流参数，一般在几百欧到几千欧之间。

如果 TTL 和 CMOS 器件采用的电源电压不同，需要上拉到比较高的电压，普通 TTL

门电路不能承受，如 V_{DD}=15V。这种情况可使用 OC 门加上拉电阻 R_P 的方法实现，如图 3.30(b)所示。

2) TTL 门驱动 74HCT 系列

前面提到 74HCT 系列与 TTL 器件电压兼容。它的输入电压参数为 $U_{IH(min)}$=2.0V，而 TTL 的输出电压参数 $U_{OH(min)}$为 2.4V 或 2.7V，因此两者可以直接相连，不需外加其他器件。

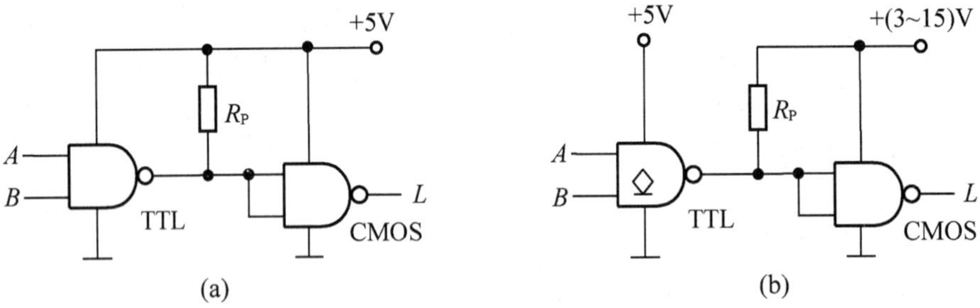

图 3.30 TTL 驱动 CMOS 门电路

(a) 电源电压都为 5V 时的接口；(b) 电源电压不同时的接口

2. CMOS 门驱动 TTL 门

从表 3-4 中看出，当都采用 5V 电源时，CMOS 门中的 74HC 系列和 74HCT 系列与 TTL 门中各系列的电压参数和电流参数均相匹配，可以直接驱动。而 COMS 门中的 4000 系列与 TTL 门中各系列的电压参数匹配，电流参数不匹配，此时需要提高 4000 系列的驱动能力，可以将同一芯片上的多个门并联使用，如图 3.31 所示，也可在 CMOS 门的输出端与 TTL 门的输入端之间加一个 CMOS 驱动器。

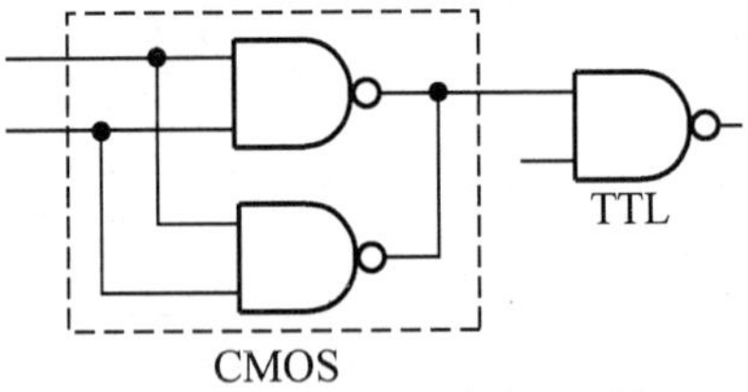

图 3.31 CMOS 驱动 TTL 门电路

3.4.2 逻辑门电路带负载的接口电路

在数字电路中，常常需要用 TTL 或 CMOS 电路去驱动指示灯、发光二极管(LED)、继电器等负载。

对于电流较小、电平能够匹配的负载可以直接驱动，图 3.32 所示为用 TTL 门电路驱动发光二极管，这时只要在电路中串接一个约几百欧的限流电阻即可。

如果负载电流较大，可将同一芯片上的多个门并联作为驱动器，如图 3.33(a)所示。也可在门电路输出端接三极管，以提高带负载能力，如图 3.33(b)所示。

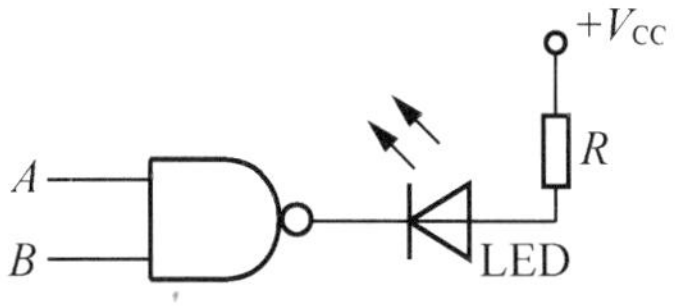

图 3.32　门电路带小电流负载

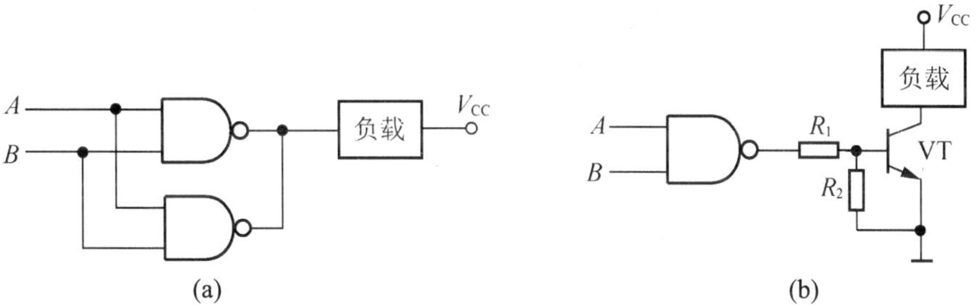

图 3.33　门电路带大电流负载

(a) 门电路并联使用；(b) 加驱动三极管

3.5　可编程逻辑器件

前面介绍的集成门电路都属于标准逻辑器件，其功能是固定的。标准逻辑器件可用于任何数字电路的设计中，但很难实现复杂的逻辑电路。为此，人们生产了一种集成的半成品芯片，出厂时不具有特定的逻辑功能，用户可根据需要对其编程而赋予某种逻辑功能，使其成为一种专用芯片。可编程逻辑器件 PLD(Programmable Logic Device)出现于 20 世纪 70 年代，是一种半定制逻辑器件，可以由编程来确定其逻辑功能。它为用户最终把自己所设计的逻辑电路直接写入到芯片上提供了物质基础。使用这类器件可及时方便地研制出各种所需的逻辑电路，并可重复擦写多次，因而它的应用越来越受到重视。

可编程逻辑器件大致经历了从 PROM、PLA、PAL、GAL、EPLD、FPGA、CPLD 的发展过程，在结构、工艺、集成度、功能、速度和灵活性方面都有很大的改进和提高。

可编程逻辑器件的演变过程大致如下。

(1) 20 世纪 70 年代，熔丝编程的 PROM 和可编程逻辑阵列(Programmable Logic Array，PLA)器件是最早的可编程逻辑器件。

(2) 20 世纪 70 年代末，AMD 公司开始推出可编程阵列逻辑(Programmable Array Logic，PAL)器件。

(3) 20 世纪 80 年代初，Lattice 公司发明可电擦写的、比 PAL 使用更灵活的通用阵列逻辑(Generic Array Logic，GAL)器件。

(4) 20 世纪 80 年代中期，Xilinx 公司提出现场可编程概念，同时生产了世界上第一片现场可编程门阵列(Field Programmable Gate Array，FPGA)器件。同一时期，Altera 公司推出(Erasable Programmable Logic Device，EPLD)器件，较 GAL 器件有更高的集成度，可以用紫外线或电擦除。

(5) 20世纪80年代末，Lattice公司又提出了在系统可编程技术(In Sytem Programmability，ISP)，并且推出了一系列具备在系统可编程能力的复杂可编程逻辑器件(Complex Programmable Logic Device，CPLD)。

进入20世纪90年代，可编程逻辑集成电路技术进入飞速发展时期。器件和软件几乎每两三年更新一次。这些PLD器件按着集成度分为低密度可编程逻辑器件(LDPLD)和高密度可编程逻辑器件(HDPLD)。低密度PLD通常是指那些集成度小于1000门/每片的PLD。早期生产的PROM、PAL和GAL均属于LDPLD。低密度PLD与中小规模集成电路相比，有集成度高、速度快、设计灵活方便和设计周期短等优点，可用来实现一些较简单的逻辑电路。高密度PLD一般是指那些集成度大于1000门/每片的PLD，主要有CPLD和FPGA两大类。HDPLD可为十分复杂的数字系统提供电路资源，使其设计变得简单而高效。

3.5.1 PLD电路的表示方法

PLD器件内部电路虽然十分复杂，但PLD器件实现可编程的基本方法不外乎通过与矩阵、或矩阵的编程；通过改变内部连接线的编程；通过数据传输方向的编程来构成功能复杂的逻辑电路。PLD所用的单元器件数目很多，按常规绘制电路原理图非常不便，制造厂商推出了一套简化的表示方法。

1) PLD的连接方式

如图3.34所示，PLD有3种连线方式："•"表示固定连接，也称硬连接；"×"表示编程连接，即这个接点的接通和断开是靠编程来实现的；两线的交叉点既无"•"连接，也无"×"连接，则表示两连接线断开。

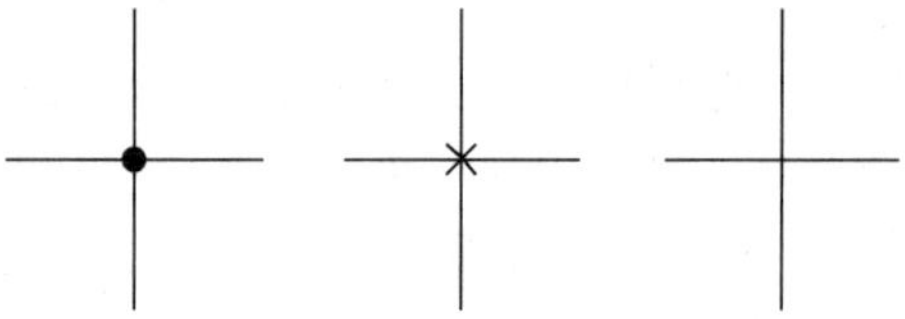

图3.34 PLD器件中的连接方式

2) 基本门电路的PLD表示法

输入缓冲器有两个输入端，分别表示输入量的原码和反码，如图3.35(a)所示。一个3输入端与门的PLD表示法如图3.35(b)所示，图中$F_1=ABC$，通常把A、B、C称为输入项，F_1称为乘积项。3输入或门如图3.35(c)所示，图中$F_2=A+B+C$。

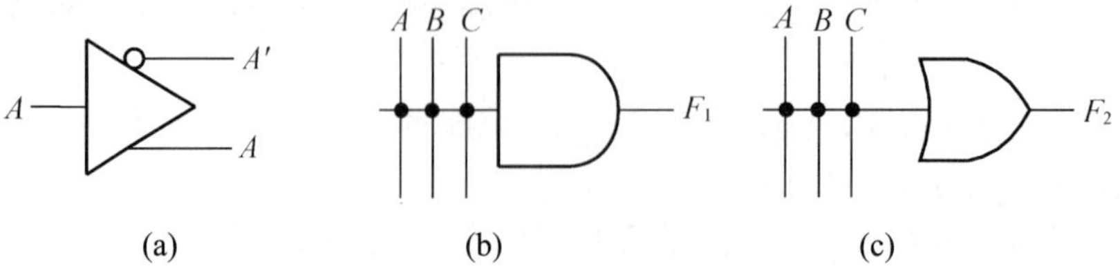

图3.35 PLD表示法的图形符号

(a) 输入缓冲器；(b) 与门符号；(c) 或门符号

在图 3.36 中，逻辑电路的输出变量 $F_1 = A \cdot A' \cdot B \cdot B' = 0$，表明 4 个输入项被编程接通；$F_2$=1，表明与门的所有输入项均不接通，保持“悬浮”的 1 状态；F_3=AB，表明输入项 A、B 硬线连接。

图 3.36 中与门 G_1 对应的所有输入项被编程接通，输出项恒等于 0，这种状态为与门编程的默认状态。可以在与门 G_1 中划一个“×”取代各输入项对应的“×”，其图形符号如图 3.37 所示。

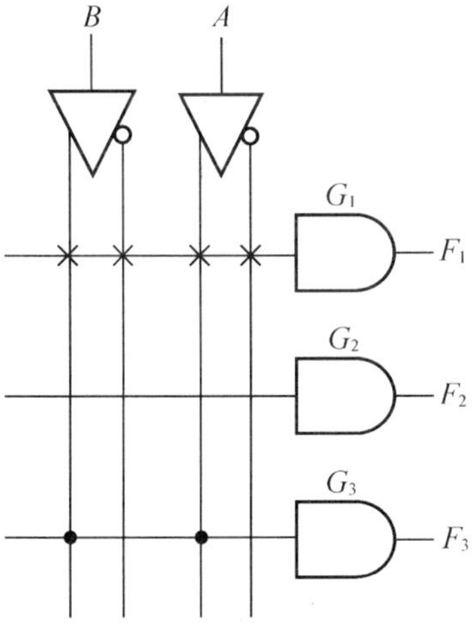

图 3.36　PLD 表示的与门阵列

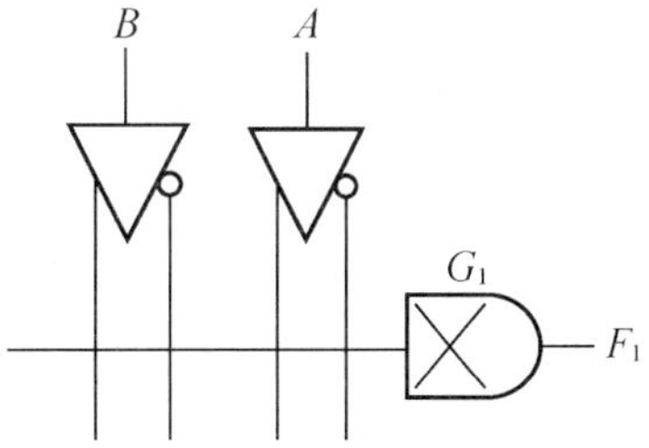

图 3.37　与门的默认状态

PLD 电路由与门阵列和或门阵列两种基本的门阵列组成，图 3.38 是一个基本的 PLD 结构图。图中与阵列和或阵列是电路的主体，主要用来实现组合逻辑函数。输入电路由缓冲器组成，它使输入信号具有足够的驱动能力，并产生互补输入信号。

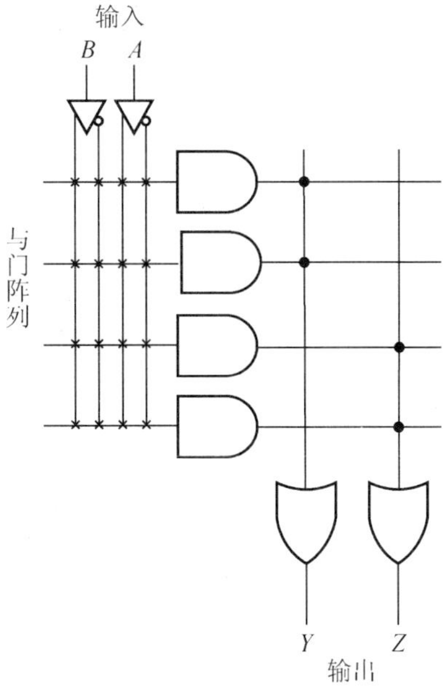

图 3.38　基本的 PLD 结构图

3.5.2 低密度可编程逻辑器件

通常按集成度将 PROM、PLA、PAL 和 GAL 称为低密度可编程逻辑器件，而将 EPLD、CPLD、FPGA 称为高密度可编程逻辑器件。首先对其中 4 种 LDPLD 器件进行比较，见表 3-5。

表 3-5 4 种 LDPLD 器件比较

PLD 类型	阵列		输出
	与	或	
PROM	固定	可编程，一次性	三态，集电极开路
PLA	可编程 一次性	可编程 一次性	三态，集电极开路 寄存器
PAL	可编程 一次性	固定	三态 I/O 寄存器互补带反馈
GAL	可编程 多次性	固定或 可编程	输出逻辑宏单元，组态由用户定义

1. 可编只读存储器 PROM

PROM 包含一个固定连接的与阵列和一个可编程的或阵列，如图 3.39 所示。也就是说，由于 PROM 的与阵列是一个全译码的固定阵列，输入为 n 个变量，输出为 2^n 个最小项，而或阵列是可编程的，它能够较方便地实现以最小项为基础的多输入、多输出的组合逻辑函数。由于它以最小项为基础，因此在设计中无须对函数简化。

3 位输入地址码的 PROM 可用图 3.39 所示的 PLD 表示法描述。需要注意的是，输入项增大，与门阵列增大，而与门阵列增大，则开关时间变长，速度减慢。因此，只有小规模的 PROM 才能作为可编程逻辑器件使用，密度高达两百万位/片的大规模 PROM 一般只作存储器使用。

2. 可编程逻辑阵列 PLA

PLA 是针对 PROM 的缺点研制出来的，它可以实现或阵列和与阵列编程，即与阵列的内容不再是固定的，而是完全按照用户的使用要求来设计，如图 3.40 所示。它所产生的乘积项的数目小于 2^n，而且每一个乘积项也不一定是全部输入信号的组合，而是根据需要来确定的。图 3.40 是 PLA 的一个具体示例，是一个 3 输入 2 输出的组合逻辑阵列，该阵列实现的逻辑函数为：

$$F_1 = P_1 + P_2 + P_3 = A_2A_1 + A_1'A_0' + A_2'A_1'$$
$$F_2 = P_1 + P_4 = A_2A_1 + A_2'A_1'A_0$$

PLA 与 PROM 相比更有利于编程，并且有效地提高了芯片的利用率，缩小了体积，但它制造工艺复杂，工作速度不够高。

3. 可编程阵列逻辑 PAL

PAL 是 PLA 的一种简化方案，它的结构是与阵列可编程的，而或阵列固定，这种结构可使编程比较简单，制造工艺略有简化，成本有所降低，速度有所提高。为了满足不同用户的要求，PAL 有专用的输出结构、可编程 I/O 结构、带反馈寄存器输出结构、异或型输出结构等各种不同的输出结构。PAL 产品有 20 多种不同的型号可供选用，选定芯片型号后，其输出结构也就决定了。

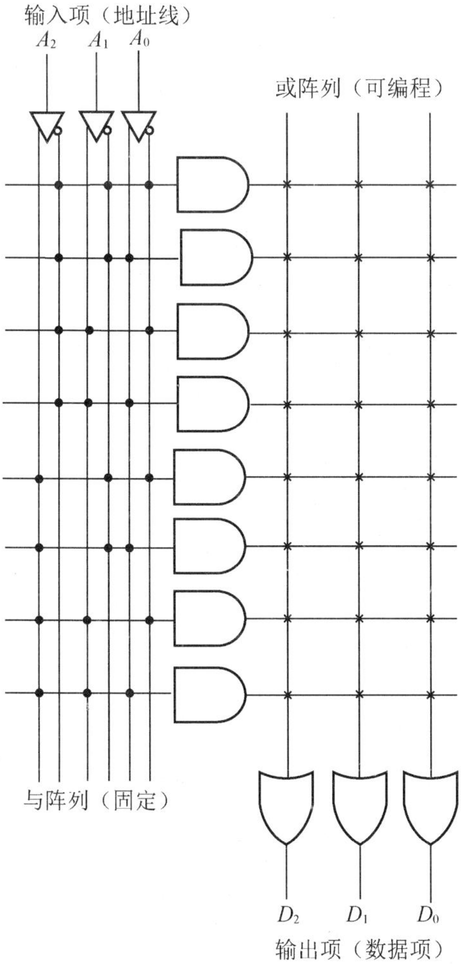

图 3.39　PROM 电路的 PLD 表示法

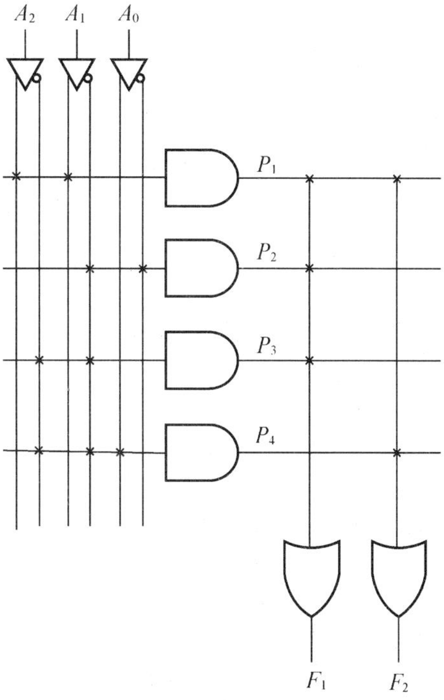

图 3.40　PLA 的一个具体示例

图 3.41 是 PAL 的一个具体示例，其与阵列是可编程逻辑阵列，而或阵列为固定连线的或门。该阵列实现的输出逻辑函数为：

$$F_1 = P_1 + P_2 = A_2A_1 + A_1'A_0'$$

$$F_2 = P_3 + P_4 = A_2'A_1' + A_2'A_1'A_0 = A_2'A_1'$$

PAL 和 SSI、MSI 通用标准器件相比有许多优点。

(1) 提高了功能密度，节省了空间。通常一片 PAL 可以代替 4～12 片 SSI 或 2～4 片 MSI。同时 PAL 只有 20 多种型号，但可以代替 90% 的通用 SSI、MSI 器件，因而进行系统设计时可以大大减少器件的种类。

(2) 提高了设计的灵活性，且编程和使用都比较方便。

(3) 有上电复位功能和加密功能，可以防止非法复制。

PAL 的主要缺点是由于它采用了双极型熔丝工艺(PROM 结构)，只能一次性编程，因而使用者仍要承担一定的风险。另外 PAL 器件输出电路结构的类型繁多，因此也给设计和使用带来一些不便。

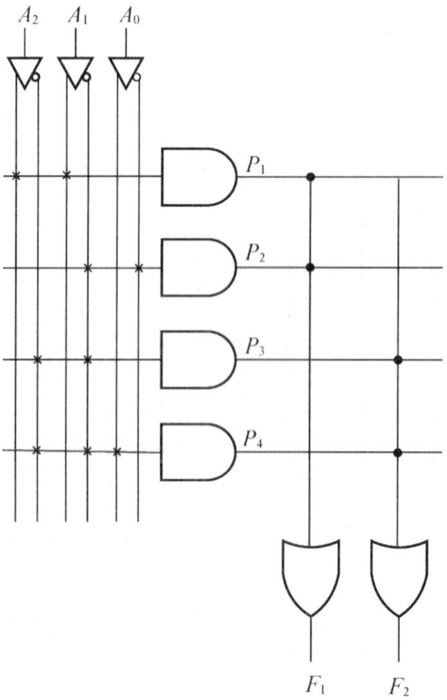

图 3.41　PAL 的一个具体示例

4. 通用阵列逻辑 GAL

GAL 是 Lattice 公司于 1985 年首先推出的新型可编程逻辑器件。它采用了电擦除、电可编程的 E^2CMOS 工艺制作，可以用电信号擦除并反复编程上百次。GAL 基本上沿袭了 PAL 的结构，与阵列可编程，而或阵列固定。与 PAL 不同的是，GAL 器件的输出端设置了可编程的输出逻辑宏单元 OLMC (Output Logic Macro Cell)，通过编程可以将 OLMC 设置成不同的输出方式。这样同一型号的 GAL 器件可以实现 PAL 器件所有的各种输出电路工作模式，即取代了大部分 PAL 器件，因此称为通用可编程逻辑器件。

GAL 器件分两大类：一类为普通型 GAL，其与或阵列结构与 PAL 相似，如 GAL16V8、ispGAL16Z8、GAL20V8 都属于这一类；另一类为新型 GAL，其与或阵列均可编程，与 PLA 结构相似，主要有 GAL39V8。

(1) GAL 的基本结构。以 GAL16V8 为例，其结构如图 3.42 所示，它具有以下特点。

① 8 个输入缓冲器和 8 个输出反馈/输入缓冲器。引脚 2～9 是输入端，引脚 1 和 11 是专用输入端。

② 8 个输出逻辑宏单元 OLMC，8 个三态缓冲器，每个 OLMC 对应 1 个 I/O 引脚。引脚 12～19 对应 I/O 端，可以根据需要用作输入端和输出端。

③ 由 8×8 个与门构成的与阵列共形成 64 个乘积项，每个与门有 32 个输入项，故可编程与阵列共有 32×8×8=2048 个可编程单元。

④ 系统时钟 *CLK* 和三态输出选通信号 *OE* 具有输入缓冲器。其输入端对应引脚 1 和引脚 11。

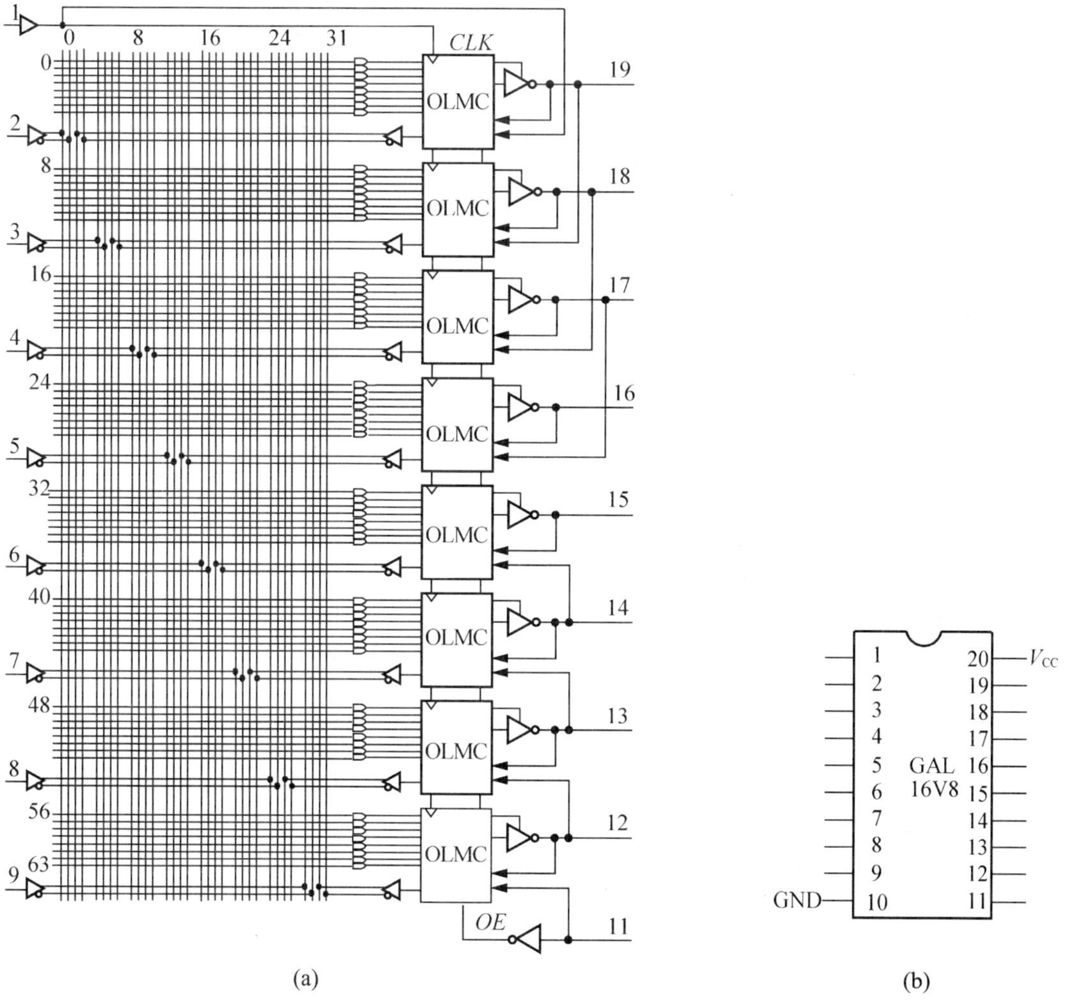

图 3.42 GAL16V8 逻辑电路图及引脚图

(a) 逻辑电路图；(b) 引脚图

(2) 输出逻辑宏单元(OLMC)。

① OLMC 的结构。输出逻辑宏单元的组成如图 3.43 所示，它包括：一个或门、一个异或门、一个 *D* 触发器和 4 个多路开关(MUX)。

每个 OLMC 包含或门阵列中的一个或门。一个或门有 8 个输入端，和来自与阵列的 8 个乘积项(PT)相对应。其中 7 个直接相连，第一个乘积项(图中最上边的一项)经 PTMUX

相连，或门输出为有关乘积项之和。

异或门的作用是选择输出信号的极性。当 *XOR*(*n*)为 1 时，异或门起反相器作用，否则起同相器作用。*XOR*(*n*)是控制字中的一位，*n* 为引脚号。

D 触发器(寄存器)对异或门的输出状态起记忆(存储)作用，使 GAL 适用于时序逻辑电路。

4 个多路开关在结构控制字段作用下设定输出逻辑宏单元的组态，其中 PTMUX 是乘积项选择器，在 $AC_1(n)$、AC_0 控制下选择第一乘积项或地(0)送至或门输入端。OMUX 是输出类型选择器，在 $AC_1(n)$、AC_0 控制下选择组合型(异或门输出)或寄存型(经 *D* 触发器存储后输出)逻辑运算结果送到输出缓冲器。TSMUX 是三态缓冲器的使能信号选择器，在 $AC_1(n)$和 AC_0 控制下从 U_{CC}、地、*OE* 或第一乘积项中选择一个作为输出缓冲器的使能信号。FMUX 是反馈源选择器。在 $AC_1(n)$、AC_0、$AC_1(m)$控制下选择 *D* 触发器的 Q'、本级 OLMC 输出、邻级 OLMC 的输出或地电平作为反馈源送回与阵列作为输入信号。

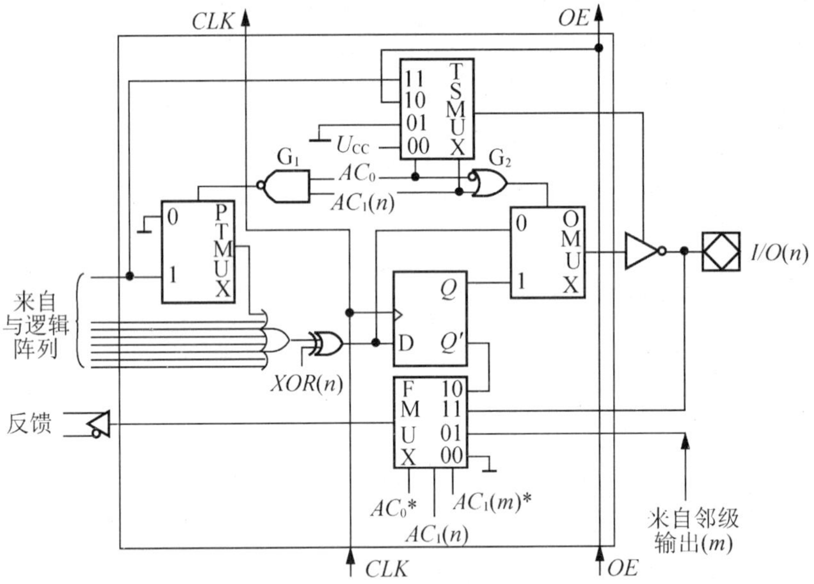

图 3.43　OLMC 的结构图

② 结构控制字。GAL 芯片内部设置有 82 位的结构控制字，每位取值为“1”或“0”，如图 3.44 所示。图中 *XOR*(*n*)和 $AC_1(n)$字段下的数字对应各个 OLMC 的引脚号。

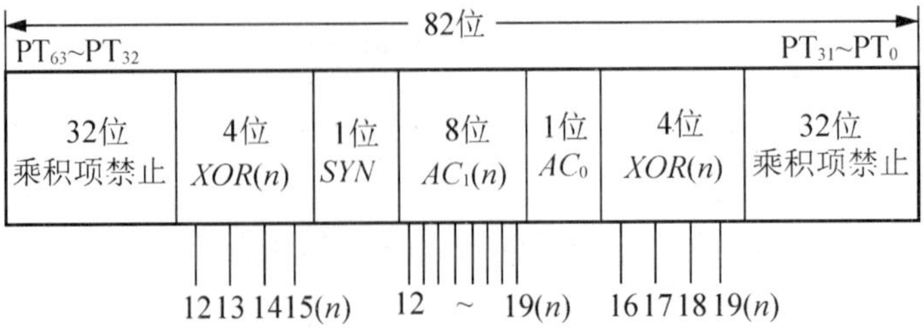

图 3.44　GAL 的结构控制字

SYN 决定 GAL 器件是具有寄存器型(时序型)输出能力(SYN=0)，还是纯粹组合型输出能力(SYN=1)。在 OLMC(12)和 OLMC(19)中，SYN 还替代 $AC_1(n)$，SYN' 替代 AC_0 作为 FMUX 的选择输入，以维护与 PAL 器件的兼容性。

AC_0、$AC_1(n)$是方式控制位。8 个 OLMC 共用 1 位 AC_0。$AC_1(n)$共有 8 位，每个 OLMC(n)有 1 位，n 为引脚号(12～19)。AC_0、$AC_1(n)$两者配合控制各 MUX 的工作。

$XOR(n)$是极性控制位，共 8 位，每个 OLMC(n)各有 1 位，它通过异或门来控制输出极性。$XOR(n)$=0 时，输出低有效；$XOR(n)$=1 时，输出高有效。

PT(n)是乘积项禁止位，共 64 位，和与阵列中 64 个乘积项(PT_0～PT_{63}) 相对应，用以禁止(屏蔽)某些不用的乘积项。在 SYN、AC_0、$AC_1(n)$组合控制下，OLMC(n)可组态配置成 5 种工作模式，表 3-6 列出了各种模式下对控制位的配置和选择。OLMC 组态的实现，即结构控制字各控制位的设定都是由开发软件和硬件自动完成的。

从以上分析看出，GAL 器件由于采用了 OLMC，所以使用更加灵活，只要写入不同的结构控制字，就可以得到不同类型的输出电路结构。这些电路结构完全可以取代 PAL 器件的各种输出电路结构。

表 3-6 OLMC 的 5 种工作模式

SYN	AC_0	$AC_1(n)$	$XOR(n)$	工作模式	输出极性	备注
1	0	1	/	专用输入	/	1 和 11 脚为数据输入、三态门禁止
1	0	0	0	专用组合输出	低有效	1 和 11 脚为数据输入、三态门选通
			1		高有效	
1	1	1	0	反馈组合输出	低有效	1 和 11 脚为数据输入、三态门选通信号是第一乘积项，反馈信号取自 I/O
			1		高有效	
0	1	1	0	时序电路组合输出	低有效	1 脚接 CLK，11 脚接 OE'，至少另有一个 OLMC 为寄存器输出模式
			1		高有效	
0	1	0	0	寄存器输出	低有效	1 脚接 CLK，11 脚接 OE'
			1		高有效	

(3) 行地址映射。GAL 的逻辑功能、工作模式是靠编程来实现的，编程时写入的数据按行安排，GAL16V8 共分 64 行，供用户使用的只有 36 行。图 3.45 表示 GAL16V8 编程单元的地址分配和功能划分情况，因为它并不是实际的空间布局图，所以称为行地址映射图。

第 0～31 行对应与逻辑阵列的编程单元，编程后可产生 0～63 共 64 个乘积项。

第 32 行是电子标签(ES)，供用户存放各种备查的信息。如器件的编号、电路的名称、编程日期、编程次数等。

第 33～59 行是制造厂家保留的地址空间，用户不能利用。

第 60 行是结构控制字，共有 82 位，用于设定 8 个 OLMC 的工作模式和 64 个乘积项的禁止。

第 61 行是一位加密单元。这一位被编程以后，将不能对与逻辑阵列作进一步的编程或读出验证，因此可以实现对电路设计结果的保密。只有在与逻辑阵列被整体擦除时才能将加密单元同时擦除。但是电子标签的内容不受加密单元的影响，在加密单元被编程后电子标签的内容仍可读出。

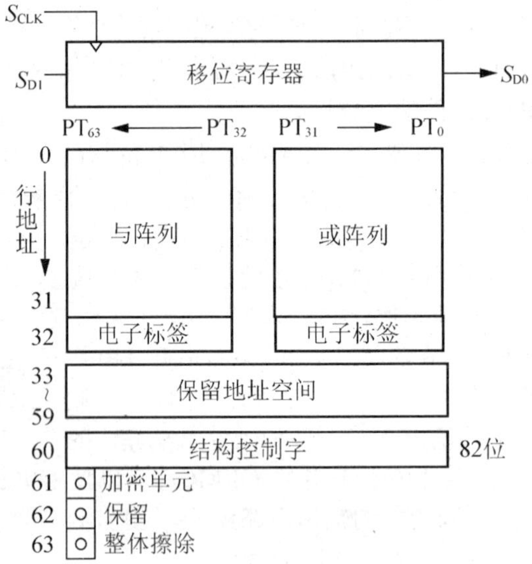

图 3.45 GAL16V8 行地址映射图

第 63 行只包含一位，用于整体擦除。

对 GAL 编程时是逐行进行的，被编程的数据从第 9 脚以串行方式送入 64 位移位寄存器，寄存器装满一次，就对 GAL 阵列写一行。

(4) GAL 器件的特点。GAL 器件有以下优点。

① 采用电擦除工艺和高速编程方法，使编程改写变得方便、快速，整个芯片改写只需数秒钟，一片可改写 100 次以上。

② 采用高性能的 E^2COM 工艺，保证了 GAL 的高速度和低功耗。存取速度为 12～40 ns，功耗仅为双极性 PAL 器件的 1/2 或 1/4(90 mA 或 45 mA)，编程数据可保存 20 年以上。

③ 采用可编程的输出逻辑宏单元(OLMC)，使得 GAL 器件对复杂逻辑门设计具有极大的灵活性。GAL16V8 可以仿真或代替 20 脚的 PAL 器件约 21 种。

④ 可预置和加电复位全部寄存器，具有 100%的功能可测试性。

⑤ 备有加密单元，可防止他人抄袭设计电路。

⑥ 备有电子标签(ES)，方便了文档管理，提高了生产效率。

GAL 和 PAL 一样都属于低密度 PLD，其共同缺点是规模小，每片相当于几十个等效门电路，只能代替 2～4 片 MSI 器件，远达不到 LSI 和 VLSI 专用集成电路的要求。另外，GAL 在使用中还有许多局限性，如一般 GAL 只能用于同步时序电路，各 OLMC 中的触发器只能同时置位或清零，每个 OLMC 中的触发器和或门还不能充分发挥其作用，且应用灵活性差等。这些不足之处都在高密度 PLD 中得到了较好的解决。

3.5.3 高密度可编程逻辑器件

以 GAL 为代表的低密度可编程逻辑器件集成密度较低，不能满足复杂的数字系统的需要。高密度可编程器件 HDPLD 一般是指集成密度大于 1000 门的 PLD，具有更多的输入输出信号、更多的乘积项和宏单元，主要有 CPLD 和 FPGA 两大类。

1. 复杂可编程逻辑器件 CPLD

CPLD 是在 GAL 的基础上发展起来的，它的内部包含许多逻辑宏单元块，一个逻辑块就相当于一个 GAL，这些块之间利用内部的可编程连线实现相互连接，集成在单块芯片上。丰富的内部连线为块与块之间提供了快速、具有固定延时的通路，通过编程修改内部连线即可改变器件的逻辑功能。下面以 Altera 公司的 MAX7000 系列 EPM7128S 为例介绍 CPLD 的结构及工作原理。

图 3.46 是 EPM7128S 器件结构图，主要由逻辑阵列块 LAB(Logic Array Block)、可编程的连线阵列 PLA(Programmable Line Array)和输入、输出控制块(Input Output Control Block，IOCB)组成。每个逻辑阵列块由 16 个宏单元组成。多个 LAB 通过可编程连线阵列和全局总线连接在一起，并构成所需要的逻辑。全局总线由所有的专用输入、I/O 控制块和宏单元反馈信号送至 PLA，PLA 再把这些信号再送到器件内各个地方。

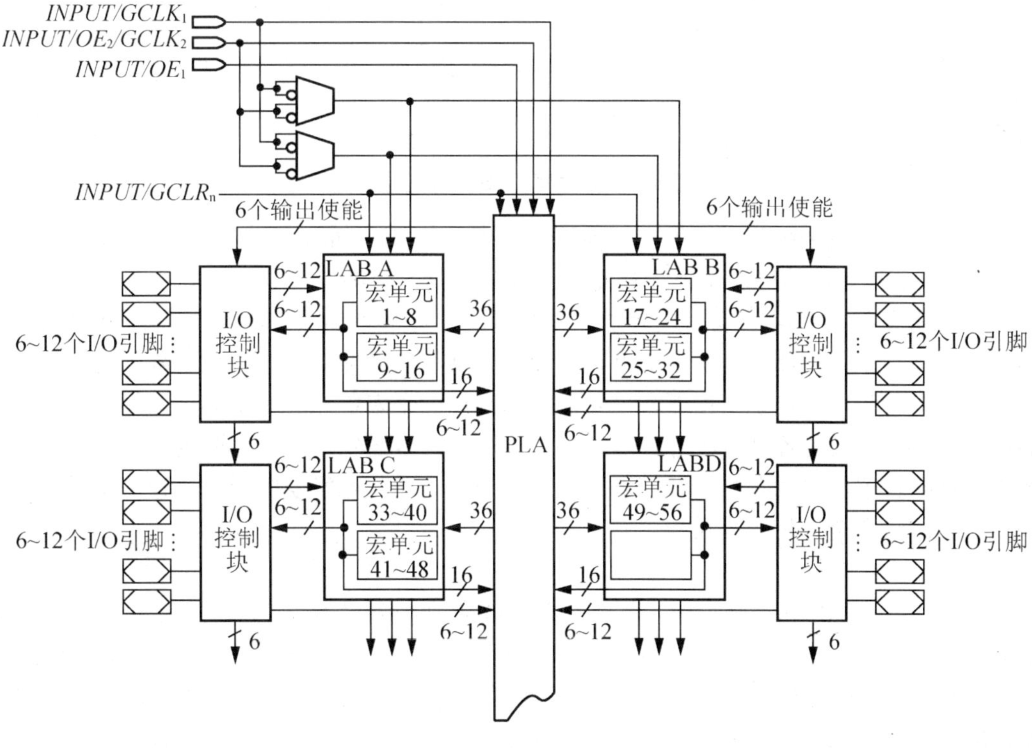

图 3.46　EPM7128S 器件结构图

EPM7128S 有 4 个专用输入端，可用做特定的高速控制信号或一般的用户输入。$GCLK_1$ 是所有宏单元的全局时钟脉冲输入端，可使所有的寄存器进行同步操作；$GCLK_2$ 是备用引脚，可作为具有三态输出的任一宏单元的第 2 全局输出使能信号(OE_2)；OE_1 是主要的三态使能；$GCLR$ 是任一宏单元中寄存器的异步清零端，低电平有效。I/O 控制模块的作用是确定每一个 I/O 引脚工作于输入、输出或者双向方式。

1) 可编程逻辑宏单元

MAX7000 系列的逻辑宏单元内部主要包括逻辑阵列、乘积项选择矩阵和可编程触发器 3 个功能块，如图 3.47 所示。在组态功能上与 GAL 的 OLMC 相似，能够单独组态为时序逻辑或组合逻辑工作方式。

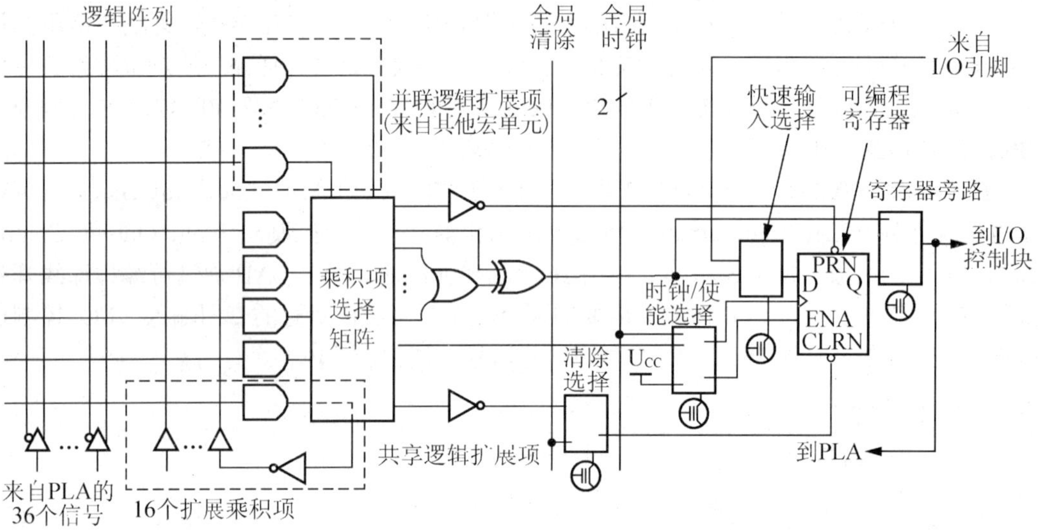

图 3.47　EPM7128S 宏单元结构图

逻辑阵列产生乘积项，每个乘积项的变量来自从 PLA 来的 36 个信号以及从 LAB 来的 16 个共享扩展项信号。逻辑阵列可以给每个宏单元提供 5 个乘积项，乘积项选择矩阵的作用是将乘积项分配给或门及异或门以构成组合逻辑函数。宏单元支持两种扩展乘积项，一种是共享乘积项，它是由宏单元中的一个乘积项经非门反馈到逻辑阵列构成的，另一种是并联乘积项，它是由相邻宏单元借来的。每一个宏单元的触发器可编程为各种类型的触发器，从而实现各种时序逻辑电路。如果需要组合逻辑输出，可通过适当编程寄存器旁路数据选择器，将触发器断开，以实现组合逻辑电路。触发器的清零、置位、时钟和时钟使能控制来自全局信号或乘积项。

2) 扩展乘积项

在 PAL 和 GAL 的与阵列中，每个或门的输入乘积项最多为 7 个或 8 个，当要实现多于 8 个乘积项的“与—或”逻辑函数时，必须将“与—或”函数表达式进行逻辑变换。在 CPLD 的宏单元中，如果输出表达式的与项较多，而对应的或门输入端不够用时，可以借助可编程开关将同一单元或其他单元中的其他或门与之联合起来使用，或者在每个宏单元中提供未使用的乘积项供其他宏单元使用和共享。

每一个 LAB 有 16 个共享扩展项，它们由每个宏单元提供一个乘积项接到逻辑阵列组成。每个共享扩展乘积项可被同一个 LAB 内任何一个或全部宏单元使用和共享，如图 3.47 所示。并联扩展乘积项是一些宏单元没有使用的乘积项，可以把他们借到其他高位的宏单元以实现较复杂的逻辑函数。这样或逻辑函数最多可有 20 个乘积项，其中 5 个乘积项是宏单元本身的，15 个并联扩展乘积项是从 LAB 中邻近宏单元借用的。在宏单元组内，最小编号的宏单元仅能借出并联扩展项，而最大编号的宏单元仅能借入并联扩展项，如图 3.48 所示。

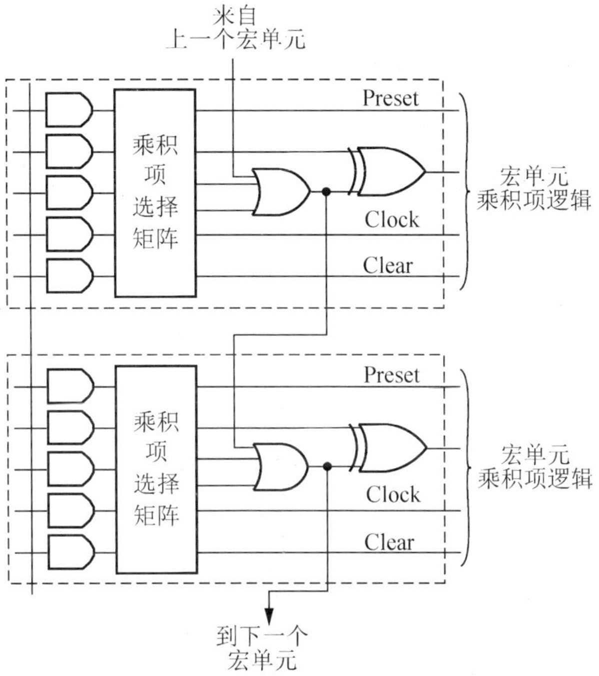

图 3.48 EPM7128S 并联扩展乘积项

3) 异步时钟和时钟选择

CPLD 中各触发器的时钟可以异步工作，通常时钟信号可以通过数据选择器或时钟网络进行选择，触发器的异步清零和异步置位信号也可以利用乘积项来控制。例如在图 3.47 中，EPM7128S 宏单元中的触发器可以单独地编程为具有可编程时钟控制的 *D*、*T*、*JK* 或 *SR* 触发器工作方式，每个可编程触发器可以按 3 种不同方式选择时钟。

(1) 全局时钟信号。

(2) 全局时钟，同时由高电平有效的时钟信号所使能。

(3) 用乘积项实现阵列的时钟。触发器的异步清零功能可以通过选择乘积项反相的低电平信号或全局清除信号来控制；异步置位功能也可通过乘积项反相后的低电平信号来控制。

2. 现场可编程门阵列 FPGA

FPGA 是另一种高密度的 PLD，从结构上与 CPLD 不同，其内内部逻辑块的集成度小，但数量多。这些逻辑块在 FPGA 内部排成阵列，通过丰富的可编程连线资源互连，再通过输入/输出块与芯片的引脚连接，可灵活组成一些复杂的数字系统。

FPGA 由可编程逻辑块 CLB (Configurable Logic Block)、输入/输出模块 IOB (Input/Output Block) 和互连资源 IR (Interconnect Resource) 三部分组成，如图 3.49 所示。可编程逻辑块 CLB 是实现用户指定逻辑功能的基本单元，它们通常规则地排列成一个阵列，散布于整个芯片；可编程输入/输出模块主要完成芯片上逻辑与外部封装脚的接口，它通常排列在芯片的四周；可编程互连资源包括各种长度的连线线段和一些可编程连接开关，它们将各个 CLB 之间或 CLB、IOB 之间以及 IOB 之间连接起来，构成特定功能的电路。

FPGA 的功能由逻辑结构的配置数据决定。工作时，这些配置数据存放在片内的 SRAM 或熔丝图上。基于 SRAM 的 FPGA 器件在工作前需要从芯片外部加载配置数据。配置数据可以存储在片外的 EPROM、E^2PROM 或计算机软、硬盘中。人们可以控制加载过程，在现场修改器件的逻辑功能，即所谓现场编程。

可编程逻辑块一般有 3 种结构形式，分别为查找表结构、多路开关结构和多级与非门结构。不同厂家生产的 FPGA，其 CLB、IOB 等结构都存在较大的差异，下面以 Xilinx 公司的产品 XC4000 系列为例，简要介绍可编程逻辑块(CLB)、输入/输出模块(IOB)及可编程连线(IR)的基本特点。

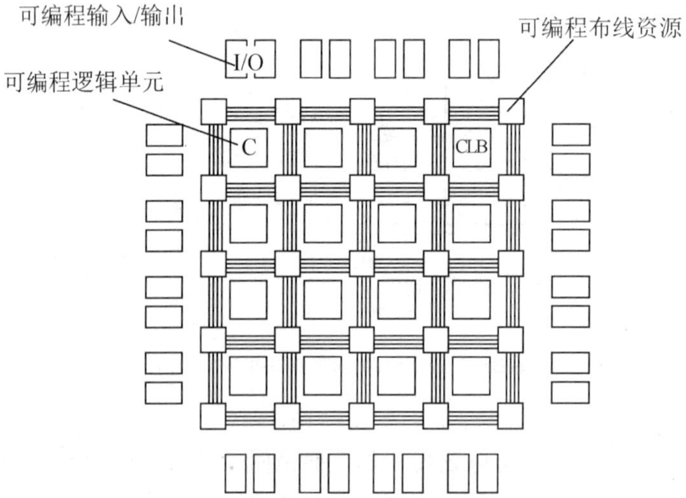

图 3.49　FPGA 的基本结构

1) 可编程逻辑块

XC4000 系列的 CLB 结构如图 3.50 所示。CLB 主要由逻辑函数产生器、触发器、编程数据存储单元、数据选择器及其他控制电路组成，有 13 个输入端和 4 个输出端。其中 13 个输入包括两组 4 变量逻辑函数输入端 G_1～G_4 和 F_1～F_4、4 个控制信号输入端 C_1～C_4 和一个时钟输入端 *CLK*；4 个输出包括两个组合逻辑输出端 *X* 和 *Y* 和两个时序逻辑输出端 *XQ* 和 *YQ*。

3 个逻辑函数发生器分别以 F、G 和 H 标志。F 和 G 为 4 输入变量逻辑函数发生器，它们的输入是彼此独立的，其输出可通过可编程数据选择器送到 CLB 外，或送到 H 中。F、G 各有 16 个编程数据存储单元，当给这些存储单元写入特定的数据时，便可实现各自特定的逻辑运算，这些编程数据存储单元也称为查找表(Look-Up-Table，LUT)。H 为 3 输入变量逻辑函数发生器，其中的两个输入分别由两个数据选择器控制，可以选择 G 以及 F 的输出，另外一个输入取自外部输入信号 H_1。由此可见，经过 3 个逻辑函数发生器的两级组合，在 H 可以实现多达 9 个输入变量的组合逻辑函数，使 CLB 的组合逻辑能力进一步得到提高。

两个 *D* 触发器具有如下特点：每个触发器均通过编程确定为时钟上升沿触发或下降沿触发；每个触发器均有时钟使能信号 *EC*，它可通过信号变换电路受外部信号控制或固定逻辑 1 电平；通过对 *R*/*S* 控制逻辑的编程，每只 *D* 触发器均可经信号变换电路分别进行异步置位或异步清零操作，也可对一只触发器异步置位而另一只异步清零。CLB 的这种特殊结构使触发器的时钟、时钟使能、置位和复位均可被独立设置，且可独立工作，彼此之间没有约束关系，从而为实现不同功能时序逻辑电路提供了可能性。

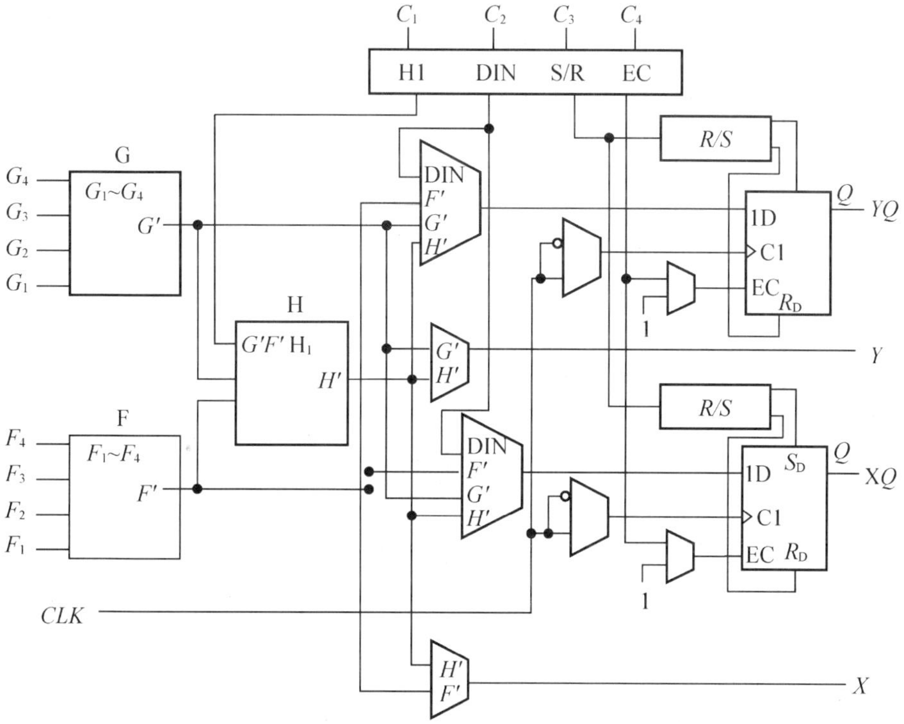

图 3.50　XC4000 的 CLB 结构图

D 触发器激励端的数据来源是由编程确定的，可以从 G'、F'、H' 或者信号变换电路送来的 DIN 这 4 个信号中选择一个。触发器的状态经 CLB 的输出端 *YQ* 和 *XQ* 输出。

CLB 中有许多不同规格的数据选择器(4 选 1、2 选 1 等)，分别用来选择触发器激励输入信号、时钟有效边沿、时钟使能信号以及输出信号。这些数据选择器的地址控制信号均由编程信息提供，从而实现所需的电路结构。

2) 输入/输出模块

IOB 是 FPGA 外部封装引脚和内部逻辑间的接口。每个 IOB 对应一个封装引脚，通过在与 IOB 有关的编程数据存储单元中写入不同的数据，可将引脚定义为输入、输出和双向功能。XC4000E 系列 IOB 的结构图如图 3.51 所示。

(1) 输入通路。当 IOB 控制的引脚被定义为输入时，通过该引脚的输入信号先送至输入缓冲器。缓冲器的输出分成两路：一路可以直接送到 MUX；另一路经延迟几纳秒(或者不延迟)，送到输入通路 *D* 触发器，再送到数据选择器。通过编程给数据选择器不同的控制信号，确定送至 CLB 阵列的 I_1 和 I_2 是来自输入缓冲器还是来自触发器。*D* 触发器可通过编程来确定是边沿触发还是电平触发，且配有独立的时钟。与前述 CLB 中的触发器一样，也可任选上升沿或者下降沿作为有效作用沿。

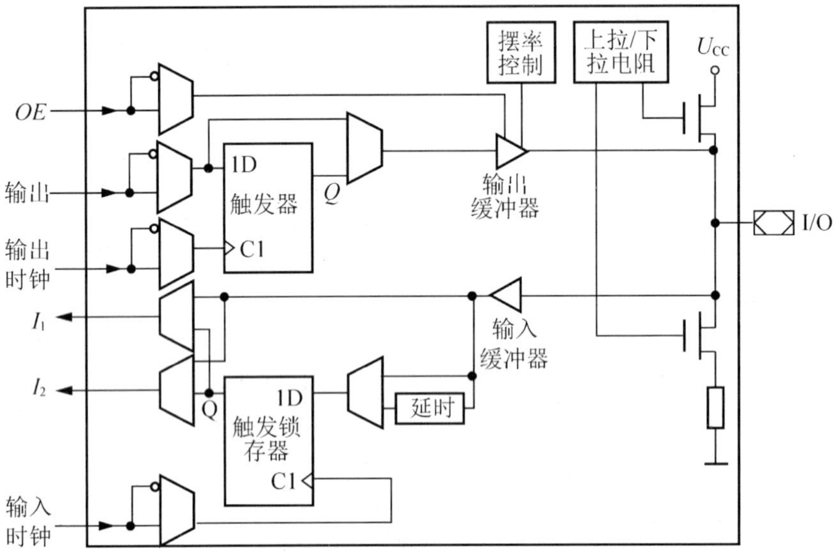

图 3.51　XC4000E 的 IOB 结构图

(2) 输出通路。当 IOB 控制的引脚被定义为输出时，CLB 阵列的输出信号 OUT 同样可以有两条传输途径：其一是直接经 MUX 送至输出缓冲器；其二是先存入输出通路 *D* 触发器，再送至输出缓冲器。输出通路 *D* 触发器也有独立的时钟，且可任选触发边沿。输出缓冲器既受 CLB 阵列送来的 *OE* 信号控制，使输出引脚有高阻状态，还受转换速率控制电路的控制，使它可高速或低速运行，后者有抑制噪声的作用。

(3) 输出专用推拉电路。IOB 的输出端配有两只 MOS 管，它们的栅极均可编程，使 MOS 管导通或截止，分别经上拉电阻或下拉电阻接通 U_{CC}、地线或者不接通，用以改善输出波形和负载能力。

3) 可编程连线

FPGA 芯片内部单个 CLB 输入输出之间、各个 CLB 之间、 CLB 和 I/OB 之间的连线由许多金属线段构成，这些金属线段带有可编程开关，通过自动布线实现所需功能的电路连接。 连线通路的数量与器件内部阵列的规模有关，阵列规模越大，连线数量越多。FPGA 可编程互连结构图如图 3.52 所示。

互连线按相对长度分为单长线、双长线和长线 3 种。

单长线是分布在 CLB 周围的水平和垂直连线，它们与 CLB 的输入输出端有灵活连接。SM 是可编程开关矩阵，单长线汇集于 SM，可以通过编程把任意水平和垂直连线连接起来。但传输信号每通过一个可编程开关矩阵就增加一次时延。因此，FPGA 的内部时延与器件结构和逻辑布线等有关，它的信号传输时延不可确定。

双长线的长度刚好是单长线的两倍，即一根双长线要经过两个 CLB 再汇集于 SM。双长线可以减少编程开关数量，提高 FPGA 的传输延迟时间。长线可以穿越整个芯片，这些长线通常用来连接时钟，全局清零等信号。

FPGA 的 CLB 阵列结构形式克服了 PAL 等 PLD 中那种固定的“与或逻辑阵列”结构

的局限性，在组成一些复杂的、特殊的数字系统时显得更加灵活。同时，由于加大了可编程 I/O 端的数目，也使得各引脚信号的安排更加方便和合理。

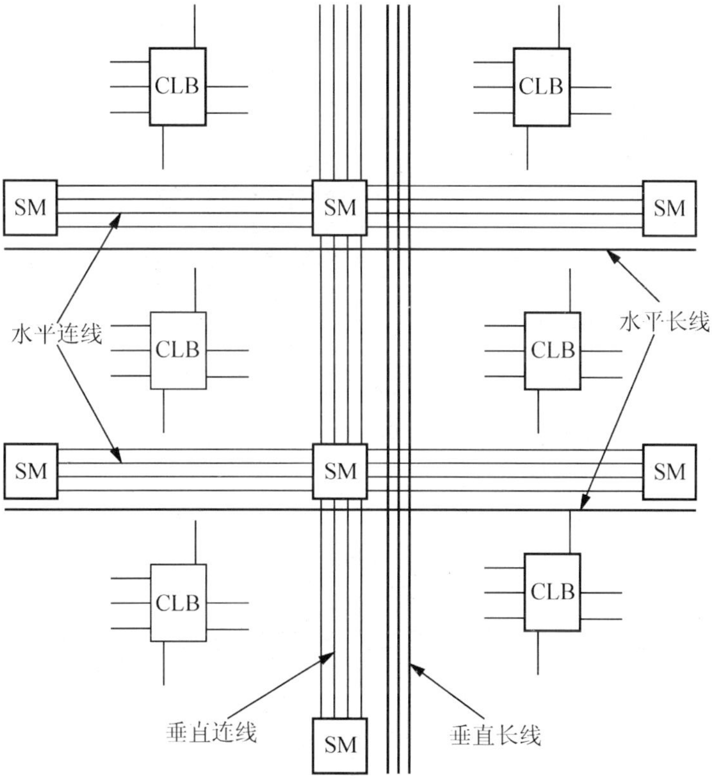

图 3.52　FPGA 可编程互连结构图

但 FPGA 本身也存在着一些明显的缺点。首先，它的信号传输延迟时间不是确定的。在构成复杂的数字系统时一般总要将若干个 CLB 组合起来才能实现。而由于每个信号的传输途径各异，所以传输延迟时间也就不可能相等。这不仅会给设计工作带来麻烦，而且也限制了器件的工作速度，但在 CPLD 中就不存在这个问题。其次，由于 FPGA 中的编程数据存储器是一个静态随机存储器结构，所以断电后数据会随之丢失。因此，每次开始工作时都要重新装载编程数据，并需要配备保存编程数据的 EPROM。这些都给使用带来一些不便。此外，FPGA 的编程数据一般是存放在 EPROM 中的，而且要读出并送到 FPGA 的 SRAM 中，因而不便于保密。而 CPLD 中设有加密编程单元，加密后可以防止编程数据被读出。可见，FPGA 和 CPLD 各有其不能取代的优点，这也正是两种器件目前都得到了广泛应用的原因所在。

【思考题】　可编程逻辑器件的基本结构是什么？

3.6 门电路的 VHDL 描述

1. 二输入与非门的 VHDL 描述

```
Library IEEE;
Use IEEE.std_logic_1164.all;
ENTITY nand2 IS                          —nand2 是实体名称
PORT(a,b: IN std_logic;                  —定义端口输入量 a,b 是标准的逻辑位类型
       y:OUT std_logic)                  —定义端口输出量 y 是标准的逻辑位类型
END ENTITY nand2;
ARCHITECTURE ex1 OF nand2 IS             —ex1 是结构体名称
BEGIN
     y <= a NAND b;                 —赋值语言
END ARCHITECTURE ex1;
```

2. 二输入或门的 VHDL 描述

```
Library IEEE;
Use IEEE.std_logic_1164.all;
ENTITY or2 IS                            —or2 是实体名称
PORT(a,b: IN std_logic;                  —定义端口输入量 a,b 是标准的逻辑位类型
       y:OUT std_logic)                  —定义端口输出量 y 是标准的逻辑位类型
END ENTITY or2;
ARCHITECTURE ex2 OF or2 IS               —ex2 是结构体名称
BEGIN
     y <= a ORb;                    —赋值语言
END ARCHITECTURE ex2;
```

3. 非门的 VHDL 描述

```
Library IEEE;
Use IEEE.std_logic_1164.all;
ENTITY hnot IS                           —hnot 是实体名称
PORT(a: IN std_logic;                    —定义端口输入量 a 是标准位类型
       y:OUT std_logic)                  —定义端口输出量 y 是标准位类型
END ENTITY hnot;
ARCHITECTURE ex3 OF hnot IS              —ex3 是结构体名称
BEGIN
     y <=NOT a;                          —赋值语言
END ARCHITECTURE ex3;
```

4. 异或门的 VHDL 描述

```
Library IEEE;
Use IEEE.std_logic_1164.all;
ENTITY xor2 IS                           —nor2 是实体名称
PORT(a,b: IN std_logic;                  —定义端口输入量 a,b 是标准的位类型
```

```
        y:OUT std_logic)            —定义端口输出量 y 是标准位类型
END ENTITY xor2;
ARCHITECTURE ex1 OF xor2 IS         —ex4 是结构体名称
BEGIN
      y <= a XOR b;             —赋值语言
END ARCHITECTURE ex4;
```

5. 三态门的 VHDL 描述

```
Library IEEE;
Use IEEE.std_logic_1164.all;
ENTITY tsl IS                       —tsl 是实体名称
PORT(a,b,en: IN std_logic;          —定义端口输入量 a,b,en 是标准位类型
        y:OUT std_logic)            —定义端口输出量 y 是标准的逻辑位类型
END ENTITY tsl;
ARCHITECTURE ex5 OF tsl IS          —ex5 是结构体名称
BEGIN
      y<= a NAND b WHEN en='0' ELSE 'Z';   —Z 为高阻态
END ARCHITECTURE ex5;
```

本 章 小 结

本章讲述了半导体二、三极管和 MOS 管的开关特性，较详细地讨论了 TTL 与非门的内部电路结构及工作原理。从集成逻辑门的外部特性和有关参数出发，以 TTL 门为重点，介绍了门电路的各项性能指标。

最简单的门电路是用二极管组成的与门、或门和三极管组成的非门电路。它们是集成逻辑门电路的基础。目前普遍使用的数字集成电路主要有两大类：一类由 NPN 型三极管组成，简称 TTL 集成电路；另一类由 MOSFET 构成，简称 MOS 集成电路。TTL 集成逻辑门电路的输入级采用多发射极三极管、输出级采用达林顿结构，这不仅提高了门电路的开关速度，也使电路有较强的驱动负载的能力。在 TTL 系列中，除了有实现各种基本逻辑功能的门电路以外，还有集电极开路门和三态门，它们能够实现线与，还可用来驱动需要一定功率的负载。三态门还可用来实现总线结构。

MOS 集成电路常用的是两种结构，一种是由 N 沟道 MOSFET 构成的 NMOS 门电路，它结构简单，易于集成化，因而常在大规模集成电路中应用，但没有单片集成门电路产品；另一类是由增强型 N 沟道和 P 沟道 MOSFET 互补构成的 CMOS 门电路，这是 MOS 集成门电路的主要结构。与 TTL 门电路相比，它的优点是功耗低，扇出数大(指带同类门负载)，噪声容限大，开关速度与 TTL 接近，已成为数字集成电路的发展方向。为了更好地使用数字集成芯片，应熟悉 TTL 和 CMOS 各个系列产品的外部电气特性及主要参数，还应能正确解决不同类型电路间的接口问题及抗干扰问题。

可编程器件 PLD 是 20 世纪 80 年代以后迅速发展起来的一种新型半导体数字集成电路，它是一种由用户自行设计逻辑功能的半成品集成电路，具有集成度高、可靠性高、处理速度快和保密性好等特点。本章重点介绍了各种 PLD 在电路结构和性能上的特点及所

实现的逻辑功能，以及适用在哪些场合。

低密度可编程器件 LDPLD 主要有 PROM、PLA、PAL 和 GAL4 种类型。一般采用熔丝、EPROM、E^2PROM 技术进行编程。高密度可编程器件 HDPLD 主要有 CPLD 和 FPGA 两大类。CPLD 是在 GAL 基础上发展起来的，一般采用 E^2PMOS 工艺，可以在系统(在线)编程。FPGA 是基于 SRAM 的可编程器件，由于 SRAM 是易失性的，所以在接通电源时须对器件进行重新配置。

习　　题

一、填空题

1. 集电极开路门的英文缩写为________门，工作时必须外加________和________。

2. TTL 与非门电压传输特性曲线分为________区、________区、________区、________区。

3. 三态门的 3 种状态分别为________、________、________。

4. CMOS 逻辑门是____极型门电路，而 TTL 逻辑门是________型门电路。

5. 与 TTL 电路相比，CMOS 电路具有功耗________，结构更为________，便于________集成等优点。

6. 高速 CMOS 电路(74HC 系列)在工作速度方面与 TTL 电路的________系列相当，74HCT 系列能够与 TTL 相互________。

8. PLD 器件的基本结构包括________和________两部分。

9. GAL 器件由________、________和________3 个主要部分组成。

10. CPLD 指的是________，FPGA 指的是________。

二、分析与计算题

1. 如何判断晶体三极管处于放大、饱和和截止状态？

2. TTL 与非门有哪些主要外部特性？TTL 与非门有哪些主要参数？

3. 什么是线与？什么是总线结构？如何用三态输出门实现数据双向传输？

4. CMOS 反相器的电路结构如何？CMOS 反相器有哪些特点？

5. CMOS 传输门的电路结构如何？如何实现高、低电平的传输？

6. CMOS 集成门电路与 TTL 集成门电路相比各有什么特点?

7. 当 TTL 门电路驱动 CMOS 门电路时，是否需要加接口电路？

8. 在 74 系列与非门组成的电路中，如题图 3.1 所示，试求门 G_1 能驱动多少同样的与非门。要求 G_1 输出的高、低电平满足 $U_{OH}\geqslant3.2V$，$U_{OL}\leqslant0.4V$。与非门每个输入端的输入电流为 $I_{IL}\leqslant-1.6mA$，$I_{IH}\leqslant40\mu A$。$U_{OL}\leqslant0.4V$ 时输出电流的最大值为 $I_{OL(max)}=16mA$，$U_{OH}\geqslant3.2V$ 时输出电流的最大值为 $I_{OH(max)}=-0.4mA$。G_1 的输出电阻可忽略不计。

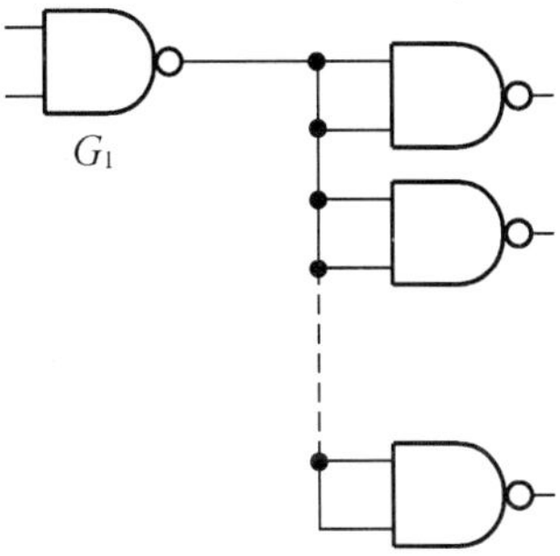

题图 3.1

9. 电路如题图 3.2(a)、(b)、(c)、(d)所示，试找出电路中的错误，并说明原因。

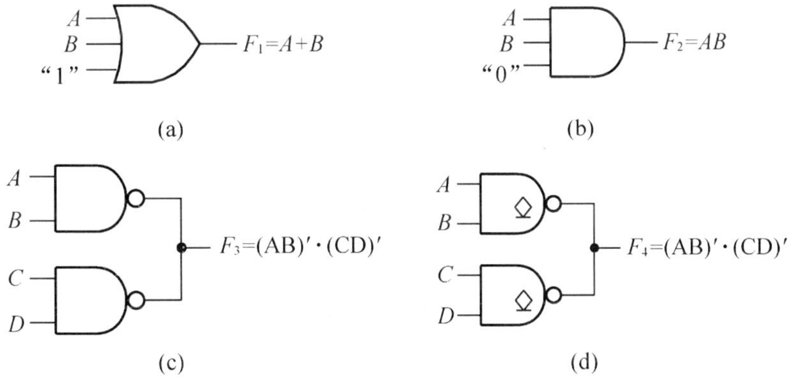

题图 3.2

10. 当 TTL 和 CMOS 两种门电路相互连接时，主要考虑哪几个电压和电流参数？试列出这些参数，并对每一个参数进行解释。

11. 题图 3.3 是用 TTL 电路驱动 CMOS 电路的实例，试计算上拉电阻 R_L 的取值范围。TTL 与非门在 $U_{OL}\leqslant 0.3V$ 时的最大输电流为 8mA，输出端的 T_5 管截止时有 50μA 的漏电流。CMOS 或非门的输入电流可以忽略。要求加到 CMOS 或非门输入端的电压满足 $U_{IH}\geqslant 4V$，$U_{IL}\leqslant 0.3V$，给定电源电压 V_{DD}=5V。

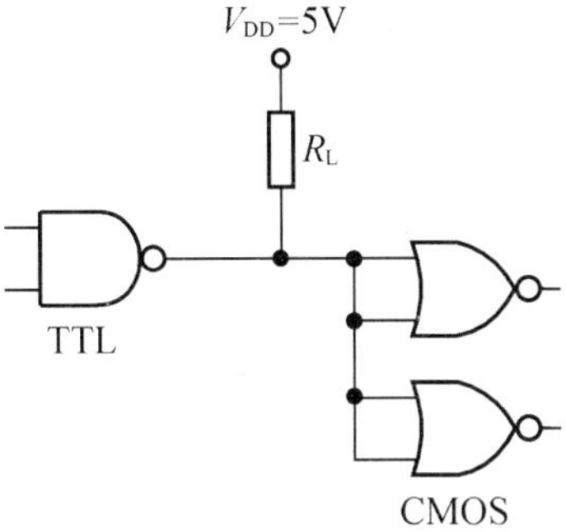

题图 3.3

12. 可编程逻辑器件可分为哪几类？它们之间有什么区别？

13. 实现同样的逻辑功能，PLA 与 PROM 有何不同？

14. 用一个 PLA 实现如下两个函数：

$$F_1 = AB'C + B'D' + BCD'EF' + EF$$

$$F_2 = AB'CF + B'D' + B'EF$$

15. 什么是 GAL？

第 4 章 组合逻辑电路

本章教学目的与要求

(1) 了解组合逻辑电路的定义及特点。
(2) 掌握组合逻辑电路的分析方法。
(3) 掌握组合逻辑电路的设计方法。
(4) 熟练掌握常用集成组合逻辑器件的原理及应用。
(5) 了解组合逻辑电路中的竞争—冒险现象。
(6) 学会应用 Multisim 10 分析组合逻辑电路。
(7) 学会应用 VHDL 描述组合逻辑电路。

本章知识结构

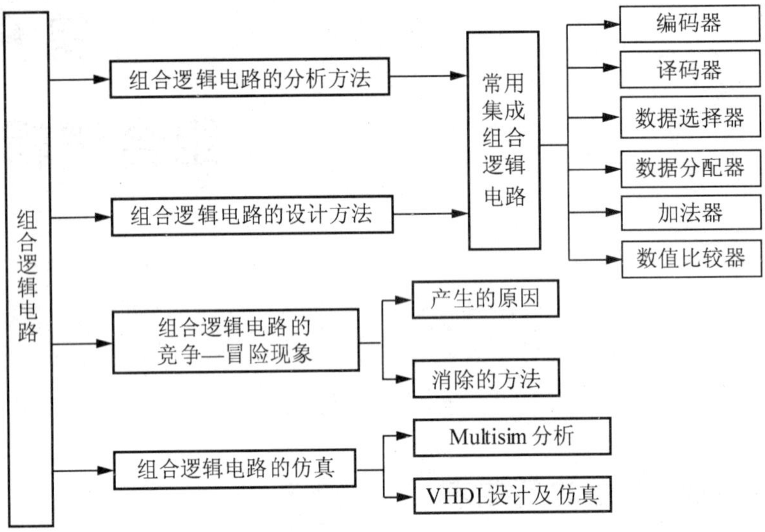

4.1 组合逻辑电路的分析

人们在社会实践中遇到的逻辑问题种类繁多，为了解决这些逻辑问题而设计的数字电路也层出不穷。一个复杂的数字系统通常都是由若干数字电路模块组成的，而数字电路模块按照其逻辑功能分为组合逻辑电路和时序逻辑电路两部分。

4.1.1 组合逻辑电路的定义

1. 组合逻辑电路定义

组合逻辑电路是指在任意时刻，电路的输出状态只取决于电路当前的输入状态，而与电路原来的状态无关的电路。由于组合逻辑电路与电路原来的状态没有关系，其电路只有从输入到输出的通道，而没有从输出到输入的反馈通道，并且电路没有记忆功能，不存在记忆元件，在电路结构上基本由逻辑门电路组成。

2. 组合逻辑电路的逻辑功能描述

组合逻辑电路可用图 4.1 所示的框图表示。图中 x_1， x_2，…， x_n 是电路的输入变量，y_1，y_2，…，y_m 是电路的输出变量。输出变量与输入变量之间的逻辑关系可以用一组函数式来表示：

$$\begin{cases} y_1 = f_1(x_1, x_2, \cdots, x_n) \\ y_2 = f_2(x_1, x_2, \cdots, x_n) \\ \vdots \\ y_m = f_m(x_1, x_2, \cdots, x_n) \end{cases} \tag{4-1}$$

或者写成向量形式：

$$Y = F(X) \tag{4-2}$$

图 4.1　组合逻辑电路框图

组合逻辑电路是用组合逻辑函数来实现的，其逻辑功能的描述就可以用逻辑真值表、逻辑函数式、逻辑电路图及时序图等来表示。

4.1.2　组合逻辑电路的分析

组合逻辑电路的分析就是根据给定的逻辑电路图，找出输出和输入之间的逻辑关系，并判断电路的功能。组合逻辑电路的分析方法一般是先从给定逻辑电路的输入端开始，逐级写出逻辑函数式，最后得到输出逻辑函数式；然后对输出逻辑函数式进行化简，或列出逻辑真值表；最后说明给定电路的基本功能。实际分析时，可以根据具体情况省略其中某些步骤。

一般情况下，分析的目的是为了确定逻辑功能是否满足要求；或是为了变换电路的结构形式，以得到最简的电路结构；或是为了得到输出函数的标准输出形式。

【例 4-1】　组合逻辑电路如图 4.2 所示，分析该电路的逻辑功能。

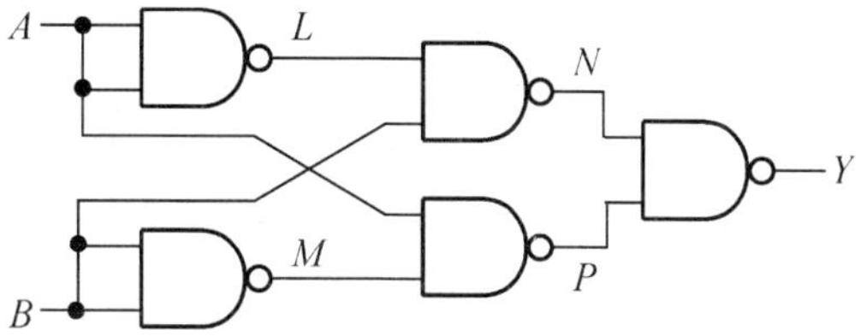

图 4.2　【例 4-1】的逻辑电路图

解：(1) 写出逻辑表达式。

由逻辑电路图逐级写出表达式，根据与非门的逻辑关系，可以写出

$$L = (AA)' = (A)'$$

$$M = (BB)' = B'$$

$$N = (LB)' = (A'B)'$$

$$P = (MA)' = (AB')'$$

$$Y = (NP)' = ((A'B)' \cdot (AB')')' = A'B + AB'$$

(2) 列出真值表。

将输出 Y 的表达式转换成真值表形式，见表 4-1。

表 4-1 【例 4-1】的真值表

A	B	Y
0	0	0
0	1	1
1	0	1
1	1	0

(3) 功能说明。

从真值表中可以看出，当输入变量 A 和 B 相同时，输出变量 Y 为 0；当 A 和 B 不同时，输出变量 Y 为 1。这种逻辑关系就是异或逻辑关系。

【例 4-2】 组合逻辑电路如图 4.3 所示，分析该电路的逻辑功能。

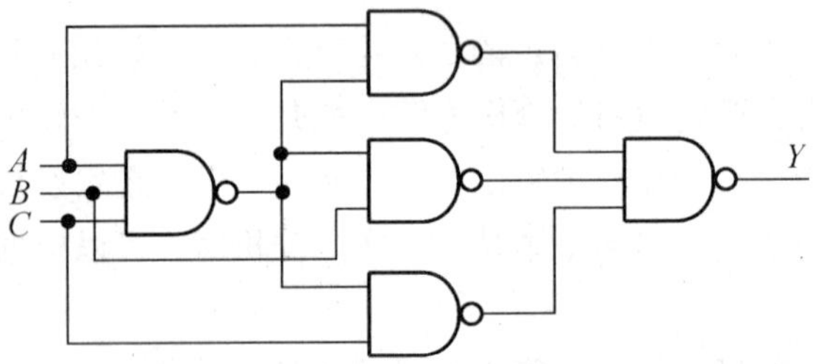

图 4.3 【例 4-2】的逻辑电路图

解：(1) 写出逻辑表达式。

$$Y=((A\cdot(ABC)')'\cdot(B\cdot(ABC)')'\cdot(C\cdot(ABC)')')'$$

(2) 进行化简。

$$\begin{aligned}Y&=((A\cdot(ABC)')'\cdot(B\cdot(ABC)')'\cdot(C\cdot(ABC)')')'\\&=A\cdot(ABC)'+B\cdot(ABC)'+C\cdot(ABC)'\\&=(A+B+C)(A'+B'+C')\\&=AB'+AC'+A'B+BC'+A'C+B'C\\&=AB'+A'C+BC'\end{aligned}$$

(3) 列出真值表(见表 4-2) 。

表 4-2 【例 4-2】的真值表

A	B	C	Y
0	0	0	0
0	0	1	1
0	1	0	1
0	1	1	1
1	0	0	1
1	0	1	1
1	1	0	1
1	1	1	0

(4) 功能说明。

从真值表中可以看出，当输入变量 A、B、C 不相同时，输出变量 Y 为 1；输入变量 A、B、C 相同时，输出变量 Y 为 0。这种逻辑关系可以表示为“不一致”逻辑关系，即输入变量不一致时，输出变量为 1。

上面两个例子中组合逻辑电路的输出变量只有一个，如果是多输出变量的组合逻辑电路，其分析方法也是一样的，在这里不再讲述。

【思考题】　组合逻辑电路的特点是什么？

4.2　组合逻辑电路的设计

组合逻辑电路的设计是指根据给出的实际逻辑问题，求出实现相应逻辑功能的最简单或是最适合的逻辑电路。所谓最简单的电路是指最小化电路，即电路所用的逻辑器件的数目最少、种类最少，且器件之间的连线也是最少的。最适合的电路是从工程实际的角度提出的，指能够满足速度、功耗等技术指标的电路。

实现一个逻辑功能的要求可以采用小规模、中规模或大规模集成电路，也可以采用存储器、可编程逻辑器件来实现。虽然各种数字电路的设计方法不同，但对逻辑问题的描述、设计思想是有相同点的，本节只讨论采用小规模集成电路构成组合逻辑电路的设计方法。

4.2.1　组合逻辑电路的设计步骤

组合逻辑电路设计的一般步骤可归纳如下。

1. 进行逻辑抽象

实际的逻辑问题通常是用文字描述或数据记录的一个具有一定因果关系的命题。这时需要用逻辑抽象的方法，用一个逻辑函数来表示这一因果关系。

(1) 分析逻辑命题的因果关系，确定输入逻辑变量和输出逻辑变量。一般把事件的起因定为输入逻辑变量，将事件的结果定义为输出逻辑变量。

(2) 确定逻辑状态含义，即进行逻辑赋值，用二值逻辑的 0 和 1 分别代表输入逻辑变量和输出逻辑变量的两种不同逻辑状态。这里的 0 和 1 的具体含义由设计者选定。

(3) 列真值表。根据给定的逻辑关系，把输入逻辑变量的各种取值和相应的结果以表格的形式给出。

2. 写出逻辑函数式

根据真值表写出逻辑函数表达式。根据命题的要求和器件的功能及其资源情况，可以对逻辑函数表达式进行化简或形式变换。

3. 画逻辑电路图

根据化简或变换形式后的逻辑函数式，画出逻辑电路的连接图。

由上述步骤可见，逻辑变量赋值不同或是逻辑器件选择不同，电路设计的结果将不相同。

4.2.2 组合逻辑电路的设计举例

【例 4-3】 举重比赛有 3 名裁判员，每个裁判员手里各控制一个白灯和一个红灯。白灯亮表示成功，红灯亮表示失败。运动员在试举结束后，如果亮 3 个白灯，或 2 白 1 红，表示试举成功；如果是 2 红 1 白，或 3 个红灯，则表示试举失败。试设计一个试举成功提示电路。

解：(1) 逻辑抽象。将 3 名裁判控制的开关作为输入变量，分别用变量 A、B、C 表示。A、B、C 为 1 表示白灯亮，为 0 表示红灯亮。将试举结果作为输出变量，用变量 Y 表示。Y 为 1 表示试举成功，为 0 表示试举失败。根据题意，列真值表见表 4-3。

(2) 写出逻辑函数式。根据真值表，写出输出变量的逻辑函数式，并进行化简。

$$\begin{aligned} Y &= A'BC + AB'C + ABC' + ABC \\ &= AB + AC + BC \end{aligned} \tag{4-3}$$

(3) 画逻辑电路图。由于化简结果为最简的与或表达式，所以只有在使用与门和或门组成的电路才是最简的电路，其逻辑电路连接如图 4.4 所示。

表 4-3 【例 4-3】的真值表

A	B	C	Y
0	0	0	0
0	0	1	0
0	1	0	0
0	1	1	1
1	0	0	0
1	0	1	1
1	1	0	1
1	1	1	1

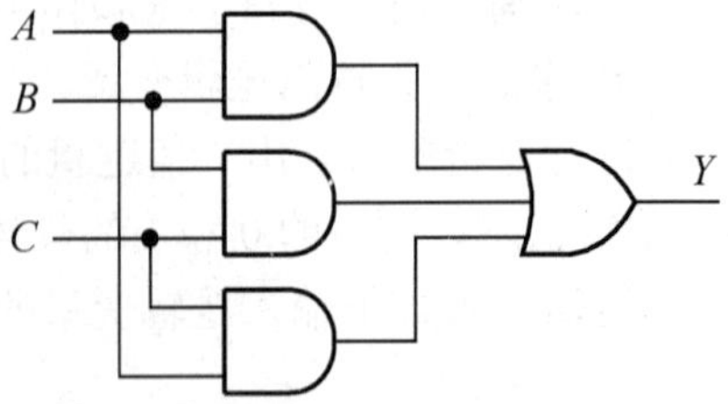

图 4.4 【例 4-3】的逻辑电路图一

如果要求用其他类型的门电路来实现这个逻辑功能，为了得到最简的逻辑电路，化简的结果应进行相应的变换。例如，在要求全部用与非门实现这个逻辑电路时，就应该将式(4-3)变换为与非—与非表达式。将得到的与或表达式两次求反便可得到其对应的与非—与非表达式。其逻辑电路连接图如图 4.5 所示。

$$\begin{aligned} Y &= ((AB + BC + AC)')' \\ &= ((AB)' \cdot (BC)' \cdot (AC)')' \end{aligned}$$

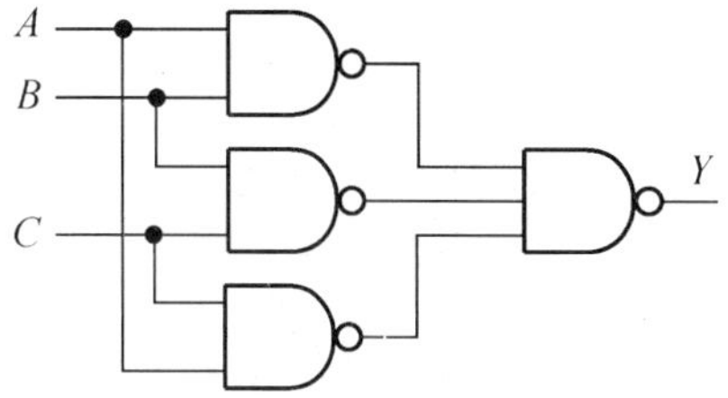

图 4.5　【例 4-3】的逻辑电路图二

对于一些复杂的组合逻辑电路，用一组方程描述其逻辑功能有时是不够用的，在设计时需要将整个电路逐级分解为若干个简单的模块，然后将设计好的模块进行连接，从而实现整个逻辑功能。这些简单的模块都可以用前面所讲的设计方法设计出来。

【思考题】　什么是逻辑抽象？逻辑抽象对输出逻辑函数有什么影响？

4.3　常用集成组合逻辑器件及应用

在社会实践中，人们发现一些逻辑电路经常、大量地出现在各种数字电路系统中，为了使用方便，将这些逻辑电路制成各种规格的标准化集成器件。本节所要介绍的编码器、译码器、数据选择器等都属于这类器件，它们被称为中规模集成器件。中规模集成器件大多数都是专用的功能器件，都具有特定的逻辑功能。对于复杂的逻辑电路，在设计时经常调用这些已有的功能器件，作为电路的组成部分。

4.3.1　编码器

用文字、符号或数码表示特定对象的过程称为编码。如邮政编码、城市区号、身份证号等均属于编码。在数字电路中用二进制代码表示有关的信号称为二进制编码。具有编码功能的电路就是编码器。编码器是一个多输入多输出的电路，对于 m 个输入信号，需要 n 位二进制编码，并且 m 应不大于 2^n。常用的编码器有二进制编码器和二—十进制编码器两种。

1. 二进制编码器

用 n 位二进制代码对 $N=2^n$ 个一般信号进行编码的电路称为二进制编码器。例如 $n=3$，可以对 8 个一般信号进行编码。二进制编码器又可以分为二进制普通编码器和二进制优先编码器两种。

1) 二进制普通编码器

二进制普通编码器在任何时刻只允许一个输入信号有效，不允许出现两个或两个以上的信号同时有效，因而其输入是一组有约束关系(互相排斥)的变量。下面以 3 位二进制普通编码器为例，分析普通编码器的工作原理。图 4.6 是 3 位二进制编码器的框图，其输入信号为 8 个，分别用 D_0～D_7 表示，输出信号为 3 位二进制代码，用 A_2、A_1、A_0 表示，因此，它又称为 8 线—3 线编码器。其输入与输出对应的逻辑关系见表 4-4，表中输入变量为 1 表示输入信号有效。

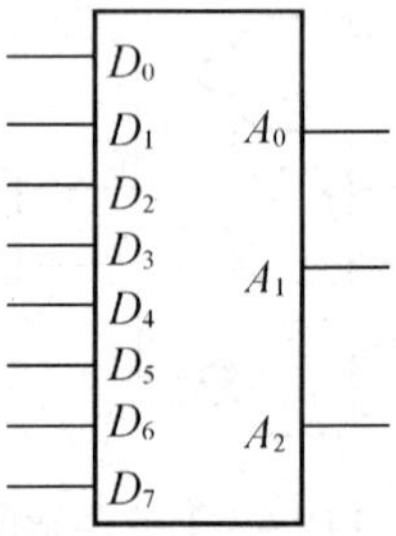

图 4.6　3 位二进制编码器框图

表 4-4　3 位二进制编码器真值表

输　入								输　出		
D_0	D_1	D_2	D_3	D_4	D_5	D_6	D_7	A_2	A_1	A_0
1	0	0	0	0	0	0	0	0	0	0
0	1	0	0	0	0	0	0	0	0	1
0	0	1	0	0	0	0	0	0	1	0
0	0	0	1	0	0	0	0	0	1	1
0	0	0	0	1	0	0	0	1	0	0
0	0	0	0	0	1	0	0	1	0	1
0	0	0	0	0	0	1	0	1	1	0
0	0	0	0	0	0	0	1	1	1	1

由于输入信号中任何时刻只有一个有效，即输入信号相互排斥，所以只需将使函数值为 1 的变量加起来，便可以得到相应输出的最简与或表达式。

$$A_2 = D_4 + D_5 + D_6 + D_7$$

$$A_1 = D_2 + D_3 + D_6 + D_7$$

$$A_0 = D_1 + D_3 + D_5 + D_7$$

根据上述表达式可以直接画出如图 4.7 所示的逻辑电路图，图中 D_0 的编码是隐含的，即 D_1～D_7 均为无效状态时，编码器的输出就是 D_0 的编码。

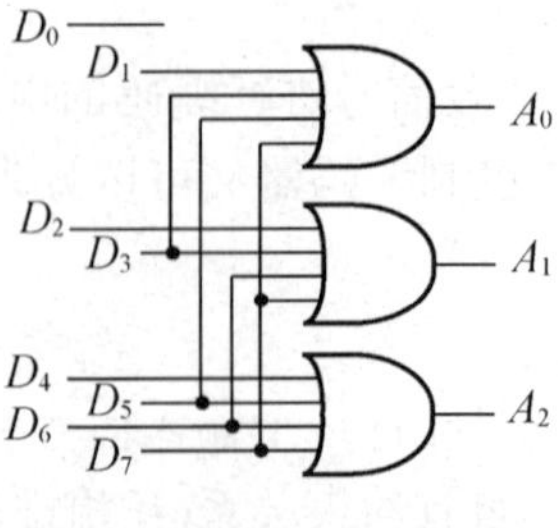

图 4.7　3 位二进制编码器逻辑电路图

2) 二进制优先编码器

二进制普通编码器需对输入信号进行限制，即任何时刻只允许输入一个编码信号，否则输出将产生错误。实际中会遇到多个输入信号同时有效的情况，这时就需要选用优先编码器。优先编码器是一种允许两个或两个以上输入信号同时有效的编码器。在设计优先编码器时已经将所有输入信号规定了优先顺序，当多个输入信号同时有效时，只对优先级别最高的输入信号进行编码。这种编码器广泛用于计算机系统或微控制器系统中的中断请求电路和数字控制系统中的排队逻辑电路。

74x148(74LS148/74HC148，74LS148 属于 TTL 系列，74HC148 属于 CMOS 系列)是常用的集成 8 线—3 线优先编码器，其引脚排列图和逻辑符号如图 4.8 所示。在逻辑符号图中一般只标出输入端、输出端和控制端，而不标出电源和接地引脚。在逻辑符号内部所有变量均为正逻辑，框外输入端和输出端的小圆圈表示低电平有效，并在框外小圆圈对应的输入变量和输出变量上加以反号，这样框外的小圆圈就可以理解为逻辑非运算。为了表示这种关系，在逻辑符号图标出了框外的变量，即 D_0'、D_1'、…，当这些变量为 0 时，表示信号有效，即低电平有效。

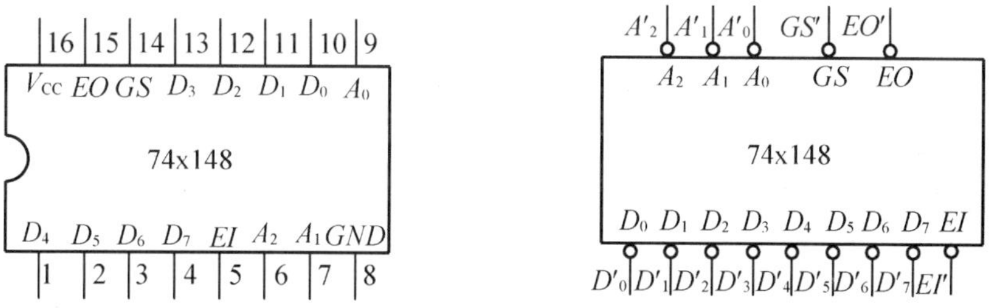

(a)　　　　　　　　(b)

图 4.8　8 线—3 线优先编码器 74x148

(a) 引脚排列图；(b) 逻辑符号图

逻辑符号图中的 $D_0' \sim D_7'$ 为编码输入端，A_2'、A_1' 和 A_0' 为编码输出端，其中 A_2' 表示输出编码的高位，A_0' 表示输出编码的低位。EI' 为使能输入端，EO' 为使能输出端，GS' 为扩展输出端。使能输出端和扩展输出端用于编码器的级联扩展，级联时，优先级高的使能输出端要连接到优先级低的使能输入端上。74x148 真值表见表 4-5。

表 4-5　74x148 的真值表

输入									输出				
EI'	D_0'	D_1'	D_2'	D_3'	D_4'	D_5'	D_6'	D_7'	A_2'	A_1'	A_0'	EO'	GS'
1	×	×	×	×	×	×	×	×	1	1	1	1	1
0	1	1	1	1	1	1	1	1	1	1	1	0	1
0	×	×	×	×	×	×	×	0	0	0	0	1	0
0	×	×	×	×	×	×	0	1	0	0	1	1	0
0	×	×	×	×	×	0	1	1	0	1	0	1	0
0	×	×	×	×	0	1	1	1	0	1	1	1	0
0	×	×	×	0	1	1	1	1	1	0	0	1	0
0	×	×	0	1	1	1	1	1	1	0	1	1	0
0	×	0	1	1	1	1	1	1	1	1	0	1	0
0	0	1	1	1	1	1	1	1	1	1	1	1	0

注：其他参考书中的 $S'=EI'$，$I_0' \sim I_7' = D_0' \sim D_7'$，$Y_2' \sim Y_0' = A_2' \sim A_0'$，$Y_S' = EO'$，$Y_{EX}' = GS'$。

由真值表可以看出，当使能输入端 $EI'=1$ 时，编码器所有输出都是高电平，当 $EI'=0$

时，编码器正常工作，允许输入端 $D_0'\sim D_7'$ 当中同时有多个为低电平，其中 D_7' 的优先权最高，D_0' 的优先权最低。当 $D_7'=0$ 时，无论其他输入端有无输入信号(用×表示)，输出只对 D_7' 编码，并用反码形式表示，即 $A_2'\ A_1'\ A_0'=000$；当 $D_7'=1$，$D_6'=0$ 时，输出只对 D_6' 编码，输出为 $A_2'\ A_1'\ A_0'=001$。

当 $EI'=0$，$D_0'\sim D_7'$ 全部为高电平时，使能输出端 $EO'=0$ 时，此时电路中没有编码信号输入，因此 $EO'=0$ 表示“电路正常工作，但没有编码输入”。当 $EI'=0$，$D_0'\sim D_7'$ 中至少有一个为低电平时，扩展输出端 $GS'=0$，此时电路中有编码信号输入，因此 $GS'=0$ 表示“电路正常工作，且有编码输入”。另外，输出端有 3 种 $A_2'\ A_1'\ A_0'=111$ 的情况，可以借助 EO' 和 GS' 的状态进行区分。

【例 4-4】 试用两片 8 线—3 线优先编码器 74x148 组成 16 线—4 线优先编码器。

解：由于每片 74x148 只有 8 个编码输入，所以需将 16 个编码输入信号分别接在两片上。现以 $I_0'\sim I_{15}'$ 作为输入信号，I_{15}' 优先级最高，I_0' 优先级最低，因此需要将 $I_8'\sim I_{15}'$ 接在高位片的 $D_0'\sim D_7'$ 上，将 $I_0'\sim I_7'$ 接在低位片的 $D_0'\sim D_7'$ 上。同时，高位片的使能输入端 $EI'=0$，高位片的 EO' 接低位片的 EI'，高位片始终工作在编码状态，当高位片无编码输入时，高位片 $EO'=0$，使低位片工作在编码状态，这样就可以保证 $I_0'\sim I_{15}'$ 的优先级顺序。电路连接如图 4.9 所示。

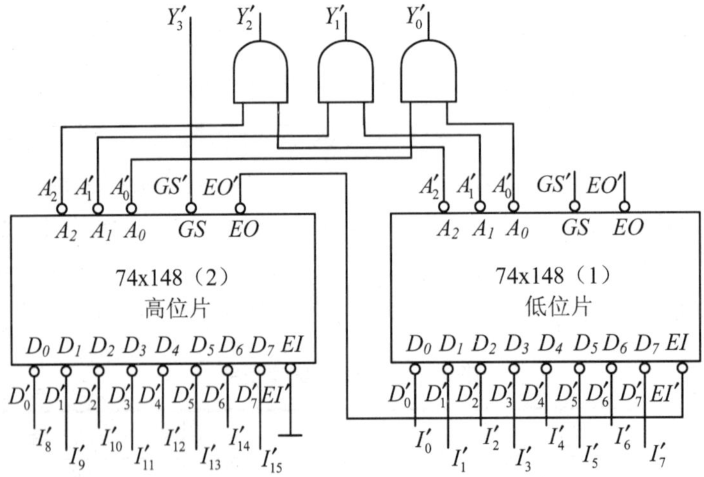

图 4.9 8 线—3 线扩展为 16 线—4 线优先编码器

将两片 74x148 输出端 A_2'、A_1'、A_0' 分别进行与运算，并将结果作为 16 线—4 线优先编码器输出的低 3 位 $Y_2'\ Y_1'\ Y_0'$，将高位片的扩展输出端 GS' 作为 16 线—4 线编码器输出的最高位 Y_3'。例如，当 $I_{12}'=0$ 时，高位片的输出 $A_2'\ A_1'\ A_0'=011$，$GS'=0$，而低位片的输出 $A_2'\ A_1'\ A_0'=111$，总的编码输出 $Y_3'\ Y_2'\ Y_1'\ Y_0'=0011$。当 $I_5'=0$ 时，高位片的输出 $A_2'\ A_1'\ A_0'=111$，$GS'=1$，$EI'=0$，而低位片的输出 $A_2'\ A_1'\ A_0'=010$，总的编码输出 $Y_3'\ Y_2'\ Y_1'\ Y_0'=1010$。

2. 二—十进制编码器

二—十进制编码器是将 10 个输入信号分别编成 10 个 BCD 代码输出的电路，其工作原理与二进制编码器的工作原理基本相同。常用的具有高位优先功能的编码器有 74LS147、74HC147 等。

图 4.10 是 74HC147 的逻辑符号图，在逻辑符号图的框外给出了每个端子所对应的管脚号。74HC147 的输入信号是低电平有效，输出信号也是低电平有效，即编码输出是 8421BCD 码的反码，其真值表见表 4-6。

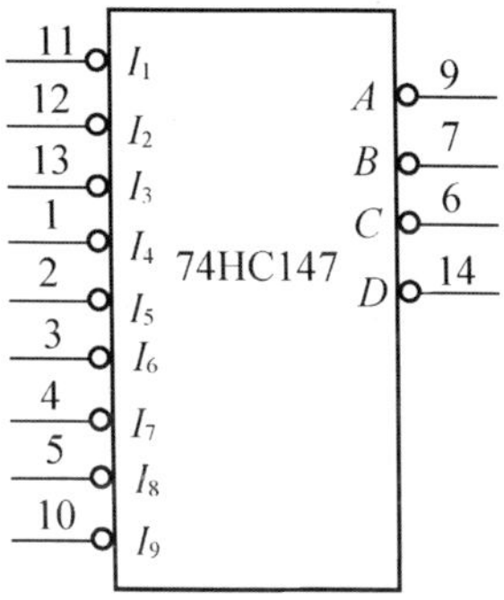

图 4.10　74HC147 逻辑符号图

由表可知，输入是 10 个($I_0' \sim I_9'$，I_0'被隐含)被编信号，允许同时输入多个被编信号，其中I_9'的优先级别最高，I_0'的优先级别最低。当I_9'=0 时，无论其他输入端有无输入信号(用×表示)，输出只对I_9'编码，并用反码形式表示，即$D'C'B'A'$=0110；当$I_9' \sim I_1'$均无有效信号输入时，相当于I_0'=0，此时对I_0'进行编码，输出代码$D'C'B'A'$=1111。

表 4-6　74HC147 的真值表

输　入									输　出			
I_1'	I_2'	I_3'	I_4'	I_5'	I_6'	I_7'	I_8'	I_9'	D'	C'	B'	A'
1	1	1	1	1	1	1	1	1	1	1	1	1
×	×	×	×	×	×	×	×	0	0	1	1	0
×	×	×	×	×	×	×	0	1	0	1	1	1
×	×	×	×	×	×	0	1	1	1	0	0	0
×	×	×	×	×	0	1	1	1	1	0	0	1
×	×	×	×	0	1	1	1	1	1	0	1	0
×	×	×	0	1	1	1	1	1	1	0	1	1
×	×	0	1	1	1	1	1	1	1	1	0	0
×	0	1	1	1	1	1	1	1	1	1	0	1
0	1	1	1	1	1	1	1	1	1	1	1	0

【思考题】　编码电路的作用是什么？优先编码器有何特点？

4.3.2　译码器

译码是编码的逆过程，是将表示特定意义信息的二进制代码翻译成对应的输出信号。实现译码的电路成为译码器。如果译码器的输入端有 n 个，输出端有 m 个，则 m 应不大于 2^n。常用的译码器有二进制译码器、二—十进制译码器和显示译码器 3 种。

1. 二进制译码器

将二进制代码的各种状态按其意义翻译成对应的输出信号的电路，称为二进制译码器。显然，如果输入的二进制代码为 n 个，则它的输出端为 2^n 个，且对应于输入代码中的每一个状态，2^n 个输出中只有一个为有效状态，其他全部为无效状态。由于二进制译码器可以译出输入变量的全部状态，又被称为全变量译码器。常见的二进制译码器有 2 线—4 线译码器、3 线—8 线译码器、4 线—16 线译码器等。

图 4.11 是 2 线—4 线译码器的逻辑电路和逻辑符号，图中 B、A 为地址输入端，B 为高位，A 为低位；Y_0'、Y_1'、Y_2' 和 Y_3' 为输出端，低电平有效；G' 为使能端(选通控制端)，低电平有效。当 $G'=1$ 时，输出信号全部为高电平，译码器不工作；当 $G'=0$ 时，允许译码器工作，输出信号中有一个为低电平输出。

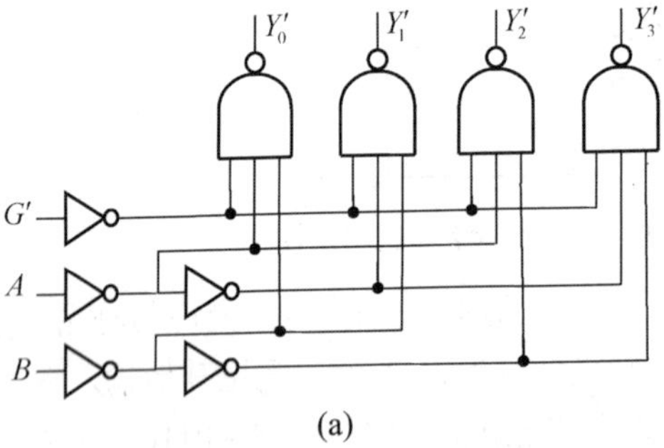

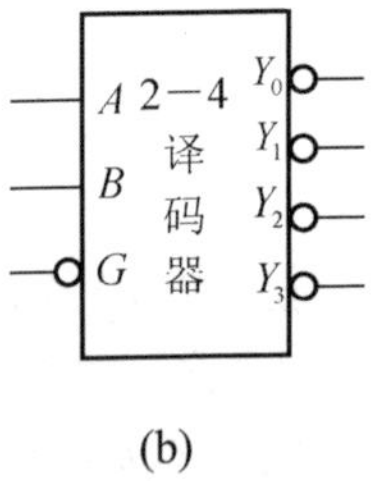

图 4.11　2 线—4 线译码器

(a) 逻辑电路图；(b) 逻辑符号图

如果把输入信号当成逻辑变量，输出信号当成逻辑函数，通过对逻辑电路图进行分析，得出输出信号的逻辑函数式分别为：

$$Y_0' = (GB'A')' \qquad Y_1' = (GB'A)'$$

$$Y_2' = (GBA')' \qquad Y_3' = (GBA)'$$

当 $G'=0$，译码器工作，此时输出信号的逻辑函数式可以化为：

$$Y_0' = (B'A')' = m_0' \qquad Y_1' = (B'A)' = m_1'$$

$$Y_2' = (BA')' = m_2' \qquad Y_3' = (BA)' = m_3'$$

可见，2 线—4 线译码器的输出变量 $Y_0' \sim Y_3'$ 分别对应着二进制码 BA 的所有最小项的非，即输出变量可以用输入变量的最小项来表示，所以将这种译码器称为最小项译码器。2 线—4 线译码器的真值表见表 4-7。

表 4-7　2 线—4 线译码器的真值表

输　入			输　出			
G'	B	A	Y_0'	Y_1'	Y_2'	Y_3'
1	×	×	1	1	1	1
0	0	0	0	1	1	1
0	0	1	1	0	1	1
0	1	0	1	1	0	1
0	1	1	1	1	1	0

常用的二进制集成译码器有：双 2 线—4 线译码器 74x139；3 线—8 线译码器 74x138；4 线—16 线译码器 74x154 等。74HC138 是一种典型的二进制全译码器，它有 3 个输入端 C、B、A，C 是高位，A 是低位；8 个输出端 $Y_0' \sim Y_7'$；3 个使能端 G_1、G_{2A}'、G_{2B}'，可以控制译码器的工作状态，还可以用来译码器逻辑功能的扩展，使能端也被称为“片选”输入端。其逻辑符号图如图 4.12 所示，图中逻辑符号框外的圆圈表示 G_{2A}'、G_{2B}'、$Y_0' \sim Y_7'$ 为低电平有效。74HC138 的真值表见表 4-8。

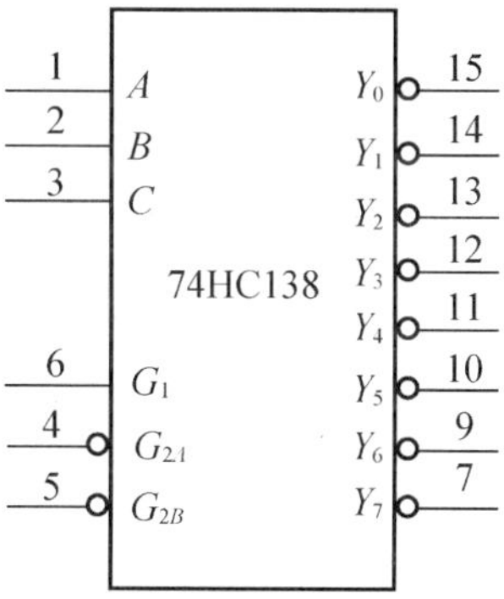

图 4.12　74HC138 的逻辑符号图

表 4-8　74HC138 的真值表

输入					输出							
G_1	$G_{2A}'+G_{2B}'$	C	B	A	Y_0'	Y_1'	Y_2'	Y_3'	Y_4'	Y_5'	Y_6'	Y_7'
×	1	×	×	×	1	1	1	1	1	1	1	1
0	×	×	×	×	1	1	1	1	1	1	1	1
1	0	0	0	0	0	1	1	1	1	1	1	1
1	0	0	0	1	1	0	1	1	1	1	1	1
1	0	0	1	0	1	1	0	1	1	1	1	1
1	0	0	1	1	1	1	1	0	1	1	1	1
1	0	1	0	0	1	1	1	1	0	1	1	1
1	0	1	0	1	1	1	1	1	1	0	1	1
1	0	1	1	0	1	1	1	1	1	1	0	1
1	0	1	1	1	1	1	1	1	1	1	1	0

由表可知，当 G_1=0 或 $G_{2A}'+G_{2B}'$=1 时，译码器被禁止译码，即无论输入 CBA 为何种状态，译码器输出全为 1；当 G_1=1 且 $G_{2A}'+G_{2B}'$=0 时，译码器正常工作，输出信号 $Y_0' \sim Y_7'$ 分别对应输入变量 CBA 的一个最小项的非，$Y_0' \sim Y_7'$ 的函数式为：

$$Y_0' = (C'B'A')' = m_0' \qquad Y_1' = (C'B'A)' = m_1'$$
$$Y_2' = (C'BA')' = m_2' \qquad Y_3' = (C'BA)' = m_3'$$
$$Y_4' = (CB'A')' = m_4' \qquad Y_5' = (CB'A)' = m_5'$$
$$Y_6' = (CBA')' = m_6' \qquad Y_7' = (CBA)' = m_7'$$

由以上可知，二进制译码器的每个输出端对应着输入变量的一个最小项，而任何逻辑函数可以用最小项之和表示，所以二进制译码器可以方便地实现组合逻辑电路的设计。

2. 二—十进制译码器

将十进制的二进制编码(BCD 码)翻译成对应的 10 个输出信号的电路称为二—十进制译码器，它有 4 个输入端和 10 个输出端，因此又称为 4 线—10 线译码器。常用的集成二—十进制译码器有 7442、74LS42、74HC42 等，74LS42 的逻辑符号图如图 4.13 所示，其真值表见表 4-9。

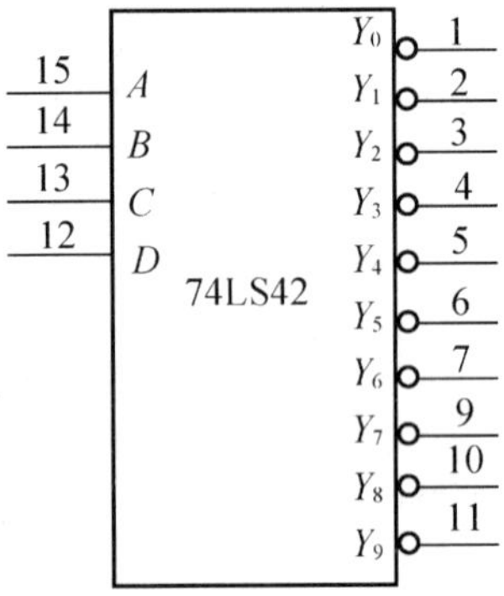

图 4.13 74LS42 的逻辑符号图

表 4-9 74LS42 的真值表

输入				输出									
D	C	B	A	Y_0'	Y_1'	Y_2'	Y_3'	Y_4'	Y_5'	Y_6'	Y_7'	Y_8'	Y_9'
0	0	0	0	0	1	1	1	1	1	1	1	1	1
0	0	0	1	1	0	1	1	1	1	1	1	1	1
0	0	1	0	1	1	0	1	1	1	1	1	1	1
0	0	1	1	1	1	1	0	1	1	1	1	1	1
0	1	0	0	1	1	1	1	0	1	1	1	1	1
0	1	0	1	1	1	1	1	1	0	1	1	1	1
0	1	1	0	1	1	1	1	1	1	0	1	1	1
0	1	1	1	1	1	1	1	1	1	1	0	1	1
1	0	0	0	1	1	1	1	1	1	1	1	0	1
1	0	0	1	1	1	1	1	1	1	1	1	1	0
1	0	1	0	1	1	1	1	1	1	1	1	1	1
1	0	1	1	1	1	1	1	1	1	1	1	1	1
1	1	0	0	1	1	1	1	1	1	1	1	1	1
1	1	0	1	1	1	1	1	1	1	1	1	1	1
1	1	1	0	1	1	1	1	1	1	1	1	1	1
1	1	1	1	1	1	1	1	1	1	1	1	1	1

由真值表可知，当输入的 BCD 代码为 0000～1001 时，输出端 $Y_0' \sim Y_9'$ 中有一个是低电平。当输入 BCD 代码为 1010～1111 时，输出端 $Y_0' \sim Y_9'$ 全部为高电平，即均为无效状态，所以把 BCD 代码 1010～1111 称为伪码。可见，74LS42 具有拒绝伪码的功能。

3. 显示译码器

在数字系统内部，数字量都是以一定的代码形式出现的，为了把这些代码用人们习惯的数字、字母、符号等形式显示出来，需要将这些代码进行译码，然后通过驱动电路由数字显示器显示。人们把这种类型的译码器称为显示译码器。在中规模集成电路中，常把译码和驱动电路集成在一起，用来驱动显示器。

常用的数字显示器有多种类型。按显示方式分为自行重叠式、分段式、点阵式等；按照发光物质不同可以分为半导体显示器(发光二极管显示器)、荧光数字显示器、液晶数字显示器和气体放电显示器。在数字系统常用的显示器是七段字符显示器(七段数码管)。

1) 七段数码管

七段数码管由 7 个发光段(*a*、*b*、*c*、*d*、*e*、*f*、*g*)组成，7 个发光段组成一个 8 字，其结构和显示数字图形如图 4.14 所示。每个发光段为一个或数个发光二极管，加上适当电压时，对应的发光段就会发光。七段数码管内部分为共阳极和共阴极两种接法。共阳极是将 7 段发光二极管的阳极接在公共电源上，当某段发光二极管的阴极接低电平时，该段就发光；共阴极是将 7 段发光二极管的阴极共同接地，当某段发光二极管的阳极接高电平时，该段就发光。两种接法如图 4.15 所示，图中 *R* 是限流电阻，取值为 100～300Ω；V_{CC} 是外接电源，一般取+5V。由此可见，当使用共阳极七段数码管时，应选用低电平有效的七段译码器驱动，如 7447、74LS47、74LS247 等；当使用共阴极七段数码管时，应选用高电平有效的七段译码器驱动，如 74LS48、74LS248、74LS249 等。

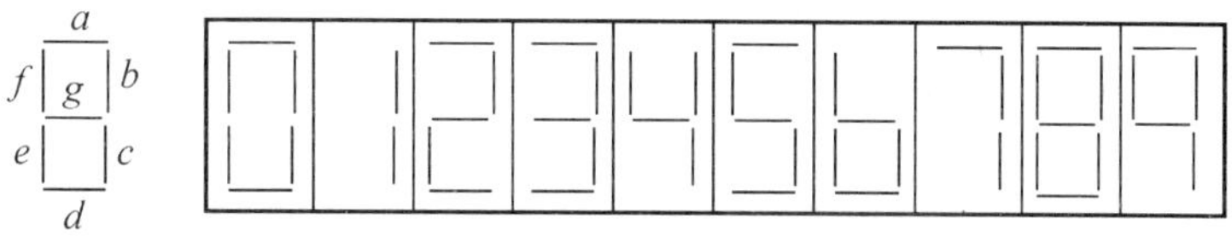

图 4.14 七段数码管及显示数字图形

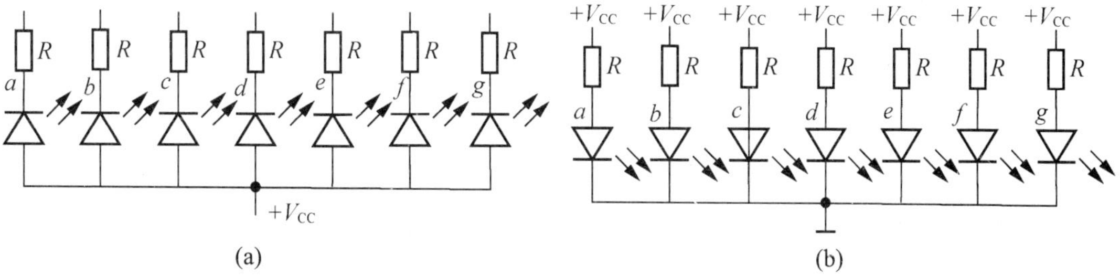

图 4.15 七段数码管的两种接法

(a) 共阳极接法；(b) 共阴极接法

2) 七段显示译码器

七段显示译码器 74LS47 是一种与共阳极七段数码管配合使用的集成译码器，图 4.16 是 74LS47 逻辑符号图，其真值表见表 4-10。

由真值表可以看出，该电路的输入 *DCBA* 是 4 位 BCD 码，输出是驱动七段数码管工作的反码 $a' \sim g'$，某段输出为 0 表示点亮该段，为 1 表示熄灭该段。另外，它还有 3 个控制端 LT'、BI'/RBO' 和 RBI'。

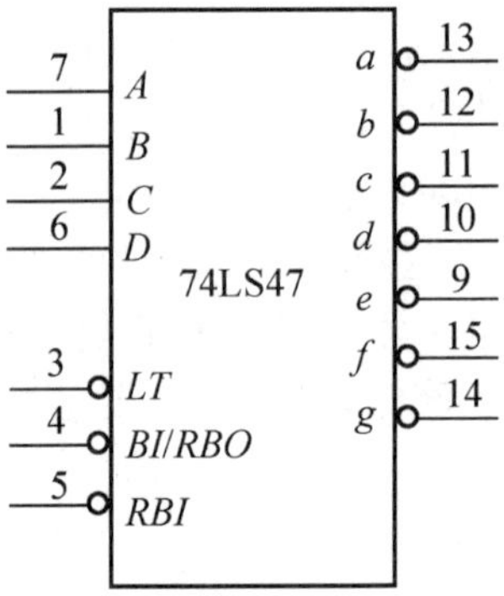

图 4.16　74LS47 逻辑符号图

LT' 为灯测试输入端。当 $LT'=0$，$BI'/RBO'=1$ 时，无论输入端为何值，输出 $a'\sim g'$ 全为 0，七段数码管的各段全部被点亮，由此可以检测 7 个发光段的好坏，工作时应使 $LT'=1$。

BI'/RBO' 为灭灯输入/灭零输出端。它是一个具有双重功能的端口，作为输入使用时是 BI' 端口，作为输出使用时是 RBO' 端口。当 $BI'=0$ 时，不论其他输入端为何值，输出 $a'\sim g'$ 全为 1，即数码管各段全部熄灭(不显示)，因此称为灭灯输入端。当 $LT'=1$，$RBO'=0$，且 $DCBA$=0000 时，数码管各段全部熄灭，因此称为灭零输出端。

RBI' 为灭零输入端。当 $LT'=1$，$RBI'=0$，且 $DCBA$=0000 时，输出 $a'\sim g'$ 全为 1，使数码管各段全部熄灭；当 $LT'=1$，$RBI'=1$，且 $DCBA$=0000 时，才能译成 0 的显示码。因此，它可以用来将不希望显示的数码 0 熄灭。

在多位十进制数码显示系统中，整数前的 0 和小数后的 0 都是无意义的，在显示时通常都将它们隐去，即将不希望显示的 0 给熄灭。将译码器的 RBI' 和 BI'/RBO' 端配合使用可以实现这种功能。在连接电路时，将小数点左侧和右侧的 RBI' 端接 1；整数部分最高位的 RBI' 端接 0，高位的 BI'/RBO' 端与相邻低位的 RBI' 端相连；小数部分将低位的 BI'/RBO' 端与相邻高位的 RBI' 端相连，最低位的 RBI' 端接 0。这样整数部分只有高位是 0，而且被熄灭时，低位才有灭零输入信号；小数部分只有在低位是 0，而且被熄灭时，高位才有灭零输入信号。

表 4-10　74LS47 真值表

十进制数或功能	输入						输入/输出	输出							显示字型
	LT'	RBI'	D	C	B	A	BI'/RBO'	a'	b'	c'	d'	e'	f'	g'	
0	1	1	0	0	0	0	1	0	0	0	0	0	0	1	0
1	1	×	0	0	0	1	1	1	0	0	1	1	1	1	1
2	1	×	0	0	1	0	1	0	0	1	0	0	1	0	2
3	1	×	0	0	1	1	1	0	0	0	0	1	1	0	3
4	1	×	0	1	0	0	1	1	0	0	1	1	0	0	4
5	1	×	0	1	0	1	1	0	1	0	0	1	0	0	5

续表

十进制数或功能	输入						输入/输出	输出							显示字型
	LT'	RBI'	D	C	B	A	BI'/RBO'	a'	b'	c'	d'	e'	f'	g'	
6	1	×	0	1	1	0	1	1	1	0	0	0	0	0	6
7	1	×	0	1	1	1	1	0	0	0	1	1	1	1	7
8	1	×	1	0	0	0	1	1	0	0	0	0	0	0	8
9	1	×	1	0	0	1	1	0	0	0	1	1	0	0	9
10	1	×	1	0	1	0	1	1	1	1	0	0	1	0	
11	1	×	1	0	1	1	1	1	1	0	0	1	1	0	
12	1	×	1	1	0	0	1	1	0	1	1	1	0	0	
13	1	×	1	1	0	1	1	0	1	1	0	1	0	0	
14	1	×	1	1	1	0	1	1	1	1	0	0	0	0	
15	1	×	1	1	1	1	1	1	1	1	1	1	1	1	
灭灯	×	×	×	×	×	×	0	1	1	1	1	1	1	1	
灭零	1	0	0	0	0	0	0	1	1	1	1	1	1	1	
灯测试	0	×	×	×	×	×	1	0	0	0	0	0	0	0	8

4. 译码器的应用

译码器除了用来驱动各种显示器件外，还可实现数字系统的地址译码、代码转换和逻辑函数发生器等。由二进制译码器可知，它的输出端就表示一项最小项，而逻辑函数可以用最小项表示，因此用二进制译码器可以实现组合逻辑电路的设计，而不需要经过化简过程。

【例 4-5】 试用两片 3 线—8 线译码器 74HC138 组成 4 线—16 线译码器。

解：将两片 74HC138 的 3 个输入端 C、B、A 分别相连，作为 4 线—16 线译码器电路输入端的低 3 位，将第一片的 G'_{2A} 和 G'_{2B} 与第二片的 G_1 连在一起作为 4 线—16 线译码器电路输入端的最高位。同时，第一片的 G_1 接高电平，第二片的 G'_{2A} 和 G'_{2B} 接低电平。其电路连接如图 4-17 所示。

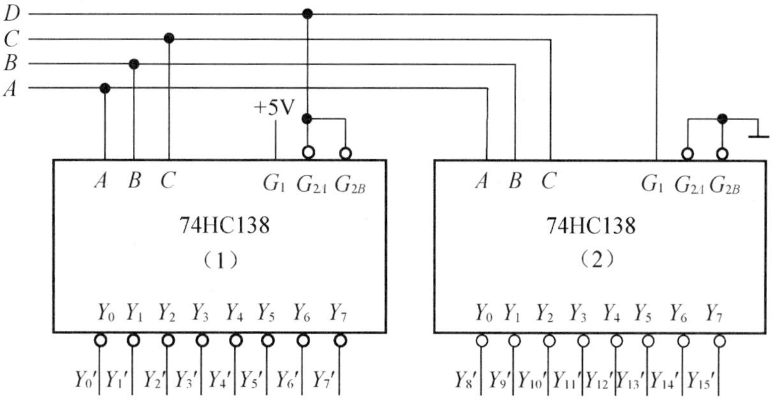

图 4.17 3 线—8 线译码器扩展为 4 线—16 线译码器

由图可知，当 D=0 时，第一片工作，第二片禁止，将输入代码 0000～0111 译成 Y'_0～Y'_7 8 个低电平信号；当 D=1 时，第一片禁止，第二片工作，将输入代码 1000～1111 译成 Y'_8～

Y'_{15} 8 个低电平信号。从而实现了 4 线—16 线译码器的功能。

【例 4-6】 用 3 线—8 线译码器 74HC138 和门电路设计一个 3 变量单“1”检测电路。要求当输入 3 个变量中只有一个 1 时，输出为 1；否则输出为 0。

解：设输入变量为 L、M、N，输出变量为 F，当 L、M、N 中只有一个变量为 1 时，输出 F=1，否则，F=0。可以写出输出变量 F 的表达是为

$$F = L'M'N + L'MN' + LM'N'$$

由于 74HC138 的输出变量为输入变量最小项的非，令 74HC138 的输入 C=L、B=M、A=N，则它的输出 $Y'_0 \sim Y'_7$ 就是由输入变量 L、M、N 组成的最小项的非，即 $m'_0 \sim m'_7$。因此，需要将输出变量 F 的表达式进行形式变换，即

$$F = m_1 + m_2 + m_4 = (m'_1 m'_2 m'_4)'$$

由以上可知，利用 74HC138 和一个与非门就可以实现该逻辑功能，其电路连接如图 4.18 所示。输入变量 L、M、N 与 74HC138 输入端 C、B、A 的对应关系不能出错，否则输出 F 将得不到正确结果。另外，为保证电路能正常工作，74HC138 的控制端也应该接正确的逻辑电平。

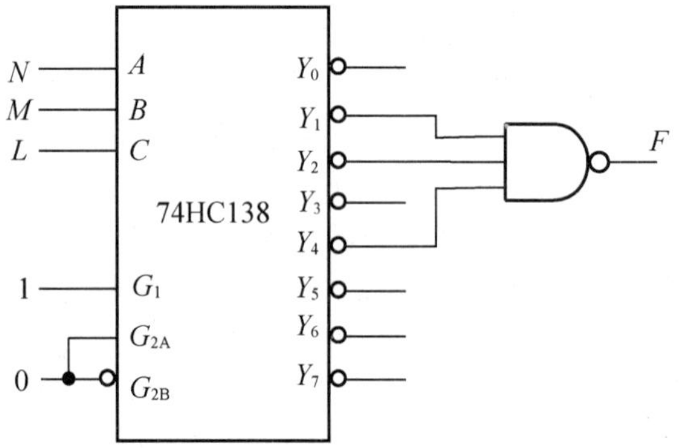

图 4.18 【例 4-6】的逻辑电路图

【思考题】 用 74LS42(74HC42) 能否取代 74LS138(74HC138)，如果可以，如何连接？

4.3.3 数据选择器

在多路数据传输过程中，根据地址码的要求，能把其中的一路数据信号挑选出来的电路称为数据选择器(MUX)，又称多路选择器或多路开关。数据选择器有 n 位地址输入、2^n 位数据输入、1 位输出。在地址输入的控制下，从多路输入数据中选择一路输出，其功能相当于一个单刀多掷开关。常用的数据选择器有 2 选 1、4 选 1、8 选 1、16 选 1 等。

1. 4 选 1 数据选择器

设 4 选 1 数据选择器的数据输入端为 $D_0 \sim D_3$，地址输入端(选择输入端)为 A_1、A_0，输出端为 Y。令 A_1A_0=00 时，Y= D_0；A_1A_0=01 时，Y= D_1；A_1A_0=10 时，Y= D_2；A_1A_0=11 时，Y= D_3。由此列出的真值表见表 4-11。

表 4-11　4 选 1 数据选择器的真值表

输　入			输　出
D	A_1	A_0	Y
D_0	0	0	D_0
D_1	0	1	D_1
D_2	1	0	D_2
D_3	1	1	D_3

由真值表可以得到：

$$Y = A_1'A_0'D_0 + A_1'A_0D_1 + A_1A_0'D_2 + A_1A_0D_3 \tag{4-4}$$

如果将地址输入端用其最小项来表示，即用 m_0 表示 $A_1'A_0'$，m_1 表示 $A_1'A_0$，m_2 表示 A_1A_0'，m_3 表示 A_1A_0，那么式(4-4) 就可以变换成：

$$\begin{aligned} Y &= m_0D_0 + m_1D_1 + m_2D_2 + m_3D_3 \\ &= \sum_{i=0}^{3} m_iD_i \end{aligned} \tag{4-5}$$

由于 m_i 是地址变量组成的最小项，因此称为地址最小项。

2. 集成数据选择器

74LS151 是一种集成 8 选 1 数据选择器，其逻辑符号图如图 4.19 所示。它有 8 个数据输入端 D_0～D_7，3 个地址输入端 C、B、A(C 为高位，A 为低位)，2 个互补输出端 Y 和 W'，1 个使能端 G'(或 S')，低电平有效。74LS151 的真值表见表 4-12。

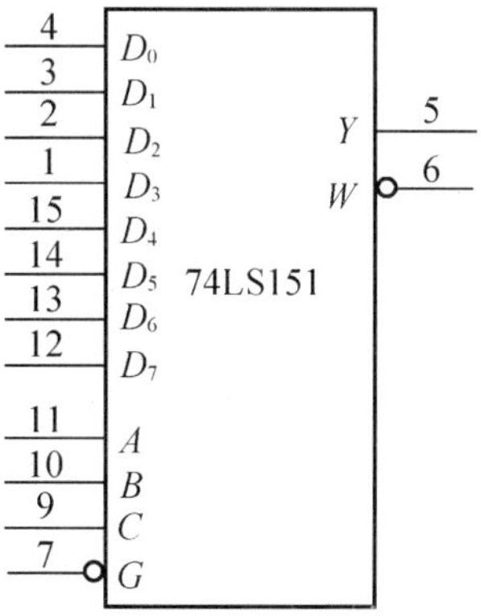

图 4.19　74LS151 逻辑符号图

表 4-12　74LS151 的真值表

输　入				输　出	
G'	C	B	A	Y	W'
1	×	×	×	0	1
0	0	0	0	D_0	D_0'

续表

输入				输出	
G'	C	B	A	Y	W'
0	0	0	1	D_1	D_1'
0	0	1	0	D_2	D_2'
0	0	1	1	D_3	D_3'
0	1	0	0	D_4	D_4'
0	1	0	1	D_5	D_5'
0	1	1	0	D_6	D_6'
0	1	1	1	D_7	D_7'

从真值表中可以看出，当 $G'=1$ 时，数据选择器不工作，输出 $Y=0$；当 $G'=0$ 时，数据选择器工作，输出 Y 可以表示为：

$$
\begin{aligned}
Y &= (C'B'A')D_0 + (C'B'A)D_1 + (C'BA')D_2 + (C'BA)D_3 + (CB'A')D_4 \\
&\quad + (CB'A)D_5 + (CBA')D_6 + (CBA)D_7 \\
&= m_0D_0 + m_1D_1 + m_2D_2 + m_3D_3 + m_4D_4 + m_5D_5 + m_6D_6 + m_7D_7 \\
&= \sum_{i=0}^{7} m_iD_i
\end{aligned}
\tag{4-6}
$$

由以上可知，一个有 n 位地址输入、2^n 位数据输入的数据选择器的输出逻辑表达式可以写成：

$$
Y = \sum_{i=0}^{2^n-1} m_iD_i \tag{4-7}
$$

3. 数据选择器的扩展

集成数据选择器的最大规模是 16 选 1，如果需要选择的数据更多时，可以将多个集成数据选择器连接起来进行扩展。

数据选择器的扩展有两种方法，一种是利用使能端进行扩展；另一种是树状扩展。用 8 选 1 数据选择器 74LS151 扩展成 16 选 1 数据器的电路如图 4.20 和图 4.21 所示。图 4-20 所示电路是利用使能端进行扩展的电路，当高位地址 $A_3=0$ 时，第一片 74LS151 使能，第二片 74LS151 禁止，当 $A_2A_1A_0$ 为 000～111 时，输出为 $D_0 \sim D_7$；当高位地址 $A_3=1$ 时，第一片 74LS151 禁止，第二片 74LS151 使能，当 $A_2A_1A_0$ 为 000～111 时，输出为 $D_8 \sim D_{15}$。

图 4.21 是树状扩展的电路图，图中可以将数据选择器分为两级，第一级的输出作为第二级的数据输入端，高位地址 A_3 作为第二级的地址输入端。由于每一片 74LS151 的使能端都接低电平，即使能端有效，数据选择器正常工作，高位地址 $A_3=0$时，将第一级数据选择器中第一片的输出从第二级输出；当高位地址 $A_3=1$时，将第一级数据选择器中第二片的输出从第二级输出。利用树状扩展可以用 2^n+1 个 2^n 选 1 的数据选择器扩展为$(2^n)^2$ 选 1 的数据选择器，例如，$n=2$ 时，可用 5 个 4 选 1 数据选择器实现 16 选 1 数据选择器。

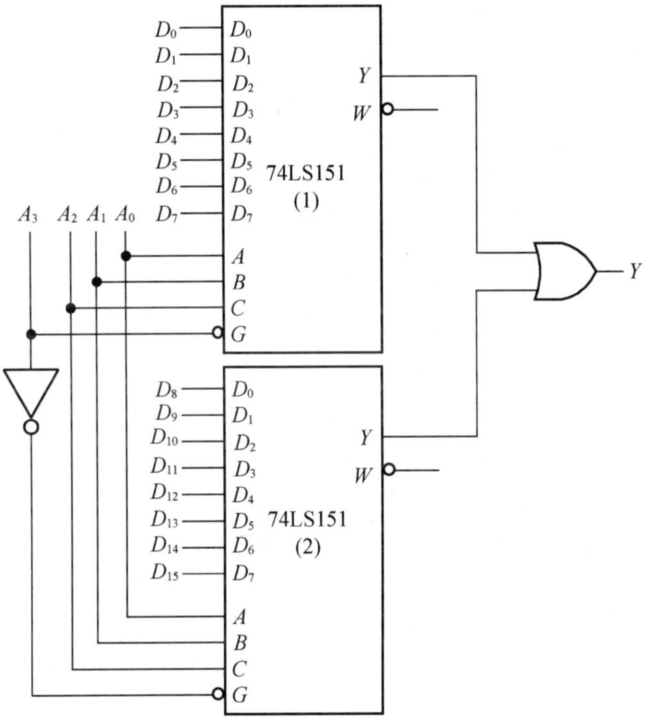

图 4.20　利用使能端进行扩展的电路图

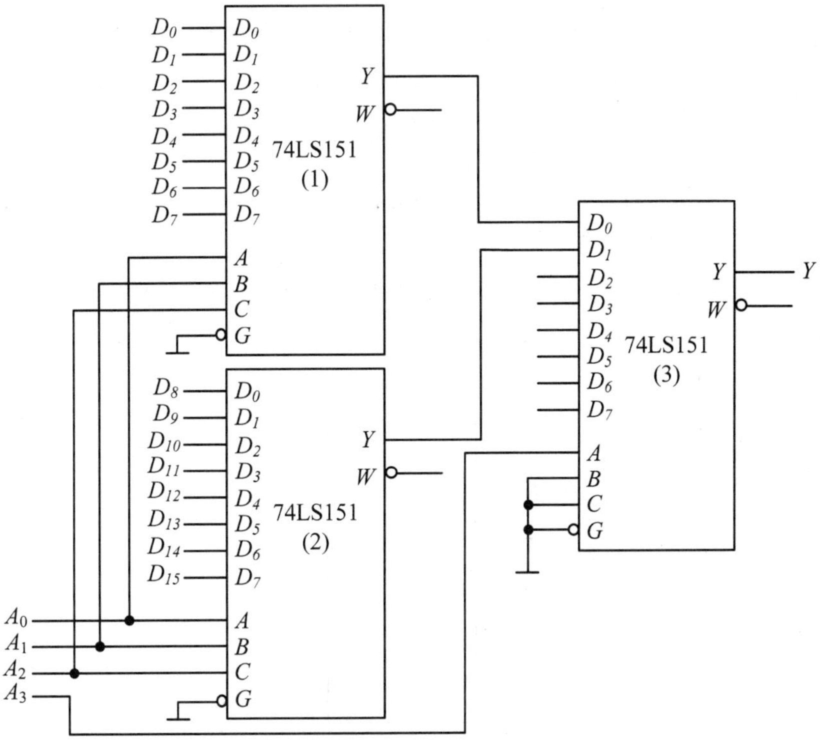

图 4.21　树状扩展的电路图

4. 数据选择器的应用

数据选择器的应用很广，例如，在数据传送时，可以实现多路信号分时传送，也可以将并行输入数据转换成串行输出。由于数据选择器的数据输入端与地址变量的最小项相对应，因此可以实现单输出组合逻辑函数。

设数据选择器的地址输入端为 k 个，由数据选择器的特点可知其输出为：

$$Y=\sum_{i=0}^{2^k-1} m_i D_i \tag{4-8}$$

设组合逻辑函数的输入变量为 l 个，则组合逻辑函数可以表示为：

$$F=\sum_{i=0}^{2^l-1} m_i \tag{4-9}$$

将式(4-8) 与式(4-9) 比较可知，只要将组合逻辑函数的输入变量加至数据选择器的地址输入端，并适当选择 D_i 的值，使两者相等，就可以利用数据选择器实现组合逻辑函数。

如果 $l=k$, 可以直接将逻辑函数输入变量加至数据选择器的地址输入端，根据逻辑函数 F 所需要的最小项，确定数据选择器中 D_i 的值(0 或 1) ；如果 $l<k$, 将逻辑函数输入变量加至数据选择器的地址输入端低 l 位，高 k-l 位不用(接 1 或接 0)，然后再确定 D_i 的值；如果 $l>k$, 可以从输入变量中任选 k 个加至数据选择器的地址输入端，多余的变量用 D_i 来表示。

【例 4-7】 用 8 选 1 数据选择器 74LS151 实现组合逻辑函数

$$F=LM+LN+LM'N' \tag{4-10}$$

解：由式(4-6) 可知，数据选择器 74LS151 的输出为

$$\begin{aligned}Y=&(C'B'A')D_0+(C'B'A)D_1+(C'BA')D_2+(C'BA)D_3+(CB'A')D_4\\&+(CB'A)D_5+(CBA')D_6+(CBA)D_7\end{aligned} \tag{4-11}$$

将式(4-10) 化为与式(4-11) 相似的形式得到：

$$\begin{aligned}F&=LM+LN+LM'N'\\&=(L'M'N')\cdot 0+(L'M'N)\cdot 0+(L'MN')\cdot 0+(L'MN)\cdot 0+(LM'N')\cdot 1\\&\quad+(LM'N)\cdot 1+(LMN')\cdot 1+(LMN)\cdot 1\end{aligned} \tag{4-12}$$

将式(4-11) 和式(4-12) 对照可知，只要令数据选择器 74LS151 的输入 $C=L, B=M, A=N$, $D_0=D_1=D_2=D_3=0$，$D_4=D_5=D_6=D_7=1$，则其输出 Y 就是所求的逻辑函数 F。电路的接法如图 4.22 所示。

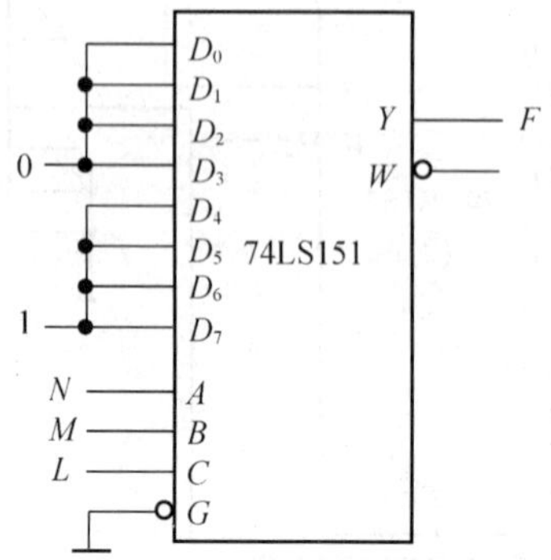

图 4.22 【例 4-7】的逻辑电路图

【例 4-8】　用 4 选 1 数据选择器实现三变量组合逻辑函数。

$$F = L'M'N + LM'N + LMN' \tag{4-13}$$

解：4 选 1 数据选择器的输出为

$$Y = A_1'A_0'D_0 + A_1'A_0D_1 + A_1A_0'D_2 + A_1A_0D_3 \tag{4-14}$$

选择数据选择器的地址输入端，令 $A_1 = L$，$A_0 = M$，式(4-13) 可以变化为：

$$F = L'M'N + LM'N + LMN' = (L'M')\cdot N + (L'M)\cdot 0 + (LM')\cdot N + (LM)\cdot N' \tag{4-15}$$

比较式(4-14) 和式(4-15) 可知，$D_0=N$，$D_1=0$，$D_2=N$，$D_3=N'$，电路连接如图 4.23 所示。

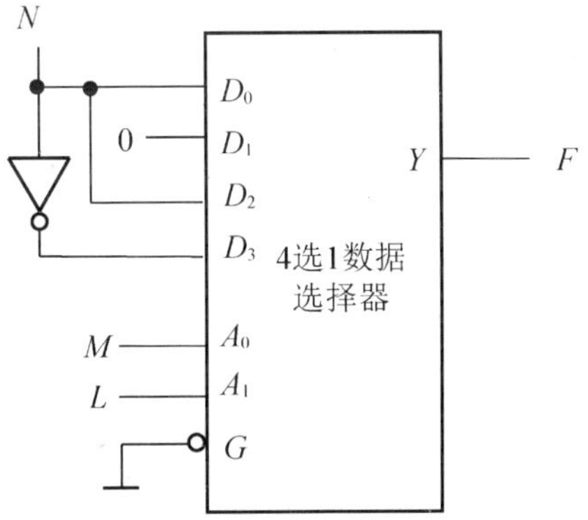

图 4.23　【例 4-8】的逻辑电路图

【思考题】　数据选择器数据输入端和地址输入端应满足什么样的关系？

4.3.4　数据分配器

数据分配器是一种数据开关，它的逻辑功能与数据选择器的逻辑功能相反，它能够将一个输入数据根据需要传送到 m 个输出端中的任何一个，又被称为多路分配器。数据分配器只有一个数据输入端，但是有 m 个输出端，在选择控制信号的作用下可以实现从 m 个输出端中选择一个输出数据，被称为 1 路—m 路数据分配器。

图 4.24 是 1 路—4 路数据分配器的逻辑示意图，图中 D 为数据输入端，$Y_0 \sim Y_3$ 为数据输出端，A_1、A_0 为选择控制端。当 $A_1\ A_0$=00 时，Y_0=D；当 $A_1\ A_0$=01 时，Y_1=D；当 $A_1\ A_0$=10 时，Y_2=D；当 $A_1\ A_0$=11 时，Y_3=D。

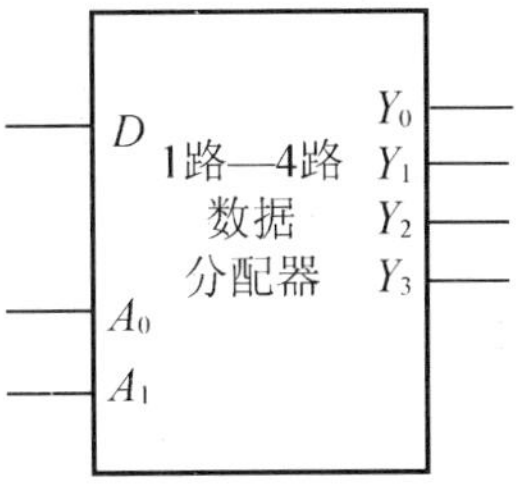

图 4.24　1 路—4 路数据分配器逻辑示意图

输出端 $Y_0 \sim Y_3$ 的逻辑函数式为：

$$Y_0 = A_1'A_0'D \qquad Y_1 = A_1'A_0D$$

$$Y_2 = A_1 A_0' D \qquad Y_3 = A_1 A_0 D$$

二进制译码器的输出是最小项的非，如果将二进制译码器的地址输入端作为数据分配器的选择控制端，将二进制译码器的选通控制端作为数据分配器的数据输入端就可以将二进制译码器当数据分配器来使用。例如，74HC138 是集成 3 线—8 线译码器，也是集成 1 路—8 路数据分配器。

【思考题】 数据分配器的作用是什么？它与数据选择器有什么区别？

4.3.5 加法器

在数字系统中，尤其是在计算机数字系统中，算术运算是最基本的功能之一。当两个二进制数进行算术运算时，无论是加、减、乘、除，都可以化作若干步加法运算来实现，因此，二进制加法运算器是构成算术运算器的基本单元电路。

1. 半加器

半加器是最简单的加法器，它将两个 1 位二进制数直接相加，而不考虑来自低位的进位。按照二进制数加法运算规则可以列出如表 4-13 所示的半加器真值表。其中 A、B 是两个加数，S 是相加的和，CO 是向高位的进位。由真值表可以直接写出：

$$S = A'B + AB' = A \oplus B$$

$$CO = AB$$

表 4-13 半加器的真值表

输入		输出	
A	B	S	CO
0	0	0	0
0	1	1	0
1	0	1	0
1	1	0	1

可见，半加器可以由一个异或门和一个与门组成，其逻辑电路图和逻辑符号图如图 4.25 所示。

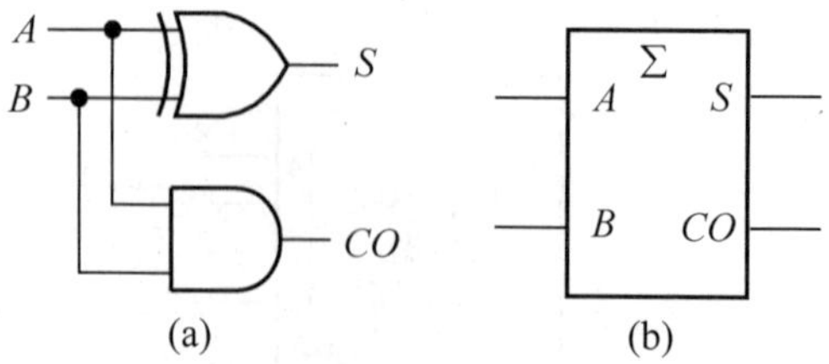

图 4.25 半加器逻辑电路图和逻辑符号图

(a) 逻辑电路图；(b) 逻辑符号图

2. 全加器

两个多位二进制数相加时，除了最低位以外，其他各位都应该考虑来自低位向本位的进位。全加器就是同时将本位加数、被加数和来自低位进位进行相加的逻辑器件。全加器的真值表见表 4-14。其中 A_i、B_i 是本位的两个加数，CI_{i-1} 是低位向本位的进位输入，S_i 是相加的和，CO_i 是本位向高位的进位输出。由真值表写出 S_i 和 CO_i 的逻辑表达式如下：

$$\begin{aligned} S_i &= A_i'B_i'CI_{i-1} + A_i'B_iCI_{i-1}' + A_iB_i'CI_{i-1}' + A_iB_iCI_{i-1} = A_i \oplus B_i \oplus CI_{i-1} \\ CO_i &= A_i'B_iCI_{i-1} + A_iB_i'CI_{i-1} + A_iB_iCI_{i-1}' + A_iB_iCI_{i-1} = (A_i \oplus B_i)CI_{i-1} + A_iB_i \end{aligned} \tag{4-16}$$

表 4-14　全加器的真值表

输　入			输　出	
A_i	B_i	CI_{i-1}	S_i	CO_i
0	0	0	0	0
0	0	1	1	0
0	1	0	1	0
0	1	1	0	1
1	0	0	1	0
1	0	1	0	1
1	1	0	0	1
1	1	1	1	1

根据式(4-16) 画出全加器的逻辑电路图如图 4.26 所示，全加器的逻辑符号图如图 4.27 所示。

将 n 个全加器级联，即把低位的进位输出端连接到相邻高位的进位输入端，可以实现两个 n 位二进制数相加的电路，利用这种方法构成的加法电路称为串行进位加法器。图 4.28 所示的是 4 位串行进位加法器，从图中可以看出，两个 4 位加数 $A_3A_2A_1A_0$ 和 $B_3B_2B_1B_0$ 的各位同时送到了相应全加器的输入端，进位信号串行传送。显然，高位相加的结果只有等到低位进位产生后才能建立起来，所以这种串行进位加法器的运算速度慢，在最不利的情况下，执行一次加法运算需要经过 4 个全加器的传输延迟时间才能得到稳定可靠的运算结果。

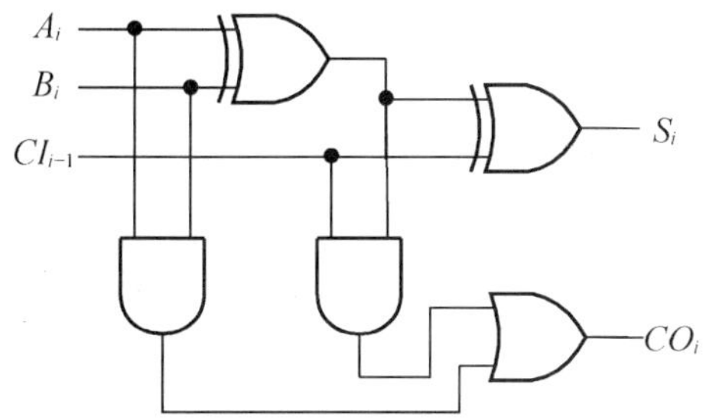

图 4.26　全加器的逻辑电路图

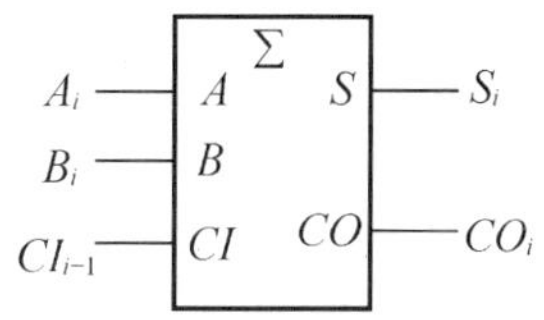

图 4.27　全加器的逻辑符号图

3. 超前进位加法器

为了提高运算速度，人们设计了一种多位快速进位加法器——超前进位加法器。所谓超前进位加法器就是指在加法运算过程中，各位数的进位信号由输入二进制数直接产生的加法器。下面以 4 位二进制加法器为例介绍超前进位加法器的原理。

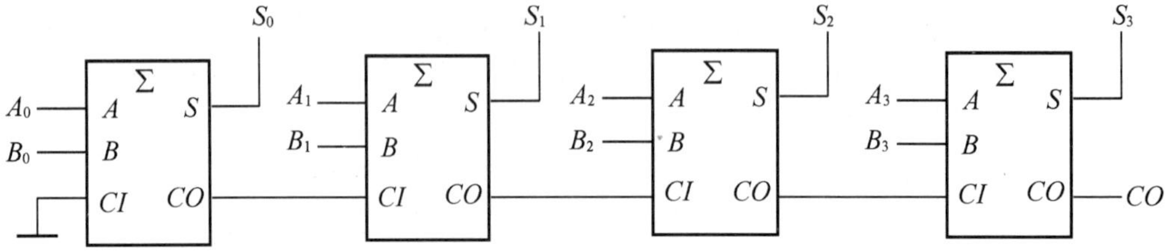

图 4.28　4 位串行进位加法器

在 4 位二进制加法器中，第 1 位全加器的输出进位信号的表达式为：

$$CO_0 = A_0B_0 + A_0CI_0 + B_0CI_0 = A_0B_0 + (A_0 + B_0)CI_0$$

第 2 位全加器的输出进位信号的表达式为：

$$CO_1 = A_1B_1 + (A_1 + B_1)CI_1 = A_1B_1 + (A_1 + B_1)CO_0$$

第 3 位全加器的输出进位信号的表达式为：

$$CO_2 = A_2B_2 + (A_2 + B_2)CI_2 = A_2B_2 + (A_2 + B_2)CO_1$$

第 4 位全加器的输出进位信号的表达式为：

$$CO_3 = A_3B_3 + (A_3 + B_3)CI_3 = A_3B_3 + (A_3 + B_3)CO_2$$

显而易见，只要给出 $A_3A_2A_1A_0$ 、 $B_3B_2B_1B_0$ 和 CI_0 的数值，就可以按上述表达式直接确定 CO_0 、 CO_1 、 CO_2 和 CO_3 的值。如果用门电路实现上述逻辑关系，高位的全加运算就不用等待低位的进位输入信号，从而提高加法运算的速度。

图 4.29 是中规模 4 位超前进位全加器 74LS283 的逻辑符号图。其中 $A_1 \sim A_4$、$B_1 \sim B_4$ 分别为加数和被加数输入端，$F_1 \sim F_4$ 为和输出端，CI 为进位输入端，CO 为进位输出端。

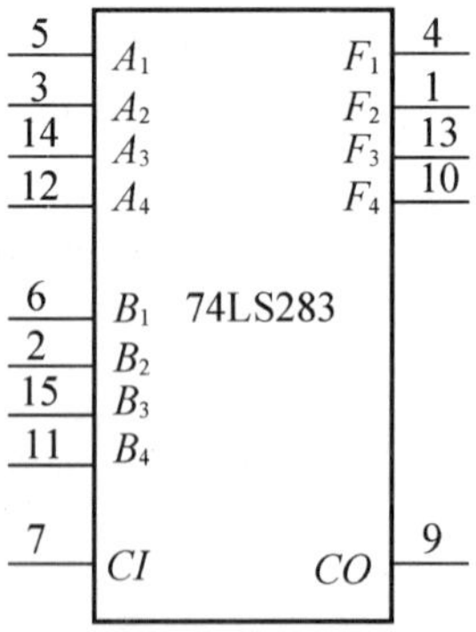

图 4.29　74LS283 的逻辑符号图

4. 加法器的应用

加法器除可以构成加法运算电路外，还可以构成减法器、乘法器和除法器等多种运算电路。在逻辑设计中，如果要产生的逻辑函数能够化成输入变量与输入变量或者输入变量与常量在数值上相加的形式，用加法器往往得到非常简单的设计结果。

【例 4-9】　试采用全加器 74LS283 实现余 3 码到 8421BCD 码的转换。

解：因为对于同一个十进制数，余 3 码比相应的 8421BCD 码多 3，因此要实现余 3 码到 8421BCD 码的转换只需从余 3 码减去 3(0011) 即可。利用二进制补码运算的规则，通过补码的加法运算实现减法运算，由于 0011 的补码为 1101，减 0011 同加 1101 等效。所以，在全加器 74LS283 的 $A_4 \sim A_1$ 接上余 3 码的 4 位代码 $DCBA$，$B_4 \sim B_1$ 上接固定代码 1101，74LS283 的输出就是对应的 8421BCD 码 $Y_4Y_3Y_2Y_1$，其逻辑电路如图 4.30 所示。

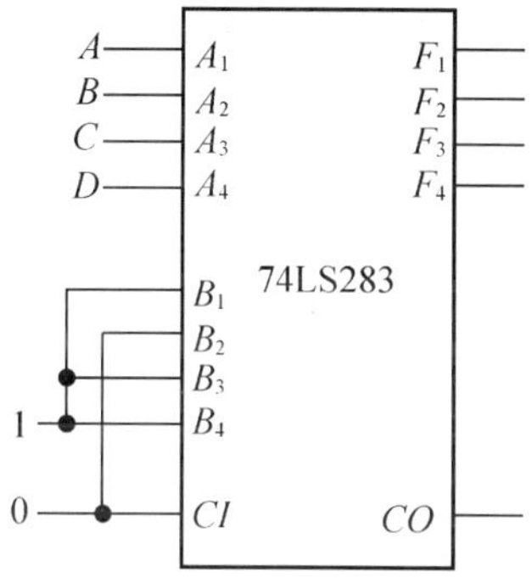

图 4.30　【例 4-9】的逻辑电路图

【思考题】　如何用半加器实现全加器？

4.3.6　数值比较器

在一些数字系统中，经常需要比较两个数值的大小或是否相等，能够完成这一功能的逻辑电路称为数值比较器。

1. 1 位数值比较器

将两个 1 位数 A 和 B 进行大小比较有 3 种比较结果，即：$A>B$、$A<B$、$A=B$。因此比较器有两个输入端 A 和 B，3 个输出端 $F_{A>B}$、$F_{A=B}$ 和 $F_{A<B}$。假设与比较结果相符时输出为 1，不符时为 0，则当 $A>B(A=1，B=0)$时，$F_{A>B}=1$，即 $F_{A>B}=AB'$；当 $A<B(A=0，B=1)$ 时，$F_{A<B}=1$，即 $F_{A<B}=A'B$；当 $A=B(A=0，B=0$ 或 A=1，B=1) 时，$F_{A=B}=1$，即 $F_{A=B}=A\odot B$。实现此功能的逻辑电路如图 4.31 所示。

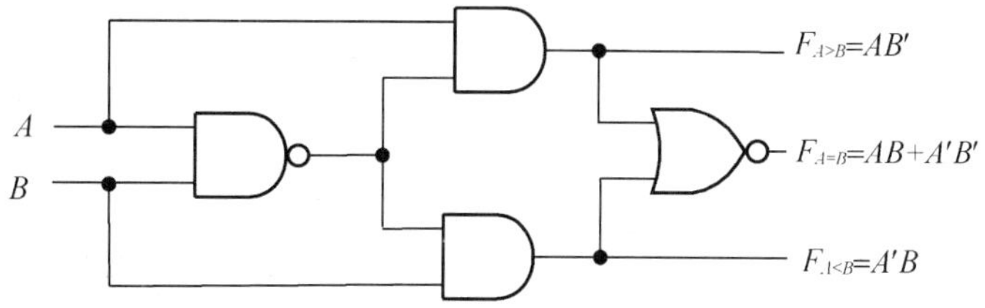

图 4.31　1 位数值比较器的逻辑电路图

2. 多位数值比较器

比较两个多位数的大小时，应自高向低逐位比较，且只有在高位相等时，才需要比较低位。设 A、B 是两个 4 位二进制数 $A_3A_2A_1A_0$ 和 $B_3B_2B_1B_0$，当比较 A 与 B 的大小时，应先比较 A_3 和 B_3。如果 $A_3>B_3$，不论 A_2、B_2、A_1、B_1、A_0、B_0 为何值，结果为 $A>B$；如果 $A_3<B_3$，不论 A_2、B_2、A_1、B_1、A_0、B_0 为何值，结果为 $A<B$；如果 $A_3=B_3$，那么就需要通过比较 A_2 与 B_2 来判断 A 与 B 的大小。以此类推，定能比出结果。

图 4.32 是中规模 4 位数值比较器 74LS85 的逻辑符号图。图中 $A_3 \sim A_0$、$B_3 \sim B_0$ 为相比较的两个 4 位二进制数的输入端，$F_{A>B}$、$F_{A=B}$、$F_{A<B}$ 是比较结果的输出端，$I_{A>B}$、$I_{A=B}$、$I_{A<B}$ 是级联输入端。

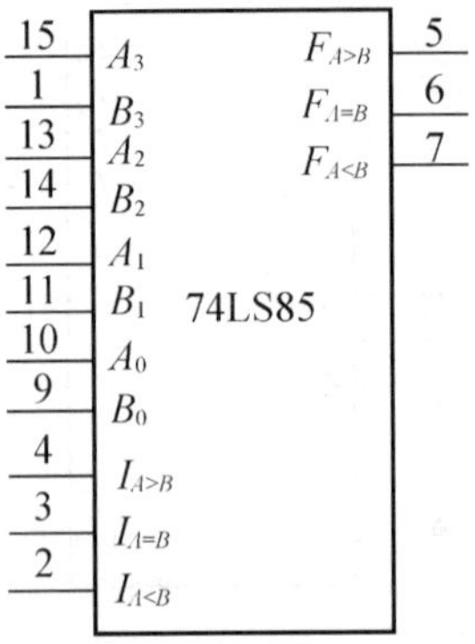

图 4.32　74LS85 的逻辑符号图

74LS85 的真值表见表 4-15。从真值表中可以看出，若 $A_3>B_3$，则可以肯定 $A>B$，这时输出 $F_{A>B}=1$；若 $A_3<B_3$，则可以肯定 $A<B$，这时输出 $F_{A<B}=1$；当 $A_3=B_3$ 时，再去比较次高位 A_2 与 B_2。若 $A_2>B_2$,则 $F_{A>B}=1$；若 $A_2<B_2$，则 $F_{A<B}=1$；只有当 $A_2=B_2$ 时，再继续比较 A_1 与 B_1。依次类推，直到所有的高位都相等时，才比较最低位。当 $A_3A_2A_1A_0=B_3B_2B_1B_0$ 时，比较的结果决定于级联输入端 $I_{A>B}$、$I_{A=B}$、$I_{A<B}$。当 $I_{A>B}=1$ 时，$F_{A>B}=1$；当 $I_{A<B}=1$ 时，$F_{A<B}=1$；当 $I_{A=B}=1$ 时，$F_{A=B}=1$。

表 4-15　74LS85 的真值表

输　入				级联输入			输　出		
A_3　B_3	A_2　B_2	A_1　B_1	A_0　B_0	$I_{A>B}$	$I_{A<B}$	$I_{A=B}$	$F_{A>B}$	$F_{A<B}$	$F_{A=B}$
$A_3>B_3$	×	×	×	×	×	×	1	0	0
$A_3<B_3$	×	×	×	×	×	×	0	1	0
$A_3=B_3$	$A_2>B_2$	×	×	×	×	×	1	0	0
$A_3=B_3$	$A_2<B_2$	×	×	×	×	×	0	1	0
$A_3=B_3$	$A_2=B_2$	$A_1>B_1$	×	×	×	×	1	0	0
$A_3=B_3$	$A_2=B_2$	$A_1<B_1$	×	×	×	×	0	1	0
$A_3=B_3$	$A_2=B_2$	$A_1=B_1$	$A_0>B_0$	×	×	×	1	0	0
$A_3=B_3$	$A_2=B_2$	$A_1=B_1$	$A_0<B_0$	×	×	×	0	1	0
$A_3=B_3$	$A_2=B_2$	$A_1=B_1$	$A_0=B_0$	1	0	0	1	0	0
$A_3=B_3$	$A_2=B_2$	$A_1=B_1$	$A_0=B_0$	0	1	0	0	1	0
$A_3=B_3$	$A_2=B_2$	$A_1=B_1$	$A_0=B_0$	0	0	1	0	0	1

在使用集成数值比较器进行数值比较时应注意区分是 TTL 集成数值比较器还是 CMOS 集成数值比较器。对于 TTL 集成数值比较器来说，当使用一片来比较 4 位二进制数时，应使级联输入端的 $I_{A=B}$ 接 1，$I_{A>B}$ 和 $I_{A<B}$ 接 0；多片级联使用时应使低位的 $F_{A>B}$、

$F_{A<B}$、$F_{A=B}$分别与高位的$I_{A>B}$、$I_{A<B}$、$I_{A=B}$相连。对于 CMOS 集成数值比较器来说，当使用一片来比较 4 位二进制数时，应使级联输入端的$I_{A>B}$和$I_{A=B}$接 1，$I_{A<B}$接 0；多片级联使用时应使低位的$F_{A<B}$、$F_{A=B}$分别与高位的$I_{A<B}$、$I_{A=B}$相连。

3. 数值比较器的扩展

图 4.33 为两片 4 位数值比较器 74LS85 构成 8 位数值比较器的级联方法。低位片对低 4 位进行比较，因为没有更低位比较结果输入，其级联输入端$I_{A=B}$接 1，$I_{A>B}$和$I_{A<B}$接 0。高位片对高 4 位进行比较，级联输入端分别与低 4 位相应的比较结果输出端相连。如果两个高 4 位数不等，电路输出取决于高位片的比较结果；如果两个高 4 位数相等，电路输出取决于低位片的比较结果。

由于这种级联方式的比较结果是逐级进位的，因此称为串联扩展。级联芯片的数目越多，传递时间就越长，工作速度就越慢。为了提高工作速度，可以采用并联扩展。

图 4.34 是用 5 片数值比较器 74LS85 扩展成 16 位数值比较器的级联方法。将 16 位二进制数按高低位次序分成 4 组，每组用 1 片 74LS85 进行比较，各组的比较是并行的。将每组的比较结果再经一片 74LS85 进行比较后得出总的比较结果。

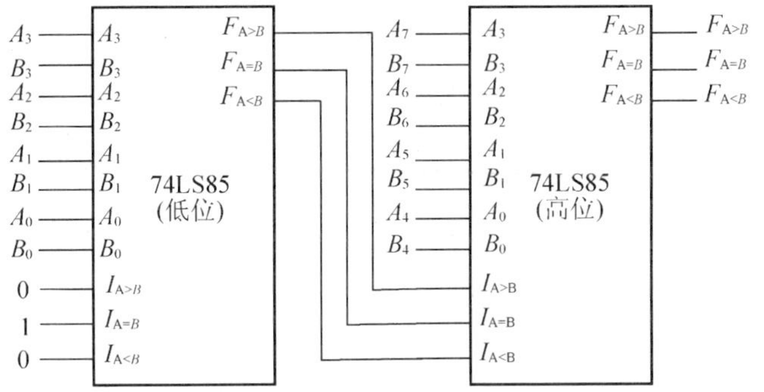

图 4.33　采用串联方式构成的 8 位数值比较器

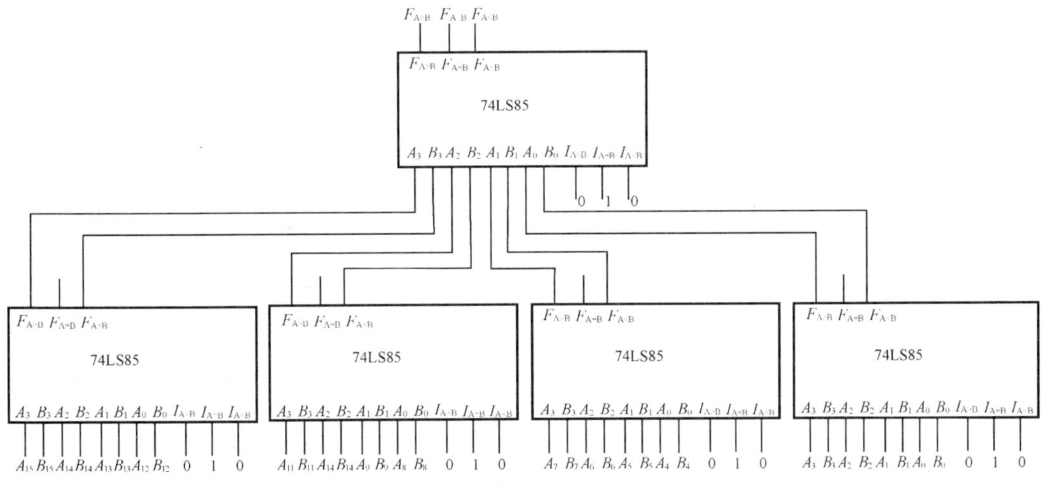

图 4.34　采用并联方式构成的 16 位数值比较器

【思考题】　如何用 4 位数值比较器比较两个 3 位二进制数的大小？

4.4 组合逻辑电路中的竞争与冒险

前面讨论组合逻辑电路的工作时都是在理想情况下进行的，即假设电路中的连线和集成门电路都没有传输延迟，电路中多个输入信号发生变化时，都是同时完成的。实际上，由于电路的延迟，使逻辑电路在输入信号变化的瞬间可能出现错误的逻辑输出，从而导致逻辑混乱，了解产生这种现象的原因及其消除方法对数字系统的设计有重要的意义。

4.4.1 产生竞争冒险的原因

任何实际的电路，从输入发生变化到引起输出随之变化都要经历一定的延迟时间。以逻辑非门为例，当输入信号从 0 跳变为 1 时，经过一段延迟时间 t_{PHL} 后，输出才由 1 变为 0。同样当输入信号从 1 跳变为 0 时，经过一段延迟时间 t_{PLH} 后，输出才由 0 变为 1。一般情况下 t_{PHL} 和 t_{PLH} 并不相等，通常用平均传输延迟时间 t_{pd} 表示。

由于电路的传输延迟，逻辑电路的瞬态特性可能与稳态分析得到的结果不尽相同。特别地，在稳态分析下输出将保持不变，但在瞬态分析中可能会产生干扰脉冲。例如，在图 4.35(a)所示的与门电路中，因为 $Y=AB$，当 AB 的值为 01 或是 10 时，Y 的值应恒为 0。然而在 AB 由 01 变为 10 或由 10 变为 01 的过程中，由于存在传输延迟时间，A、B 状态变化的时间可能不一致，假设 B 发生变化的时间滞后 A 变化的时间为 t_{pd}，则输出 Y 产生了一个宽度为 t_{pd} 的干扰(尖峰)脉冲。对于图 4.35(b)所示的或门电路，在 AB 由 01 变为 10 或由 10 变为 01 的过程中也会产生一个宽度为 t_{pd} 的干扰脉冲。

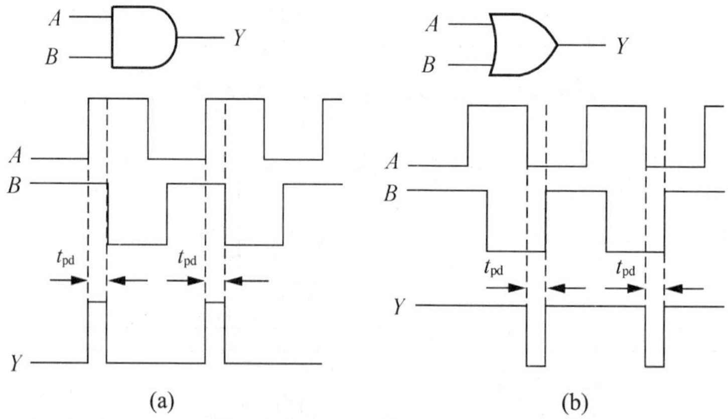

图 4.35 干扰脉冲的产生

(a) 与门产生的干扰脉冲；(b) 或门产生的干扰脉冲

在数字电路中，把门电路两个输入信号同时发生逻辑电平跳变(由 01 变为 10，或者相反)的现象称为竞争。由于竞争而在电路输出端产生干扰脉冲(毛刺)的现象称为冒险现象。在组合逻辑电路中，冒险现象分为静态冒险和动态冒险。

在组合逻辑电路中，如果输入信号变化前与变化后稳定输出相同，而在转换瞬间有冒险，称为静态冒险。如果输出信号在稳态时(信号变换前和信号变化后)为 0，在转换瞬间出现 1 的干扰脉冲，这种静态冒险称为静态 0 冒险，如图 4.35(a)所示的干扰脉冲。如果输出信号在稳态时输出为 1，在转换瞬间出现 0 的干扰脉冲，这种静态冒险称为静态 1 冒险，如图 4.35(b)所示的干扰脉冲。静态冒险仅仅发生在输入信号变化的瞬间，而在输入稳定的情况下不会发生静态冒险。但是在输入信号变化的瞬间并不一定会发生静态冒险，即电路存在竞争不一定会出现冒险。

在组合逻辑电路中，如果输入信号变化前后稳定输出状态不同，则不会出现静态冒险。如果从变化的输入到变化的输出存在具有不同传输延迟时间的多个通道，在得到稳定的输出之前，输出可能会发生多次变化，即中间经历了暂态 0-1 或 1-0 的过程，这种冒险现象称为动态冒险。动态冒险只有在多级电路中才会发生，在适当设计的两级与—或(或—与)电路中不会发生动态冒险。

4.4.2　消除竞争冒险的方法

1. 竞争冒险的判断与识别

检查一个组合逻辑电路是否存在竞争冒险有多种方法。在输入变量只有一个 A 改变的情况下，当逻辑电路的输出表达式在一定的输入取值下可以化为 $Y = A + A'$ 或 $Y = AA'$ 的形式时，A 的改变将会引起竞争冒险。例如，某电路的输出 $Y = AC + A'B$，那么当 B=C=1 时，输出可以化为 $Y = A + A'$，那么当输入变量 A 发生变化时，该电路存在竞争冒险现象。这种方法称为代数法。

用代数法将输出表达式变化为 $Y = A + A'$ 或 $Y = AA'$ 的形式意味着逻辑表达式中某两项有一个变量互为反变量。在卡诺图中，这两项对应的包围圈存在相邻(相切)而不相交的关系。因此，在卡诺图中若包围圈存在相邻(相切)而不相交的情况，对应的逻辑关系将存在竞争冒险现象。例如，$Y = AC + A'B$ 的卡诺图如图 4.36 所示，卡诺图中的存在相邻而不相交的包围圈，因此存在竞争冒险现象。

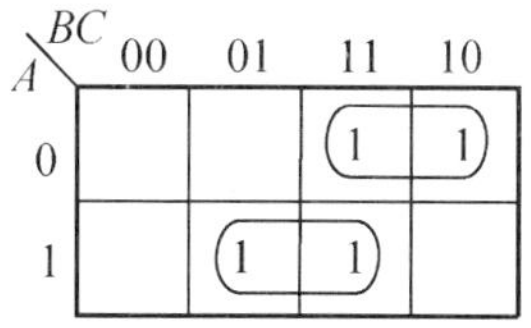

图 4.36　$Y = AC + A'B$ 的卡诺图

当有两个或两个以上的输入变量发生变化时，输出端可能产生静态冒险。假设输入变量为 n 个，当其中的 $m(m\geqslant 2)$ 个输入变量变化时，如果剩余不变的$(n\text{-}m)$个输入变量组成的乘积项不是该逻辑函数表达式中的乘积项或者多余项，则该 m 个输入变量变化时，就可能产生静态冒险。

例如，4 输入变量逻辑函数 $Y(A,B,C,D) = A'B'D + BC' + AC$，当输入信号 A、B、C、D 由 0011 变化到 0101 时，变量 B、C 发生变化，由不变的变量 A、D 组成的乘积项 AD

不是逻辑函数 Y 的乘积项和多余项，因此当变量 B、C 发生变化时可能产生静态冒险。

图 4.37 是逻辑函数 Y 的卡诺图，从卡诺图中可以看出，在稳态情况下 $Y(0,0,1,1)=Y(0,1,0,1)=1$，在变量 B、C 发生变化时，如果 B 先于 C 变化，则输入信号由 0011 变化到 0101 过程中会出现短暂的 0111，即输入信号经历了 0011→0111→0101 的变化过程，由于 $Y(0,1,1,1)=0$，所以输出 Y 经历了 1→0→1 的变化过程，即发生了静态 1 冒险，如图中的箭头所示。如果 C 先于 B 变化，在变化过程中会出现短暂的 0001，而由于 $Y(0,0,0,1)=1$，因此不会产生静态 1 冒险。

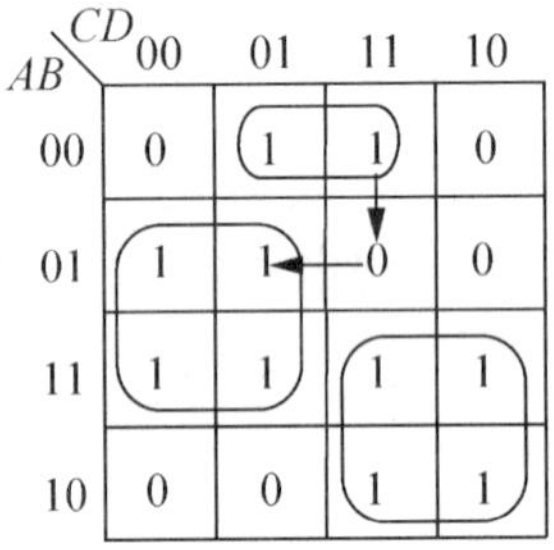

图 4.37　$Y=A'B'D+BC'+AC$ 的卡诺图

在多个输入变量同时发生状态改变时，如果输入变量的数目很多，很难从逻辑表达式上简单地找出所有可能产生竞争冒险的情况，可以通过计算机辅助分析的手段进行分析。通过在计算机上运行数字电路的模拟程序可以从原理上检查复杂数字电路的竞争冒险现象，目前已经有成熟的程序可供使用。但由于计算机模拟数字电路时只能采用标准化的典型参数，有时还需要做一定的近似，所得的结果与实际电路的工作情况有所出入，最终要通过实验的方法才能确定有无竞争冒险。

2. 消除竞争冒险的方法

电路设计中应尽量避免人为原因造成的竞争冒险现象，但由于器件的多样性和电路设计的复杂性，使产生竞争冒险的具体原因非常复杂。下面介绍几种常用的消除竞争冒险的方法。

1) 修改逻辑设计

当竞争冒险是由单个变量发生变化引起时，可以通过修改逻辑设计，增加冗余项的方法来消除竞争冒险。如前所述，对于 $Y=AC+A'B$，当 $B=C=1$ 时，$Y=A+A'$，输入变量 A 发生变化时电路存在竞争冒险现象。若将逻辑函数表达式改写为 $Y=AC+A'B+BC$，则当 $B=C=1$ 时，无论 A 如何变化，输出始终保持 $Y=1$，从而消除竞争冒险。

因为乘积项 BC 对逻辑函数 Y 来说是多余项，所以将它称为冗余项，同时将修改逻辑设计的方法称为增加冗余项的方法。用增加冗余项的方法来消除竞争冒险现象的作用是有限的。从图 4.36 所示的卡诺图中可以看出，如果变量 A、B 同时发生改变，即 AB 由 10 变为 01 的时候，电路仍然存在竞争冒险现象。可见，增加了冗余项 BC 以后，仅仅消除了在 $B=C=1$ 时由 A 变化引起的竞争冒险现象。

2) 引入选通脉冲

根据前面的分析可知，组合逻辑电路中的竞争冒险现象仅仅发生在输入信号变化的瞬间，在稳定状态下是没有竞争冒险的。因此，在电路中引入选通脉冲，使电路在输入信号变化的瞬间处于禁止状态，当输入信号稳定以后，使电路处于工作状态，这样可以有效地避免各种竞争冒险的发生。如图 4.38 所示，当输入信号 *AB* 变为 11 以后，输出 *Y* 并没有马上变成高电平，而要等到选通脉冲 *P* 变为高电平以后，输出 *Y* 才变为高电平。这时，输出信号的脉冲宽度与选通脉冲的宽度相同。

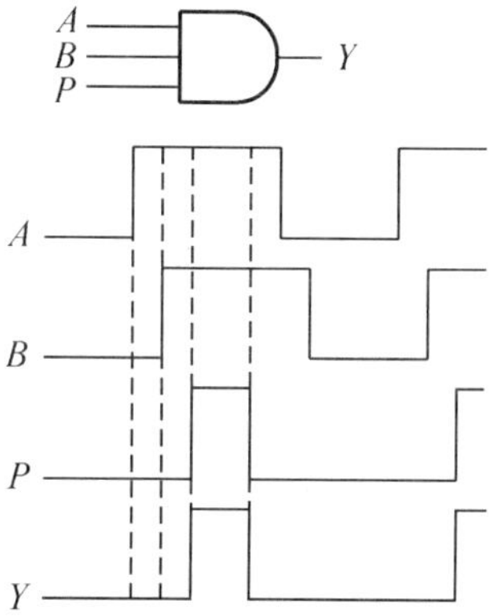

图 4.38　选通脉冲的作用

3) 输出接滤波电容

由于竞争冒险而产生的干扰(尖峰)脉冲一般都很窄(通常在几十纳秒以内)，在对输出波形要求不高的情况下，在输出端并接一个很小的滤波电容，可以有效地将干扰脉冲的幅度削弱至门电路的阈值以下。滤波电容的电容值越大，滤波效果越好，但却会使正常输出波形的边沿变坏。在 TTL 电路中，滤波电容的数值通常在几十至几百皮法范围内。

比较上述 3 种方法可以看出，修改逻辑设计的方法，如果能运用得当，有时可以收到令人满意的效果；输出端接入滤波电容的方法简单易行，它的缺点是导致输出波形边沿变坏，这在有些情况下是不可取的；引入选通脉冲的方法必须找到一个与输入信号同步的选通脉冲，而且对这个脉冲的宽度和产生的时间是有严格要求的。各种方法的选择视具体情况而定。

【思考题】　竞争冒险现象产生的原因是什么？怎样判断一个电路是否存在竞争冒险？

4.5　用 Multisim 10 分析组合逻辑电路

组合逻辑电路是数字电路设计中常用的电路形式，Multisim 10 元件库提供了大量组合逻辑电路模块，在 TTL 和 CMOS 集成元器件库中存放着与实际元器件型号相对应的虚拟数字器件。Multisim 10 具有很强的逻辑仿真功能，通过对虚拟元器件进行仿真分析，对利用真实元器件设计电路有很大的帮助。

1. 二进制编码器

二进制编码器的功能是把输入的高低电平信号编成一个与之对应的二进制输出代码。现以二进制编码器优先编码器 74LS148 为例进行二进制编码器的仿真分析。

为了仿真验证 74LS148 的逻辑功能，构建了一个仿真实验电路，如图 4.39 所示。为此，从 Multisim 10 的 TTL 集成元件库中找出 74LS148(74LS148N 或 74LS148D)，从电源按钮(Power Source Components)工具栏中选择 VCC 和接地端的符号，从基本(Basic)元件库中的开关(SWITCH)元件箱中找到单刀双掷开关(SPDT)，在指示元器件库(Indicators Components)中找到探针(PROBE)，将它们放置在窗口的合适位置，然后连接成图 4.39 所示的电路。

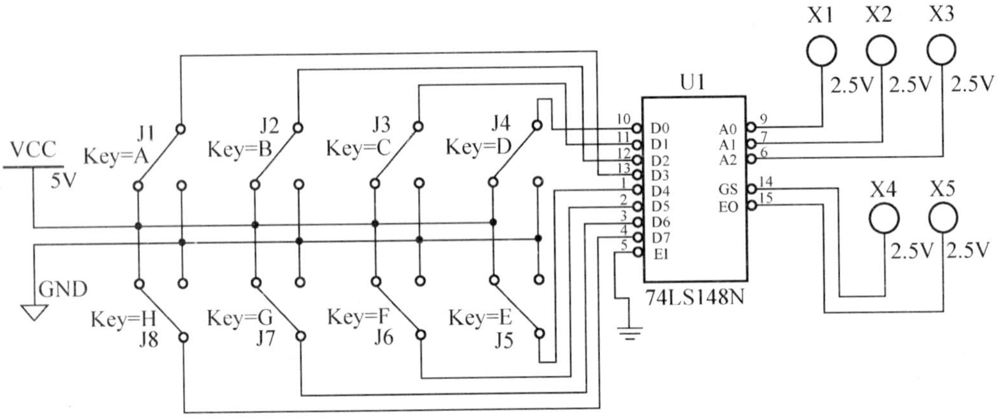

图 4.39　74LS148 仿真实验电路图

在图 4.39 中，每个单刀双掷开关都有一个热键，例如，开关 J1 的热键为 A，当按下相应的热键时，开关就会动作。通过改变 J1～J8 的开关位置可以将 74LS148 的输入置成不同的组合。探针 X1～X5 用于指示 74LS148 的输出状态，探针亮表示输出为高电平，探针灭表示输出为低电平。

在仿真时，将 74LS148 的数据输入端置成 D5=0，即将开关 J6 拨向地，其他的开关拨向 VCC，相当于接 1。仿真结果如图 4.40 所示，与代码输出端 A2、A1、A0 相连的探针 X1 灭、X2 亮、X3 灭，即输出代码为 010；与 GS 相连的探针 X4 灭，即输出代码为 0；与 EO 相连的探针 X5 亮，即输出代码为 1。电路仿真结果与表 4-5 所示的真值表结果一致。读者可以自行分析其他输入情况下的输出。

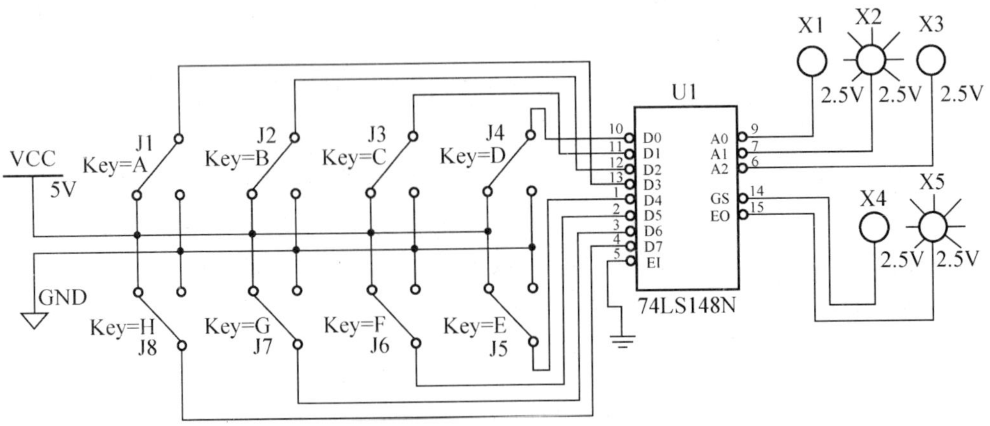

图 4.40　74LS148 仿真结果图

2. 译码器

译码器的逻辑功能是将输入的二进制代码译成相对应的输出高低电平信号，常用的译码器电路有二进制译码器、二—十进制译码器和显示译码器。现以二进制译码器 74LS138 为例进行仿真分析。

为了仿真分析 74LS138 的逻辑功能，构建了如图 4.41 所示的仿真实验电路。

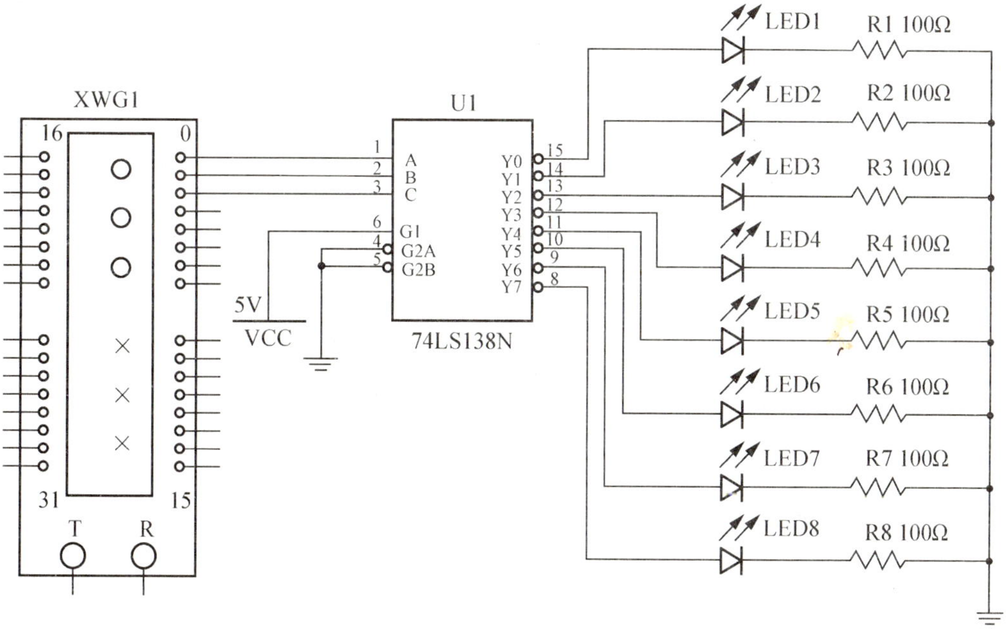

图 4.41　74LS138 仿真实验电路图

74LS138 的输入有 8 个状态，为了分析其逻辑功能，用字信号发生器输出作为编码器电路的输入，并用 8 个发光二极管来显示输出状态。打开子信号发生器，按照 74LS138 的代码输入逻辑来编辑字信号发生器的输出逻辑信号，即字信号发生器按照从 000 到 111 递增的顺序输出逻辑信号。接线时应注意输入信号和输出信号的高低位一定要接正确。

【字信号发生器】的控制面板如图 4.42 所示，在控制面板的 Controls 选项组中选择 Cycle 按钮，在 Display 选项组中选择 Dec 选项，在 Frequency 选项组中输入 100Hz。单击面板中的 Set 按钮，打开 Settings 对话框，如图 4.43 所示，设置信号流类型为 Up Counter，信号流大小(Buffer Size)为 10。

设置完毕后，进行仿真，由于 74LS148 的输出为低电平有效，所以可以观察到 8 个发光二极管依次熄灭。

设置完毕后，进行仿真，由于 74LS148 的输出为低电平有效，所以可以观察到 8 个发光二极管依次熄灭。

3. 数据选择器

为了对数据选择器进行仿真分析，以双 4 选 1 数据选择器 74LS153 为例构建如图 4.44 所示的仿真电路。图中 74LS153 的输入信号采用 4 路不同频率和脉宽的方波信号(V1 频率为 1kHz，占空比为 50%；V2 频率为 2kHz，占空比为 50%；V3 频率为 1kHz，占空比为 30%；V4 频率为 2kHz，占空比为 30%)，分别与一组数据输入端(1C0～1C30)相接，数据选择端 A、B 分别接单刀双掷开关，数据输出端接虚拟示波器，以便观察输出信号的波形。

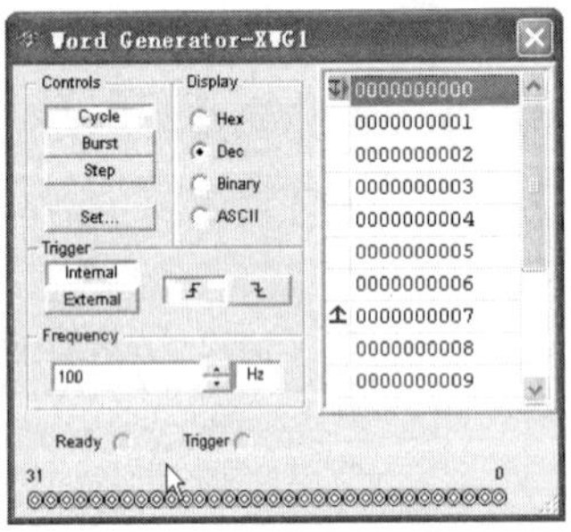

图 4.42 【字信号发生器】面板

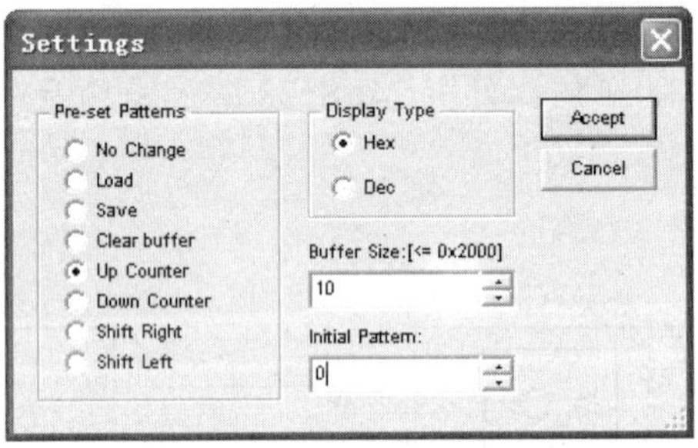

图 4.43 信号产生方式设置

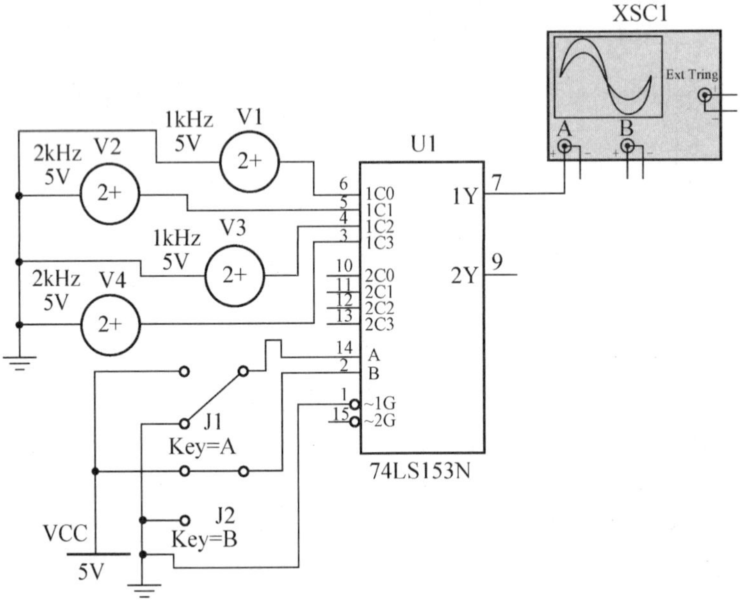

图 4.44 74LS153 仿真电路图

电路连接好后，开始仿真，在图 4.44 所示的数据选择端的输入状态下(B=1，A=0)的仿真结果如图 4.45 所示。从图中可以看出，输出波形的周期为 1ms，即频率为 1kHz，占空比为 30%，与 V3 波形一致，因此 V3 信号源输出信号被数据选择器选择输出。

4.6 组合逻辑电路的 VHDL 描述及其仿真

利用 VHDL 语言描述组合逻辑电路，并对其进行仿真，通过对仿真结果的分析，加深对组合逻辑电路逻辑功能的理解。

1. 优先编码器 74LS148 的 VHDL 描述

在编写优先编码器 74LS148 的 VHDL 程序前，需要确定输入输出引脚。在程序实体中定义使能输入端 EI、编码信号输入端 D(0)～D(7) 、编码输出端 A(0)～A(2) 、使能输出端 EO 和级联输出端 GS。用 VHDL 语言描述优先编码器 74LS148 的程序如下：

```
Library IEEE;
Use IEEE.std_logic_1164.all;
entity ENcoder83 is
 port
 (
   EI: in  STD_LOGIC;
   D: in  STD_LOGIC_VECTOR(7 DOWNTO 0);
   A: out  STD_LOGIC_VECTOR(2 DOWNTO 0);
   GS,EO: out STD_LOGIC
);

end ENcoder83;
architecture behav of ENcoder83 is
begin
  Process(EI,D)
  begin
    if(EI-'1') then
    A<="111";GS<='1';EO<='1';
    elseif(D="11111111" and EI='0') then
    A<="111";GS<='1';EO<='0';
    elseif(D(7) ='0' and EI='0') then
    A<="000";GS<='0';EO<='1';
    elseif(D(6) ='0' and EI='0') then
    A<="001";GS<='0';EO<='1';
    elseif(D(5) ='0' and EI='0') then
    A<="010";GS<='0';EO<='1';
    elseif(D(4) ='0' and EI='0') then
    A<="011";GS<='0';EO<='1';
    elseif(D(3) ='0' and EI='0') then
    A<="100";GS<='0';EO<='1';
    elseif(D(2) ='0' and EI='0') then
    A<="101";GS<='0';EO<='1';
    elseif(D(1) ='0' and EI='0') then
    A<="110";GS<='0';EO<='1';
    elseif(D(0)='0' and EI='0') then
    A<="111";GS<='0';EO<='1';
    end if;
  end Process;
end behav;
```

其仿真波形如图 4.45 所示。可以看出，其输出波形和 74LS148 的逻辑功能相同。

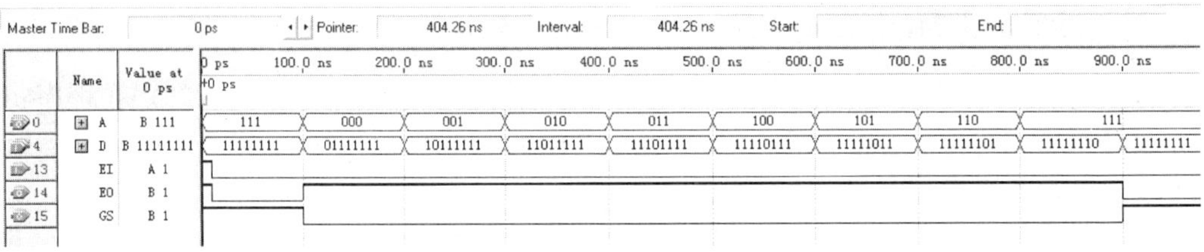

图 4.45　74LS148 的仿真波形图

2. 3 线—8 线译码器 74LS138 的 VHDL 描述

用 VHDL 描述 74LS138 的程序如下：

```
Library IEEE;
Use IEEE.std_logic_1164.all;
entity Decoder38 is
 port
 (
   A,B,C: in  STD_LOGIC;
   G1,G2A,G2B: in  STD_LOGIC;
   Y: out  STD_LOGIC_VECTOR(7 DOWNTO 0)
);
end Decoder38;
architecture behav of Decoder38 is
  signalincode:STD_LOGIC_VECTOR(2 DOWNTO 0);
begin
  incode<=C&B&A;
  Process (incode,G1,G2A,G2B)
  begin
    if(G1='1' and G2A='0' and G2B='0') then
      case incode is
        when"000"=>Y<="11111110";
        when"001"=>Y<="11111101";
        when"010"=>Y<="11111011";
        when"011"=>Y<="11110111";
        when"100"=>Y<="11101111";
        when"101"=>Y<="11011111";
        when"110"=>Y<="10111111";
        when"111"=>Y<="01111111";
      end case;
    else Y<="11111111" ;
    end if;
  end Process;
end behav;
```

上述程序的仿真波形如图 4.46 所示。

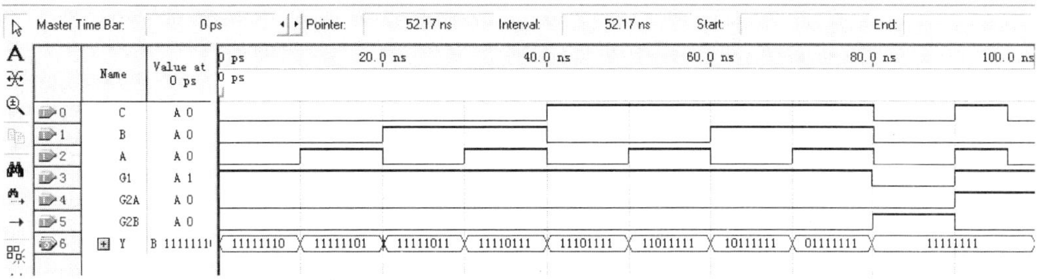

图 4.46 74LS138 的仿真波形图

3. 数据选择器 74LS151 的 VHDL 描述

用 VHDL 描述 74LS151 的程序如下：

```
Library IEEE;
Use IEEE.std_logic_1164.all;
entity MUX81 is
 port
 (
   D0,D1,D2,D3,D4,D5,D6,D7: in  STD_LOGIC;
   A,B,C,G:in  STD_LOGIC;
   Y,W: out  STD_LOGIC
  );
end MUX81;
architecture behav of MUX81 is
  signal incode:STD_LOGIC_VECTOR(2 DOWNTO 0);
begin
  incode<=C&B&A;
  Process(incode,G,D0,D1,D2,D3,D4,D5,D6,D7)
  begin
    if(G='0') then
      case incode is
        when"000"=>Y<=D0;W<=not D0;
        when"001"=>Y<=D1;W<=not D1;
        when"010"=>Y<=D2;W<=not D2;
        when"011"=>Y<=D3;W<=not D3;
        when"100"=>Y<=D4;W<=not D4;
        when"101"=>Y<=D5;W<=not D5;
        when"110"=>Y<=D6;W<=not D6;
        when"111"=>Y<=D7;W<=not D7;
      end case;
    else
      Y<='0';
      W<='1';
    end if;
  end Process;
end behav;
```

上述程序的仿真波形如图 4.47 所示。

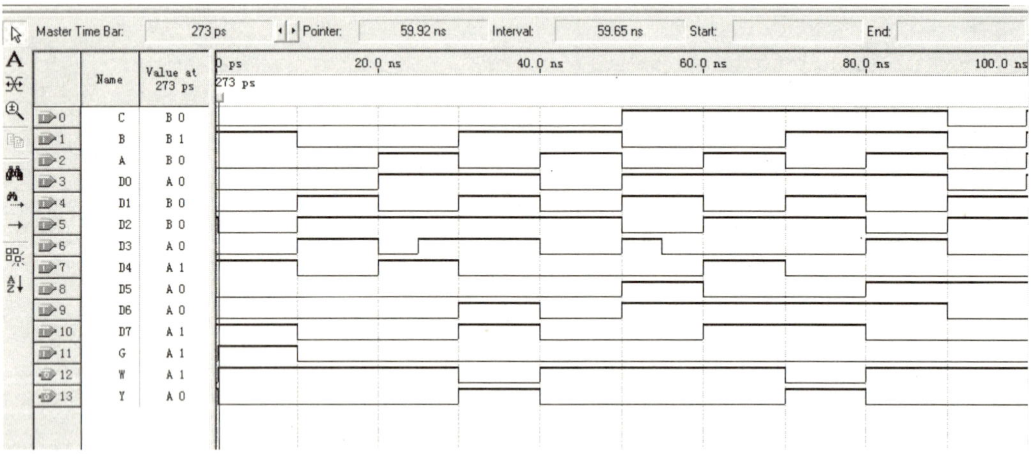

图 4.47　74LS151 的仿真波形图

本 章 小 结

本章讲述了组合逻辑电路的特点、组合逻辑电路的分析方法和设计方法，介绍了若干常用中规模集成器件及其应用方法，讨论了组合逻辑电路中的竞争冒险现象及其判断和消除方法。利用 Multisim 10 对部分集成器件进行了功能仿真分析，并对常用逻辑电路进行了 VHDL 语言描述。

组合逻辑电路的特点是任意时刻的输出仅仅取决于该时刻的输入，而与电路过去的状态无关。电路中没有记忆元件，没有反馈通道。分析组合逻辑电路的目的在于确定电路的逻辑功能，分析步骤是先根据电路图写出电路输出端的逻辑表达式，并对表达式进行必要的化简或形式变换，然后列出真值表，并总结电路的逻辑功能。

实际中的各种逻辑问题都可由相应的逻辑电路加以实现，而设计出的电路也是多种多样的。采用逻辑门电路设计组合逻辑电路的步骤是根据逻辑命题要求进行逻辑抽象，列出真值表或写出逻辑表达式，然后根据所用门电路对表达式进行化简或变换形式，最后画出逻辑电路图。使用中规模集成器件代替门级器件设计组合逻辑电路可以大大简化设计。为了使用更灵活，多数中规模集成电路都设置了附加的控制端。这些控制端既可以作为输出信号的选通端，用于控制电路的工作状态，还可以用于扩展电路的功能。

组合逻辑电路的竞争冒险现象是电路工作状态转换过程中常会出现的一种现象，掌握其判断和消除方法有利于分析组合逻辑电路故障和完善电路设计。

利用 Multisim 10 对组合逻辑电路进行功能仿真分析，对更好地了解实际元件的功能有很大的帮助，有利于实际电路的设计。

应用硬件描述语言表达和设计逻辑电路是一种越来越重要的手段，VHDL 语言已成为通用的硬件描述语言。利用 VHDL 描述，再由编译器进行编译，形成仿真模型文件进行功能仿真验证，形成下载到可编程逻辑器件的数据文件，下载到芯片中，以实现相应的逻辑功能。

尽管各种组合逻辑电路在结构和功能上千差万别，但是它们的分析方法和设计方法都是相通的。掌握了分析的一般方法，就可以识别给定电路的逻辑功能；掌握了设计的一般方法，就可以根据给定的逻辑要求设计出相应的逻辑电路。因此学习本章的重点应放在分析方法和设计方法上。

习 题

一、填空题

1. 常用的译码器电路有________译码器、二—十进制译码器和________译码器。
2. 由发光二极管构成的七段数码管的两种接法分别为________和________。
3. 在优先编码器中，是优先级别______的编码排斥优先级别______的。
4. 消除组合逻辑电路竞争冒险的方法有________、________和修改逻辑设计等。
5. 如果对键盘上 108 个符号进行二进制编码，则至少要________位二进制数码。
6. 一个二进制译码器由 n 个输入端，它的输出端最多有______个。

二、分析与设计题

1. 写出题图 4.1 所示电路的输出信号表达式，并说明其功能。

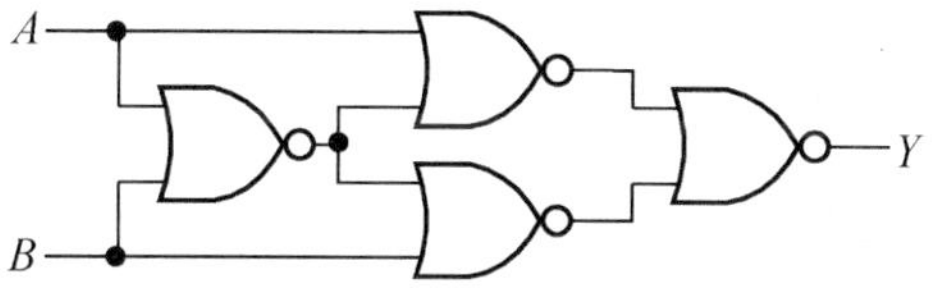

题图 4.1

2. 分析题图 4.2 所示电路的逻辑功能。

3. 分析题图 4.3所示电路的逻辑功能，并判断能否化简，若能则化简，并修改逻辑设计。

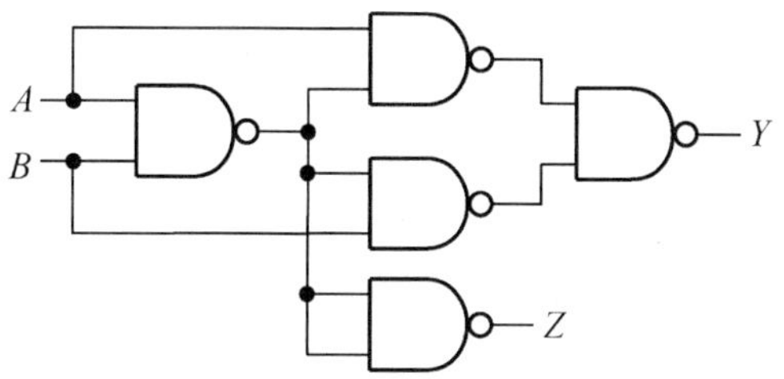

题图 4.2

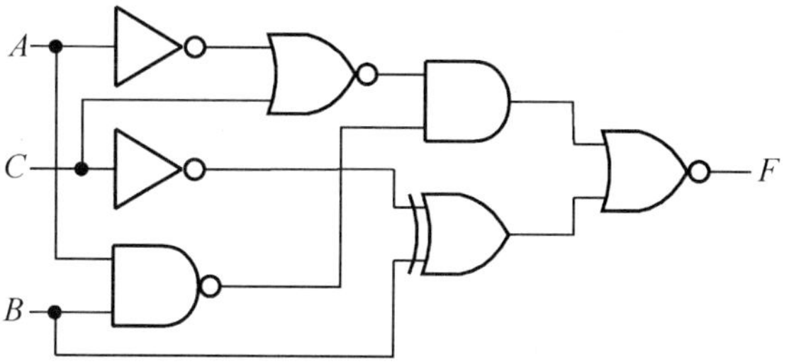

题图 4.3

4. 用与非门设计一个 4 变量的多数表决电路。设输出为 Y，当输入 A、B、C、D 有 3 个或 3 个以上为 1 时，输出为 1，其他情况输出为 0。要求：列出真值表，写出输出逻辑表达式，画出逻辑电路图。

5. 用与非门分别设计能实现下列代码转换的组合电路。

(1) 将 8421BCD 码转换为余 3 代码。

(2) 将 8421BCD 码转换为格雷码。

6. 设计一个 3 输入的奇偶判别电路，当输入 1 的个数为偶数时，输出为 1，当输入 1 的个数为奇数时，输出为 0。要求：列出真值表，写出输出逻辑表达式，画出逻辑电路图。

7. 用门电路设计一个全减器。

8. 用 4 位加法器 74LS283 设计一个将 8421BCD 码转换为余 3 代码的电路。

9. 某车间有红、黄两个故障指示灯，用来指示 3 台设备的工作情况。如果 1 台设备出现故障，黄灯亮；如果两台设备出现故障，红灯亮；如果 3 台设备都出现故障，黄灯、红灯同时亮。试用与非门设计一个电路实现上述要求的逻辑电路。

10. 设计一个交通灯故障检测电路。要求：红灯、黄灯、绿灯只有一个亮时，输出 Y=0，无灯亮或有两个以上灯亮时，输出 Y=1。要求列出逻辑真值表，写出输出表达式，并画出逻辑电路图。

11. 用 8 选 1 数据选择器 74LS151 和必要的门电路实现下列逻辑函数。

(1) $Y(A,B,C) = ABC + A'B + AC'$

(2) $Y(A,B,C,D) = ABC + A'BD + AC'D'$

(3) $Y(A,B,C) = \sum m(2,4,5,6)$

(4) $Y(A,B,C,D) = \sum m(1,4,5,8,10,13)$

12. 用 3 线—8 线译码器 74HC138 和必要的门电路实现下列逻辑函数。

(1) $Y(A,B,C) = A'C + AB$

(2) $Y(A,B,C) = AC + A'B + BC'$

(3) $Y(A,B,C) = \sum m(1,3,5,7)$

(4) $\begin{cases} Y_1(A,B,C) = A'B + B'C \\ Y_2(A,B,C) = ABC' + B'C' \\ Y_3(A,B,C) = A'BC + AB'C' \end{cases}$

13. 试用两个 4 位数值比较器 74LS85 组成 3 个二进制数 $A(a_3a_2a_1a_0)$、$B(b_3b_2b_1b_0)$、$C(c_3c_2c_1c_0)$的比较电路。要求能够判断 3 个数是否相等、A 是否最大、A 是否最小，并分别给出 3 个相等、A 最大、A 最小的输出信号。可以附加必要的门电路。

14. 画出用显示译码器 74LS47 驱动发光二极管七段数码管的电路连接图，要求：一共有 6 个数码管，小数点前有 3 位，小数点后有 3 位。

15. 判断下列各式是否存在竞争冒险。

(1) $Y = AB + A'C$

(2) $Y = AB + A'B' + A'C$

(3) $Y = A'B + AC + B'C'$

16. 试编写出用半加器构成全加器的 VHDL 语言程序。

第 5 章

触　发　器

本章教学目的与要求

(1) 了解触发器的特点及分类。
(2) 掌握各类触发器的动作特点。
(3) 掌握各类触发器的逻辑功能描述方法。
(4) 了解触发器的电气特性。
(5) 学会应用 Multisim 10 分析触发器的逻辑功能。
(6) 学会应用 VHDL 描述触发器电路。

本章知识结构

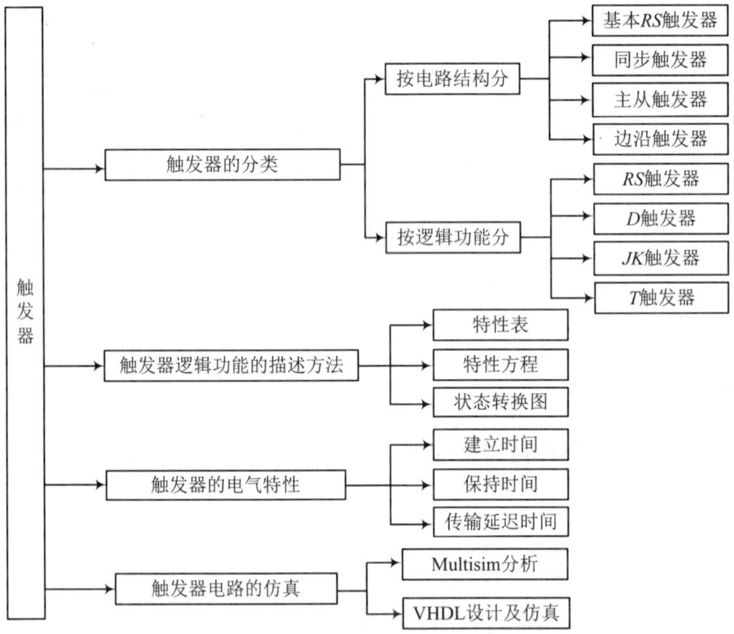

5.1 触发器的特点与分类

在前面所介绍的各种组合逻辑电路有一个共同的特点，就是某一时刻的输出完全取决于当时的输入信号，它们没有记忆保持功能。在各种复杂的数字系统中，常常需要对数值进行算术运算或对二值变量进行各种逻辑运算，并需要将这些运算结果保存起来，为此需要使用具有记忆功能的基本逻辑单元。

5.1.1 触发器的基本特点

能够存储 1 位二值信号的基本单元电路统称触发器(Flip-Flop)。触发器是在逻辑门电路的基础上引入适当的反馈构成的，它具有记忆功能，能够保存 1 位二值信号，是时序逻辑电路的基本单元电路。

为了能够保存 1 位二值信号，触发器必须具备两个基本特点：一是触发器具有两个能自行保持的稳定状态，分别表示信号的逻辑 0 和逻辑 1；二是在适当输入信号的触发作用下，触发器能够从一种稳定状态转变为另外一种稳定状态，当触发信号消失后，能够保持当前状态不变。

触发器在输入信号触发作用下，其稳定状态的转变包含 4 种情况：稳定状态从逻辑 0 变为逻辑 1；稳定状态从逻辑 1 变为逻辑 0；稳定状态从逻辑 0 变为逻辑 0；稳定状态从逻辑 1 变为逻辑 1。

5.1.2　触发器的分类

触发器的种类很多，按照电路结构的不同，触发器可以分为基本触发器、同步触发器、主从触发器、边沿触发器等。这些不同电路结构的触发器在状态转变过程中具有不同的动作特点，触发信号的触发方式也不一样。因此，按照触发方式不同，触发器可以分为电平触发的触发器、脉冲触发的触发器、边沿触发的触发器。按照触发器的逻辑功能分，可以分为 *RS* 触发器、*JK* 触发器、*D* 触发器、*T* 触发器和 *T′* 触发器。

此外，根据触发器存储数据的原理不同，将触发器分为静态触发器和动态触发器两大类。静态触发器是靠电路状态的自锁存储数据的；动态触发器是通过在 MOS 管栅极输入电容上存储电荷来存储数据的。

触发器的电路结构和逻辑功能之间不存在固定的对应关系，用同一种电路结构可以实现不同逻辑功能的触发器，也就是说，同一种逻辑功能的触发器也可以用不同的电路结构来实现。例如，*JK* 触发器有主从 *JK* 触发器，也有边沿 *JK* 触发器。

触发器的触发方式是由其电路结构形式决定的，所以，触发器的电路结构与触发方式之间存在固定的对应关系。如果是采用同步 *RS* 结构的触发器，无论逻辑功能如何，一定是电平触发的触发器；如果是采用主从 *RS* 结构的触发器，无论逻辑功能如何，一定是脉冲触发的触发器。因此，同一种触发方式可以实现不同逻辑功能的触发器，也就是说，同一逻辑功能的触发器可以用不同的触发方式来实现。例如边沿触发方式可以实现 *D* 触发器，也可以实现 *JK* 触发器。

逻辑功能和触发方式是触发器的两个重要属性。目前触发器的集成电路种类很多，在任何一种集成电路的资料说明中，对触发器的逻辑功能和触发方式都有明确的说明。这里将重点介绍各种触发器的外部逻辑功能及其触发方式，学习如何正确理解并使用触发器。

5.2　触发器的结构与触发方式

触发器按照电路结构形式，可以分为基本触发器、同步触发器、主从触发器、边沿触发器、维持阻塞触发器等，本节将按照触发器的不同电路结构，介绍各类触发器的工作原理及逻辑功能。

5.2.1　基本 *RS* 触发器

基本 *RS* 触发器是各类触发器中电路结构最简单的触发器，也是其他触发器的组成部分，因此基本 *RS* 触发器是最基本的触发器。基本 *RS* 触发器可以使用与非门构成，也可以使用或非门构成，它主要作为中规模、大规模集成电路的基本记忆单元使用。

1. 双稳态电路

由两个非门构成的双稳态电路如图 5.1 所示。由图中可知，一个非门的输出是另一个非门的输入，假设某一时刻 G_1 的输出 Q=0，由于 G_1 的输出是 G_2 的输入，因此 G_2 的输出 Q'=1，Q' 又返回到 G_1 的输入，使 G_1 的输出 Q=0，此时电路处于稳定的状态。同理，当

某一时刻 G_1 的输出 $Q=1$，则 G_2 的输出 $Q'=0$，是电路的另外一个稳定状态。由于该电路只有 $Q=0$、$Q'=1$ 和 $Q=1$、$Q'=0$ 两种稳定状态，所以被称为双稳态电路。从图中可以看出，由于电路没有输入端，所以无法控制或改变电路的状态，即该电路的输出状态只能是两种稳定状态的一种，不能相互转换。

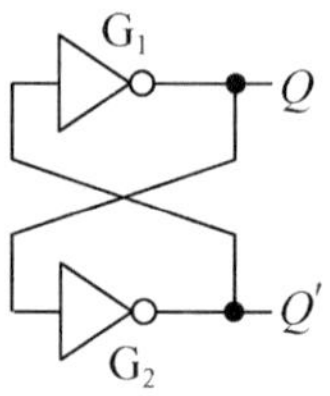

图 5.1 双稳态电路图

2. 与非门构成的基本 *RS* 触发器

用与非门构成的基本 *RS* 触发器的逻辑电路图如图 5.2(a)所示。从图中可以看出，它是由两个与非门 G_1、G_2 交叉连接构成的，其中一个与非门的一个输入端与另一个与非门的输出端相连接。S'、R' 是信号输入端，字母上面的反号表示低电平有效，即 S'、R' 端为低电平时表示有信号，为高电平时表示无信号。Q、Q' 为触发器的两个互补输出端，表示触发器的状态，其逻辑符号如图 5.2(b)所示。

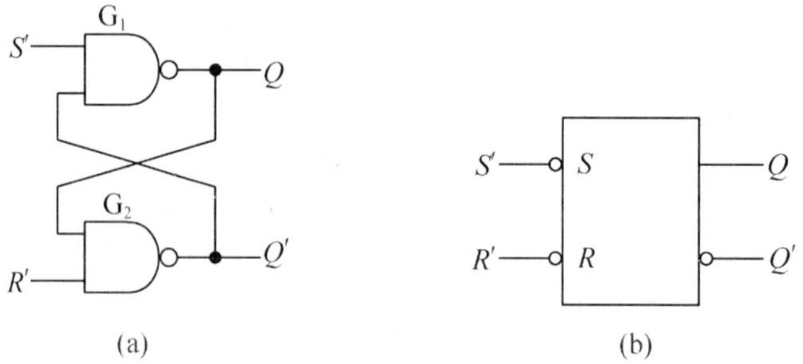

图 5.2 由与非门构成的基本 *RS* 触发器

(a)逻辑电路图；(b)逻辑符号图

一般地，将 $Q=1$、$Q'=0$ 的状态称为 1 态，将 $Q=0$、$Q'=1$ 的状态称为 0 态，将 $Q=1$、$Q'=1$ 或 $Q=0$、$Q'=0$ 的状态称为非常态。将触发器接收输入信号之前的状态称为现态，用 Q^n 表示，将触发器接收输入信号之后的状态称为次态，用 Q^{n+1} 表示。

对于由与非门构成的基本 *RS* 触发器来说，当电路无输入信号时，即 $S'=R'=1$ 时，电路有两个稳定状态。根据与非门的工作原理可知，当 $S'=R'=1$ 时，两个与非门 G_1 和 G_2 的工作特点与逻辑非门一样，此时的电路可以等效为双稳态电路，因此电路有两个稳定状态，即 $Q=1$、$Q'=0$ 和 $Q=0$、$Q'=1$ 两个状态。

当 $S'=0$、$R'=1$ 时，如果触发器的现态为 0 态，即触发器现态为 $Q=0$、$Q'=1$，此时与非门 G_1 的两个输入端为 0 和 1，与非门 G_1 的输出 Q 为 1。与非门 G_1 的输出 Q 反馈到与非门 G_2 的输入端，使与非门 G_2 的两个输入端同时为 1，所以与非门 G_2 的输出端 $Q'=0$，即触发器的次态为 1 态，即 Q=1、Q'=0。如果触发器的现态为 1 态，即触发器现态为 Q=1、Q'=0，经过分析，可以得出触发器的次态为 1 态。

按照同样的分析方法可以得出，当 S'=1、R'=0 时，不论触发器的现态如何，它的次态都将变成 0 态，即 Q=0、Q'=1。

当 S'=1、R'=1 时，如果触发器的现态为 1 态，则与非门 G_2 的两个输入端都为 1，触发器的输出 Q'=0，此时，与非门 G_1 的一个输入端为 0，所以触发器的输出 Q=1，即触发器的次态为 1 态。同理可得，当触发器的现态为 0 态时，触发器的次态还是 0 态。可见，当 S'=1，R'=1 时，触发器的状态保持不变，触发器具有保持功能。

当 S'=0、R'=0 时，不论触发器的现态如何，触发器的输出 Q=1、Q'=1，即触发器的输出端不再为互补关系。如果 S'=0 和 R'=0 同时由 0 变化为 1，则两个与非门的输出端都要由 1 向 0 转换，这就出现了竞争现象，触发器的次态是 0 态或是 1 态不确定。因此，在正常使用时，不允许输入信号 S' 和 R' 同时为 0，即要遵守 $S'+R'=1$ 或是 RS=0 的约束条件。

将上述逻辑关系列成真值表，就得到了表 5-1。因为基本 RS 触发器的次态 Q^{n+1} 不仅与输入状态有关，而且还与触发器的现态 Q^n 有关，所以将触发器的现态 Q^n 作为一个变量列入真值表，并将 Q^n 称为状态变量。这种含有状态变量的真值表称为触发器的特性表。

表 5-1　用与非门构成的基本 *RS* 触发器的真值表(特性表)

R'	S'	Q^n	Q^{n+1}
0	0	0	1*
0	0	1	1*
0	1	0	0
0	1	1	0
1	0	0	1
1	0	1	1
1	1	0	0
1	1	1	1

* R' 和 S' 的 0 状态同时消失后状态不确定，不允许使用。

由特性表可知，当 S'=1、R'=1 时，触发器保持原来状态不变，即 $Q^{n+1}=Q^n$；当 S'=0、R'=1 时，触发器被置成 1，即 Q^{n+1}=1，因此将 S' 称为置 1 输入端或置位端；当 S'=1、R'=0 时，触发器被置成 0，即 Q^{n+1}=0，因此将 R' 称为置 0 输入端或复位端；而 S'=0、R'=0 是不允许的，属于不允许使用的情况。表 5-2 是一种常用的状态转换简表。

表 5-2　用与非门构成的基本 *RS* 触发器的简化特性表

R'	S'	Q^{n+1}
0	0	不用
0	1	0
1	0	1
1	1	Q^n

3. 或非门构成的基本 RS 触发器

用或非门构成的基本 *RS* 触发器的逻辑电路图如图 5.3(a)所示，它是用两个或非门交叉连接构成的基本 *RS* 触发器，其逻辑符号如图 5.3(b)所示。从图中可以看出，信号输入端 *R*、*S* 上面无反号，表示高电平有效，即 *R*、*S* 为高电平表示有信号，为低电平表示无信号。*Q*、*Q*′ 为触发器的两个互补输出端，表示触发器的状态。

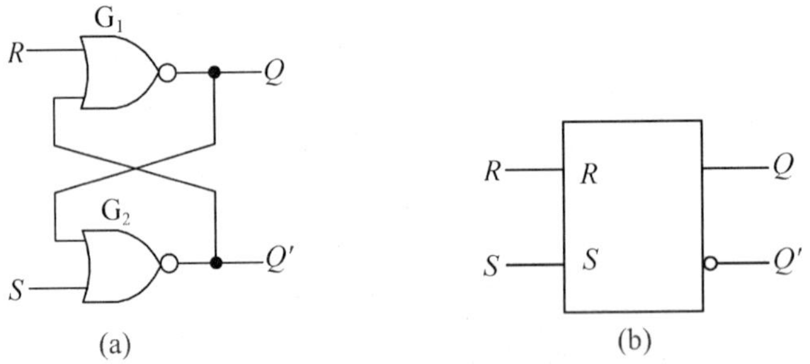

图 5.3　由或非门构成的基本 *RS* 触发器

(a) 逻辑电路图；(b) 逻辑符号图

当 R=0、S=1 时，或非门 G_2 的输出 Q'=0，Q' 又反馈到 G_1 的输入端，使 G_1 的两个输入端同时为 0，输出 Q=1，从而使 G_2 的输出维持在 Q'=0 的状态。此时，即使 S=1 信号消失，电路还可以维持 Q=1、Q'=0 的状态不变，即维持 1 态不变。

当 R=1、S=0 时，Q=0、Q'=1。在 R=1 信号消失后，电路保持 0 态不变。

当 R=0、S=0 时，电路的功能和双稳态电路相同，即电路维持原来的状态不变。

当 R=1、S=1 时，Q=0、Q'=0，即电路出现非常态。当 *R*、*S* 同时回到 0 以后无法判断触发器次态是 1 态还是 0 态。因此在正常使用时，不允许输入信号 *R* 和 *S* 同时为 1，即要遵守 RS=0 的约束条件。

用或非门构成的基本 *RS* 触发器是以高电平作为输入信号的，根据其工作原理可以得出如表 5-3 所示的特性表。

表 5-3　用或非门构成的基本 *RS* 触发器的特性表

R	S	Q^n	Q^{n+1}
0	0	0	0
0	0	1	1
0	1	0	1
0	1	1	1
1	0	0	0
1	0	1	0
1	1	0	0*
1	1	1	0*

**R* 和 *S* 的 1 状态同时消失后状态不确定，不允许使用。

4. 集成基本 *RS* 触发器

常用的集成基本 *RS* 触发器分为两类，一类是 CMOS 集成基本触发器；另一类是 TTL 集成基本触发器。CC4044、CC4043 属于 CMOS 集成基本触发器，74LS279、74279 属于 TTL 集成基本触发器。

CC4044 中集成了 4 个是由与非门构成的基本 *RS* 触发器，每个基本 *RS* 触发器都有独立的置位输入端 S'、复位输入端 R' 和输出端 Q，并且 Q 具有三态功能，由公共的三态控制输入端 EN 控制。当 EN=1 时，Q 输出内部触发器的状态；当 EN=0 时，Q 输出端呈高阻状态。三态功能可以使 CC4044 的输出直接连接到系统总线上。CC4044 的逻辑符号图如图 5.4 所示。CC4043 是由或非门组成的基本 *RS* 触发器，它的输入信号为高电平有效，逻辑功能与 CC4044 相同。

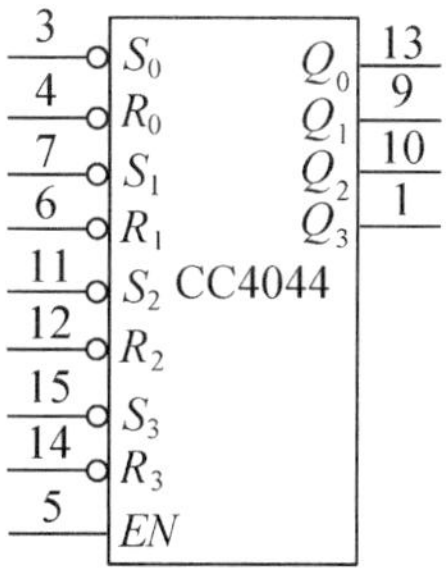

图 5.4　CC4044 的逻辑符号图

5. 基本 *RS* 触发器的应用

基本 *RS* 触发器是构成其他功能触发器的基本组成部分，可以存储 1 位二值信息，还可以用于构成单脉冲发生器。用基本 *RS* 触发器构成单脉冲发生器的电路如图 5.5(a)所示。开关 AN 在闭合瞬间会产生多次抖动，使 U_A、U_B 两点的电位发生跳变，这种抖动在电路中是不允许的，为了消除抖动，将 U_A、U_B 两点接入基本 *RS* 触发器的输入端，将触发器的输出作为开关状态的输出，这样就可以避免抖动现象，使输出成为稳定的单脉冲，其波形如图 5.5(b)所示。从波形图中可以看出，如果从 Q 输出，得到的是正脉冲，如果从 Q' 输出，得到的是负脉冲。

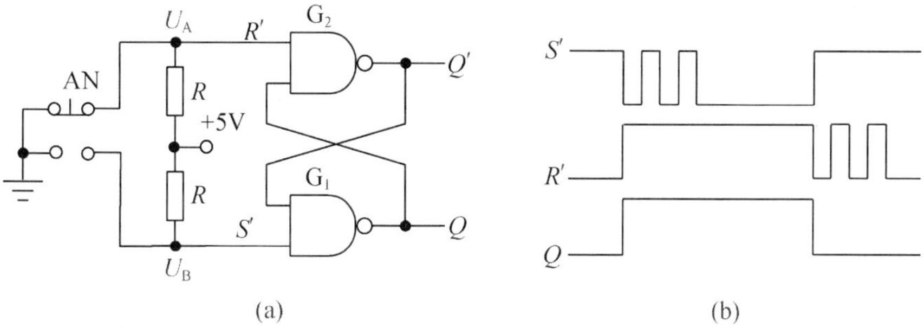

图 5.5　由基本 *RS* 触发器构成的单脉冲发生器

(a)逻辑电路图；(b)波形图

基本 *RS* 触发器有两个自行保持的稳定状态，并且可以根据输入信号将输出置成 1 或 0 状态，但是它的置 1 或置 0 操作是由输入信号直接完成的，不需要触发信号的触发，因此，基本 *RS* 触发器又被称为 *RS* 锁存器，以和其他的触发器相区别。

【思考题】　为什么基本 *RS* 触发器的输入信号要遵守 RS=0 的约束条件？

5.2.2　同步触发器

基本 *RS* 触发器的特点是输入信号直接控制触发器的输出状态，只要输入信号发生变化，触发器就会根据其逻辑功能发生相应的变化，这就使电路的抗干扰能力下降，而且不便于多个触发器同步工作。在实际应用中，为了使多个触发器能够按照一定的节拍同步工作，就需要一个触发信号，当触发信号变为有效电平以后，触发器能够按照输入信号置成相应的状态。通常将这个触发信号称为时钟信号，记为 *CLK*(或 *CP*)。这种与时钟信号同步工作的触发器称为同步触发器或钟控触发器。

1. 同步 *RS* 触发器

图 5.6(a)是同步 *RS* 触发器的逻辑电路图，该电路由基本 *RS* 触发器和两个与非门 G_3、G_4 组成。由图中可知，当 CLK=0 时，G_3、G_4 门被封锁，此时不论输入信号 *R*、*S* 如何变化，G_3、G_4 的输出始终为 1，相当于由 G_1、G_2 组成的基本 *RS* 触发器的输入同时为 1，所以输出保持原来的状态不变。当 CLK=1 时，G_3、G_4 门打开，*R*、*S* 信号能够通过 G_3、G_4 门加到基本 *RS* 触发器的输入端，使触发器的输出 Q 和 Q' 能够根据 *R*、*S* 信号而改变状态。图 5.6(b)是同步 *RS* 触发器的逻辑符号图。图中框内的 C1 表示 *CLK* 是编号为 1 的一个控制信号，1S 和 1R 表示受 C1 控制的两个输入信号，只有在 C1 为有效电平时，1S 和 1R 信号才能起作用。框图外 C1 对应的输入端表示 *CLK* 以高电平为有效，如果 C1 对应的输入端有小圆圈，则表示 *CLK* 以低电平为有效。

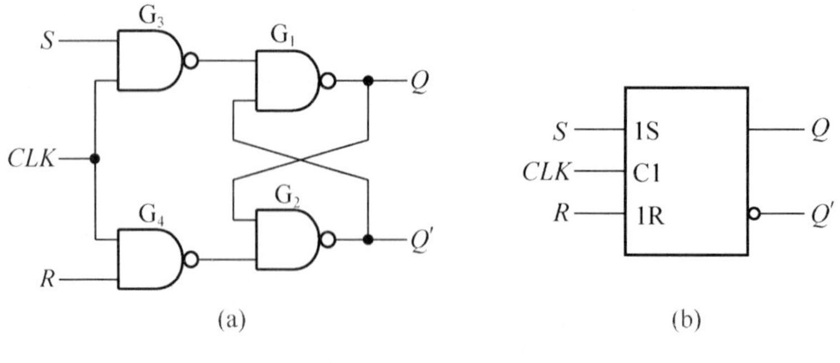

图 5.6　同步 *RS* 触发器

(a)逻辑电路图；(b)逻辑符号图

图 5.6(a)所示同步 *RS* 触发器的特性表见表 5-4。从表中可知，CLK=0 时，触发器输出保持原来状态不变，输入端 *R*、*S* 不起作用。当 CLK=1 时，触发器的输出状态才受输入信号的控制，此时同步 *RS* 触发器的特性表与由或非门构成的基本 *RS* 触发器的特性表相同，

因此输入信号 R、S 要遵守 RS=0 的约束条件，否则，当 R、S 同时由 1 跳变为 0 时，或是 CLK 信号突然由 1 跳变为 0 时，输出端将出现竞争现象，触发器次态无法确定。

表 5-4　同步 RS 触发器的特性表

CLK	R	S	Q^n	Q^{n+1}
0	×	×	0	0
0	×	×	1	1
1	0	0	0	0
1	0	0	1	1
1	0	1	0	1
1	0	1	1	1
1	1	0	0	0
1	1	0	1	0
1	1	1	0	1*
1	1	1	1	1*

*CLK 变为低电平或 R、S 的 1 状态同时消失后输出状态不确定，不允许使用。

同步 RS 触发器的工作情况可以用图 5.7 所示的工作波形来说明。工作波形可以反映触发器的状态变换，波形图通常画出时钟 CLK 的波形，将控制信号的变化与 CLK 的波形相对应，共同决定触发器的状态，并分别用高、低电平表示触发器的 1 和 0。

从波形图中可以看出，在 CLK=0 期间，触发器的输出保持原来状态不变。在第 1 个 CLK=1 期间，先有 R=1、S=0，触发器输出被置成 Q=0、Q′=1；然后输入信号 R 跳变为 0，触发器输出保持 Q=0、Q′=1 的状态不变。在第 2 个 CLK=1 期间，先有 R=1，S=1，此时触发器的输出 Q=1、Q′=1，随后 S 跳变为 0，触发器输出被置成 Q=0、Q′=1。可见在 CLK=1 期间，虽然出现了 R=1、S=1 的情况，但是如果 R、S 分时发生跳变，则触发器的次态决定于后跳变者。在第 3 个 CLK=1 期间，R、S 的状态发生多次变化，触发器的输出状态发生多次翻转。这种在 CLK 有效期间，触发器发生两次或两次以上翻转的现象称为“空翻”。在第 4 个 CLK=1 期间，触发器的输出先被置成 Q=0、Q′=1，后保持 Q=0、Q′=1 状态不变。在第 5 个 CLK=1 期间，出现了 R、S 同时为 1 的情况，当 CLK 跳变到 0 以后，触发器的输出状态不定，在图中用虚线表示。

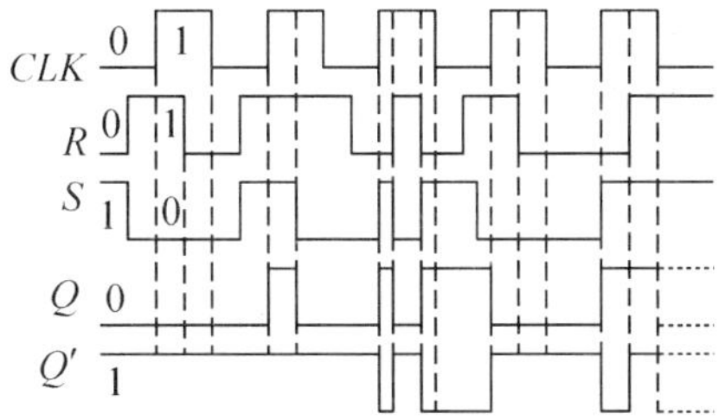

图 5.7　同步 RS 触发器的工作波形

2. 同步 *D* 触发器

由于同步 *RS* 触发器要求输入信号满足 *RS*=0 的约束条件，使用时受到一定的限制。为了解决这个问题，就需要对电路进行改进。如果在同步 *RS* 触发器的输入端增加一个非门，电路结构如图 5.8(a)所示，则约束条件 *RS*=0 可自动满足。这种触发器被称为同步 *D* 触发器，它适用于单输入信号的场合，其逻辑符号如图 5.8(b)所示。

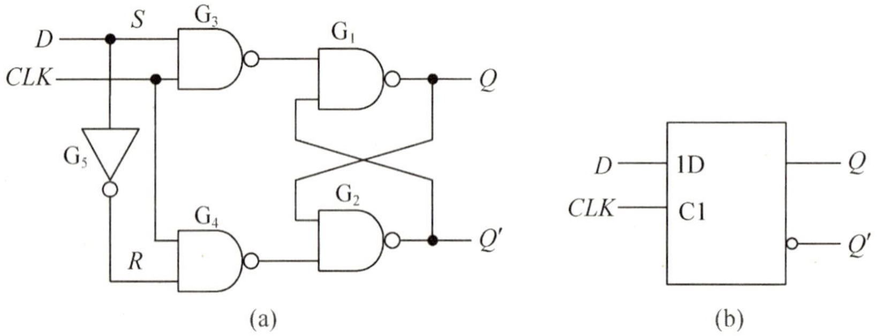

图 5.8　同步 *D* 触发器

(a)逻辑电路图；(b)逻辑符号图

从图 5.8(a)中可以看出，当 *CLK*=0 时，输入信号 *D* 不起作用，与非门 G_3、G_4 的输出同时为 1，相当于由 G_1、G_2 组成的基本 *RS* 触发器的输入端都是 1，触发器输出保持原来状态不变。当 *CLK*=1 时，如果输入信号 *D* =1，则相当于由 G_1、G_2、G_3、G_4 组成的同步 *RS* 触发器输入端 *R*=0、*S*=1，因此触发器的输出状态为 *Q*=1、*Q′*=0；同理可知，如果输入信号 *D* =0，触发器输出状态为 *Q*=0、*Q′*=1。

如果将图 5.8(a)所示电路中与非门 G_3 的输出送至 *R* 端，即将 *R* 与 G_3 的输出连接起来，可得到如图 5.9 所示的电路，该电路与图 5.8(a)相比省掉了反相器 G_5。从图中可知，当 *CLK*=1 时，与非门 G_3 的输出为 *D′*，即相当于同步 *RS* 触发器的两个输入端 *R*= *D′*、*S*=*D*。如果 *D*=0，即 *R*=1、*S*=0，触发器输出为 0；如果 *D*=1，即 *R*=0、*S*=1，触发器输出为 1。

由以上分析可知，在 *CLK*=1 时，同步 *D* 触发器的输出状态随输入信号 *D* 的状态变化而变化。同步 *D* 触发器的工作特性表见表 5-5。

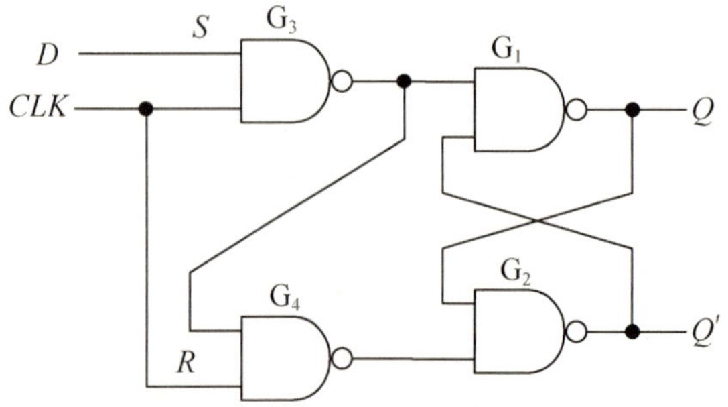

图 5.9　同步 *D* 触发器的简化电路

表 5-5　同步 D 触发器的特性表

CLK	D	Q^n	Q^{n+1}
0	×	0	0
0	×	1	1
1	0	0	0
1	0	1	0
1	1	0	1
1	1	1	1

【例 5-1】　若图 5.9 所示同步 D 触发器的 CLK 和输入信号 D 的电压波形如图 5.10 所示，试画出 Q 和 Q' 的电压波形，假定触发器的初始状态为 Q=0。

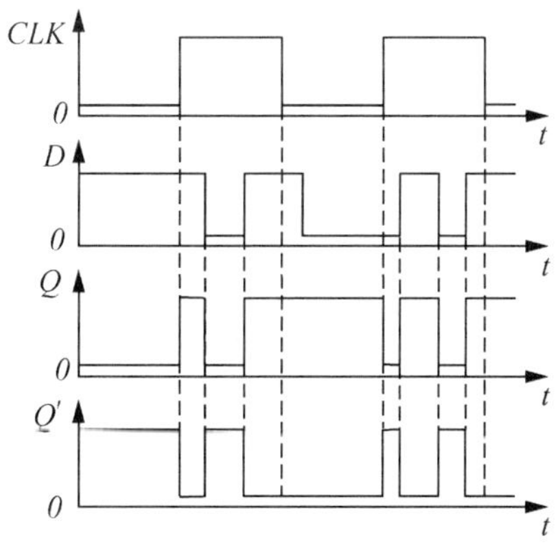

图 5.10　【例 5-1】的电压波形图

解：根据表 5-5 所示的同步 D 触发器特性表可知，在 CLK=1 期间输出 Q 与输入 D 的状态相同，而在 CLK=0 期间，触发器将保持 CLK 变为 0 之前的状态。这样就可以画出 Q 和 Q' 的电压波形了，如图 5.10 所示。

3. 同步 JK 触发器

在同步 RS 触发器的基础上，从 Q 和 Q' 引出两条反馈线，构成另外一种有两个输入端的触发器，称为同步 JK 触发器，其逻辑电路图和逻辑符号图如图 5.11(a)、(b)所示。

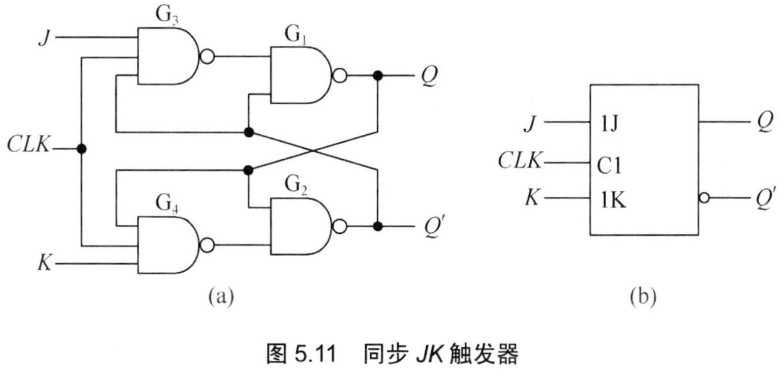

图 5.11　同步 JK 触发器

(a) 逻辑电路图；(b) 逻辑符号图

根据同步 *RS* 触发器的特性表可以推导出同步 *JK* 触发器的特性表，见表 5-6。

表 5-6　同步 *JK* 触发器的特性表

CLK	*J*	*K*	Q^n	Q^{n+1}
0	×	×	0	0
0	×	×	1	1
1	0	0	0	0
1	0	0	1	1
1	0	1	0	0
1	0	1	1	0
1	1	0	0	1
1	1	0	1	1
1	1	1	0	1
1	1	1	1	0

由特性表可知，当 *CLK*=0 时，触发器保持原来状态不变。当 *CLK*=1 时，如果 *J*=0、*K*=0，触发器保持原来状态不变，即具有保持功能；如果 *J*=0、*K*=1，触发器输出被置成 0，即具有置 0 功能；如果 *J*=1、*K*=0，触发器输出被置成 1，即具有置 1 功能；如果 *J*=1、*K*=1，触发器输出状态与原状态相反，即具有翻转功能。

4. 同步 *T* 触发器

将同步 *JK* 触发器的两个输入端连接到一起作为一个输入端，改作 *T*，就构成了同步 *T* 触发器。它的特点是在当 *CLK*=1 时，如果 *T*=0，触发器输出状态保持不变；如果 *T*=1，触发器的输出状态发生翻转，即变为原状态的非。同步 *T* 触发器的特性表见表 5-7。

表 5-7　同步 *T* 触发器的特性表

CLK	*T*	Q^n	Q^{n+1}
0	×	0	0
0	×	1	1
1	0	0	0
1	0	1	1
1	1	0	1
1	1	1	0

在 *T* 触发器中，如果输入端 *T* 恒等于 1，则每来一个 *CLK* 脉冲，输出状态就改变一次，称这种触发器为翻转触发器，为了和 *T* 触发器相区别，将这种触发器称为 *T′* 触发器。

5. 同步触发器的动作特点

上述分析的同步触发器在 *CLK*=0 期间，触发器不接收输入信号，触发器输出状态保持不变；在 *CLK*=1 期间，触发器接收输入信号，触发器的输出状态将根据输入信号的状态而发生改变。这种触发方式称为电平触发方式。在 *CLK*=1 且脉冲宽度较宽时，如果触发器的输入信号发生多次改变，触发器的输出可能出现连续不停的多次翻转，从而使电路的可靠性降低，抗干扰能力较差。

在数字系统中，为保证电路稳定可靠地工作，要求每来一个 *CLK* 脉冲，触发器仅发生一次翻转，这样须对 *CLK* 持续时间有严格规定。为了防止空翻，必须对电路结构进行改进。

【思考题】　为什么同步 *RS* 触发器也要遵守 *RS*=0 的约束条件？同步触发器的动作特点是什么？

5.2.3　主从触发器

主从触发器是目前使用较多的触发器之一，它克服了同步触发器中的空翻现象，提高了电路的可靠性。主从触发器主要有主从 *RS* 触发器和主从 *JK* 触发器。

1. 主从 *RS* 触发器

主从 *RS* 触发器的逻辑电路图和逻辑符号图如图 5.12(a)、(b)所示。从图中可以看出，主从 *RS* 触发器由两个同步 *RS* 触发器级联而成。与非门 G_1、G_2、G_3、G_4 构成的同步 *RS* 触发器称为从触发器，与非门 G_5、G_6、G_7、G_8 构成的同步 *RS* 触发器称为主触发器。时钟 *CLK* 直接作用于主触发器，取反后作用于从触发器。根据主、从触发器时钟脉冲反相的特点，可以很容易地分析主从 *RS* 触发器的工作原理。

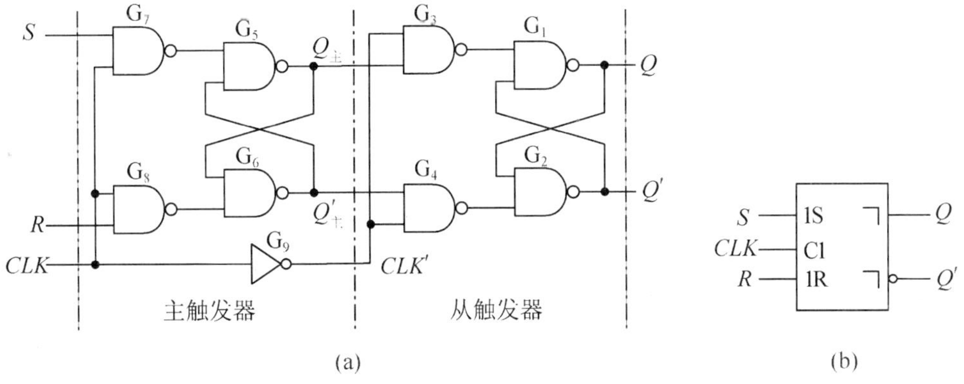

图 5.12　主从 *RS* 触发器

(a)逻辑电路图；(b)逻辑符号图

当 *CLK*=1 时，与非门 G_7、G_8 被打开，G_3、G_4 被封锁，主触发器根据输入端 *S* 和 *R* 的状态翻转，而从触发器的输出状态保持不变。

当 *CLK* 由 1 负向跳变为 0 时，由于跳变后 *CLK*=0，与非门 G_7、G_8 被封锁，主触发器的输出 $Q_{主}$ 和 $Q'_{主}$ 维持 *CLK* 跳变前的状态不变；而此时 *CLK′* 由 0 正向跳变为 1，与非门 G_3、G_4 被打开，从触发器按照主触发器 *CLK* 由 1 负向跳变为 0 时刻的状态而变化。由于此时的主触发器维持原状态不变，因此从触发器的状态不再改变，所以主从 *RS* 触发器的翻转只发生在 *CLK* 为低电平期间。

例如，假设输入端 *S*=1、*R*=0，当 *CLK*=1 时主触发器的输出状态为 $Q_{主}$=1，$Q'_{主}$=0，因

为此时 $CLK'=0$，所以 Q 和 Q' 保持原状态不变；当 CLK 由 1 负向跳变为 0 时，从触发器的两个输入端与主触发器的输出状态相对应，即 $S=1$、$R=0$，使从触发器的输出状态变为 $Q=1$ 和 $Q'=0$。

由上面的分析可知，主从 RS 触发器的工作分两步进行。第一步，当 CLK 由 0 跳变为 1 及 $CLK=1$ 时，主触发器接收输入信号，状态发生变化，而从触发器状态不变。第二步，当 CLK 由 1 跳变为 0 及 $CLK=0$ 时，主触发器被封锁，状态不变，从触发器接受跳变时的主触发器的状态，从触发器的状态发生变化。由于在 $CLK=0$ 期间，主触发器不再接收输入信号，因此就不会引起触发器状态发生两次以上的翻转，这样就克服了多次翻转现象。但是由于主触发器本身是同步 RS 触发器，所以在 $CLK=1$ 期间，$Q_{主}$ 和 $Q'_{主}$ 的状态会随 S、R 状态的变化而多次改变，并且输入信号仍需遵守 $RS=0$ 的约束条件。

主从 RS 触发器逻辑符号图中的"┐"表示延时输出，即 CLK 由 1 负向跳变为 0 或由 0 正向跳变为 1 以后，输出才改变状态。因此，图 5.12 所示的主从 RS 触发器输出状态的变化发生在 CLK 信号的下降沿。将主从 RS 触发器的逻辑关系列成表，就可以得到如表 5-8 所示的特性表。表中 CLK 一栏中的"⎍↓"表示触发器输出状态的改变发生在 CLK 由 1 负向跳变为 0 的时刻。

表 5-8　主从 RS 触发器的特性表

CLK	R	S	Q^n	Q^{n+1}
×	×	×	0	0
×	×	×	1	1
⎍↓	0	0	0	0
⎍↓	0	0	1	1
⎍↓	0	1	0	1
⎍↓	0	1	1	1
⎍↓	1	0	0	0
⎍↓	1	0	1	0
⎍↓	1	1	0	1*
⎍↓	1	1	1	1*

*CLK 变为低电平后输出状态不确定，不允许使用。

【例 5-2】　在图 5.12 所示的主从 RS 触发器电路中，如果 CLK、R、S 的电压波形如图 5.13 所示，试画出 Q 和 Q' 的电压波形，假定触发器的初始状态为 $Q=0$。

解：首先，根据 $CLK=1$ 期间 R 和 S 的状态得到 $Q_{主}$ 和 $Q'_{主}$ 的电压波形。然后，根据 CLK 下降沿到达时 $Q_{主}$ 和 $Q'_{主}$ 的状态即可画出 Q 和 Q' 的电压波形。由图可见，在第 3 个 CLK 高电平期间，主触发器的输出状态改变了两次，但从触发器的输出状态并不改变。

2. 主从 *JK* 触发器

由于主从 RS 触发器要遵守 $RS=0$ 的约束条件，给使用带来了不便，为了使 $R=S=1$ 时触发器的次态也可以确定，将主从 RS 触发器的 Q 和 Q' 端作为一对附加的控制信号接到输入端，便构成了主从 *JK* 触发器。主从 *JK* 触发器的逻辑电路图和逻辑符号图如图 5.14(a)、(b)所示。

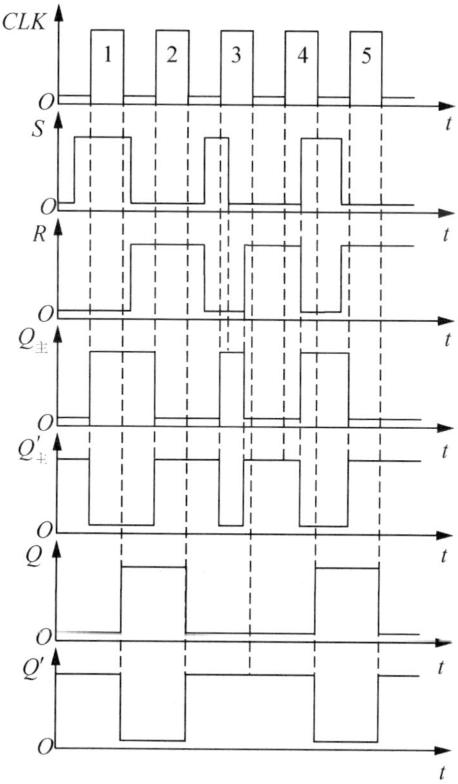

图 5.13 【例 5-2】的电压波形图

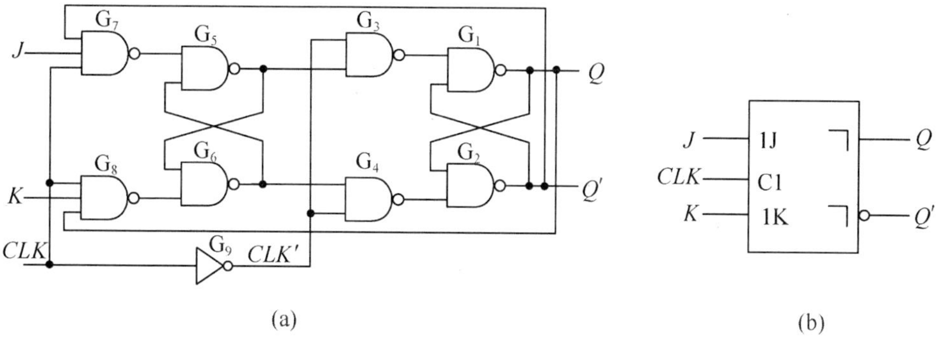

图 5.14 主从 *JK* 触发器

(a)逻辑电路图；(b)逻辑符号图

当 J=1、K=0 时，在 *CLK*=1 时主触发器置 1，即原来是 0 则置成 1，原来是 1 则保持 1。当 *CLK* 由 1 跳变为 0 以后，从触发器被置成 1，即 $Q^{n+1}=1$。

当 J=0、K=1 时，在 *CLK*=1 时主触发器置 0，即原来是 1 则置成 0，原来是 0 则保持 0。当 *CLK* 由 1 跳变为 0 以后，从触发器被置成 0，即 $Q^{n+1}=0$。

当 $J=K=0$ 时，主触发器被封锁，从触发器保持原来状态不变，即 $Q^{n+1}=Q^n$。

当 $J=K=1$ 时，如果触发器的初始状态 $Q=1$，这时与非门 G_7 被封锁，因而在 $CLK=1$ 时，G_8 能够接收输入信号，使主触发器置 0，当 CLK 由 1 跳变为 0 以后，从触发器被置成 0，即 $Q^{n+1}=0$；如果触发器的初始状态 $Q=0$，这时与非门 G_8 被封锁，在 $CLK=1$ 时，G_7 能够接收输入信号，使主触发器置 1，当 CLK 由 1 跳变为 0 以后，从触发器被置成 1，即 $Q^{n+1}=1$。可见，不论触发器的初始状态是 1 还是 0，当 $J=K=1$ 时，CLK 由 1 跳变为 0 以后，$Q^{n+1}=(Q^n)'$。

将主从 JK 触发器的逻辑关系列成表，就可以得到如表 5-9 所示的特性表。

表 5-9　主从 JK 触发器的特性表

CLK	J	K	Q^n	Q^{n+1}
×	×	×	0	0
×	×	×	1	1
$\sqcap\downarrow$	0	0	0	0
$\sqcap\downarrow$	0	0	1	1
$\sqcap\downarrow$	0	1	0	0
$\sqcap\downarrow$	0	1	1	0
$\sqcap\downarrow$	1	0	0	1
$\sqcap\downarrow$	1	0	1	1
$\sqcap\downarrow$	1	1	0	1
$\sqcap\downarrow$	1	1	1	0

由于主从 JK 触发器的主触发器在 $CLK=1$ 的全部时间里可以接收输入信号，而且 Q 和 Q' 接回到了输入端，所以在 $Q=0$ 时主触发器只能接收置 1 输入信号，在 $Q=1$ 时主触发器只能接收置 0 输入信号。这样在 $CLK=1$ 期间主触发器就只可能翻转一次，而且一旦翻转了就不会回到原来状态，也不再随输入信号 J、K 的变化而变化。这就是主从 JK 触发器的一次翻转特性。

在某些集成触发器中，输入端 J 和 K 的个数可以有多个，它们之间构成逻辑与的关系，相当于 $J=J_1J_2J_3\cdots$，$K=K_1K_2K_3\cdots$。在图 5.15 所示的多输入端主从 JK 触发器逻辑符号图中，J_1 和 J_2 是逻辑与的关系，K_1 和 K_2 是逻辑与的关系，$J_1 \cdot J_2$ 和 $K_1 \cdot K_2$ 分别与表 5-9 中所示的 J 和 K 的逻辑功能相一致。

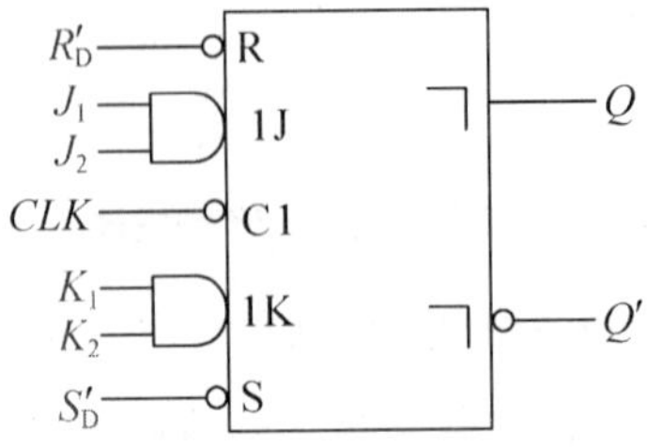

图 5.15　具有多输入端的主从 JK 触发器

另外，为了增加使用的灵活性，有些触发器还增加了直接置 0 端和直接置 1 端。图 5.15

中的 R'_D 是直接置 0 端或直接清除端(复位端)，S'_D 是直接置 1 端或直接置位端，所谓直接置 0 端或置 1 端是指不受时钟信号 *CLK* 的控制，直接使输出 *Q*=0 或 *Q*=1，因此，也称作异步置 0 端和异步置 1 端。逻辑符号图中输入信号 R'_D、S'_D 上的圆圈表示 R'_D、S'_D 是低电平有效的输入信号；时钟信号 *CLK* 上的圆圈表示当 *CLK* 由 0 正向跳变为 1 以后，输出才改变状态。

【例 5-3】　在图 5.14 所示的主从 *JK* 触发器电路中，如果 *CLK*、*J*、*K* 的电压波形如图 5.16 所示，试画出 *Q* 和 *Q′* 的电压波形，假定触发器的初始状态为 *Q*=0。

解：由图 5.16 可知，在第 1 个 *CLK*=1 期间，输入信号始终为 *J*=1、*K*=0，*CLK* 跳变为 0 以后，主触发器的状态为 1，触发器输出状态为 *Q*=1、*Q′*=0。

在第 2 个 *CLK*=1 期间，*J*=1 始终未变，*K* 先由 0 变为 1，此时主触发器的状态由 1 变为 0，然后 *K* 由 1 变为 0，主触发器保持不变，所以当 *CLK* 跳变为 0 以后，虽然 *J*=1、*K*=0，但从触发器接收主触发器的 0 状态，使输出状态变为 *Q*=0、*Q′*=1。

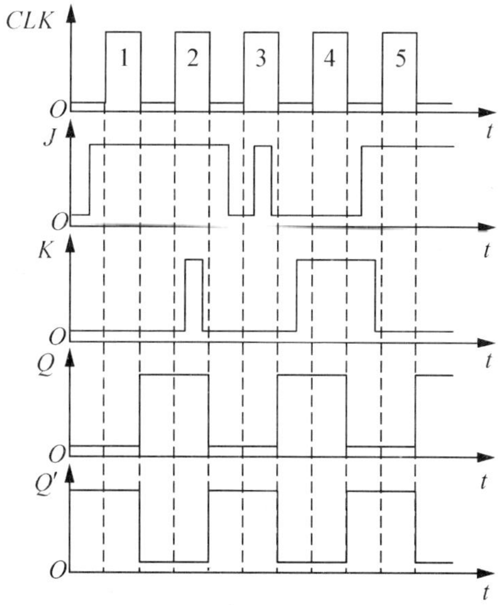

图 5.16　【例 5-3】的电压波形图

在第 3 个 *CLK* 周期期间，*CLK* 由 1 跳变为 0 时，*J*=0、*K*=0，如果以此时的输入状态决定触发器的次态，应保持 *Q*=0 不变。但由于在 *CLK*=1 期间出现过 *J*=1、*K*=0 的状态，*CLK* 由 1 跳变为 0 之前，主触发器已经被置 1，所以 *CLK* 由 1 跳变为 0 以后，从触发器被置 1，即触发器的输出状态为 *Q*=1、*Q′*=0。

在第 4 个 *CLK*=1 期间，*J*=0、*K*=1 始终未变，根据主从 *JK* 触发器的特性表，当 *CLK* 由 1 跳变为 0 以后，触发器被置成 0，即触发器输出状态为 *Q*=0、*Q′*=1。

在第 5 个 *CLK*=1 期间，*J*=1、*K*=0 始终未变，根据主从 *JK* 触发器的特性表，当 *CLK* 由 1 跳变为 0 以后，触发器被置成 1，即触发器输出状态为 *Q*=1、*Q′*=0。

可见，直接根据主从 *JK* 触发器的特性表来判断触发器的输出状态时，必须保证在 *CLK*=1 期间输入信号没有发生变化。如果输入信号在 *CLK*=1 期间发生过变化，就必须考

虑 CLK=1 期间输入信号状态变化的全部过程，才能确定触发器的次态。

3. 主从触发器的动作特点

通过上面的分析可知，主从触发器的翻转分两步动作。第一步，在 CLK=1 期间，主触发器接收输入信号，被置成相应的状态，而从触发器状态保持不变；第二步，在 CLK 由 1 跳变为 0(由 0 跳变为 1) 以后，从触发器按照当前主触发器的状态进行翻转，所以输出 Q、Q' 状态的改变发生在 CLK 的下降沿(上升沿)。

另外，由于主触发器本身是一个同步 RS 触发器，所以在 CLK=1 的全部时间里，输入信号都将对主触发器起作用，如果输入信号发生过变化，就不能简单地按照特性表判断触发器的次态，必须考虑输入信号状态变化的全部过程，才能决定触发器的次态，这就降低了主从触发器的可靠性。为了使主从触发器的输出符合特性表的结论，要求输入信号的状态在 CLK=1 期间不能改变。

4. 集成主从 JK 触发器

常用的集成主从 JK 触发器有 74107、74111、7442 等。74107 是带有异步清除功能的集成主从 JK 触发器。74111 是带有异步置位和清除功能的集成主从 JK 触发器，它在时钟信号 CLK 的上升沿瞬间将输入信号 J、K 的状态存入主触发器，在 CLK 的下降沿，再将主触发器的状态送入从触发器。74111 的特性表见表 5-10。7442 是有 6 个输入端的集成主从 JK 触发器，其中 3 个 J 端和 3 个 K 端分别为逻辑与的关系。

表 5-10　主从 JK 触发器 74111 的特性表

R'_D	S'_D	CLK	J	K	Q^n	Q^{n+1}
0	1	×	×	×	0/1	0
1	0	×	×	×	0/1	1
0*	0*	×	×	×	1	1
1	1	⎍↓	0	0	0	0
1	1	⎍↓	0	0	1	1
1	1	⎍↓	0	1	0	0
1	1	⎍↓	0	1	1	0
1	1	⎍↓	1	0	0	1
1	1	⎍↓	1	0	1	1
1	1	⎍↓	1	1	0	1
1	1	⎍↓	1	1	1	0

* R'_D 和 S'_D 正常使用时，不允许同时为 0。

【思考题】　为什么说主从 JK 触发器的主触发器在 CLK=1 期间只可能翻转一次？

5.2.4　边沿触发器

边沿触发器的输出状态仅仅取决于 CLK 上升沿(或下降沿)时输入信号的状态，输入信号在此之前和之后的状态对触发器的次态没有影响，从而克服了空翻现象，这样就提高了触发器的可靠性，增强了触发器的抗干扰能力。目前，数字集成电路产品中的边沿触发器有 CMOS 传输门边沿触发器、维持阻塞触发器、利用门电路传输延迟时间的边沿触发器等。

1. CMOS 传输门边沿触发器

在 CMOS 电路中，经常利用 CMOS 传输门组成基本的触发器，图 5.17 是利用 CMOS 传输门构成的同步 D 触发器。当 CLK=1 时，传输门 TG_1 导通，TG_2 截止，输出 Q=D，而且在 CLK=1 的全部时间里，Q 的状态始终跟随输入信号 D 的状态。当 CLK 由 1 跳变到 0 以后，传输门 TG_2 导通，TG_1 截止，触发器的输出状态保持不变，将 CLK=1 时接收到的输入信号保存起来。

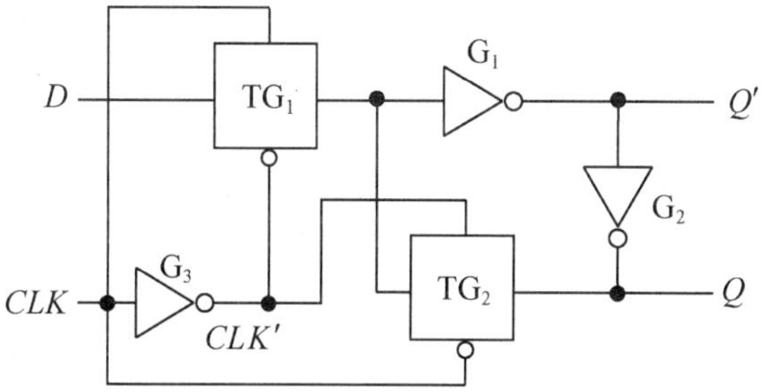

图 5.17 利用 CMOS 传输门构成的同步 D 触发器

图 5.18 是利用 CMOS 传输门构成的边沿触发 D 触发器，它是由图中两个虚线框内的同步 D 触发器级联构成的主从结构形式。

当 CLK=0 时，CLK'=1，传输门 TG_1 导通，TG_2 截止，D 端的输入信号送入主触发器，使 Q_1=D。在 CLK=0 期间，Q_1 的状态一直跟随 D 的状态变化而变化。同时，由于传输门 TG_3 截止，TG_4 导通，从触发器保持原来的状态不变。

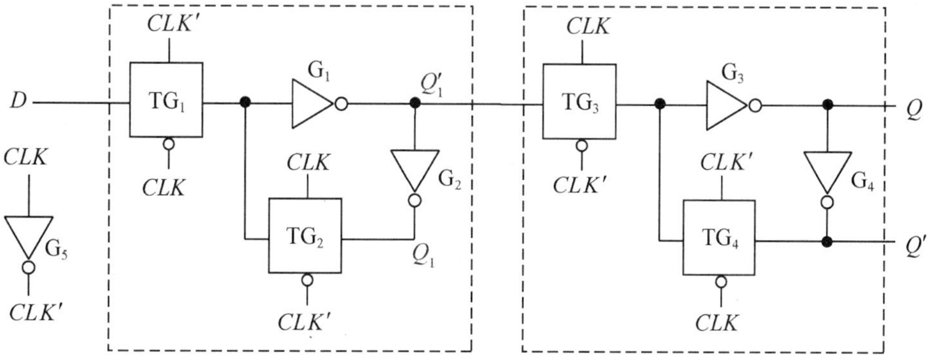

图 5.18 CMOS 传输门构成的边沿触发 D 触发器

当 CLK 由 0 跳变为 1 的上升沿到达时，CLK=1，CLK'=0，传输门 TG_1 截止，TG_2 导通，主触发器的输出 Q_1 为 TG_1 截止前的输入状态 D，并保持不变。同时，随着传输门 TG_4 变为截止，TG_3 变为导通，Q_1 的状态通过 TG_3、G_3、G_4 送到从触发器的输出端，使整个触发器的输出变为 TG_1 截止前的输入状态 D，即 Q^{n+1}= D(CLK 上升沿到达时的输入状态)。因此，这是一个上升沿触发的 D 触发器。

图 5.18 所示的边沿触发 *D* 触发器的逻辑符号图如图 5.19(a)所示。图中 *CLK* 输入端处框内的符号“＞”表示触发器为边沿触发器。

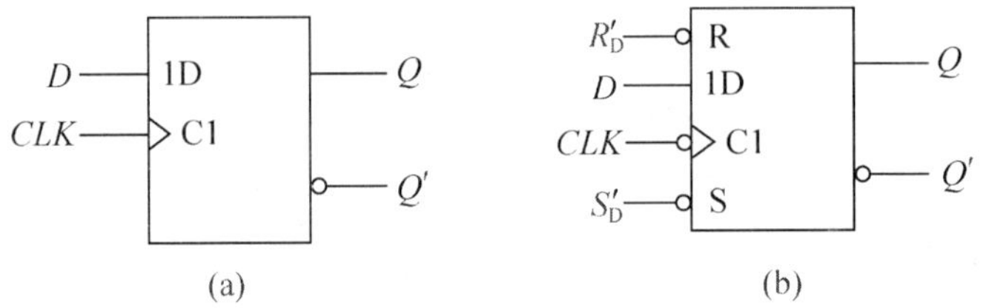

图 5.19　边沿触发 *D* 触发器的逻辑符号图

(a) 上升沿触发；(b) 下降沿触发

为了实现异步置位、复位功能，某些触发器的输入端引入了 S_D'、R_D' 信号，其逻辑符号图如图 5.19(b)所示。图中的 S_D' 是异步置位输入端，R_D' 是异步复位输入端，且 S_D' 和 R_D' 为低电平有效信号。*CLK* 输入端的小圆圈表示下降沿触发的边沿触发器。

图 5.18 所示的边沿触发 *D* 触发器的特性表见表 5-11。表中 *CLK* 一栏里的“↑”表示触发器为边沿触发方式，而且是上升沿触发。如果是下降沿触发的触发器，则用“↓”表示。

表 5-11　图 5.18 所示的边沿触发 *D* 触发器的特性表

CLK	*D*	Q^n	Q^{n+1}
×	×	×	Q^n
↑	0	0	0
↑	0	1	0
↑	1	0	1
↑	1	1	1

2. 维持阻塞触发器

在 TTL 电路中，边沿触发器经常采用维持阻塞结构。图 5.20 是维持阻塞结构的 *RS* 触发器电路结构图，它在同步 *RS* 触发器的基础上增加了置 0、置 1 维持线和置 0、置 1 阻塞线 4 条连线。如果不存在这 4 条连线，G_1、G_2、G_3、G_4 就是一个同步 *RS* 触发器，由于增加了这 4 条连线，使得该触发器仅在时钟信号 *CLK* 由 0 跳变到 1 的上升沿时刻才发生状态变化，而在其余时间触发器状态均保持不变。

假设 *CLK*=0，*S*=0、*R*=1，由于 *CLK*=0，使得 G_3、G_4 的输出为 1，触发器输出状态保持不变，而此时 G_5 的输出为 1，G_6 的输出为 0。当 *CLK* 由 0 跳变到 1 时，由于 G_6 的输出为 0，使 G_4 的输出为 1，从而使 G_3 的输出为 0，从而将触发器置 1，即 *Q*=1。G_3 输出的 0 信号通过置 0 阻塞线反馈到 G_4 的输入端，使 G_4 的输出恒为 1，阻塞了触发器置 0；通过置 1 维持线反馈到 G_5 的输入端，使 G_5 的输出恒为 1，这样就使 G_3 的输出为 0，维持了置 1 的功能。

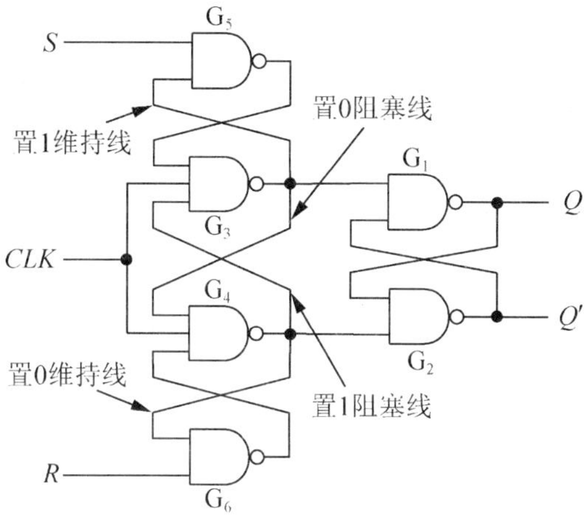

图 5.20　维持阻塞结构的 *RS* 触发器

由于置 0 阻塞线和置 1 维持线的作用，在 *CLK*=1 期间，触发器的状态不会再改变。当 *CLK* 由 1 跳变到 0 及 *CLK*=0 期间，由于 G_3、G_4 的输出为 1，触发器的状态也不会发生变化。

同理，可以分析出在 *CLK*=0，*S*=1、*R*=0，当 *CLK* 由 0 跳变到 1 时，由于置 1 阻塞线和置 0 维持线的作用，使触发器的输出为 0，即 *Q*=0。

由以上分析可知，由于维持线和阻塞线的作用，使得触发器仅在时钟信号 *CLK* 由 0 跳变为 1 的上升沿时刻才发生状态改变，而在其余时间里触发器的状态保持不变。因此，该触发器是一个边沿触发器。

为了适应单端信号输入形式，维持阻塞触发器也经常做成单端输入的 *D* 触发器，其电路结构如图 5.21 所示。

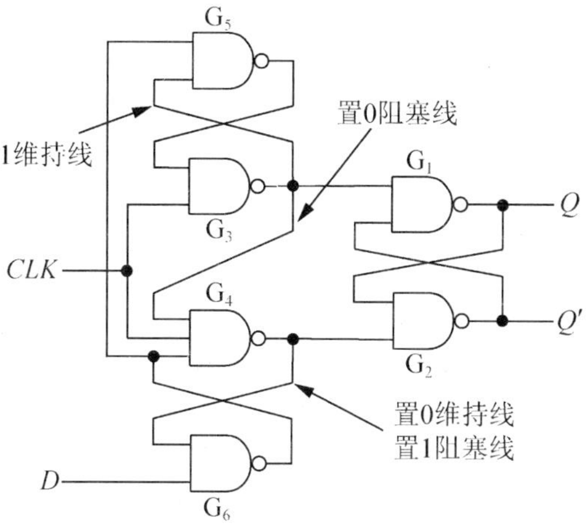

图 5.21　维持阻塞结构的 *D* 触发器

当 *CLK*=0 时，G_3、G_4 的输出为 1，触发器的输出状态保持不变。此时，触发器可以接收输入信号 *D* 的状态，使 G_6 的输出等于 *D′*，G_5 的输出等于 *D*。

假设输入 D=1，则 G_6 的输出等于 0，G_5 的输出等于 1。当 CLK 由 0 跳变到 1 时，G_4 的输出仍为 1，由于 G_5 的输出等于 1，所以 G_3 的输出为 0。G_3 的输出为 0 使触发器输出状态变为 Q=1，并且使 G_4 的输出等于 1，阻塞了触发器的置 0；同时，置 1 维持线使 G_5 的输出为 1，从而使 G_3 的输出仍为 0。因此，即使输入信号 D 的状态发生变化，也不会影响到 G_3、G_4 的输出状态，触发器输出的状态稳定在 Q=1。

假设输入 D=0，则 G_6 的输出等于 1，G_5 的输出等于 0。当 CLK 由 0 跳变到 1 时，G_3 的输出为 1，G_4 的输出为 0，使触发器的输出 Q=0。由于置 0 维持线和置 1 阻塞线的作用，使 G_3、G_4 的输出状态保持不变，所以即使输入信号 D 的状态发生变化，触发器输出的状态也能够稳定在 Q=0。

由以上分析可知，不论 D 触发器的初态如何，在 CLK 由 0 跳变为 1 的上升沿作用下，触发器的输出状态将与输入信号 D 的状态一致。

3. 利用门电路传输延迟时间的边沿触发器

图 5.22 是下降沿触发的 JK 触发器的电路结构图，它是由两个与或非门构成的基本触发器，是利用门电路的传输延迟时间实现边沿触发的，这种结构常见于 TTL 集成电路中。

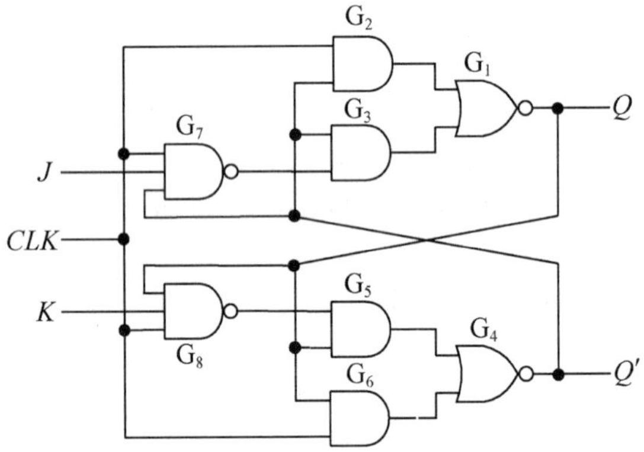

图 5.22　下降沿触发的 JK 触发器

要实现正确的逻辑功能，图 5.22 所示的电路必须满足与非门 G_7、G_8 的平均延迟时间比基本触发器的平均延迟时间长，这一点在制造工艺上可以实现。在满足这一条件的前提下才能够分析其工作情况。

设触发器的初始状态为 Q=0，Q'=1。当 CLK=0 时，与非门 G_7、G_8 被封锁，输出为高电平；与门 G_2、G_6 被封锁，输出为 0。此时与门 G_3 的输入同时为 1，其输出为 1，即或非门 G_1 的两个输入端分别为 0 和 1，所以触发器的输出 Q=0；同理可得或非门 G_4 的两个输入端同时为 0，触发器的输出 Q'=1。可见，当 CLK=0 时，触发器输出状态保持不变。

当 CLK=1 时，与门 G_2、G_6 首先解除封锁，G_2 的输出为 1，G_6 的输出为 0，G_5 的输出保持 0 状态不变，因此触发器的输出状态保持不变。若此时输入为 J=1、K=0，则经过门 G_7、G_8 的传输延迟时间以后，G_7 的输出为 0，G_8 的输出为 1，G_3、G_5 均不导通，对触发器的输出状态没有影响。

当 CLK 由 1 跳变到 0 时，由于 G_7、G_8 的平均延迟时间比基本触发器的传输延迟时间长，所以 CLK=0 首先封锁与门 G_2、G_6，使 G_2、G_6 的输出都为 0，而此时 G_7、G_8 的输出状态没有改变，因此 G_3 的输出为 0，从而使触发器的输出 Q=1，并经过 G_5 使 Q'=0。由于 G_7、G_8 的传输延迟时间足够长，在基本触发器状态变化完成之前，G_7、G_8 的输出保持不变。此后，G_7、G_8 被 CLK=0 封锁，输出均为 1，触发器输出状态保持不变。触发器完成一次状态变换后，不会再发生多次翻转现象。

由以上分析可知，在稳定的 CLK=0 和 CLK=1 期间，触发器的输出状态保持不变，只有在 CLK 下降沿到达时，触发器状态才会发生变化，所以是下降沿触发的触发器。将 J、K 为不同取值时的工作过程逐一进行分析，便可得到如表 5-12 所示的特性表。

表 5-12　图 5.22 所示边沿 *JK* 触发器的特性表

CLK	J	K	Q^n	Q^{n+1}
×	×	×	0	0
×	×	×	1	1
↓	0	0	0	0
↓	0	0	1	1
↓	0	1	0	0
↓	0	1	1	0
↓	1	0	0	1
↓	1	0	1	1
↓	1	1	0	1
↓	1	1	1	0

4. 边沿触发器的动作特点

通过对上述 3 种边沿触发器工作过程的分析可知，它们的次态仅取决于时钟信号的上升沿或是下降沿到达时输入信号的逻辑状态，而此前或此后的输入信号的状态对触发器的输出没有影响。上升沿触发的触发器又被称为正触发的触发器，下降沿触发的触发器又被称为负触发的触发器。

5. 集成边沿触发器

常用的集成边沿触发器主要有 74LS74、74LS112、74LS175、74LS273 等。74LS74 是上升沿触发的双 D 触发器，74LS112 是下降沿触发的双 JK 触发器，74LS175 是带有公共时钟、公用清零端的四 D 触发器，74LS273 是带有异步清零端的八 D 触发器。

74LS74 中集成了两个触发器单元，每个单元都是上升沿触发的边沿 D 触发器，其引脚功能图如图 5.23 所示。图中的 V_{CC} 和 GND 为公共端，在使用的时候，分别接电源的正极和负极。R'_{D1}、S'_{D1}、D_1、CLK_1、Q_1 和 Q'_1 分别为第一个 D 触发器的异步置 0 输入端、异步置 1 输入端、信号输入端、时钟输入端和输出端。R'_{D2}、S'_{D2}、D_2、CLK_2、Q_2 和 Q'_2 分别为第二个 D 触发器的异步置 0 输入端、异步置 1 输入端、信号输入端、时钟输入端和输出端。

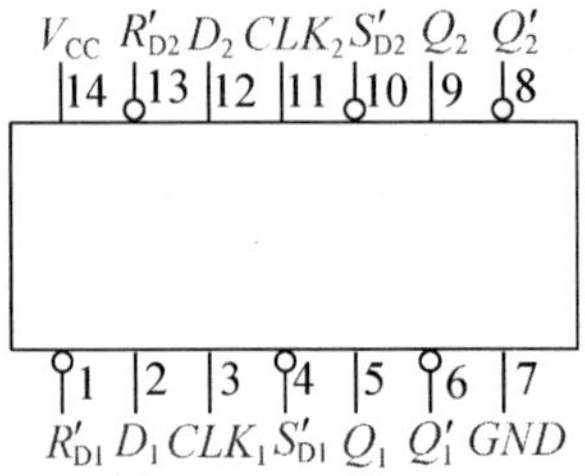

图 5.23　74LS74 的引脚功能图

74LS74 的特性表见表 5-13。从表中可以看出，74LS74 是上升沿触发的边沿触发器，R'_D 和 S'_D 为低电平有效信号，在正常使用时 R'_D 和 S'_D 不能同时为低电平。当 $R'_D=S'_D=1$ 且 CLK 不是上升沿时，触发器输出状态保持不变。

表 5-13　74LS74 的特性表

R'_D	S'_D	CLK	D	Q^{n+1}
1	0	×	×	1
0	1	×	×	0
1	1	↑	0	0
1	1	↑	1	1
1	1	0	×	Q^n

【例 5-4】　在图 5.21 所示的维持阻塞边沿 D 触发器电路中，如果 CLK 和 D 的电压波形如图 5.24 所示，试画出 Q 和 Q' 的电压波形，假定触发器的初始状态为 $Q=0$。

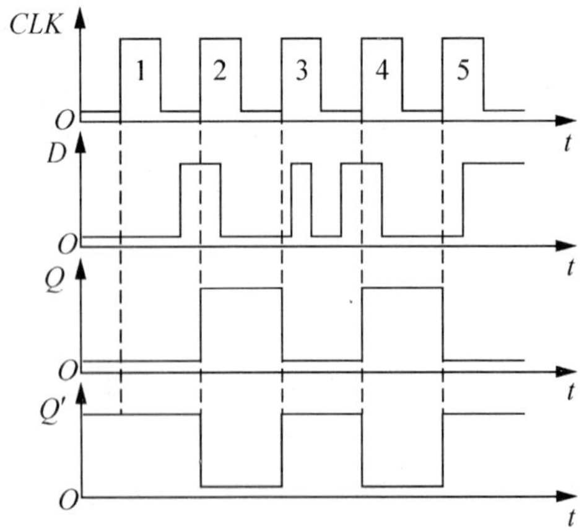

图 5.24　【例 5-4】的电压波形图

解：由维持阻塞 D 触发器的动作特点可知，触发器的次态仅取决于 CLK 上升沿到达时 D 的状态，即当 $D=1$ 时，$Q^{n+1}=1$，当 $D=0$ 时，$Q^{n+1}=0$，在 CLK 的其他时间内，触发器的输出状态保持不变，于是便得到如图 5.24 所示的电压波形图。

【思考题】　边沿触发器和主从触发器的动作特点有什么区别？

5.3 触发器的逻辑功能及其描述方法

按照触发器逻辑功能的不同特点，通常将触发器分为 *RS* 触发器、*JK* 触发器、*D* 触发器、*T* 触发器和 *T′* 触发器。触发器逻辑功能可以采用特性表、特性方程、状态转换图等多种形式进行描述。

触发器的特性方程是将触发器特性表所描述的逻辑关系用逻辑函数式来表示的，可以利用逻辑代数的公式和定理进行运算和变换。为了更加直观地显示触发器的逻辑功能，有时将触发器的特性表转换为状态转换图。在状态转换图中以圆圈表示触发器的各个状态，以箭头表示状态转换的方向，并在箭头旁注明状态转换的条件。

5.3.1 *RS* 触发器

不论触发器的触发方式如何，在时钟信号的控制下，只要逻辑功能符合表 5-14 所示的特性表，均为 *RS* 触发器。

表 5-14 *RS* 触发器的特性表

R	S	Q^n	Q^{n+1}
0	0	0	0
0	0	1	1
0	1	0	1
0	1	1	1
1	0	0	0
1	0	1	0
1	1	0	不定
1	1	1	不定

将表 5-14 中所规定的逻辑关系写成逻辑表达式，则可以得到

$$\begin{cases} Q^{n+1} = S'R'Q^n + SR'(Q^n)' + SR'Q^n = SR' + S'R'Q^n \\ RS = 0 \end{cases}$$

利用 RS=0 的约束条件进行化简，可以得出 *RS* 触发器的特性方程为

$$\begin{cases} Q^{n+1} = S + R'Q^n \\ RS = 0 \end{cases} \tag{5-1}$$

RS 触发器的状态转换图如图 5.25 所示。图中的“×”表示输入状态可以是 0，也可以是 1。当触发器的当前状态是 0 时，即 Q^n=0，若输入信号 R=0、S=1，则触发器的次态为 1，即 Q^{n+1}=1；若输入信号 R=0 或 R=1、S=0，则 Q^{n+1}=0，即触发器的输出状态保持不变。

当触发器的当前状态是 1 时，即 Q^n=1，若输入信号 R=1、S=0，则触发器的次态为 0，即 Q^{n+1}=0；若输入信号 R=0、S=0 或 S=1，则 Q^{n+1}=1，即触发器的输出状态保持不变。

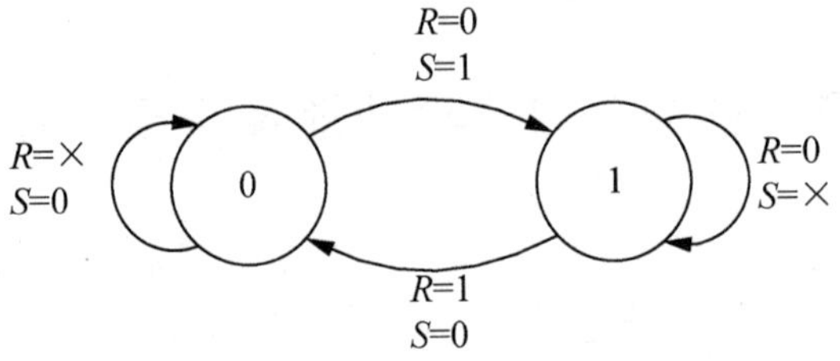

图 5.25　RS 触发器的状态转换图

这样，描述 RS 触发器的逻辑功能就可以用特性表、特性方程和状态转换图 3 种可供选择的方法来表示。前面所介绍的同步 RS 触发器、主从 RS 触发器和维持阻塞结构的 RS 触发器都属于 RS 触发器。

5.3.2　JK 触发器

在时钟信号的控制下，根据输入信号 J、K 取值的不同，只要逻辑功能符合表 5-15 所示的特性表，均为 JK 触发器。前面所介绍的同步 JK 触发器、主从 JK 触发器和边沿 JK 触发器都属于 JK 触发器，它们都具有保持、置 0、置 1 和翻转(计数)的功能。

表 5-15　JK 触发器的特性表

J	K	Q^n	Q^{n+1}
0	0	0	0
0	0	1	1
0	1	0	0
0	1	1	0
1	0	0	1
1	0	1	1
1	1	0	1
1	1	1	0

根据表 5-15 中所规定的逻辑关系可以写出 JK 触发器的特性方程，化简后得到：

$$Q^{n+1} = J(Q^n)' + K'Q^n \tag{5-2}$$

JK 触发器的状态转换图如图 5.26 所示。

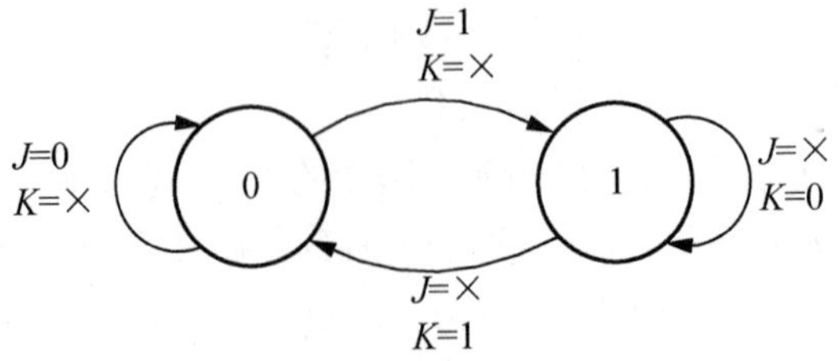

图 5.26　JK 触发器的状态转换图

5.3.3　D 触发器

在时钟信号的控制下，根据输入信号 D 的不同取值，只要逻辑功能符合表 5-16 所示的特性表，均为 D 触发器。前面所介绍的同步 D 触发器和边沿 D 触发器都属于 D 触发器，它们都具有置 0 和置 1 的功能。

表 5-16　D 触发器的特性表

D	Q^n	Q^{n+1}
0	0	0
0	1	0
1	0	1
1	1	1

根据 D 触发器的特性表写出它的特性方程为：

$$Q^{n+1} = D \tag{5-3}$$

D 触发器的状态转换图如图 5.27 所示。

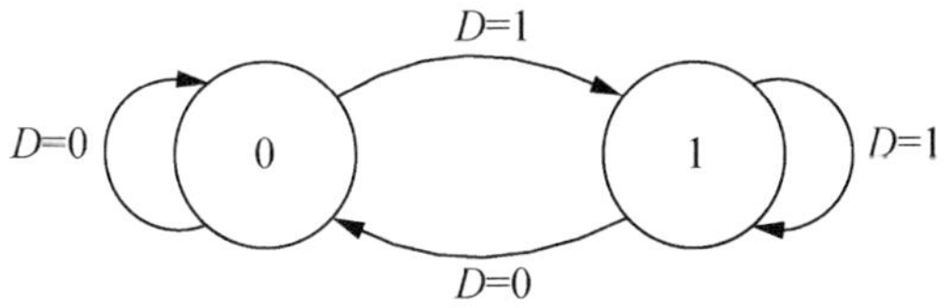

图 5.27　D 触发器的状态转换图

5.3.4　T 与 T′ 触发器

在时钟信号的控制下，根据输入信号 T 的不同取值，电路具有保持和翻转的功能，即当 T=0 时输出状态保持不变，当 T=1 时输出状态翻转一次，这样的触发器称为 T 触发器。T 触发器的特性表见表 5-17。

表 5-17　T 触发器的特性表

T	Q^n	Q^{n+1}
0	0	0
0	1	1
1	0	1
1	1	0

根据 T 触发器的特性表写出它的特性方程为：

$$Q^{n+1} = T(Q^n)' + T'Q^n \tag{5-4}$$

T 触发器的状态转换图如图 5.28 所示。

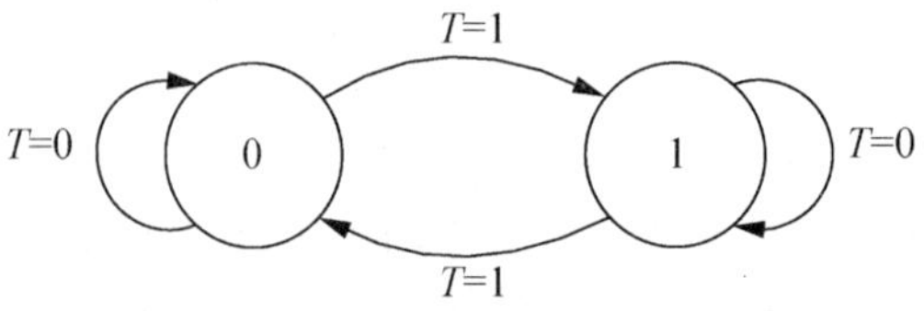

图 5.28　T 触发器的状态转换图

在使用 T 触发器时，有时只需 T=1 时的电路功能，即在有效时钟信号的控制下，触发器的输出状态发生翻转，这样便形成了 T' 触发器。

T' 触发器的特性方程为：

$$Q^{n+1}=(Q^n)' \tag{5-5}$$

5.3.5　触发器逻辑功能的转换

将 RS 触发器、JK 触发器、T 触发器的逻辑功能进行比较可以发现，JK 触发器的逻辑功能最强，它包含了 RS 触发器和 T 触发器的所有逻辑功能。因此在使用 RS 触发器或 T 触发器的时候，完全可以使用 JK 触发器来代替。由于不同逻辑功能的触发器可以相互转换逻辑功能，因此市场上生产的触发器产品中只有 JK 触发器和 D 触发器两种。

触发器逻辑功能的相互转换可以按照以下步骤进行。

1. 写出特性方程

分别写出已知触发器和待求触发器的特性方程，并利用逻辑代数的公式或定理将待求触发器的特性方程进行形式变换，使之与已知触发器特性方程的形式相一致。

2. 求转换逻辑

如果两个方程的变量相同、系数相等，则这两个方程一定相等。按照这个原则，比较已知触发器和待求触发器特性方程的表现形式，求出转换逻辑。

3. 画电路图

根据求出的转换逻辑，画出逻辑电路的连接图。

【例 5-5】　试将下降沿触发的 JK 触发器转换为 D 触发器。

解：JK 触发器的特性方程为 $Q^{n+1}=J(Q^n)'+K'Q^n$，D 触发器的特性方程为 $Q^{n+1}=D$，将 D 触发器的特性方程进行变换，得到 $Q^{n+1}=D=D(Q^n+(Q^n)')=D(Q^n)'+(D')'Q^n$，并将变换结果和 JK 触发器的特性方程进行比较，可得 $J=D$、$K=D'$。可见，只要令 JK 触发器的 $J=D$、$K=D'$，便可以转换为 D 触发器，其逻辑电路图如图 5.29 所示。

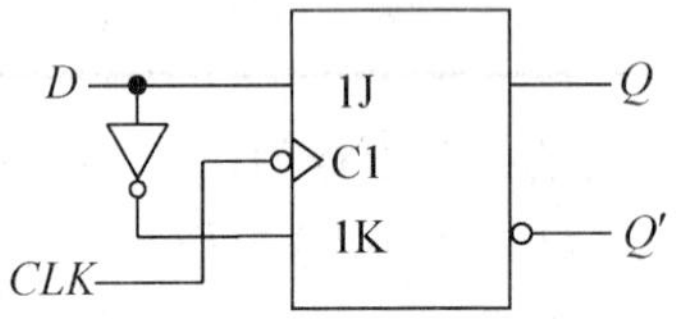

图 5.29　【例 5-5】的逻辑电路图

按照相同的方法可以得出，令 JK 触发器的 $J=S$、$K=R$，便可将 JK 触发器当做 RS 触发器来使用；令 JK 触发器的 $J=K=T$，便可将 JK 触发器当做 T 触发器来使用。

【思考题】 如何将 D 触发器转换为 T 触发器？

5.4 触发器的电气特性

触发器作为一种具体的电路器件，其电气特性是逻辑功能的载体，为了保证触发器在工作时能够可靠地按照输入信号翻转，有必要学习一下触发器的电气特性。触发器的电气特性包括静态特性和动态特性两个方面。

5.4.1 触发器的静态特性

1. CMOS 触发器的静态特性

在 CMOS 触发器中，由于集成电路内部的输入端和输出端都设置了 CMOS 反相器作为缓冲级，所以 CMOS 触发器和 CMOS 反相器的输入特性和输出特性是一样的。因此，对于 CMOS 反相器静态特性的分析也适用于 CMOS 触发器，在这里不再赘述。

2. TTL 触发器的静态特性

TTL 触发器的输入级、输出级电路和 TTL 反相器没有本质区别，因此，在 TTL 反相器中介绍的输入特性和输出特性及相关的概念对于 TTL 触发器也是适用的。

5.4.2 触发器的动态特性

1. 动态特性的基本概念

1) 建立时间 t_{set}

在有些时钟触发器中，输入信号必须先于时钟信号 *CLK* 建立起来，电路才能可靠地翻转。输入信号先于 *CLK* 动作沿到达的时间称为建立时间，用 t_{set} 表示。

2) 保持时间 t_h

为了保证触发器的输出能够可靠地翻转，输入信号的状态在 *CLK* 动作沿到来后还必须保持足够长的时间不变，这一段时间称为保持时间，用 t_h 表示。

3) 传输延迟时间

从输入信号到达起，到触发器输出端新状态稳定地建立起来为止，所经历过的时间称为传输延迟时间。输出端由高电平变为低电平的传输延迟时间用 t_{PHL} 表示，输出端由低电平变为高电平的传输延迟时间用 t_{PLH} 表示。

4) 最高时钟频率

由于时钟触发器中每一级门电路都有传输延迟，因此电路状态的改变总是需要一定的时间，当时钟信号的频率升高到一定程度之后，触发器就来不及翻转了。为了保证触发器能够正常地翻转，时钟信号的频率有一个上限值，这个上限值就是触发器的最高频率，用 f_{max} 表示。

2. 同步 *RS* 触发器的动态特性

若同步 *RS* 触发器全部用与非门组成，如图 5.6(a)所示，为保证由 G_1、G_2 组成的基本 *RS* 触发器能够可靠翻转，要求输入信号 *R*(或 *S*)和 *CLK* 同时为高电平的时间应大于两倍的与非门平均传输延迟时间 t_{pd}。

从 *S* 和 *CLK*(或 *R* 和 *CLK*)同时变为高电平开始，到输出端新的状态稳定地建立起来为止，所经过的时间为同步 *RS* 触发器的传输延迟时间，从同步 *RS* 触发器的工作原理可知，它的 $t_{PLH}=2t_{pd}$，$t_{PHL}=3t_{pd}$。

3. 主从 *JK* 触发器的动态特性

由前面介绍的知识可知，主从 *JK* 触发器的动作过程分两步进行，先是在 *CLK*=1 期间，主触发器按照输入信号 *J*、*K* 的状态进行翻转，当 *CLK* 由 1 跳变为 0 时，从触发器再按主触发器的状态进行翻转，使触发器的输出状态发生改变。为了避免 *CLK* 由 1 跳变为 0 时主触发器的状态与 *J*、*K* 的状态不符，通常应使 *J*、*K* 的状态在 *CLK*=1 期间保持不变。

在图 5.14(a)所示的主从 *JK* 触发器电路图中，由于主触发器是一个同步 *RS* 触发器，为了保证从触发器在 *CLK* 由 1 跳变到 0 时能可靠地翻转，*J*、*K* 的状态应在 *CLK* 下降沿到达之前 $2t_{pd}$ 时间建立起来，并保持到 *CLK* 下降沿到达以前，因此，$t_{set}\geqslant 2t_{pd}$。为了避免 *CLK* 下降沿到达时产生竞争现象，必须保证 *J*、*K* 的状态在 *CLK* 变为 0 以后才能够改变，即输入信号的保持时间 t_h 应大于 *CLK* 的下降时间。

如果从 *CLK* 下降沿开始到输出端新的状态稳定地建立起来的这段时间称为传输延迟时间，则有 $t_{PLH}=3t_{pd}$，$t_{PHL}=4t_{pd}$。由于主从 *JK* 触发器是由两个同步 *RS* 触发器构成的，因此，时钟信号 *CLK* 的高电平持续时间应大于 $3t_{pd}$，低电平持续时间应大于 $4t_{pd}$。所以，时钟信号的最小周期应大于 $7t_{pd}$，即最高时钟频率 $f_{max}\leqslant 1/7t_{pd}$。

5.5 用 Multisim 10 测试触发器功能

触发器是数字电路设计中常用的电路模块，在 Multisim 10 的元件库中存放着与实际元器件型号相对应的触发器电路模块，通过调用这些模块，可以方便地进行逻辑功能的仿真测试。

1. 基本 *RS* 触发器功能测试

基本 *RS* 触发器是各类触发器中电路结构最简单的触发器，也是其他触发器的组成部分。基本 *RS* 触发器可以使用与非门构成，也可以使用或非门构成，这里以或非门构成的基本 *RS* 触发器为例进行功能测试。

或非门构成的基本 *RS* 触发器的功能测试电路如图 5.30 所示。图中的 74LS02 是集成或非门电路，每个 74LS02 内集成了 4 个 2 输入或非门，这里只用了 2 个，因此图中显示的是 U1A 和 U1B。两个单刀双掷开关的热键分别为 R、S，这与或非门构成的基本 *RS* 触发器的输入端 *R* 和 *S* 相对应，用来将输入端置成相应的状态。4 个探针分别指示输入和输出的状态，X1 指示输出 Q 的状态，X2 指示输出 Q' 的状态，探针亮表示高电平，探针灭表示低电平。

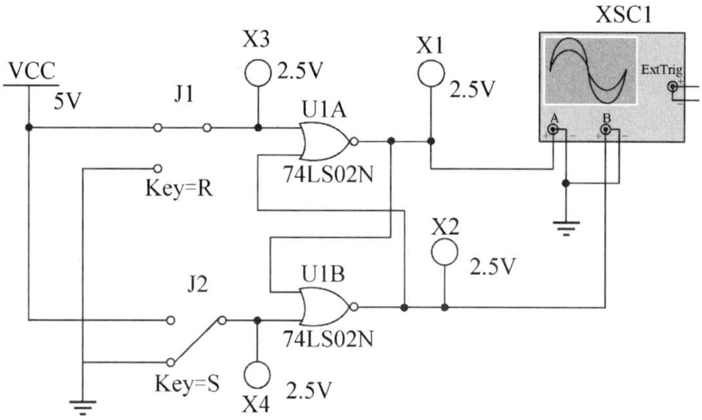

图 5.30　或非门基本 *RS* 触发器仿真电路图

在仿真测试时，利用热键 R 和 S 控制单刀双掷开关，使 R 接 VCC，S 接地，相当于输入端 R=1、S=0，此时探针 X1 灭、X2 亮，表明输出 Q=0、Q'=1，其仿真结果如图 5.31 所示。其他几种情况请读者自行测试。

当 R=1、S=1 时，探针 X1 和 X2 同时熄灭，表示输出 Q=0、Q'=0，这个状态就是所谓的不正常态，如图 5.32 所示。为了能够测试当 R=1、S=1 同时消失后输出状态不定的情况，将单刀双掷开关 J1 的热键改为 S，这便于通过热键 S 同时控制输入端 R 和 S 的状态。当 R、S 同时从 1 变为 0 后，探针 X1 和 X2 出现连闪，表示输出 Q、Q' 不停地在 1 和 0 之间转换，即输出状态不确定，其输出的波形图如图 5.33 所示。

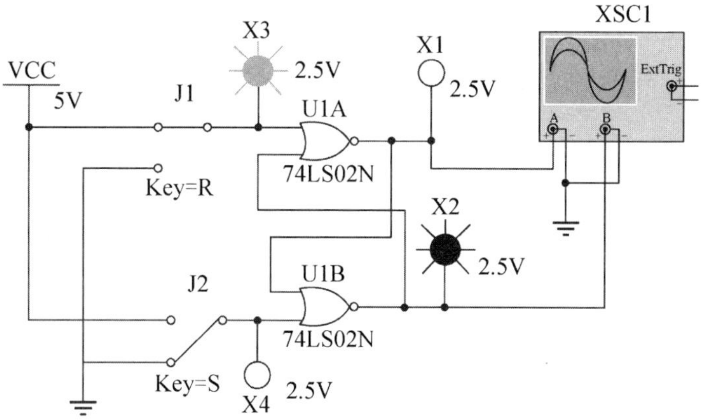

图 5.31　R=1、S=0 时的仿真结果

2. *D* 触发器功能测试

D 触发器选用 74LS74 进行仿真测试，根据 *D* 触发器的功能，设计如图 5.34 和图 5.35 所示的仿真电路。图中 74LS74 逻辑符号中的～1PR 是异步置 1 输入端，～1CLR 是异步置

0 输入端，且都为低电平有效。3 个探针用于指示输入 *D*、输出 *Q* 和 *Q*′ 的状态。利用相应的热键可以将 3 个单刀双掷开关置成 1 或 0，用于控制输入 *PR*′ 、*CLR*′ 和 *D* 的状态。当 *PR*′ =1、*CLR*′ =1 时，触发器在时钟信号 *CLK* 的作用下，将输入 *D* 的状态送到输出端 *Q*。图 5.34 是测试单次输入的仿真电路，图 5.35 是测试连续输入的仿真电路。

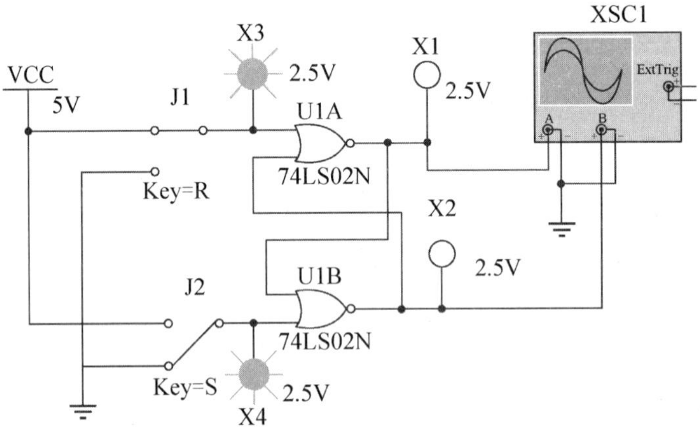

图 5.32　*R*=1、*S*=1 时的仿真结果

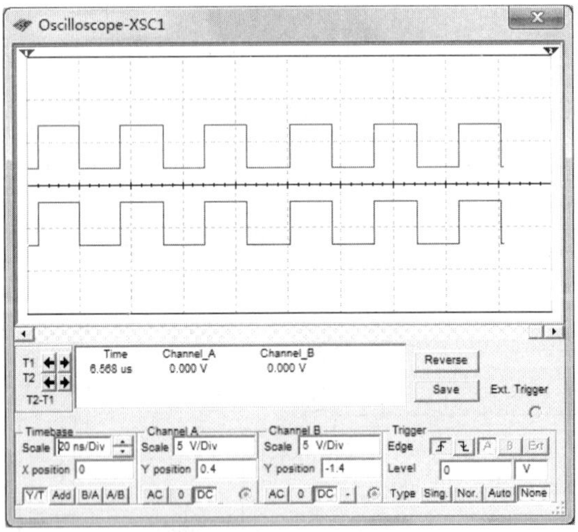

图 5.33　*R*=1、*S*=1 同时消失后的波形图

在图 5.34 中，令 *PR*′ =1、*CLR*′ =1，当输入 *D*=1 时的仿真结果如图 5.36 所示，探针 X2 亮、X3 灭，表示 *Q*=1、*Q*′ =0，这和 *D* 触发器的逻辑功能相一致。在图 5.35 中，触发器输入端 *D* 接入连续脉冲，并使 *PR*′ =1、*CLR*′ =1，仿真结果的波形图如图 5.37 所示。从图中可以看出，触发器的输出状态改变发生在时钟信号 *CLK* 的上升沿，并且输出状态和 *CLK* 上升沿时的输入状态相一致，这和 74LS74 的逻辑功能相一致。

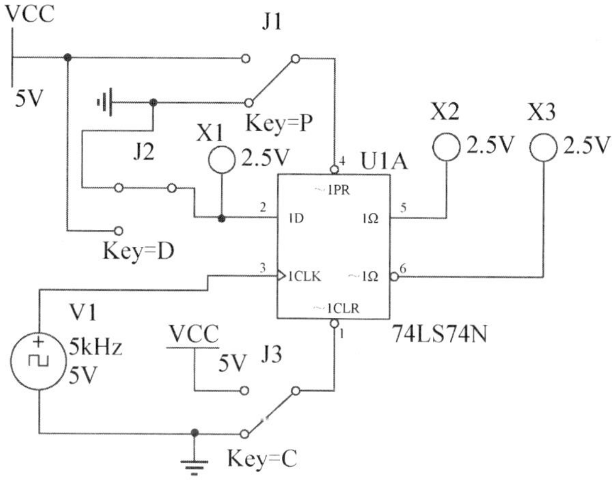

图 5.34　74LS74 仿真电路 1

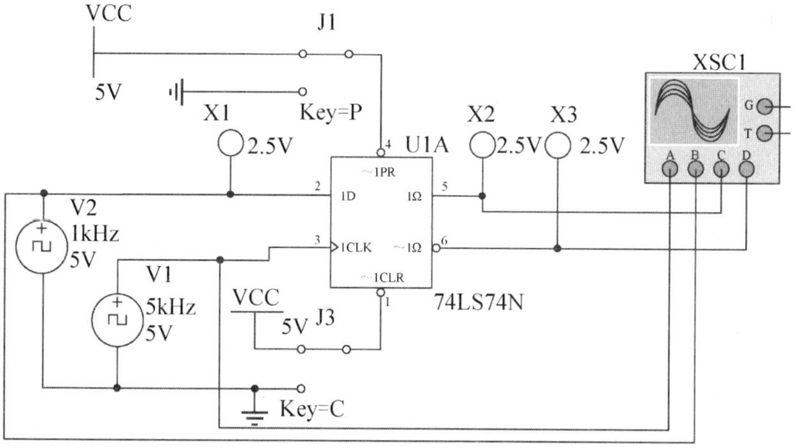

图 5.35　74LS74 仿真电路 2

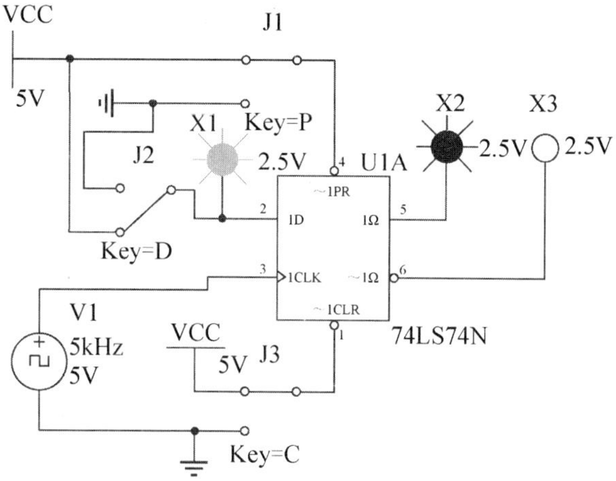

图 5.36　仿真电路 1 的仿真结果

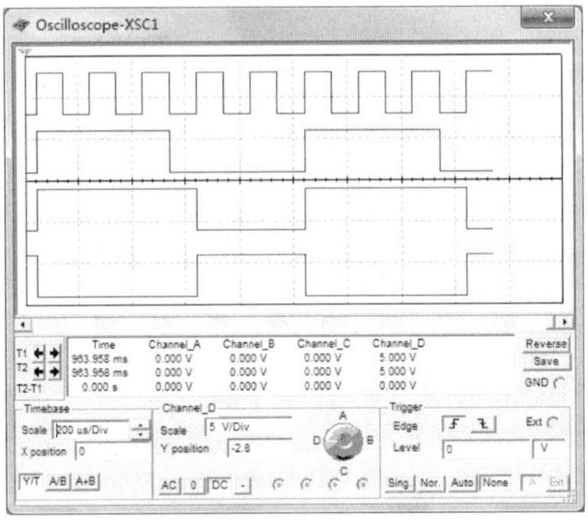

图 5.37 仿真电路 2 的仿真结果

5.6 触发器的 VHDL 描述及其仿真

触发器的初始状态应由复位或置位信号来设置，复位或置位信号分为同步和异步两种不同的类型。同步复位或置位需要有时钟信号的同步才能起作用，而异步复位或置位不需要脉冲的同步，可以直接起作用。在编写 VHDL 程序时，需要特别注意这一点。触发器按照不同的逻辑功能，可以分为 *RS* 触发器、*JK* 触发器、*D* 触发器、*T* 触发器等。下面以 *JK* 触发器和 *D* 触发器为例来说明触发器的 VHDL 描述方法。

1. *JK* 触发器的 VHDL 描述

在编写 *JK* 触发器的 VHDL 程序时，需要确定 *JK* 触发器的输入端和输出端，在这里定义了异步置 0 输入端 CLR、异步置 1 输入端 PR、时钟信号 CLK、输入信号 J 和 K、输出 Q、QN，其中 Q、QN 表示触发器的输出 Q、Q'，CLR 和 PR 为低电平有效信号。用 VHDL 描述上升沿触发的边沿 *JK* 触发器的程序如下：

```
Library IEEE;
Use IEEE.std_logic_1164.all;
entity JKUPFF is
 port
 (
   PR,CLR,CLK,J,K: in  STD_LOGIC;
   Q,QN: out STD_LOGIC
      );
end JKUPFF;

architecture behav of JKUPFF is
signal Q_S,QN_S: STD_LOGIC;
begin
  Process(PR,CLR,CLK,J,K)
   begin
    if(PR='0')and(CLR='1') then
```

```
        Q_S<='1';
        QN_S<='0';
    elseif(PR='1')and(CLR='0') then
        Q_S<='0';
        QN_S<='1';
    elseif(CLK'EVENT and CLK='1') then
        if(J='0')and(K='1') then
            Q_S<='0';
            QN_S<='1';
        elseif(J='1')and(K='0') then
            Q_S<='1';
            QN_S<='0';
        elseif(J='1')and(K='1') then
            Q_S<=not Q_S;
            QN_S<=not QN_S;
        end if;
    end if;
   Q<=Q_S;
   QN<=QN_S;
  end Process;
end behav;
```

其功能仿真波形如图 5.38 所示，可以看出，其输出波形与上升沿触发的边沿 *JK* 触发器的逻辑功能相同。

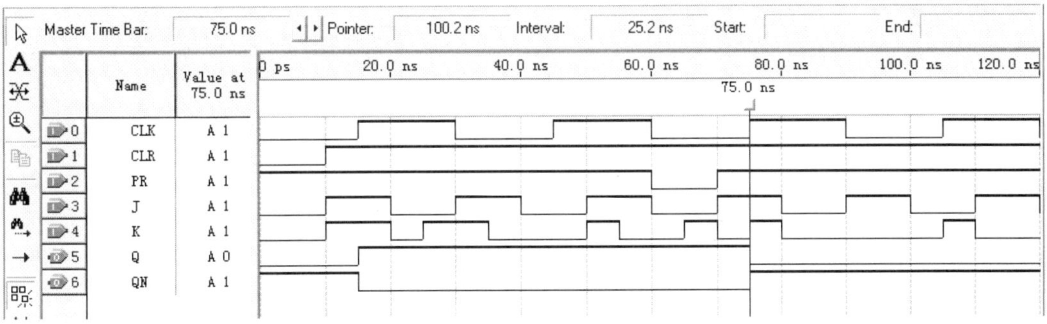

图 5.38　*JK* 触发器的仿真波形

2. *D* 触发器的 VHDL 描述

在编写 *D* 触发器的 VHDL 程序时，定义了同步置 0 输入端 CLR、时钟信号 CLK、输入信号 D、输出 Q，其中 CLR 为低电平有效信号。用 VHDL 描述上升沿触发的边沿 *D* 触发器的程序如下：

```
Library IEEE;
Use IEEE.std_logic_1164.all;
entity DUPFF is
 port
 (
   CLR,CLK,D: in  STD_LOGIC;
   Q: out  STD_LOGIC
```

```
    );
end DUPFF;

architecture behav of DUPFF is
begin
  Process(CLK)
    begin
      if(CLK'EVENT and CLK='1') then
        if(CLR='0') then
          Q<='0';
        else
          Q<=D;
        end if;
      end if;
  end Process;
end behav;
```

其功能仿真波形如图 5.39 所示，可以看出，其输出波形与上升沿触发的边沿 *D* 触发器的逻辑功能相同。

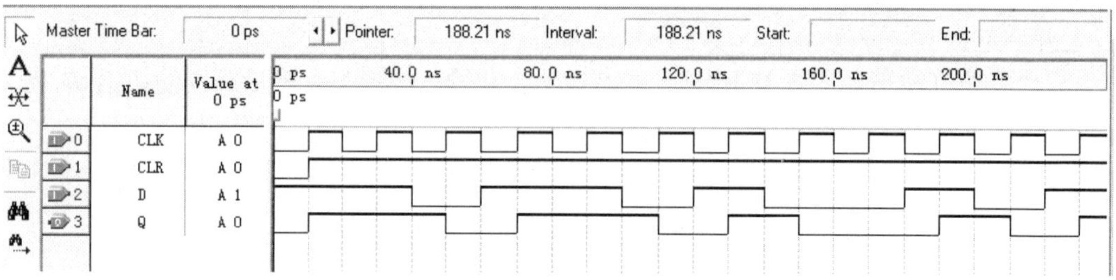

图 5.39　*D* 触发器的仿真波形

本 章 小 结

本章主要介绍了触发器的特点和分类，按照基本触发器、同步触发器、主从触发器、边沿触发器的顺序，介绍了各类触发器的电路组成、工作原理和主要动作特点，并介绍了触发器逻辑功能的表示方法及不同触发器间的相互转换，最后对触发器的电气特性、Multisim 功能测试、VHDL 描述及仿真进行了简单的说明。

触发器逻辑功能的基本特点是可以保存 1 位二值信息。按照电路结构的不同，触发器可以分为基本触发器、同步触发器、主从触发器和边沿触发器等。按照触发方式不同，触发器可以分为电平触发的触发器、脉冲触发的触发器、边沿触发的触发器。按照触发器的逻辑功能分，可以分为 *RS* 触发器、*JK* 触发器、*D* 触发器、*T* 触发器和 *T′* 触发器。

由于触发器的电路结构和触发方式之间存在固定的对应关系，不同电路结构形式的触发器，其触发方式也不一样，不同触发方式的触发器有不同的动作特点。触发器的电路结构和逻辑功能之间不存在固定的对应关系，用同一种电路结构可以实现不同逻辑功能的触发器。因此，在选择触发器时不仅要知道它的逻辑功能，还要知道它的触发方式，这样才能做出正确的设计。

触发器逻辑功能可以采用特性表、特性方程、状态转换图等多种形式进行描述。特性表也可以称为真值表，是以表格的形式描述触发器的逻辑功能，具体直观地表达触发器次态与输入及现态的关系。特性方程是用逻辑表达式的形式抽象地描述触发器的逻辑功能，可以利用逻辑代数的公式和定理进行运算和变换。状态转换图可以更加直观地显示触发器的逻辑功能。触发器逻辑功能的表示方法由于其在本质上是相通的，所以它们之间可以相互转换。

不同逻辑功能的触发器之间可以相互转换。由于 *JK* 触发器的逻辑功能最强，它包含了 *RS* 触发器和 *T* 触发器的所有逻辑功能。因此在使用 *RS* 触发器或 *T* 触发器的时候，完全可以使用 *JK* 触发器来代替。因此市场上生产的触发器产品中只有 *JK* 触发器和 *D* 触发器两种。

通过 Multisim 10 对触发器的逻辑功能进行仿真测试，有助于读者更好地理解触发器的逻辑功能和动作特点。通过对触发器的 VHDL 描述及其仿真学习，可以使读者更好地理解触发器输入信号和输出信号之间的逻辑关系。

本章的重点是各类触发器的逻辑功能、动作特点和表示方法。

习　题

一、填空题

1. 1 个触发器可以记忆_______位二进制信息，1 位二进制信息有________和_______两种状态。

2. 触发器功能的表示方法有__________、__________和____________。

3. *JK* 触发器的特性方程是______________________。

4. 主从 *JK* 触发器克服了同步 *JK* 触发器的_________问题，但其本身存在_________问题。

5. 触发器在输入信号发生变化前的状态称为________，用 Q^n 表示，而输入信号发生变化后触发器所进入的状态称为________，用 Q^{n+1} 表示。

6. 按逻辑功能来划分，触发器还可以分为 *RS* 触发器、________触发器、________触发器和 *T* 触发器 4 种类型。

7. 维持阻塞 *D* 触发器是在时钟信号 *CLK* 的_______触发，其特性方程为____________。

8. *n* 个触发器可以记忆_______种不同的状态。

9. *T* 触发器的特征方程是____________________。当 *CLK* 有效时，若 *T*=0，则 *T* 触发器的输出状态为________。

10. 当 *CLK* 无效时，*D* 触发器的状态为__________；当 *CLK* 有效时，*D* 触发器的状态为___________。

二、分析与设计题

1. 画出题图 5.1 所示由与非门组成的基本触发器输出端 Q、Q' 的电压波形，输入端 S'、R' 的电压波形如图中所示。

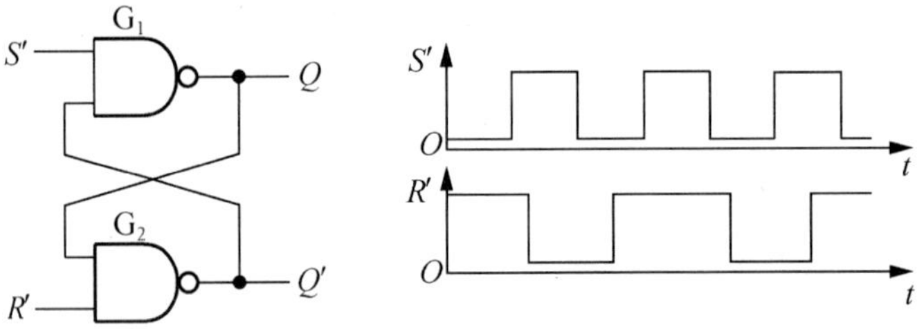

题图 5.1

2. 画出题图 5.2 所示由或非门组成的基本触发器输出端 Q、Q' 的电压波形，输入端 R、S 的电压波形如图中所示。

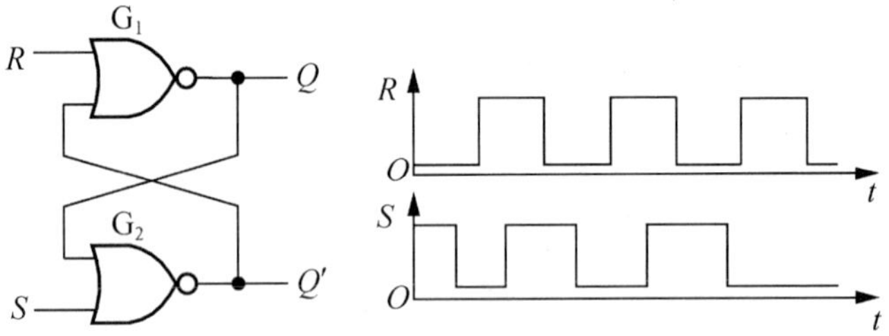

题图 5.2

3. 在题图 5.3 所示的电路中，若 CLK、R、S 的电压波形如图中所示，试画出输出端 Q、Q' 所对应的电压波形，设触发器的初始状态 Q=0。

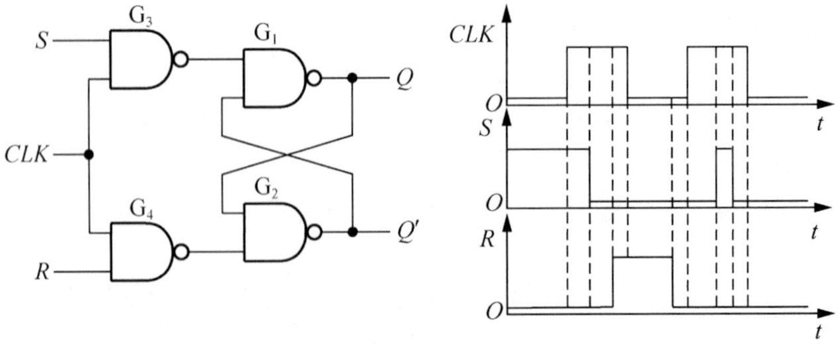

题图 5.3

4. 分别叙述同步触发器、主从触发器和边沿触发器的动作特点。

5. 在主从 RS 触发器电路中，若 CLK、R、S 的电压波形如题图 5.4 所示，试画出输出端 Q、Q' 所对应的电压波形，设触发器的初始状态 Q=0。

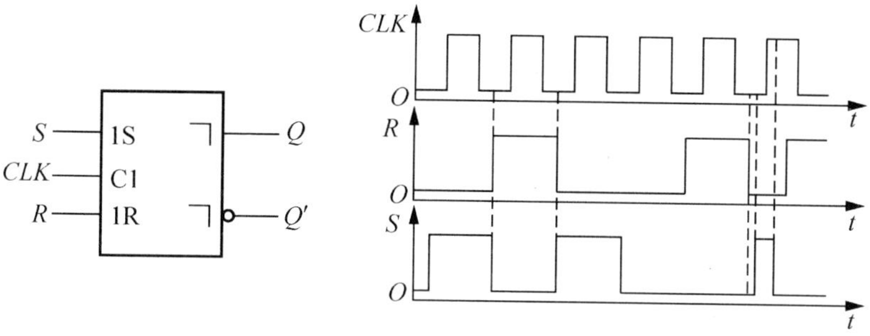

题图 5.4

6. 在图 5.14(a)所示的主从 *JK* 触发器中，若 *CLK*、*J*、*K* 的电压波形如题图 5.5 所示，试画出输出端 *Q*、*Q′* 所对应的电压波形，设触发器的初始状态 *Q*=0。

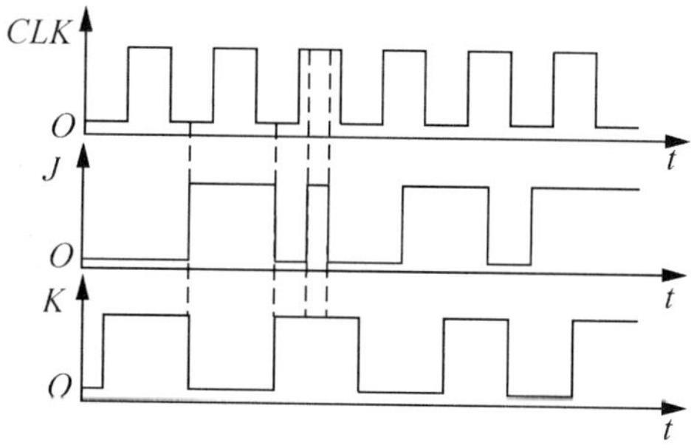

题图 5.5

7. 在 *CLK* 下降沿触发的边沿 *JK* 触发器中，若 *CLK*、*J*、*K* 的电压波形如题图 5.6 所示，试画出输出端 *Q*、*Q′* 所对应的电压波形，设触发器的初始状态 *Q*=0。

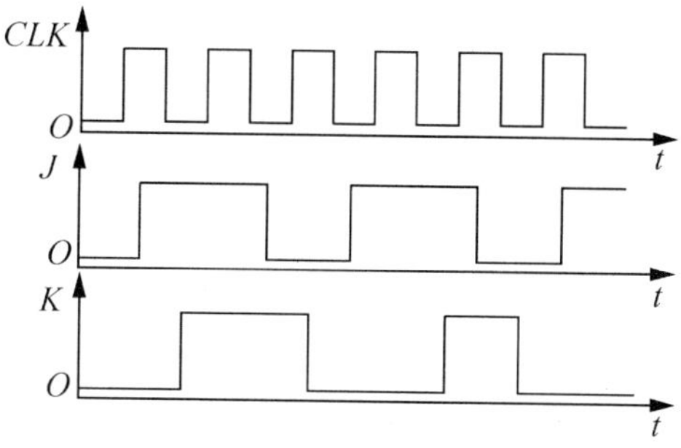

题图 5.6

8. 在图 5.21 所示的维持阻塞结构 *D* 触发器中，若 *CLK*、*D* 的电压波形如题图 5.7 所示，试画出输出端 *Q*、*Q′* 所对应的电压波形，设触发器的初始状态 *Q*=0。

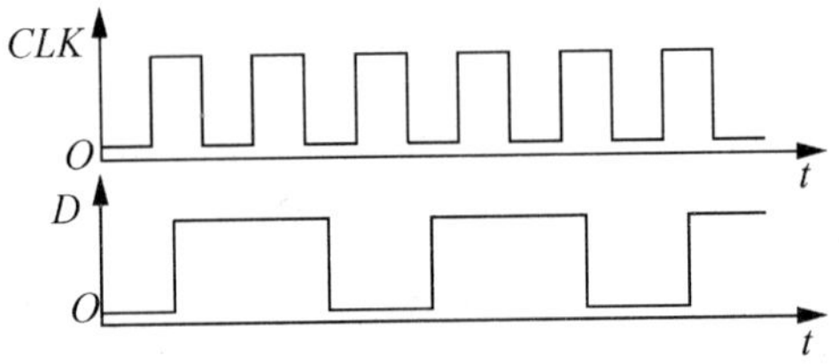

题图 5.7

9. 在题图 5.8 所示的边沿 *JK* 触发器中，若各输入端的电压波形如图中所示，试画出输出端 *Q*、*Q′* 所对应的电压波形，设触发器的初始状态 *Q*=0。

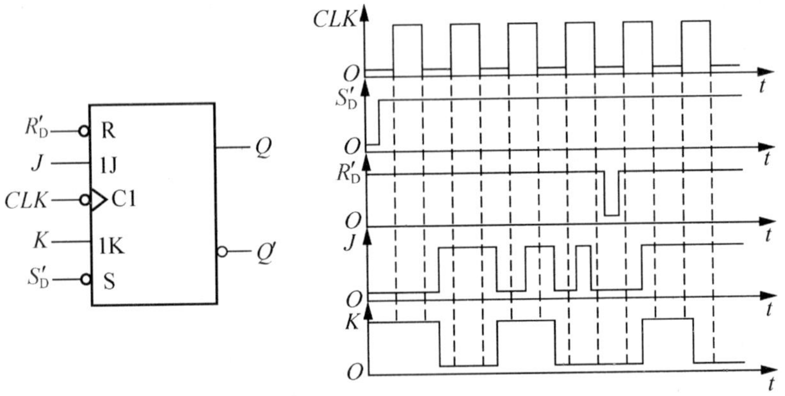

题图 5.8

10. 试分析题图 5.9 所示电路的逻辑功能，列出真值表，写出逻辑函数式。

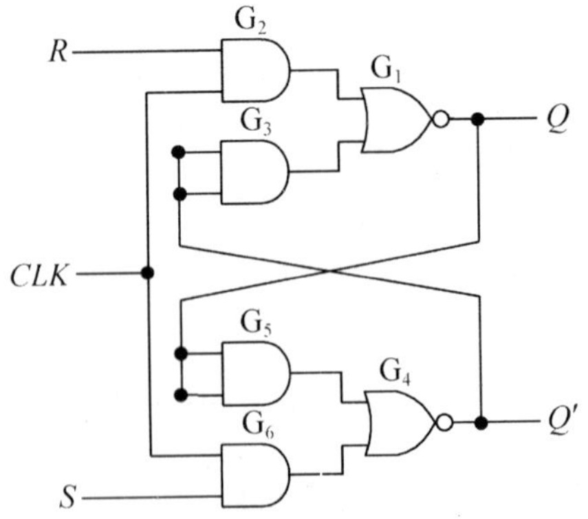

题图 5.9

11. 电路及输入波形如题图 5.10 所示，其中 FF 是维持阻塞 *D* 触发器，试根据输入端 *CLK* 和 *A*、*B* 的波形画出输出端 *Q*、*Q′* 的波形。设触发器的初始状态 *Q*=0。

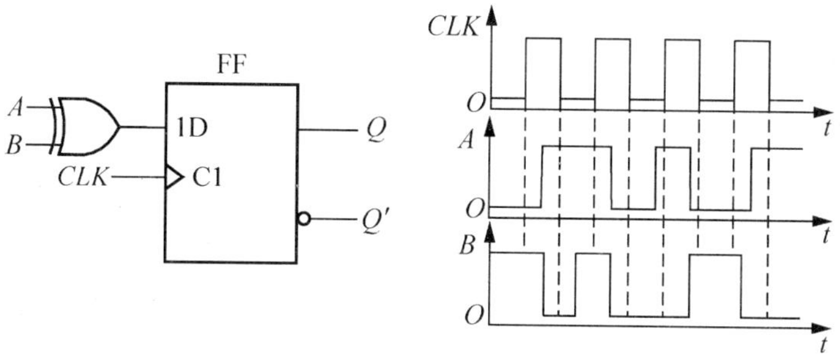

题图 5.10

12. 试画出题图 5.11 所示电路 Q_0、Q_1 的波形图，已知 FF_0 和 FF_1 是上升沿触发的 *JK* 触发器，且触发器的初始状态均为 0。

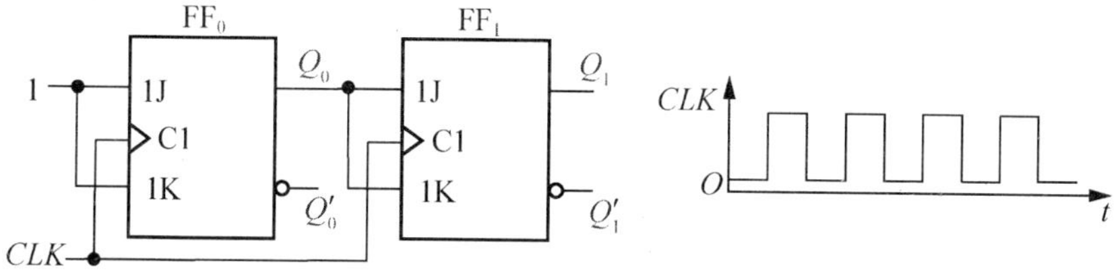

题图 5.11

13. 已知 *D* 触发器如题图 5.12 所示，试将其转换为 *JK* 触发器。

14. 已知 *D* 触发器如题图 5.13 所示，试将其转换为 *T* 触发器。

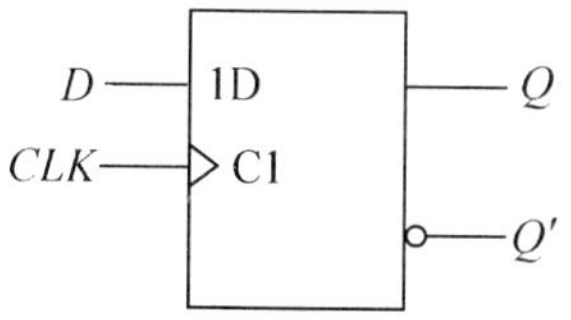

题图 5.12

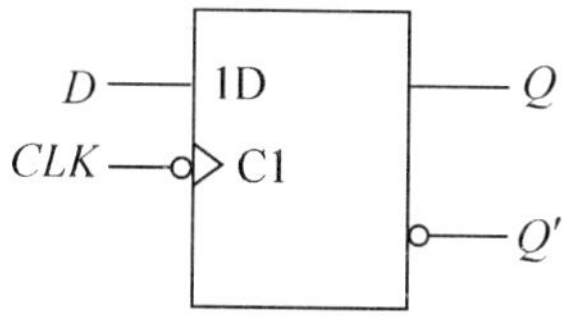

题图 5.13

15. 用 VHDL 语言描述 *RS* 触发器的逻辑功能，并完成编译和波形仿真。

第 6 章

时序逻辑电路

本章教学目的与要求

(1) 了解时序逻辑电路的特点及分类。
(2) 掌握时序逻辑电路的分析方法。
(3) 掌握时序逻辑电路的设计方法。
(4) 熟练掌握常用集成时序逻辑器件的特点及应用。
(5) 学会应用 Multisim 10 分析时序逻辑电路。
(6) 学会应用 VHDL 描述时序逻辑电路。

本章知识结构

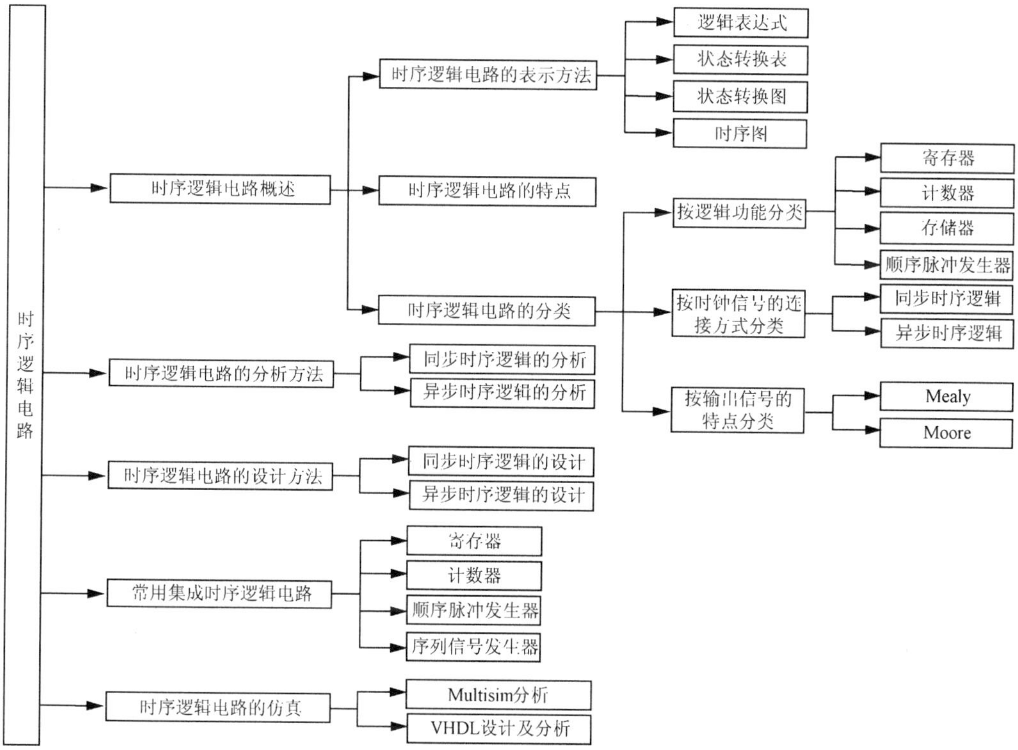

6.1　时序逻辑电路概述

逻辑电路分为两大类，一类是第 4 章所介绍的组合逻辑电路；另一类是本章将要介绍的时序逻辑电路。所谓时序逻辑电路是指在任何时刻，逻辑电路的输出状态不仅取决于该时刻电路的输入状态，而且还与电路原来的状态有关。由于时序逻辑电路一般是在有限个状态间按照一定的规律转换的，所以也被称为状态机。

6.1.1　时序逻辑电路的特点

从时序逻辑电路的定义中可以看出，时序逻辑电路具有记忆功能，能够保存电路原来的状态。时序逻辑电路的状态是由存储电路来表示和记忆的，而触发器具有记忆功能，能够记忆电路的状态，所以从电路组成来看，时序逻辑电路一定含有作为存储单元的触发器，以便存储电路某一时刻之前的状态。

时序逻辑电路的基本结构框图如图 6.1 所示，它一般由组合逻辑电路和存储电路两部分组成，图中的 $X(x_1,x_2,\cdots,x_i)$ 代表外部输入信号，$Y(y_1,y_2,\cdots,y_j)$ 代表电路输出信号，

$Z(z_1,z_2,\cdots,z_k)$ 代表存储电路的输入信号，$Q(q_1,q_2,\cdots,q_l)$ 代表存储电路的输出信号，存储电路所需的时钟信号未标出。组合逻辑电路的部分输出 Z 通过存储电路输出 Q 反馈到组合逻辑电路的输入端，并与外部输入信号 X 共同决定组合逻辑电路的输出 Y。也就是说，存储电路的输出必须反馈到组合电路的输入端，并与输入信号一起决定组合逻辑电路的输出。

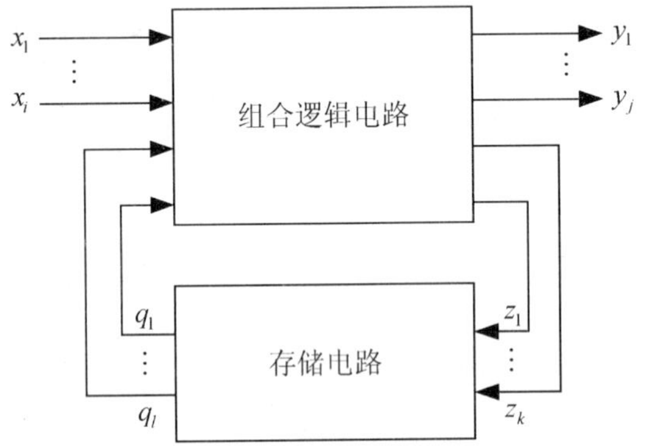

图 6.1　时序逻辑电路结构框图

6.1.2　时序逻辑电路的分类

在实际的生产、生活、科研中，完成各种操作的时序逻辑电路应用范围广，电路种类多，因此时序逻辑电路有多种分类方式。

按照电路的逻辑功能进行划分，时序逻辑电路可以分为寄存器、计数器、存储器、顺序脉冲发生器等。

按照时序逻辑电路中时钟信号的连接方式，可以分为同步时序逻辑电路和异步时序逻辑电路。在同步时序逻辑电路中，存储电路中的所有触发器的时钟输入端与同一个时钟脉冲相连接，所有触发器状态的变化都受同一个时钟脉冲控制，是同步进行的。在异步时序逻辑电路中没有统一的时钟脉冲，存储电路中触发器状态的变化不是受同一时钟脉冲控制的，是异步进行的。

按照时序逻辑电路输出信号的特点可以分为 Mealy 型和 Moore 型。在 Mealy 型电路中，输出信号不仅与存储电路的状态有关，而且还取决于电路的输入信号。在 Moore 型电路中，输出信号仅仅取决于存储电路的状态。可见，Moore 型电路是 Mealy 型电路的一种特殊情况。

此外，按照能否编程，可以分为可编程和非可编程时序逻辑电路；按照集成度不同，可以分为 SSI、MSI、LSI、VLSI 等；按照使用的开关元件类型不同，可以分为 TTL 型和 CMOS 型等。

6.1.3　时序逻辑电路的功能描述

时序逻辑电路的逻辑功能描述可以采用逻辑表达式、状态转换表、状态转换图、时序图等多种形式。

1. 逻辑表达式

在图 6.1 所示的时序逻辑电路结构框图中，信号 X、Y、Z、Q 之间的逻辑关系可以用

3 个方程来描述：

$$\begin{cases} y_1 = f_1(x_1, x_2, \cdots, x_i, q_1, q_2, \cdots, q_l) \\ y_2 = f_2(x_1, x_2, \cdots, x_i, q_1, q_2, \cdots, q_l) \\ \vdots \\ y_j = f_j(x_1, x_2, \cdots, x_i, q_1, q_2, \cdots, q_l) \end{cases} \tag{6-1}$$

$$\begin{cases} z_1 = g_1(x_1, x_2, \cdots, x_i, q_1, q_2, \cdots, q_l) \\ z_2 = g_2(x_1, x_2, \cdots, x_i, q_1, q_2, \cdots, q_l) \\ \vdots \\ z_k = g_k(x_1, x_2, \cdots, x_i, q_1, q_2, \cdots, q_l) \end{cases} \tag{6-2}$$

$$\begin{cases} q_1^{n+1} = h_1(z_1, z_2, \cdots, z_k, q_1, q_2, \cdots, q_l) \\ q_2^{n+1} = h_2(z_1, z_2, \cdots, z_k, q_1, q_2, \cdots, q_l) \\ \vdots \\ q_l^{n+1} = h_l(z_1, z_2, \cdots, z_k, q_1, q_2, \cdots, q_l) \end{cases} \tag{6-3}$$

式(6-1) 称为电路的输出方程，式(6-2) 称为存储电路的驱动方程(或激励方程)，式(6-3) 称为存储电路的状态方程。$q_1, q_2, \cdots, q_l$ 表示存储电路中每个触发器的现态，$q_1^{n+1}, q_2^{n+1}, \cdots, q_l^{n+1}$ 表示存储电路中每个触发器的次态。如果将上面 3 个方程组写成向量形式，可以表示为：

$$Y = F[X, Q^n]$$

$$Z = G[X, Q^n]$$

$$Q^{n+1} = H[Z, Q^n]$$

时序逻辑电路的逻辑功能可以用电路的输出方程、存储电路的驱动方程和存储电路的状态方程来表示。

2. 状态转换表

一般地，只要能够写出一个时序逻辑电路的输出方程、驱动方程和状态方程，就可以将该电路的逻辑功能描述清楚，但这一组方程不能使人们对该电路的功能一目了然。为了能够使人们直观地知道在一系列时钟信号作用下电路状态转换的全过程，可以采用状态转换表来描述时序逻辑电路的工作情况。

如果将任何一组外部输入信号和存储电路的初态代入到状态方程和输出方程，可以得到存储电路的次态和输出值；把得到的次态作为新的初态，并和这时的输入信号一起，再代入到状态方程和输出方程，又得到一组新的次态和输出值。以此类推，直到得到所有的次态和输出值，将这些计算结果列成真值表的形式，就可以得到状态转换表。

3. 状态转换图

为了更加形象地表示时序逻辑电路的逻辑功能，可以将状态转换表的内容转换为状态转换图。在状态转换图中以圆圈表示时序逻辑电路的每一个状态，以箭头表示状态转换的方向，并在箭头旁注明了状态转换前的输入信号取值和电路输出值。一般情况下，将输入信号的取值写在斜线上方，将电路输出值写在斜线下方。

4. 时序图

时序图也称为波形图，是在时钟信号作用下，电路的状态和输出随时间变化的波形。时序图主要用于在实验中测试检查电路的逻辑功能，也可用于数字电路的波形仿真。

上述 4 种表示方法都可以用来描述时序逻辑电路的功能，它们之间可以相互转换。

【思考题】 时序逻辑电路和组合逻辑电路有什么区别？

6.2 时序逻辑电路的分析

时序逻辑电路的分析就是在给定时序逻辑电路的基础上，找出该时序逻辑电路在输入信号及时钟信号的作用下，电路的状态及输出的变化规律，从而得出其逻辑功能。在时序逻辑电路中，存储单元的基本单元是触发器，基于触发器的时序逻辑电路分析是时序逻辑电路分析的基础，本节重点介绍基于触发器的时序逻辑电路的分析方法。

6.2.1 同步时序逻辑电路的分析方法

同步时序逻辑电路的分析就是根据给定的同步时序逻辑电路，首先写出其驱动方程、输出方程和状态方程，然后分析在输入信号和时钟信号的作用下，电路状态及输出的转换规律，最后说明该电路的逻辑功能。由于同步时序逻辑电路中的触发器都是在同一个时钟脉冲操作下工作的，所以其分析方法相对来说比较简单。

同步时序逻辑电路的分析一般情况下可按下列步骤进行。

1. 写方程式

(1) 写出各个触发器的驱动方程。触发器的驱动方程就是触发器输入端的逻辑表达式。

(2) 写出电路输出方程。输出方程是电路输出信号的逻辑表达式，它反映了电路的输出与触发器现态及电路输入信号之间的逻辑关系。

(3) 写出各个触发器的状态方程。将每个触发器的驱动方程代入到相应触发器的特性方程，便可以求出每个触发器的状态方程，从而可以得到整个时序逻辑电路的状态方程组。

2. 列出状态转换表或画状态转换图、时序图

将电路的输入和现态的各种可能取值代入到状态方程和输出方程中去，求出相应的次态和输出，从而列出状态转换表，或是画出状态转换图、时序图。在此过程中，要注意电路的现态是所有触发器现态的组合，而且不能漏掉任何可能出现的现态及输入信号的取值。

3. 说明电路逻辑功能

根据状态转换表或状态转换图、时序图，结合输入信号、输出信号的物理意义，经过分析，说明电路的逻辑功能。

【例 6-1】 分析如图 6.2 所示同步时序逻辑电路的逻辑功能。

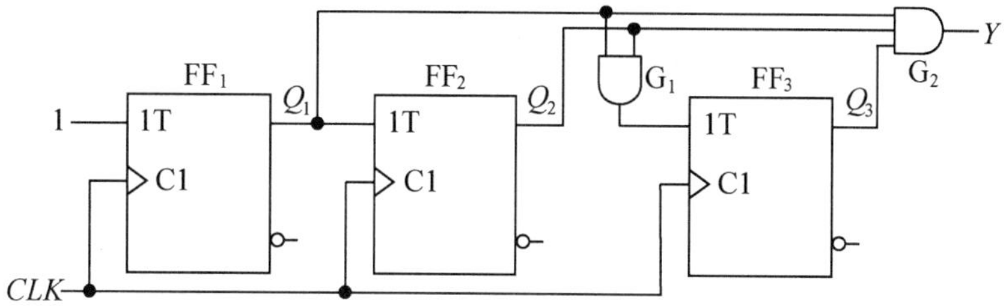

图 6.2　【例 6-1】的电路图

解：(1) 写方程式。该电路的存储单元由 3 个 T 触发器组成，它的驱动方程为

$$T_1 = 1$$

$$T_2 = Q_1^n$$

$$T_3 = Q_2^n Q_1^n$$

该电路的输出方程为

$$Y = Q_3^n Q_2^n Q_1^n$$

将电路的驱动方程代入 T 触发器的特性方程 $Q^{n+1} = T(Q^n)' + T'Q^n$，得到的状态方程为

$$Q_1^{n+1} = T_1(Q_1^n)' + T_1'Q_1^n = 1\cdot(Q_1^n)' + 0\cdot(Q_1^n)' = (Q_1^n)'$$

$$Q_2^{n+1} = T_2(Q_2^n)' + T_2'Q_2^n = Q_1^n(Q_2^n)' + (Q_1^n)'Q_2^n = Q_2^n(Q_1^n)' + (Q_2^n)'Q_1^n$$

$$Q_3^{n+1} = T_3(Q_3^n)' + T_3'Q_3^n = Q_2^nQ_1^n(Q_3^n)' + (Q_2^nQ_1^n)'Q_3^n = Q_3^n(Q_1^n)' + Q_3^n(Q_2^n)' + (Q_3^n)'Q_2^nQ_1^n$$

(2) 列出状态转换表，画状态转换图、时序图。首先将触发器的现态组合 $Q_3^nQ_2^nQ_1^n$ 列入表内，再将 $Q_3^nQ_2^nQ_1^n$ 的取值代入状态方程和输出方程，求出触发器的次态和电路的输出，并填入表内，得到的状态转换表见表 6-1。

表 6-1　【例 6-1】的状态转换表 1

现态			次态			输出
Q_3^n	Q_2^n	Q_1^n	Q_3^{n+1}	Q_2^{n+1}	Q_1^{n+1}	Y
0	0	0	0	0	1	0
0	0	1	0	1	0	0
0	1	0	0	1	1	0
0	1	1	1	0	0	0
1	0	0	1	0	1	0
1	0	1	1	1	0	0
1	1	0	1	1	1	0
1	1	1	0	0	0	1

由状态转换表可以画出状态转换图，电路中有 3 个触发器，顺序为 $Q_3Q_2Q_1$，共有 8 种状态，将这 8 种状态用 8 个圆圈表示，并以箭头表示转换方向，便可得到如图 6.3 所示的状态转换图。

画电路输出在时钟信号作用下的时序图时，先假设电路的初始状态为 $Q_3Q_2Q_1$=000，然后画出电路的状态波形，最后画输出波形，得到的时序图如图 6.4 所示。

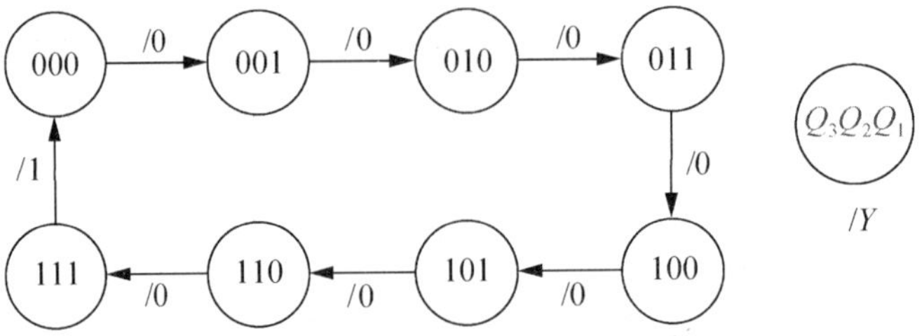

图 6.3 【例 6-1】的状态转换图

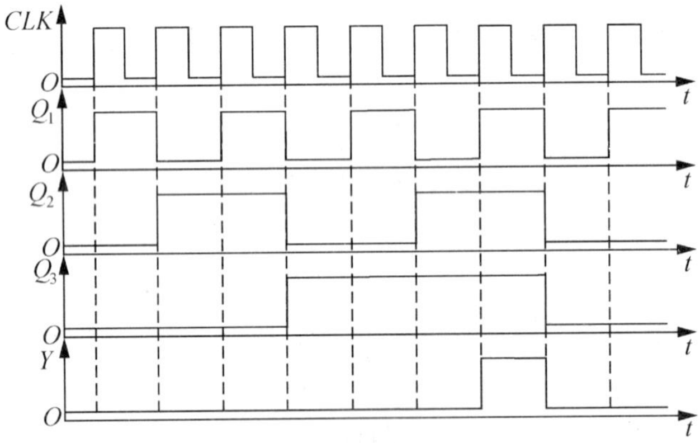

图 6.4 【例 6-1】的时序图

(3) 说明电路逻辑功能。通过状态转换表或状态转换图、时序图可以清楚地看出，每经过 8 个时钟脉冲的作用，$Q_3Q_2Q_1$ 的状态从 000 到 111 按二进制数顺序递增，电路状态循环一次，同时在输出端产生一个高电平输出，即输出信号可以作为进位信号。因此，图 6.2 所示电路是一个同步八进制加法计数器，时钟脉冲 *CLK* 是计数脉冲输入，输出端 *Y* 是进位输出。

为了表示时序逻辑电路的状态转换规律，有时也可以采用表 6-2 所示的状态转换表，在此表中，以时钟脉冲的顺序作为状态转换次序，在每一行不再单独列出触发器的现态和次态，这种表示方法比较直观。

表 6-2 【例 6-1】的状态转换表 2

转换次序	触发器状态			输　出
CLK	Q_3	Q_2	Q_1	*Y*
0	0	0	0	0
1	0	0	1	0
2	0	1	0	0
3	0	1	1	0
4	1	0	0	0
5	1	0	1	0
6	1	1	0	0
7	1	1	1	1

【例 6-2】　分析如图 6.5 所示同步时序逻辑电路的逻辑功能。

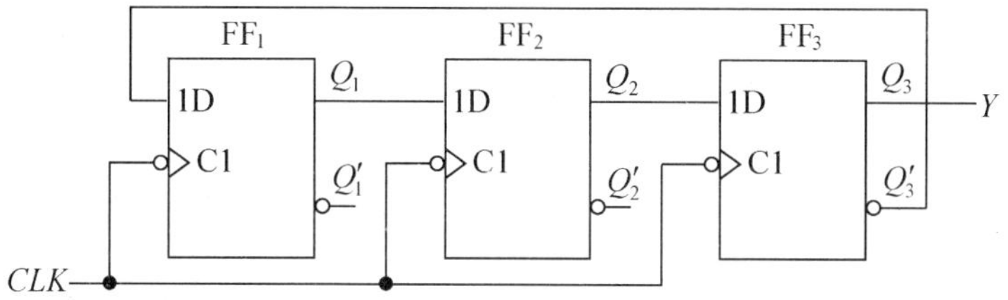

图 6.5　【例 6-2】的电路图

解：(1) 写方程式。该电路的存储单元由 3 个 D 触发器组成，它的驱动方程为

$$D_1 = (Q_3^n)'$$

$$D_2 = Q_1^n$$

$$D_3 = Q_2^n$$

该电路的输出方程为

$$Y = Q_3^n$$

将电路的驱动方程代入 D 触发器的特性方程 $Q^{n+1} = D$，得到的状态方程为

$$Q_1^{n+1} = D_1 = (Q_3^n)'$$

$$Q_2^{n+1} = D_2 = Q_1^n$$

$$Q_3^{n+1} = D_3 = Q_2^n$$

(2) 列出状态转换表，画状态转换表、时序图。根据状态转换表的求法，假设电路的初始状态 $Q_3^nQ_2^nQ_1^n$=000，得到的状态转换表见表 6-3，表中上半部分是有效循环，下半部分是无效循环。

表 6-3　【例 6-2】的状态转换表

现态			次态			输出
Q_3^n	Q_2^n	Q_1^n	Q_3^{n+1}	Q_2^{n+1}	Q_1^{n+1}	Y
0	0	0	0	0	1	0
0	0	1	0	1	1	0
0	1	1	1	1	1	0
1	1	1	1	1	0	1
1	1	0	1	0	0	1
1	0	0	0	0	0	1
0	1	0	1	0	1	0
1	0	1	0	1	0	1

该电路的状态转换图如图 6.6 所示，时序图如图 6.7 所示。

(3) 说明电路逻辑功能。由状态转换表或状态转换图可看出，该电路为六进制计数器，并且该电路有 010 和 101 两个无效状态，一旦电路进入这两个状态中，将无法回到有效循环中，因此该电路不能自启动。从时序图中可以看出，输出信号的频率为时钟脉冲信号频率的 1/6，因此该电路也称六分频电路。所谓分频电路是将高频输入信号变为低频输出信号的电路，六分频是指输出信号的频率为输入信号频率的 1/6。

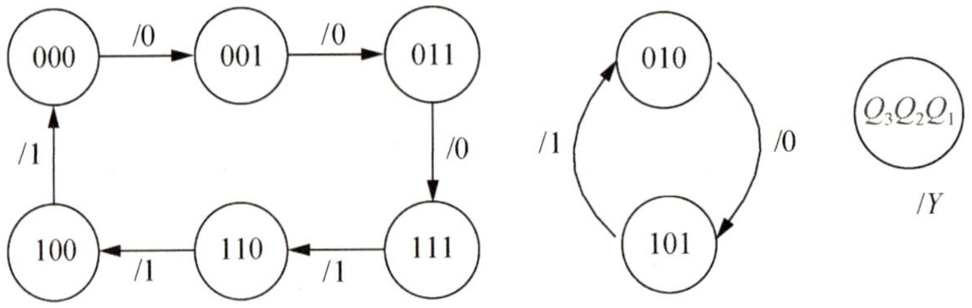

图 6.6 【例 6-2】的状态转换图

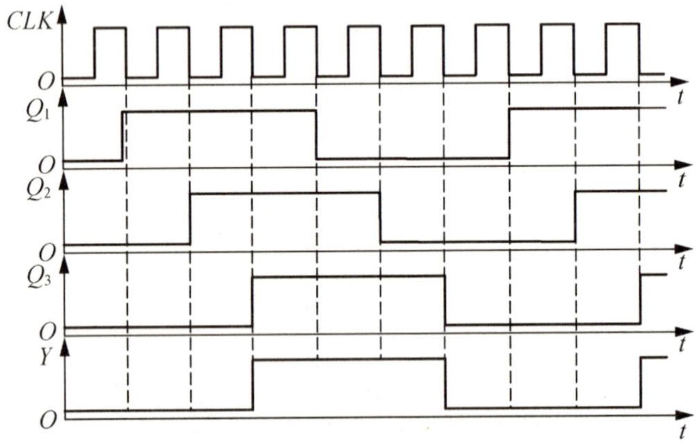

图 6.7 【例 6-2】的时序图

在时序逻辑电路中，只要是被利用的状态，都称为有效状态；没有被利用的状态称为无效状态。有效状态形成的循环称为有效循环；无效状态形成的循环称为无效循环。如果一个时序逻辑电路存在无效状态，但是经过若干个时钟脉冲以后，电路的状态可以回到有效循环中，这样的电路称为能自启动电路，也就是说电路虽然存在无效状态，但是没有形成无效循环。如果无效状态形成了循环，电路由于某种原因一旦进入无效循环，便不能回到有效循环了，这样的电路称为不能自启动电路。

6.2.2 异步时序逻辑电路的分析方法

异步时序逻辑电路的分析方法和同步时序逻辑电路的分析方法基本相同，只要能够写出电路的驱动方程、输出方程和状态方程，列出状态转换表或是画出状态转换图、时序图，就可以分析出电路的逻辑功能。

由于异步时序逻辑电路没有统一的时钟脉冲，因此存储电路中触发器状态的变化并不一定同时进行，有时钟脉冲的触发器，输出状态将按照触发器的特性进行翻转，没有时钟脉冲的触发器，输出状态将保持不变。为了体现这一点，通常将时钟脉冲信号也作为一个逻辑条件，写在状态方程的结尾，称为时钟方程，它表示当时钟脉冲信号满足条件时，触发器的状态方程才成立。下面通过例子介绍异步时序逻辑电路的分析方法。

【例 6-3】　已知异步时序逻辑电路如图 6.8 所示，试分析它的逻辑功能，画出状态转换图和时序图。图中触发器为 TTL 型，输入端悬空相当于接高电平。

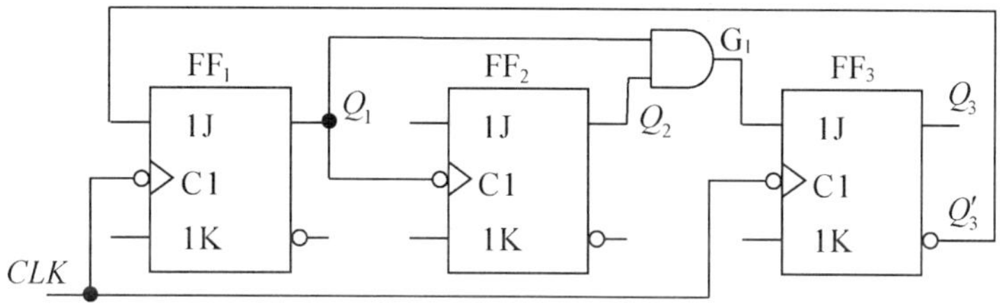

图 6.8　【例 6-3】的电路图

解：(1) 写方程式。该电路的驱动方程为

$$J_1=(Q_3^n)' \qquad K_1=1$$
$$J_2=1 \qquad K_2=1$$
$$J_3=Q_1^nQ_2^n \qquad K_3=1$$

由电路可知 CLK_1=CLK_3=CLK，$CLK_2=Q_1^n$，将驱动方程代入到 JK 触发器的特性方程，得到的状态方程和时钟方程为

$$Q_1^{n+1}=(Q_3^n)'(Q_1^n)' \qquad CLK_1=CLK$$
$$Q_2^{n+1}=(Q_2^n)' \qquad CLK_2=Q_1^n$$
$$Q_3^{n+1}=(Q_3^n)'Q_2^nQ_1^n \qquad CLK_3=CLK$$

(2) 列出状态转换表，画状态转换图、时序图。由于 CLK_1=CLK_3=CLK，所以触发器 FF_1 和 FF_3 在每一个时钟脉冲的下降沿动作，而触发器 FF_2 的时钟脉冲输入信号 $CLK_2=Q_1^n$，所以触发器 FF_2 在 Q_1^n 由 1 变为 0 时动作。假设电路的初始状态 $Q_3^nQ_2^nQ_1^n$=000，经计算得到的状态转换表见表 6-4。

表 6-4　【例 6-3】的状态转换表

现态			次态			时钟脉冲		
Q_3^n	Q_2^n	Q_1^n	Q_3^{n+1}	Q_2^{n+1}	Q_1^{n+1}	CLK_3	CLK_2	CLK_1
0	0	0	0	0	1	↓	↑	↓
0	0	1	0	1	0	↓	↓	↓
0	1	0	0	1	1	↓	↑	↓
0	1	1	1	0	0	↓	↓	↓
1	0	0	0	0	0	↓	0	↓
1	0	1	0	1	0	↓	↓	↓
1	1	0	0	1	0	↓	0	↓
1	1	1	0	0	0	↓	↓	↓

由逻辑状态转换表得到的逻辑状态转换图和时序图分别如图 6.9 和图 6.10 所示。

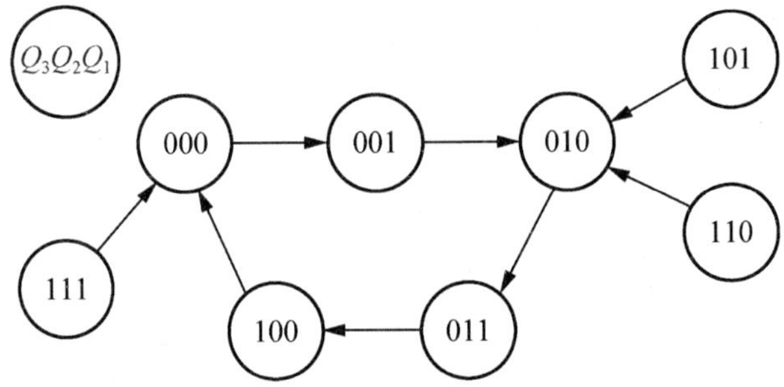

图 6.9 【例 6-3】的状态转换图

(3) 说明电路逻辑功能。从状态转换图中可以看出，该电路是一个异步五进制加法计数器，且具有自启动能力。

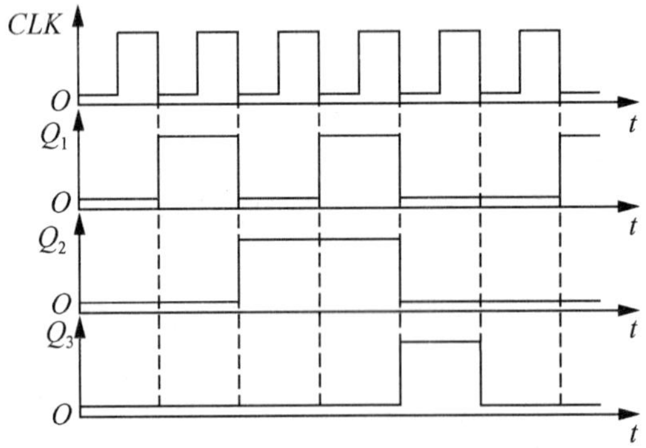

图 6.10 【例 6-3】的时序图

由于异步时序逻辑电路中的触发器不是在同一个时钟脉冲操作下工作的，如果触发器的时钟脉冲信号和输入信号同时改变，而且是经过不同的路径到达的，这时就产生竞争现象，竞争的结果可能导致触发器的误动作，这就是触发器的竞争—冒险现象。而由于同步时序逻辑电路的触发器在同一个时钟脉冲下工作，可以认为在触发器动作之前输入信号已经稳定，所以不会存在竞争—冒险现象。此外，时序逻辑电路中的竞争—冒险现象还可能是由时序逻辑电路中的组合逻辑电路部分引起的，所以，在分析时序逻辑电路的竞争—冒险现象时，要从组合逻辑电路和触发器这两个方面进行分析。

【思考题】 同步时序逻辑电路和异步时序逻辑电路的分析有什么区别？

6.3 时序逻辑电路的设计

时序逻辑电路设计是时序逻辑电路分析的逆过程，是根据给定的逻辑命题，给出符合逻辑功能要求的时序逻辑电路，并力求电路最简。时序逻辑电路的设计可以采用小规模、中规模或大规模集成电路实现，本节主要介绍基于小规模集成电路设计同步时序逻辑电路和异步时序逻辑电路的方法。电路最简是指用最少的触发器和门电路实现电路的逻辑功能。

6.3.1　同步时序逻辑电路的设计方法

1. 同步时序逻辑电路设计的步骤

同步时序逻辑电路设计的一般步骤可归纳如下。

(1) 进行逻辑抽象，建立原始状态转换图。首先，分析给定逻辑命题的因果关系，确定输入逻辑变量、输出逻辑变量和电路的状态，状态可以用数字或字母表示。其次，定义输入逻辑变量、输出逻辑变量的含义，进行状态赋值，对电路的各个状态进行编号。最后，根据实际的逻辑命题，分析每一种输入信号作用下电路的输出和状态的变化，从而建立原始状态转换图。原始状态转换图反映了同步时序逻辑电路的逻辑关系，是其他设计步骤的基础，因此，通过对电路工作情况进行全面的分析，列出正确的原始状态图是同步时序逻辑电路设计的关键。

(2) 状态化简。原始状态转换图不一定是最简状态转换图，可能包含多余的状态，应先确定等价状态。如果两个或两个以上的状态在所有相同输入条件下输出状态完全相同，并且状态的转移效果也相同，则这些状态是等价状态，等价状态可以合并。然后合并等价状态，画最简的状态转换图。

(3) 状态编码。状态编码也称状态分配，是指将最简状态转换图中的每一个状态分配一个二进制代码。首先，确定触发器的个数 n，时序逻辑电路的状态是用触发器输出状态的不同组合来实现的，n 个触发器可以组成 2^n 个二进制编码，如果最简状态转换表中有 M 个状态，则需要用 M 个二进制代码来表示，因此，所需触发器的个数必须满足 $2^{n-1}<M\leqslant 2^n$。

然后对电路进行状态编码。从 2^n 个二进制编码中选取 M 个编码分配给 M 个状态，分配的方案有很多种，选择的方案不同，所设计的电路结构和复杂程度就会不同。为了便于记忆和识别，一般选用自然二进制代码的编码方案，但在某些设计中，为了使输出表达式简单，可以将输出相同的状态分配为相邻代码。

(4) 选择触发器。第一步，确定触发器的类型。选择不同类型的触发器，设计出的电路不同，一般情况下可供选择的是 JK 触发器和 D 触发器，JK 触发器的功能强大，可以很简单地实现 RS 触发器和 T 触发器的功能，而 D 触发器控制比较简单。第二步，求出电路的状态方程、输出方程和驱动方程。可以从状态转换图中规定的输出、触发器次态与现态和输入变量的逻辑关系写出输出方程、状态方程，并利用公式或卡诺图等化简方法对求得的方程进行化简，化简时可以将状态分配中多余的代码作为无关项，以便得到最简的逻辑表达式。求出状态方程的最简表达式以后，将它变换为所选触发器特性方程的标准形式，求出电路的驱动方程。

(5) 画逻辑电路图。根据所选定的触发器类型及所求的驱动方程和输出方程，画出逻辑电路图。

(6) 检查电路能否自启动。将电路的无效状态代入状态方程进行计算，检验无效状态能否回到有效状态，如果能回到有效状态，说明电路能够自启动，电路设计正确。否则，说明电路不能自启动，需要修改设计，使之能自启动。

【例 6-4】　利用 JK 触发器设计一个带有进位输出的同步七进制计数器。

解：首先进行逻辑抽象，确定原始状态转换图。因为计数器是在时钟信号的作用下自动地进行状态转换，所以它没有输入变量，只有进位输出。设进位输出信号为逻辑变量 Y，并规定，有进位输出时 Y=1，无进位输出时 Y=0。七进制计数器有 7 个有效状态，若分别用 S_0～S_6 表示，可以画出如图 6.11 所示的原始状态转换图，而且状态转换图不能再化简了。

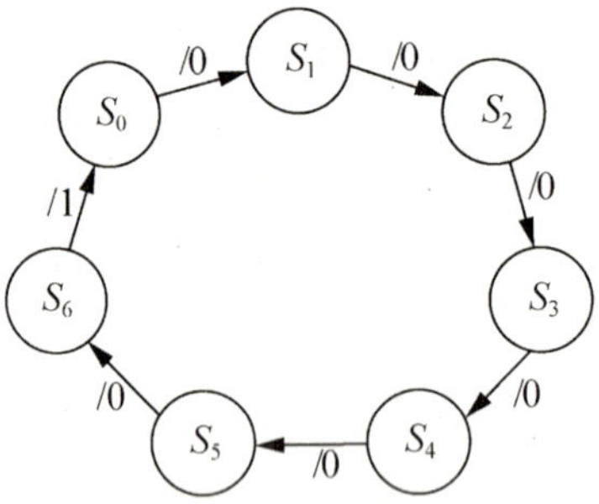

图 6.11 【例 6-4】的原始状态转换图

其次进行状态分配。电路有 7 个有效状态，因为 $2^2<7<2^3$，因此触发器的个数 n=3，按照自然二进制数递增的顺序为 S_0～S_6 进行状态分配，得到如表 6-5 所示的状态转换表。

由于电路的次态和输出仅取决于电路现态的取值，根据表 6-5 画出表示次态状态和进位输出的卡诺图，如图 6.12 所示。因为电路的状态中不会出现 111，所以将 111 所对应的最小项定为无关项，在卡诺图中用“×”表示。为了化简方便，可以将 6.12 所示的卡诺图分解为 4 个小的卡诺图，如图 6.13 所示。

表 6-5 【例 6-4】的状态转换表

原始状态	状态分配			进位输出
S	Q_3	Q_2	Q_1	Y
S_0	0	0	0	0
S_1	0	0	1	0
S_2	0	1	0	0
S_3	0	1	1	0
S_4	1	0	0	0
S_5	1	0	1	0
S_6	1	1	0	1
S_0	0	0	0	0

$Q_3^{n+1}Q_2^{n+1}Q_1^{n+1}/Y$

Q_3^n \ $Q_2^nQ_1^n$	00	01	11	10
0	001/0	010/0	100/0	011/0
1	101/0	110/0	×××/×	000/1

图 6.12 【例 6-4】次态/输出的卡诺图

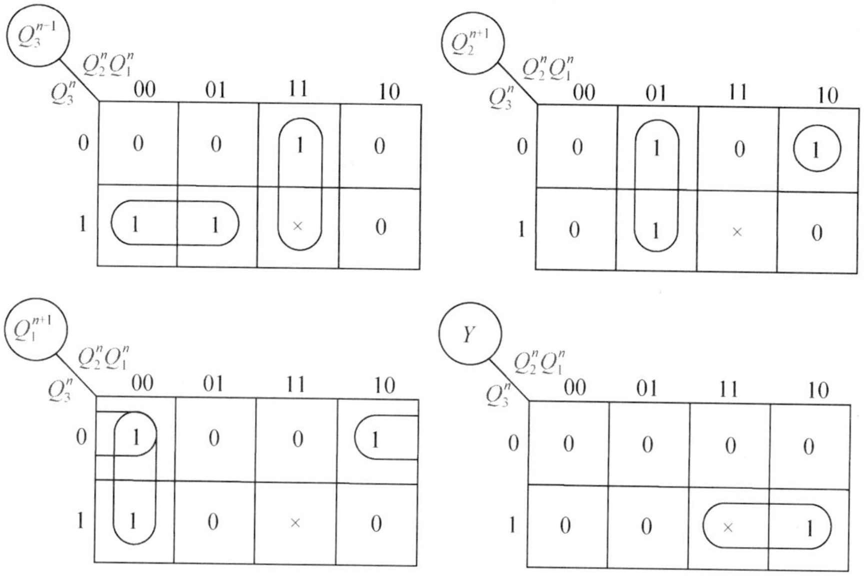

图 6.13　图 6.12 卡诺图的分解

从卡诺图中得到电路的状态方程为：

$$Q_3^{n+1} = Q_3^n (Q_2^n)' + Q_2^n Q_1^n$$

$$Q_2^{n+1} = (Q_2^n)' Q_1^n + (Q_3^n)' Q_2^n (Q_1^n)'$$

$$Q_1^{n+1} = (Q_2^n)'(Q_1^n)' + (Q_3^n)'(Q_1^n)'$$

从卡诺图中得到电路的输出方程为：

$$Y = Q_3^n Q_2^n$$

如果采用 *JK* 触发器组成该逻辑电路，将得到的状态方程变化为 *JK* 触发器特性方程的标准形式，可以得到：

$$Q_3^{n+1} = Q_3^n (Q_2^n)' + Q_2^n Q_1^n (Q_3^n + (Q_3^n)') = Q_2^n Q_1^n (Q_3^n)' + (Q_2^n)' Q_3^n$$

$$Q_2^{n+1} = Q_1^n (Q_2^n)' + (Q_3^n)'(Q_1^n)' Q_2^n = Q_1^n (Q_2^n)' + (((Q_3^n)'(Q_1^n)')')' Q_2^n$$

$$Q_1^{n+1} = ((Q_2^n)' + (Q_3^n)')(Q_1^n)' = (Q_2^n Q_3^n)'(Q_1^n)'$$

在变换 Q_3^{n+1} 的形式时忽略了无关项 $Q_3^n Q_2^n Q_1^n$，将变换后的状态方程和 *JK* 触发器的特性方程相比，得到触发器的驱动方程为：

$$J_3 = Q_2^n Q_1^n \qquad K_3 = Q_2^n$$

$$J_2 = Q_1^n \qquad K_2 = ((Q_3^n)'(Q_1^n)')'$$

$$J_1 = (Q_2^n Q_3^n)' \qquad K_1 = 1$$

根据驱动方程和输出方程画出的逻辑电路图如图 6.14 所示。

为了验证所设计电路的正确性，把 $Q_3^n Q_2^n Q_1^n$ =000 作为初始状态，代入到变换后的状态方程和输出方程，依次计算次态值和输出值，所得到的结果与表 6-5 所示的状态转换结果相同。把无效状态 $Q_3^n Q_2^n Q_1^n$ =111 代入到变换后的状态方程中去，得到次态 $Q_3^{n+1} Q_2^{n+1} Q_1^{n+1}$ =000，说明电路可以自启动。图 6.14 所示电路的完整状态转换图如图 6.15 所示。

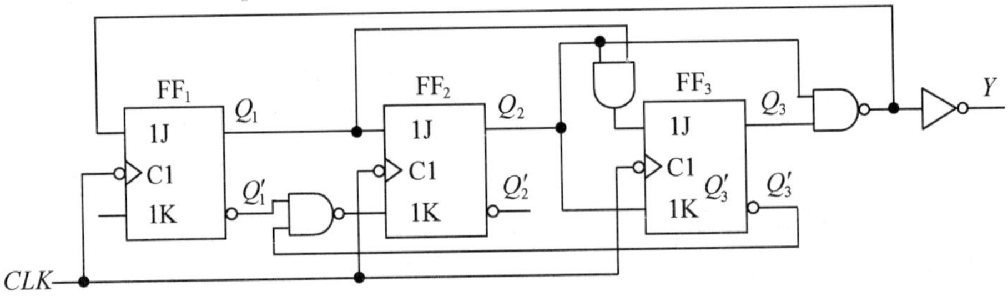

图 6.14　设计的【例 6-4】逻辑电路图

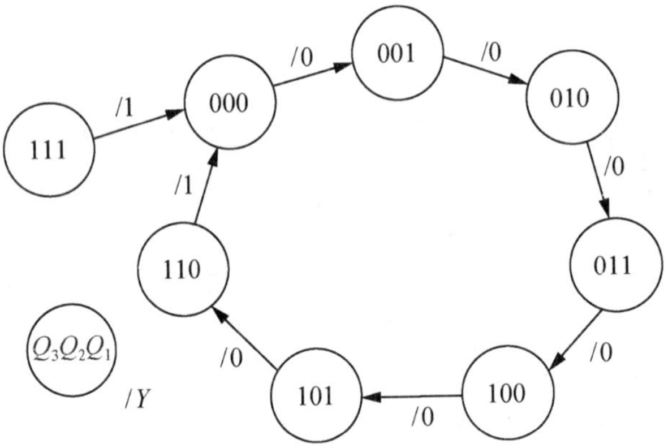

图 6.15　图 6.14 所示电路的完整状态转换图

2. 状态化简的方法

设计电路的复杂程度取决于电路的状态数，状态数越多，电路就越复杂，因此为了合理地完成同步时序逻辑电路的设计，应该将原始状态转换图或状态转换表中的状态进行化简，得到最简的状态转换图或状态转换表。如果一个状态表中的状态在所有输入条件下都有确定的次态和输出，则称为完全状态转换表；如果状态转换表中的某些状态的次态或输出为任意值，则称为非完全状态转换表。这里只介绍完全状态转换表的化简方法。

1) 观察法

假设电路的两个状态分别为 S_i 和 S_j，若在所有相同输入条件下，输出状态完全相同，并且状态的转移效果也相同，则 S_i 和 S_j 是等价状态，记作[S_i，S_j]，等价状态可以合并为一个状态。

判断两个状态是否等价要先判断在所有输入条件下的输出是否相等，如果输出不相等，则不是等价状态；如果输出相等，再判断状态的转移效果是否也相同。转移效果相同包含 3 个方面，分别为次态相同、次态交错和次态互为隐含条件。

次态相同是指在相同输入条件下，两个状态的次态完全相同，例如，某电路的状态 S_1 和 S_2 在相同输入条件下，次态都为 S_3，则 S_1 和 S_2 的转移效果相同。次态交错是指电路的两个状态在某些输入条件下，不断地在这两个状态之间转换，而在另外的输入条件下，转移到同一个次态。例如，某电路在输入为 0 时，不停地在状态 S_1 和 S_2 之间转换，一旦输入为 1，S_1 和 S_2 的次态都为 S_3，则 S_1 和 S_2 的转移效果相同。若在某些输入条件下，电路状态 S_1 的次态为 S_3，S_2 的次态为 S_4，则要继续比较 S_3 和 S_4 的转移效果，如果 S_3 和 S_4

的转移效果相同，则 S_1 和 S_2 的转移效果相同；如果 S_3 和 S_4 的转移效果不相同，则 S_1 和 S_2 的转移效果不相同，所以将[S_3，S_4]称为 S_1 和 S_2 的等价隐含条件。如果 S_1 和 S_2 与 S_3 和 S_4 互为等价隐含条件，则 S_1 和 S_2 等价，S_3 和 S_4 也等价。

等价状态具有传递性，如果 S_1 和 S_2 等价，S_2 和 S_3 等价，则 S_1 和 S_3 也等价。相互等价状态的集合称为等价类，凡是不被其他等价类所包含的等价类称为最大等价类。如果某个状态和其他状态都不等价，则该状态本身就是一个最大等价类。

2) 隐含表法

对于较简单的原始状态转换表，可以采用观察法进行状态化简，如果状态转换图比较复杂，为了有条理地进行状态化简，可以采用列隐含表的方法。下面通过例子来介绍隐含表法。

【例 6-5】 设计一个串行数据检测器，当输入数据中连续输入 4 个 1 时输出为 1，其他情况输出为 0。

解法 1：隐含表法是通过列隐含表、顺序比较、关联比较和寻找最大等价类等步骤，最后得到最简的状态转换表。根据要求，该电路有一个输入端和一个输出端，输入端用 X 表示，输出端用 Y 表示。当输入数据中连续输入 4 个 1 时输出为 1，说明电路具有记忆功能，能够记忆 3 位连续的输入，共有 8 种情况，分别为 000、001、010、011、100、101、110、111。只有当 3 位连续输入为 111，第 4 位也输入 1 时，输出才为 1。这 8 种状态分别用 A、B、C、D、E、、F、G、H 来表示。假设电路已经记忆的 3 个输入为 011(状态 D)，如果第 4 位输入 X=0，则电路的次态为 001(状态 B)；如果第 4 位输入 X=1，则电路的次态为 101(状态 F)。以此类推，可以列出原始状态转换表，见表 6-6。

表 6-6 【例 6-5】的原始状态转换表

状 态	输 入		输 出	
	X=0	X=1	X=0	X=1
A	A	E	0	0
B	A	E	0	0
C	B	F	0	0
D	B	F	0	0
E	C	G	0	0
F	C	G	0	0
G	D	H	0	0
H	D	H	0	1

隐含表是一种直角三角形表格，它的特点是"缺头、少尾"，表中的每个方格表示由纵坐标和横坐标所决定的一个状态对，表 6-6 所示原始状态转化表的隐含表如图 6.16(a)所示。

按照状态等价的条件将隐含表中各列状态与各行状态逐一进行比较，并将比较结果填入对应的小方格中，如图 6.16(b)所示。在比较时，如果两个状态不等价，例如状态 A 和状态 H，则在对应方格中用"×"表示；如果两个状态等价，如状态 A 和状态 B，在对应方格中用"√"表示；如果两个状态的等价取决于是否满足隐含条件，这时将隐含条件填入对应的方格中，例如状态 B 和状态 E 等价的隐含条件为状态 A 与 C、状态 E 与 G 是否等价，这时将 AC 和 EG 填入对应的方格中。

进行关联比较，检查每一个填有隐含条件的方格。如果发现隐含条件中有一个不满足等价条件，则该方格对应的状态对就不等价，用“×”表示。这样逐格检查，直到将所有不等价状态全部排除为止。例如，在图 6.16(b)中，只要隐含条件中含有 H 状态的状态对都不能满足等价条件，应在对应的方格中用“×”表示。经过关联比较后的结果如图 6.16(c)所示。

B							
C							
D							
E							
F							
G							
H							
	A	B	C	D	E	F	G

(a)

B	√						
C	AB EF	AB EF					
D	AB EF	AB EF	√				
E	AC EG	AC EG	BC FG	BC FG			
F	AC EG	AC EG	BC FG	BC FG	√		
G	AD EH	AD EH	BD FH	BD FH	CD GH	CD GH	
H	×	×	×	×	×	×	×
	A	B	C	D	E	F	G

(b)

B	√						
C	AB EF	AB EF					
D	AB EF	AB EF	√				
E	×	×	×	×			
F	×	×	×	×	√		
G	×	×	×	×	×	×	
H	×	×	×	×	×	×	×
	A	B	C	D	E	F	G

(c)

图 6.16 【例 6-5】的隐含表

(a)隐含表；(b)顺序比较；(c)关联比较

寻找最大等价类，凡是填有状态对或标有“√”的方格，都代表一个等价状态对，于是得到全部的等价状态对：[A，B]、[A，C]、[B，C]、[C，D]、[E，F]。等价状态[A，B]、[A，C]、[B，C]、[C，D]构成等价类[A，B，C，D]，[E，F]也是一个等价类。而且[A，B，C，D]、[E，F]互不包含在对方的等价类中，因此它们都是最大等价类。剩余的两个状态

[G]、[H]不和任何状态等价，因此它们也是最大等价类。这样，全部的最大等价类为[A，B，C，D]、[E，F]、[G]、[H]。

将最大等价类中的状态进行合并，每个最大等价类用一个状态代替，得到最简的状态转换表。最大等价类[A，B，C，D]用状态 A 表示；最大等价类[E，F]用状态 E 表示；[G]、[H]仍用[G]、[H]表示。由此得到的最简状态转换表见表 6-7，这样就将原始状态转换表中的 8 个状态化简为 4 个状态。化简后的原始状态图如图 6.17 所示。

由于电路只有 4 个状态，所以只需要两个触发器，如果取触发器状态 Q_2Q_1 的 00、01、10、11 分别代表状态 A、E、G、H，并选用 JK 触发器组成这个检测电路，则可以从状态转换图画出电路次态和输出的卡诺图，如图 6.18 所示。可以将 6.18 所示的卡诺图分解为 Q_2^{n+1}、Q_1^{n+1} 和 Y 的 3 个卡诺图进行化简，也可以直接利用图 6.18 所示的卡诺图进行化简，化简后得到电路的状态方程为：

$$Q_2^{n+1}=XQ_1^n+XQ_2^n=XQ_1^n(Q_2^n+(Q_2^n)')+XQ_2^n=XQ_1^n(Q_2^n)'+XQ_2^n$$

$$Q_1^{n+1}=X(Q_1^n)'+XQ_2^n=X(Q_1^n)'+XQ_2^n(Q_1^n+(Q_1^n)')=X(Q_1^n)'+XQ_2^nQ_1^n$$

输出方程为：

$$Y=XQ_1^nQ_2^n$$

表 6-7　【例 6-5】的最简状态转换表

状　态	输　入		输　出	
	X=0	X=1	X=0	X=1
A	A	E	0	0
E	A	G	0	0
G	A	H	0	0
H	A	H	0	1

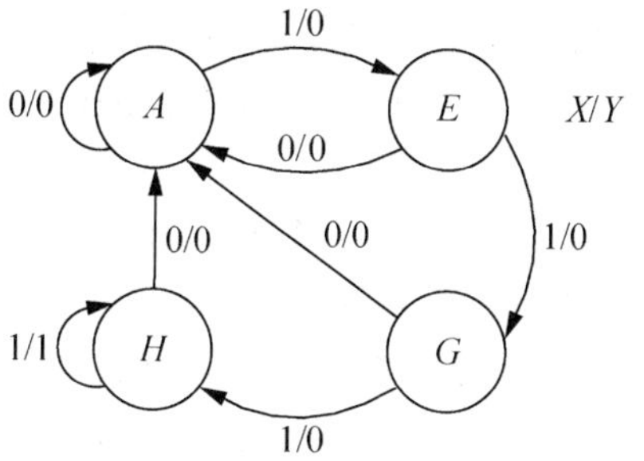

图 6.17　【例 6-5】的最简状态转换图

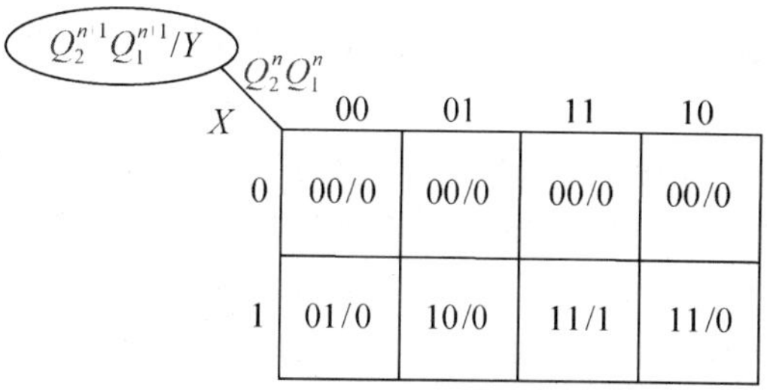

图 6.18　【例 6-5】次态/输出的卡诺图

将化简后的状态方程与 JK 触发器特性方程的标准形式相比，得到触发器的驱动方程为：

$$J_2=XQ_1^n \qquad K_2=X'$$

$$J_1=X \qquad K_1=(XQ_2^n)'$$

根据驱动方程和输出方程画出的逻辑电路图如图 6.19 所示。

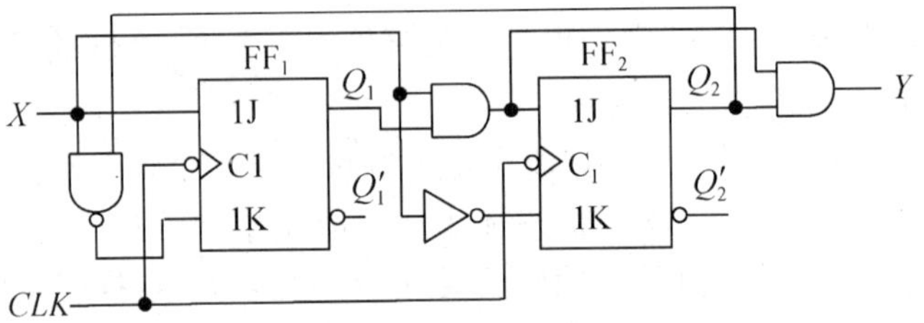

图 6.19　设计的【例 6-5】逻辑电路图

解法 2：根据设计要求，电路有一个输入端和一个输出端，输入端用 X 表示，输出端用 Y 表示。当输入数据 X 中连续输入 4 个 1 时输出 Y=1，其他情况输出 Y=0。由于事先不知道实现该逻辑功能的时序电路有多少个状态，因此用字母 A、B 等表示电路的状态。假定某个状态为初始状态，再根据输入条件分析电路状态变化和输出值，以此类推，直到所有的逻辑关系都确定为止。

假设电路的初态为 A，若输入 X=0，根据题目要求，电路输出 Y=0，而且不需要对该输入进行检测，电路状态停留在 A。若输入 X=1，意味着出现了需要识别序列 1111 的第 1 位代码 1，电路进入下一个状态 B，电路输出 Y=0。状态 B 表示有代码 1 输入。

若电路处于状态 B，若输入 X=0，相当于没有出现需要检测的代码，电路回到状态 A，电路输出 Y=0。若输入 X=1，意味着出现了需要识别序列 1111 的第 2 位代码 1，电路进入下一个状态 C，电路输出 Y=0。状态 C 表示有序列 11 输入。

若电路处于状态 C，若输入 X=0，相当于没有出现需要检测的代码，电路回到状态 A，电路输出 Y=0。若输入 X=1，表明出现了需要识别序列 1111 的第 3 位代码 1，电路进入下一个状态 D，电路输出 Y=0。状态 D 表示有序列 111 输入。

若电路处于状态 D，若输入 X=0，相当于没有出现需要检测的代码，电路回到状态 A，电路输出 Y=0。若输入 X=1，表示出现了需要识别序列 1111 的第 4 位代码 1，电路进入下一个状态 E，电路输出 Y=1。状态 E 表示有序列 1111 输入。

若电路处于状态 E，若输入 X=0，相当于没有出现需要检测的代码，电路回到状态 A，电路输出 Y=0。若输入 X=1，相当于又出现了需要识别的序列 1111，电路停留在状态 E，电路输出 Y=1。

根据以上分析可以求得如图 6.20 所示的原始状态转换图。比较图中的状态 D 和状态 E 可以发现，它们在相同输入下有相同的输出，并且电路的次态也相同，因此 D 和 E 是等价状态，可以合并为一个状态，用 D 表示，从而得到最简的状态转换图。其最简状态转换图与图 6.17 所示的状态转换图类似，只需将图 6.17 中的状态 E、G、H 分别用状态 B、C、D 代替即可。

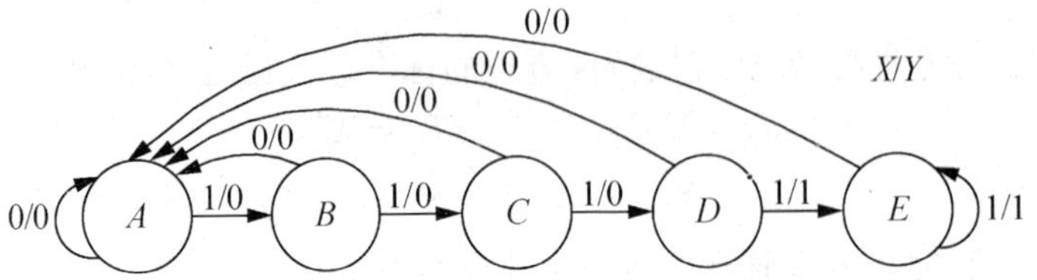

图 6.20　【例 6-5】解法 2 的原始状态转换图

当求出最简状态图以后，其余的解题过程与解法 1 中的解题过程完全一样，不再赘述。

通过上述两种解法可以发现，对于同一个逻辑问题，如果分析的角度不同，所得到的原始状态数可能是不同的，但是，得到的最简状态数是相同的。在设计电路时，应按照最简的状态转换图或状态转换表进行设计。

3. 自启动设计

设计完时序逻辑电路以后，应检查电路能否自启动，而这一步骤是在最后进行的，如果电路不能自启动，而电路又要求能够自启动，就需要重新修改设计了。为了避免这种情况的发生，在设计电路时就应该采取一定的措施，使电路能够自启动。

如果电路没有无效状态，设计出的电路肯定是能自启动的，如【例 6-5】所设计的电路，其有效状态数和触发器的状态数相同，没有无效状态，所以能自启动。

如果电路有无效状态，设计出的电路不一定能自启动。为了使存在无效状态的电路也能自启动，一般的做法是在求状态方程时，利用无关项进行化简，假设利用卡诺图进行化简，如果把无关项的“×”画在圈内，相当于把“×”当作 1，如果把无关项的“×”画在圈外，相当于把“×”当作 0，这相当于将无效状态指定了次态。如果指定的次态属于有效循环中的状态，那么电路就能自启动；如果指定的次态也是无效状态，那么电路就不能自启动。在【例 6-4】中求解状态方程时就将无效状态 111 的次态指定为 100，而状态 100 是有效状态，因此设计的电路就能够自启动。

6.3.2　异步时序逻辑电路的设计方法

异步时序逻辑电路的设计方法与同步时序逻辑电路的设计方法基本相同，由于时序逻辑电路中的触发器不是同时动作的，因而在设计时除了需要完成同步时序逻辑电路设计步骤以外，还应当为每个触发器选择合适的时钟脉冲信号。下面通过一个例子来说明其设计过程。

【例 6-6】　设计一个 8421BCD 编码的异步十进制加法计数器，并要求所设计的电路能够自启动。

解：首先，求电路的原始状态转换表。根据设计要求，电路的状态数目和状态编码都是确定的，因此可以直接得到原始状态转换表，见表 6-8，进位输出用 Y 表示。

表 6-8　【例 6-6】的原始状态转换表

计数脉冲序号	状态分配				进位输出
CLK	Q_4	Q_3	Q_2	Q_1	Y
0	0	0	0	0	0
1	0	0	0	1	0
2	0	0	1	0	0
3	0	0	1	1	0
4	0	1	0	0	0
5	0	1	0	1	0
6	0	1	1	0	0
7	0	1	1	1	0
8	1	0	0	0	0
9	1	0	0	1	1
10	0	0	0	0	0

其次，选定触发器类型，求各级触发器的时钟脉冲信号。假设选用下降沿触发的 *JK* 触发器来设计该电路，时钟脉冲 *CLK* 作为计数脉冲。选择触发器时钟脉冲信号的原则是：触发器状态改变时，必须有时钟信号发生；触发器状态不变时，到达该触发器的时钟信号越少越好，这将有利于触发器次态方程和驱动方程的化简。

分析表 6-8 所示的状态转换规律，每来一个计数脉冲，Q_1 的状态均发生一次变化，因此选择计数脉冲 *CLK* 作为第 1 级触发器的时钟信号。

第 2 级触发器输出状态 Q_2 的变化发生在计数脉冲的 1→2、3→4、5→6、7→8 时刻，在这些时刻，计数脉冲和第 1 级输出 Q_1 都有下降沿产生，因此都可以作为第 2 级触发器的时钟信号。如果选择计数脉冲作为时钟信号，则在 0→1、2→3、4→5、6→7、8→9、9→10 这些时刻计数脉冲也有下降沿，而此时 Q_2 的状态不变，因此这些时刻的时钟信号是多余的。若选择 Q_1 作为时钟信号，只有在 9→10 时刻的时钟信号是多余的。按照触发器时钟脉冲信号的选择原则，选择 Q_1 作为第 2 级触发器的时钟信号。

第 3 级触发器输出状态 Q_3 的变化发生在计数脉冲的 3→4、7→8 时刻，在这些时刻，计数脉冲、Q_1、Q_2 都有下降沿产生，但 Q_2 没有多余的时钟信号，因此选择 Q_2 作为第 3 级触发器的时钟信号。

第 4 级触发器输出状态 Q_4 的变化发生在计数脉冲的 7→8、9→10 时刻，在这些时刻，计数脉冲、Q_1 有下降沿产生，但 Q_1 多余的时钟信号较少，因此选择 Q_1 作为第 4 级触发器的时钟信号。

然后求状态方程、驱动方程和输出方程。为了求电路的状态方程和输出方程，需要作出电路次态和输出的卡诺图，如图 6.21 所示，图中将 1010～1111 这 6 个状态作为无关项处理。将这个卡诺图分解为图 6.22 所示的 5 个小卡诺图，因为没有时钟信号作用时，触发器的状态方程无效，因此可以把没有时钟信号的次态作为无关项处理，以利于状态方程的化简，例如在 Q_4^{n+1} 的卡诺图中，当现态为 0000、0010、0100、0110、1000 时，电路向次态转换过程中，触发器的时钟信号 Q_1 处于上升沿，没有有效的时钟信号，因此 Q_4^{n+1} 的状态方程无效，可以任意设定它的次态。

$Q_4^{n+1}Q_3^{n+1}Q_2^{n+1}Q_1^{n+1}/Y$

$Q_4^nQ_3^n$ \ $Q_2^nQ_1^n$	00	01	11	10
00	0001/0	0010/0	0100/0	0011/0
01	0101/0	0110/0	1000/0	0111/0
11	××××/×	××××/×	××××/×	××××/×
10	1001/0	0000/1	××××/×	××××/×

图 6.21 【例 6-6】次态/输出的卡诺图

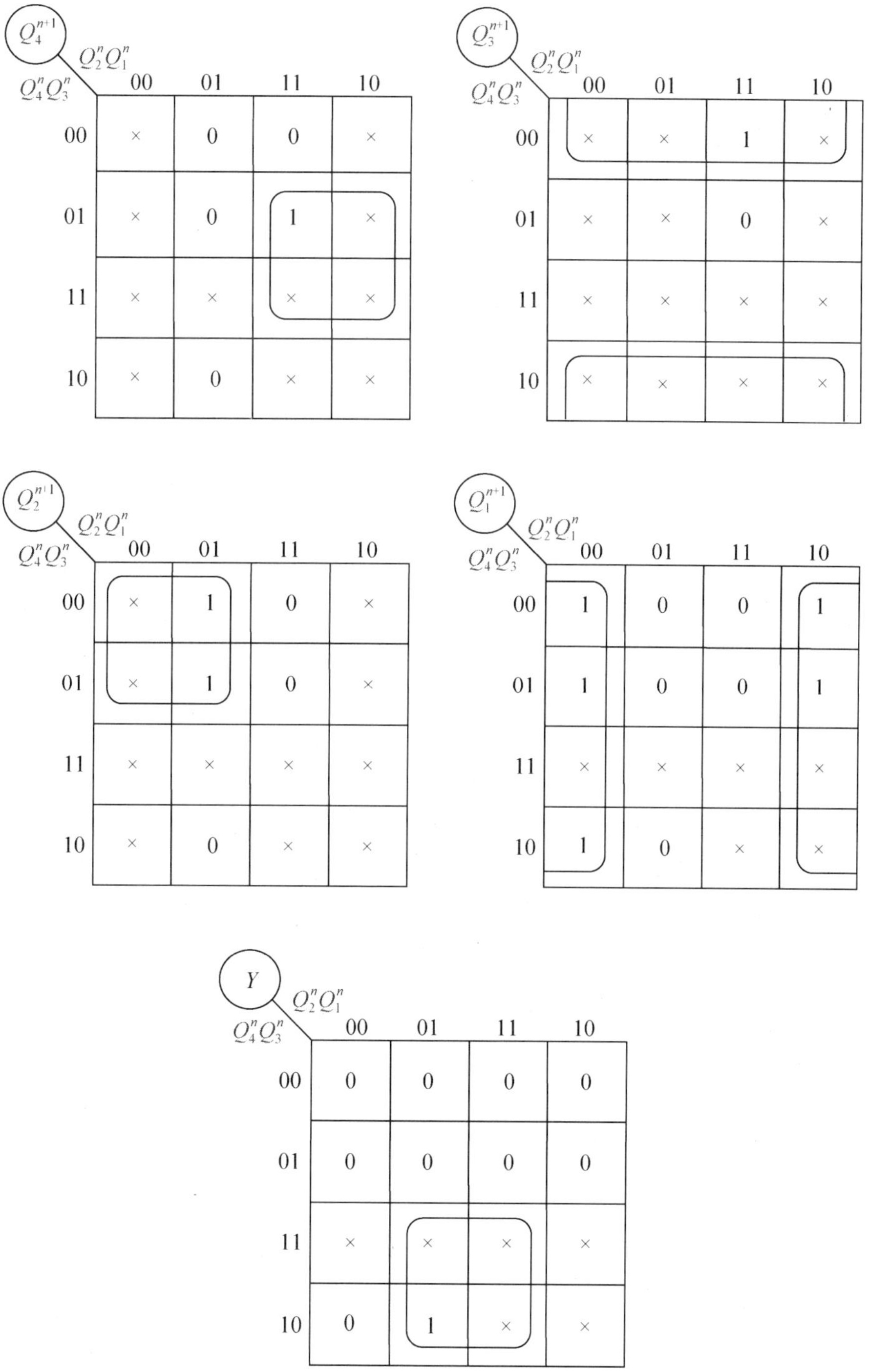

图 6.22　图 6.21 卡诺图的分解

通过以上分析可以得到电路的状态方程和时钟方程为：

$$Q_4^{n+1} = Q_3^n Q_2^n = Q_3^n Q_2^n (Q_4^n)' \qquad CLK_4 = Q_1^n$$
$$Q_3^{n+1} = (Q_3^n)' \qquad CLK_3 = Q_2^n$$
$$Q_2^{n+1} = (Q_4^n)'(Q_2^n)' \qquad CLK_2 = Q_1^n$$
$$Q_1^{n+1} = (Q_1^n)' \qquad CLK_1 = CLK$$

时钟方程为下降沿触发。电路的输出方程为：

$$Y = Q_4^n Q_1^n$$

根据电路的状态方程，求得各级触发器的驱动方程为：

$$J_4 = Q_3^n Q_2^n \qquad K_4 = 1$$
$$J_3 = 1 \qquad K_3 = 1$$
$$J_2 = (Q_4^n)' \qquad K_2 = 1$$
$$J_1 = 1 \qquad K_1 = 1$$

画电路图。根据求得的驱动方程和输出方程画逻辑电路图，如图 6.23 所示。

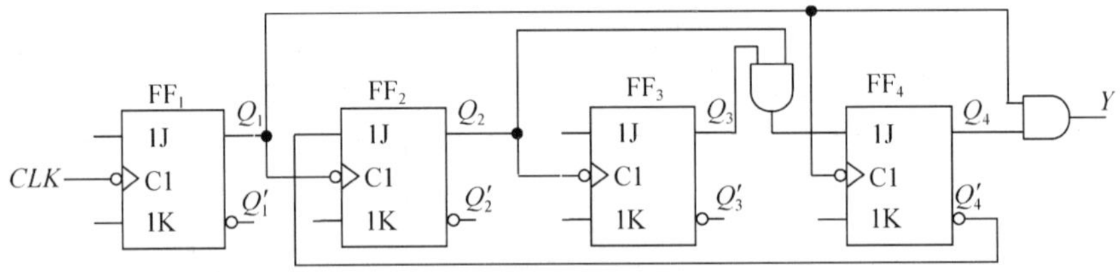

图 6.23　设计的【例 6-6】逻辑电路图

最后检查设计的电路能否自启动。电路的无效状态有 6 个，分别为 1010、1011、1100、1101、1110、1111。假设当前状态为 1010，在下一个计数脉冲作用下，Q_1 由 0 变为 1，Q_1 处于上升沿，Q_2、Q_4 的时钟信号无效，将保持状态不变，由于 Q_2 保持不变，Q_3 的时钟信号也无效，Q_3 将保持状态不变，因此输出为 1011；当再来一个计数脉冲时，Q_1 由 1 变为 0，Q_1 处于下降沿，Q_2、Q_4 的时钟信号有效，Q_2、Q_4 的状态将按照状态方程变化，使输出 Q_2=0、Q_4=0，由于 Q_2 由 1 变为 0，使 Q_3 的状态方程有效，Q_3 由 0 变为 1，所以电路输出为 0100，而 0100 为有效状态，说明电路可以从 1010 和 1011 进入有效循环。类似地，可以推出其余无效状态的状态变换过程，结果表明电路是可以自启动的。完整的电路转换图如图 6.24 所示。

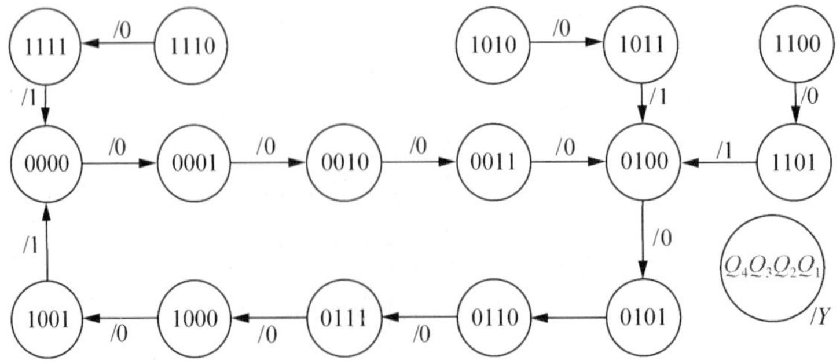

图 6.24　图 6.23 的完全状态转换图

【思考题】　同步时序逻辑电路和异步时序逻辑电路的设计有什么区别？

6.4　常用集成时序逻辑器件及应用

在社会生产生活中，人们所使用的时序逻辑电路是多种多样的，某些时序电路具有特定的逻辑功能，可以作为其他时序电路的基本部件。人们为了使用方便，将这些具有特定逻辑功能的时序电路制成标准化的集成器件。本节所要介绍的寄存器、计数器等都属于常用的时序逻辑器件。

6.4.1　寄存器

一个触发器可以存储 1 位二进制代码，如果用 n 个触发器就可以存储 n 位二进制代码。寄存器就是用来存储二进制代码的器件。常用的寄存器按逻辑功能划分，可以分为基本寄存器和移位寄存器两大类。基本寄存器的结构简单，数据的输入与输出只能采用并行的方式；移位寄存器的结构较复杂，数据的输入与输出可以采用并行或串行方式，应用灵活，用途广泛。

1. 基本寄存器

图 6.25 是用上升沿 D 触发器构成的基本寄存器，由上升沿 D 触发器的工作特点可知，触发器的输出状态仅取决于 CLK 上升沿到达时 D 端的状态，因此，当 CLK 有效时，可以将 $D_4D_3D_2D_1$ 组成的代码同时存储到 $Q_4Q_3Q_2Q_1$ 中，即可以实现数据的并行输入和并行输出。在触发器中讲过的 74LS175 就可以作为寄存器使用。

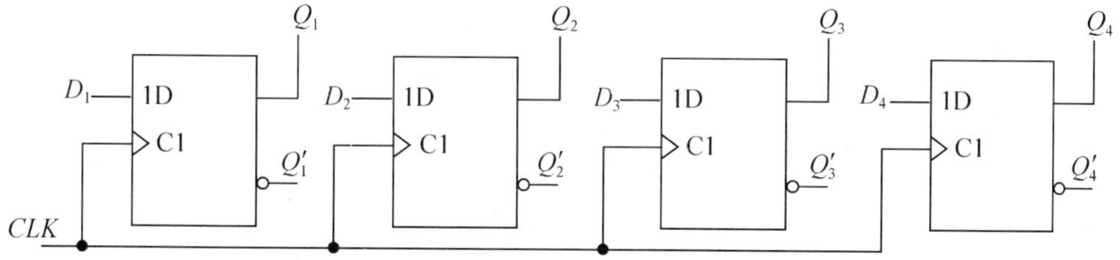

图 6.25　D 触发器构成的 4 位基本寄存器

2. 移位寄存器

移位寄存器除了具有基本寄存器的功能外，还具有移位功能。在移位操作时，寄存器里存储的代码能够在移位脉冲的作用下依次向左移或向右移。

1) 右移寄存器

用 4 个 D 触发器构成的 4 位右移寄存器如图 6.26 所示，它有 1 个串行数据输入端 D_{IR} 和 4 个并行输出端 Q_4、Q_3、Q_2、Q_1。各级触发器按 $D_1=D_{IR}$、$D_2=Q_1$、$D_3=Q_2$、$D_4=Q_3$ 连接，串行输入代码从低位触发器 FF_1 的输入端 D_1 逐个输入，代码输入的顺序是先从高位开始，在移位脉冲 CLK 的作用下，逐个地向右移动，故称为右移寄存器。

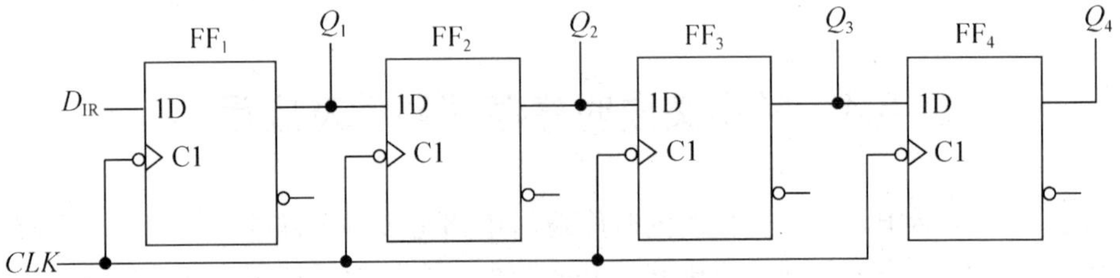

图 6.26　D 触发器构成的 4 位右移寄存器

因为从 CLK 下降沿到达开始到输出端新状态的建立需要经过一定的传输延迟时间，所以当 CLK 下降沿同时作用于所有触发器时，它们输入端的状态还没有改变，因此 FF_2 按 Q_1 原来的状态翻转，FF_3 按 Q_2 原来的状态翻转，FF_4 按 Q_3 原来的状态翻转。假设寄存器的初始状态为 $Q_1Q_2Q_3Q_4$=0110，串行输入端 D_{IR}=1，则在移位脉冲 CLK 的作用下，数据右移 1 位，寄存器的状态变为 $Q_1Q_2Q_3Q_4$=1011，Q_4 中原有的状态 0 溢出。

如果寄存器的初始状态为 $Q_1Q_2Q_3Q_4$=0000，串行输入代码为 1011，各触发器输出端在移位过程中的波形如图 6.27 所示。从图中可知，经过 4 个移位脉冲以后，输入代码 1011 恰好全部送入寄存器，这时可以从 4 个触发器输出端得到并行数据输出，即 $Q_4Q_3Q_2Q_1$=1011。如果以最高位触发器的输出端 Q_4 作为串行输出端，只要继续输入移位脉冲，寄存器所存储的代码将按先高位后低位的顺序从 Q_4 串行输出，即按照 1011 顺序串行输出。

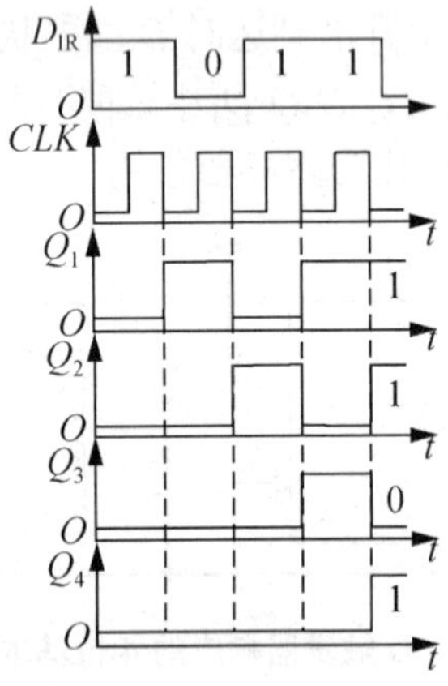

图 6.27　图 6.26 所示右移寄存器波形图

2) 左移寄存器

用 4 个 D 触发器构成的 4 位左移寄存器如图 6.28 所示，它有 1 个串行数据输入端 D_{IL} 和 4 个并行输出端 Q_4、Q_3、Q_2、Q_1。各级触发器按 D_1=Q_2、D_2= Q_3、D_3= Q_4、D_4=D_{IL} 连接，串行输入代码从高位触发器 FF_4 的输入端 D_4 逐个输入，代码输入的顺序是先从低位开始，在移位脉冲 CLK 的作用下，逐个地向左移动，故称为左移寄存器。

由以上分析可知，n 位单向移位寄存器可以存储 n 位二进制代码，n 个时钟脉冲可以完成串行输入工作，可以从 Q_n～Q_1 端获得并行的 n 位二进制代码。如果再用 n 个时钟脉冲作用，可以实现串行输出操作。

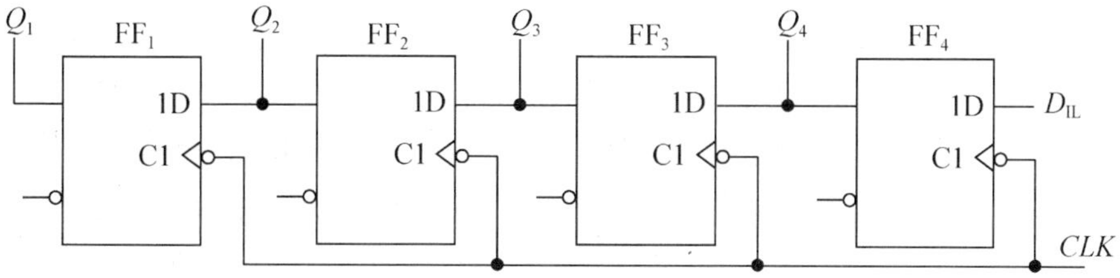

图 6.28　*D* 触发器构成的 4 位左移寄存器

3. 集成移位寄存器

1) 74LS164

74LS164 是一个串行输入、并行输出的 8 位单向移位寄存器，其逻辑符号图如图 6.29 所示。图中 *A*、*B* 是串行代码输入端，*CLR*′ 是异步清零端，$Q_A \sim Q_H$ 是并行代码输出端，*CLK* 为移位脉冲输入端。

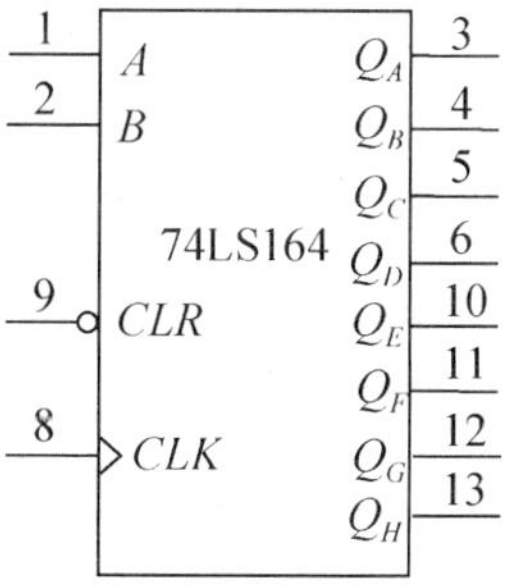

图 6.29　74LS164 的逻辑符号图

74LS164 的逻辑功能表见表 6-9。从表中可以看出，当 *CLR*′ =0 时，移位寄存器的输出被异步清零，即 $Q_A \sim Q_H$ 都为 0。当 *CLR*′ =1、*CLK*=0 时，移位寄存器的输出保持原来状态不变。当 *CLR*′ =1、*CLK* 处于上升沿时，将输入端代码 *AB* 送入寄存器，使 $Q_A^{n+1}=AB$，其他代码右移一位，即 $Q_B^{n+1}=Q_A^n$、$Q_C^{n+1}=Q_B^n$、…、$Q_H^{n+1}=Q_G^n$。经过 8 个移位脉冲以后，串行输入的 8 位数据全部移存在寄存器中，寄存器从 $Q_A \sim Q_H$ 输出并行数据。

表 6-9　74LS164 的功能表

输　入			输　出							
CLR′	*CLK*	$A \cdot B$	Q_A^{n+1}	Q_B^{n+1}	Q_C^{n+1}	Q_D^{n+1}	Q_E^{n+1}	Q_F^{n+1}	Q_G^{n+1}	Q_H^{n+1}
0	×	×	0	0	0	0	0	0	0	0
1	0	×	Q_A^n	Q_B^n	Q_C^n	Q_D^n	Q_E^n	Q_F^n	Q_G^n	Q_H^n
1	↑	1	1	Q_A^n	Q_B^n	Q_C^n	Q_D^n	Q_E^n	Q_F^n	Q_G^n
1	↑	0	0	Q_A^n	Q_B^n	Q_C^n	Q_D^n	Q_E^n	Q_F^n	Q_G^n

2) 74LS194

74LS194 是一个 4 位双向移位寄存器，其逻辑符号图如图 6.30 所示。图中 A、B、C、D 是并行代码输入端， $Q_A \sim Q_D$ 是并行代码输出端，CLR' 是异步清零端，CLK 为移位脉冲输入端，S_0、S_1 是工作模式控制端，S_L 是左移串行代码输入端，S_R 是右移串行代码输入端。

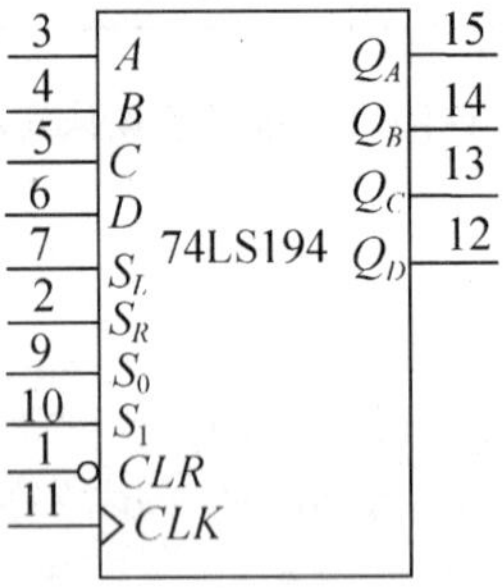

图 6.30　74LS194 的逻辑符号图

74LS194 的逻辑功能表见表 6-10。从表中可以看出，当 $CLR'=0$ 时，双向移位寄存器的输出被异步清零，即 $Q_A \sim Q_D$ 都为 0。当 $CLR'=1$，$CLK=0$ 或 $S_1=S_0=0$ 时，双向移位寄存器的输出保持状态不变。当 $CLR'=1$、$S_1=S_0=1$ 时，移位脉冲 CLK 的上升沿将并行输入端的代码 A、B、C、D 送入双向移位寄存器输出端，即 $Q_A=A$、$Q_B=B$、$Q_C=C$、$Q_D=D$。当 $CLR'=1$、$S_1=0$、$S_0=1$ 时，在移位脉冲 CLK 的上升沿作用下，将右移输入端的代码 S_R 串行送入双向移位寄存器，即 $Q_A^{n+1}=S_R$，双向移位寄存器处于右移状态。当 $CLR'=1$、$S_1=1$、$S_0=0$ 时，在移位脉冲 CLK 的上升沿作用下，将左移输入端的代码 S_L 串行送入双向移位寄存器，即 $Q_D^{n+1}=S_L$，双向移位寄存器处于左移状态。

表 6-10　74LS194 的功能表

输入										输出			
CLR'	CLK	S_1	S_0	S_R	S_L	A	B	C	D	Q_A^{n+1}	Q_B^{n+1}	Q_C^{n+1}	Q_D^{n+1}
0	×	×	×	×	×	×	×	×	×	0	0	0	0
1	0	×	×	×	×	×	×	×	×	Q_A^n	Q_B^n	Q_C^n	Q_D^n
1	↑	1	1	×	×	a	b	c	d	a	b	c	d
1	↑	0	1	1	×	×	×	×	×	1	Q_A^n	Q_B^n	Q_C^n
1	↑	0	1	0	×	×	×	×	×	0	Q_A^n	Q_B^n	Q_C^n
1	↑	1	0	×	1	×	×	×	×	Q_B^n	Q_C^n	Q_D^n	1
1	↑	1	0	×	0	×	×	×	×	Q_B^n	Q_C^n	Q_D^n	0
1	×	0	0	×	×	×	×	×	×	Q_A^n	Q_B^n	Q_C^n	Q_D^n

4. 寄存器的应用

1) 实现数据串行—并行转换

在数字系统中，数据的传输有两种形式，一种是串行传输；另一种是并行传输。串行传输是指每一节拍只传送 1 位数据，n 位数据需 n 个节拍才能传送出去。并行传输是指一个节拍可以传输 n 位数据。一般地，数字系统线路上的信息传递是串行传送的，终端上的输入或输出通常是并行的，因而需要将串行数据转换成并行数据，或将并行数据转换为串行数据。

图 6.31 所示的是一个 4 位数据的串行转换为并行的逻辑电路，它由 4 位右移寄存器和与门控制电路组成。4 位输入数据加在串行代码输入端，在 4 个移位脉冲的作用下，将 4 位数据存储在寄存器中，在第 5 个移位脉冲出现之前，使并行输出使能信号 EN=1，可以将寄存器中存储的数据并行输出，从而实现串行数据转化为并行数据。

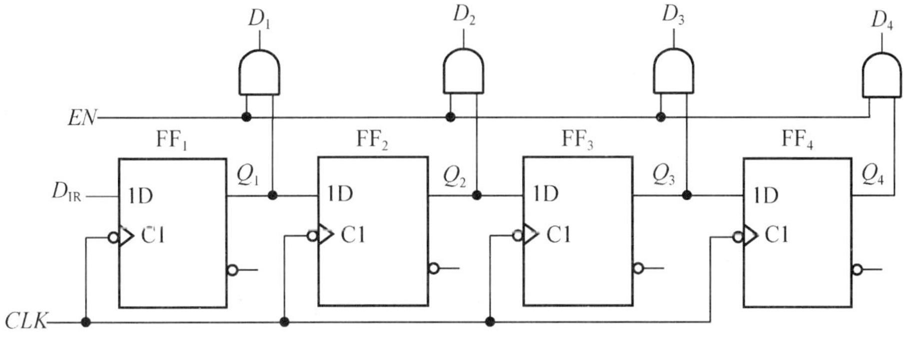

图 6.31　4 位数据串行—并行转换逻辑电路图

并行数据转换为串行数据时，输入是并行数据，输出是串行数据，它主要由移位寄存器和并行输入控制电路组成，其工作过程与串行—并行转换电路相反，先是在并行输入控制信号作用下，将数据并行存入寄存器，然后在移位脉冲的作用下，将数据串行输出。

2) 构成延时电路

当移位寄存器工作于串行输入、串行输出时，输入信号要经过 n 个移位脉冲作用后才能到达输出端，因此输出信号比输入信号延迟了 n 个移位脉冲周期，这样就起到了延时的作用。

3) 组成移位型计数器

利用移位寄存器和适当的逻辑门电路可以构成移位型计数器，其内容将在后面讲述。

【例 6-7】　试利用两片 74LS194 构成 8 位双向移位寄存器。

解：74LS194 是 4 位双向移位寄存器，要构成 8 位双向移位寄存器，需要两片 74LS194。在连接电路时，只需将第一片的 Q_D 接至第二片的 S_R 端，而将第二片的 Q_A 接到第一片 S_L 端，同时将两片的 S_1、S_0、CLK 和 CLR' 分别并联，就构成了 8 位双向移位寄存器，其电路连接如图 6.32 所示。图中的 D_1～D_8 为并行数据输入端，Q_A～Q_H 为并行数据输出端，S_R 为右移输入端，S_L 是左移输入端。

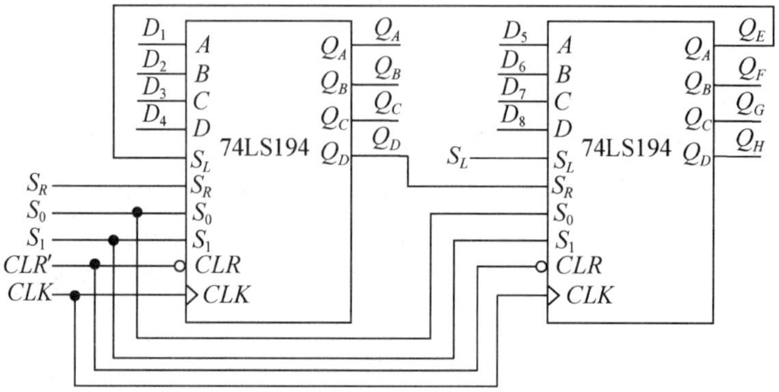

图 6.32　两片 74LS194 构成的 8 位双向移位寄存器

【思考题】　如何利用左移寄存器和右移寄存器实现双向移位寄存器？

6.4.2　计数器

在数字系统中，能够记忆输入脉冲个数的电路称为计数器。计数器是数字系统中使用最多的时序逻辑电路，它的主要逻辑功能是计算输入脉冲个数，除此之外，它还可以用于分频、定时及进行数字运算等。计数器是一个周期性的时序电路，其状态转换图是一个闭合环，闭合环循环一次所需要的计数脉冲的个数称为计数器的模值 M。由 n 个触发器构成的计数器，其模值 M 一般应满足 $2^{n-1}<M\leqslant 2^n$。

1. 计数器的分类

计数器的种类繁多，可以从不同的角度进行分类。按照计数器中触发器是否同时翻转分类，可以分为同步计数器和异步计数器。在同步计数器中，计数脉冲接至所有触发器的时钟脉冲输入端，所有触发器的状态变化是同时进行的。在异步计数器中，计数脉冲并不是接至所有触发器的时钟脉冲输入端，触发器状态的变化不是同时进行的。

按照计数过程中计数增减趋势分类，可以分为加法计数器、减法计数器和可逆计数器。当输入计数脉冲到来时，按照递增规律进行计数的计数器称为加法计数器；按照递减规律进行计数的计数器称为减法计数器；若既可以按递增规律计数，也可以按递减规律计数，则称为可逆计数器，也叫做加减计数器。

按照进位模数分类，可以分为模 2 计数器和非模 2 计数器。模 2 计数器是指计数器的模值是 2^n，如十六进制计数器；非模 2 计数器是指计数模值不是 2^n，如十进制计数器。

按照计数器中使用的开关元件不同，可以分为 TTL 型计数器和 CMOS 型计数器。

2. 二进制计数器

1) 同步二进制加法计数器

根据二进制加法的运算规则可知，一个多位二进制数在进行加法运算时，最低位每来一个计数脉冲，就要改变一次状态；如果第 i 位以下各位全部为 1，则在进行加 1 运算时，第 i 位应改变状态。如果用 T 触发器来实现 n 位同步二进制加法计数器，只需将计数脉冲接至所有触发器的时钟输入端，令最低位触发器的输入端为 1，即 T_1=1，第 i 位触发器的

输入端 T_i 等于第 i 位以下触发器输出的逻辑与，即 $T_i = Q_{i-1}Q_{i-2}\cdots Q_2Q_1$ (i=2，3，…，n)，进位输出信号为 $C = Q_1Q_2\cdots Q_{n-1}Q_n$ 。按照上述规则构成的 4 位同步二进制计数器如图 6.33 所示，图中 CLK 为计数脉冲，C 为进位输出。

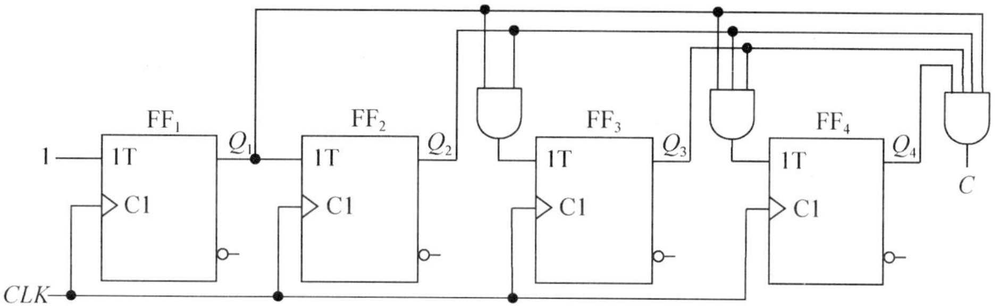

图 6.33　T 触发器构成的 4 位同步二进制加法计数器

从图中可知，各级触发器的驱动方程为：

$$T_1 = 1$$

$$T_2 = Q_1^n$$

$$T_3 = Q_1^n Q_2^n$$

$$T_4 = Q_1^n Q_2^n Q_3^n$$

将各级触发器的驱动方程代入到 T 触发器的特性方程，可以得到电路的状态方程为：

$$Q_1^{n+1} = (Q_1^n)'$$

$$Q_2^{n+1} = Q_1^n (Q_2^n)' + (Q_1^n)' Q_2^n$$

$$Q_3^{n+1} = Q_1^n Q_2^n (Q_3^n)' + (Q_1^n Q_2^n)' Q_3^n$$

$$Q_4^{n+1} = Q_1^n Q_2^n Q_3^n (Q_4^n)' + (Q_1^n Q_2^n Q_3^n)' Q_4^n$$

输出方程为：

$$C = Q_1^n Q_2^n Q_3^n Q_4^n$$

根据状态方程和输出方程求出电路的状态转换表，见表 6-11。从表中可以看出，当输入脉冲数为 15 时，触发器输出 $Q_4\,Q_3\,Q_2\,Q_1$=1111，进位输出 C=1，当第 16 个计数脉冲到达时，触发器输出变为 $Q_4\,Q_3\,Q_2\,Q_1$=0000，进位输出变为 C=0，所以可以利用第 16 个计数脉冲到达时 C 输出的下降沿作为向高位计数器电路进位的输出信号，即进位输出 C 是下降沿有效的信号。

根据状态转换表可以画出电路的状态转换图和时序图，分别如图 6.34 和图 6.35 所示。由时序图可以看出，若计数脉冲 CLK 的频率为 f，则 Q_1、Q_2、Q_3、Q_4 的输出脉冲频率分别为 $\frac{1}{2}f$ 、$\frac{1}{4}f$ 、$\frac{1}{8}f$ 、$\frac{1}{16}f$ ，从这一点考虑，可以将该电路称为分频器。

根据以上分析可知，每输入 16 个计数脉冲，计数器工作状态循环一次，并在进位输出端产生一个下降沿有效的进位信号，所以将这个电路称为十六进制计数器。

表 6-11　图 6.33 的状态转换表

计数顺序	触发器状态				进位输出
CLK	Q_4	Q_3	Q_2	Q_1	C
0	0	0	0	0	0
1	0	0	0	1	0
2	0	0	1	0	0
3	0	0	1	1	0
4	0	1	0	0	0
5	0	1	0	1	0
6	0	1	1	0	0
7	0	1	1	1	0
8	1	0	0	0	0
9	1	0	0	1	0
10	1	0	1	0	0
11	1	0	1	1	0
12	1	1	0	0	0
13	1	1	0	1	0
14	1	1	1	0	0
15	1	1	1	1	1
16	0	0	0	0	0

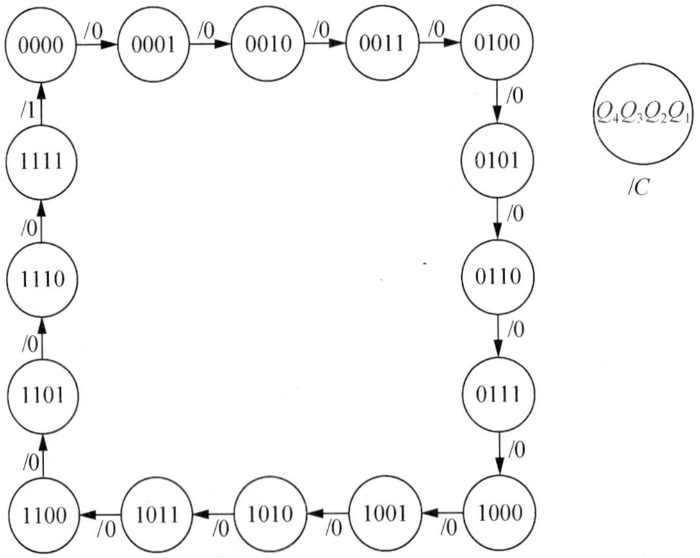

图 6.34　图 6.33 所示电路的状态转换图

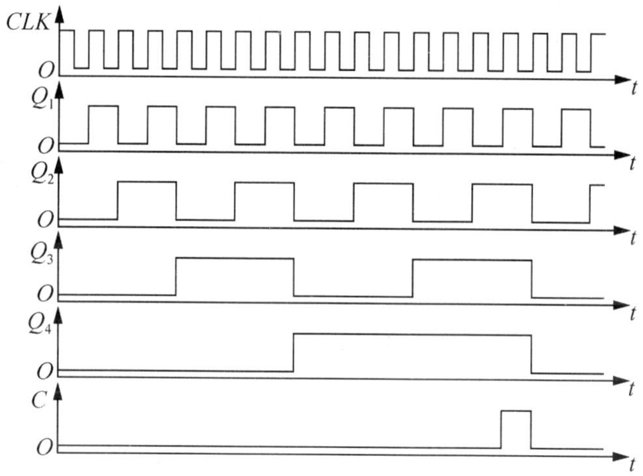

图 6.35　图 6.33 所示电路的时序图

2) 同步二进制减法计数器

根据二进制减法计数规则，在 n 位二进制减法计数器中，只有当第 i 位以下各级触发器都为 0 时，再来一个计数脉冲才能使第 i 位触发器状态改变。因此，用 T 触发器构成同步二进制减法计数器时，第 i 位触发器输入端的接法为 $T_1=1$、$T_i=Q'_{i-1}Q'_{i-2}\cdots Q'_2Q'_1$ (i=2, 3, …, n)，借位信号 $B=Q'_nQ'_{n-1}\cdots Q'_2Q'_1$。图 6.36 是用 T 触发器构成的 3 位同步二进制减法计数器。

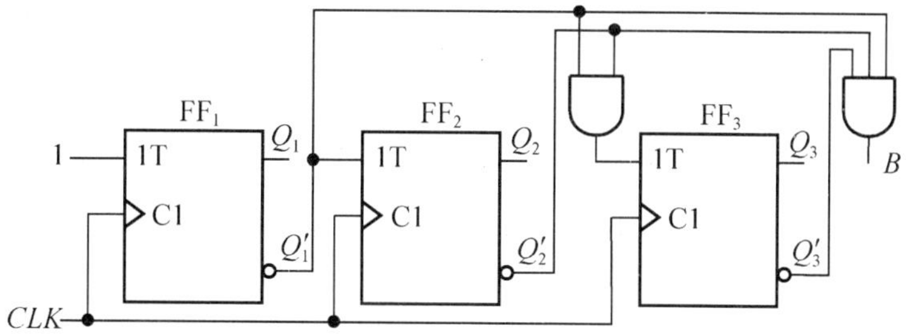

图 6.36　T 触发器构成的 3 位同步二进制减法计数器

由图 6.36 可知，该电路的驱动方程为：

$$T_1=1$$
$$T_2=(Q_1^n)'$$
$$T_3=(Q_1^n)'(Q_2^n)'$$

状态方程为：

$$Q_1^{n+1}=(Q_1^n)'$$
$$Q_2^{n+1}=(Q_1^n)'(Q_2^n)'+Q_1^nQ_2^n$$
$$Q_3^{n+1}=(Q_1^n)'(Q_2^n)'(Q_3^n)'+Q_1^nQ_3^n+Q_2^nQ_3^n$$

输出方程为：

$$B=(Q_3^n)'(Q_2^n)'(Q_1^n)'$$

由状态方程和输出方程可以得到如图 6.37 所示的状态转换图。从状态转换图可以看出，该电路实现的是 3 位二进制减法运算。

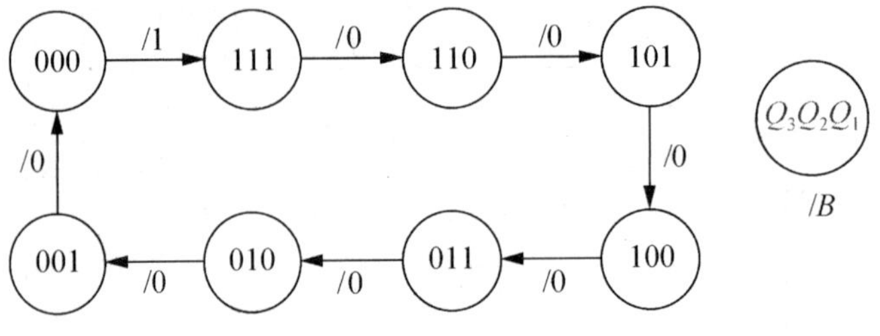

图 6.37　图 6.36 所示电路的状态转换图

3) 异步二进制加法计数器

根据二进制加法的运算特点可知，当多位二进制数的第 $i(i>2)$ 位是 1 时，如果从第 i-1 位再来一个加法计数脉冲，则第 i 位由 1 变为 0，并向第 i+1 位发出进位信号，使第 i+1 位触发器的状态发生翻转。因此高位触发器的状态改变发生在低位触发器输出由 1 变为 0 的时刻，如果以 T 触发器来构成异步二进制计数器，只要令 T 触发器的输入端接 1，并将低位触发器的输出作为高位触发器的时钟信号就可以了。如果 T 触发器采用下降沿触发器构成，应将低位的输出 Q 接至高位的时钟信号输入端；如果采用上升沿触发器构成，应将低位的输出 Q' 接至高位的时钟信号输入端。图 6.38 是用下降沿 T 触发器构成的 4 位异步二进制加法计数器。

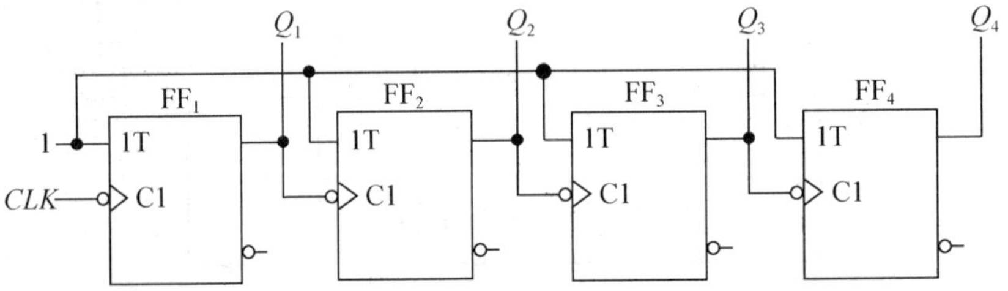

图 6.38　下降沿 T 触发器构成的 4 位异步二进制加法计数器

4) 异步二进制减法计数器

根据二进制减法的运算特点可知，当多位二进制数的第 $i(i>2)$ 位是 0 时，如果从第 i-1 位再来一个减法计数脉冲，则第 i 位由 0 变为 1，并向第 i+1 位发出借位信号，使第 i+1 位触发器的状态发生翻转。因此高位触发器的状态改变发生在低位触发器输出由 0 变为 1 的时刻，如果以 T 触发器来构成异步二进制计数器，只要令 T 触发器的输入端接 1，并将低位触发器的输出作为高位触发器的时钟信号就可以了。如果 T 触发器采用下降沿触发器构成，应将低位的输出 Q' 接至高位的时钟信号输入端；如果采用上升沿触发器构成，应将低位的输出 Q 接至高位的时钟信号输入端。图 6.39 是用下降沿 T 触发器构成的 4 位异步二进制减法计数器。

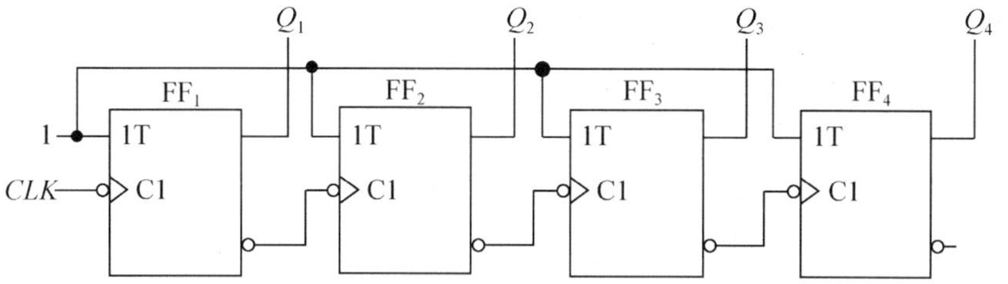

图 6.39 下降沿 T 触发器构成的 4 位异步二进制减法计数器

3. 十进制计数器

1) 同步十进制加法计数器

假设同步十进制加法计数器按照 8421BCD 码进行加法计数，并令输入计数脉冲用 CLK 表示，进位信号用 C 表示。根据 8421BCD 码的计数规则，得出同步十进制计数器的状态转换表，见表 6-12。

表 6-12 8421BCD 码同步十进制计数器的状态转换表

计数顺序	触发器现态				触发器次态				进位输出
CLK	Q_4^n	Q_3^n	Q_2^n	Q_1^n	Q_4^{n+1}	Q_3^{n+1}	Q_2^{n+1}	Q_1^{n+1}	C
1	0	0	0	0	0	0	0	1	0
2	0	0	0	1	0	0	1	0	0
3	0	0	1	0	0	0	1	1	0
4	0	0	1	1	0	1	0	0	0
5	0	1	0	0	0	1	0	1	0
6	0	1	0	1	0	1	1	0	0
7	0	1	1	0	0	1	1	1	0
8	0	1	1	1	1	0	0	0	0
9	1	0	0	0	1	0	0	1	0
10	1	0	0	1	0	0	0	0	1

由表 6-12 所示的状态转换表可以得出，电路的次态和输出的卡诺图如图 6.40 所示。由于 1010、1011、1100、1101、1110、1111 这 6 个状态不会出现，所以在卡诺图中用“×”表示。

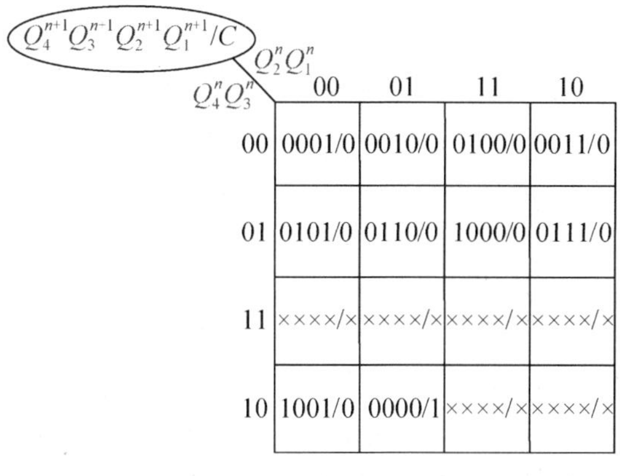

图 6.40 8421BCD 码同步十进制计数器的次态/输出卡诺图

由图 6.40 所示的卡诺图得到电路的状态方程为：

$$Q_1^{n+1} = (Q_1^n)'$$
$$Q_2^{n+1} = (Q_4^n)'(Q_2^n)'Q_1^n + Q_2^n(Q_1^n)'$$
$$Q_3^{n+1} = (Q_3^n)'Q_2^nQ_1^n + Q_3^n(Q_1^n)' + Q_3^n(Q_2^n)'$$
$$Q_4^{n+1} = Q_4^n(Q_1^n)' + Q_3^nQ_2^nQ_1^n$$

输出方程为：

$$C = Q_4^nQ_1^n$$

如果电路采用 JK 触发器实现，将电路的状态方程进行适当的变换，然后与 JK 触发器特性方程的标准形式相比较，得出电路的驱动方程为：

$$J_1 = 1 \qquad K_1 = 1$$
$$J_2 = (Q_4^n)'Q_1^n \qquad K_2 = Q_1^n$$
$$J_3 = Q_2^nQ_1^n \qquad K_3 = Q_2^nQ_1^n$$
$$J_4 = Q_3^nQ_2^nQ_1^n \qquad K_4 = Q_1^n$$

根据电路的驱动方程和输出方程可以画出同步十进制加法计数器的逻辑电路图，如图 6.41 所示。将 1010～1111 分别代入电路的状态方程和输出方程进行计算，经过分析可以得出，该电路能够自启动。

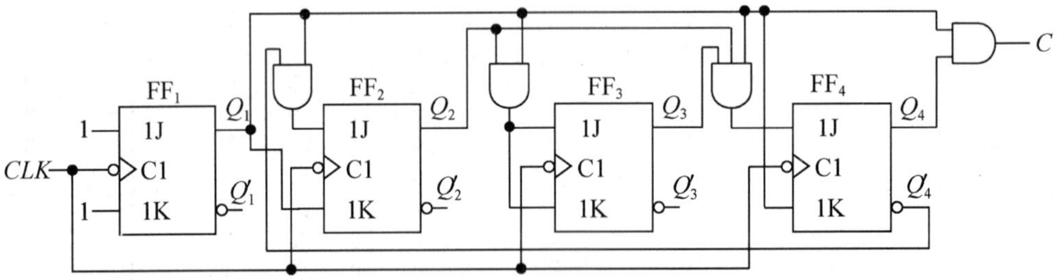

图 6.41　下降沿 JK 触发器构成的 8421BCD 码同步十进制加法计数器

2) 同步十进制减法计数器

根据前面所介绍的同步二进制减法计数器的构成方法可以很简单地构成 4 位同步二进制减法计数器，即同步十六进制减法计数器。比较十六进制和十进制之间的差别可以发现，只要使计数状态 0000 减 1 后跳变成 1001 状态，就可以跳过 1111～1010 这 6 个状态，将十六进制计数器变成十进制计数器，其逻辑电路图如图 6.42 所示。

从图中可以看出，电路在十六进制的基础上增加了一个与非门 G_5，当电路状态 $Q_4Q_3Q_2Q_1$=0000 时，G_5 输出的低电平将与门 G_1 和 G_2 封锁，从而使 $T_2=T_3=0$，所以当计数脉冲到达后触发器 FF_2 和 FF_3 保持 0 状态不变，触发器 FF_1 和 FF_4 翻转为 1，即电路状态变为 1001，从而实现了十进制减法计数器。

3) 异步十进制计数器

异步十进制计数器可以在 4 位异步二进制计数器的基础上加以修改而得到。修改时主要解决的问题是如何跳过 1010～1111 这 6 个状态，在这里不再进行详细讲解，请读者自己思考。异步十进制加法计数器的典型电路见 6.3 节中的图 6.23。

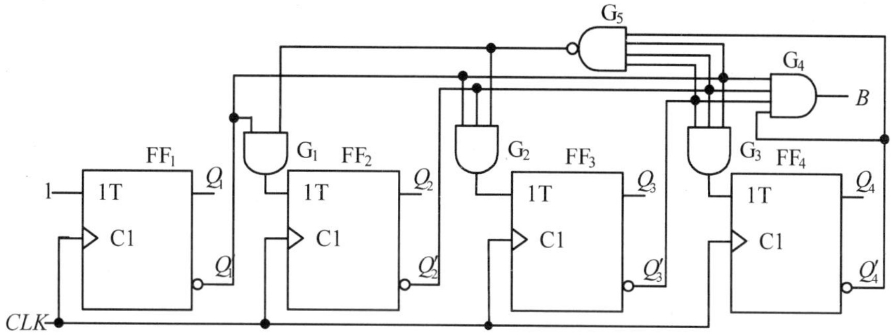

图 6.42　同步十进制减法计数器

4. 集成计数器

目前，TTL 型和 CMOS 型的集成计数器品种很多，主要分为同步计数器和异步计数器两大类，每类中都有二进制计数器和十进制计数器。另外，集成计数器为了使用方便，还带有预置数或清零功能。表 6-13 列出了几种常用的集成计数器，在这里只对部分集成计数器进行介绍。

表 6-13　几种常用的集成计数器

型号	计数方式	预置数方式	清零方式	触发方式
74LS160	同步十进制加法	同步(低电平)	异步(低电平)	上升沿
74LS161	同步十六进制加法	同步(低电平)	异步(低电平)	上升沿
74LS162	同步十进制加法	同步(低电平)	同步(低电平)	上升沿
74LS163	同步十六进制加法	同步(低电平)	同步(低电平)	上升沿
74LS190	同步十进制加/减	异步(低电平)	无	上升沿
74LS191	同步十六进制加/减	异步(低电平)	无	上升沿
74LS192	同步十进制加/减	异步(低电平)	异步(高电平)	上升沿
74LS193	同步十六进制加/减	异步(低电平)	异步(高电平)	上升沿
74LS290	异步二—五—十加法	无	异步(高电平)	下降沿

74LS161 是同步 4 位二进制(十六进制)加法计数器，并且具有同步置数和异步清零功能，它的逻辑符号图如图 6.43 所示。图中 $LOAD'$ 是同步预置数输入端，CLR' 是异步清零输入端，ENP 和 ENT 是使能控制端，A、B、C、D 是并行数据输入端，Q_A、Q_B、Q_C、Q_D 是计数器输出端，CO 是进位信号输出端。为了使用方便，有时也可以用如图 6.44 所示的逻辑功能示意图来代替逻辑符号图。

74LS161 的功能表见表 6-14。从表中可以看出，当 $CLR'=0$ 时，其他输入信号不起作用，计数器被清零，因此称为异步清零。当 $CLR'=1$、$LOAD'=0$ 时，在 CLK 上升沿的作用下，并行输入数据被送入计数器，使 $Q_DQ_CQ_BQ_A=DCBA$，因此将 $LOAD'$ 称为同步置数，它必须在计数脉冲的作用下才能起作用。当 $CLR'=1$、$LOAD'=1$ 时，若 $ENP=ENT=1$，计数器对计数脉冲 CLK 按 8421BCD 码进行加法计数；若 $ENP\cdot ENT=0$，则计数器保持原来状态不变。进位输出 $CO=Q_DQ_CQ_BQ_A\cdot ENT$，当计数器状态 $Q_DQ_CQ_BQ_A=1111$ 且 ENT=1 时，

进位输出 CO=1，即进位输出 CO 由低电平变为高电平，此时若再来一个计数脉冲，计数状态变为 $Q_DQ_CQ_BQ_A$=0000，进位输出 CO=0，说明电路进位输出的有效状态为 CO 的下降沿。

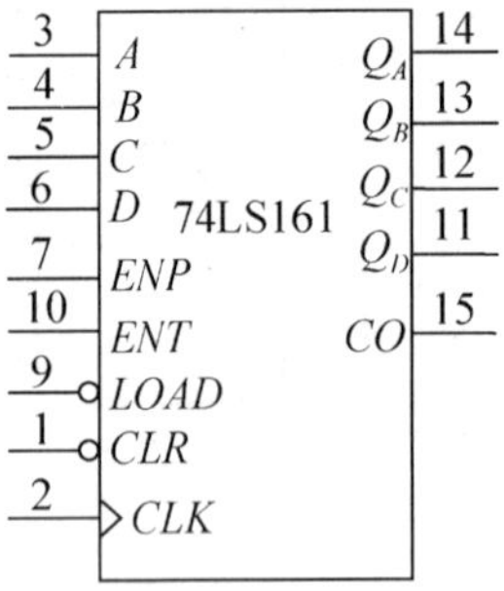

图 6.43　74LS161 的逻辑符号图

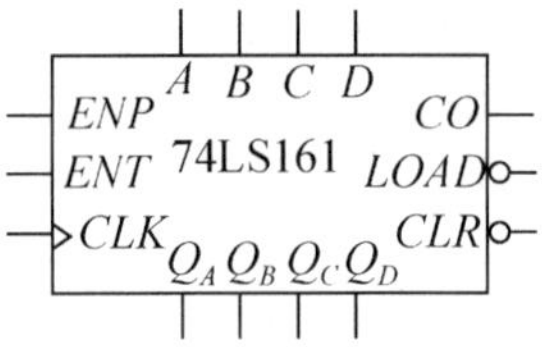

图 6.44　74LS161 的逻辑功能示意图

表 6-14　74LS161 的功能表

CLK	CLR′	LOAD′	ENP	ENT	工作状态
×	0	×	×	×	清零
↑	1	0	×	×	预置数
×	1	1	0	×	保持
×	1	1	×	0	保持
↑	1	1	1	1	计数

74LS160 是具有同步置数和异步清零功能的同步十进制计数器，它的功能表与 74LS161 的功能表相同，逻辑符号图和逻辑功能示意图与 74LS161 类似，它们的区别在于 74LS160 是十进制，而 74LS161 是十六进制。74LS160 的进位输出信号 $CO = Q_D Q_A \cdot ENT$，其他输入、输出功能与 74LS161 的相同。

74LS163 是具有同步置数和同步清零功能的同步二进制加法计数器，其逻辑符号图及逻辑功能示意图与 74LS161 相同，在这里不再给出。74LS163 的 CLR' 是同步清零输入端，其他输入、输出的功能与 74LS161 的相同。74LS163 的功能表见表 6-15。

表 6-15　74LS163 的功能表

CLK	CLR′	LOAD′	ENP	ENT	工作状态
↑	0	×	×	×	清零
↑	1	0	×	×	预置数
×	1	1	0	×	保持
×	1	1	×	0	保持
↑	1	1	1	1	计数

74LS162 是具有同步置数和同步清零功能的同步十进制计数器，它的功能表与 74LS163 的功能表一致，在这里不再给出。74LS162 的输入、输出功能与 74LS163 的相同，区别在于 74LS162 是十进制，而 74LS163 是十六进制。

74LS191 是单时钟同步十六进制加/减计数器，其逻辑符号图如图 6.45 所示。图中 U'/D 是加/减控制端，EN' 是使能端，$LOAD'$ 是异步置数输入端，A、B、C、D 是并行数据输入端，Q_A、Q_B、Q_C、Q_D 是计数器输出端，C/B 是进位/借位信号输出端，RC 是串行时钟输出端。74LS191 的逻辑功能示意图如图 6.46 所示。

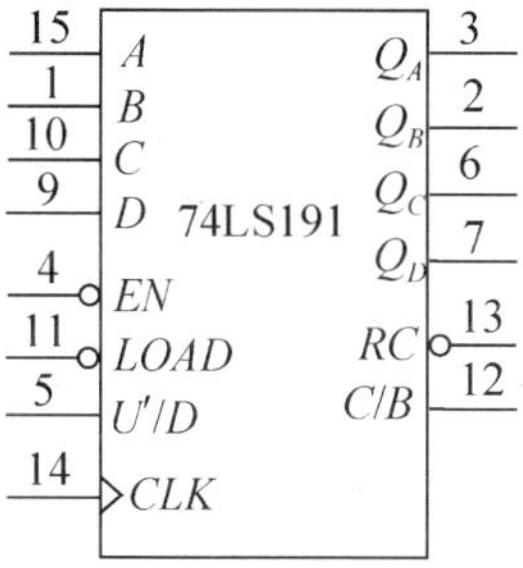

图 6.45　74LS191 的逻辑符号图

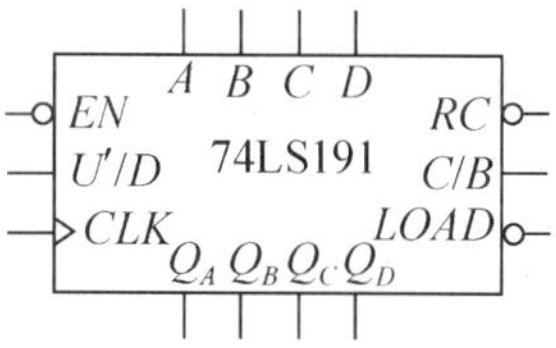

图 6.46　74LS191 的逻辑功能示意图

74LS191 的功能表见表 6-16。从表中可以看出，当 $LOAD'$=0 时电路处于异步预置数状态，将并行输入数据送入计数器，使 $Q_DQ_CQ_BQ_A=DCBA$。当 EN'=1 时，计数器输出状态保持不变。当 EN'=0、$LOAD'$=1 时，若 U'/D=0，计数器做加法计数，在 $Q_DQ_CQ_BQ_A$=1111 时，C/B 有进位输出且 C/B=1；若 U'/D=1，计数器做减法计数，在 $Q_DQ_CQ_BQ_A$=0000 时，C/B 有借位输出且 C/B=1。

74LS191 具有超前进位功能，当电路产生溢出时，在进位/借位信号输出端输出高电平，其宽度为计数脉冲的一个周期，同时，在下一个计数脉冲上升沿到达前 RC' 端输出一个负脉冲，其宽度为计数脉冲的低电平宽度。

表 6-16　74LS191 的功能表

CLK	EN'	$LOAD'$	U'/D	工作状态
×	1	1	×	保持
×	×	0	×	预置数
↑	0	1	0	加法计数
↑	0	1	1	减法计数

74LS190 是单时钟同步十进制加/减计数器，其功能表与 74LS191 相同，逻辑符号和逻辑功能示意图与 74LS191 类似。74LS190 输入端、输出端的功能及用法与 74LS191 完全类同，在这里不再进行介绍。

74LS192 是双时钟同步十进制加/减计数器，也称为可逆计数器，它具有异步置数和异步清零功能，其逻辑符号图如图 6.47 所示。图中 CP_U 是加法计数脉冲输入端，CP_D 是减法计数脉冲输入端，CO' 是进位脉冲输出端，BO' 是借位脉冲输出端，CLR 是异步清零输入端，$LOAD'$ 是异步置数输入端，A、B、C、D 是并行数据输入端，Q_A、Q_B、Q_C、Q_D 是计数器输出端。74LS192 的逻辑功能示意图如图 6.48 所示。

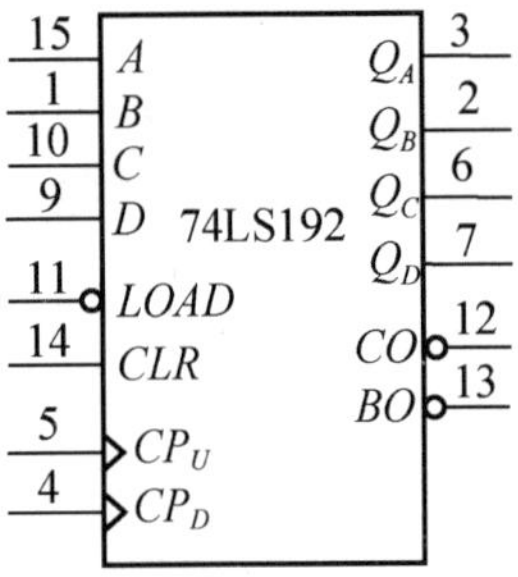

图 6.47　74LS192 的逻辑符号图

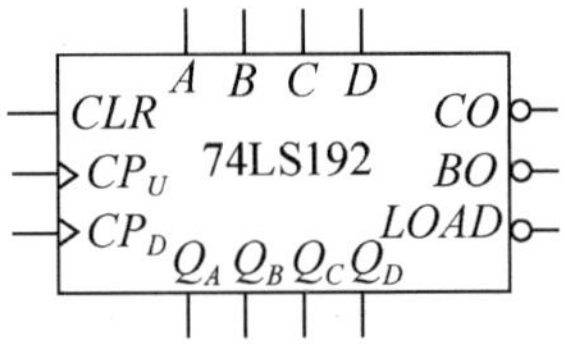

图 6.48　74LS192 的逻辑功能示意图

74LS192 的功能表见表 6-17。从表中可以看出，当 CLR=1 时电路处于异步清零状态，使 $Q_DQ_CQ_BQ_A$=0000。当 CLR=0、$LOAD'$=0 时，处于异步预置数状态，将并行输入数据送入计数器，使 $Q_DQ_CQ_BQ_A$=$DCBA$。当 CLR=0、$LOAD'$=1 时，若计数脉冲从 CP_U 端输入且 CP_D=1，计数器进行加法计数，若计数脉冲从 CP_D 端输入且 CP_U=1，计数器进行减法计数。当 CLR=0、$LOAD'$=1 且 CP_D=CP_U=1 时，计数器保持输出状态不变。

表 6-17　74LS192 的功能表

CLR	$LOAD'$	CP_U	CP_D	工作状态
1	×	×	×	清零
0	0	×	×	预置数
0	1	↑	1	加法计数
0	1	1	↑	减法计数
0	1	1	1	保持

74LS290 是异步二—五—十进制加法计数器，其逻辑符号图如图 6.49 所示。图中 R_{01} 和 R_{02} 是置 0 输入端，S_{91} 和 S_{92} 是置 9 输入端，CP_1 和 CP_2 为计数脉冲输入端， Q_A、Q_B、Q_C、Q_D 是计数器输出端。

图 6.49　74LS290 的逻辑符号图

74LS290 的功能表见表 6-18。从表中可以看出，当 $R_{01}\cdot R_{02}$=1 且 $S_{91}\cdot S_{92}$=0 时，计数器被异步置 0。当 $R_{01}\cdot R_{02}$=0 且 $S_{91}\cdot S_{92}$=1 时，计数器被异步置 9。当 $R_{01}\cdot R_{02}$=0 且 $S_{91}\cdot S_{92}$=0 时，计数器在输入计数脉冲的下降沿进行计数。

表 6-18　74LS290 的功能表

输　入			输　出				功　能
CP	$R_{01}\cdot R_{02}$	$S_{91}\cdot S_{92}$	Q_D	Q_C	Q_B	Q_A	
×	1	0	0	0	0	0	置 0
×	0	1	1	0	0	1	置 9
↓	0	0	计数				

对于 74LS290 来说，如果计数脉冲从 CP_1 输入、从 Q_A 输出，可以得到二进制计数器。如果计数脉冲从 CP_2 输入、从 $Q_DQ_CQ_B$ 输出，可以得到五进制计数器。如果将 CP_2 与 Q_A 相连，同时计数脉冲从 CP_1 输入、从 $Q_DQ_CQ_BQ_A$ 输出，则得到十进制计数器。

5. 任意进制计数器的设计

目前常见的计数器有十进制、十六进制、7 位二进制、12 位二进制、14 位二进制等，如果需要其他类型的计数器，只能用已有的集成计数器经过外电路的不同连接方式得到。使用集成计数器构成 N 进制计数器通常采用反馈清零法、反馈置位法和级联法，也可以将 3 种方法综合使用，以构成任意进制的计数器。

反馈清零法就是在现有集成计数器的有效计数循环中，选取一个中间状态形成控制逻辑，去控制集成计数器的清零端，使计数器计数到此状态后，重新返回零状态开始计数，这样就舍弃了一些状态，把计数容量较大的计数器改成了计数容量较小的计数器。假设待求 N 进制计数器的有效循环状态为 S_0～$S_{N\text{-}1}$，如果采用具有同步清零功能的集成计数器实现，中间状态应为 $S_{N\text{-}1}$，如果采用具有异步清零功能的集成计数器实现，中间状态应为 S_N，此时 S_N 只在极短的时间瞬时出现，没有包含在稳定的循环中。

反馈置位法与反馈清零法相似，需要在有效循环中选取一个中间状态形成控制逻辑，去控制集成计数器的置位端，使计数器计数到此状态后，重新返回到预置数状态开始计数。假设待求 N 进制计数器的有效循环状态为 S_0～$S_{N\text{-}1}$，如果采用具有同步置数功能的集成计数器实现，中间状态应为 $S_{N\text{-}1}$，如果采用具有异步置数功能的集成计数器实现，中间状态应为 S_N。

当一片集成计数器的计数容量不够时，需要将多片集成计数器级联起来，形成一个计数容量较大的计数器，级联以后计数器的容量等于各片计数器计数容量的乘积。级联的方式有两种，一种是并行进位方式；另一种是串行进位方式。并行进位方式是指将计数脉冲同时连接到各片集成计数器的计数脉冲输入端，并且将低位集成计数器的进位输出信号作为高位集成计数器的片选信号或使能信号。串行进位方式是指计数脉冲只加在低位集成计数器上，将低位集成计数器的进位输出信号作为高位集成计数器的计数脉冲输入信号。当利用级联的方法实现较大容量的计数器后，可以采用整体清零法或整体置数法构成所需的计数器。

【例 6-8】　分别用 74LS161 和 74LS163 采用清零法构成同步十三进制计数器。

解：由于 74LS161 具有异步清零功能的十六进制加法计数器，在构成十三进制计数器时，应选用 S_{13} 作为中间状态以形成控制逻辑。由于 S_{13}=1101，所以形成的控制逻辑为

$CLR'=(Q_DQ_CQ_A)'$，即当计数器状态为 $Q_DQ_CQ_BQ_A$ =1101 时，经过与非门形成一个低电平信号给 74LS161 的 CLR' 端，使计数器清零，回到 0000 状态，其电路连接图如图 6.50(a)所示。从图中可以看出，十三进制计数器的进位输出信号不是取自 74LS161 的进位输出信号 CO，而是取自于 S_{12} 的状态组合，即进位信号 $C=Q_DQ_C$。

74LS163 是具有同步清零功能的十六进制加法计数器，在构成十三进制计数器时，应选用 S_{12} 作为中间状态以形成控制逻辑。由于S_{12}=1100，所以形成的控制逻辑为 $CLR'=(Q_DQ_C)'$，其电路连接图如图 6.50(b)所示。

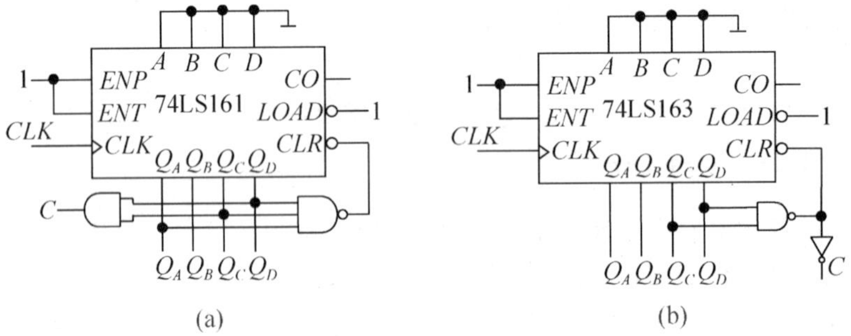

图 6.50 【例 6-8】的逻辑电路图

(a)74LS161 构成的十三进制；(b)74LS163 构成的十三进制

由于清零信号随着计数器被清零而立即消失，所以清零信号持续的时间很短，如果集成计数器中的触发器复位速度有快有慢，则可能造成复位慢的触发器还没有复位，清零信号已经消失，引起电路误动作。为了克服这个缺点，经常将控制逻辑先经过一个基本 *RS* 触发器，然后再加至计数器的清零端，如图 6.51 所示。

假设计数器从 0000 状态开始计数，则第 13 个计数脉冲上升沿到达时计数器进入 1101 状态，G_1 输出低电平，将基本 *RS* 触发器置 1，即 Q=1、Q'=0，Q' 端的低电平立即将计数器清零，此时 G_1 的低电平信号消失，但是基本 *RS* 触发器的输出状态仍然保持不变，因而计数器的清零信号可以保持。当计数脉冲回到低电平以后，基本 *RS* 触发器置 0，Q' 端的低电平信号才消失，因此加到计数器 CLR' 端的清零信号宽度与计数脉冲的高电平宽度相等。进位信号可以从基本 *RS* 触发器的 Q 端引出，其脉冲宽度与计数脉冲高电平宽度相等。

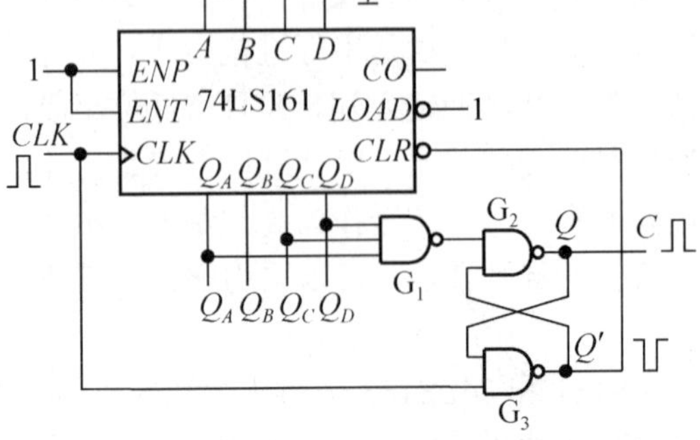

图 6.51 图 6.50(a)电路的改进

【例 6-9】　试用集成同步十进制计数器 74LS160 构成按图 6.52 所示状态变化的计数器。

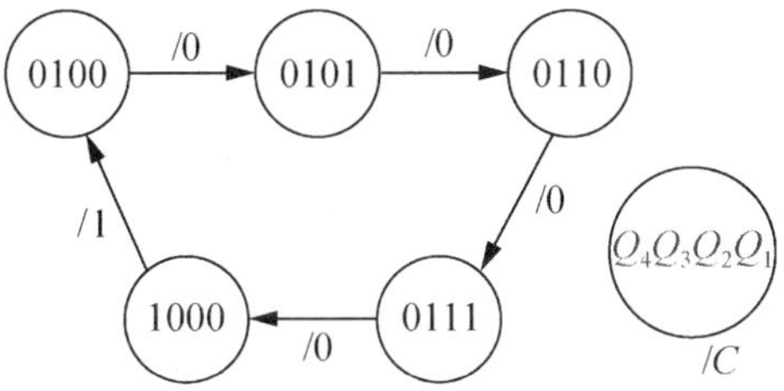

图 6.52　【例 6-9】的状态转换图

解：由图 6.52 所示的状态转换图可知，计数器的起始状态为 0100，结束状态为 1000。由于集成同步十进制计数器 74LS160 具有同步预置数功能，因此选定的中间状态 1000 形成控制逻辑，即 $LOAD' = Q_D'$。由于计数器的起始状态为 0100，所以并行数据输入端 D=0、C=1、B=0、A=0。根据以上分析，得到的逻辑电路图如图 6.53 所示。

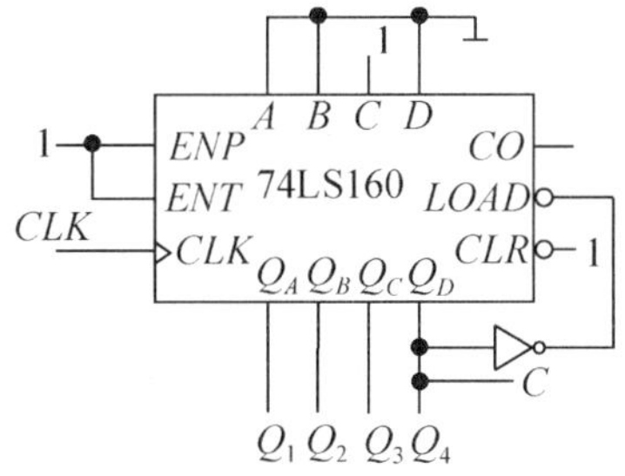

图 6.53　【例 6-9】的电路图

【例 6-10】　试用两片集成同步十进制计数器 74LS160 构成百进制计数器。

解：由于 100=10×10，所以将两片 74LS160 直接按串行进位方式或并行进位方式相连，就可以构成百进制计数器。

采用串行进位方式构成的百进制计数器如图 6.54 所示。由图中可知，两片 74LS160 的 *ENP* 和 *ENT* 都为 1，所以两片 74LS160 都处于计数工作状态。每当第 1 片 74LS160 计数到 9 时 *CO* 端输出变为高电平，经反相器后使第 2 片 74LS160 的计数脉冲输入端为低电平。当下一个计数脉冲到达后，第 1 片 74LS160 的计数状态变为 0000，*CO* 端跳变为低电平，经反相器后使第 2 片 74LS160 的计数脉冲输入端产生一个上升沿，第 2 片 74LS160 开始计数。所以，两片 74LS160 不是同步工作的。

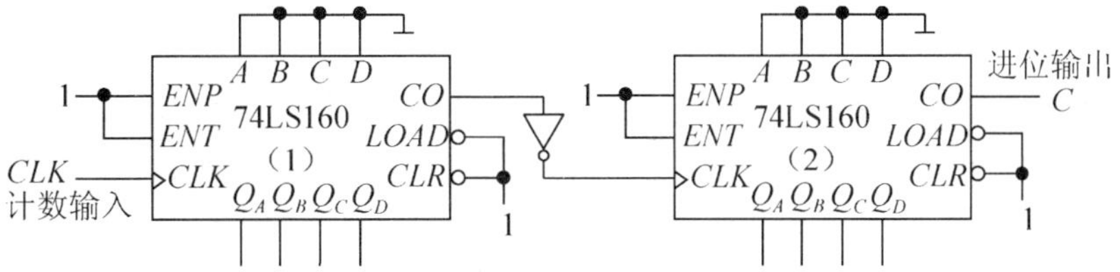

图 6.54　【例 6-10】的串行进位方式电路图

采用并行进位方式构成的百进制计数器如图 6.55 所示。由图中可知，第 1 片 74LS160

的 ENP 和 ENT 都为 1，所以第 1 片 74LS160 始终处于计数工作状态。第 1 片 74LS160 的进位输出端 CO 作为第 2 片 74LS160 的 ENP 和 ENT 输入，每当第 1 片 74LS160 计数到 9 时 CO 端输出变为高电平，下一个计数脉冲到达时第 2 片 74LS160 处于计数工作状态，计数状态加 1，而第 1 片 74LS160 计数状态变为 0，它的 CO 端回到低电平，第 2 片 74LS160 处于保持工作状态。

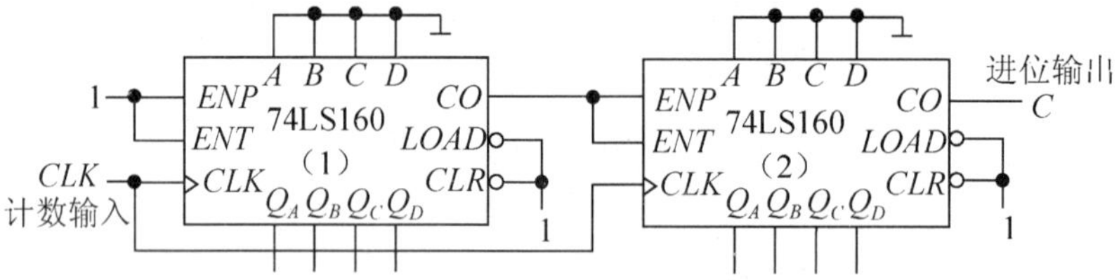

图 6.55 【例 6-10】的并行进位方式电路图

6. 移位寄存器型计数器

如果把移位寄存器的输出以一定的方式反馈到串行输入端，就可以得到移位寄存器型计数器。

1) 环形计数器

在 n 个触发器构成的移位寄存器中，将移位寄存器的输出 Q_n 反馈至第一个触发器的输入端，使触发器连接成环形，便构成了环形计数器，这种计数器能够把存储的代码循环右移。由 4 个 D 触发器构成的环形计数器如图 6.56 所示。

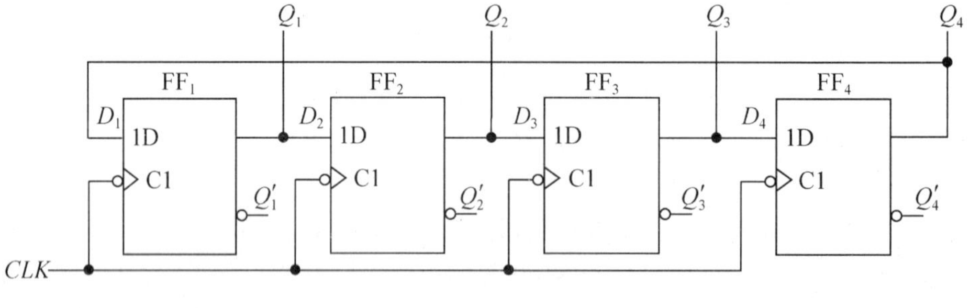

图 6.56 4 位环形计数器

假设电路的初始状态为 $Q_1Q_2Q_3Q_4$=1000，在时钟脉冲信号作用下，寄存器的状态按照 1000→0100→0010→0001 的顺序循环变化，由于每个状态中只有一个 1，而且 1 是在时钟脉冲信号作用下依次右移的，所以可以根据各个触发器输出的高电平来表示输入时钟脉冲的数目。

根据移位寄存器的工作特点可以很容易地画出环形计数器的状态转换图，如图 6.57 所示。由图中可以看出，该电路存在多个循环，如果选择 1000、0100、0010、0001 组成的循环状态为有效循环，其他几个循环就为无效循环，可见图 6.56 所示的环形计数器不能自启动，为了确保该电路能够正常工作，需要通过串行输入端或并行输入端将电路置成有效循环中的某个状态，然后再开始计数。

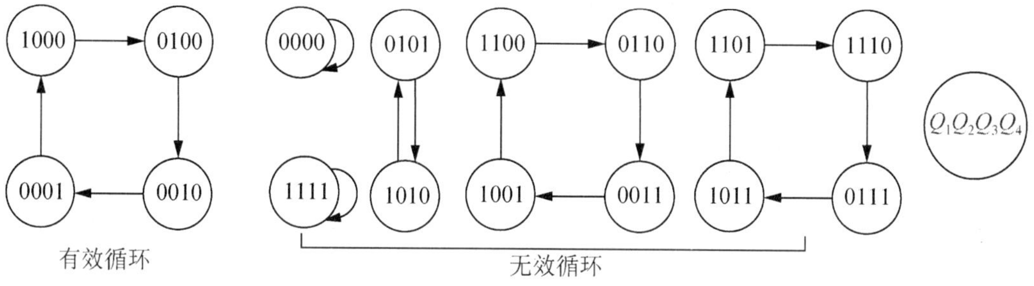

图 6.57　图 6.56 所示电路的状态转换图

为了使图 6.56 所示的 4 位环形计数器能够自启动，需要修改反馈逻辑电路，一般地，对于由 n 个 D 触发器组成的环形计数器来说，只要令 $D_1 = Q_1'Q_2'\cdots Q_{n-1}'$，就可以实现电路的自启动。图 6.58 是能够自启动的 4 位环形计数器逻辑电路图，其状态转换图如图 6.59 所示。

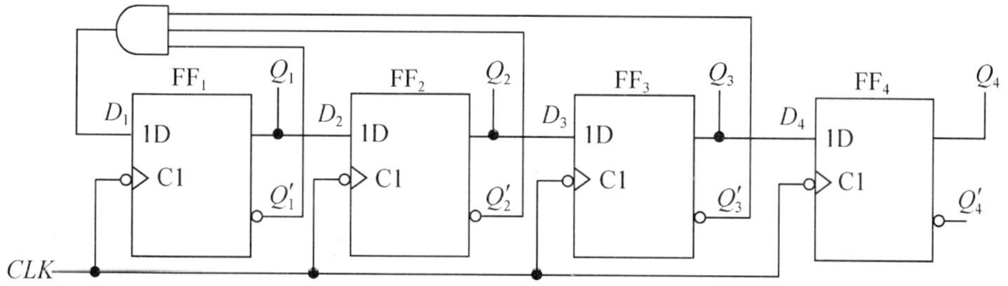

图 6.58　能自启动的 4 位环形计数器

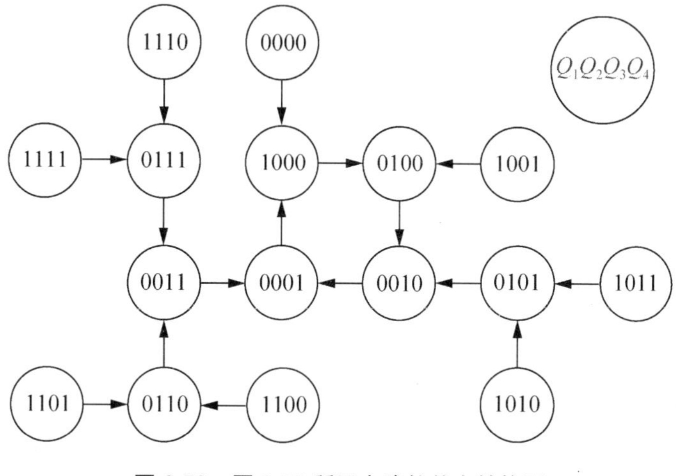

图 6.59　图 6.58 所示电路的状态转换图

环形计数器的突出优点是电路结构简单。它的缺点是没有充分利用电路的状态，n 位移位寄存器可以构成 n 进制的环形计数器，即只利用 n 个状态，还有 2^n-n 个状态未用，形成了浪费。

2) 扭环形计数器

如果将 n 位移位寄存器的输出 Q_n' 反馈至移位寄存器的输入端，就可以构成扭环形计数器，也称为约翰逊计数器。由 4 个 D 触发器构成的扭环形计数器如图 6.60 所示，它的状态转换图如图 6.61 所示。从状态转换图中可以看出，它有两个循环，如果以其中一个循环为有效循环，则另一个为无效循环，说明该电路不能自启动。

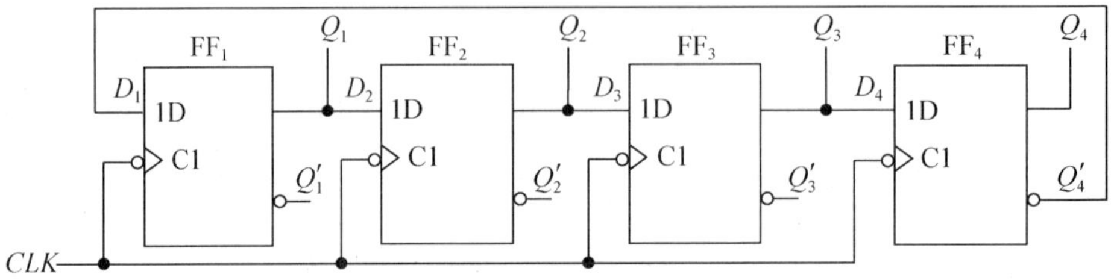

图 6.60　4 位扭环形计数器

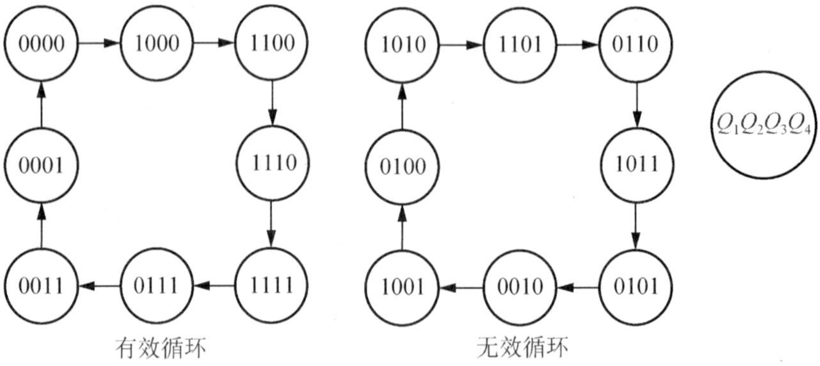

图 6.61　图 6.60 所示电路的状态转换图

为了使电路能够自启动，需要修改电路的反馈逻辑，按照图 6.61 所示状态转换图中的有效循环和无效循环，可以列出 Q_1^{n+1} 的卡诺图，如图 6.62 所示，按照卡诺图中所示的合并圈进行化简，可以得出反馈逻辑，即 $D_1 = Q_2^n(Q_3^n)' + (Q_4^n)'$ ，从而得到如图 6.63 所示的电路和图 6.64 所示的状态转换图。

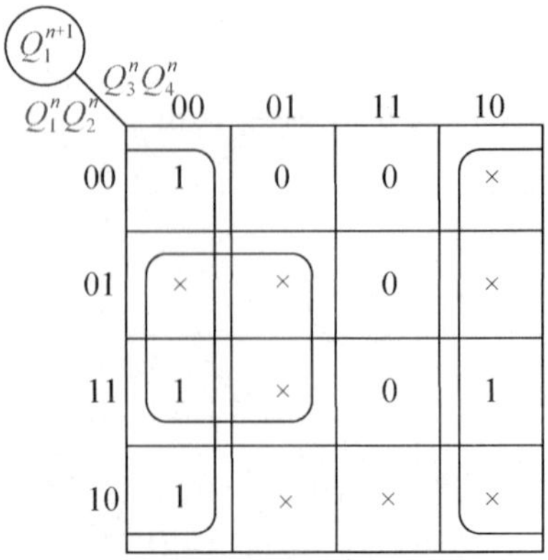

图 6.62　Q_1^{n+1} 的卡诺图

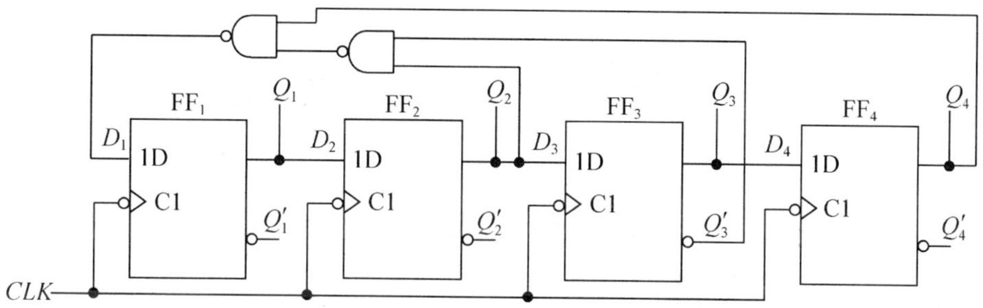

图 6.63　能自启动的 4 位扭环形计数器

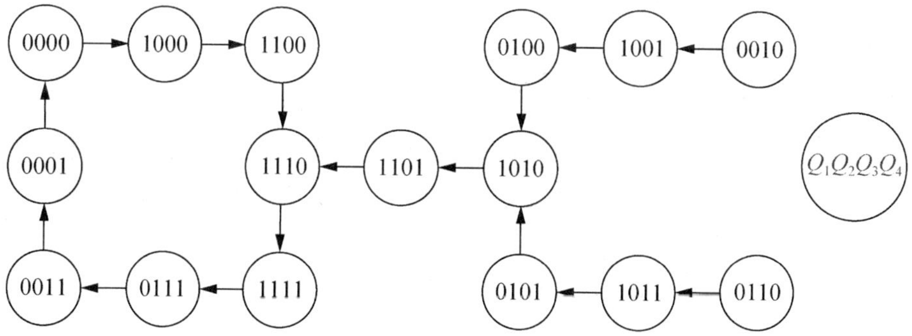

图 6.64　图 6.63 所示电路的状态转换图

从上面的分析可知，n 位移位寄存器可以构成 $2n$ 进制的环形计数器，即只利用 $2n$ 个状态，还有 2^n-2n 个状态未用。

【思考题】　怎样设计一个能够自启动的扭环形计数器？

6.4.3　顺序脉冲发生器

在一些数字系统和控制系统中，有时需要系统按照人们事先规定的顺序进行运算或操作，这就要求系统的控制部分能够发出正确的控制信号，这些控制信号往往是通过在时间上有一定先后顺序的脉冲信号形成的。能够产生顺序脉冲信号的电路称为顺序脉冲发生器，脉冲信号发生器可以用移位寄存器实现，也可以用计数器和译码器实现。

1. 移位寄存器型顺序脉冲发生器

利用移位寄存器构成环形计数器，当计数器的有效循环中只有一个 1 时，它就是一个顺序脉冲发生器。图 6.58 所示 4 位环形计数器的电压波形图如图 6.65 所示，从输出电压波形中可以看出，在 CLK 端不断输入时钟脉冲时，Q_1、Q_2、Q_3、Q_4 将依次输出正脉冲，并不断地循环。

利用移位寄存器构成顺序脉冲发生器电路结构简单，不需要加译码电路，但是使用的触发器比较多，并且需要采取能够自启动的反馈逻辑电路。

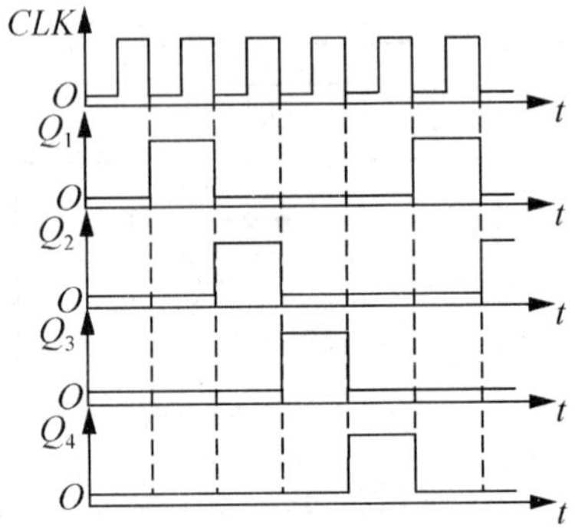

图 6.65　4 位环形计数器的电压波形图

2. 计数器型顺序脉冲发生器

当顺序脉冲个数比较多时，可以采用计数器加译码器组成的顺序脉冲发生器。用同步十六进制计数器 74LS161 和 3 线—8 线译码器 74LS138 构成的顺序脉冲发生电路如图 6.66 所示，图中以 74LS161 的输出 Q_C、Q_B、Q_A 作为 74LS138 的输入信号。为了使电路能够正常工作，74LS161 的 ENP、ENT、$LOAD'$、CLR' 都应接高电平，74LS138 的 G'_{2A}、G'_{2B} 接低电平，时钟脉冲 CLK 取反后接至 74LS138 的 G_1 端。

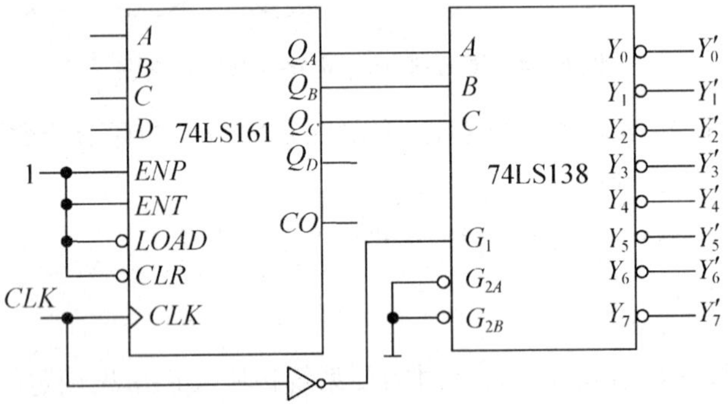

图 6.66　计数器型顺序脉冲发生器

在时钟脉冲的作用下，74LS161 的输出状态 $Q_CQ_BQ_A$ 按 000～111 的顺序反复循环，因此 74LS138 输入端 CBA 的状态也按 000～111 的顺序反复循环，所以，74LS138 的输出 Y'_0～Y'_7 依次输出低电平脉冲，即输出顺序脉冲。由于 74LS161 内部触发器的传输延迟时间可能不完全一致，所以将 74LS161 的输出状态进行译码时可能会出现竞争—冒险现象，为了消除竞争—冒险现象，将时钟脉冲取反后接至 74LS138 的使能端 G_1，这样 74LS138 只能在 CLK 的低电平期间对 74LS161 的输出状态进行译码，而此时 74LS161 的输出状态已经稳定，因此不会再发生竞争—冒险现象。可见，整个电路输出的顺序脉冲宽度等于时钟信号的低电平宽度，其电压波形图如图 6.67 所示。

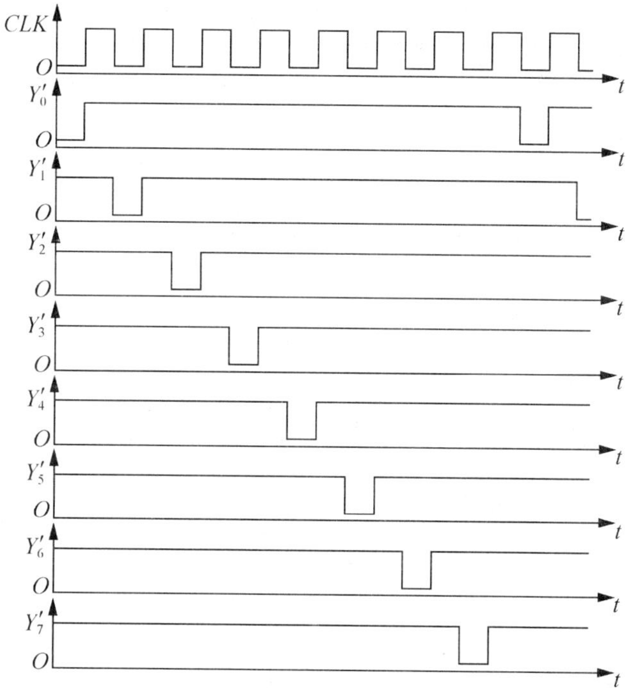

图 6.67　图 6.66 所示电路的电压波形图

6.4.4　序列信号发生器

序列信号是指按照一定规则排列的周期性串行数字信号，在每个循环周期中，1 和 0 是按照一定的规则排列的。序列信号可以作为数字系统的同步信号或是地址代码，因此在通信、雷达、遥控、遥测等方面都有广泛的应用。能够产生序列信号的时序电路称为序列信号发生器，它可以用移位寄存器或计数器构成。

1. 移位寄存器型序列信号发生器

移位寄存器型序列信号发生器是由移位寄存器和反馈组合电路构成的。如果序列信号的位数(长度)是 m，按照移位寄存器的移存规律，应组成 m 个独立状态完成状态转移，假设所需移位寄存器的位数为 n，则应满足 $2^{n-1}<m\leqslant 2^n$，根据 m 个不同的状态求出反馈函数，就可以组成产生所需序列的序列信号发生器。

【例 6-11】　设计一个产生序列信号 11100010、11100010、…、11100010 的移位寄存器型序列信号发生器。

解：由于给定序列信号的位数为 m=8，因此 $n\geqslant 3$，取 n=3，按 3 位一组将序列信号划分为 8 个状态，其状态转换关系见表 6-19，从表中可以看出，移位寄存器进行的是右移操作，由此可以画出反馈输入的卡诺图，即 Q_1^{n+1} 的卡诺图，如图 6.68 所示，求得的反馈输入为：

$$F=(Q_3^n)'(Q_1^n)'+(Q_3^n)'Q_2^n+Q_3^n(Q_2^n)'Q_1^n$$

表 6-19 【例 6-11】的状态转换表

序号	现态			次态			反馈输入
CLK	Q_3^n	Q_2^n	Q_1^n	Q_3^{n+1}	Q_2^{n+1}	Q_1^{n+1}	F
1	1	1	1	1	1	0	0
2	1	1	0	1	0	0	0
3	1	0	0	0	0	0	0
4	0	0	0	0	0	1	1
5	0	0	1	0	1	0	0
6	0	1	0	1	0	1	1
7	1	0	1	0	1	1	1
8	0	1	1	1	1	1	1

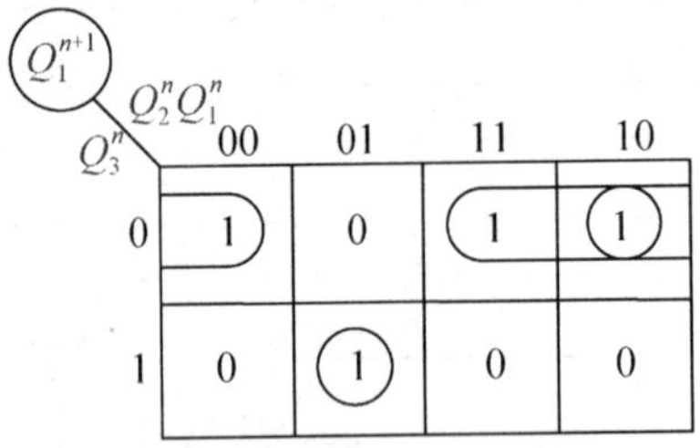

图 6.68 反馈输入的卡诺图

如果移位寄存器利用 D 触发器构成，则得到的逻辑电路如图 6.69 所示。根据以上分析可知，从 Q_3 输出就可以得到所求的序列信号。而且从状态转换表中也可以看出，Q_3、Q_2、Q_1 输出序列的排列顺序相同，但是初始相位不同。

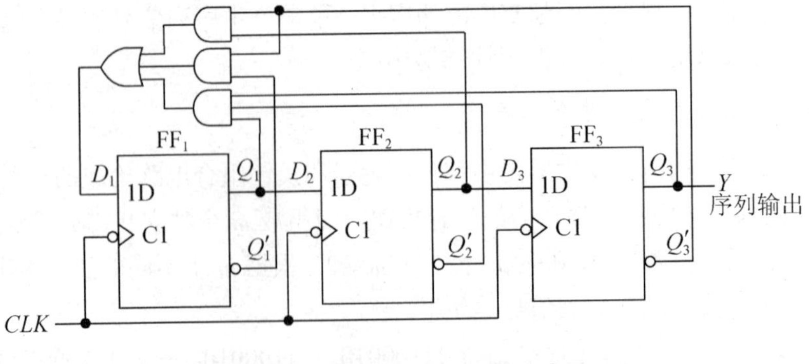

图 6.69 【例 6-11】的逻辑电路图

根据已知的序列信号进行状态划分时，可能出现两组或多组状态相同的情况，在没有外加控制信号的条件下是不能实现的，只有通过增加移位寄存器的位数，直到得到 m 个独立状态为止。

2. 计数器型序列信号发生器

计数器型序列信号发生器是由计数器和组合电路输出两部分组成的，在组合电路输出序列信号。计数器的模值(计数容量)必须和序列信号的位数相同。

【例 6-12】　设计一个产生序列信号 1101000101、1101000101、…、1101000101 的计数器型序列信号发生器，用同步十进制计数器 74LS160 和 8 选 1 数据选择器 74LS151 实现。

解：由于给定序列信号的位数为 m=10，令计数器的每一个状态与给定序列信号的一位相对应，可列出状态对应表，见表 6-20，并可以得出实现序列信号的卡诺图，如图 6.70 所示。由于 74LS151 的地址输入端只有 3 个，而 74LS160 的输出有 4 个，因此需要对序列信号的卡诺图进行降维处理，这里以 Q_D 作为未知变量，可以得到如图 6.71 所示的降维卡诺图。

表 6-20　【例 6-12】的状态对应表

计数器输出				序列信号
Q_D	Q_C	Q_B	Q_A	Y
0	0	0	0	1
0	0	0	1	1
0	0	1	0	0
0	0	1	1	1
0	1	0	0	0
0	1	0	1	0
0	1	1	0	0
0	1	1	1	1
1	0	0	0	0
1	0	0	1	1

Y: Q_DQ_C \ Q_BQ_A	00	01	11	10
00	1	1	1	0
01	0	0	1	0
11	×	×	×	×
10	0	1	×	×

图 6.70　【例 6-12】序列信号的卡诺图

Y: Q_C \ Q_BQ_A	00	01	11	10
0	Q_D'	1	1	0
1	0	0	1	0

图 6.71　降维后的卡诺图

将降维处理后的卡诺图和 74LS151 的输出标准形式相比，可以得出 $D_0=Q_D'$，D_1=1，D_2=0，D_3=1，D_4=0，D_5=0，D_6=0，D_7=1，由此得到的逻辑电路图如图 6.72 所示。

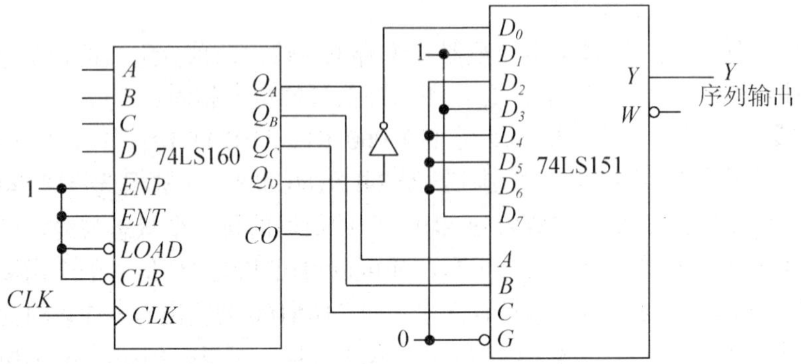

图 6.72 【例 6-12】的逻辑电路图

3. 最长线性序列信号发生器

最长线性序列信号的序列长度为 2^n-1，n 是移位寄存器的位数。最长线性序列信号发生器是在 n 位移位寄存器的基础上增加异或反馈电路组成的，由于其结构已经定型，并且反馈电路的逻辑函数和连接形式都有一定的规律，因此可以利用查表的方法设计出最长线性序列信号。

最长线性序列信号发生器的一般结构如图 6.73 所示，图中 n 个 D 触发器构成了 n 位移位寄存器，异或反馈电路的输出逻辑函数(反馈函数) $F(Q)$ 作为移位寄存器的串行输入，其反馈函数的一般表达式可以表示为：

$$D_1 = F(Q) = k_1Q_1 \oplus k_2Q_2 \oplus \cdots \oplus k_iQ_i \oplus \cdots \oplus k_nQ_n \tag{6-4}$$

式(6-4)的 k_i 为系数，Q_i 为第 i 个触发器的输出。当 k_i=1 时，第 i 个触发器的输出 Q_i 参与反馈；当 k_i=0 时，第 i 个触发器的输出 Q_i 不参与反馈。

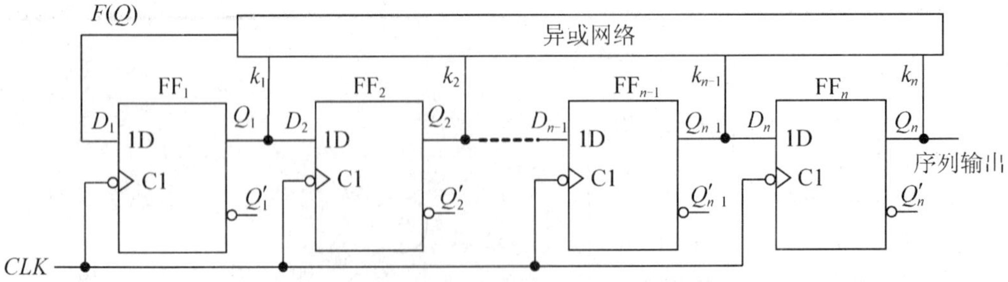

图 6.73 最长线性序列信号发生器一般结构

表 6-21 列出了 n 位移位寄存器产生构成最长线性序列信号发生器的反馈函数，根据反馈函数就可以构成长度为 2^n-1 的序列信号。例如，要产生长度为 15 的序列，首先根据 $2^n-1=15$ 确定 $n=4$，再查表 6-21 可得反馈函数 $F(Q)=Q_3 \oplus Q_4$，就可以得到如图 6.74 所示的逻辑电路图。

表 6-21　最长线性序列信号发生器的反馈函数表

序号(*n*)	反馈函数	序号(*n*)	反馈函数
1	Q_1	11	$Q_9 \oplus Q_{11}$
2	$Q_1 \oplus Q_2$	12	$Q_6 \oplus Q_8 \oplus Q_{11} \oplus Q_{12}$
3	$Q_2 \oplus Q_3$	13	$Q_9 \oplus Q_{10} \oplus Q_{12} \oplus Q_{13}$
4	$Q_3 \oplus Q_4$	14	$Q_9 \oplus Q_{11} \oplus Q_{13} \oplus Q_{14}$
5	$Q_3 \oplus Q_5$	15	$Q_{14} \oplus Q_{15}$
6	$Q_5 \oplus Q_6$	16	$Q_{11} \oplus Q_{13} \oplus Q_{14} \oplus Q_{16}$
7	$Q_6 \oplus Q_7$	17	$Q_{14} \oplus Q_{17}$
8	$Q_2 \oplus Q_3 \oplus Q_4 \oplus Q_8$	18	$Q_1 \oplus Q_2 \oplus Q_5 \oplus Q_{18}$
9	$Q_5 \oplus Q_9$	19	$Q_{14} \oplus Q_{17} \oplus Q_{18} \oplus Q_{19}$
10	$Q_7 \oplus Q_{10}$	20	$Q_{17} \oplus Q_{20}$

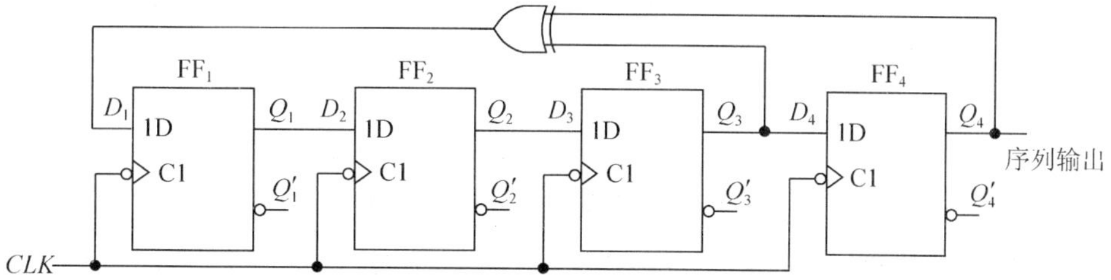

图 6.74　最长线性序列信号发生器一般结构

假设图 6.74 所示电路的初态为 1111，在时钟脉冲 *CLK* 的作用下，输出的序列信号为 111100010011010，循环长度为 15。由于电路处于 0000 状态时，反馈函数 $F(Q)=0$，在时钟脉冲作用下，电路的次态仍为 0000，即该电路不能自启动。为了使图 6.74 所示电路能够自启动，必须修改其反馈函数，使 0000 的次态为 0001，令反馈函数 $F(Q)=Q_3 \oplus Q_4 + Q_1'Q_2'Q_3'Q_4'$，则电路可以自启动。

根据以上分析可知，当用 *n* 位移位寄存器构成最长线性序列信号发生器时，只需查表确定其反馈函数，然后对反馈函数进行修改，修改后的反馈函数一般形式为：

$$F(Q)=k_1Q_1 \oplus k_2Q_2 \oplus \cdots \oplus k_iQ_i \oplus \cdots \oplus k_nQ_n + Q_1'Q_2' \cdots Q_n' \tag{6-5}$$

只要按式(6-5)去连接电路，就可以得到能够自启动的最长线性序列信号发生器。

【思考题】　计数器型序列信号发生器的设计应注意哪些问题？

6.5　用 Multisim 10 分析时序逻辑电路

常用的时序逻辑电路主要有寄存器、计数器、顺序脉冲发生器、序列信号发生器等，本节的主要内容是利用 Multisim 10 对部分时序逻辑电路进行功能分析。

1. 双向移位寄存器 74LS194

74LS194 是一个 4 位双向移位寄存器，它具有并行输入、并行输出、左移、右移、保持等功能，根据 74LS194 的工作特点，设计了如图 6.75 所示的仿真电路，图中的探针分别用于指示输出 Q_A～Q_D 的状态。

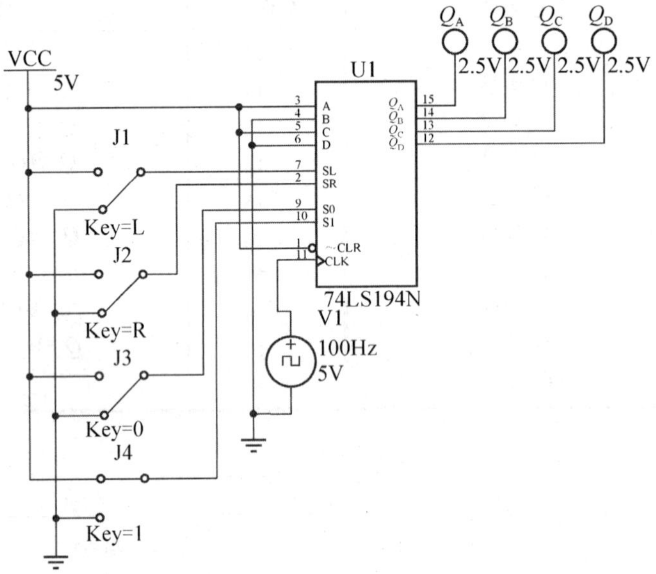

图 6.75　74LS194 的仿真电路图

根据 74LS194 的功能表可知，当 CLR'=1、S_1=S_0=1 时，在移位脉冲 CLK 的上升沿作用下，并行输入端的代码 0101 送入双向移位寄存器输出端，使 $Q_DQ_CQ_BQ_A$=0101，其仿真结果如图 6.76 所示。

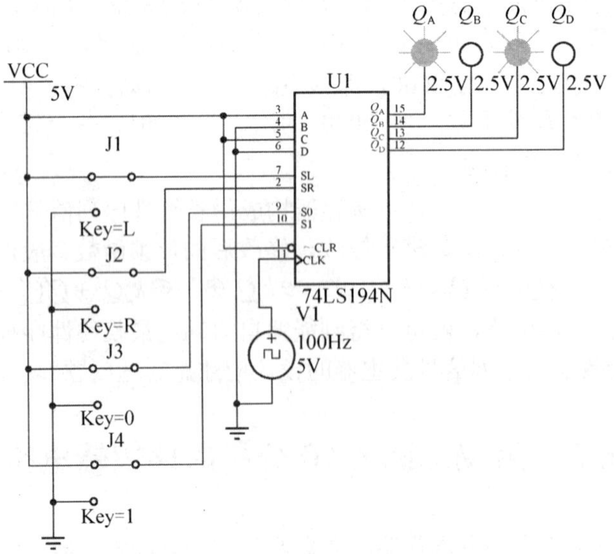

图 6.76　74LS194 的仿真结果 1

当 CLR'=1、S_1=1、S_0=0 时，74LS194 处于左移工作状态，在移位脉冲 CLK 的上升沿作用下，将左移输入端的代码 S_L 串行送入双向移位寄存器，如果 S_L=1，则在移位脉冲的作用下，寄存器的输出 Q_D、Q_C、Q_B、Q_A 将依次变为 1，其仿真结果如图 6.77 所示。

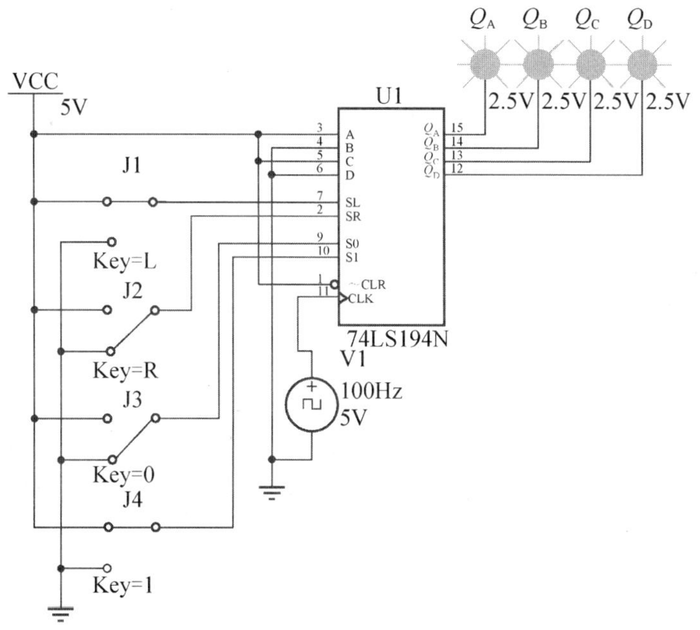

图 6.77 74LS194 的仿真结果 2

2. 用两片 74LS160 构成二十四进制计数器

由于 74LS160 是十进制计数器，所以先利用两片 74LS160 构成百进制计数器，然后再采取整体置数或整体清零构成二十四进制计数器。而两片 74LS160 构成百进制可以采用串行进位方式，也可以采用并行进位方式，因此实现该功能的电路形式可以有 4 种。

当采用串行进位方式构成百进制时，需要将低位片的进位输入端接至高位片的时钟脉冲输入端，计数脉冲接在低位片的时钟脉冲输入端。由于 74LS160 具有异步清零功能，当采用整体清零方式构成二十四进制计数器时，中间状态应取自 S_{24}，即高位片取 0010 状态，低位片取 0100 状态，经过与非门译码后接至两片 74LS160 的 CLR'，即可构成二十四进制计数器，其仿真结果如图 6.78 所示。由于 74LS160 具有同步置数功能，当采用整体置数方式构成二十四进制计数器时，将两片 74LS160 的并行输入端都接低电平，即使预置数等于 0，中间状态取 S_{23}，即高位片取 0010 状态，低位片取 0011 状态，经过与非门译码后接至两片 74LS160 的 $LOAD'$，即可构成二十四进制计数器。

当采用并行进位方式构成百进制时，计数脉冲同时接在两片 74LS160 的时钟脉冲输入端，低位片的进位脉冲输出端接至高位片的使能端，两片的 CLR' 和 $LOAD'$ 都接高电平。由百进制构成二十四进制的方法与串行进位方式相同，采用整体置数法构成二十四进制计数器的仿真电路如图 6.79 所示。

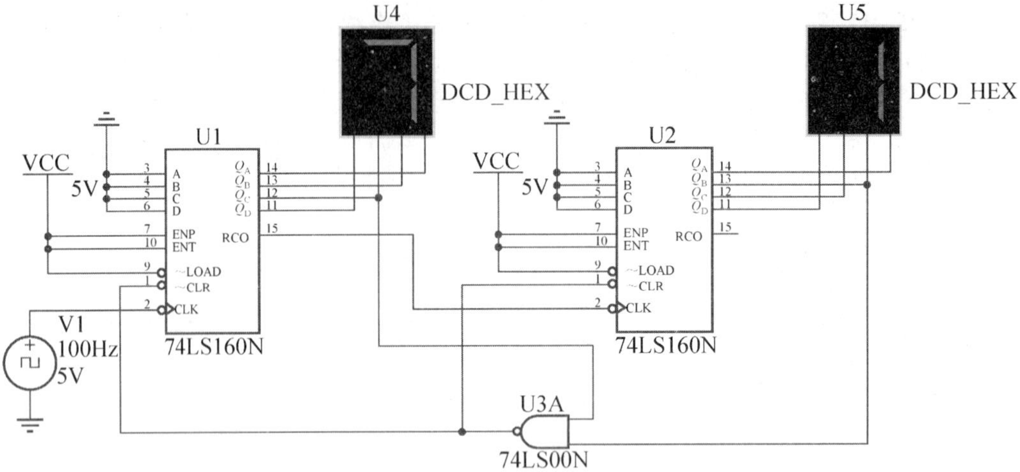

图 6.78　整体清零方式构成的二十四进制计数器

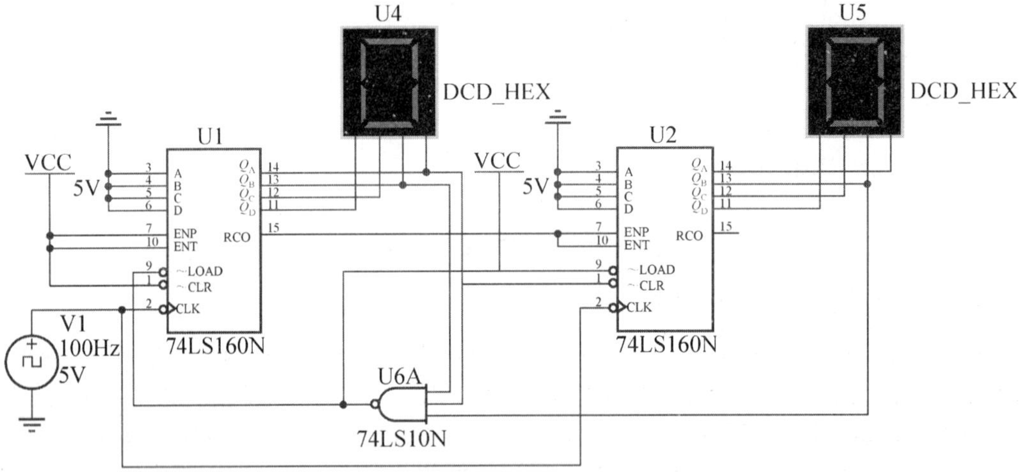

图 6.79　整体置数方式构成的二十四进制计数器

6.6　时序逻辑电路的 VHDL 描述及其仿真

用 VHDL 设计时序逻辑电路不像中规模集成电路那样受到芯片的限制，它可以根据使用者的需求省略不需要的功能或是增加需要的功能。例如，当使用者仅仅需要计数功能而不需要预置数或清零功能时，就可以在程序中省去不必要的语句，以节约系统的硬件资源，应用比较灵活。

1. 移位寄存器的 VHDL 描述

移位寄存器可以分为左移寄存器、右移寄存器和双向移位寄存器，它们的功能不同，但用 VHDL 描述的方法类似，现以带有清零功能的 8 位右移寄存器为例进行说明。

在编写移位寄存器的 VHDL 程序时，定义了时钟信号 CLK、异步清零输入端 CLR、并行数据输入端 DIN、并行数据预置使能信号 LOAD、串行数据输入端 DR、串行数据输出端 Q，其 VHDL 程序如下：

```
Library IEEE;
Use IEEE.std_logic_1164.all;
entity RSHFT8 is
 port
 (
   CLR,CLK,LOAD,DR: in  STD_LOGIC;
   DIN: in STD_LOGIC_VECTOR(7 DOWNTO 0);
   Q: out  STD_LOGIC
     );
end RSHFT8;

architecture behav of RSHFT8 is
signal REG8: STD_LOGIC_VECTOR(7 DOWNTO 0);
begin
  Process(CLK,CLR,LOAD)
    begin
      if(CLR='0')then
        REG8<="00000000";
        Q<=REG8(7);
      elseif(CLK'EVENT and CLK='1') then
        if(LOAD='0')then
           REG8<=DIN;
           Q<=REG8(7);
        else
           REG8(7 DOWNTO 1)<=REG8(6 DOWNTO 0);
           REG8(0)<=DR;
           Q<=REG8(7);
        end if;
      end if;
  end Process;
end behav;
```

从程序中可以看出，异步清零信号 CLR 为低电平有效，当 CLR=0 时，将移位寄存器中所有触发器清零，此时串行输出为 0。并行数据预置使能信号 LOAD 为低电平有效，当 CLR=1、LOAD=0 时，在时钟脉冲的上升沿作用下将并行数据 DIN 输出到寄存器中。当 CLR=1、LOAD=1 时，移位寄存器进行右移操作，将存储的数据依次从 Q 端输出。其仿真结果如图 6.80 所示。

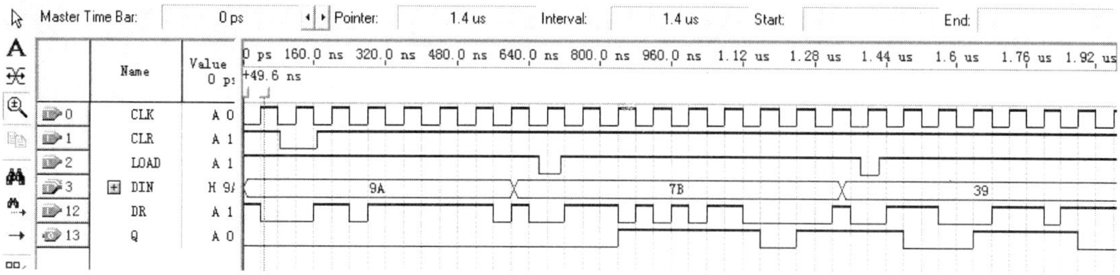

图 6.80　8 位右移寄存器的仿真波形图

从仿真结果可以看出，在 CLK 的第 1 个上升沿，由于 CLR=1、LOAD=1，移位寄存器进行右移操作，输出低电平。在第 2 个 CLK 期间，CLR=0，将移位寄存器清零，在随后的 6 个 CLK 上升沿，输出 6 个 0。在第 9 个 CLK 上升沿时，CLR=1、LOAD=0，将并行输入数据 7B 装入移位寄存器，在随后的 8 个 CLK 的上升沿作用下，Q 端依次输出 01111011。可见仿真波形和 VHDL 程序描述的功能一致。

2. 同步十进制计数器的 VHDL 描述

在编写同步十进制计数器的 VHDL 程序时，定义了时钟信号 CLK、异步清零输入端 CLR、计数使能输入端 EN、计数输出端 Q 和进位信号输出端 CO，其 VHDL 程序如下：

```
Library IEEE;
Use IEEE.std_logic_1164.all;
Use IEEE.std_logic_unsigned.all;
entity CNT10CR is
 port
 (
   CLR,CLK,EN: in  STD_LOGIC;
   Q: out STD_LOGIC_VECTOR(3 DOWNTO 0);
   CO: out  STD_LOGIC
      );
end CNT10CR;

architecture behav of CNT10CR is
signal count: STD_LOGIC_VECTOR(3 DOWNTO 0);
begin
  Process (CLK,CLR,EN)
    begin
      if(CLR='0')then
         count<=(OTHERS=>'0');
      elseif(CLK'EVENT and CLK='1')then
        if(EN='0') then
           if(count<9) then
              count<=count+1;
           else
              count<=(OTHERS=>'0');
           end if;
        end if;
      end if;
      if(count=9) then
         CO<='1';
      else
         CO<='0';
      end if;
        Q<=count;
  end Process;
end behav;
```

从程序中可以看出，异步清零信号 CLR 为低电平有效，当 CLR=0 时，将计数器的输出清零。计数器使能信号 EN 为低电平有效，当 CLR=1、EN=0 时，计数器工作在计数状态；当 CLR=1、EN=1 时，计数器工作在保持状态。当计数器计数到 9 时，在进位输出信号 CO 端输出高电平。其仿真结果如图 6.81 所示。

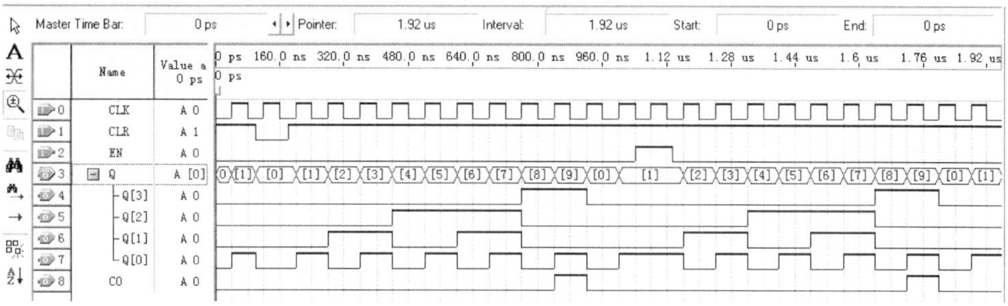

图 6.81　同步十进制计数器的仿真波形图

本 章 小 结

本章主要介绍了时序逻辑电路的特点及时序逻辑电路的分析方法和设计方法，并介绍了寄存器、计数器、顺序脉冲发生器和序列信号发生等常用时序逻辑电路的工作特点及应用。最后对部分时序逻辑电路的 Multisim 功能仿真测试、VHDL 描述及仿真进行了简单介绍。

时序逻辑电路通常由存储电路(触发器)和组合逻辑电路构成。在时序逻辑电路中，任何时刻的输出信号不仅和当前的输入有关，还与电路原来的状态有关，因此，任何时刻下时序逻辑电路的输出可以用输入变量和电路原来的状态表示。时序逻辑电路的逻辑功能可以用方程组、状态转换表、状态转换图和时序图等几种方式进行描述。方程组由状态方程、驱动方程和输出方程构成，是和具体电路结构直接对应的一种描述形式。

时序逻辑电路按时钟信号的连接方式可以分为同步时序逻辑电路和异步时序逻辑电路，本章分别介绍了它们的分析方法和设计方法。计数器是最具有代表性的时序逻辑器件，而且应用广泛，所以在介绍时序逻辑电路的分析方法和设计方法时一般都以计数器为例进行说明。对于任何复杂的时序逻辑电路，这些分析方法和设计方法都是适用的。

由于时序逻辑电路包含组合逻辑电路和存储电路两部分，所以时序逻辑电路中的竞争—冒险现象也有两个方面。一方面是组合逻辑电路的竞争—冒险；另一方面是存储电路的竞争—冒险。存储电路的竞争—冒险现象实际上是输入信号和时钟信号同时改变时，在时间上配合不当而导致的，而且这种现象一般只发生在异步时序逻辑电路中。

通过 Multisim 10 对时序逻辑电路的逻辑功能进行仿真测试有助于读者更好地理解时序逻辑电路的逻辑功能和动作特点。通过对时序逻辑电路的 VHDL 描述及其仿真学习，可以使读者更好地理解时序逻辑电路输入与输出之间的逻辑关系。

本章的重点是时序逻辑电路的分析与设计、常用时序逻辑电路的逻辑功能及应用、任意进制计数器的构成方法。

习　　题

一、填空题

1. 寄存器可以分为______寄存器和______寄存器两种。
2. 74LS161 具有__________、__________、___________和计数 4 种功能。
3. 时序逻辑电路根据输出信号的特点可以分为_________型和__________型。
4. 计数器按内部触发器是否同时翻转可以分为________计数器和________计数器。
5. 计数器按计数增减趋势不同可以分为_______计数器、_______计数器和可逆计数器。
6. 用 n 个 D 触发器构成的环形计数器，其有效循环中状态数为______个。
7. 用 n 个 D 触发器构成的扭环形计数器，其有效循环中状态数为______个。
8. 用 4 位二进制加法计数器计数，最多可以计______个脉冲信号。
9. 要使 8 位代码全部串行移入 8 位寄存器中，需要串行输入____个移位脉冲。
10. 4 位同步并行输入寄存器输入一个新的 4 位数据需要____个移位脉冲信号。

二、分析与设计题

1. 分析题图 6.1 所示时序逻辑电路的逻辑功能，要求写出电路的驱动方程、状态方程和输出方程，画出状态转换图，说明能否自启动。

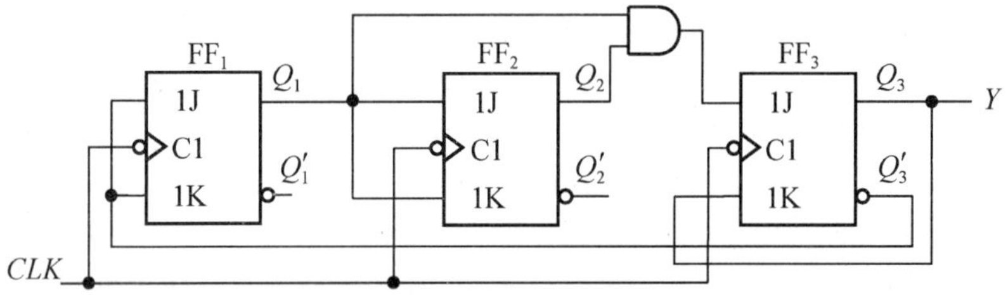

题图 6.1

2. 分析题图 6.2 所示时序逻辑电路的逻辑功能，要求写出电路的驱动方程、状态方程和输出方程，画出状态转换图，说明能否自启动。

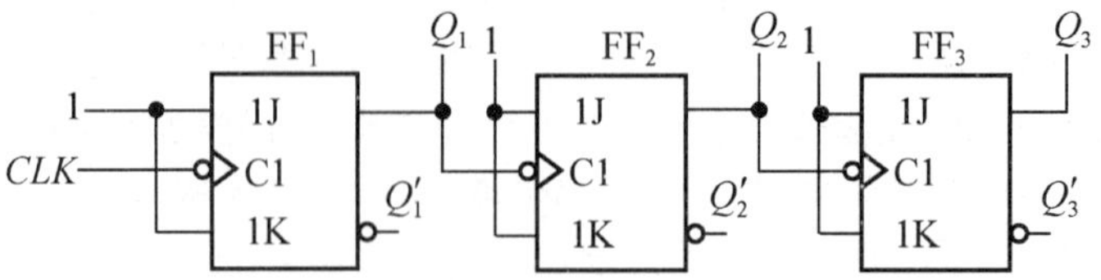

题图 6.2

3. 画出题图 6.3 所示时序逻辑电路的状态转换表和状态转换图，并分别说明 A=0 和 A=1 时电路的逻辑功能。

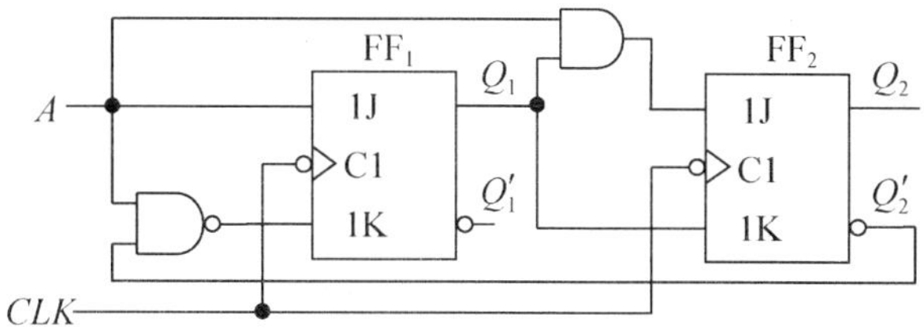

题图 6.3

4. 分析题图 6.4 所示的计数器在 X=0 和 X=1 时分别为几进制计数器。

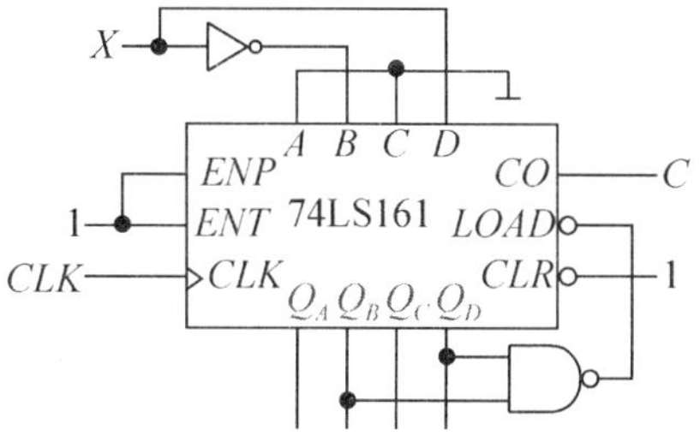

题图 6.4

5. 分析题图 6.5 所示的计数器为几进制计数器。

6. 用双向移位寄存器 74LS194 和必要的门电路构成十二进制加法计数器。

7. 用 JK 触发器和必要的门电路构成同步十一进制加法计数器。

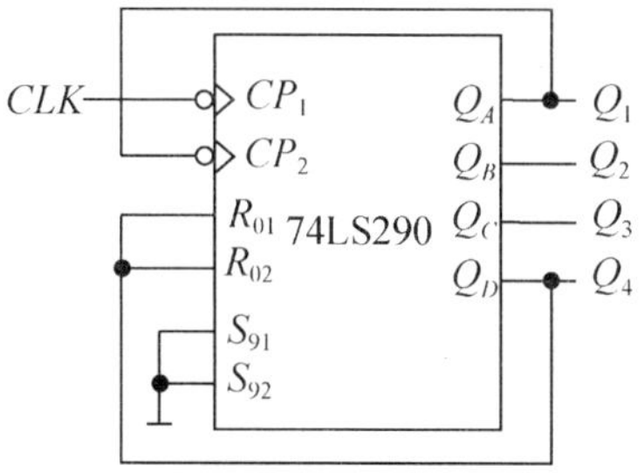

题图 6.5

8. 用 T 触发器和必要的门电路构成十三进制减法计数器。

9. 试分别用 74LS161 的异步清零和同步置数功能构成十进制计数器。

10. 试用 74LS194 设计一个 5 位环形计数器，要求电路能够自启动。

11. 用两片 74LS290 构成二十四进制计数器。

12. 试用两片 74LS160 和必要的门电路构成三十一进制的加法计数器。

13. 用同步十进制计数器 74LS160 和 8 选 1 数据选择器 74LS151 设计一个计数器型序列信号发生器，产生周期性序列信号 0100110101。

14. 设计一个串行数据检测电路，当连续出现 3 个和 3 个以上的 1 时，电路输出 1，其余情况下电路输出 0。

15. 设计一个可控同步计数器，A、B 为控制信号，当 AB=00 时，计数器维持原状；

当 AB=01 时，计数器为二进制计数器；当 AB=10 时，计数器为四进制计数器；当 AB=11 时，计数器为八进制计数器。

16. 用 D 触发器和必要的门电路设计一个异步十一进制计数器。

17. 设计一个字长为 5 位的串行奇偶校验电路，每当接收到的 5 位码是偶数个 1 时，在最后一个校验位时刻输出 1。

18. 设计一个序列信号发生器，使之能产生周期性序列信号 1001011011。

19. 设计一个移存型序列信号发生器，使之能产生周期性序列信号 11110000。

20. 设计一个可控进制计数器，当控制输入量 X=1 时，计数器为五进制计数器，当 X=0 时，计数器为八进制计数器。要求指出计数输入端和进位输出端。

21. 题图 6.6 是由二—十进制优先编码器 74LS147 和同步十进制计数器 74LS160 组成的可控分频器。试说明当输入控制信号 a、b、c、d、e、f、g、h、i 每个为低电平时，由 Y 端输出的脉冲频率各是多少，假定 CLK 的频率为 100 kHz。

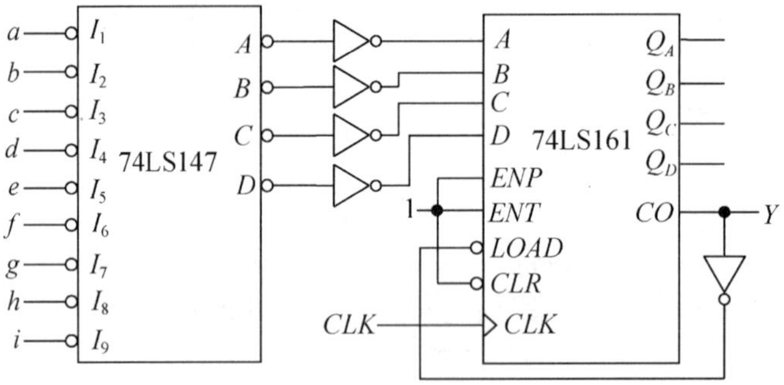

题图 6.6

22. 用 JK 触发器设计一个格雷码十进制计数器(计数状态按格雷码顺序循环变化)。

23. 设计一个长度为 7 的最长线性序列发生器，要求电路能自启动，设电路初态为 0。

24. 用 VHDL 语言实现 74LS194 的逻辑功能。

25. 用 VHDL 语言实现 74LS161 的逻辑功能。

第 7 章

脉冲波形的产生与整形

本章教学目的与要求

(1) 掌握施密特触发器的工作原理。
(2) 掌握单稳态触发器的工作原理。
(3) 掌握多谐振荡器的工作原理。
(4) 掌握 555 定时器电路结构及其应用。
(5) 掌握基本脉冲电路的设计。

本章知识结构

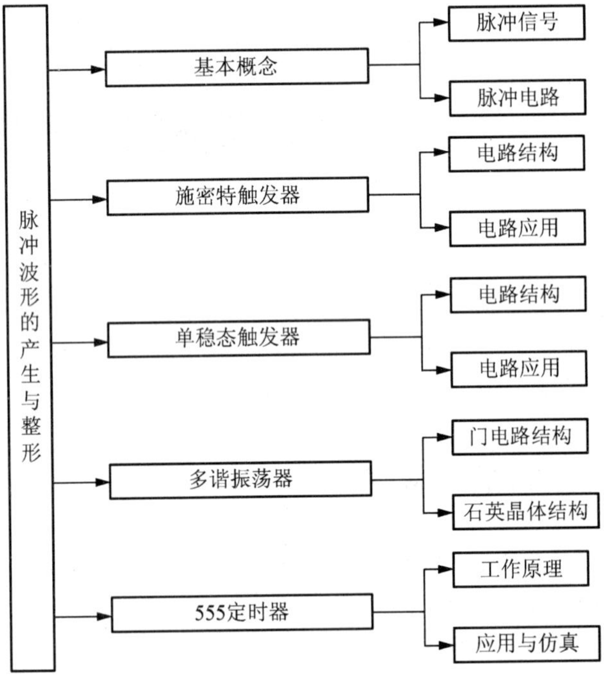

7.1 脉冲信号与脉冲电路

在电子技术中，脉冲信号是一个按一定电压幅度、一定时间间隔连续发出的脉冲信号。脉冲信号之间的时间间隔称为周期；而将在单位时间(如 1s)内所产生的脉冲个数称为频率。频率是描述周期性循环信号(包括脉冲信号)在单位时间内所出现的脉冲数量多少的计量名称；频率的标准计量单位是 Hz(赫兹)。

但电压(V)或电流(A)的波形，像心电图上的脉搏跳动的波形以及现在听到的电源脉冲、声脉冲等又作何解释呢？脉冲的原意被延伸出来，即隔一段相同的时间发出的波等机械形式，学术上把脉冲定义为在短时间内突变而随后又迅速返回其初始值的物理量。

7.1.1 脉冲信号

从脉冲的定义不难看出，脉冲有间隔性的特征，因此可以把脉冲作为一种信号。脉冲信号的定义由此产生：相对于连续信号在整个信号周期内短时间中都有信号，脉冲信号在大部分周期内是没有信号的。就像人的脉搏一样。脉冲信号现在一般指数字信号，它已经是一个周期内有一半时间(甚至更长时间)有信号。

脉冲信号是一种离散信号，与普通模拟信号(如正弦波)相比，波形之间在时间轴不连续(波形与波形之间有明显的间隔)但具有一定的周期性是它的特点。脉冲信号可以用来表示信息，也可以用来作为载波，如脉冲调制中的脉冲编码调制(PCM)、脉冲宽度调制(PWM)等，还可以作为各种数字电路、高性能芯片的时钟信号。

脉冲信号有各式各样的形状，有矩形、三角形、锯齿形、钟形、阶梯形和尖顶形的，如图 7.1 所示。最具有代表性的是矩形脉冲，下面以矩形波为例介绍其参数。

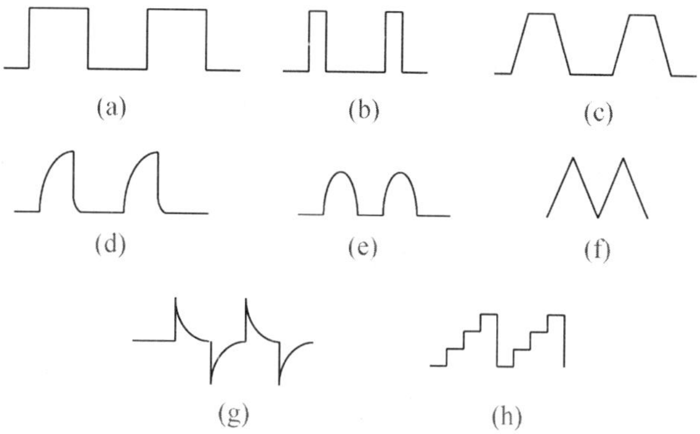

图 7.1　常见脉冲波形

(a) 方波；(b) 矩形波；(c) 梯形波；(d) 锯齿波；(e) 钟形波；(f) 三角波；(g) 尖峰波；(h) 阶梯波

脉冲信号最常用的波形是矩形波、方波。理想的矩形波如图 7.2 所示，实际的矩形波如图 7.3 所示。

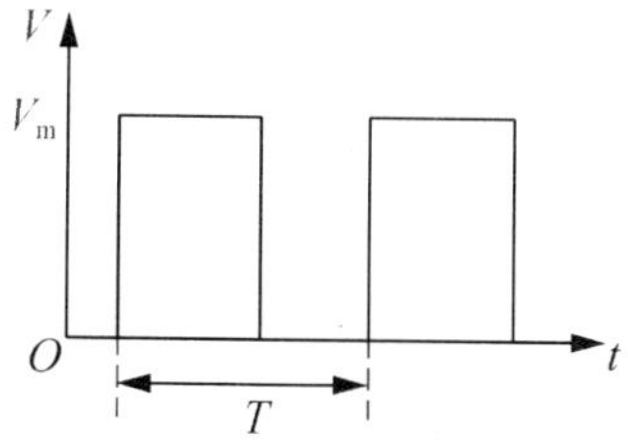

图 7.2　理想的矩形波波形

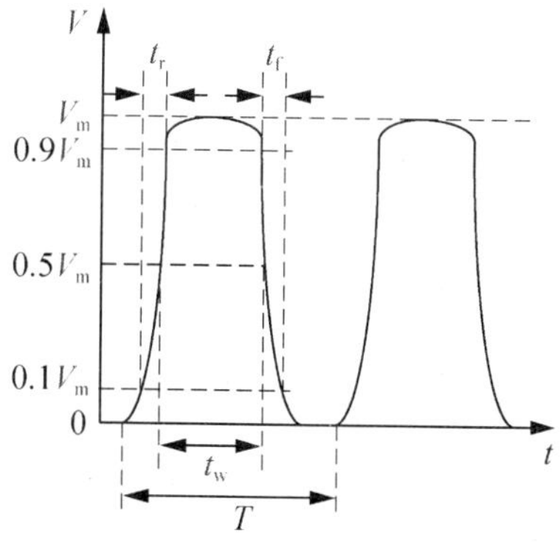

图 7.3　实际的矩形波波形

在图 7.3 中的主要参数如下。

(1) 幅度 V_m——脉冲电压变化的最大值。

(2) 上升时间 t_r——脉冲从幅度的 10%处上升到幅度的 90%处所需的时间。

(3) 下降时间 t_f——脉冲从幅度的 90%处下降到幅度的 10%处所需的时间。

(4) 脉冲宽度 t_w——定义为前沿和后沿幅度为 50%处的宽度。

(5) 脉冲周期 T——对周期性脉冲，相邻两脉冲波对应点间相隔的时间。周期的倒数为脉冲的频率 f，即 $f=\frac{1}{T}$。

7.1.2　脉冲电路

在电子电路中，电源、放大、振荡和调制电路被称为模拟电子电路，因为它们加工和处理的是连续变化的模拟信号。电子电路中另一大类电路是数字电子电路。它加工和处理的对象是不连续变化的数字信号。数字电子电路又可分成脉冲电路和数字逻辑电路，它们处理的都是不连续的脉冲信号。

脉冲有各种各样的用途，有对电路起开关作用的控制脉冲，有起统帅全局作用的时钟脉冲，有作计数用的计数脉冲，有起触发启动作用的触发脉冲，等等。这些脉冲波形的获取通常采用两种方法：一种是利用脉冲信号产生器直接产生；另一种则是对已有信号进行整形，使之满足系统的要求。

脉冲电路是专门用来产生电脉冲和对电脉冲进行放大、变换和整形的电路。家用电器中的定时器、报警器、电子开关、电子钟表、电子玩具以及电子医疗器具等都要用到脉冲电路。

脉冲电路的特点是脉冲电路中的晶体管是工作在开、关状态的。大多数情况下，晶体管是工作在特性曲线的饱和区或截止区的，所以脉冲电路有时也称开关电路。脉冲电路的另一个特点是一定有电容器(用电感较少)作关键元件，脉冲的产生、波形的变换都离不开电容器的充放电。

脉冲波形的整形电路中，最常用的电路有施密特触发器和单稳态触发器；脉冲波形的产生电路中，最常用的电路是多谐振荡器。

施密特触发器、单稳态触发器和多谐振荡器可以用基本门组成，也可以用 555 定时器构成。

脉冲波形的形式多种多样，本章主要介绍矩形脉冲波形的产生和整形电路。

7.2 施密特触发器

7.2.1 门电路构成的施密特触发器

施密特触发器是典型的脉冲整形电路。施密特触发器在性能上有两个重要特点：第一为电平触发，触发信号 U_I 可以是变化缓慢的模拟信号，U_I 达某一电平值时，输出电压 U_O 突变，所以 U_O 为脉冲信号；第二为电压滞回传输，输入信号 U_I 从低电平上升过程中，电路状态转换时对应的输入电平，与 U_I 从高电平下降过程中电路状态转换时对应的输入电平不同。

利用上述两个特点，施密特触发器不仅能将边沿缓慢变化的信号波形整形为边沿陡峭的矩形波，还可以将叠加在矩形脉冲高、低电平上的噪声信号有效地清除。

1. 电路结构

图 7.4 是用 CMOS 反相器 G_1 和 G_2 构成的施密特触发器。图中 G_1 和 G_2 的阈值电压 $V_{TH} \approx \frac{1}{2}V_{DD}$，且 $R_1 < R_2$。

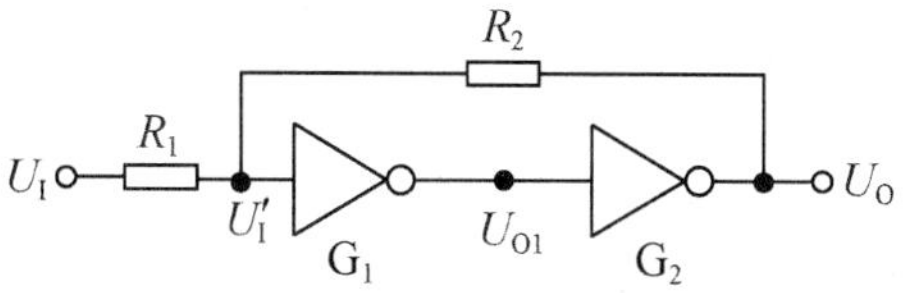

图 7.4　CMOS 非门构成的施密特触发器

2. 工作原理

设 U_I 是变化缓慢的三角波。当 U_I =0V 时，U_I'=0，U_{O1}=U_{OH}，所以 U_O=U_{OL}，电路输出低电平。当 U_I 上升时，U_I' 也上升，当 U_I 上升使 U_I' 趋于 G_1 门的阈值电压 V_{TH} 时，G_1 门和 G_2 门处在要翻转的边缘。当 U_I 上升使 U_I'=V_{TH} 时，U_{O1}=U_{OL}，U_O=U_{OH}≈V_{DD}。由此可求出此电路在 U_I 上升过程中的正向阈值电压 V_{T+}。因为这时有：

$$U_I' = V_{TH} \approx \frac{R_2}{R_1+R_2}U_I = \frac{R_2}{R_1+R_2}V_{T+}$$

$$V_{T+} = \frac{R_1+R_2}{R_2}V_{TH} = (1+\frac{R_1}{R_2})V_{TH}$$

当 U_I 从高电平下降时，U_I' 也下降；当 U_I 下降使 U_I' 趋于 G_1 门的阈值电压 V_{TH} 时，G_1 门和 G_2 门又处在要翻转的边缘；当 U_I 下降使 U_I'=V_{TH} 时，U_{O1}=U_{OH}，U_O=U_{OL}≈0。由此可求出此电路在 U_I 下降过程中的负向阈值电压 V_{T-}。因为这时有：

$$U_I' = V_{TH} \approx V_{DD} - (V_{DD} - V_{T-})\frac{R_2}{R_1+R_2}$$

$$V_{T-} = \frac{R_1+R_2}{R_2}V_{TH} - \frac{R_1}{R_2}V_{DD}$$

将 V_{DD}＝$2V_{TH}$ 代入上式后得：

$$V_{T-} = (1-\frac{R_1}{R_2})V_{TH}$$

V_{T+} 与 V_{T-} 之差定义为回差电压 ΔV_T，即 $\Delta V_T = V_{T+} - V_{T-} = 2\frac{R_1}{R_2}V_{TH}$。

图 7.4 所示电路的工作波形如图 7.5 所示。

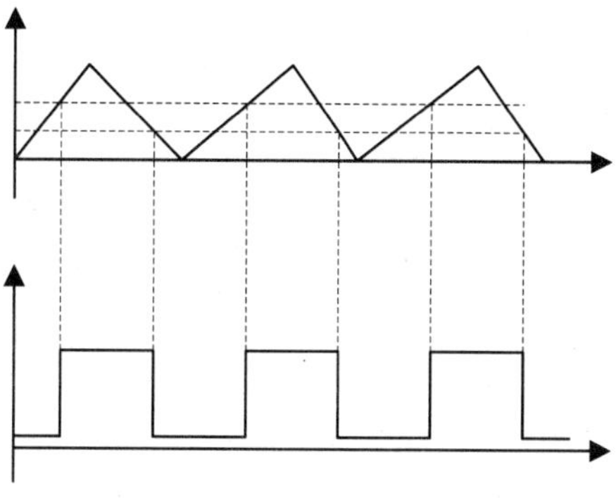

图 7.5　图 7.4 所示电路的工作波形

3. 电压传输特性

1) 同相传输特性

同相传输特性和图形符号如图 7.6(a)所示。当 U_I=0 时，U_O=U_{OL}；当 U_I 上升到大于等于 V_{T+} 时，U_O 突变为 U_{OH}；当 U_I 从最大值下降到小于等于 V_{T-}时，U_O 突变为 U_{OL}。V_{T+}是 U_I 上升过程中电路状态发生转换时对应的输入电平，称为正向阈值电压；V_{T-} 是 U_I 下降过程中电路状态发生转换时对应的输入电平，称为负向阈值电压。

2) 反相传输特性

反相传输特性和图形符号如图 7.6(b)所示。当 U_I=0 时，U_O=U_{OH}；当 U_I 上升到大于等于 V_{T+} 时，U_O 突变为 U_{OL}；当 U_I 从最大值下降到小于等于V_{T-} 时，U_O 突变为 U_{OH}。

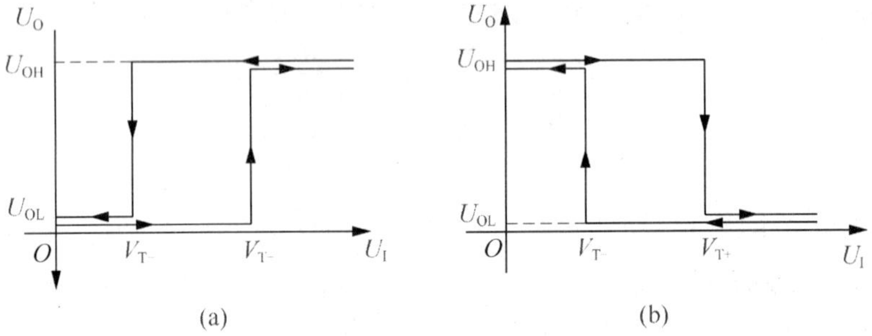

图 7.6　施密特触发器的电压传输特性

(a)同相传输特性；(b)反相传输特性

7.2.2　集成施密特触发器

施密特触发器应用十分广泛，所以市场上专门出售，称为集成施密特触发器。集成施密特触发器性能的一致性好，触发阈值稳定，使用方便。

1. CMOS 集成施密特触发器

图 7.7 是 CMOS 集成施密特触发器 CC40106(六反相器)的逻辑功能图，CC40106 的主要静态参数见表 7-1。

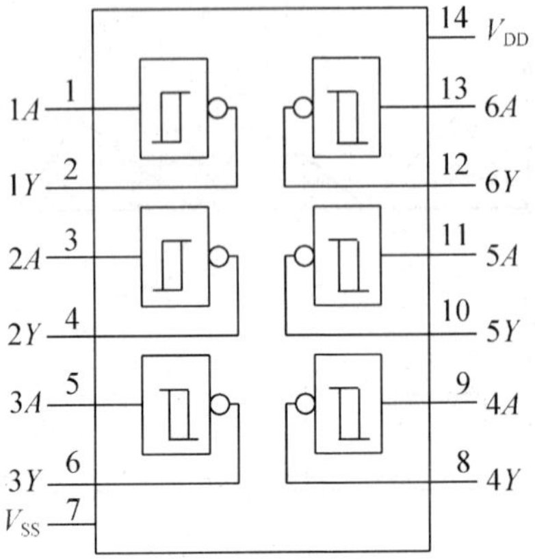

图 7.7　CMOS 集成施密特触发器 CC40106 的逻辑功能图

表 7-1　集成施密特触发器 CC40106 的主要静态参数

电源电压 V_{DD}	V_{T+} 最小值	V_{T+} 最大值	V_{T-} 最小值	V_{T-} 最大值	ΔV_T 最小值	ΔV_T 最大值	单位
5	2.2	3.6	0.9	2.8	0.3	1.6	V
10	4.6	7.1	2.5	5.2	1.2	3.4	V
15	6.8	10.8	4	7.4	1.6	5	V

2. TTL 集成施密特触发器

TTL 集成施密特触发器具有以下特点：输入信号边沿的变化即使非常缓慢，电路也能正常工作；对于阈值电压和滞回电压均有温度补偿；带负载能力和抗干扰能力都很强。TTL 集成施密特触发器 74LS13、74LS14、74LS132 的主要参数典型值见表 7-2。

表 7-2　TTL 集成施密特触发器的主要参数

器件型号	延迟时间/ns	每门功耗/mW	V_{T+}/V	V_{T-}/V	ΔV_T/V
74LS13	16.5	8.75	1.6	0.8	0.8
74LS14	15	8.6	1.6	0.8	0.8
74LS132	15	8.8	1.6	0.8	0.8

集成施密特触发器不仅可以做成单输入端反相缓冲器形式，还可以做成多输入端与非门形式，如 CMOS 的四 2 输入与非门 CC4093，TTL 的四 2 输入与非门 74LS132 和双 4 输入与非门 74LS13 等。

7.2.3　施密特触发器的应用

1. 用作接口电路

此时将缓慢变化的输入信号转换成为符合 TTL 系统要求的脉冲波形，如图 7.8 所示。

2. 用作整形电路

此时把不规则的输入信号整形成为矩形脉冲，如图 7.9 所示。

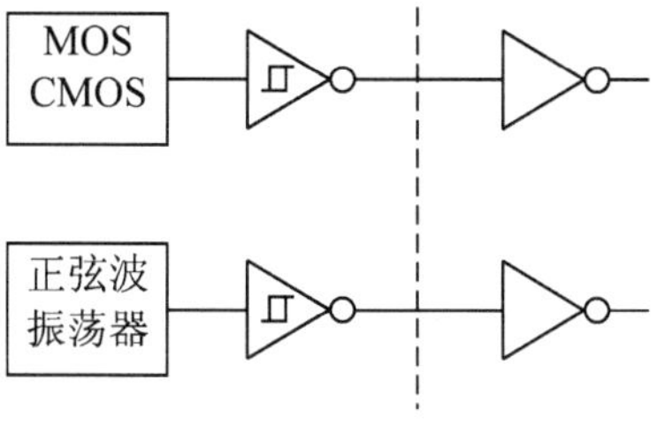

图 7.8　施密特触发器用作 TTL 接口电路

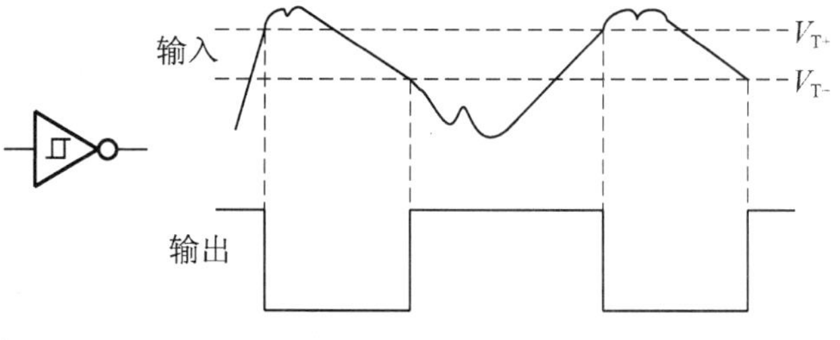

图 7.9　用施密特触发器对脉冲整形

3. 用作脉冲鉴幅

如果将一系列幅度不相同的脉冲信号加载到施密特触发器的输入端，只有那些信号幅度大于 V_{T+}的脉冲才会在输出端产生输出信号。因此，施密特触发器能将幅度大于 V_{T+}的脉冲信号选出，如图 7.10 所示。

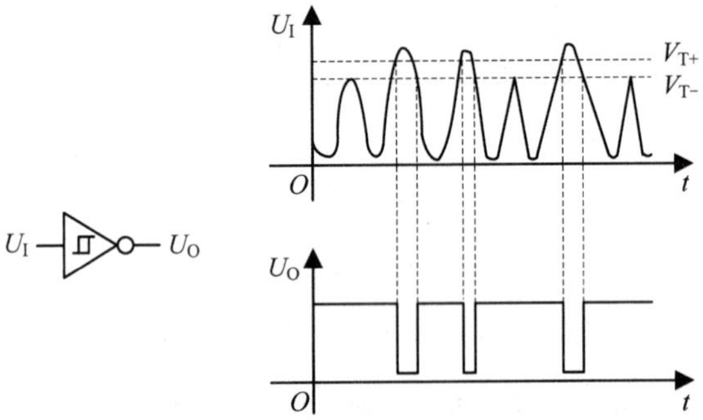

图 7.10 用施密特触发器鉴别脉冲幅度

【思考题】 施密特触发器的电压传输特性反相输出和同相输出有何不同?

7.3 单稳态触发器

单稳态触发器具有下列特点：它有一个稳定状态和一个暂稳状态；在外来触发脉冲作用下能够由稳定状态翻转到暂稳状态；暂稳状态维持一段时间后，自动返回到稳定状态。暂稳态时间的长短与触发脉冲以及电源电压无关，仅决定于电路本身的参数。

单稳态触发器在数字系统和装置中一般用于定时(产生一定宽度的脉冲)、整形(把不规则的波形转换成等宽、等幅的脉冲)以及延时(将输入信号延迟一定的时间之后输出)等。

7.3.1 门电路构成的单稳态触发器

用门电路组成单稳态触发器有微分型和积分型两大类。下面以微分型单稳态触发器为例进行讲述。

1. 电路结构

用 CMOS 或非门构成的微分型单稳态触发器如图 7.11 所示。

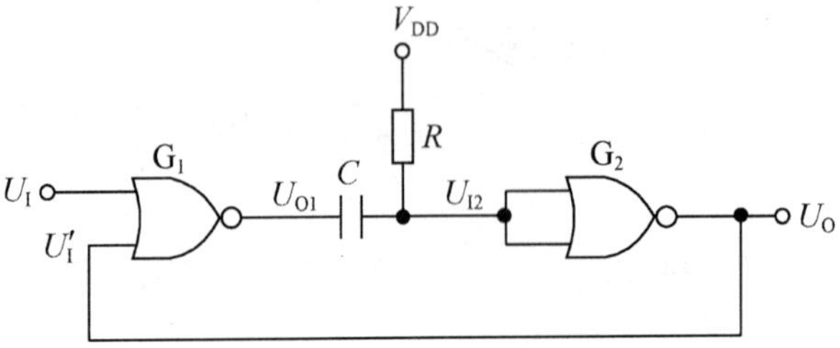

图 7.11 微分型单稳态触发器

2. 工作原理

此电路用负脉冲触发无效，只有在正的窄脉冲触发时，电路才有响应。

接通电源 V_{DD}，不触发时，U_I=0，而 $U_{I2}=V_{DD}$=1，所以 U_O=0。故有自然稳态：U_O=0。此时 U'_I=0，$U_{O1}=1\approx V_{DD}$ 。自然稳态时，电容 C 两端均为 V_{DD}，C 中无电荷。C 中无电荷是稳态的标志。

触发时，U_I=1，U_{O1}=0，由于电容 C 两端的电压在触发瞬间不能突变，所以 U_{I2}=0，使 U_O=1。故有暂态 U_O=1。

接下来，电容 C 充电，充电回路为 $V_{DD}\rightarrow R\rightarrow C\rightarrow U_{O1}$，充电使 U_{I2} 升高。当 U_{I2} 升高到 G_2 门的阈值电压 V_{TH} 时，U_O 突跳为 0，电路返回到自然稳态：U_O=0。

当 U_O=0 时，U'_I=0，U_I=0(U_I 为窄脉冲，触发高电平此时已经消失)，所以 U_{O1} 从“0”突跳为“1”(即上升了 V_{DD})；由于电容 C 两端的电压瞬间不能突变，所以 U_{I2} 也应该从 V_{TH} 突跳为 $V_{TH}+V_{DD}$，但实际上由于 G_2 门输入端有钳位二极管，所以 U_{I2} 实为 V_{DD}＋0.7V。

接下来，电容 C 开始放电，放电回路有两条，分别为 $U_{I2}\rightarrow R\rightarrow V_{DD}$ 和 $U_{I2}\rightarrow G_2\rightarrow V_{DD}$，放电使 U_{I2} 下降，当 U_{I2} 下降到等于 V_{DD} 时(此时，C 两端均为 V_{DD}，C 中无电荷)，电路稳定，保证 U_O=0。

电容 C 充电和放电的等效电路如图 7.12 所示。

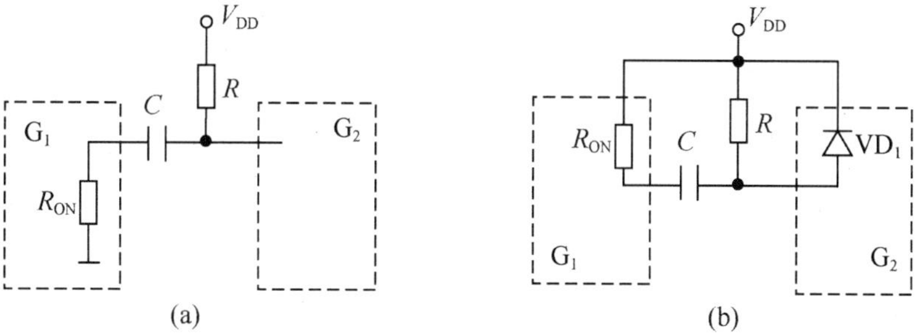

图 7.12　图 7.11 中电容 C 充电和放电等效电路

(a)充电等效电路；(b)放电等效电路

根据以上的分析即可画出电路中各点的电压波形，如图 7.13 所示。

3. 输出电压脉宽 t_w 的计算

由图 7.13 可知，t_w 等于 U_{I2} 从 0 上升到 V_{TH} 所对应的时间。

这里，电容 C 的充电时间常数 $\tau=RC$，初始值 $U_{I2}(0_+)$=0，稳定值 $U_{I2}(\infty)=V_{DD}$，转换值 $U_{I2}(t_w)=V_{TH}\approx 1/2\ V_{DD}$，将以上数值代入 RC 过渡过程的计算公式进行计算，可得：

$$t_w=\tau\ln\frac{U_{I2}(\infty)-U_{I2}(0_+)}{U_{I2}(\infty)-U_{I2}(t_w)}=RC\ln\frac{V_{DD}-0}{V_{DD}-V_{TH}}\approx 0.69RC$$

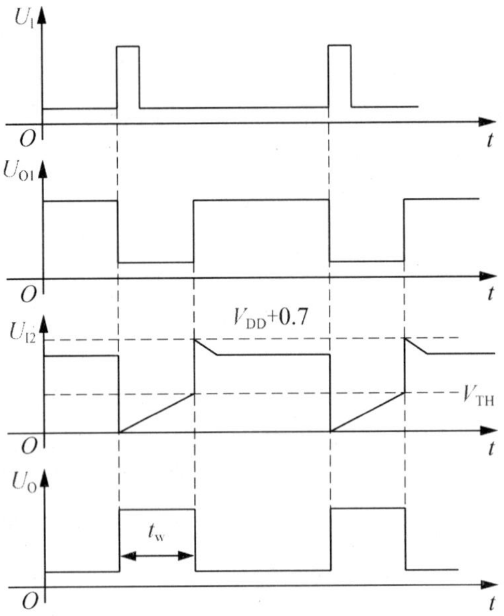

图 7.13　电压波形

7.3.2　集成单稳态触发器

1. TTL 集成单稳态触发器 74121

图 7.14(a)、(b)分别为是 TTL 集成单稳态触发器 74121 的逻辑符号图和工作波形图，74121 是在普通微分型单稳态触发器的基础上附加以输入控制电路和输出缓冲电路而形成的。

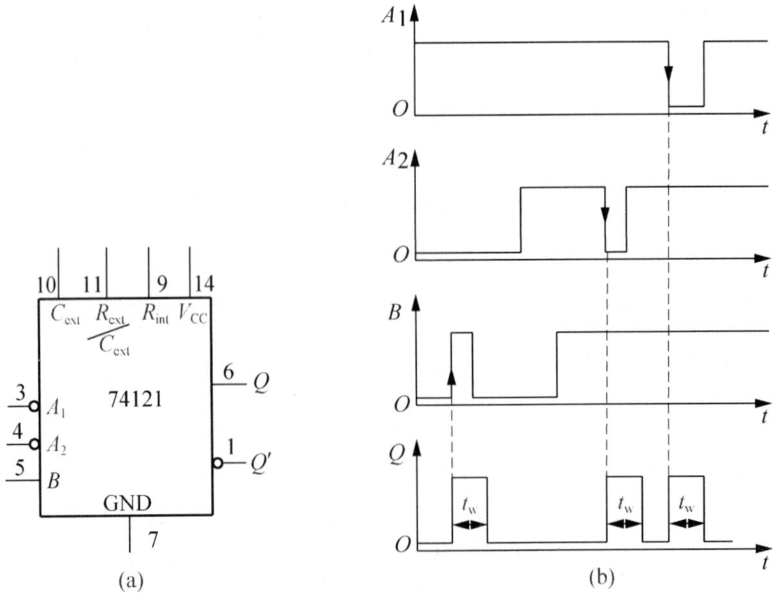

图 7.14　74121 的逻辑符号图和工作波形图

(a)逻辑符号图；(b)工作波形图

74121 有下降沿触发和上升沿触发两种触发方式。A_1 和 A_2 是两个下降沿触发的触发输入端，B 是上升沿触发的触发信号输入端。Q 和 Q' 是两个状态互补的输出端。R_{ext}/C_{ext}、C_{ext} 是外接定时电阻和电容的连接端，外接定时电阻 R_{ext}(阻值可在 1.4～40kΩ 之间选择)应一端接 V_{CC}(引脚 14)，另一端接引脚 11。外接定时电容 C(一般在 10pF～10μF 之间选择)一端接引脚 10，另一端接引脚 11 即可。若 C 是电解电容，则其正极接引脚 10，负极接引脚 11。74121 内部已经设置了一个 2kΩ 的定时电阻，R_{int}(引脚 9)是其引出端，使用时只需将引脚 9 与引脚 14 连接起来即可，不用时则应让引脚 9 悬空。

表 7-3 是集成单稳态触发器 74121 的功能表，表中 1 表示高电平，0 表示低电平，↓表示下降沿，↑表示上升沿。

表 7-3　集成单稳态触发器 74121 的功能表

输　入			输　出	
A_1	A_2	B	Q	Q'
×	×	0	0	1
1	1	×	0	1
1	↓	1	⊓	⊔
↓	1	1	⊓	⊔
↓	↓	1	⊓	⊔
0	×	↑	⊓	⊔
×	0	↑	⊓	⊔

集成单稳态触发器 74121 的外部元件连接方法如图 7.15 所示，图 7.15(a)使用外部电阻 R_{ext} 且电路为下降沿触发连接方式，图 7.15(b)使用内部电阻 R_{int} 且电路为上升沿触发连接方式。

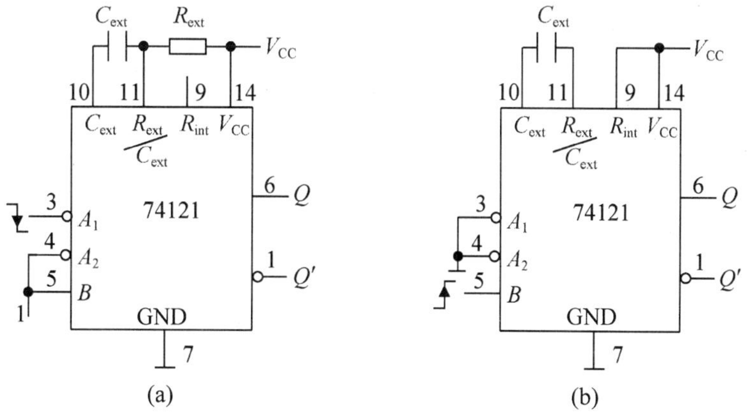

图 7.15　74121 的外部元件连接方法

(a) 外接电阻(下降沿触发)；(b) 内接电阻(上升沿触发)

2. 主要参数

1) 输出脉冲宽度 t_w

集成单稳态触发器 74121 的输出脉冲宽度 $t_w = RC \cdot \ln 2 \approx 0.69RC$。当使用外接电阻时，$t_w \approx 0.69R_{ext}C$；当使用内部电阻时 $t_w \approx 0.69R_{int}C$。

2) 输入触发脉冲最小周期 T_{min}

输入触发脉冲最小周期 T_{min} 为输出脉冲宽度和恢复时间之和，即 $T_{min}=t_w+t_{re}$。

3) 周期性输入触发脉冲占空比 q

周期性输入触发脉冲占空比 q 定义为 $q = t_w/T$，其中 T 是输入触发脉冲的重复周期，t_w 是单稳态触发器的输出脉冲宽度。74121 的最大占空比 q_{max} 被定义为：

$$q_{max}= t_w/ T_{min} = \frac{t_w}{t_w+t_{re}}$$

当 R=2kΩ 时，74121 的最大占空比 q_{max} 为 67%；当 R=40kΩ 时，q_{max} 可达 90%。不难理解，若 R=2kΩ 且输入触发脉冲重复周期 T=1.5μs，则恢复时间 t_{re}=0.5μs，这是 74121 恢复到稳态所必需的时间。如果占空比超过最大允许值，电路虽然仍可被触发，但 t_w 将不稳定，也就是说 74121 不能正常工作，这也是使用 74121 时应该注意的一个问题。

3. 集成单稳态触发器的重复触发问题

集成单稳态触发器有不可重复触发型和可重复触发型两种。不可重复触发的单稳态触发器一旦被触发进入暂稳态，再加入触发脉冲不会影响电路的工作过程，必须在暂稳态结束以后，它才能接收下一个触发脉冲而转入下一个暂稳态，如图 7.16(a)所示。而可重复触发的单稳态在电路被触发而进入暂稳态以后，如果再次加入触发脉冲，电路将重新被触发，使输出脉冲再继续维持一个 t_w 宽度，如图 7.16(b)所示。

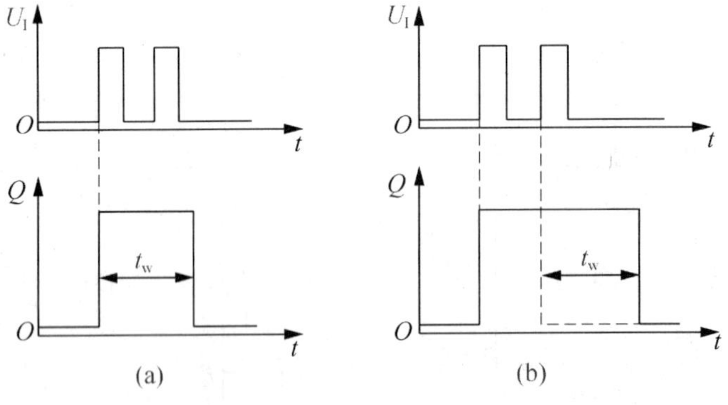

图 7.16　单稳态触发器的不同工作波形

(a)不可重复触发型；(b)可重复触发型

属于不可重复触发的单稳态触发器有 74121、74221、74LS221 等，属于可重复触发的触发器有 74122、74LS122、74123、74LS123 等。

有些集成单稳态触发器上还设有复位端(如 74221、74122、74123 等)。通过复位端加入低电平信号能立即终止暂稳态过程，使输出端返回低电平。

7.3.3　单稳态触发器的应用

1. 定时与延时

单稳态触发器能够产生一定宽度的矩形脉冲，在数字电路中，常用它来控制其他一些电路在这个脉冲宽度时间内动作或不动作，达到定时的作用。数字电路中还经常需要将某一信号进行延时，以实现时序控制，利用单稳态触发器可以很方便地形成这种脉冲延时。利用单稳态触发器实现定时和延时的电路如图 7.17 所示。

1) 定时

在图 7.17 中，单稳态触发器的输出电压 U_{O1} 用作与门的输入定时控制信号，当 U_{O1} 为高电平时，与门打开，$U_O=U_F$，当 U_{O1} 为低电平时，与门关闭，U_O 为低电平，这显示了单稳态触发器的定时选通作用。显然，与门打开的时间是恒定不变的，就是单稳态触发器输出脉冲 U_{O1} 的宽度 t_w。

2) 延时

在图 7.17 中，U_{O1} 的下降沿比 U_I 的下降沿滞后了时间 t_w，即延迟了时间 t_w。单稳态触发器的这种将脉冲延时的作用常被应用于时序控制中。

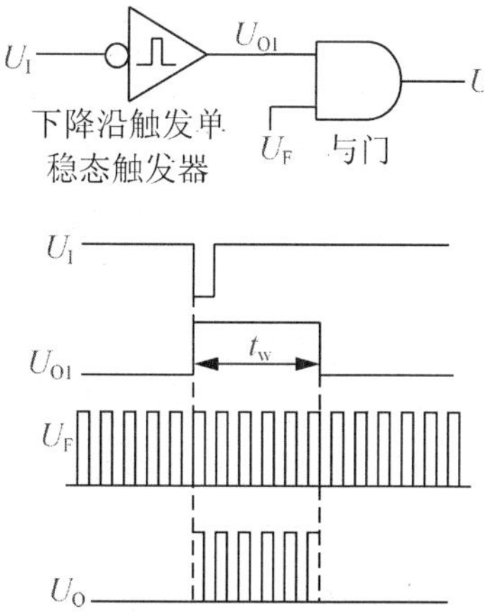

图 7.17　单稳态触发器用于延时与定时

2. 脉冲整形

单稳态触发器还能够把不规则的输入信号整形成幅度和宽度都相同的标准矩形脉冲，如图 7.18 所示。图中 U_I 是输入的不规则信号，U_O 是输出信号，U_O 的幅度取决于单稳态电路输出的高、低电平，U_O 的宽度 t_w 取决于暂稳态时间。

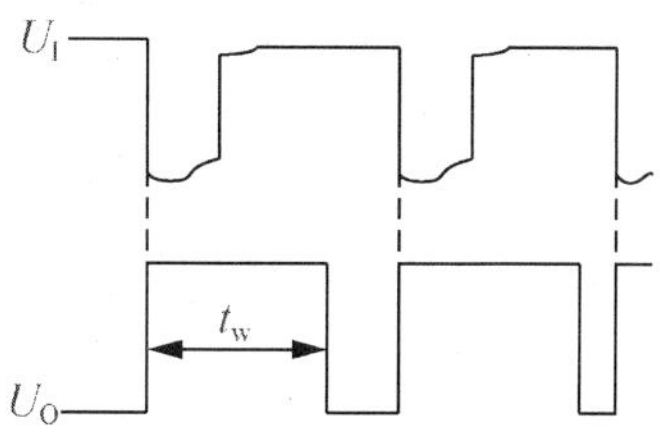

图 7.18　单稳态触发器用于波形的整形

【思考题】 单稳态触发器的输出脉冲宽度与哪些因素有关？

7.4 多谐振荡器

7.4.1 门电路构成的多谐振荡器

多谐振荡器也称自激振荡器，是产生矩形脉冲波的典型电路，常用来做脉冲信号源。多谐振荡器没有输入端，接通电源便自激振荡。多谐振荡器起振之后，电路没有稳态，只有两个暂稳态，它们交替变化，输出连续的矩形脉冲信号，因此又称它为无稳态电路。

1. 对称式多谐振荡器

1) 电路结构

用门电路组成多谐振荡器的电路形式有多种，图 7.19 所示的电路是对称式多谐振荡器的典型电路，它是由两个反相器 G_1、G_2 经耦合电容 C_1、C_2 连接起来的正反馈振荡回路。

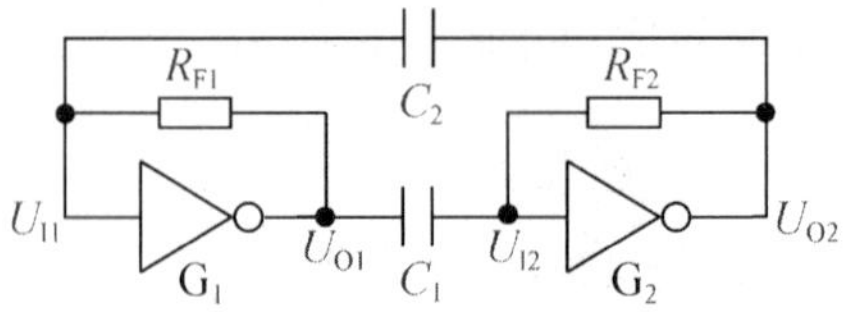

图 7.19 对称式多谐振荡器

2) 工作原理

由于电路没有稳定状态，所以在静态时它的状态是不稳定的，必须使反相器 G_1、G_2 工作在电压传输特性曲线的转折区，以保证电压放大倍数大于 1，此时只要 G_1 或 G_2 的输入端有极小的扰动，就会被正反馈回路放大而引起振荡。只要电阻 R_{F1} 和 R_{F2} 的取值选择合适，就可以使 G_1、G_2 在静态时工作在电压传输特性曲线的转折区。

假设某一时刻，电路由于某种原因使 U_{I1} 有个极小的正跳变，则通过正反馈回路使 U_{O1} 迅速跳变为低电平，U_{O2} 迅速跳变为高电平，即电路进入第一个暂稳态：U_{O1}=0、U_{O2}=1。接下来，电容 C_1 开始充电、C_2 开始放电，其充放电等效电路如图 7.20(a)、(b)所示。从图中可以看出，电容 C_1 同时经过 R_1 和 R_{F2} 两条支路充电，电容 C_2 经过 R_{F1} 放电，所以电容 C_1 充电速度较快，U_{I2} 首先上升到 G_2 的阈值电压，即 U_{I2} 变为高电平，经过正反馈回路作用，使 U_{O2} 迅速跳变为低电平，U_{O1} 迅速跳变为高电平，即电路进入第二个暂稳态：U_{O1}=1、U_{O2}=0。此时，电容 C_1 开始放电、C_2 开始充电。由于电路的对称性，这一过程与第一个暂稳态的变化过程相反。当 U_{I1} 上升到 G_1 的阈值电压时，电路又进入第一暂稳态。因此，电路在两个暂稳态之间不停地转换，在输出端输出矩形脉冲。

3) 电压波形

根据图 7.19 所示对称式多谐振荡器的工作原理可以画出它的工作电压波形，如图 7.21 所示。

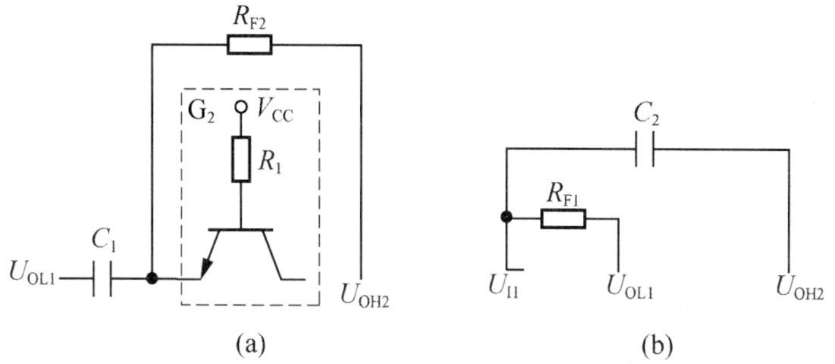

图 7.20　图 7.19 电路中电容充放电等效电路

(a) 电容 C_1 充电等效电路；(b) 电容 C_2 放电等效电路

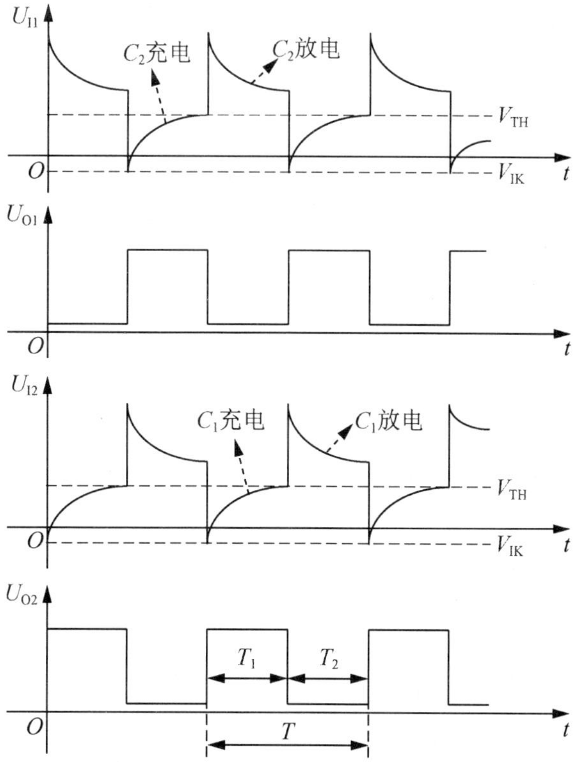

图 7.21　图 7.19 所示多谐振荡器的工作电压波形

4) 参数计算

图 7.19 所示电路的输出脉冲宽度 T_1 等于 U_{I2} 从电容 C_1 开始充电到上升至 V_{TH} 时所对应的时间，电容 C_1 的充电时间常数 $\tau=R_{E1}C$，初始值 $U_{I2}(0_+)=V_{IK}$，转换值 $U_{I2}(T_1)=V_{TH}$，稳定值 $U_{I2}(\infty)=V_{E1}$，其中 R_{E1}、V_{E1} 分别为电容 C_1 充电时的等效电阻和电压源，对图 7.20(a) 所示电路利用戴维宁定理进行求解，得到的 R_{E1} 和 V_{E1} 分别为：

$$R_{E1}=\frac{R_1R_{F2}}{R_1+R_{F2}}$$

$$V_{E1} = U_{OH2} + \frac{R_{F2}}{R_1 + R_{F2}}(V_{CC} - U_{OH2} - U_{BE1})$$

将以上数值代入 RC 过渡过程计算公式进行计算，可得：

$$T_1 = \tau \ln \frac{U_{I2}(\infty) - U_{I2}(0_+)}{U_{I2}(\infty) - U_{I2}(T_w)} = R_{E1}C_1 \ln \frac{V_{E1} - V_{IK}}{V_{E1} - V_{TH}}$$

当 $C_1=C_2=C$、$R_{F1}=R_{F2}=R$ 时，图 7.19 所示电路的输出脉冲周期 $T=T_1+T_2=2T_1$。如果 G_1、G_2 为 74LS 系列反相器，U_{OH}=3.4V，V_{IK}=−1V，V_{TH}=1.1V，在 $R<<R_1$ 时，$T=2T_1\approx1.3RC$。

2. 环形振荡器

1) 电路结构

环形振荡器是利用闭合回路中的延迟负反馈作用形成振荡的，将奇数个反相器首位相连就可以形成环形振荡器，利用 3 个反相器构成的环形振荡器如图 7.22 所示。

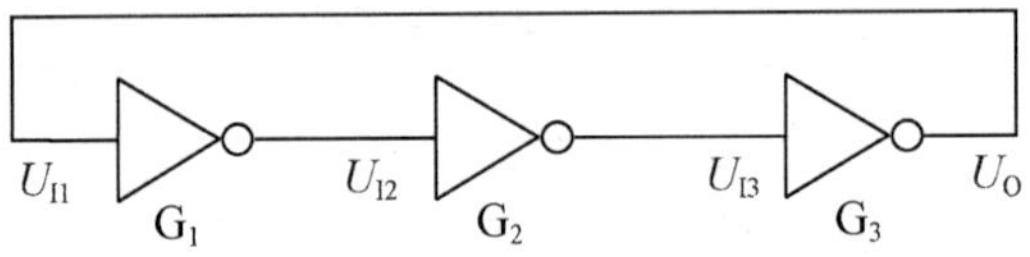

图 7.22　3 个反相器构成的环形振荡器

2) 工作原理

从图 7.22 可以看出，在静态时任何一个反相器都不能稳定地工作在高电平或低电平，所以电路没有稳定状态。假设某一时刻，电路由于某种原因使 U_{I1} 有个极小的正跳变，则经过 G_1 的传输延迟时间 t_{pd} 之后，U_{I2} 产生一个更大的负跳变，再经过 G_2 的传输延迟时间 t_{pd} 之后，U_{I3} 产生一个更大的正跳变，再经过 G_3 的传输延迟时间 t_{pd} 之后，$U_O(U_{I1})$产生一个更大的负跳变。因此，经过 3 个传输延迟时间之后，U_{I1} 跳变为低电平，再经过 3 个传输延迟时间之后，U_{I1} 又跳变为高电平，这样就产生了自激振荡。

3) 电压波形

图 7.22 所示环形振荡器的工作电压波形如图 7.23 所示。

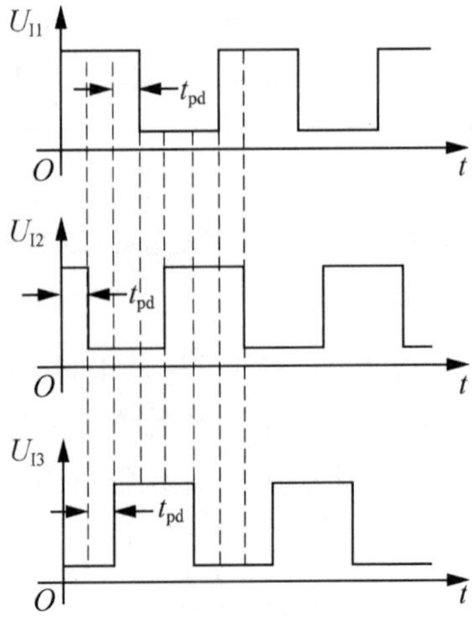

图 7.23　图 7.22 所示环形振荡器的工作电压波形

4) 参数计算

从图 7.23 可以看出，图 7.22 所示环形振荡器的振荡周期 $T=6t_{pd}$。

根据以上分析可知，将任何大于、等于 3 的奇数个(n 个)反相器首尾相连都可以产生自激振荡，而且振荡周期为：

$$T=2nt_{pd}$$

由于门电路的传输延迟时间极短，TTL 电路不超过 100ns，CMOS 电路不超过 200ns，所以环形振荡器的振荡频率比较高。如果想获得稍低一些的振荡频率是比较困难的，并且频率不宜调节。为了克服这两个缺点，可以在图 7.22 所示电路的基础上增加延迟环节，组成带 RC 延迟电路的环形振荡器，如图 7.24 所示。

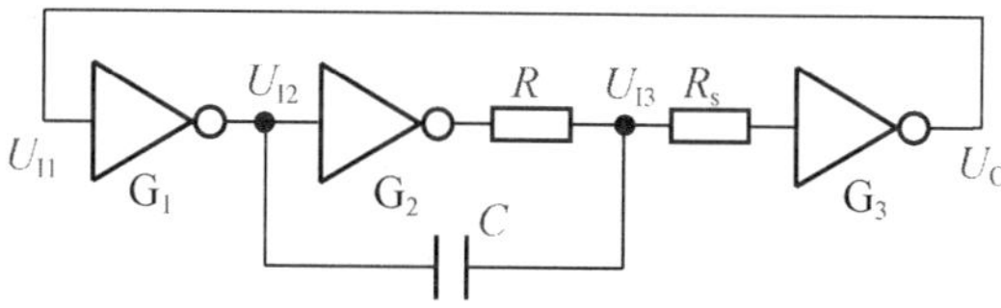

图 7.24　带延迟环节的环形振荡器

7.4.2　石英晶体多谐振荡器

在许多数字系统中都要求时钟脉冲频率十分稳定，如在数字钟表里，计数脉冲频率的稳定性就直接决定着计时的精度。在上面介绍的多谐振荡器中，输出脉冲的工作频率取决于电容 C 充、放电过程中电压到达转换值的时间，而转换电平易受温度变化和电源波动的影响，使电路状态转换提前或滞后，并且电路状态转换时，电容 C 充、放电的过程已经比较缓慢，转换电平的微小变化或者干扰对振荡周期影响都比较大，因此频率稳定度不够高。一般在对振荡器频率稳定度要求很高的场合都需要采取稳频措施，其中最常用的一种方法就是利用石英谐振器(简称石英晶体或晶体)构成石英晶体多谐振荡器。

1. 石英晶体的选频特性

石英晶体的电抗频率特性和符号如图 7.25 所示。从石英晶体的等效电路可知，它有两个谐振频率，即当 L、C、R 支路发生串联谐振时，它的等效阻抗等于 R，串联谐振频率为 f_s ；当频率高于 f_s 时，L、C、R 支路呈感性，可与电容 C_0 发生并联谐振，并联谐振频率为 f_p 。

当石英晶体的工作频率 $f<f_s$ 或 $f>f_p$ 时，晶体呈电容性，电抗值 $X\neq0$；当 $f_s<f<f_p$ 时，晶体呈电感性，电抗值 $X\neq 0$；当 $f=f_s$ 或 $f=f_p$ 时，晶体的电抗值 $X=0$。石英晶体的选频特性极好，而且石英晶体的 f_s 和 f_p 非常接近，常用 f_0 来表示，称为石英晶体的固有频率。f_0 十分稳定，其稳定度可达 10^{-10}～10^{-11}。

2. 石英晶体多谐振荡器

将石英晶体和对称式多谐振荡器中的耦合电容串联，就可以构成石英晶体多谐振荡器，如图 7.26 所示。由石英晶体的电抗频率特性可知，当外加电压的频率等于 f_0 时，石英晶体的阻抗最小，频率为 f_0 的电压信号就容易通过石英晶体，而其他频率的电压信号经过石英晶体时被衰减，因此石英晶体的工作频率就是 f_0。

由此可见，石英晶体多谐振荡器的振荡频率取决于石英晶体的固有频率，与外接电阻、电容无关，因而就有很高的稳定性。若 G_1、G_2 是 TTL 反相器，常取 $R_{F1}=R_{F2}=0.7\sim2k\Omega$；若 G_1、G_2 是 CMOS 反相器，则常取 $R_{F1}=R_{F2}=10\sim100M\Omega$；$C_1=C_2$ 是耦合电容。

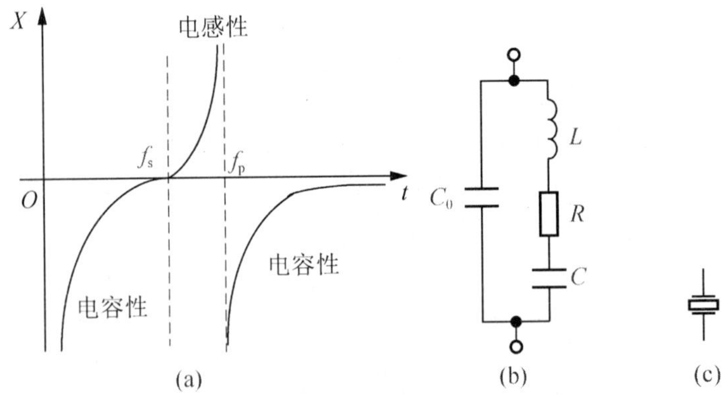

图 7.25　石英晶体的电抗频率特性和符号

(a)电抗频率特性；(b)等效电路；(c)电路符号

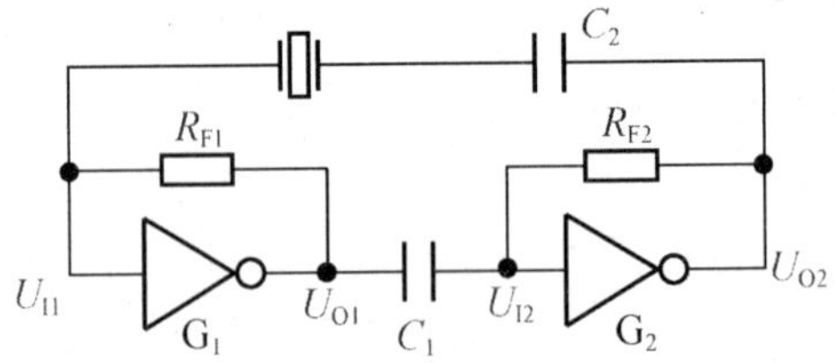

图 7.26　石英晶体多谐振荡器

【思考题】　能否用施密特触发器构成多谐振荡器？

7.5　555 定时器及其应用

555 定时器是一种多用途的单片中规模集成电路。该电路使用灵活、方便，只需外接少量的阻容元件就可以构成施密特触发器、单稳态触发器和多谐振荡器。因而在波形的产生与变换、测量与控制、家用电器和电子玩具等许多领域中都得到了广泛的应用。

目前生产的定时器有双极型(TTL 类)和单极型(CMOS 类)两种类型，其型号分别有 NE555(或 5G555) 和 C7555 等多种。通常，双极型产品型号的后三位数字是 555，单极型产品型号的后 4 位数字是 7555，它们的结构、工作原理以及外部引脚排列基本相同。

7.5.1　555 定时器的组成与功能

1. 555 定时器的电路结构

555 定时器内部电路结构图和逻辑符号图如图 7.27 所示。555 定时器的电路结构主要由两个电压比较器 C_1 和 C_2、基本 *RS* 触发器、集电极开路的放电三极管 VT_D 和 3 个 5 kΩ

的电阻 R 组成。

当电压比较器同相输入端电位比反相输入端电位高时，电压比较器输出为高电平；当同相输入端电位比反相输入端电位低时，电压比较器输出为低电平。在 U_{CO} 悬空时，电压比较器 C_1、C_2 的参考电压 U_{R1} 和 U_{R2} 是通过电源电压 V_{CC} 经过 3 个 5 kΩ 的电阻 R 分压得来的，因此 $U_{R1}=\frac{2}{3}V_{CC}$，$U_{R2}=\frac{1}{3}V_{CC}$。如果 U_{CO} 外接固定电压，则 $U_{R1}=U_{CO}$，$U_{R2}=\frac{1}{2}U_{CO}$。R'_D 是异步置零输入信号，如果 $R'_D=0$，则 555 定时器输出端 U_O 立即被置成低电平，555 定时器正常工作时，R'_D 必须处于高电平。U_{TH} 是阈值输入端，U_{TR} 是触发输入端。

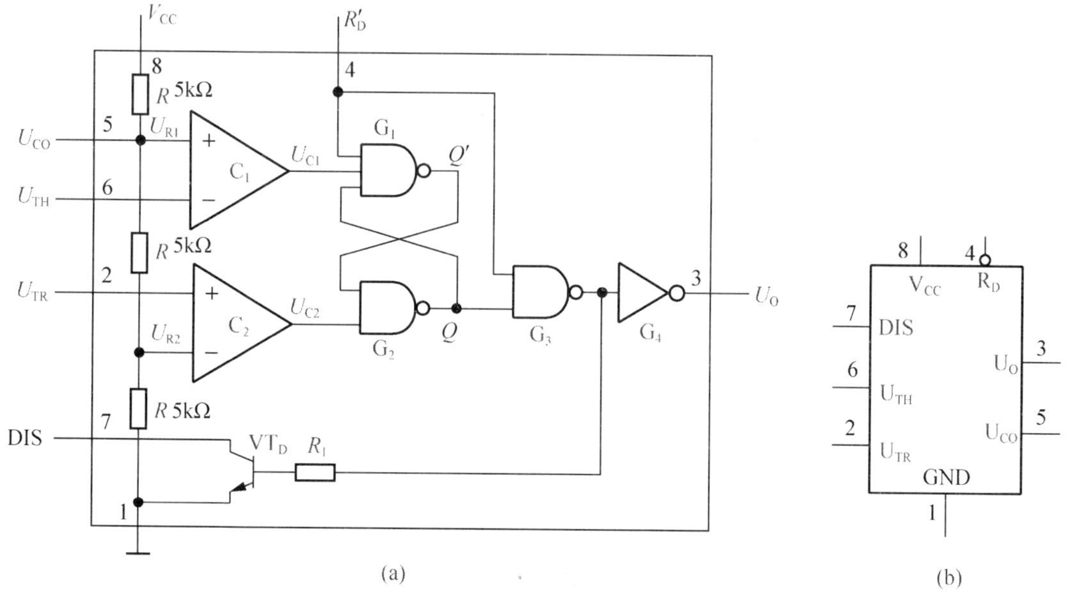

图 7.27　555 定时器内部电路结构图和逻辑图符号

(a)电路结构图；(b)逻辑符号图

2. 555 定时器的工作原理

当 U_{CO} 悬空时，电压比较器 C_1 的同相端电压为 $U_{R1}=\frac{2}{3}V_{CC}$；电压比较器 C_2 的反相端电压为 $U_{R2}=\frac{1}{3}V_{CC}$。当 $U_{TH}>U_{R1}$、$U_{TR}>U_{R2}$ 时，电压比较器 C_1 输出 $U_{C1}=0$，电压比较器 C_2 输出 $U_{C2}=1$，同步 RS 触发器被置 0，即 $Q=0$，与非门 G_3 输出为高电平，所以 VT_D 导通，555 定时器输出 U_O 为低电平。

当 $U_{TH}<U_{R1}$、$U_{TR}>U_{R2}$ 时，电压比较器 C_1 输出 $U_{C1}=1$，电压比较器 C_2 输出 $U_{C2}=1$，同步 RS 触发器保持输出状态不变，所以 VT_D 和 U_O 的状态也保持不变。

当 $U_{TH}<U_{R1}$、$U_{TR}<U_{R2}$ 时，电压比较器 C_1 输出 $U_{C1}=1$，电压比较器 C_2 输出 $U_{C2}=0$，同步 RS 触发器被置 1，即 $Q=1$，与非门 G_3 输出为低电平，所以 VT_D 截止，555 定时器输出 U_O 为高电平。

当 $U_{TH}>U_{R1}$、$U_{TR}<U_{R2}$ 时，电压比较器 C_1 输出 $U_{C1}=0$，电压比较器 C_2 输出 $U_{C2}=0$，同步 RS 触发器的输出状态为 $Q=1$、$Q'=1$，与非门 G_3 输出为低电平，所以 VT_D 截止，555 定时器输出 U_O 为高电平。

当 U_{CO} 不悬空时，电压比较器 C_1 的同相端电压为 $U_{R1}=U_{CO}$；电压比较器 C_2 的反相端电压为 $U_{R2}=\frac{1}{2}U_{CO}$。其分析过程与 U_{CO} 悬空时一样，在此不再赘述。

3. 555 定时器的功能表

根据 555 定时器的工作原理可以得到如表 7-4 所示的功能表。

555 定时器的电源电压变化范围很宽，双极型的电源电压范围为 5～16V，最大负载电流可达 200mA，具有较大的驱动能力；单极型的电源电压范围为 3～18V，最大负载电流在 4mA 以下，驱动能力相对小一些，但它具有低功耗、输入阻抗高等优点。如果将 DIS 端经过电阻接到电源上，只要电阻的阻值足够大，则 U_O 为高电平时 DIS 端也一定为高电平，U_O 为低电平时 DIS 端也一定为低电平。

表 7-4　555 定时器的功能表

输　入			输　出	
R'_D	U_{TH}	U_{TR}	U_O	VT_D
0	×	×	低电平	导通
1	$>\frac{2}{3}V_{CC}$	$>\frac{1}{3}V_{CC}$	低电平	导通
1	$<\frac{2}{3}V_{CC}$	$>\frac{1}{3}V_{CC}$	不变	不变
1	$<\frac{2}{3}V_{CC}$	$<\frac{1}{3}V_{CC}$	高电平	截止
1	$>\frac{2}{3}V_{CC}$	$<\frac{1}{3}V_{CC}$	高电平	截止

7.5.2　555 定时器的典型应用

1. 用 555 定时器构成施密特触发器

1) 电路结构

根据 555 定时器的工作原理可知，电压比较器 C_1 的输出 U_{C1} 作用于基本 RS 触发器的置 0 输入端，电压比较器 C_2 的输出 U_{C2} 作用于基本 RS 触发器的置 1 输入端，且 U_{C1} 和 U_{C2} 都为低电平有效。如果使 U_{C1} 和 U_{C2} 发生在输入电压信号的不同电平，那么 555 定时器输出和输入之间的关系与施密特触发器的电压传输特性一致。所以，可以利用 555 定时器构成施密特触发器，其方法是将阈值输入端 U_{TH} 和触发输入端 U_{TR} 连接在一起，作为信号输入端，如图 7.28 所示。图中的 0.01μF 电容起滤波作用。

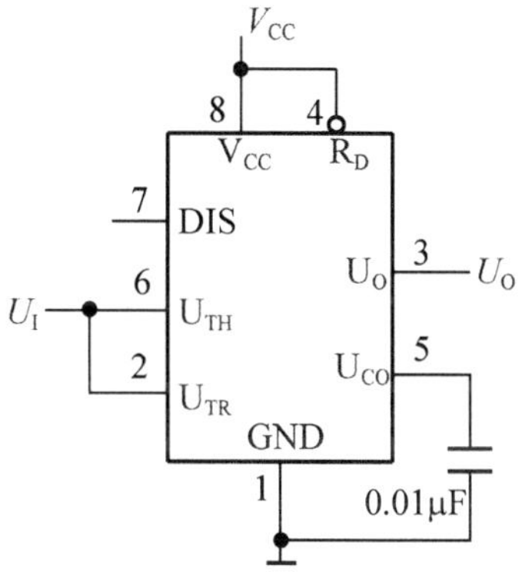

图 7.28　用 555 定时器构成的施密特触发器

2) 工作原理

假设 U_I 是变化缓慢的三角波，其工作过程为：在 U_I 上升过程中，当 $U_I<\frac{1}{3}V_{CC}$ 时，则 $U_{TH}<\frac{2}{3}V_{CC}$，$U_{TR}<\frac{1}{3}V_{CC}$，所以 $U_{C1}=1$，$U_{C2}=0$，U_O 输出高电平。当 $\frac{1}{3}V_{CC}<U_I<\frac{2}{3}V_{CC}$ 时，由于 $U_{TH}<\frac{2}{3}V_{CC}$，$U_{TR}>\frac{1}{3}V_{CC}$，所以 $U_{C1}=1$，$U_{C2}=1$，U_O 保持高电平。当 $U_I>\frac{2}{3}V_{CC}$ 时，由于 $U_{TH}>\frac{2}{3}V_{CC}$，$U_{TR}>\frac{1}{3}V_{CC}$，所以 $U_{C1}=0$，$U_{C2}=1$，U_O 输出低电平。因此，在 U_I 上升过程中，阈值电压 $V_{T+}=\frac{2}{3}V_{CC}$。

在 U_I 下降过程中，当 $U_I>\frac{2}{3}V_{CC}$ 时，由于 $U_{TH}>\frac{2}{3}V_{CC}$，$U_{TR}>\frac{1}{3}V_{CC}$，所以 $U_{C1}=0$，$U_{C2}=1$，U_O 输出低电平。当 $\frac{1}{3}V_{CC}<U_I<\frac{2}{3}V_{CC}$ 时，由于 $U_{TH}<\frac{2}{3}V_{CC}$，$U_{TR}>\frac{1}{3}V_{CC}$，所以 $U_{C1}=1$，$U_{C2}=1$，U_O 保持低电平。当 $U_I<\frac{1}{3}V_{CC}$ 时，则 $U_{TH}<\frac{2}{3}V_{CC}$，$U_{TR}<\frac{1}{3}V_{CC}$，所以 $U_{C1}=1$，$U_{C2}=0$，U_O 输出高电平。因此，在 U_I 下降过程中，阈值电压 $V_{T-}=\frac{1}{3}V_{CC}$。

3) 工作波形

根据上述分析，电路的回差电压 $\Delta V_T=V_{T+}-V_{T-}=\frac{1}{3}V_{CC}$。图 7.29 是图 7.28 所示电路的工作波形和电压传输特性，从图中可知，它具有典型的反相输出施密特触发特性。

2. 用 555 定时器构成单稳态触发器

1) 电路结构

用 555 定时器构成的单稳态触发器如图 7.30 所示，它将 555 定时器的触发输入端 U_{TR} 作为触发信号输入端，将由 VT_D 和 R_{DIS} 构成的反相器输出电压 U_{DIS} 接至阈值输入端 U_{TH}，

并在阈值输入端 U_{TH} 对地接入电容 C。

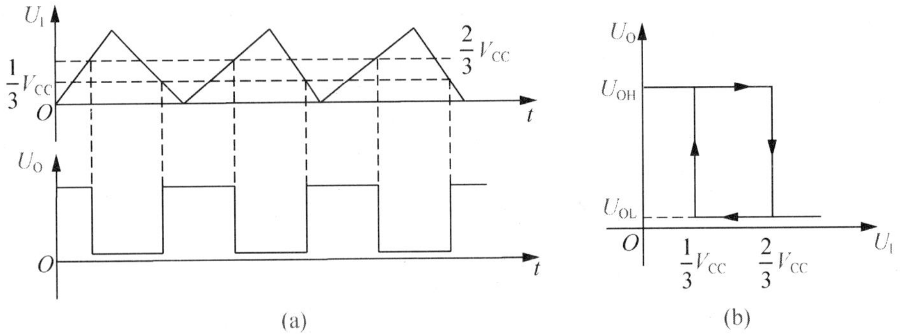

图 7.29 图 7.28 所示电路的工作波形和电压传输特性

(a)工作波形；(b)电压传输特性

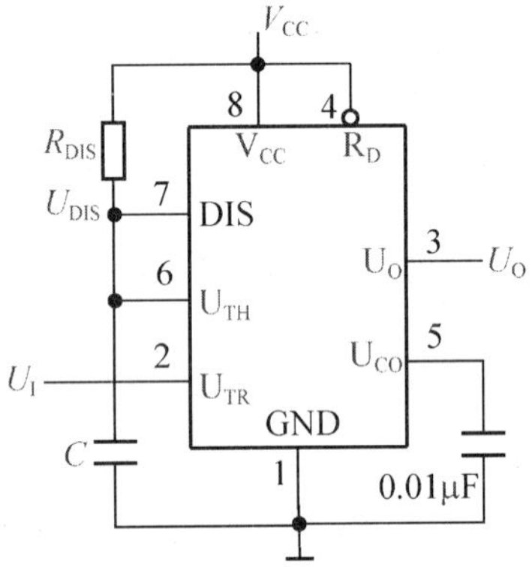

图 7.30 用 555 定时器构成的单稳态触发器

2) 工作原理

当电路无触发信号时，U_I 保持高电平，电路工作在稳定状态，即输出端 U_O 保持低电平，555 定时器内放电三极管 VT_D 饱和导通，$U_{DIS}\approx 0V$，电容电压 U_C 为 0V。当 U_I 下降沿到达时，触发输入端 U_{TR} 由高电平跳变为低电平，电路被触发，U_O 由低电平跳变为高电平，电路由稳态“0”转入暂稳态“1”。

在暂稳态期间，555 定时器内放电三极管 VT_D 截止，V_{CC} 经 R_{DIS} 向 C 充电。其充电回路为 $V_{CC}\rightarrow R_{DIS}\rightarrow C\rightarrow$ 地，时间常数 $\tau_1= R_{DIS}C$，电容电压 U_C 开始上升，在电容电压 U_C 上升到 $\frac{2}{3}V_{CC}$ 之前，电路将保持暂稳态不变。当 U_C 上升到 $\frac{2}{3}V_{CC}$ 时，输出电压 U_O 由高电平跳变为低电平，555 定时器内放电三极管 VT_D 由截止转为饱和导通，$U_{DIS}\approx 0V$，电容 C 经放电三极管对地迅速放电，电压 U_C 由 $\frac{2}{3}V_{CC}$ 迅速降至 0V(放电三极管的饱和压降)，电路由暂稳态重新转入稳态。

电容 C 通过饱和导通的三极管 VT_D 放电，时间常数 $\tau_2=R_{CES}C$，式中 R_{CES} 是 VT_D 的饱

和导通电阻，其阻值非常小，因此τ_2亦非常小。经过(3～5)τ_2后，电容 C 放电完毕，恢复过程结束，电路返回到稳定状态，单稳态触发器又可以接收新的触发信号。

3) 工作波形

图 7.30 所示电路的工作波形如图 7.31 所示。

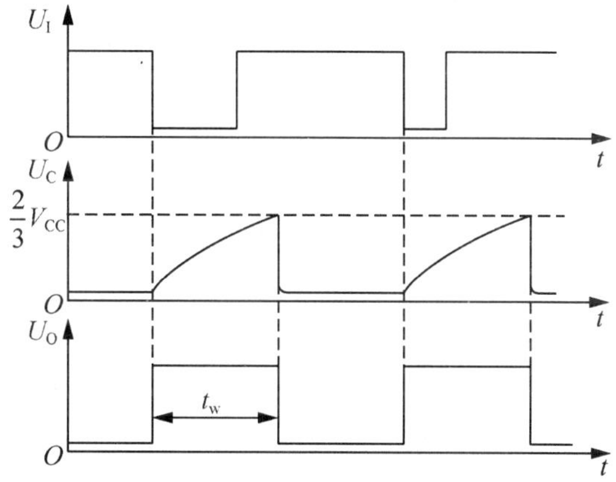

图 7.31　图 7.30 所示电路的工作波形

4) 参数计算

从图 7.31 中可以看出，输出脉冲宽度就是暂稳态维持时间，也就是电容 C 的充电时间。电容 C 的充电时间常数$\tau_1= R_{DIS}C$，初始值 $U_C(0_+)\approx 0V$，转换值 $U_C(t_w)=\frac{2}{3}V_{CC}$，稳定值 $U_C(\infty)=V_{CC}$，将以上数值代入 RC 过渡过程计算公式进行计算，可得：

$$t_w=\tau_1\ln\frac{U_C(\infty)-U_C(0_+)}{U_C(\infty)-U_C(t_w)}=R_{DIS}C\ln\frac{V_{CC}-0}{V_{CC}-\frac{2}{3}V_{CC}}=R_{DIS}C\ln3=1.1R_{DIS}C$$

上式说明，单稳态触发器输出脉冲宽度 t_w 仅决定于定时元件 R_{DIS} 和 C 的取值，与输入触发信号和电源电压无关，调节 R_{DIS} 和 C 的取值，即可方便地调节 t_w。

若输入触发信号 U_I 是周期为 T 的连续脉冲，为保证单稳态触发器能够正常工作，应满足 $T>t_w+t_{re}$，即 U_I 周期的最小值 T_{min} 应为 t_w+t_{re}。

需要指出的是，在图 7.30 所示电路中，输入触发信号 U_I 的脉冲宽度(低电平的保持时间)必须小于电路输出 U_O 的脉冲宽度(暂稳态维持时间)，否则电路将不能正常工作。因为当单稳态触发器被触发进入到暂稳态后，如果 U_I 端的低电平一直保持不变，那么 555 定时器的输出端将一直保持高电平不变。解决这一问题的简单方法就是在电路的输入端加一个 RC 微分电路，即当 U_I 为宽脉冲时，让 U_I 经 RC 微分电路之后再接到触发输入端 U_{TR}。不过微分电路的电阻应接到 V_{CC}，以保证在 U_I 下降沿未到来时，触发输入端 U_{TR} 为高电平。

5) 电路应用

图 7.32 是触摸定时控制开关。利用 555 定时器构成的单稳态触发器，只要用手触摸一下金属片 P，由于人体感应电压相当于在触发输入端 U_{TR} 加入一个负脉冲，555 定时器输出端 U_O 输出高电平，灯泡 L 被点亮，当暂稳态时间 t_w 结束后，555 输出端 U_O 恢复为低电

平，灯泡 L 熄灭。该触摸开关可用于夜间定时照明，定时时间可由参数 RC 调节。

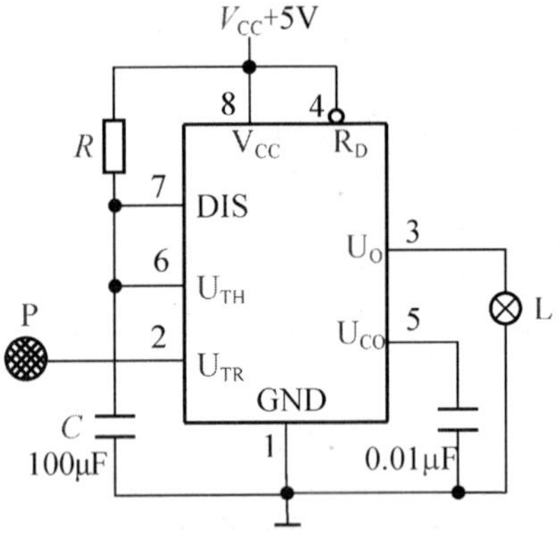

图 7.32　触摸式定时控制开关电路

3. 用 555 定时器构成多谐振荡器

1) 电路结构

用 555 定时器构成的多谐振荡器如图 7.33 所示，它先利用 555 定时器构成施密特触发器，然后将施密特触发器的输出端经 RC 积分电路接到施密特触发器的输入端。为了减轻 555 定时器输出缓冲器的负载，在电容 C 较大时不宜直接由输出端提供电容的充电电流和放电电流，经常采用的方法是将 VT_D 和 R_{DIS} 构成的反相器输出电压 U_{DIS} 经 RC 积分电路接到 U_{TR} 端。

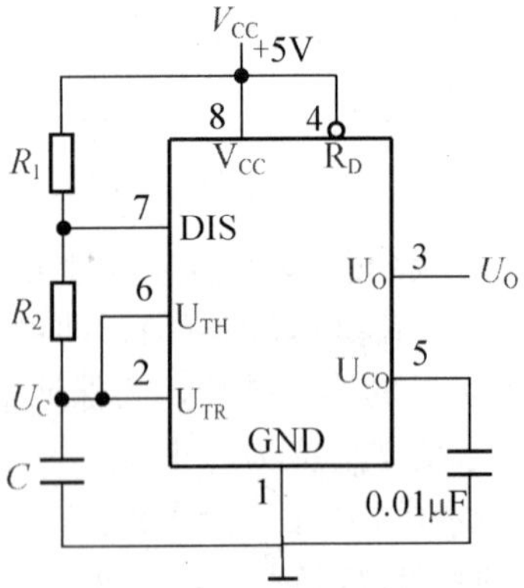

图 7.33　用 555 定时器构成的多谐振荡器

2) 工作原理

当电源刚刚接通时，U_C=0，U_{TH}=U_{TR}=0，U_O 为高电平，放电三极管 VT_D 截止。接下来，电容 C 被充电，充电回路为 V_{CC}→R_1→R_2→C→GND。随着电容 C 充电的进行，U_C 的电位逐渐升高，当 U_C 上升到 $\frac{2}{3}V_{CC}$ 时，U_O 变为低电平，放电三极管 VT_D 导通。

当放电三极管 VT_D 导通后，电容 C 开始放电，放电回路为：C→R_2→VT_D→GND。随

着电容 C 放电的进行，U_C 的电位逐渐降低，当 U_C 下降到 $\frac{1}{3}V_{CC}$ 时，U_O 变为高电平，放电三极管 VT_D 截止。

放电三极管 VT_D 截止，电容 C 又被充电，如此循环往复，便构成了多谐振荡。

3) 工作波形

图 7.33 所示电路的工作波形如图 7.34 所示。

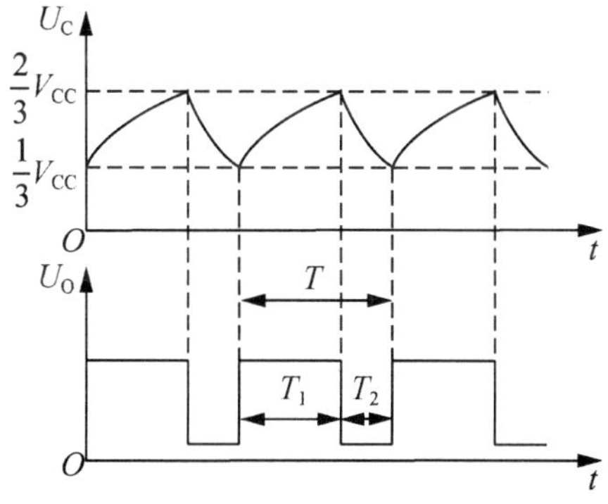

图 7.34　图 7.33 所示电路的工作波形

4) 参数计算

电容 C 充电时，充电时间常数 $\tau_1=(R_1+R_2)C$，初始值 $U_C(0_+)=\frac{1}{3}V_{CC}$，稳定值 $U_C(\infty)=V_{CC}$，转换值 $U_C(T_1)=\frac{2}{3}V_{CC}$，将以上数值代入 RC 过渡过程计算公式进行计算，可得：

$$T_1=\tau_1\ln\frac{U_C(\infty)-U_C(0_+)}{U_C(\infty)-U_C(T_1)}=(R_1+R_2)C\ln\frac{V_{CC}-\frac{1}{3}V_{CC}}{V_{CC}-\frac{2}{3}V_{CC}}=(R_1+R_2)C\ln 2$$

电容 C 放电时，放电时间常数 $\tau_2=R_2C$，初始值 $U_C(0_+)=\frac{2}{3}V_{CC}$，稳定值 $U_C(\infty)=0$，转换值 $U_C(T_2)=\frac{1}{3}V_{CC}$，将以上数值代入 RC 过渡过程计算公式进行计算，可得：

$$T_2=\tau_2\ln\frac{U_C(\infty)-U_C(0_+)}{U_C(\infty)-U_C(T_2)}=R_2C\ln\frac{0-\frac{2}{3}V_{CC}}{0-\frac{1}{3}V_{CC}}=R_2C\ln 2$$

电路的振荡周期为：

$$T=T_1+T_2=(R_1+2R_2)C\ln 2$$

振荡频率为：

$$f=\frac{1}{T}=\frac{1}{(R_1+2R_2)C\ln 2}$$

占空比 q 为：

$$q=\frac{T_1}{T}=\frac{R_1+R_2}{R_1+2R_2}$$

可见，图 7.33 所示电路输出脉冲的占空比 q 始终大于 50%，为了使占空比等于或小于 50%，可以采用图 7.35 所示的改进电路。

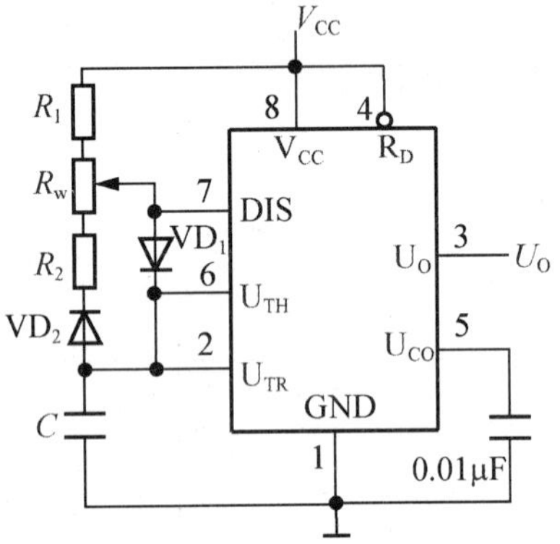

图 7.35　占空比可调的多谐振荡器

在图 7.35 中，利用半导体二极管的单向导电特性，把电容 C 充电和放电回路隔离开来，再加上一个电位器 R_w，便构成占空比可调的多谐振荡器。由于二极管的引导作用，电容 C 的充电时间常数 $\tau_1=(R_1+R_{w上})C$，放电时间常数 $\tau_2=(R_2+R_{w下})C$，因此充电时间 T_1 变为 $T_1=(R_1+R_{w上})C\ln2$，放电时间 T_2 变为 $T_2=(R_2+R_{w下})C\ln2$，所以输出脉冲占空比变为：

$$q=\frac{T_1}{T}=\frac{R_1+R_{w上}}{R_1+R_2+R_w}$$

只要改变电位器滑动端的位置，就可以方便地调节占空比 q。

5) 电路应用

图 7.36 是用多谐振荡器构成的电子双音门铃电路。当按钮开关 AN 按下时，开关闭合，V_{CC} 经 VD_2 向电容 C_3 充电，R_D' 点电位 U_P 迅速充至 V_{CC}，复位信号解除；由于 VD_1 将 R_3 旁路，V_{CC} 经 VD_1、R_1、R_2 向电容 C_1 充电，充电时间常数为$(R_1+R_2)\ C_1$，放电时间常数为 R_2C_1，多谐振荡器产生高频振荡，喇叭发出高音。

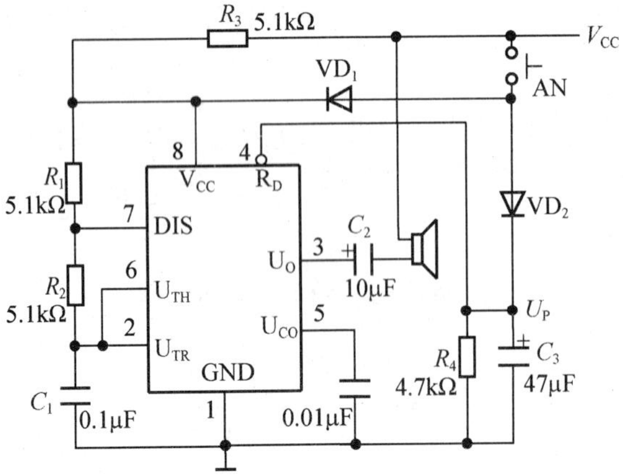

图 7.36　用多谐振荡器构成的双音门铃电路

当按钮开关 AN 松开时，开关断开，由于电容 C_3 储存的电荷经 R_4 放电要维持一段时间，在 U_P 降至复位电平之前，电路将继续维持振荡。此时 V_{CC} 经 R_3、R_1、R_2 向电容 C_1 充电，充电时间常数变为 $(R_1+R_2+R_3)C_1$，放电时间常数仍为 R_2C_1，多谐振荡器产生低频振荡，喇叭发出低音。

当电容 C_3 持续放电，使 U_P 降至 555 定时器的复位电平以下时，多谐振荡器停止振荡，喇叭停止发声。调节相关参数可以改变高、低音发声频率以及低音维持时间。

除了 555 定时器外，目前还有 556(双定时器)和 558(四定时器)等。

7.6　用 Multisim 10 分析 555 定时器

在 Multisim 10 应用程序中，从模数混合器件库中的 TIMER 中选择 LCM555CN，从工具栏中找到电阻 R、电容 C、电源及接地信号，将 LCM555CN 接成多谐振荡器，得到的仿真电路如图 7.37 所示。

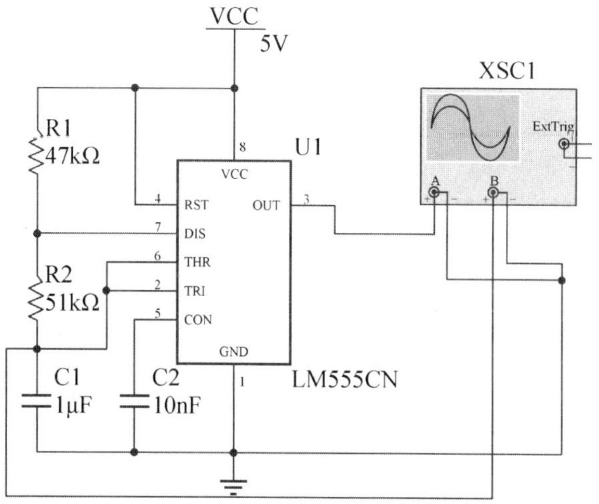

图 7.37　555 定时器构成的多谐振荡器仿真电路

利用 Multisim 10 中的示波器对输出 OUT 和输入 TRI 的波形进行观察，得到的仿真结果如图 7.38 所示。利用示波器中的时间线测量振荡周期，得到的结果为 103.645ms。

根据 555 定时器构成的多谐振荡器的振荡周期计算公式，将仿真电路的数据代入进行计算，可得：

$$T = T_1 + T_2 = (R_1 + 2R_2)C\ln 2 \approx 103.28\text{ms}$$

可见，用 Multisim 10 得到的仿真结果与理论计算结果近似相等。

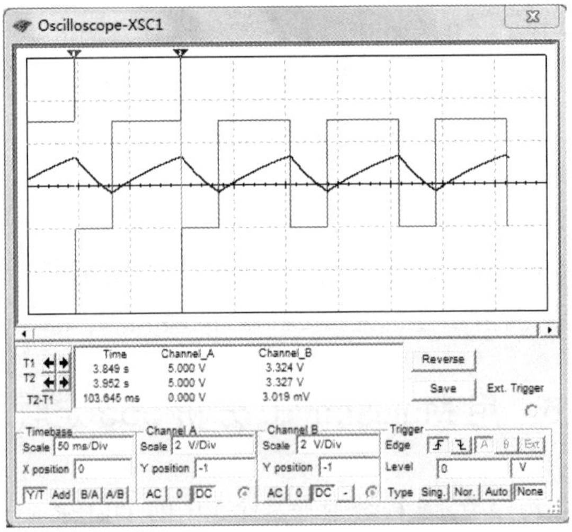

图 7.38　图 7.37 所示电路的仿真结果

本 章 小 结

本章主要介绍了施密特触发器、单稳态触发器和多谐振荡器的电路结构、工作原理、工作波形以及电路参数的计算，并介绍了它们在数字电路中的应用。

脉冲电路是专门用来产生电脉冲和对电脉冲进行放大、变换和整形的电路。在脉冲波形的整形电路中，最常用的是施密特触发器和单稳态触发器；在脉冲波形产生电路中，最常用的是多谐振荡器。

施密特触发器是典型的脉冲整形电路。施密特触发器在性能上有两个重要特点，一个为电平触发，另一个为电压滞回传输，输入信号 U_I 从低电平上升过程中，电路状态转换时对应的输入电平，与 U_I 从高电平下降过程中电路状态转换时对应的输入电平不同。施密特触发器常被用作接口电路、整形电路和鉴幅电路。

单稳态触发器有一个稳定状态和一个暂稳状态，在外来触发脉冲作用下，能够由稳定状态翻转到暂稳状态；暂稳状态维持一段时间后，自动返回到稳定状态。单稳态触发器在数字系统和装置中通常用于定时、整形以及延时等。

多谐振荡器是一种自激振荡电路，不需要外加输入信号就可以自动地产生出矩形脉冲。石英晶体多谐振荡器利用石英晶体的选频特性，只有频率为 f_0 的信号才能满足自激条件，产生自激振荡，其主要特点是 f_0 的稳定性极好。

施密特触发器和单稳态触发器虽然不能自动地产生矩形脉冲，但却可以把其他形状的信号变换成为矩形波，为数字系统提供标准的脉冲信号。

555 定时器是一种用途很广的集成电路，除了能组成施密特触发器、单稳态触发器和多谐振荡器以外，还可以接成各种灵活多变的应用电路。

习　　题

一、选择题

1. 单稳态触发器的主要用途是(　　)。

A．整形、延时、鉴幅　　B．延时、定时、存储

C．延时、定时、整形　　D．整形、鉴幅、定时

2. 自动产生矩形波脉冲信号的为(　　)。

A．施密特触发器　　B．单稳态触发器

C．T 触发器　　D．多谐振荡器

3. 将三角波变换为矩形波，需选用(　　)。

A．单稳态触发器　　B．施密特触发器

C．RC 微分电路　　D．双稳态触发器

4. 为了将正弦信号转换成与之频率相同的脉冲信号，可采用(　　)。

A．多谐振荡器　　B．移位寄存器

C．单稳态触发器　　D．施密特触发器

二、计算题

1. 在题图 7.1 所示电路中，已知 CMOS 反相器 G_1 和 G_2 的电源电压 V_{DD} 等于 5V，U_{OH}=5V，U_{OL}=0V，V_{TH}=2.5V。若 R_1=22kΩ，R_2=51kΩ，试求电路的正向阈值电压 V_{T+}，负向阈值电压 V_{T-}和回差电压 ΔV_T，并画出电路的电压传输特性。

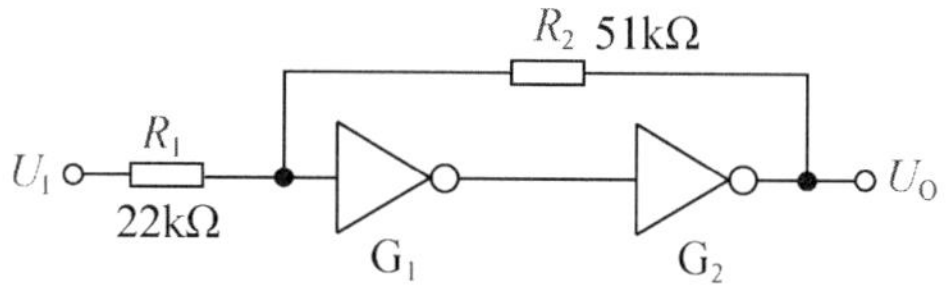

题图 7.1

2. 电路如题图 7.2 所示，G_1、G_2 均为 CMOS 系列。试说出该电路是什么电路，并画出其电压传输特性，列出主要参数计算公式。

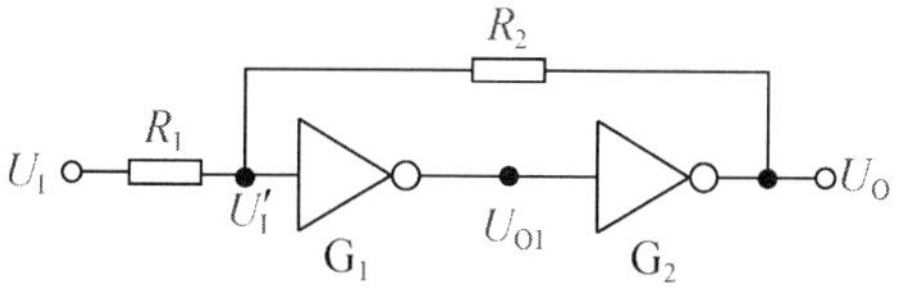

题图 7.2

3. 题图 7.3 所示是一个由 555 定时器构成的防盗报警电路，A、B 两端被一细铜丝接通，此铜丝置于盗窃者必经之路，当盗窃者闯入室内将铜丝碰断后，扬声器即发出报警声。

(1) 试问 555 接成何种电路？

(2) 说明本报警电路的工作原理。

4. 在题图 7.4 所示的微分型单稳态触发器电路中，已知 R=47kΩ，C=0.1μF，电源电压 V_{DD}=10V，试求在触发脉冲的作用下输出脉冲的宽度和幅度。

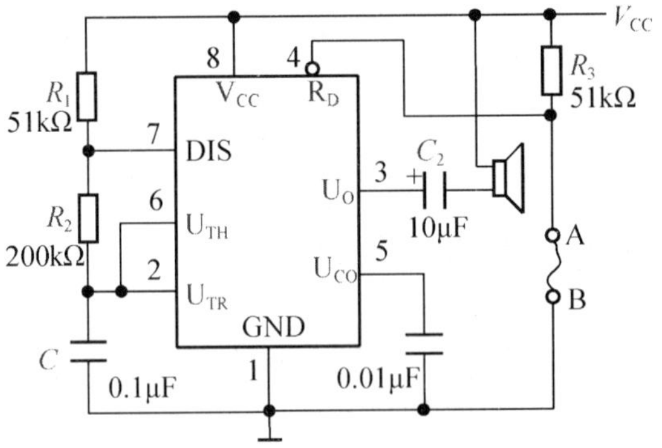

题图 7.3

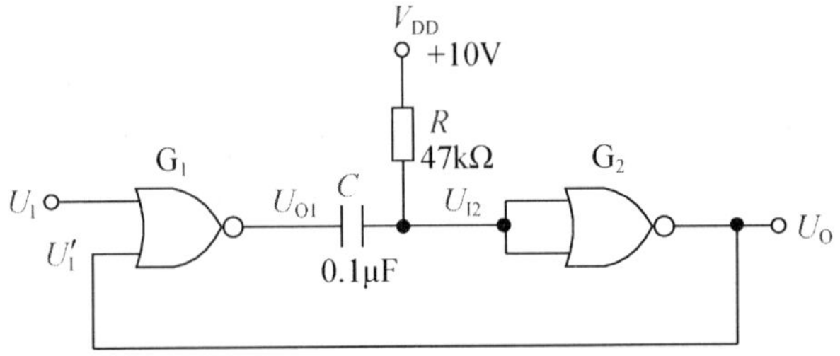

题图 7.4

5. 用两个集成单稳态触发器 74121 构成的脉冲变换电路如题图 7.5 所示，电路参数如图中所示。试计算在输入触发信号 U_I 作用下 U_{O1} 和 U_{O2} 输出脉冲的宽度。

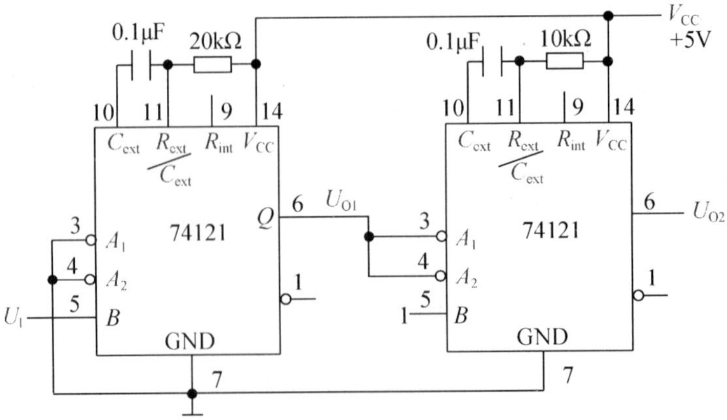

题图 7.5

6. 由 5 个相同的反相器接成的环形振荡器如题图 7.6 所示，测得输出信号的重复频率为 10MHz，试求每个门电路的平均传输延迟时间。假定每个门电路的平均传输延时时间相同。

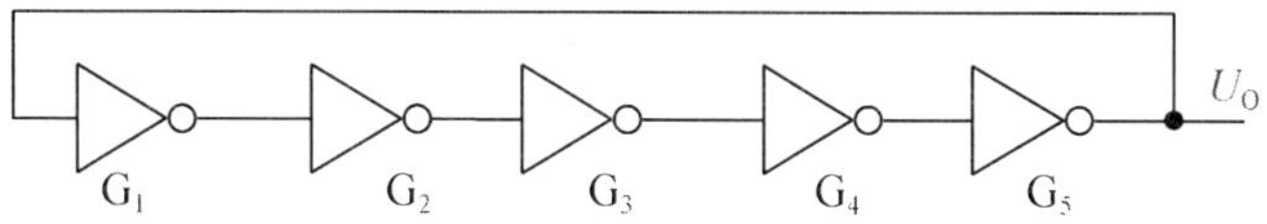

题图 7.6

7. 在题图 7.7 所示的电路中，若 $R_1=R_2=4.7\ \text{k}\Omega$，$C=0.1\mu\text{F}$，$V_{CC}=6\text{V}$，试计算该电路的振荡频率。

8. 已知电路如题图 7.8 所示。

(1) 该电路是单稳态触发器还是多谐振荡器？

(2) 当 $R=1\text{k}\Omega$、$C=20\mu\text{F}$ 时，试计算电路的相关参数(对单稳态触发器而言计算脉宽，对多谐振荡器而言计算周期)。

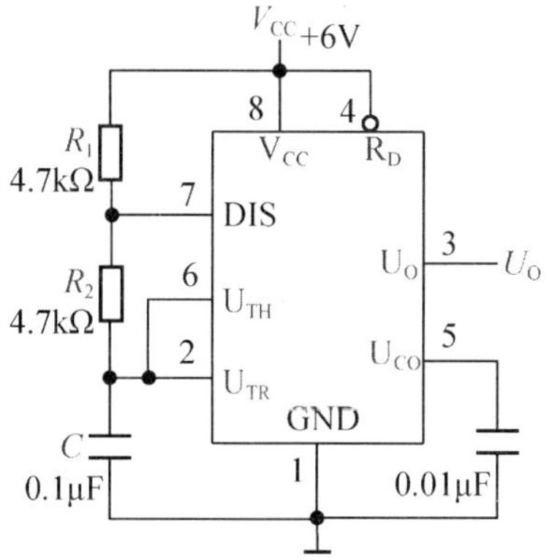

题图 7.7

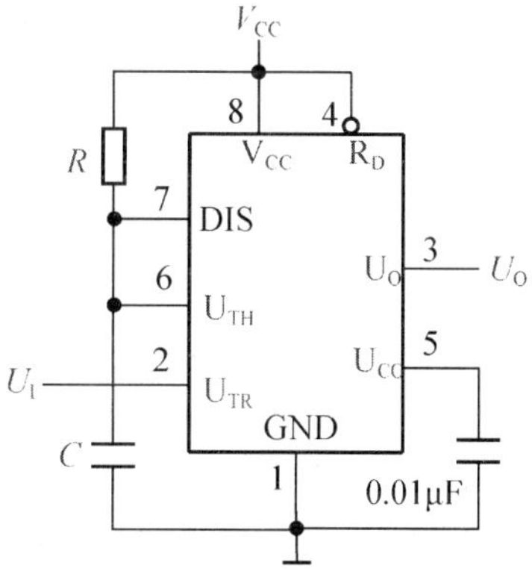

题图 7.8

9. 试用 555 定时器设计一个多谐振荡器，要求振荡周期为 1s，输出脉冲脉冲幅度大于 3V 而小于 5V，输出脉冲占空比为 1/2。

10. 试用 555 定时器设计一个单稳态触发器，要求输出脉冲宽度在 1～5s 范围内可手动调节。假设 555 定时器的电源电压为 15V。

第 8 章
半导体存储器

本章教学目的与要求

(1) 了解只读存储器(ROM)电路结构及特点。
(2) 了解随机存取存储器(RAM)的电路结构及特点。
(3) 掌握存储器存储容量的扩展方法。
(4) 掌握用存储器实现组合逻辑函数的方法。
(5) 了解 ROM 和 RAM 集成芯片的功能。

本章知识结构

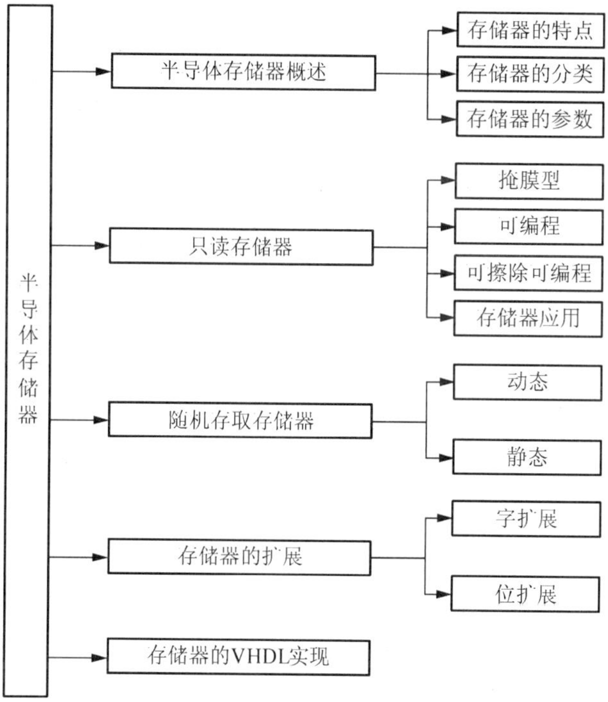

8.1　半导体存储器概述

8.1.1　半导体存储器的特点

半导体存储器是用半导体元器件来存储大量二值信息的集成电路。半导体存储器具有集成度高、容量大、体积小、功耗低、存取速度快、可靠性高、使用寿命长等特点。在数字系统中应用很广泛。

在计算机和其他一些数字系统中，需要对大量数据进行存储，因此，半导体存储器是这些数字系统中不可缺少的组成部分。

8.1.2　半导体存储器的分类

1. 按制造工艺分类

半导体存储器按照制造工艺不同，可以分为双极型和 MOS 型两大类。

双极型半导体存储器具有工作速度快、功耗比较大、价格高的特点，它以双极型触发器为基本存储单元，主要用于对速度要求较高的场合。

MOS 型半导体存储器具有集成度高、功耗低、价格低的特点，它以 MOS 触发器或电荷存储结构为基本存储单元，主要用于存储容量较大的系统中。

2. 按存取功能分类

半导体存储器按照存取功能的不同，可以分为只读存储器和随机存取存储器两大类。

只读存储器在正常工作时，存储器中的数据只能读出，不能写入。其英文名称为 Read Only Memory，简称 ROM。在断电后，ROM 中的信息不会丢失。ROM 的种类比较多，可以分为掩膜 ROM、可编程 ROM(Programmable ROM，PROM)、可擦除的可编程 ROM(Erasable Programmable ROM，EPROM)等几种不同的类型。只读存储器电路比较简单，集成度较高，成本较低，而且具有一个重要的优点，就是当断电以后，它的信息是不会丢失的，是一个永久性的存储器。所以，在计算机中，尽可能把一些管理程序、监控程序等不需要修改的程序放在 ROM 中。ROM 的缺点是只能存储固定的数据。

随机存取存储器在正常工作状态时，可以随机地向存储器任意存储单元写入数据或从任意存储单元读出数据，其英文名称为 Random Access Memory，缩写为 RAM。在断电后，RAM 中的信息会丢失。根据所采用的存储单元工作原理不同，RAM 可以分为静态存储器(Static RAM，SRAM)和动态存储器(Dynamic RAM，DRAM)两种类型。动态存储器的存储单元结构非常简单，易于集成化，所以它的集成度比静态存储器高。但是静态存储器的存取速度比动态存储器快。

8.1.3 半导体存储器的主要参数

存储容量、存取速度是半导体存储器的两个主要技术指标。

1. 存储容量

存储容量表示半导体存储器存放二值信息的多少，存储容量越大，能够存储的二值信息也就越多。

存储器中的一个基本存储单元能够存储 1 位(Bit)二值信息，即存入 0 或 1，所以存储器的存储容量就是该存储器基本存储单元的总数。存储容量常写成“字数×位数”的形式，例如，一个存储器的存储单元有 1K($1K=2^{10}=1024$) 个字，每个字的位数是 4 位，则该存储器的容量可以用 1K×4 位表示，即该存储器有 4096 个基本存储单元。

2. 存取速度

存储器的存取速度用存取周期或读写周期来表征，把连续两次读(写)操作间隔的最短时间称为存取周期。存取周期越短，工作速度就越高，目前高速随机存储器的存取周期仅 10ns 左右。

8.2 只读存储器

只读存储器是一种存储固定信息的存储器。其特点是在正常工作状态下只能读取数据，不能即时修改或重新写入数据。只读存储器电路结构简单且存放的数据在断电后不会丢失，特别适用于存储永久性的、不变的程序码数据，如常数表、函数、表格和字符等，计算机中的自检程序就是固化在 ROM 中的。只读存储器有掩膜 ROM、可编程 ROM、可擦除的可编程 ROM 等几种不同类型。

8.2.1　掩膜只读存储器

掩膜只读存储器又称固定ROM，这种ROM在制造时，生产厂家利用掩膜技术把信息写入存储器中，使用时用户无法更改。在制作掩膜ROM的过程中，主要是根据用户的要求制作，掩膜ROM适合大批量定型产品的生产。掩膜只读存储器可分为二极管ROM、双极型三极管ROM和MOS管ROM 3种类型。下面主要以二极管掩膜ROM为例介绍ROM的结构和工作原理。

1. 电路结构

图8.1是ROM的原理结构框图，它主要由地址译码器、存储矩阵和输出电路3部分组成。

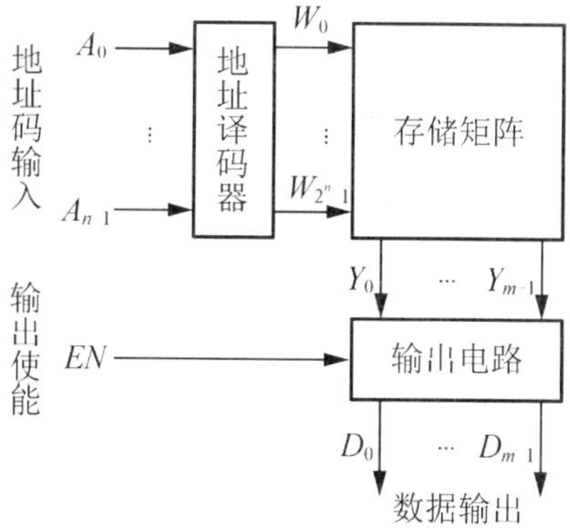

图8.1　ROM原理结构框图

地址译码器将输入的地址代码译成相应的单元地址控制信号，利用这个信号从存储矩阵中选出指定的存储单元，把此单元的数据送给输出电路。对于有n个地址输入端的地址译码器来说，可以译出2^n个不同的控制信号，并将每个控制信号称为“字”，用W_0、W_1、…、W_{2^n-1}表示，称为字线。将A_0、A_1、…、A_{n-1}称为地址线。

存储矩阵由大量能固定存放1位二进制信息的存储单元组成，每个存储单元都对应一个固定的地址代码。每个存储单元由若干基本存储电路组成(一般为2的整数倍)。基本存储电路可以由二极管、三极管或MOS管构成。每个存储电路只能存储1位二进制代码0或1。存储矩阵的输出端称为“位”，用Y_0、Y_1、…、Y_{m-1}表示，称为位线。

输出电路一般用三态门作缓冲级，以提高带负载能力。EN是输出电路的输出使能端，用于实现输出的三态控制，便于和系统总线连接。

2. 存储器的工作原理

图8.2是具有2位地址输入端和4位数据输出端的ROM电路，它由2线−4线地址译码器、4×4的二极管存储矩阵和输出电路3部分组成。地址译码器采用二极管与门组成，其输出为4条字选择线W_0～W_3，当输入地址代码A_1A_0时，相应的一条字线输出高电平。存储矩阵由二极管或门组成，有16个存储单元，其输出4条位线Y_0～Y_3。在Y_0～Y_3位线

上输出的每组 4 位二进制代码称作一个字。每个十字交叉点代表一个存储单元，交叉处有二极管的单元表示存储的数据为 1，无二极管的单元表示存储的数据为 0。输出电路由 4 个输出缓冲器组成，4 条位线上的数据经输出缓冲器由 D_0～D_3 输出。

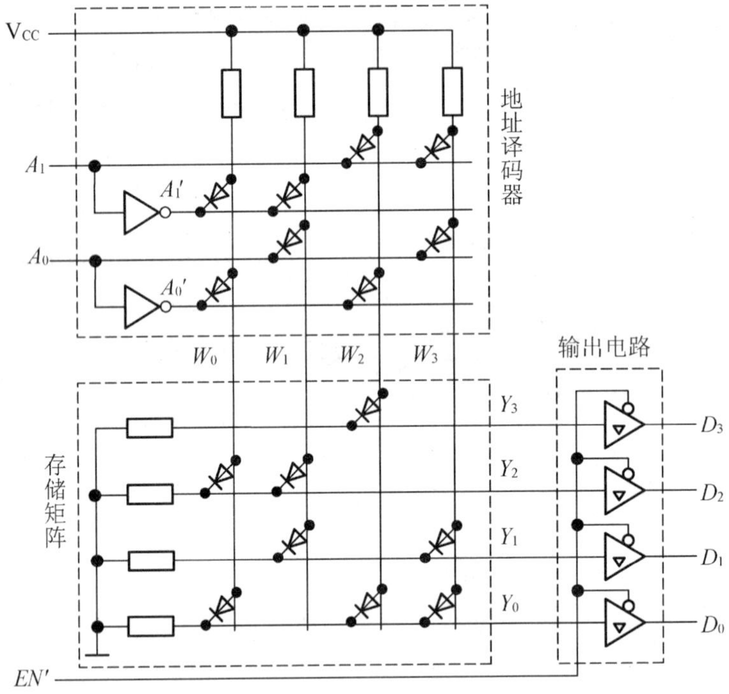

图 8.2　4×4 二极管掩膜 ROM 电路图

ROM 的读取过程是根据地址码读出指定单元中的数据。例如，当输入地址码 A_1A_0=01 时，字线 W_1=1，其余字选择线为 0。W_1 字线上的高电平通过接有二极管的位线 Y_1、Y_2 使 D_1、D_2 为 1，其他位线 Y_0、Y_3 与 W_1 字线相交处没有二极管，为低电平，从而使 D_0、D_3 为 0。所以输出 $D_3D_2D_1D_0$=0110，根据图 8.2 的二极管存储矩阵可列出全部地址所对应存储单元内容的数据表，见表 8-1。

表 8-1　图 8.2 中存储器矩阵的数据表

地　址		数　据			
A_1	A_0	D_3	D_2	D_1	D_0
0	0	0	1	0	1
0	1	0	1	1	0
1	0	1	0	0	1
1	1	0	0	1	1

图 8.2 所示电路中 ROM 的存储矩阵可采用如图 8.3 所示的简化阵列图表示。位线和字线交叉处有二极管的画实心点，表示存储数据 1，无二极管的交叉点不画点，表示存储数据 0。交叉点的数目对应能够存储的单元数，表示每个存储器的存储容量，图 8.3 中字线

和位线均为 4，故其容量为 4×4＝16。存储矩阵中位线上的实心点之间是逻辑或关系，如 $Y_2 = W_0 + W_1$。

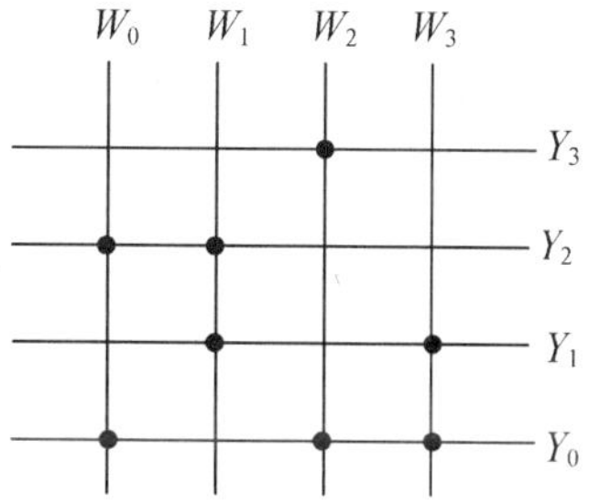

图 8.3 图 8.2 中存储矩阵的简化阵列图

如果用 N 沟道增强型 MOS 管(NMOS)代替图 8.2 中的二极管，便可以构成 NMOS 管掩膜 ROM，如图 8.4 所示，图中字线与位线交叉点上接有 NMOS 管时相当于存储数据 1，没有接 NMOS 管时相当于存储数据 0。

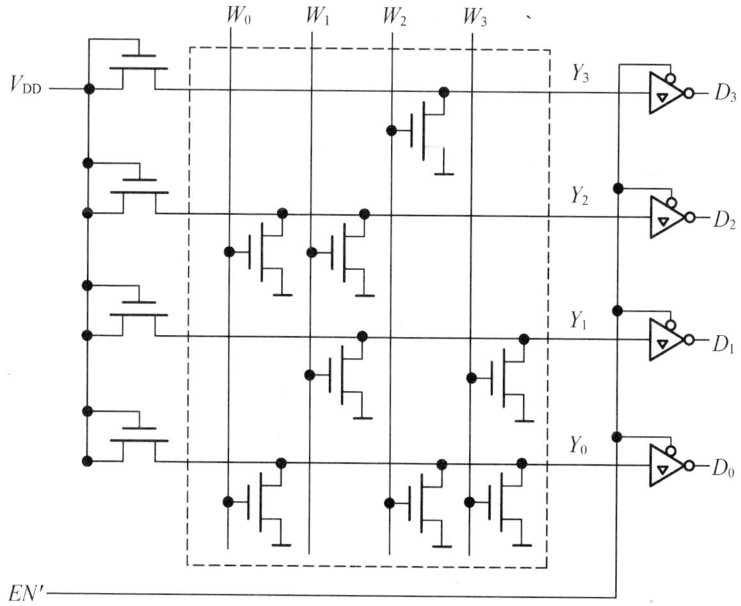

图 8.4 用 NMOS 管构成的存储矩阵

在地址译码的输出字线 W_0～W_3 中，某一条字线为高电平时，接在这条字线上的 NMOS 管导通，并使与这些 NMOS 管漏极相连的位线为低电平，经输出电路反相后，在数据输出端得到高电平。没有导通的 NMOS 管的位线仍为高电平，经输出电路反相后，输出为低电平。图 8.4 中存储矩阵所存储的数据与表 8-1 中的数据相同。

8.2.2 可编程只读存储器

可编程只读存储器是由用户直接向芯片写入信息的存储器，PROM 是在固定 ROM 的基础上发展而来的。但 PROM 的缺点是只能写入一次数据，且一经写入就不能再更改了。

PROM 在出厂时，存储单元中的内容全为 1(或全为 0)，用户可根据需要进行一次性编程处理，将某些单元的内容改为 0(或 1) 。图 8.5 所示是 PROM 的一种存储单元和一路读/写放大器。存储单元由三极管和低熔点的快速熔丝组成，存储矩阵中的所有存储单元都具有这种结构，出厂时，所有存储单元的熔丝都是连通的，相当于所有的存储内容全为 1。

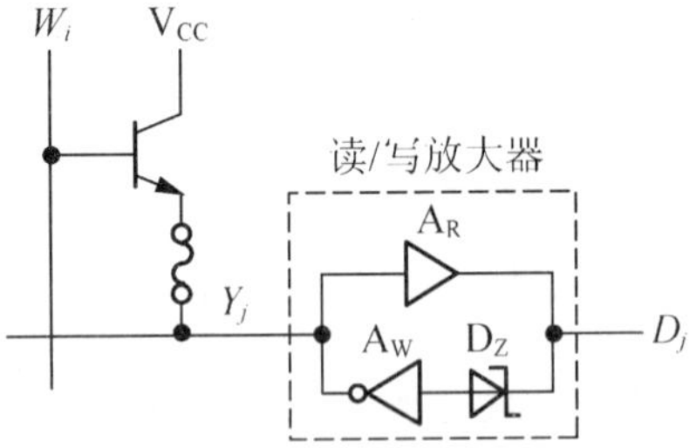

图 8.5 熔丝型 PROM 存储单元和读/写放大器

用户使用前可以按照自己的需要对存储单元进行一次性编程，即把要存储数据 0 的存储单元的熔丝熔断。编程时首先应输入地址代码，找到要写入 0 的单元地址。然后使 V_{CC} 和选中的字线 W_i 提高到编程所要求的高电平，三极管导通。同时在编程脉冲输入端 D_j 加上编程脉冲，使读/写放大器中的稳压二极管 D_Z 导通，写入放大器 A_W 输出低电平，A_W 呈输出低内阻状态，这时就有较大的脉冲电流从 V_{CC} 经三极管流过熔丝，并将熔丝熔断，即相当于写入 0。正常工作时，读出放大器 A_R 输出的高电平不足以使 D_Z 导通，A_W 不工作。

可见，PROM 的熔丝一旦烧断将不可恢复，也就是一旦写成 0 后就无法再重写成 1 了，即这种可编程存储器只能进行一次编程。

8.2.3 可擦除的可编程只读存储器

可擦除的可编程 ROM 由用户写入数据(程序)，当需要修改数据时，可以将存储的数据擦除重写，使用起来很方便。EPROM 可以分为紫外线可擦除 EPROM(UVEPROM)、电可擦除的 EPROM(E^2PROM)和快闪存储器(Flash Memory)3 种类型。

1. 紫外线可擦除 EPROM

EPROM 中采用叠栅注入型 MOS 管(Stacked-gate Injuction Metal-Oxide-Semiconductor，SIMOS 管)构成存储单元。SIMOS 管的结构原理图与符号如图 8.6 所示。它是一个 N 沟道的增强型 MOS 管，有两个重叠的多晶硅栅，上面的栅极与字线相连，和普通 NMOS 管栅极的作用相同，称为控制栅，用 G_c 表示；下面的栅极埋在二氧化硅绝缘层内，处于“悬浮”状态，称为浮置栅极，用 G_f 表示。控制栅用于控制读出和写入，浮置栅极用于保存电荷。

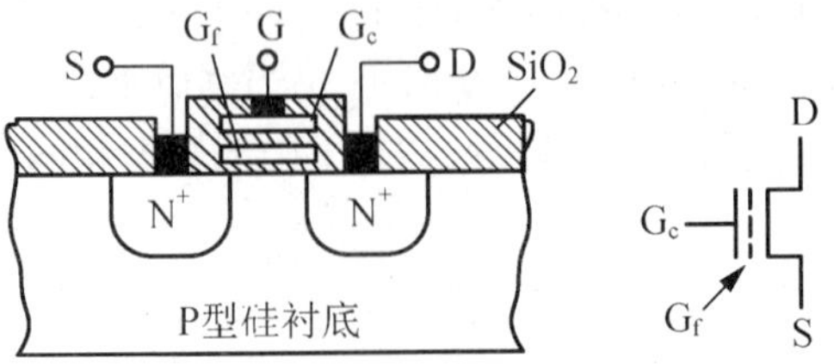

图 8.6 SIMOS 管的结构原理图和符号

在浮置栅极上未注入电荷以前，在控制栅上加上正常的高电平能够使漏极和源极之间产生导电沟道，SIMOS 管导通，反之在浮置栅极上注入了负电荷以后，必须在控制栅上加上更高的电压才能抵消注入电荷的影响形成导电沟道，所以在控制栅极加正常的电压将不能使 SIMOS 管导通。EPROM 在出厂时，片内所有存储单元都接有 SIMOS 管，并且它们的浮置栅上都没有电荷。使用 SIMOS 管的存储单元如图 8.7 所示。

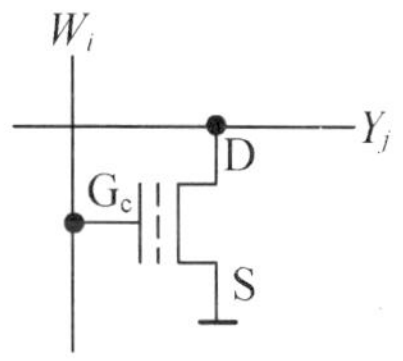

图 8.7　EPROM 的一个存储单元

用户编程时，在 SIMOS 的漏极和源极之间加上较高的电压(20～25V)，使导电沟道内的电场足够强而产生雪崩击穿，若此时在控制栅极加上高压正脉冲(幅值电压约 25V，脉冲宽度约 50ms)，则在栅极电压的作用下，一些速度高的电子就会穿越 SiO_2 绝缘层到达浮置栅，被浮置栅捕获而形成注入电荷。当高压电源去掉后，由于浮置栅被 SiO_2 绝缘层包围，它所捕获的电荷没有放电通路，所以可以长期保留，在+125℃的环境温度下，70%以上的电荷可以保存 10 年以上。浮置栅上注入电荷以后，在控制栅上加正常的工作电压时，SIMOS 管不导通，位线上输出高电平，相当于写入 1。而浮置栅未注入电荷时，SIMOS 导通，位线上输出低电平，相当于写入 0。

EPROM 芯片封装时表面都有一个石英玻璃透明窗口。用专门的设备(如紫外线擦除器)使芯片窗口受到紫外线照射时，所有电路中的浮置栅上的电荷获得能量会形成光电流泄漏走，使管子恢复初始状态，从而把原先写入的 1 擦去，擦除时间约 20～30min。经过照射后的 EPROM 还可以用专门的设备(EPROM 写入器)把所需要的信息再写入，然后用黑纸或黑胶布把小窗口贴上，以防紫外线把其中的内容擦掉。

要注意，编程后的芯片在阳光的影响和室内日光灯的照射下，经过 3 年时间在浮栅的电荷可泄漏完。若在太阳光直射下，约一个星期电荷可泄漏完。所以，在正常使用和储藏时，应在芯片窗口上贴上黑色的保护纸。

2. 电可擦除的 EPROM(EEPROM 或 E^2PROM)

EPROM 芯片的擦除需要将芯片取下，只需用紫外线照射十几分钟，而且是整片擦除，相对来说改写操作速度慢、不方便。随着电子技术的发展，又出现了一种称为电可擦除的可编程只读存储器，简称 EEPROM 或 E^2PROM，其存储信息的原理类似 EPROM，但擦除的原理不同。E^2PROM 是通过在存储信息的 MOS 管的源极和漏极之间加一个较高的电压，使浮栅上的电荷跑掉。它可以整片擦除，也可以擦除指定的单元。E^2PROM 具有 EPROM 可重编程的特点，又具有擦除速度快、可按单元擦除的优点。

E^2PROM 的存储单元中采用了一种叫做浮栅隧道氧化层 MOS 管(Floating gate Tunnel Oxide，Flotox 管)，Flotox 管结构原理图和符号如图 8.8 所示。

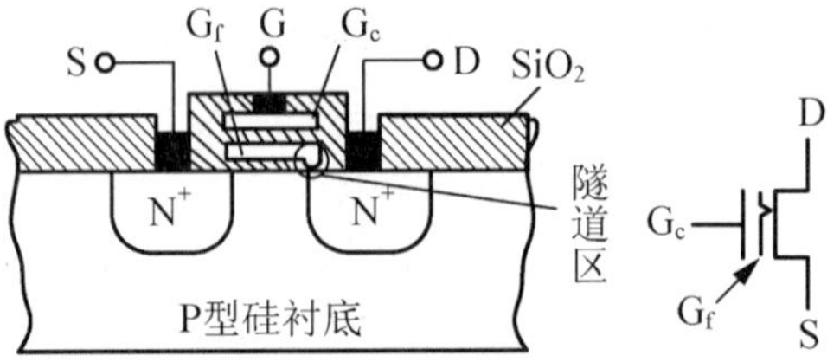

图 8.8　Flotox 管的结构原理图和符号

Flotox 管与 SIMOS 管相似，也是 N 沟道增强型 MOS 管，有控制栅极 G_c 和浮置栅极 G_f 两个栅极，但是 Flotox 管的浮置栅与漏区之间有一个氧化层极薄的(厚度小于 2×10^{-8}m)区域，这个区域称为隧道区，当隧道区的电场强度大于 10^7V/cm 时，就会形成导电隧道，电子可以双向通过，形成电流，这种现象称为隧道效应。

图 8.9 是用 Flotox 管组成的存储单元，其中 VT_1 管是 Flotox 管，而 VT_2 管是普通 N 沟道增强 MOS 管。VT_2 管可以提高擦、写的可靠性，保护隧道区的超薄氧化层，被称为选通管。根据浮置栅上是否充有负电荷来区分存储单元的 1 或 0 状态。当在 VT_1 管的控制栅 G_c 上加上+3V 的电压，字线 W_i 给出+5V 的正常高电平，此时选通管 VT_2 导通，如果 VT_1 的浮置栅 G_f 上没有充有负电荷，则 VT_1 导通，在位线 Y_j 上输出 0；如果 VT_1 的浮置栅 G_f 上充有负电荷，则 VT_1 截止，在位线 Y_j 上输出 1。

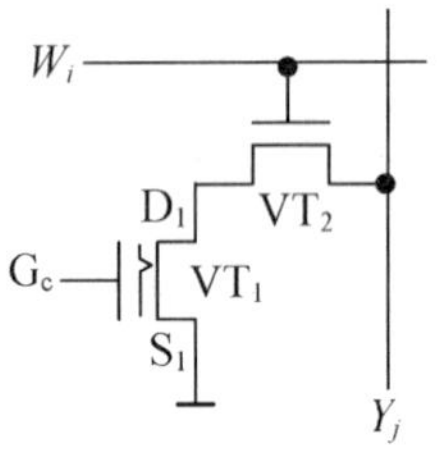

图 8.9　Flotox 管组成的存储单元

如果在控制栅 G_c 和字线 W_i 上加 20V 左右的正脉冲电压(脉冲宽度约 10ms)，同时令 Y_j 接地，则 VT_2 导通，VT_1 的漏极接近地电位，这时在隧道区产生强电场，吸引漏区的电子通过隧道区到达浮置栅 G_f，形成存储电荷，正脉冲过后，这些浮置栅将长期积存这些电子电荷。如果令 G_c=0，同时在字线 W_i 和位线 Y_j 上同时加 20V 左右的正脉冲电压(脉冲宽度约 10ms)，则浮置栅上的电子将通过隧道区放电，从而使浮置栅内的电子电荷消失。

一般 E^2PROM 集成芯片允许擦写 100～10000 次，擦写共需 20ms 左右，数据可以保存 5～10 年。

3. 快闪存储器(Flash Memory)

由于 E^2PROM 的存储单元使用了两只 MOS 管，所以限制了它的集成度的提高。而快闪存储器采用了一种类似叠栅结构的存储单元，它既吸收了 EPROM 结构简单、编程可靠的优点，又具有 E^2PROM 用隧道效应擦除的快捷特性，而且集成度可以做得很高。

快闪存储器采用的叠栅 MOS 管如图 8.10 所示。快闪存储器的叠栅 MOS 管与 SIMOS 管极为相似，两者最大的区别是浮置栅与衬底间氧化层的厚度不同，在 EPROM 中这个氧化层的厚度一般为 30～40nm，而在快闪存储器中仅为 10～15nm。而且浮栅与源区重叠部分是源区的横向扩散形成的，面积极小，因而浮置栅与源区之间的电容比浮置栅与控制栅间的电容小得多。当控制栅和源极之间加上电压时，大部分压降都降落在浮置栅与源极之间的电容上。

快闪存储器的存储单元如图 8.11 所示。字线 W_i 给出+5V 的正常高电平，存储单元的公共端 V_{SS} 为低电平，如果浮置栅 G_f 上没有充负电荷，则叠栅 MOS 导通，位线 Y_j 上输出 0；如果浮置栅 G_f 上充有负电荷，则叠栅 MOS 截止，位线 Y_j 上输出 1。

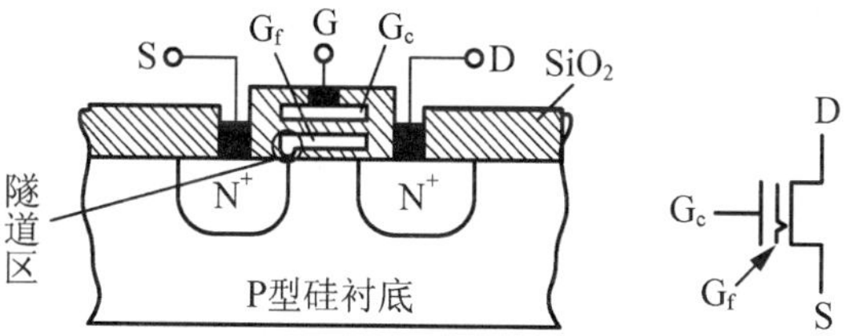

图 8.10　快闪存储器中的叠栅 MOS 管

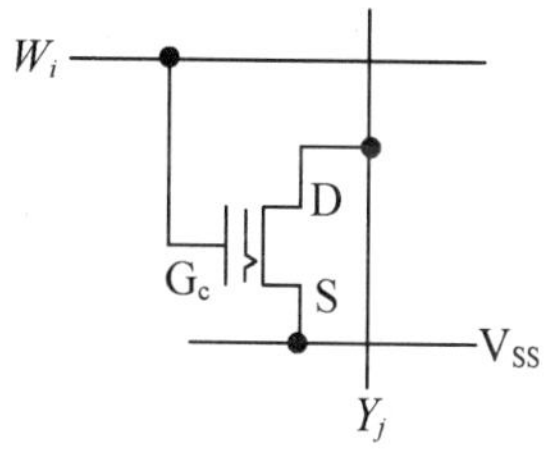

图 8.11 快闪存储器的存储单元

在写入状态下，叠栅 MOS 管的漏极经位线接到一个 6V 左右的高电压，V_{SS} 接 0V，同时在控制栅上加一个 12V 的正脉冲电压(脉冲宽度约 10μs)，这时漏极和源极之间出现雪崩击穿，部分速度高的电子就穿过氧化层到达浮置栅，形成浮置栅充电电荷，当浮置栅充电后，需要 7V 以上的控制栅电压才能使漏－源极之间形成导电沟道，在正常的电压时不能使它导通。

在擦除状态下，控制栅处于 0 电平，同时在源极 V_{SS} 加入幅度为 12V、宽度为 100ms 的正脉冲。这时在浮置栅与源极之间的重叠部分将出现隧道效应，使浮置栅上的电荷经过隧道区释放。浮置栅电荷放掉之后，控制栅只要 2V 的电压就能在源极和漏极之间形成导电沟道。由于片内所有叠栅的栅极是连在一起的，所以全部存储单元同时被擦除。

4. ROM 集成芯片简介

常用的 EPROM 集成芯片有 2716(2K×8 位)、2732(4K×8 位)、2764(8K×8 位)等。常用的 E^2PROM 芯片有 2816(2K×8 位)、2864(8K×8 位)、24C08(1K×8 位)、24C16(2K×8 位)等，其中 24C08 和 24C16 是串行 I^2C 总线的 E^2PROM。本节以 2716～27512 系列的 EPROM 集成芯片为例，介绍集成 ROM 的特点和使用方法。

2716～27512 系列的 EPROM 集成芯片，除存储容量和编程电压等参数不同外，其他参数基本相同。2716～27512 系列芯片的主要技术特性见表 8-2，其中读出时间视型号而定，一般在 100～300ns，表中列出数值的为典型值。

表 8-2　2716～27512 系列的芯片主要技术特性

型号 技术特性	2716	2732	2764	27128	27256	27512
容量/KB	2	4	8	16	32	64
引脚数	24	24	28	28	28	28
读出时间/ns	350～450	200	200	200	200	170
最大工作电流/mA	100	100	75	100	100	125
最大维持电流/mA	25	35	35	40	40	40

2716 具有 24 个引脚，主要有地址线 $A_0 \sim A_{10}$、数据线 $Q_0 \sim Q_7$、控制线 CE' / PGM 等，其引脚排列如图 8.12 所示。图中 $A_0 \sim A_{10}$ 是地址信号输入引脚，可以寻址芯片的 2K 个存储单元，即 2^{11}=2048=2K；$Q_0 \sim Q_7$ 是数据信号输入/输出端，可以进行数据的双向传输；CE' / PGM 既是片选信号输入端，又是编程脉冲输入端，作为片选信号使用时，低电平有效，只有该引脚是低电平时，才能对芯片进行操作；OE' 允许数据输出控制信号，低电平有效，只有该引脚是低电平时，才允许数据输出；V_{CC} 是工作电源输入端，接+5V 电压，用于在线的读操作；V_{PP} 是编程电源输入端，接+25V 电源，用于在专用装置上的写操作。

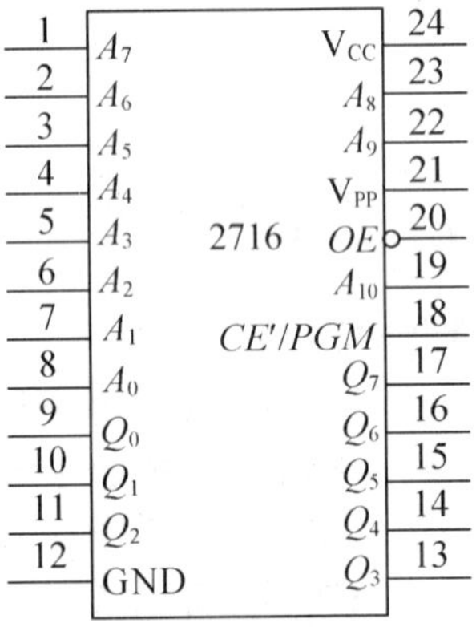

图 8.12　2716 引脚排列图

2716 有 5 种工作方式，可以通过控制端进行控制，2716 的工作方式与控制端的关系见表 8-3。

表 8-3　2716 的工作方式与控制端的关系

工作方式	控制输入				功能
	CE'/PGM	OE'	V_{PP}	V_{CC}	
读	0	0	+5V	+5V	数据输出
维持	1	×	+5V	+5V	高阻态
编程	⎍	1	+25V	+5V	数据写入
编程校验	0	0	+25V	+5V	数据输出
编程禁止	0	1	+25V	+5V	高阻态

在微型数字系统中，CPU 对存储器进行读/写操作，首先由 CPU 的地址总线给出地址信号，选择要进行读/写操作的存储单元，然后通过控制总线发出相应的控制信号，使存储器工作于相应的工作方式，最后才能在数据总线上进行数据交换。所以，存储器与 CPU 之间的连接主要是存储器的地址输入端与 CPU 的地址总线相连接，存储器的控制信号输入端与 CPU 的控制总线相连接，存储器的数据输出端与 CPU 的数据总线相连接。在进行实际操作时，CPU 的时序需要和存储器的存取速度相匹配。

【思考题】　EPROM 和 E^2PROM 的工作原理有什么区别？

8.2.4　用 ROM 实现组合逻辑函数

ROM 除了用作存储器以外，还可以用来实现各种组合逻辑函数。因为 ROM 的地址译码器是一个与阵列，存储矩阵是可编程或阵列，所以可以用来实现与或形式的组合逻辑函数。把 ROM 中的 n 位地址端作为逻辑函数的输入变量，则 ROM 的地址译码器的输出端将产生输入变量的全部最小项，即实现了逻辑变量的与运算；ROM 中的存储矩阵是把有关的最小项相或后输出，实现了最小项的或运算，即形成了与或逻辑函数式。ROM 有几个数据输出端就可以得到几个与或逻辑函数式。

用 ROM 实现组合逻辑函数的方法非常简单，只要列出逻辑函数的真值表，并变换成最小项之和的形式，然后在 ROM 的存储矩阵中画出阵列图，则 ROM 的输出就可以实现组合逻辑函数。

【例 8-1】　用 ROM 实现下列逻辑函数。

$$F_0 = A'B' + AB$$
$$F_1 = B'C' + A'C$$
$$F_2 = A'BC' + C$$

解：将逻辑函数 F_0、F_1、F_2 变化为最小项之和的形式，分别为

$$F_0 = A'B' + AB = A'B'C' + A'B'C + ABC' + ABC = \sum m(0,1,6,7)$$
$$F_1 = B'C' + A'C = A'B'C' + AB'C' + A'B'C + A'BC = \sum m(0,1,3,4)$$
$$F_2 = A'BC' + C = A'BC' + A'B'C + A'BC + AB'C + ABC = \sum m(1,2,3,5,7)$$

选择有 3 位地址输入端、3 位数据输出端的 8×3 位 ROM，将变量 A、B、C 分别接至地址输入端 A_2、A_1、A_0，按照逻辑函数的要求存入相应的数据，即可在数据输出端 D_2、D_1、D_0 得到逻辑函数 F_2、F_1、F_0。

函数 F_0 有 4 个存储单元应为“1”，函数 F_1 有 4 个存储单元应为“1”，函数 F_2 有 5 个存储单元应为“1”，实现这 3 个逻辑函数的 ROM 阵列图如图 8.13 所示。与阵列中的垂直线代表字线，是输入变量与运算，即是输入变量的最小项，交叉点上的圆点代表与逻辑的输入变量；或阵列中的水平线代表位线，实现的是字线的或逻辑，即实现的是最小项之和，交叉点上的“×”(也可以用圆点表示)代表存储器件，有存储器件相当于存储的数据是 1，无存储器件相当于存储的数据是 0。

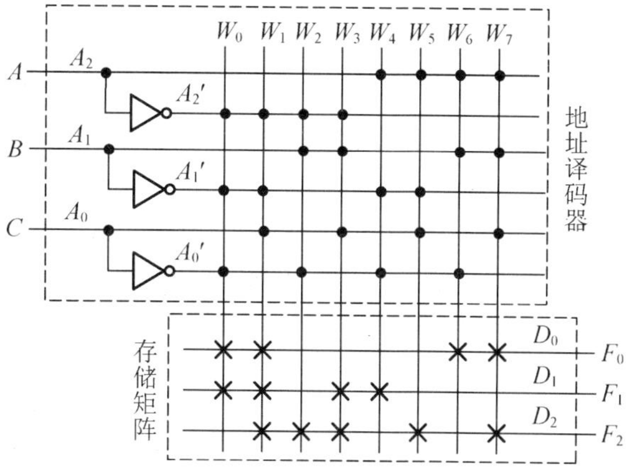

图 8.13　【例 8-1】的 ROM 阵列图

【例 8-2】 用 PROM 设计一个代码转换电路，可以将 4 位二进制码转换为对应格雷码。

解：将 4 位二进制代码作为输入变量，用 $X_3X_2X_1X_0$ 表示，将 4 位格雷码作为输出变量，用 $F_3F_2F_1F_0$ 表示。列出 4 位二进制代码转换为格雷码的真值表，见表 8-4。

由于输入变量是 4 位，输出变量也是 4 位，所以选用输入地址和输出数据都是 4 位的 16×4 位 PROM 来实现该代码转换电路。令 $A_3A_2A_1A_0= X_3X_2X_1X_0$，$D_3D_2D_1D_0= F_3F_2F_1F_0$。按照表 8-4 中 F_3、F_2、F_1、F_0 的逻辑值，对可编程的存储矩阵进行编程，使 F_3、F_2、F_1、F_0 的值为 0 的存储单元中的熔丝熔断。

表 8-4 【例 8-2】的真值表

4 位二进制代码				数据字	4 位格雷码			
X_3	X_2	X_1	X_0	W_z	F_3	F_2	F_1	F_0
0	0	0	0	W_0	0	0	0	0
0	0	0	1	W_1	0	0	0	1
0	0	1	0	W_2	0	0	1	1
0	0	1	1	W_3	0	0	1	0
0	1	0	0	W_4	0	1	1	0
0	1	0	1	W_5	0	1	1	1
0	1	1	0	W_6	0	1	0	1
0	1	1	1	W_7	0	1	0	0
1	0	0	0	W_8	1	1	0	0
1	0	0	1	W_9	1	1	0	1
1	0	1	0	W_{10}	1	1	1	1
1	0	1	1	W_{11}	1	1	1	0
1	1	0	0	W_{12}	1	0	1	0
1	1	0	1	W_{13}	1	0	1	1
1	1	1	0	W_{14}	1	0	0	1
1	1	1	1	W_{15}	1	0	0	0

例如，当输入 $X_3X_2X_1X_0$=0100 时，字线 W_4 为高电平，输出 $F_3F_2F_1F_0$=0110，由于 F_2、F_1 为 1，应保留字线 W_4 与位线 Y_2、Y_1 交叉点处存储单元的熔丝；由于 F_3、F_0 为 0，应熔断字线 W_4 与位线 Y_3、Y_0 交叉点处存储单元的熔丝。

设计结果如图 8.14 所示。图中存储单元(或阵列)中的“×”表示有熔丝相连，相当于存储数据 1；无“×”的存储单元表示没有熔丝相连，相当于存储数据 0。从图中可以看出，输出 $F_3=W_8+W_9+W_{10}+W_{11}+W_{12}+W_{13}+W_{14}+W_{15}$，$F_2=W_4+W_5+W_6+W_7+W_8+W_9+W_{10}+W_{11}$，$F_1= W_2+W_3+W_4+W_5+W_{10}+W_{11}+W_{12}+W_{13}$，$F_0= W_1+W_2+W_5+W_6+W_9+W_{10}+W_{13}+W_{14}$，可见 PROM 的阵列图是真值表的翻版。

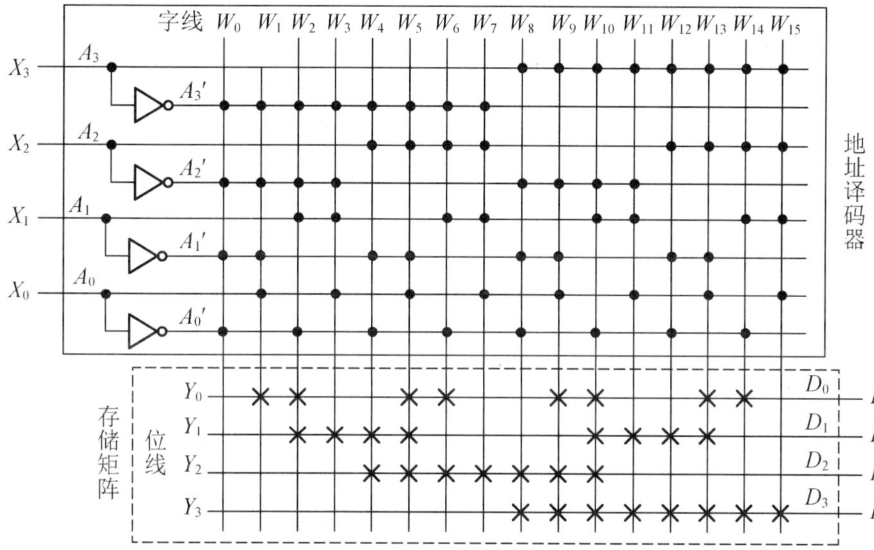

图 8.14　【例 8-2】的 PROM 阵列图

【思考题】　存储容量为 8K×8 位的 ROM 存储器，其地址线为几条？

8.3　随机存取存储器

随机存取存储器也称随机读/写存储器，可以在任意时刻，对任意选中的存储单元进行信息的存入(写)或取出(读)的信息操作，因此称为随机存取存储器。它的最大优点是读、写方便，使用灵活，缺点是在停电以后，所存储的数据将丢失。RAM 可以分为静态随机存储器和动态随机存储器两大类。

8.3.1　静态随机存储器

1. 电路结构

静态随机存储器的结构框图如图 8.15 所示，SRAM 一般由存储矩阵、地址译码器和读/写控制电路等组成。

1) 存储矩阵

SRAM 的存储矩阵也是由一些存储单元排列而成的，每个存储单元可以存储 1 位二值信息。这些存储单元一般都按照阵列形式排列，是一个 n 行×m 列的矩阵，例如，一个容量为 256×4(256 个字，每个字 4 位)的 SRAM，共有 1024 个存储单元，这些单元可排成如图 8.16 所示的 32 行×32 列的矩阵。该存储矩阵共需要 32 根行选择线和 8 根列选择线。在译码器和读写控制电路的控制下，可以对存储矩阵中存储单元进行写操作(写入 1 或 0)和读操作。

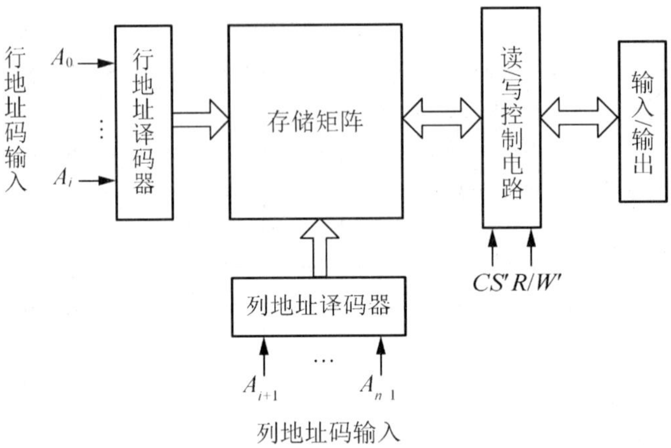

图 8.15 SRAM 的结构框图

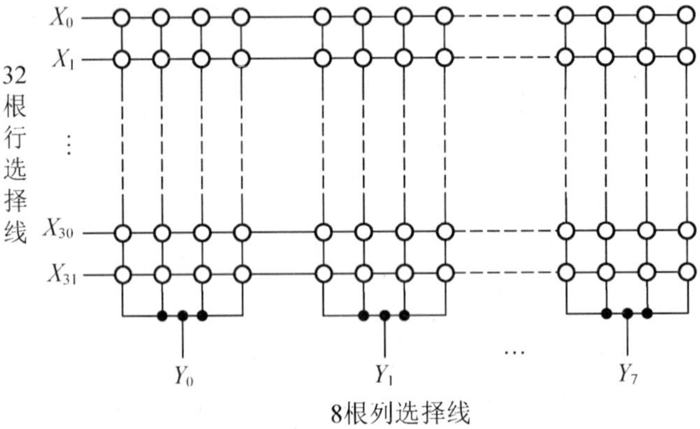

图 8.16 256×4 存储矩阵排列示意图

2) 地址译码器

每片 RAM 由若干个字组成，每个字由若干位组成，通常信息的读写是以字为单位进行的。不同的字具有不同的地址，在进行读写操作时，可以按照地址选择欲访问的单元。地址的选择是通过地址译码器来实现的。在存储器中，通常将输入地址译码器分为行地址译码器和列地址译码器两部分，给定地址码后，行地址译码器输出线(即字线)中有一条有效，选中一行的存储单元，同时，列地址译码器输出线(即位线)中也有一条有效，选中一列或 n 列的存储单元，字线和位线的交叉点处的单元即被选中。例如，在图 8.16 所示的 256×4 存储矩阵中，256 个字需要用 8 根地址线(A_7～A_0)来加以区分(2^8=256)，其中地址码的低 5 位 A_4～A_0 作为行译码输入，产生 2^5=32 根行选择线，地址码的高 3 位 A_7～A_5 用于列译码，产生 2^3=8 根列选择线。只有被行选择线和列选择线同时选中的单元才能被访问。例如，若输入地址 A_7～A_0 为 11111111，位于 X_{31} 和 Y_7 交叉处的单元被选中，然后才可以对该单元进行读或写的操作。

3) 读/写控制电路

读/写控制电路用于对电路的工作状态进行控制。当读/写控制信号 R/W'=1 时，执行读操作，即将由地址输入端指定的存储单元里的数据送到输入/输出端上；当 R/W'=0 时，执行写操作，输入/输出端上的数据被写入由地址输入端指定的存储器单元中。

在数字系统中，RAM 一般由多片组成，而系统每次读/写时，只能选中其中的一片(或几片)进行读/写操作，因此每片 RAM 均设有片选信号输入端 CS'。当 $CS'=0$ 时，RAM 为正常工作状态；当 $CS'=1$ 时，所有的输入/输出端都为高阻态，RAM 不能进行读/写操作。

2. 静态存储单元

SRAM 的静态存储单元电路是在基本 *RS* 触发器的基础上附加控制电路而构成的，所以，它是利用基本 *RS* 触发器的自锁功能存储数据的。SRAM 的静态存储单元可以利用 N 沟道增强型 MOS 管(NMOS)、CMOS 型和双极型三极管构成。CMOS 型存储单元因功耗低、集成度高多被采用，下面以 6 管 CMOS 电路构成的 SRAM 存储单元为例进行介绍。

图 8.17 是 6 管 CMOS 静态存储单元的电路，图中两个 CMOS 反相器 T_1、T_2 和 T_3、T_4 交叉耦合组成了基本 *RS* 触发器，用于存储 1 位二进制信息，Q 和 Q' 为输出端。当 $Q=1$ 时，T_3 导通、T_4 截止，输出 $Q'=0$，从而使 T_1 截止、T_2 导通，这样也反过来保证了输出 $Q=1$，故此状态为一个稳定状态，称为 1 态，表示存储单元里存储了数据 1。反之，当 $Q=0$ 时，T_3 截止、T_4 导通，使输出 $Q'=1$，又保证了 T_1 导通，T_2 截止，使输出 $Q=0$，即电路处于另一个稳定状态，称为 0 态，表示存储单元里存储了数据 0。

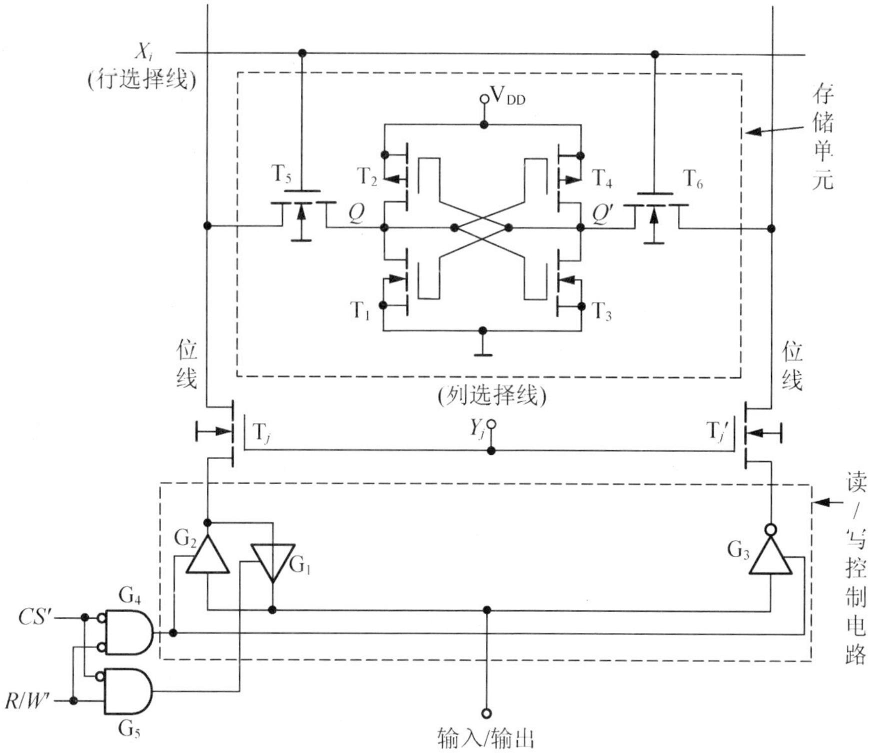

图 8.17 6 管 CMOS 静态存储器单元

T_5、T_6 管是受行选择线 X_i 控制的门控管，控制基本 *RS* 触发器与位线的接通与断开。当 $X_i=0$ 时，T_5、T_6 管均截止，基本 *RS* 触发器的输出状态不变，即存储单元保存的数据不变；X_i=1 时，T_5、T_6 管均导通，基本 *RS* 触发器的输出状态 Q 和 Q' 就输出到位线上了，即存储器的数据就被读出了。上述 6 只 MOS 管构成了一个静态存储单元，故称为 6 管静态存储单元。T_j 和 T_j' 是每一列存储单元公用的两个门控管，用于和读/写放大器进行连接，它们的开关状态由列地址译码器的输出 Y_j 来控制，Y_j=1 时导通，Y_j=0 时截止。

存储单元所在的一行和所在的一列同时被选中后，X_i=1，Y_j=1，此时 T_5、T_6 和 T_j、T_j' 都处于导通状态，Q 和 Q' 与位线相连。如果此时 CS'=0、R/W'=1，则读/写控制电路中的 G_1 接通，G_2、G_3 截止，Q 经 G_1 送到输入/输出端，实现数据的读出。如果此时 CS'=0、R/W'=0，则读/写控制电路中的 G_1 截止，G_2、G_3 导通，输入/输出端的数据送到存储单元，实现数据的写入。

采用 CMOS 电路结构的 SRAM 不仅在正常工作时功耗低，而且能够在降低电源电压的状态下保存数据，因此可以在工作电源断电后用电池供电，以继续保持存储器中的数据不丢失，用这种方法可以弥补随机存储器数据易丢失的缺点。

采用 6 管 CMOS 存储单元的常用集成芯片有 6116(2K×8 位)、6264(8K×8 位)、62256(32K×8 位)等。

8.3.2 动态随机存储器

动态存储器基本结构与静态存储器相同，不同的是存储单元。DRAM 的存储单元由 MOS 管的栅极电容 C 和门控管组成，利用 MOS 管栅极电容 C 的暂存作用来存储信息，电容 C 上电压为高电平，表示存储了数据 1；电容上电压为低电平时，表示存储了数据 0。虽然 MOS 管的栅极电阻很高，但栅极电容的容量很小，并且电容器上的电荷不可避免地因漏电等因素而损失，使电容上存储的信息保存时间有限，为保持原存储信息不变，就需要不间断地对栅极电容定时地进行补充电荷(这种操作也称刷新或再生)。因此，DRAM 工作时必须要有刷新控制电路，操作比较复杂。由于要不间断地进行刷新，故称这种存储器为动态存储器。

图 8.18 是单管动态存储单元的电路结构图，它由一个 N 沟道增强型 MOS 管 T 和一个电容 C_S 组成。电容 C_0 是数据线上的分布电容。

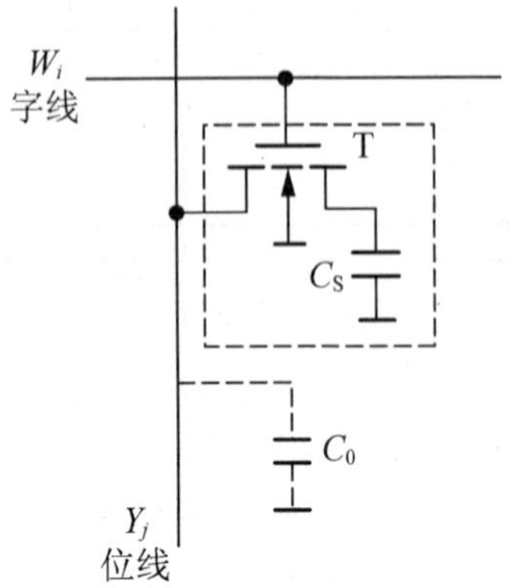

图 8.18　单管动态存储单元结构图

在进行写操作时，先要选中该单元，即字线 W_i 给出高电平，使 T 导通，将位线 Y_j 上的数据经过 T 被存入电容 C_S 中。

在进行读操作时，字线 W_i 同样给出高电平，使 T 导通。这时 C_S 经 T 向位线 Y_j 上的电容 C_0 充电，使 U_{C_0} 上升到高电平，位线 Y_j 上获得高电平，读出数据 1。但这种读出是一种破坏性读出。因为由于 C_S 放电，使 U_{C_S} 下降，破坏了存储单元原来的数据。假设 C_S 原来存储有正电荷，电压 U_{C_S} 为高电平，而 C_0 上没有电荷，电压 $U_{C_0}=0$，则执行读操作后位线电平将变为：

$$U_{C_0}=\frac{C_S}{C_S+C_0}U_{C_S}$$

因为实际的存储电路中位线上总是同时接有很多存储单元的，故 C_0 的容量远远大于 C_S 的容量，使输出到数据线上的电压 U_{C_0} 很小。

假设进行读操作前 $U_{C_S}=5\text{V}$，$C_S/C_0=1/50$，则执行读操作后，$U_{C_0}\approx 0.1\text{V}$，而且 C_S 上的电压 U_{C_S} 也只剩下 0.1V。由于读操作后位线上的电压值很小，而且 U_{C_S} 的降低破坏了原来保存的数据，所以需要在电路中设置一个高灵敏的恢复/读出放大器，一方面将读出信号加以放大，另一方面将存储单元里原先存储的信号恢复。

单管动态存储单元虽然需要高灵敏度的恢复/读出放大器，而且外围电路也比较复杂，但是这些电路都已经包含在集成芯片内部，使用时并不复杂，并且它所用的元器件最少，集成度高、功耗低，因而大容量的 DRAM 都采用这种存储单元。常用的 DRAM 集成芯片有 2116(16K×1 位)、2164(64K×1 位)、2186(8K×8 位)等。

总之，SRAM 存放的内容在不停电的情况下能长时间保留不变；DRAM 的内容，即使在不停电的情况下，隔一定时间之后(即若干毫秒)也会自动消失，因此在消失之前要将原内容重新写入。SRAM 使用方便、简单，存取速度高，但 DRAM 具有集成度高、价格便宜、体积小和耗电省等优点。在计算机中大容量存储器一般采用动态存储器，在容量小、速度要求高的场合才选用静态存储器。

【思考题】　SRAM 和 DRAM 的根本区别是什么？它们各有何优缺点？

8.4　存储器的扩展

一片 ROM 或 RAM 的存储容量是一定的，在数字系统或计算机中，单片存储器芯片往往不能满足存储容量的需求，可以将若干片存储器芯片组合起来，扩展成大容量的存储器，从而满足使用要求。存储器的扩展有位扩展和字扩展两种，也可以将位、字同时扩展以满足对容量的需求。

8.4.1　位扩展方式

如果每一片 ROM 或 RAM 中的字数够用，而每个字的位数不足时，就要对位数进行扩展，将多片 ROM 或 RAM 组合成位数更多的存储器。ROM 或 RAM 的位扩展比较简单，可以利用芯片的并联方式实现。

【例 8-3】 用 8 片 1K×1 位的 RAM 扩展成 1K×8 位的 RAM。

解：1K×1 位 RAM 的地址输入端有 10 位，把 8 片 1K×1 位 RAM 的 10 位地址线并联，同时将每片的 R/W' 和 CS' 也并联在一起，每一片 RAM 的数据输入/输出端(I/O)作为整个 RAM 数据输入/输出端的一位，就可以将 8 片 1K×1 位的 RAM 扩展成 1K×8 位的 RAM。其总的存储容量是每一片存储容量的 8 倍。其电路连接如图 8.19 所示。

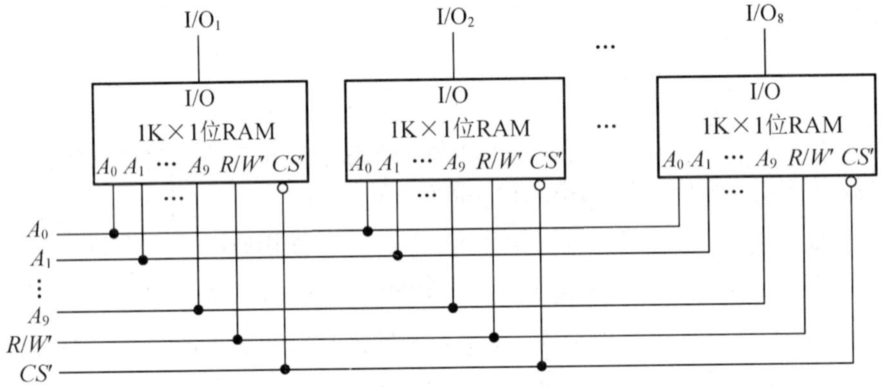

图 8.19 【例 8-3】的电路连接图

8.4.2 字扩展方式

当单片存储器的数据位数满足要求而它的字数达不到要求时，就要进行字扩展。对于 RAM 来说，字扩展就是把几片相同 RAM 的数据输入/输出端并接在一起作为共用输入/输出端，读/写控制端 R/W' 也并接在一起共用，把地址线加以扩展，去控制各片的片选 CS'。对于 ROM 来说，就是把每一片数据输出端和输出使能端分别并联在一起使用，将地址输入端进行扩展，去控制各片的片选信号。若字数扩展 N 倍，则应增加 $n(2^n=N)$位高位地址线，高位地址线可以通过外加译码器的方式来控制每一片的片选输入端。增加的高位地址线与译码器的输入端相连，译码器的低电平输出分别接到各片存储器的片选输入端。

【例 8-4】 用 256×4 位的 RAM 扩展成 1K×4 位的 RAM。

解：256×4 位的 RAM 的字数为 256，而扩展后的位数为 1K，由于 1K=1024=256×4，所以需要 4 片 256×4 位的 RAM。256×4 位的 RAM 的地址输入端有 8 位，而 1K×4 位的 RAM 的地址输入端有 10 位，为此，需要增加 2 位高地址输入端，并将高地址输入端经过 2 线—4 线译码器，用译出的 4 个低电平信号分别控制 4 片 256×4 位 RAM 的片选输入端。其电路连接如图 8.20 所示。

当地址输入端 $A_9A_8A_7$～A_0 为 0000000000～0011111111 时，2 线—4 线译码器的输出 $CS_1'=0$，使第(1)片 256×4 位 RAM 的 $CS'=0$，可以对第(1)片的 256 个字进行读/写操作；当地址输入端 $A_9A_8A_7$～A_0 为 0100000000～0111111111 时，2 线—4 线译码器的输出 $CS_2'=0$，使第(2)片 256×4 位 RAM 的 $CS'=0$，可以对第(2)片的 256 个字进行读/写操作。同理，当地址输入端 $A_9A_8A_7$～A_0 为 1000000000～1011111111 时，可以对第(3)片的 256 个字进行读/写操作；当地址输入端 $A_9A_8A_7$～A_0 为 1100000000～1111111111 时，可以对第(4)片的 256

个字进行读/写操作。

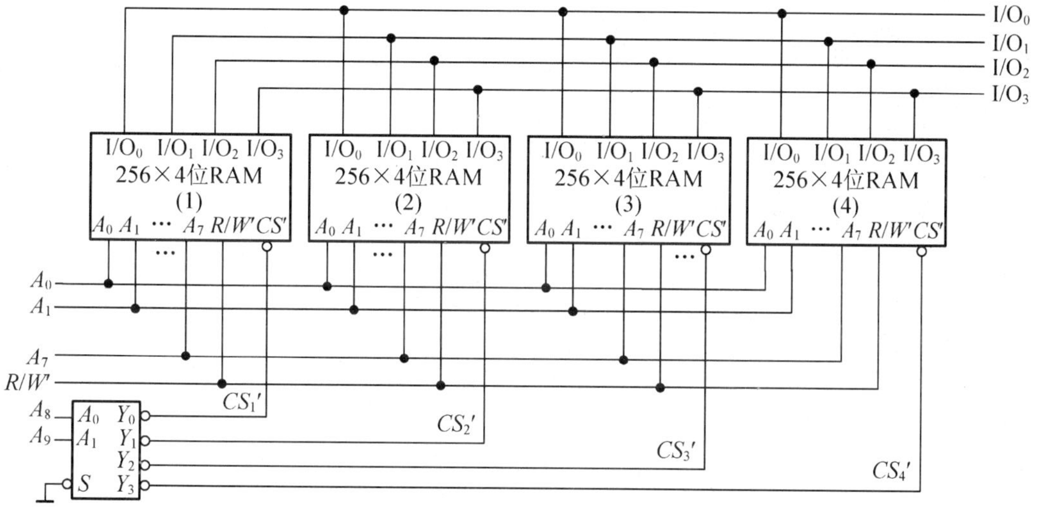

图 8.20　【例 8-4】的电路连接图

如果一片 ROM 或 RAM 中的字数和位数都不够用时，就需要同时采用字扩展和位扩展的方法，用多片 ROM 或 RAM 组成一个大的存储器系统，以满足对存储容量的要求。此时，扩展需要同类 ROM 或 RAM 芯片的个数可等于扩展后的总容量与单个芯片容量之比。例如，将 256×4 位的 RAM 扩展为 1K×8 位的 RAM，需要 8 片 256×4 位的 RAM。

【思考题】　在图 8.20 中，如果将 A_8 和 A_9 的位置颠倒，结果是否满足设计要求？

8.5　存储器 VHDL 设计举例

存储器是由许多存储单元构成的，存储单元按照一定的顺序排列，每个存储单元由若干位二进制代码组成，以表示存储单元中保存的数据，这种结构和数组非常相似，所以可以用数组来表示存储器，这样就可以用 VHDL 语言实现 ROM 或 RAM 的功能。

1. ROM 的 VHDL 设计举例

【例 8-5】　用 VHDL 语言设计一个 16×8 位的 ROM。

ROM 的内容是初始设计电路时就写入到内部的，通常采用电路的固定结构来实现存储。利用 VHDL 设计 ROM 时，只需设置数据输出端口和地址输入端口，可以采用二进制译码器的设计方式，将每个输入地址所对应的存储单元与一组存储数据对应起来。其 VHDL 程序如下：

```
Library ieee;
Use ieee.std_logic_1164.all;
entity ROM16×8 is
  port(dataout: out std_logic_vector(7 downto 0);
       addr: in std_logic_vector(3 downto 0);
```

```
        ce: in std_logic);
end ROM16x8;
architecture behav of ROM16×8 is
 signal incode: std_logic_vector(4 downto 0);
  begin
    incode<= addr & ce;
    Process (incode)
    begin
      case incode is
        when"00000" => dataout<="01001111";
        when"00010" => dataout<="11100010";
        when"00100" => dataout<="11001100";
        when"00110" => dataout<="00110011";
        when"01000" => dataout<="10101010";
        when"01010" => dataout<="01110101";
        when"01100" => dataout<="10011001";
        when"01110" => dataout<="01100110";
        when"10000" => dataout<="00100100";
        when"10010" => dataout<="11111111";
        when"10100" => dataout<="00010001";
        when"10110" => dataout<="10001000";
        when"11000" => dataout<="10011001";
        when"11010" => dataout<="01100110";
        when"11100" => dataout<="10101110";
        when"11110" => dataout<="01100101";
        when others => dataout<="XXXXXXXX";
      end case;
    end Process;
 end behav;
```

2. RAM 的 VHDL 设计举例

【例 8-6】 用 VHDL 语言设计一个 16×8 位的 RAM。

解：将每个 8 位数组作为一个字(word)，16×8 位的 RAM 总共存储 16 个字，所以可以将 16×8 位的 ROM 作为由 16 个字构成的数组，以数组的下标表示地址。通过读/写控制模式实现对特定地址上的字进行读出或写入的操作。其 VHDL 程序如下：

```
Library ieee;
Use ieee.std_logic_1164.all;
Use ieee.std_logic_unsigned.all;
entity RAM16x8 is
  port ( clk,wr,cs: in std_logic;
         d: inout std_logic_vector(7 downto 0);
         adr: in std_logic_vector(3 downto 0));
end RAM16×8 ;
architecture behav of RAM16×8  is
subtype word is std_logic_vector(7 downto 0);
type memory is array (0 to 15)  of word;
signal adr_in:integer range 0 to 15;
```

```
signal sram:memory;
begin
adr_in<=conv_integer (adr);
process(clk,cs,wr)
  begin
    if(clk'event and clk='1') then
      if (cs='0'and wr='0') then  --片选、写
        sram (adr_in)<=d;
      end if;
      if (cs='0'and wr='1' ) then  --片选、读
        d<=sram (adr_in);
      end if;
    end if;
  end process;
end behav;
```

其中 conv_integer()是一个将位矢量转换为整数的函数，它包含在 IEEE 的标准包里面，在这里可以直接使用。

本 章 小 结

存储器是现代数字系统中重要的组成部分，它是由许多存储单元组成的，每个存储单元可以存储 1 位二值逻辑(二进制数 0 或 1) ，主要分为 RAM 和 ROM 两大类。这两类的存储单元结构不同，ROM 属于大规模组合逻辑电路，而 RAM 属于大规模时序逻辑电路。

ROM 是一种非易失性的存储器，它存储的是固定信息，只能被读出，不能随意更改。ROM 工作可靠，断电后数据不会丢失。常见的有固定 ROM、PROM、EPROM、E^2PROM 等，而可编程只读存储器 EPROM、E^2PROM 更为常见，但可编程 ROM 要用专用编程器进行编程。

RAM 是随机存取存储器，它由存储矩阵、译码器和读/写控制电路组成。可以随时、快速地读或写数据，但其存储的信息随电源断电而消失，是一种易失性的读写存储器，因此多用于需要频繁更换数据的场合。其存储单元主要有静态和动态两大类，静态 RAM 的信息可以长久保持，而动态 RAM 必须定期刷新。

单片随机存取存储器芯片的容量比较小，往往不能满足需要，实际使用时，一般都需要进行扩展。RAM 的扩展有位扩展、字扩展和位、字同时扩展 3 种。通过扩展可以得到大容量的存储器，以满足实际需要。

习　　题

一、填空题

1. 如果一个半导体存储器中有 m 位地址线，则有_______个存储单元，若输出位数为 n 位，则其存储容量为________位。

2. ROM 的电路结构一般由__________、__________和输出缓冲器等构成。

3. 一片存储容量为 4K×1 位的 ROM 芯片应该有_______条地址线。

4. RAM 一般由_________、__________和__________电路组成。

5. 将存储容量为 2K×4 位的 RAM 扩展成 16K×8 的存储器共需要_____片 2K×4 位的 RAM。

二、分析与设计题

1. 半导体存储器的特点及分类是什么？

2. 某台计算机的内存储器设置有 32 位的地址线，16 位并行数据输入/输出端，试计算它的最大存储量是多少？

3. 试用 4 片 4K×4 位的 RAM 接成 16K×4 位的存储器。

4. 试用 2 片 2K×8 位的 ROM 接成 2K×16 位的 ROM。

5. 试将 1K×4 位的 RAM 接成 4K×8 位的存储器。

6. 用 ROM 产生下列一组逻辑函数，写出 ROM 中应存入的数据表。

$$\begin{cases} F_0 = A'BC'D + AB'C + A'D' \\ F_1 = AB'C'D + A'BC + BD \\ F_2 = AB'CD' + BC'D \\ F_3 = A'D + B'C \end{cases}$$

7. 用 ROM 设计一个代码转换电路，它可以将输入的 4 位二进制代码转换为相对应的余 3 代码。

8. 用 EPROM 设计一个代码转换电路，它可以将 8421BCD 码转换成 2421BCD 码。

9. 用 PROM 设计一个 1 位全加器，画出阵列图。

10. 用 PROM 设计一个代码转换电路，它可以将输入的 4 位格雷码转换为对应的二进制代码。

第 9 章

数/模和模/数转换器

本章教学目的与要求

(1) 掌握 D/A 转换器的工作原理。

(2) 掌握 A/D 转换器的工作原理。

(3) 理解 D/A 和 A/D 转换器的主要参数。

(4) 理解常用集成 D/A 和 A/D 转换器的特点。

(5) 学会应用 Multisim 10 分析 D/A 转换器和 A/D 转换器。

(6) 学会应用 VHDL 描述 A/D 转换器的控制电路。

本章知识结构

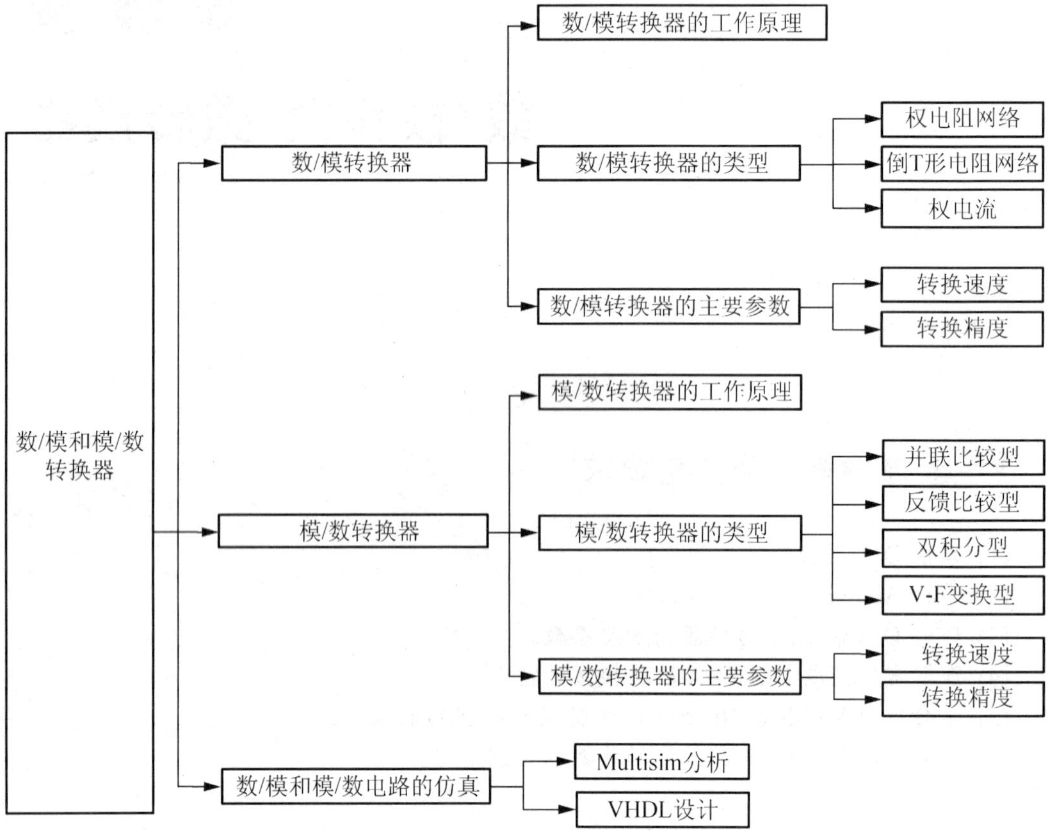

9.1 数/模和模/数转换器的概念

随着数字电子技术的迅速发展，数字系统具有越来越多的优点，特别是含有微控制器的数字系统具有智能化的优点，所以目前先进的信息处理和自动控制设备基本上都是数字系统，如数字通信系统、数字仪表、数控机床等。

在数字系统内部只能对数字信号进行处理，而常见的物理量一般都是随时间连续变化的模拟信号(模拟量)，如速度、温度、压力、声音、电压等，因此必须将这些模拟信号转换成相应的数字信号(数字量)，才能送入数字系统内部进行处理。同时，数字系统还经常需要把处理后的数字信号再转换成相应的模拟信号，作为最后的输出。通常将模拟信号转换成数字信号的过程称为模/数转换，简称 A/D 转换(Analog to Digital)；把实现模/数转换的电路称为模/数转换器，简称 ADC(Analog to Digital Converter)。将数字信号转换成模拟信号的过程称为数/模转换，简称 D/A 转换(Digital to Analog)；把实现数/模转换的电路称为数/模转换器，简称 DAC(Digital to Analog Converter)。

ADC 和 DAC 应用很广，已经成为数字控制系统中不可缺少的接口电路，图 9.1 是一个数字控制系统框图，图中被控对象可以是温度、压力、流量、速度等，这些物理量往往都是非电模拟量，需要先通过模拟传感器转换为相应的电物理量，然后才能送入 ADC。ADC 将输入的模拟量转换为数字量，送到数字控制系统进行处理。数字控制系统将处理后的数字量送到 DAC，DAC 先将数字量转换成模拟量，然后再送到模拟控制器。模拟控制器以模拟量作为控制信号，实现对被控对象的控制。另外，如果把模拟传感器和 ADC 集成在一起，就被称为数字传感器，如果将 DAC 和模拟控制器集成在一起，就被称为数字控制器。

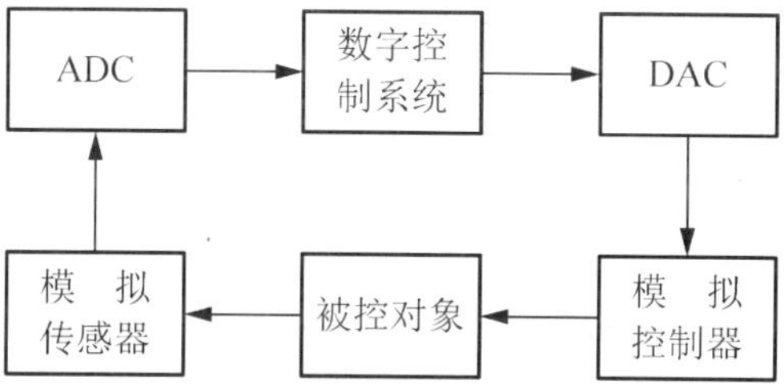

图 9.1 数字控制系统框图

DAC 和 ADC 按照其用途和工作原理不同，可以分为不同的类型。目前常见的 DAC 中有权电阻网络型、倒 T 形电阻网络型、权电流型、权电容型等几种类型，在集成 DAC 中，常采用倒 T 形电阻网络和权电流两种类型的电路。ADC 可以分为直接型和间接型两大类，直接型 ADC 是将输入的模拟量直接转换为相应的数字量，如并联比较型 ADC 和反馈比较型 ADC。间接型 ADC 是将输入的模拟量转换为某种中间变量，再将这个中间变量转换为数字量，如双积分型 ADC 和 V-F 变换型 ADC。在集成 ADC 中经常采用并联比较型、逐次渐近型、双积分型和 V-F 变换型等。

DAC 和 ADC 的主要技术指标是转换精度和转换速度。在数字控制系统中，控制系统的控制精度和速度主要取决于 DAC 和 ADC 的转换精度和转换速度，为了保证控制系统的控制精度，DAC 和 ADC 必须要有足够高的转换精度，为了适应控制系统的控制速度，DAC 和 ADC 必须要有足够快的转换速度。

9.2 数/模(D/A)转换器

9.2.1 D/A 转换器的基本工作原理

D/A 转换器可以将输入的数字量转换为与之成正比的模拟量。一个 n 位的二进制数可以用 $D_n=d_{n-1}2^{n-1}+d_{n-2}2^{n-2}+\cdots+d_12^1+d_02^0$ 表示，其中 d_{n-1}、d_{n-2}、$\cdots d_1$、d_0 是二进制数各位的系数，2^{n-1}、2^{n-2}、$\cdots 2^1$、2^0 是各位二进制数的权。为了表示方便，一个 n 位的二进制数也可以表示为 $D_n=d_{n-1}d_{n-2}\cdots d_1d_0$。由此可见，二进制数的每一位代码都有一定的权值，如果将每一位代码按其权值的大小转换成相应的模拟量，再将这些模拟量进行相加，即可得到与数字量成正比的模拟量，从而实现数字量向模拟量的转换。

D/A 转换器主要由数字寄存器、n 位模拟开关、解码网络、求和运算电路和基准电源组成，其结构框图如图 9.2 所示。n 位数字寄存器用于存储输入的 n 位二进制数，n 位二进制数分别控制 n 位模拟开关的每一位，使输入二进制数码为 1 的位在解码网络上产生与其权值成正比的电流值，再由求和电路对各个电流值求和，并转换成与输入成正比的模拟电压。基准电源为解码网络提供着一个基准电流，输入数码为 1 的位在解码网络上产生的电流都是基准电流的整数倍。

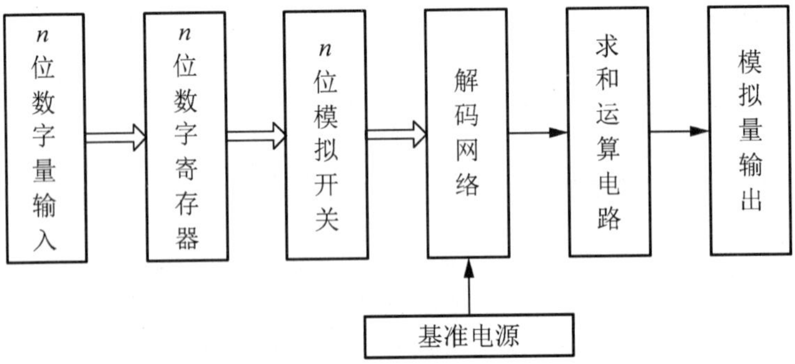

图 9.2　D/A 转换器结构框图

D/A 转换器根据输出量的不同类型可以分为电压输出型和电流输出型。电压输出型 D/A 转换器可以将输入二进制数转换成与之成正比的输出电压。电流输出型 D/A 转换器输出的是电流，需要在后面接一个电流—电压变换电路，将输出的电流变换成电压。

9.2.2　权电阻网络 D/A 转换器

图 9.3 是利用权电阻网络构成的 4 位 D/A 转换器，它主要由权电阻网络、4 个模拟开关、基准电压和求和运算电路构成。

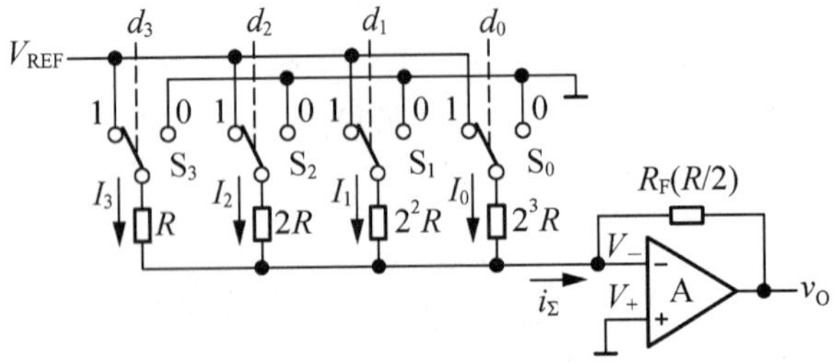

图 9.3　4 位权电阻网络 DAC

假设输入的数字量 $D_4=d_3d_2d_1d_0$，d_3、d_2、d_1、d_0 分别控制 4 个模拟开关 S_3、S_2、S_1 和 S_0，当输入数字量的二进制代码为 1 时，它所控制的模拟开关指向“1”侧，使电阻接 V_{REF}，当输入数字量的二进制代码为 0 时，它所控制的模拟开关指向“0”侧，使电阻接地。构成权电阻网络的 4 个电阻阻值分别为 R、$2R$、2^2R、2^3R，由于它们的阻值与其相对应二进制代码的权值有关，因此称为权电阻，二进制代码的权值越小，其相对应的权电阻越大，流过该电阻的电流就越小。

求和运算电路是一个接成反相求和的运算放大器，假设运算放大器是一个理想运算放大器，即运算放大器的放大倍数无穷大，输入电阻无穷大，输出电阻为零。根据反相求和运算放大的特点可知$V_+ \approx V_- = 0$，$i_+ \approx i_- \approx 0$，于是可得电路的输出为：

$$v_O = -R_F i_\Sigma = -R_F(I_3 + I_2 + I_1 + I_0) \tag{9-1}$$

由于流过权电阻的电流受输入的二进制代码控制，当二进制代码为 1 时，有电流流过权电阻，当二进制代码为 0 时，权电阻中没有电流。所以流过每个权电阻的电流可以表示为$I_3 = \frac{V_{REF}}{R}d_3$、$I_2 = \frac{V_{REF}}{2R}d_2$、$I_1 = \frac{V_{REF}}{2^2 R}d_1$、$I_0 = \frac{V_{REF}}{2^3 R}d_0$。将电流 I_3、I_2、I_1、I_0 代入式(9-1)，则可以得到：

$$\begin{aligned} v_O &= -R_F(\frac{V_{REF}}{R}d_3 + \frac{V_{REF}}{2R}d_2 + \frac{V_{REF}}{2^2 R}d_1 + \frac{V_{REF}}{2^3 R}d_0) \\ &= -\frac{R_F V_{REF}}{2^3 R}(d_3 2^3 + d_2 2^2 + d_1 2^1 + d_0 2^0) \end{aligned} \tag{9-2}$$

如果令 $R_F=R/2$，则式(9-2) 变为：

$$v_O = -\frac{V_{REF}}{2^4}(d_3 2^3 + d_2 2^2 + d_1 2^1 + d_0 2^0) = -\frac{V_{REF}}{2^4}D_4 \tag{9-3}$$

一般地，对于 n 位权电阻网络 DAC，当反馈电阻 $R_F=R/2$ 时，输出电压的大小可以写成：

$$v_O = -\frac{V_{REF}}{2^n}(d_{n-1}2^{n-1} + d_{n-2}2_{n-2} + \cdots + d_1 2^1 + d_0 2^0) = -\frac{V_{REF}}{2^n}D_n \tag{9-4}$$

说明输出的电压模拟量与输入的二进制数字量 D_n 成正比，完成了数字量向模拟量的转换。

从式(9-4) 可以看出，当输入的数字量 D_n=0 时，输出 v_O=0；当 D_n=1 时，输出$v_O = -\frac{V_{REF}}{2^n}$；当 D_n=11…11 时，输出$v_O = -\frac{2^n - 1}{2^n}V_{REF}$。说明当输入变量在 00…00～11…11 变化的过程中，输出电压的变化范围是 0～$-\frac{2^n - 1}{2^n}V_{REF}$。而且输入变量每增加 1，输出的电压值将变化$\frac{V_{REF}}{2^n}$，即输出电压的变化单位是$\frac{V_{REF}}{2^n}$，所输出电压虽是模拟量，但并不能取任意值。如果基准电压 V_{REF} 为正值，输出电压为负值，如果 V_{REF} 为负值，输出电压为正值。

图 9.3 所示电路的输出是单极性的，为了实现双极性输出，需要对图 9.3 进行修改，增加一个偏移电路，如图 9.4 所示，图中的 V_B 和 R_B 构成了偏移电路。

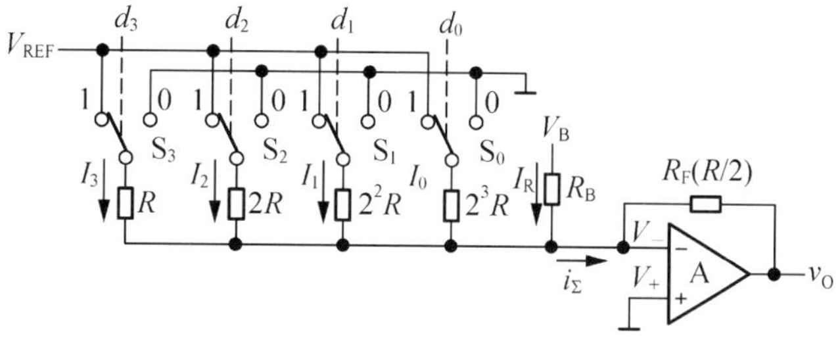

图 9.4 具有双极性输出的 4 位权电阻网络 DAC

从图 9.4 中可知，$i_\Sigma = I_3 + I_2 + I_1 + I_0 + I_R$，所以输出电压为：

$$
\begin{aligned}
v_O &= -R_F i_\Sigma \\
&= -R_F\left(\frac{V_{REF}}{R}d_3+\frac{V_{REF}}{2R}d_2+\frac{V_{REF}}{2^2R}d_1+\frac{V_{REF}}{2^3R}d_0+\frac{V_B}{R_B}\right) \\
&= -R_F\left[\frac{V_{REF}}{2^3R}(d_3 2^3+d_2 2^2+d_1 2^1+d_0 2^0)+\frac{V_B}{R_B}\right]
\end{aligned} \tag{9-5}
$$

只要选择合适的 V_B 和 R_B，就可以实现双极性输出。一般情况下，$V_B=-V_{REF}$。

【例 9-1】 在图 9.3 所示的 4 位权电阻网络 DAC 中，设基准电压 $V_{REF}=-8V$，$R_F=R/2$，求输出电压的范围及当输入数字量 D_4=1010 时输出的电压值。

解：由于 $V_{REF}=-8V$，$R_F=R/2$，由式(9-3) 可知，当输入数字量 D_4=0000 时，输出电压为最小值，当输入数字量 D_4=1111 时，输出电压的为最大值。将 D_4=0000 代入式(9-3) 可得 $v_{O(min)}=0V$，将 D_4=1111 代入式(9-3) 可得 $v_{O(max)}=7.5V$。所以输出电压的范围为0～7.5V。同理，将 D_4=1010 代入式(9-3) 可得 $v_O=-\frac{-8}{2^4}(1\times2^3+0\times2^2+1\times2^1+0\times2^0)V=5V$。

【例 9-2】 在图 9.4 所示的 4 位权电阻网络 DAC 中，设基准电压 $V_{REF}=-8V$，$V_B=8V$，$R_F=R/2$，如果输入数字量 D_4=1000 时，输出电压 $v_O=0$，求电阻 R_B 的值，并列出输入数字量所有取值所对应的输出电压值。

解：根据式(9-5) 可知，要想使输入数字量 D_4=1000 时，输出电压 $v_O=0$，只需满足 $i_\Sigma=0$ 即可，所以应有 $\frac{-8}{2^3R}(1\times2^3+0\times2^2+0\times2^1+0\times2^0)+\frac{8}{R_B}=0$，可以得到 $R_B=R$。

将 $V_{REF}=-8V$，$V_B=8V$，$R_F=R/2$，$R_B=R$ 代入到式(9-5) 中，得到的输出电压表达式为 $v_O=-\left[\frac{-8}{2^4}(d_3 2^3+d_2 2^2+d_1 2^1+d_0 2^0)+\frac{8}{2}\right]$，将输入数字量从 0000 到 1111 全部代入，可以得到输出电压和输入数字量的对应关系，见表 9-1。

表 9-1 【例 9-1】的输入与输出对应表

d_3	d_2	d_1	d_0	v_O/V
0	0	0	0	−4
0	0	0	1	−3.5
0	0	1	0	−3
0	0	1	1	−2.5
0	1	0	0	−2
0	1	0	1	−1.5
0	1	1	0	−1
0	1	1	1	−0.5
1	0	0	0	0
1	0	0	1	0.5
1	0	1	0	1
1	0	1	1	1.5
1	1	0	0	2
1	1	0	1	2.5
1	1	1	0	3
1	1	1	1	3.5

图 9.3 所示的权电阻网络 DAC 结构比较简单，所用的电阻元件数较少，但是解码网络中电阻的阻值范围很大，特别是在输入数字量的位数比较多时，电阻值的范围大得难以实现。例如，一个 10 位的权电阻网络 DAC，如果取最高位的权电阻 R=10kΩ，则最低位的权电阻的阻值将达到 2^9R=5.12MΩ。由于权电阻阻值越高，权电流越小，很容易到达电路中噪声电流的数量级，从而产生较大的误差。同时权电阻的范围很广，很难保证每个电阻都有很高的精度，尤其对制作集成电路更加不利，因此在集成 DAC 中很少单独采用权电阻网络。

9.2.3　倒 T 形电阻网络 D/A 转换器

图 9.5 是利用倒 T 形电阻网络构成的 4 位 D/A 转换器，它主要由倒 T 形电阻网络、4 个模拟开关、基准电压和求和运算电路构成。电阻网络采用 R 和 $2R$ 两种电阻构成解码网络，其基本思想是逐级分流传递原理和线性叠加原理。基准电流经过倒 T 形电阻网络逐级分流，每一级电流是前一级电流的 1/2，这样每级电流就可以表示二进制代码各位的权值。最高位权值对应着基准电流的 1 次分流，次高位权值对应着基准电流的 2 次分流，其他各位权值对应基准电流的分流关系以此类推，总电流是各分流电流的线性叠加。

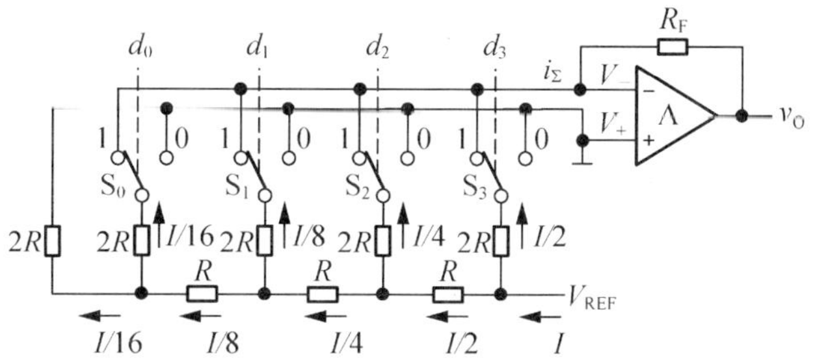

图 9.5　4 位倒 T 形电阻网络 DAC

假设输入的数字量 $D_4=d_3d_2d_1d_0$，d_3、d_2、d_1、d_0 分别控制 4 个模拟开关 S_3、S_2、S_1 和 S_0，当输入数字量的二进制代码为 1 时，它所控制的模拟开关指向“1”侧，使流过该支路的电流流向运算放大器的反相输入端。当输入数字量的二进制代码为 0 时，它所控制的模拟开关指向“0”侧，使流过该支路的电流接地，即该支路的电流对运算放大器不起作用。因为运算放大器的同相输入端接地，其反相输入端虚地，所以无论模拟开关指向“1”侧还是指向“0”侧，都相当于把 $2R$ 电阻接地，所以不管输入数字量的二进制代码是 1 还是 0，流过每个支路的电流始终不变。

在计算倒 T 形电阻网络中各支路的电流时，可以将电阻网络等效为图 9.6 所示的电路，在此电路中，从 AA、BB、CC、DD 分别向左看进去的对地等效电阻都是 R，所以从基准电压流入倒 T 形电阻网络的总电流 $I=V_{REF}/R$，根据分流公式，从右向左每个支路的电流依次衰减 1/2，所以流过每个 $2R$ 电阻支路的依次是 I/2、I/4、I/8 和 I/16，它们就是倒 T 形电阻网络中各支路的权电流。

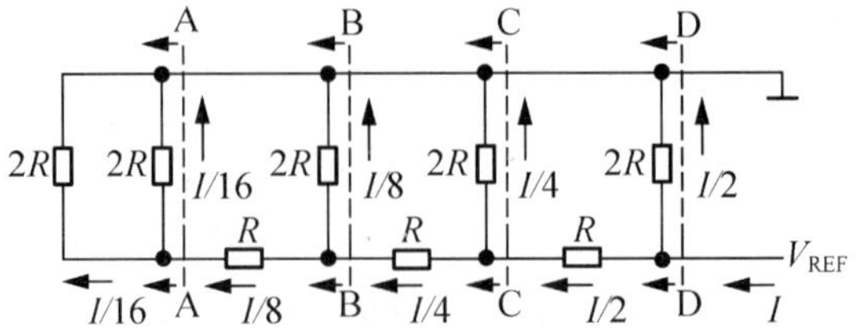

图 9.6　倒 T 形电阻网络的等效电路

当输入数字量的二进制代码为 1 时，其所对应的权电流流入运算放大器的反相输入端，当二进制代码为 0 时，其所对应的权电流接地，所以 $i_{\Sigma}=\frac{I}{2}d_3+\frac{I}{4}d_2+\frac{I}{8}d_1+\frac{I}{16}d_0$。如果运算放大器的反馈电阻 $R_F=R$，则输出电压为：

$$\begin{aligned} v_O &= -R_F i_{\Sigma} \\ &= -\frac{V_{REF}}{2^4}(d_3 2^3+d_2 2^2+d_1 2^1+d_0 2^0) \end{aligned} \tag{9-6}$$

对于 n 位倒 T 形电阻网络 DAC，流向运算放大器反相输入端的总电流为：

$$i_{\Sigma}=\frac{V_{REF}}{2^n R}(d_{n-1}2^{n-1}+d_{n-2}2^{n-2}+\cdots+d_1 2^1+d_0 2^0) \tag{9-7}$$

运算放大器的输出电压为：

$$v_O=-R_F i_{\Sigma}=-\frac{V_{REF}R_F}{2^n R}(d_{n-1}2^{n-1}+d_{n-2}2^{n-2}+\cdots+d_1 2^1+d_0 2^0)=-\frac{V_{REF}R_F}{2^n R}D_n \tag{9-8}$$

由于倒 T 形电阻网络中各 2*R* 电阻支路都是直接通过模拟开关与运算放大器反相输入端相连，不存在信号传输延迟问题。由于 2*R* 电阻的上端总是接地或接虚地，因此在模拟开关的状态改变时，2*R* 电阻两端的电压和流过 2*R* 电阻的电流不会发生变化，减少了电流的建立时间。所以提高了倒 T 形电阻网络 DAC 的工作速度，并且它只有 *R* 和 2*R* 两种阻值的电阻，克服了权电阻网络电阻阻值多且变化范围大的缺点。

9.2.4　权电流 D/A 转换器

权电阻网络 DAC 和倒 T 形电阻网络 DAC 都是电压型的，它们都是利用电子开关将基准电压接入到电阻网络中，在计算各支路电流时，都把模拟开关当作是理想开关，没有考虑它们的导通电阻和导通压降。由于实际的模拟开关总是存在一定的导通电阻和导通压降的，而且各个模拟开关的导通电阻和导通压降不可能完全相同，这些模拟开关与电阻连接时，不可避免地会引起转换误差，影响转换精度。

如果将倒 T 形电阻网络 DAC 中的各支路的权电流变成恒流源，每个恒流源电流的大小依次是前一个的 1/2，从而使每个支路的电流与其对应输入二进制代码的权成正比，这样就构成了权电流 DAC。图 9.7 是利用权电流网络构成的 4 位 D/A 转换器，它由权电流网络、4 个模拟开关、求和运算电路构成。由于采用了恒流源，流过每个支路的电流将不再受模拟开关导通电阻和导通压降的影响，从而降低了对模拟开关电路的要求。

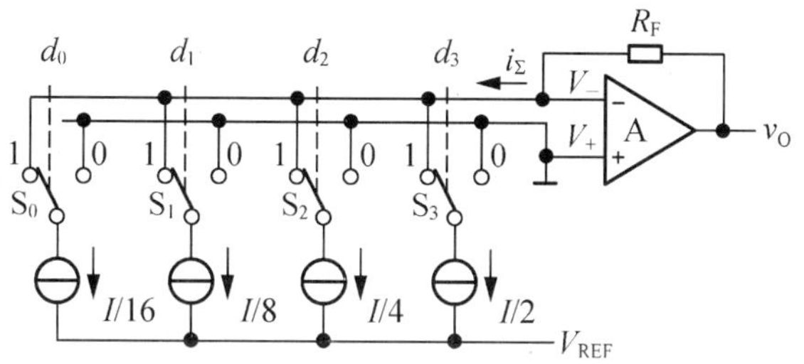

图 9.7　权电流 DAC

在图 9.7 所示的电路中，当输入数字量的二进制代码为 1 时，它所控制的模拟开关指向“1”侧，使对应的恒流源流向运算放大器的反相输入端。当输入数字量的二进制代码为 0 时，它所控制的模拟开关指向“0”侧，使对应的恒流源接地。可以得到流出运算放大器反相输入端的总电流为 $i_\Sigma=\frac{I}{2}d_3+\frac{I}{4}d_2+\frac{I}{8}d_1+\frac{I}{16}d_0$，因此，输出电压为：

$$
\begin{aligned}
v_O &= R_F\left(\frac{I}{2}d_3+\frac{I}{4}d_2+\frac{I}{8}d_1+\frac{I}{16}d_0\right) \\
&= \frac{R_F I}{2^4}(d_3 2^3+d_2 2^2+d_1 2^1+d_0 2^0)
\end{aligned}
\tag{9-9}
$$

可见，输出电压正比于输入的数字量。

对于 n 位权电流 DAC，流出运算放大器反相输入端的总电流为：

$$
i_\Sigma=\frac{I}{2}d_{n-1}+\frac{I}{2^2}d_{n-2}+\cdots+\frac{I}{2^{n-1}}d_1+\frac{I}{2^n}d_0 \tag{9-10}
$$

运算放大器的输出电压为：

$$
v_O=\frac{R_F I}{2^n}(d_{n-1}2^{n-1}+d_{n-2}2^{n-2}+\cdots+d_1 2^1+d_0 2^0) \tag{9-11}
$$

【思考题】　D/A 转换器的电路结构有哪些类型？它们各有何优缺点？

9.2.5　D/A 转换器的主要参数

在数字系统中，DAC 性能的好坏直接影响整个系统的性能，了解 DAC 的特性参数对整个数字系统的设计很重要，DAC 的主要参数是转换精度和转换速度。DAC 的转换精度一般用分辨率和转换误差来描述，DAC 的转换速度一般用建立时间来描述。

1. 分辨率

DAC 的分辨率一般用输入数字量二进制代码的位数表示。在 n 位二进制 DAC 中，输入数字量的二进制代码从 00…00 变到 11…11，共有 2^n 个不同的状态，DAC 的输出应有 2^n 个不同的等级。n 越大，DAC 输出的状态数就越多，越能反映出输出电压的细小变化，分辨能力就越强。因此，分辨率表示了 DAC 在理论上可以达到的精度。

此外，也可以用 DAC 能够分辨出来的最小输出电压(1LSB)与最大输出电压(FSR)之比来表示。DAC 的最小输出电压是指输入数字量的二进制代码只有最低位是 1 时的输出电压，DAC 的最大输出电压是指输入数字量的二进制代码全部是 1 时的输出电压。通常，DAC

的模拟输出量都是以电压的形式表示的，假设 1LSB 所对应的电压值为 V_{LSB}，则输出电压的最大值等于 V_{LSB} 的(2^n-1)倍，即 $v_{O(max)}=(2^n-1)V_{LSB}$。所以，DAC 的分辨率可以表示为：

$$分辨率=\frac{1LSB}{FSR}=\frac{V_{LSB}}{(2^n-1)V_{LSB}}=\frac{1}{2^n-1}$$

该值越小，说明分辨率越高。例如，10 位 DAC 的分辨率可以表示为：

$$分辨率=\frac{1}{2^{10}-1}=\frac{1}{1023}\approx 0.001$$

2. 转换误差

DAC 在理想情况下，输入数字量二进制代码全部为 0 时，其模拟电压输出值为 0V，当输入数字量二进制代码全部为 1 时，其模拟输出电压值为满量程 FSR。但在实际应用中，DAC 电路各部分参数不可避免地存在误差，这些误差使输出的模拟电压产生偏差，所以 DAC 实际能够达到的转换精度要由转换误差来决定。转换误差是指 DAC 实际输出的模拟电压与理想值之间的最大偏差。转换误差包括非线性误差、漂移误差和增益误差。

转换误差一般用最大偏差与 FSR 之比的百分数或最低有效位 LSB 的倍数表示。例如，某 DAC 的转换误差为±LSB/2，就表示输出模拟电压与理论值之间的绝对误差小于输入变量只有最低位为 1 时输出模拟电压的一半。

DAC 的非线性误差是指 DAC 输出的实际模拟电压值与理想模拟电压值之间偏差的最大值。在理想情况下，输入数字量的任何两个相邻二进制代码所对应的输出模拟电压之差都是相等的，这个差值就是 1LSB。也就是说，在理想情况下，DAC 输出的模拟电压值是线性的。引起非线性误差的主要原因是模拟开关的导通内阻和导通压降、解码网络中电阻阻值的偏差。

由于模拟开关的导通内阻和导通压降都不可能完全等于 0，而且每个模拟开关的导通内阻和导通压降也不尽相同，在模拟开关接基准电压时和接地时产生的压降也不相同，所以它们的存在将使输出模拟电压产生误差。解码网络中的电阻阻值也会存在误差，由于每个电阻的误差不一定相等，而且不同位置的电阻对电流的影响不同，这就使得不同的输入数字量产生的输出误差不同。这些误差既不是常数，又不与输入的数字量成正比，因此被称为非线性误差。

非线性误差对输出模拟电压的影响如图 9.8 所示。对于理想的 DAC，输入数字量与其对应的输出模拟电压的交点应落在图 9.8 中的直线上，而由于非线性误差的存在，这些交点会偏离直线，如图 9.8 中的曲虚线所示。如果实际输出的模拟电压大于理想输出的模拟电压，将产生正误差，如果实际输出的模拟电压小于理想输出的模拟电压，将产生负误差。

非线性误差可以用最大偏差与 FSR 之比的百分数或最低有效位 LSB 的倍数表示。例如，某 10 位 DAC 的非线性误差为±0.02%，即相当于：

$$\frac{最大误差}{FSR}\times 100\%=\pm 0.02\%$$

因此，最大误差$=\pm 0.02\%\times FSR=\pm 0.02\%\times(2^{10}-1)LSB=\pm 0.2046LSB\approx\pm(1/5)LSB$。一般要求 DAC 的非线性误差小于$\pm(1/2)LSB$。

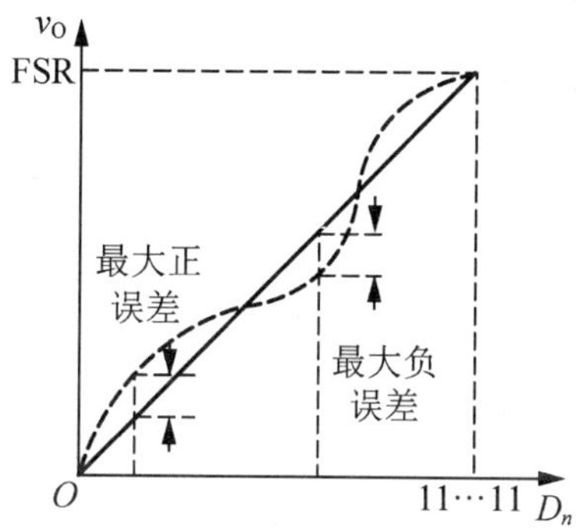

图 9.8 DAC 的非线性误差

漂移误差是由运算放大器的零点漂移所造成的，误差电压的大小用输入数字量全为 0 时实际输出电压与理想输出电压的差值表示，其大小与输入数字量的大小无关，DAC 的输出电压特性曲线将发生上移或下移，如图 9.9 中的虚线所示，因此也将漂移误差称为平移误差。

增益误差主要是由基准电压 V_{REF} 的变化和运算放大器增益不稳定引起的，误差电压的大小与输入数字量的大小成正比。增益误差的大小可以用输入数字量从全 0 变为全 1 时，实际输出电压变化量与理想输出电压变化量的差值表示，如图 9.10 所示。

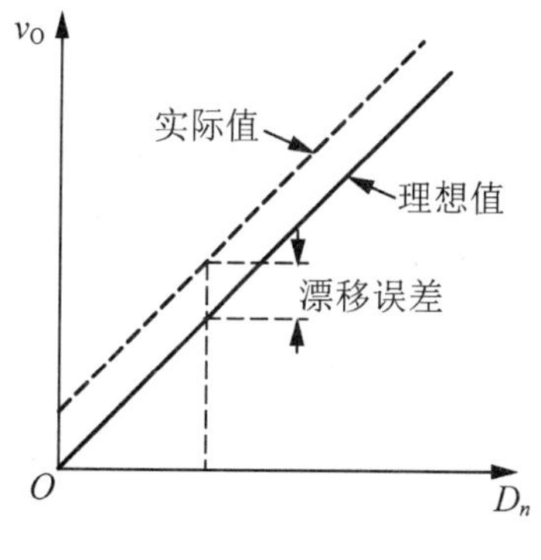

图 9.9 DAC 的漂移误差

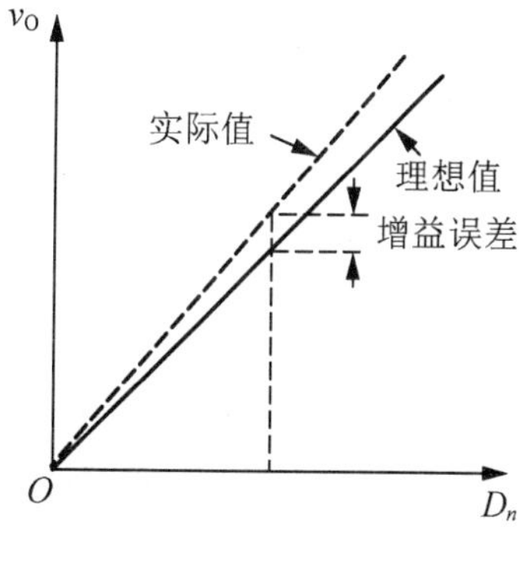

图 9.10 DAC 的增益误差

因为非线性误差、漂移误差和增益误差不存在固定的函数关系，DAC 输出的总误差在最不利的情况下等于这几种误差的绝对值相加。为了获得高精度的 DAC，仅仅依靠高分辨率的 DAC 器件是不够的，还需要选用具有高稳定性的基准电压和低漂移的运算放大器相配合，才能获得较高的转换精度。

3. 建立时间

DAC 的建立时间是指从输入数字量由全 0 变为全 1 开始，到输出模拟电压达到与稳定值相差规定的误差带(一般为±LSB/2) 为止所需要的时间间隔，如图 9.11 所示。建立时间是 DAC 的最大响应时间，所以它用建立时间来衡量转换速度的快慢。

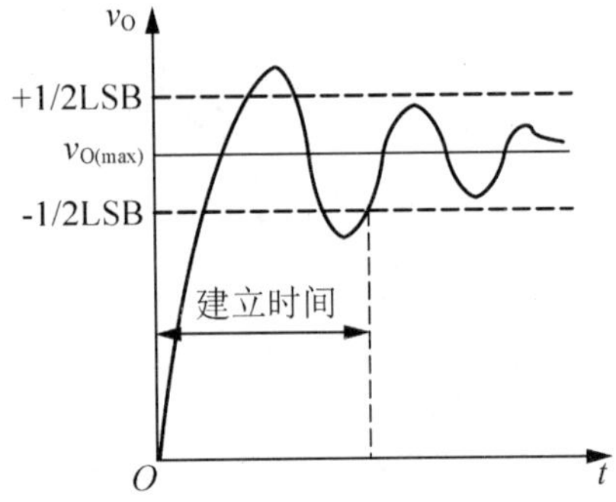

图 9.11　DAC 的建立时间

【思考题】　影响 D/A 转换器转换精度的原因有哪些？

9.2.6　集成 D/A 转换器及其应用

由于集成 DAC 具有转换精度高、转换速度快、成本低等优点，在数字控制系统中得到了广泛的应用。在集成 DAC 中，常采用倒 T 形电阻网络和权电流两种类型的电路，采用倒 T 形电阻网络的 DAC 集成芯片有 AD7524、AD7546、DAC0832、AD7520 等，采用权电流的 DAC 集成芯片有 DAC0806、DAC0807、DAC0808 等。

目前市场上出售的集成 DAC，按照是否含有运算放大器可以分为两大类，一类是器件内部只含有解码网络和模拟开关的，使用时必须外接基准电压和运算放大器，另一类是器件内部包含有解码网络、模拟开关、基准电压和运算放大器的。按照数字量输入端不同可以分为无数据锁存器型、有单数据锁存器型、有双数据锁存器型和串行数字输入型。按照输出的模拟量不同可以分为电压输出型和电流输出型。

1. DAC0808

DAC0808 是一种采用电流输出、不带数据锁存器的 8 位权电流 DAC，转换时间为 150ns，相对精度为±1LSB，功耗为 350mW，采用双电源供电。它内部没有基准电压和运算放大器，在使用时需要外接基准电压、运算放大器和产生基准电流的电阻 R_R。

DAC0808 的逻辑符号图如图 9.12 所示。图中 d_0～d_7 是 8 位数字量输入端，I_O 是求和电流输出端，$V_{REF(+)}$和 $V_{REF(-)}$为基准电流产生电路的同相输入端和反相输入端，$COMP$ 是外接补偿电容端，V_{CC} 为正电源输入端，V_{EE} 为负电源输入端。

由于 DAC0808 内部没有数据锁存器，在使用时需要外接数据锁存器，将输入的数字量进行暂存。ADC0808 的典型应用如图 9.13 所示，图中采用正基准电压，外接电阻 R_R 用于产生基准电流，即 $I_{REF}=V_{REF}/R_R$，其值一般为 0.5～4mA，$V_{REF(-)}$端的外接电阻阻值与 R_R 相同。运算放大器和电阻 R_F 构成反相比例运算电路，将输出的电流转换为电压输出。在图中所示电路参数下，模拟输出电压为：

$$v_O=\frac{R_F V_{REF}}{2^8 R_R}D_n=\frac{V_{REF}}{2^8}D_n$$

图中补偿电容 C 的大小应根据 R_R 的值决定，当 R_R=5kΩ 时，补偿电容 C=75pF。

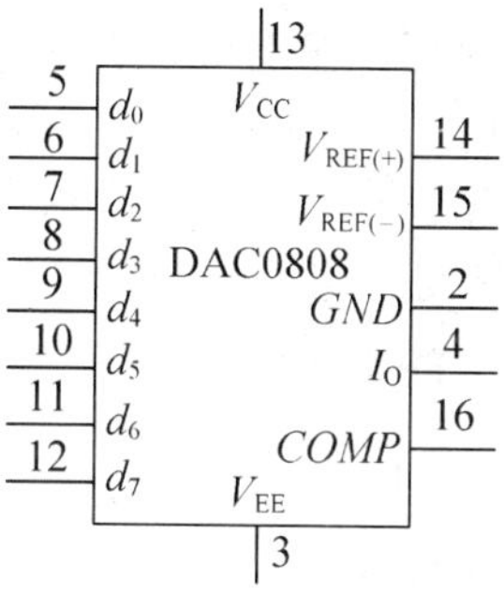

图 9.12　DAC0808 的逻辑符号图

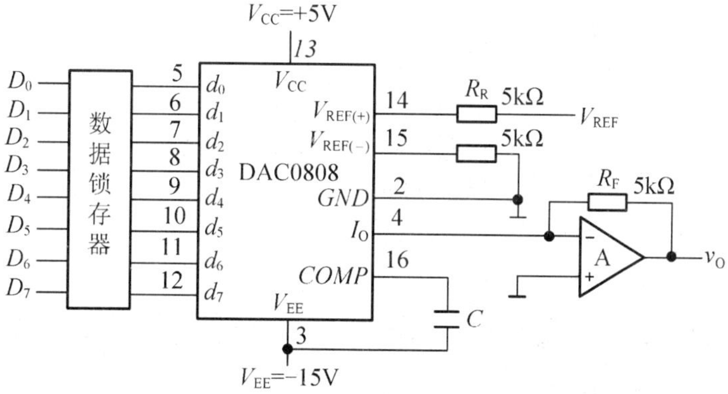

图 9.13　DAC0808 的典型应用电路图

2. DAC0832

DAC0832 是一种采用电流输出、带双数据锁存器的 8 位倒 T 形电阻网络 DAC，转换时间为 1μs，功耗为 20mW，采用单电源供电。DAC0832 的转换结果采用电流形式输出，若需要模拟电压信号，可通过连接一个高输入阻抗的线性运算放大器实现。运算放大器的反馈电阻可以使用片内的固有电阻，也可以使用外接电阻。并且 DAC0832 工作电平满足 TTL 电平要求，可直接与 TTL 电路或微机电路连接。

DAC0832 的逻辑符号图如图 9.14 所示。图中 D_0～D_7 是 8 位数字量输入端；ILE 是数据锁存允许控制信号端，高电平有效；CS' 是片选控制端，低电平有效；WR_1' 是数据锁存器写选通控制端，低电平有效；WR_2' 是 DAC 锁存器写选通控制端，低电平有效；$XFER'$ 是数据传输控制端，低电平有效；I_{OUT1} 是电流输出 1 端，其值随 DAC 锁存器的内容线性变化；I_{OUT2} 是电流输出 2 端，且 $I_{OUT1}+I_{OUT2}$=常数；R_F 是外部反馈信号输入端，内部含有反馈电阻 R_{FB}，根据需要也可以外接反馈电阻；V_{CC} 是电源输入端，电源范围为+5～+15V；V_{REF} 是基准电压输入端，基准电压范围为−10～+10V；$AGND$ 是模拟信号地；$DGND$ 是数字信号地。

DAC0832 的逻辑结构图如图 9.15 所示。整个电路由 8 位输入锁存器、8 位 DAC 锁存器和 8 位倒 T 形电阻网络三部分组成。8 位输入锁存器用于存放外部输入的数字量，使输入的数字量得到缓冲和锁存。8 位 DAC 锁存器用于存放待转换的数字量。8 位倒 T 形电阻网络受 DAC 锁存器输出的数字量控制，输出与数字量成正比的模拟电流。

当 ILE=1、$CS'=WR_1'$=0 时，LE_1'=1，8 位输入锁存器的输出随输入变化而变化，当 WR_1' 由 0 变为 1 时，LE_1'=0，将输入数据锁存到输入锁存器中。当 $XFER'=WR_2'$=0 时，LE_2'=1，8 位 DAC 锁存器的输出随输入变化而变化，当 WR_2' 由 0 变为 1 时，LE_2'=0，将数据锁存到 DAC 锁存器中，并开始对数据进行 D/A 转换。

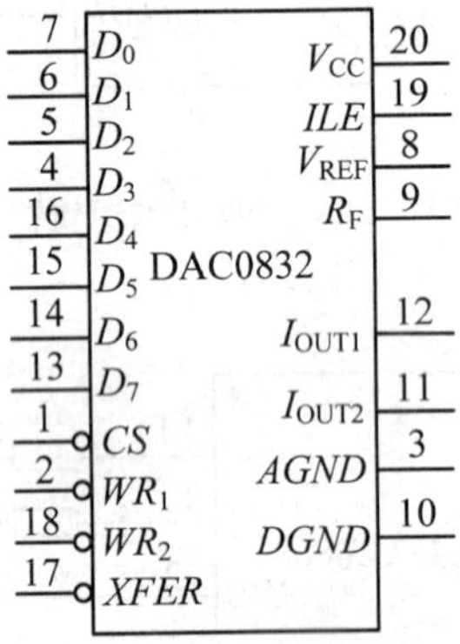

图 9.14　DAC0832 的逻辑符号图

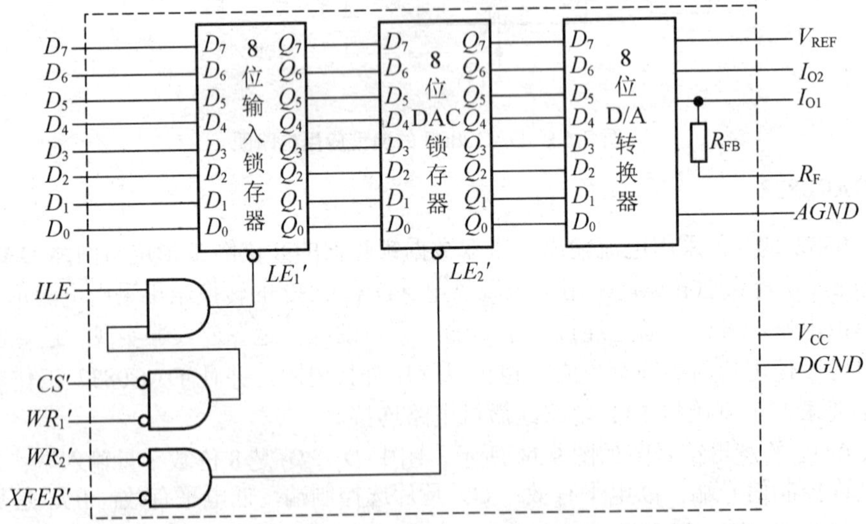

图 9.15　DAC0832 的逻辑结构图

8 位输入锁存器和 8 位 DAC 锁存器在外部输入控制信号的作用下，可以工作在单缓冲方式、双缓冲方式和直通方式。当两个锁存器完全处开通状态时，锁存器的输出将跟随输入信号变化而变化，此时 DAC0832 处于直通工作方式。当两个锁存器一个处于直通状态，另一个处于受控状态时，DAC0832 处于单缓冲工作方式。当两个锁存器都处于受控状态时，DAC0832 处于双缓冲工作方式。

由于 DAC0832 工作电平满足 TTL 电平要求，可直接与 TTL 电路或微机电路连接，使用起来比较方便。DAC0832 和微控制器 89C51 组成的数/模转换电路如图 9.16 所示。图中 DAC0832 的 ILE 端接高电平，CS' 和 $XFER'$ 受微控制器 89C51 的 P2.7 控制，WR_1' 和

WR_2'受微控制器 89C51 的 WR 端控制，因此 DAC0832 处于双缓冲工作方式。

3. AD7543

AD7543 是美国 AD 公司生产的 12 位串行输入 DAC，它是专为串行接口而设计的，其数字量输入是从高位到低位逐位进行的。AD7543 的非线性误差为±LSB/2，输出电流建立时间为 2μs，功耗为 40mW，采用单电源供电，工作电压为+5V。AD7543 的转换结果采用电流形式输出，若需要模拟电压信号，可通过连接一个高输入阻抗的线性运算放大器实现。

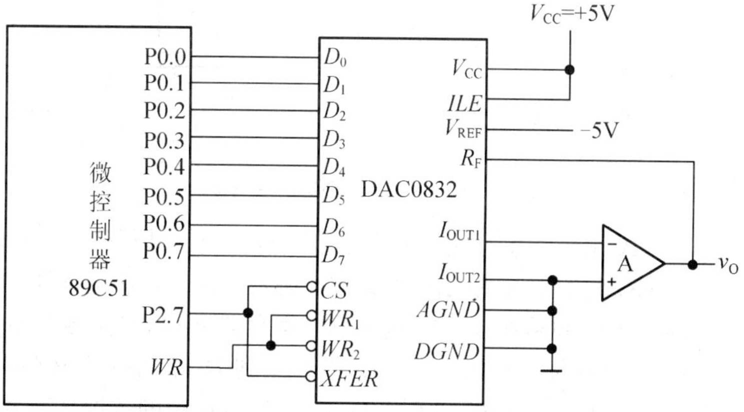

图 9.16　DAC0832 和 89C51 组成的 D/A 转换电路

AD7543 的逻辑符号图如图 9.17 所示， 图中 LD_1'和 LD_2'是寄存器 B 加载选通输入端，SRI 是串行数据输入端，CLR' 是内部寄存器 B 清零输入端，STB_1、STB_2、STB_3'和 STB_4 分别是内部寄存器 A 的选通输入端，V_{DD} 是电源输入端，V_{REF} 是基准电压输入端，R_F 是外部反馈输入端，I_{OUT1} 和 I_{OUT2} 是电流输出，$AGND$ 是模拟信号地，$DGND$ 是数字信号地。

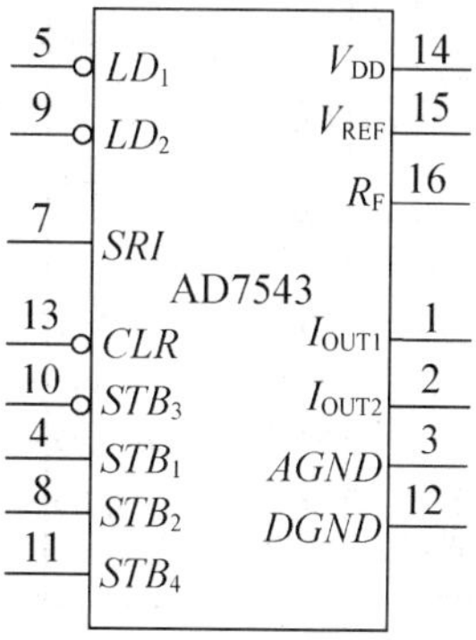

图 9.17　AD7543 的逻辑符号图

AD7543 的逻辑结构图如图 9.18 所示。从图中可以看出，AD7543 主要由 12 位的移位寄存器 A、12 位的 DAC 寄存器 B 和 12 位 DAC 组成。

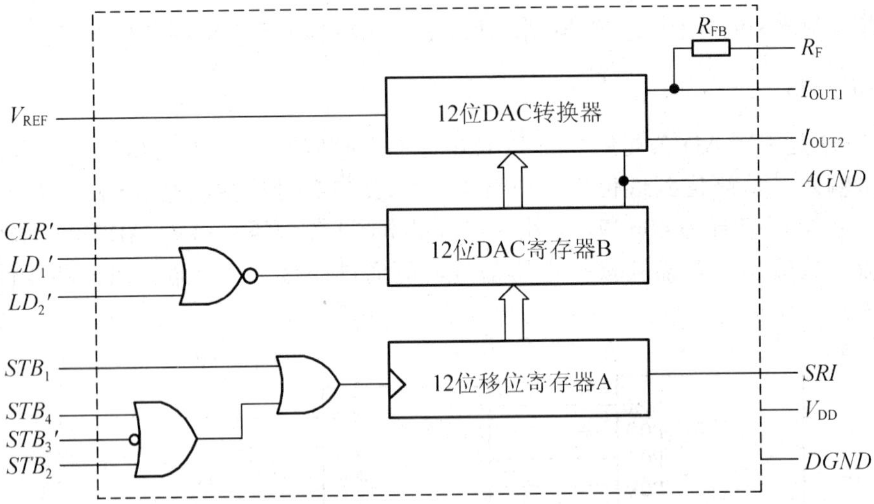

图 9.18　AD7543 的逻辑结构图

12 位移位寄存器 A 用于将串行输入的数字量并行输出，其低位与串行输入端 *SRI* 相连，在 STB_1、STB_2 和 STB_4 的上升沿或在 STB_3' 的下降沿作用下，将输入端 *SRI* 上的串行数据装入移位寄存器 A，当 12 位数据全部被装进移位寄存器 A 时，在加载脉冲(LD_1' 和 LD_2' 同时为 0)的控制作用下，把移位寄存器 A 中的数据装载到 DAC 寄存器 B 中，再通过 12 位 DAC 转换器完成数/模转换。当 $CLR'=0$ 时，DAC 寄存器 B 中的数据被清零，输出电压为零，可以起初始化的作用。

AD7543 和微控制器 89C51 组成的数/模转换电路如图 9.19 所示。图中 AD7543 的 *SRI* 端与微控制器 89C51 的串行口 *RXD* 直接相连，STB_3' 端与 *TXD* 端相连，在 *TXD* 输出的移位脉冲作用下，*RXD* 输出的串行数据逐位移入 AD7543。$LD2'$ 的状态受微控制器 89C51 的 P2.7 控制，当 P2.7 由 1 变为 0 时，将移位寄存器 A 中的数据装载到 DAC 寄存器中。

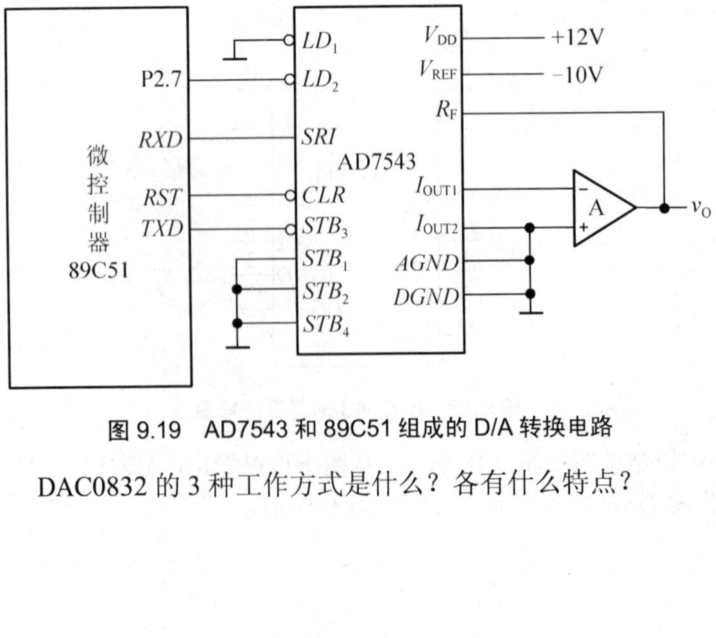

图 9.19　AD7543 和 89C51 组成的 D/A 转换电路

【思考题】　DAC0832 的 3 种工作方式是什么？各有什么特点？

9.3　模/数(A/D)转换器

9.3.1　A/D 转换器的基本工作原理

A/D 转换器是将输入的模拟量转换为与之成比例的二进制数字量输出的电路。由于模拟量在时间和幅值上都是连续的，而数字量在时间和幅值上都是离散的，所以在进行模/数转换时，需要先按一定的时间间隔对模拟量进行取样，使之变为时间上离散的信号，再将取样后的模拟量保持一段时间，将取样值进行量化，使之变为幅值上离散的信号，最后通过编码，将量化后的离散幅值转换为数字量输出。可见，A/D 转换器一般要经过取样、保持、量化及编码 4 个过程。

1. 取样

取样也称为采样，即将随时间连续变化的模拟量转换为在时间离散的模拟量。图 9.20 所示的是取样电路的原理图，图中 v_I 是输入的模拟信号，v_S 是取样后的输出信号，$S(t)$ 是取样脉冲信号。T_s 是取样脉冲的周期，t_w 是取样脉冲的宽度，$S(t)$ 控制图 9.20 中的模拟开关，在取样脉冲的 t_w 时间内，模拟开关闭合，使输出 $v_S=v_I$；在取样脉冲的其他时间内，模拟开关断开，输出 $v_S=0$。取样的过程如图 9.21 所示。

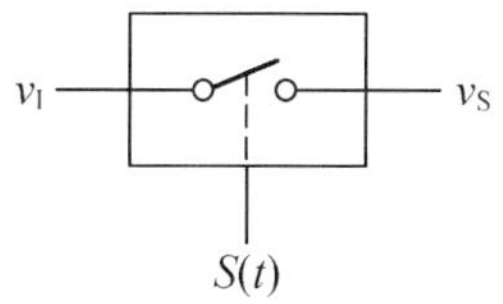

图 9.20　取样电路原理图

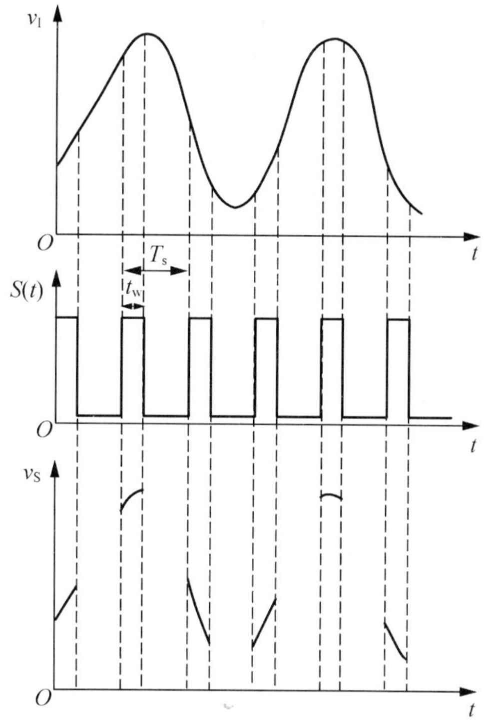

图 9.21　取样过程示意图

从图 9.21 中可以看出，取样就是对模拟信号周期性地抽取样值，取样值的大小取决于取样时间内输入模拟信号的大小。为了能够正确地用取样输出信号 v_S 表示输入模拟信号 v_I，取样脉冲信号必须有足够高的频率，取样脉冲的频率越高，取样越密，取样值就越多，取样输出信号 v_S 的包络线就越接近输入模拟信号 v_I。抽样定理指出，为了保证能从取样输出信号将输入模拟信号还原，取样脉冲信号的频率 f_s 与输入模拟信号的最高频率 $f_{i(max)}$ 必须满足：

$$f_s \geqslant 2f_{i(max)} \tag{9-12}$$

在满足式(9-12) 的条件下，将 v_S 通过低通滤波器，就可以使 v_S 无失真地还原成输入模拟信号 v_I。一般情况下，取 $f_s=(3\sim5)f_{i(max)}$。

2. 保持

如果输入的模拟信号变化较快，在取样脉冲宽度 t_W 的时间内，取样输出信号 v_S 的值会有明显的变化，所以不能得到一个固定的取样值，并且将取样值转换为数字信号需要一定的时间，为了给后续的量化、编码过程提供一个稳定的值，在取样电路后要将所取样值保持一段时间。

取样—保持的基本形式如图 9.22 所示，场效应管 T 为取样开关，在取样脉冲 $S(t)$ 的脉冲宽度 t_W 时间内，T 导通，输入信号 v_I 经电阻 R_1 和 T 向电容 C 充电，只要充电时间常数远小于 t_W，忽略场效应管 T 的导通内阻和导通压降，充电结束后电容 C 上的电压 $v_C=v_IR_2/R_1$，如果 $R_2=R_1$，则 $v_C=v_I$。由于 $v_O=-v_C$，所以 $v_O=-v_I$。在取样脉冲的 T_s-t_W 时间内，T 截止，电容 C 上的电压 v_C 无泄放回路，保持不变，所以输出电压 v_O 也保持不变，即取样值被保存下来。在理想情况下，电容 C 上的电压值始终不变，但实际上由于电容 C 的漏电及运算放大器的输入阻抗不是无穷大，电容 C 上的电压会有所下降。

取样—保持过程的波形图如图 9.23 所示。从波形图中可以看出，在取样时间内，输出电压将跟随输入电压的变化而变化；在保持时间内，输出电压保持取样结束时的输入电压值不变。

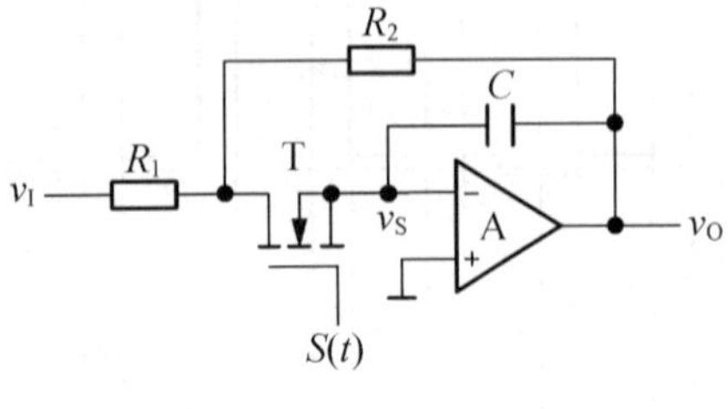

图 9.22　取样—保持电路的基本形式

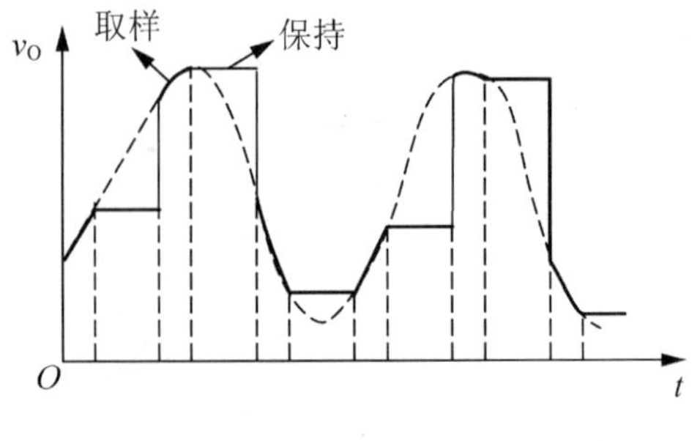

图 9.23　取样—保持结果波形图

3. 量化

输入的模拟电压经过取样保持后，得到的输出电压是阶梯状的波形。由于阶梯波的幅值仍是连续可变的，有无限多个数值，而数字量的位数是有限的，只能表示有限个数值。为了使 n 位数字量的 2^n 个有限状态与无限多的阶梯波幅值相对应，就需要将取样保持后的输出电压归化到与之接近的离散电平上，使任何数字量都是某个最小数量单位的整数倍，这个过程被称为量化。

在量化过程中，指定的离散电平称为量化电平；所取的最小数量单位称为量化单位，用 Δ 表示；由于采样—保持输出电压不一定都能被 Δ 整除，所以量化前的电压与量化后的电压一定存在误差，这个误差被称之为量化误差，用 ε 表示。量化误差是原理误差，无法消除，输出数字量的位数 n 越大，各离散电平之间的差值就越小，量化误差也越小。

按照量化时的近似方式不同，可以将量化分为只舍不入量化方式和四舍五入量化方式。只舍不入量化方式是把量化过程中不足一个量化单位的部分舍弃，对于等于或大于一个量化单位部分按一个量化单位处理。四舍五入量化方式是将量化过程不足半个量化单位部分舍弃，对于等于或大于半个量化单位部分按一个量化单位处理。

4. 编码

量化后的信号只是在幅值上离散的信号，为了对量化后的信号进行处理，还需要将量化后的结果转换为对应的代码，如二进制代码、十进制代码等。这种用数字代码表示量化幅值的过程被称为编码。

【例 9-3】　将电压值在 0～1V 之间的输入电压转换为 3 位二进制代码。

解：由于 3 位二进制代码有 8 个数值，所以应将 0～1V 的模拟电压分成 8 个量化级，每个量化级规定一个量化值，并将对应的量化值进行编码。

如果采用只舍不入的量化方式，取量化单位为 1/8V，即 Δ=1/8V。规定当 0≤v_I<1/8V 时为第 0 级，量化值为 0V，编码为 000；当 1/8≤v_I<2/8V 时为第 1 级，量化值为 1/8V，编码为 001；当 2/8≤v_I<3/8V 时为第 2 级，量化值为 2/8V，编码为 010；最后当 7/8≤v_I<1V 时为第 7 级，量化值为 7/8V，编码为 111。所以，两个相邻量化值之间的差值为 1/8V，量化前后电压值的最大偏差为 1/8V，即量化误差 ε=Δ=1/8V。只舍不入的量化过程如图 9.24 所示。

如果采用四舍五入的量化方式，取量化单位为 2/15V，即 Δ=2/15V。规定当 0≤v_I<1/15V 时为第 0 级，量化值为 0V，编码为 000；当 1/15≤v_I<3/15V 时为第 1 级，量化值为 2/15V，编码为 001；当 3/15≤v_I<5/15V 时为第 2 级，量化值为 4/15V，编码为 010；最后当 13/15≤v_I<1V 时为第 7 级，量化值为 14/15V，编码为 111。所以，两个相邻量化值之间的差值为 2/15V，量化前后电压值的最大偏差为 1/15V，即量化误差 ε=Δ/2=1/15V。四舍五入的量化过程如图 9.25 所示。

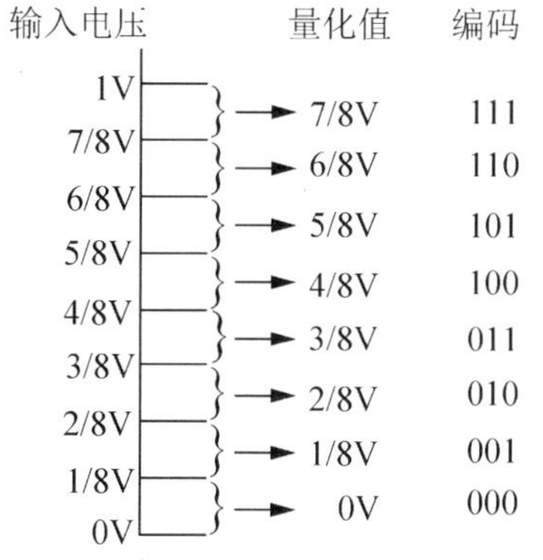

图 9.24　只舍不入量化结果

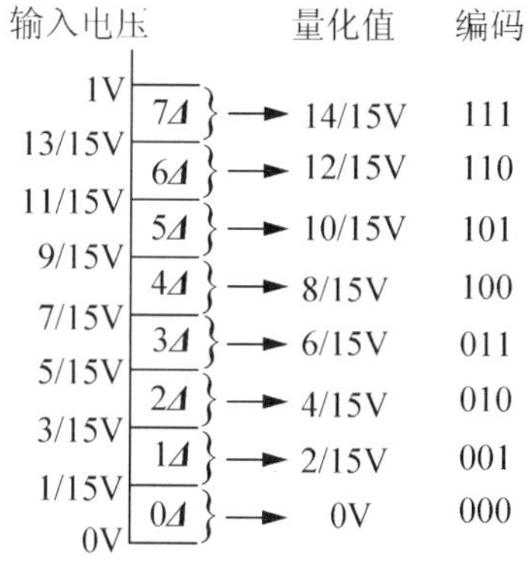

图 9.25　四舍五入量化结果

A/D 转换器按照工作原理不同，可以分为并联比较型、逐次渐近型、双积分型、V-F 变换型、Σ—Δ 型、串行比较型、并—串比较型等。

【思考题】 什么是量化误差？如何减小量化误差？

9.3.2 并联比较型 A/D 转换器

并联比较型 A/D 转换器是直接 A/D 转换器，它可以将输入的模拟电压直接转换为输出的数字量，它是转换速度最快的一种 ADC，其转换几乎在瞬间完成。

3 位并联比较型 ADC 的电路结构如图 9.26 所示，它由分压电阻、电压比较器、寄存器和编码电路 4 个部分组成。输入为 0～V_{REF} 间的模拟电压，输出为 3 位二进制代码 $d_2d_1d_0$。

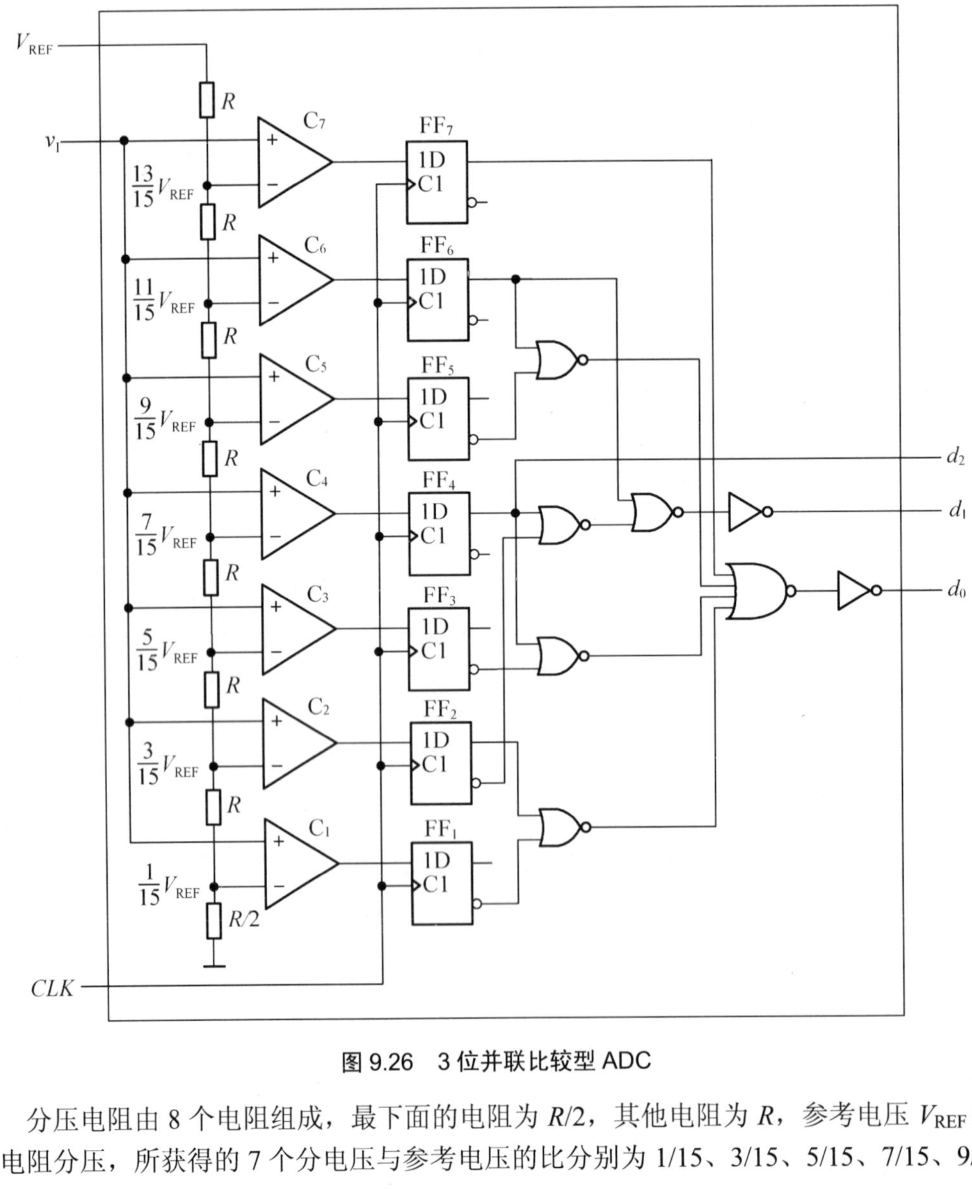

图 9.26 3 位并联比较型 ADC

分压电阻由 8 个电阻组成，最下面的电阻为 $R/2$，其他电阻为 R，参考电压 V_{REF} 经分压电阻分压，所获得的 7 个分电压与参考电压的比分别为 1/15、3/15、5/15、7/15、9/15、

11/15、13/15。

电压比较器总共有 7 个，输入电压 v_I 接在电压比较器的同相输入端，参考电压 V_{REF} 经分压电阻后的输出电压接电压比较器的反相输入端。对于电压比较器来说，当其同相输入端的电压大于反相输入端的电压时，电压比较器输出 1，当其同相输入端电压小于反相输入端的电压时，电压比较器输出 0。

寄存器由 7 个 D 触发器构成，用取样脉冲进行触发。

编码电路是组合逻辑电路，将寄存器的输出转换成二进制代码输出。

当输入电压 $v_I/V_{REF}<1/15$ 时，7 个电压比较器的输出都为 0，CLK 的上升沿到来后，7 个触发器输出都被置成 0 态，即输出 $Q_7\ Q_6\ Q_5\ Q_4\ Q_3\ Q_2\ Q_1$ =0000000，此时输出代码 $d_2d_1d_0$=000。当 $1/15\leqslant v_I/V_{REF}<3/15$ 时，只有电压比较器 C_1 输出为 1，其余全为 0，CLK 的上升沿到来后 FF_1 被置成 1，其余都为 0，即输出 $Q_7\ Q_6\ Q_5\ Q_4\ Q_3\ Q_2\ Q_1$ =0000001，输出代码 $d_2d_1d_0$=001。以此类推，可以得出如表 9-2 所示的代码转换表。

表 9-2　图 9.26 所示电路的代码转化表

输入电压	寄存器状态							输出代码		
v_I/V_{REF}	Q_7	Q_6	Q_5	Q_4	Q_3	Q_2	Q_1	d_2	d_1	d_0
0～1/15	0	0	0	0	0	0	0	0	0	0
1/15～3/15	0	0	0	0	0	0	1	0	0	1
3/15～5/15	0	0	0	0	0	1	1	0	1	0
5/15～7/15	0	0	0	0	1	1	1	0	1	1
7/15～9/15	0	0	0	1	1	1	1	1	0	0
9/15～11/15	0	0	1	1	1	1	1	1	0	1
11/15～13/15	0	1	1	1	1	1	1	1	1	0
13/15～1	1	1	1	1	1	1	1	1	1	1

根据表 9-2 可以写出编码电路输出与输入之间的逻辑函数式：

$$\begin{aligned} d_2 &= Q_4 \\ d_1 &= Q_6 + (Q_4)'Q_2 \\ d_0 &= Q_7 + (Q_6)'Q_5 + (Q_4)'Q_3 + (Q_2)'Q_1 \end{aligned} \tag{9-13}$$

按照式(9-13) 就可以得到图 9.26 中所示的编码电路。

由表 9-2 可以看出，电压比较器将输入电压 v_I 划分为 8 个量化级，并以四舍五入的量化方式进行量化，其量化单位 Δ=2/15V_{REF}，量化误差 ε=Δ/2=1/15V_{REF}。当输入电压大于 V_{REF} 时，7 个电压比较器的输出都是 1，所以 ADC 的输出仍为 111，即 ADC 进入饱和状态，不能正常转换。

并联比较型 ADC 的转换精度主要取决于量化电平的划分，分得越细，精度越高。由于所有电压比较器是同时进行比较的，所以其转换速度快，并且与输出二进制代码的位数无关。其缺点是成本高、功耗大。输出为 n 位二进制代码的并联比较型 ADC，需要 2^n 个电阻、2^n-1 个触发器和 2^n-1 个电压比较器。电路的规模随着输出二进制代码的位数增加而呈几何级数上升。

9.3.3 反馈比较型 A/D 转换器

反馈比较型 A/D 转换器是一种直接 A/D 转换器。如果将一个数字量加到 DAC 的输入端上，在输出端可以得到一个与输入数字量相对应的模拟电压，将这个模拟电压和输入电压相比较，如果两者不相等，则需要调整所取的数字量大小，直到经过 DAC 得到的模拟电压和输入电压相等为止，最后所取的数字量就是与输入电压相对应的输出量。反馈比较型 ADC 根据实现的方案不同，可以分为计数型和逐次渐近型。

1. 计数型 ADC

计数型 ADC 的原理图如图 9.27 所示，转换电路主要由电压比较器、DAC、计数器、脉冲源、控制电路和输出寄存器组成。

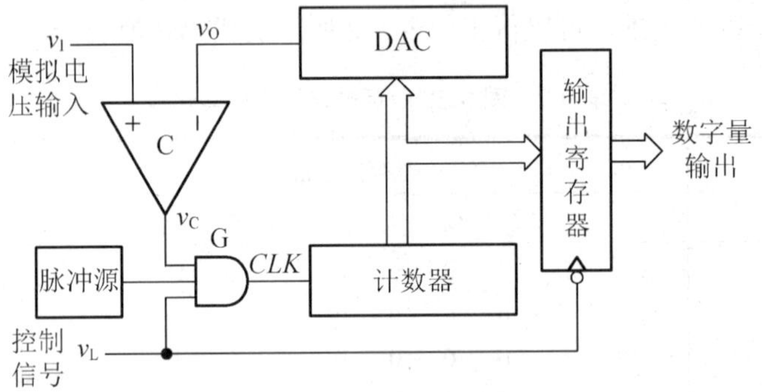

图 9.27 计数型 ADC 原理图

转换开始前，应先将计数器的值清零，控制信号 v_L 应处于低电平，这时与门 G 被封锁，计数器不工作。计数器传递给 DAC 的是全 0 信号，所以 DAC 输出的模拟电压 $v_O=0$，如果此时 $v_I>0$，则电压比较器 C 的输出 $v_C=1$。当控制信号 v_L 变为高电平时开始转换，脉冲源发出的脉冲经与门 G 加到计数器的时钟信号输入端 *CLK*，计数器开始进行加法计数。随着计数的进行，计数器传递给 DAC 的数字量不断地增加，DAC 的输出电压也不断地增加，当 DAC 的输出增加到 $v_O=v_I$ 时，电压比较器 C 的输出 $v_C=0$，将与门 G 封锁，计数器停止计数，此时计数器中所存的计数值就是所求的数字量输出。

由于在转换过程中，计数器中的计数值在不停地变化，所以不宜将计数器中的计数值直接作为输出信号。为此，在输出端设置了输出寄存器，在每次转换完成以后，用控制信号 v_L 的下降沿将计数器的计数值锁存到输出寄存器里面，而以寄存器的状态作为最终的输出。

对于计数型 ADC 来说，当输出为 n 位二进制代码时，最长的转换时间是时钟脉冲的 2^n-1 倍，因此这种转换方式只能用在对转换速度要求不高的场合。

2. 逐次渐近型 ADC

逐次渐近型 ADC 的原理图如图 9.28 所示，转换电路主要由电压比较器、DAC、逐次渐近寄存器、脉冲源和控制电路组成。

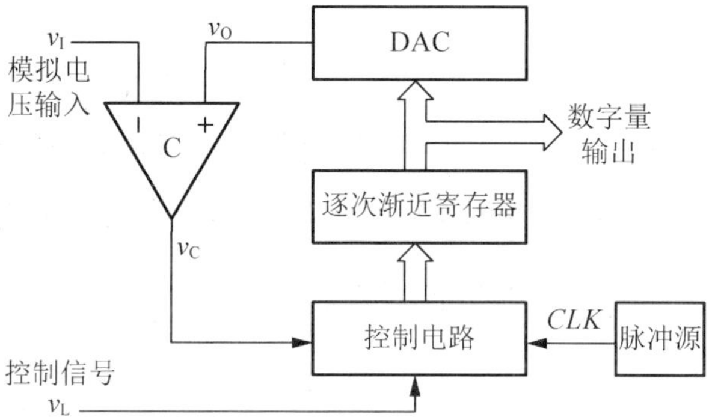

图 9.28　逐次渐近型 ADC 原理图

逐次渐近型 ADC 的工作原理可以用天平秤测量物理重量的过程来比照，先放一个最重的砝码，如果物体的重量比砝码重，则这个砝码应保留；如果物体的重量比砝码轻，则这个砝码应去掉。再加上一个次重的砝码，采用相同的方法判断该砝码是否该保留，这样依次进行，直到砝码的重量逼近物体的重量。

逐次渐近型 ADC 在工作中先将逐次渐进寄存器清零，此时传递给 DAC 的数字量是全 0 信号，所以 DAC 的输出 v_O=0。控制信号 v_L 变为高电平时开始转换，控制电路首先把逐次渐近寄存器的最高位置 1，其余各位置 0，即逐次渐近寄存器的输出为 100…00。DAC 将逐次渐近寄存器中的数值转换为相应的模拟电压 v_O，然后把 v_O 与输入电压 v_I 相比较，如果 $v_O>v_I$，说明 100…00 这个数太大了，应该把最高位的 1 去掉，也就是使最高位为 0；如果 $v_O<v_I$，说明 100…00 这个数不够大，应该把最高位的 1 保留。然后再将次高位置 1，按照相同的方法判断次高位的 1 是该去掉还是保留。按照这样的方法，依次进行，直到最低有效位的数值被确定，就完成了一次转换。这时逐次渐近寄存器输出的二进制代码就是输入模拟电压所对应的数字量。

图 9.29 是输出为 3 位二进制代码的逐次渐近型 ADC，图中 C 是电压比较器，当 $v_I\geqslant v_O$ 时比较器输出 v_C=0，当 $v_I<v_O$ 时比较器输出 v_C=1。FF_1～FF_5 构成环形移位寄存器，并和 G_1～G_8 组成控制逻辑电路。FF_6～FF_8 构成了 3 位代码寄存器，可以存储 3 位二进制代码。在这个电路中，用 5 个脉冲周期完成一次转换周期，其中前 3 个脉冲周期用以确定 3 位二进制代码，第 4 个脉冲周期输出数字信号，第 5 个脉冲周期清零并准备下一个转换周期。

转换开始前先将 FF_6、FF_7、FF_8 清零，同时将 FF_1～FF_5 置成 $Q_1Q_2Q_3Q_4Q_5$=10000 状态。因为 Q_1=1，在第 1 个 *CLK* 脉冲到达后，FF_6 被置 1，而 FF_7、FF_8 被置 0，即 $Q_6Q_7Q_8$=100，并将该状态传递给 3 位 DAC，在 DAC 的输出端得到模拟电压 v_O。如果 $v_I\geqslant v_O$，则 v_C=0，如果 $v_I<v_O$ 时比较器输出 v_C=1。同时移位寄存器右移 1 位，使 $Q_1Q_2Q_3Q_4Q_5$=01000。

第 2 个脉冲到达时，FF_7 被置 1。若 v_C=0，FF_6 的 1 状态被保留，若 v_C=1，FF_6 被置成 0。即当 v_C=0 时 $Q_6Q_7Q_8$=110，当 v_C=1 时 $Q_6Q_7Q_8$=010。并将 $Q_6Q_7Q_8$ 的状态传递给 DAC，使 DAC 的输出 v_O 发生变化，再与 v_I 相比，从而得到新的 v_C 值。同时移位寄存器右移 1 位，使 $Q_1Q_2Q_3Q_4Q_5$=00100。

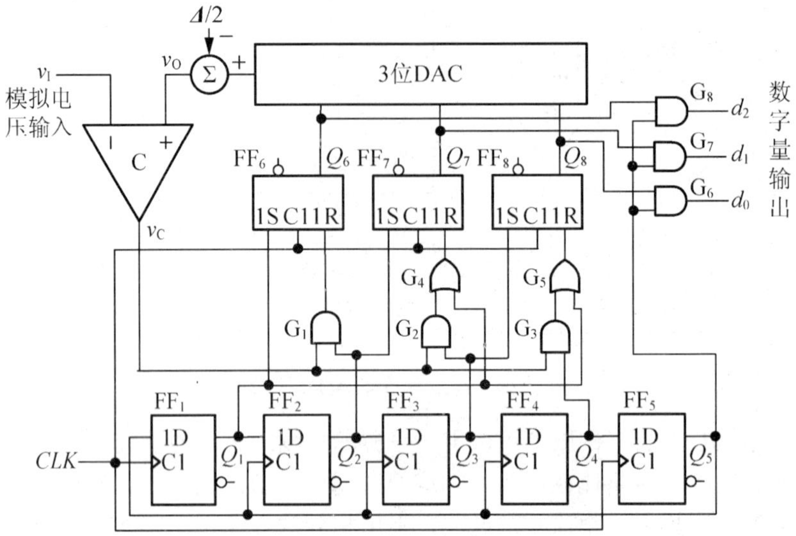

图 9.29　3 位逐次渐近型 ADC

第 3 个脉冲到达时，FF_8 被置 1。若此时 $v_C=0$，FF_7 的 1 状态被保留，若 $v_C=1$，FF_7 被置成 0。如果原来 $Q_6Q_7Q_8=110$，则 $Q_6Q_7Q_8$ 的状态变为 111 或 101；如果原来 $Q_6Q_7Q_8=010$，则 $Q_6Q_7Q_8$ 的状态变为 011 或 001。并将 $Q_6Q_7Q_8$ 的状态传递给 DAC，使 DAC 的输出 v_O 再次发生变化，并与 v_I 相比，得到新的 v_C 值。同时移位寄存器右移 1 位，使输出变为 $Q_1Q_2Q_3Q_4Q_5=00010$。

第 4 个脉冲达到时，根据此时 v_C 的状态决定 FF_8 的状态，若 $v_C=0$，FF_8 的 1 状态被保留，若 $v_C=1$，FF_8 被置成 0，即 $Q_6Q_7Q_8$ 的状态变为 111、110、101、100、011、010、001、000 中的某一个状态。同时移位寄存器右移 1 位，使输出变为 $Q_1Q_2Q_3Q_4Q_5=00001$。由于 $Q_5=1$，$Q_6Q_7Q_8$ 的状态通过 G_8、G_7 和 G_6 输出，即 $d_2d_1d_0= Q_6Q_7Q_8$。

第 5 个脉冲到达后，移位寄存器右移 1 位，使 $Q_1Q_2Q_3Q_4Q_5=10000$，电路返回初始状态，同时由于 $Q_5=0$，将 G_8、G_7 和 G_6 封锁，转换输出信号消失。

为了减小量化误差，可以在 DAC 的输出端增加一个$-\Delta/2$ 的偏移量，Δ 是 DAC 最低位为 1 时的输出模拟电压值，也就是 1LSB。为了使量化误差不大于 $\Delta/2$，应使第一个比较电平为 $\Delta/2$，而不是 Δ，但以后每个比较电平之差都是 Δ。为了做到这一点，必须使 DAC 输出的所有电平同时向负方向偏移 $\Delta/2$。

根据以上分析可知，3 位二进制代码的逐次渐近型 ADC 完成一次转换需要 5 个时钟周期的时间，如果是 n 位输出的逐次渐近型 ADC，则完成一次转换需要的时间为 $n+2$ 个时钟周期信号。因此，逐次渐近型 ADC 的转换速度比并联比较型 ADC 的转换速度低，但比计数型 ADC 的转换速度高。

9.3.4　双积分型 A/D 转换器

双积分型 A/D 转换器是一种电压—时间变换型 ADC，它首先将输入的模拟电压转换为与之成正比的时间间隔 Δt，然后在这个时间间隔里对固定频率的时钟信号进行计数，计数的结果就是正比于输入模拟电压的数字信号。因此，双积分型 ADC 是一种间接 A/D 转换器。

双积分型 ADC 的原理性框图如图 9.30 所示，它由积分器、过零比较器、时钟脉冲源、n 位二进制计数器、定时器和控制电路组成。

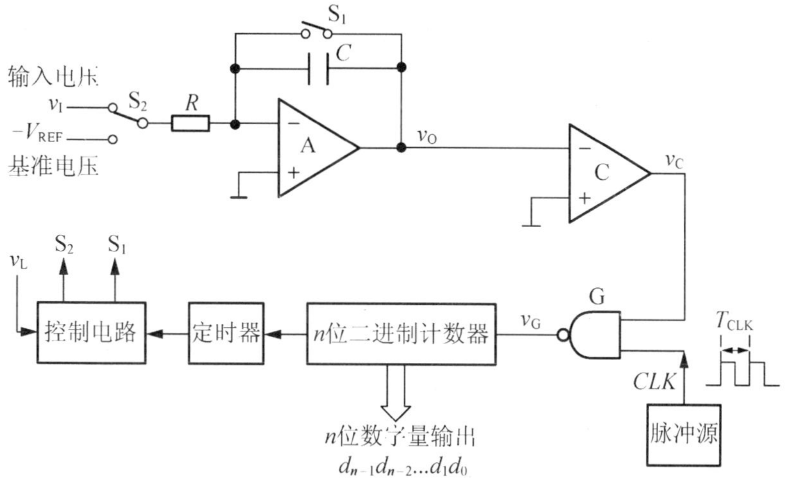

图 9.30　双积分型 ADC 原理框图

双积分型 ADC 在一次转换过程中要进行两次积分，首先是对输入模拟电压 v_I 进行积分，然后再对基准电压 $-V_{REF}$ 进行定值积分，两者有不同的斜率，因此称为双积分 ADC。

在积分开始之前，控制电路先将 n 位二进制计数器清零，并使电子开关 S_1 闭合，使电容 C 完全放电，放电结束后 S_1 再断开。

转换开始时，控制电路使电子开关 S_2 合到输入模拟电压 $v_I(v_I>0)$一侧，积分器对 v_I 进行定时积分，其输出电压 v_O 为：

$$v_O(t_1)=-\frac{1}{C}\int_0^{t_1}\frac{v_I}{R}\mathrm{d}t=-\frac{1}{RC}\int_0^{t_1}v_I\mathrm{d}t$$

因为在积分期间输入电压 v_I 保持不变，所以：

$$v_O(t_1)=-\frac{1}{RC}\int_0^{t_1}v_I\mathrm{d}t=-\frac{t_1}{RC}v_I$$

上式表明在 t_1 固定的条件下积分器的输出电压 v_O 与输入电压 v_I 成正比。由于 v_I 为正，所以 v_O 为负，比较器 C 的输出 v_C 为高电平，与非门 G 打开，n 位二进制计数器对时钟周期为 T_{CLK} 的脉冲源进行计数，在经过 2^n 个计数脉冲以后，计数器清零，定时器置 1，控制电路使电子开关 S_2 合到基准电压 $-V_{REF}$ 一侧，积分器对 $-V_{REF}$ 进行积分，所以 $t_1=2^nT_{CLK}$。同时，n 位二进制计数器重新开始计数。

在积分器对 $-V_{REF}$ 进行反向积分时，其输出电压 v_O 为：

$$v_O(t_2)=v_O(t_1)-\frac{1}{C}\int_0^{t_2}\frac{-V_{REF}}{R}\mathrm{d}t=v_O(t_1)+\frac{V_{REF}}{RC}t_2$$

随着反向积分过程的进行，$v_O(t)$ 逐渐升高，当 $v_O(t)$ 上升到 0 时，比较器 C 的输出 v_C 变为低电平，与非门 G 被封锁，n 位二进制计数器停止计数，对 $-V_{REF}$ 进行反向积分结束。所以：

$$v_O(t_2)=v_O(t_1)+\frac{V_{REF}}{RC}t_2=-\frac{t_1}{RC}v_I+\frac{V_{REF}}{RC}t_2=0$$

可以得到：

$$t_2=\frac{t_1}{V_{REF}}v_I$$

可见，反向积分到 $v_O(t)=0$ 的这段时间 t_2 与输入模拟电压 v_I 成正比。如果反向积分结束时 n 位二进制计数器的计数值为 $N_2=D$，则 $t_2=N_2T_{CLK}$，由于 $t_1=2^nT_{CLK}$，所以有：

$$D=N_2=\frac{2^n}{V_{REF}}v_I$$

说明反向积分结束时 n 位二进制计数器中的数值与输入模拟电压 v_I 成正比，在反向积分结束后，可由控制电路将计数器中的二进制数并行输出。如果还需进行新的转换，则需要让 ADC 恢复到初始状态，再重复以上过程。

双积分型 ADC 的工作波形如图 9.31 所示。图中 v_{I1} 和 v_{I2} 为两个不同的输入模拟电压，v_{I1} 的工作波形如图中的实线所示，v_{I2} 的工作波形如图中的点划线所示。v_{I1} 的反向积分时间为 t_{21}，v_{I2} 的反向积分时间为 t_{22}，在 t_{21} 时间内计数器的计数值为 N_{21}，在 t_{22} 时间内计数器的计数值为 N_{22}，N_{21}、N_{22} 的大小分别与输入电压 v_{I1}、v_{I2} 成正比。

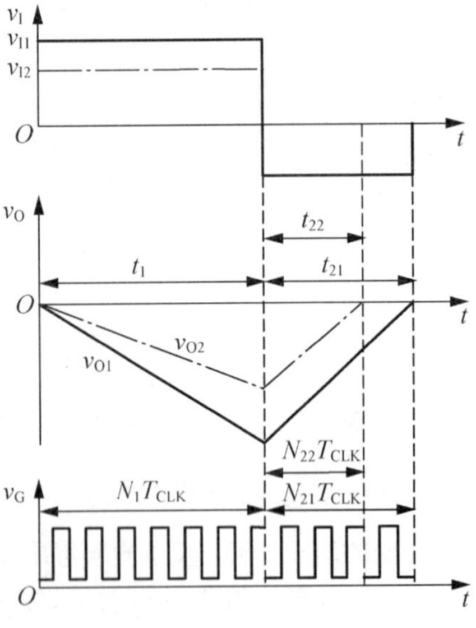

图 9.31　双积分型 ADC 工作波形图

双积分型 ADC 特点是工作性能稳定，转换精度高。由于完成一次转换需要进行两次积分，只要两次积分的时间常数(RC)没有发生变化，转换结果就与时间常数无关。而且 R、C 数值的缓慢变化和偏差都不会影响电路的转换精度。只要每次转换过程中 T_{CLK} 不变，那么时钟脉冲源的周期在较长时间里发生缓慢的变化也不会带来转换误差。并且由于双积分型 ADC 在输入端使用了积分器，所以对平均值为零的各种噪声有很强的抑制能力。在积分时间等于交流电网电压周期的整数倍时，能有效地抑制电网的工频干扰。积分型 ADC 的主要缺点是工作速度慢，如果采用图 9.30 所示的方案，每次转换时间不应小于 2 t_1，即

应大于 $2^{n+1}T_{CLK}$，再加上转换开始前的准备时间和转换后的输出时间，那么完成一次转换总的时间还要长一些。目前生产的单片集成双积分型 ADC 的转换速度一般都在每秒几十次以内，所以双积分型 ADC 主要用在对转换速度要求不高的场合。

9.3.5　V-F 变换型 A/D 转换器

V-F 变换型 A/D 转换器是一种电压—频率变换型 ADC，它首先将输入的模拟电压转换为与之成正比的频率信号，然后在一个固定的时间间隔里对得到的频率信号进行计数，计数的结果就是正比于输入模拟电压的数字信号。因此，V-F 变换型 ADC 是一种间接 A/D 转换器。

V-F 型 ADC 的原理框图如图 9.32 所示，它由 V-F 变换器、n 位二进制计数器、输出寄存器、单稳态触发器和控制电路组成。

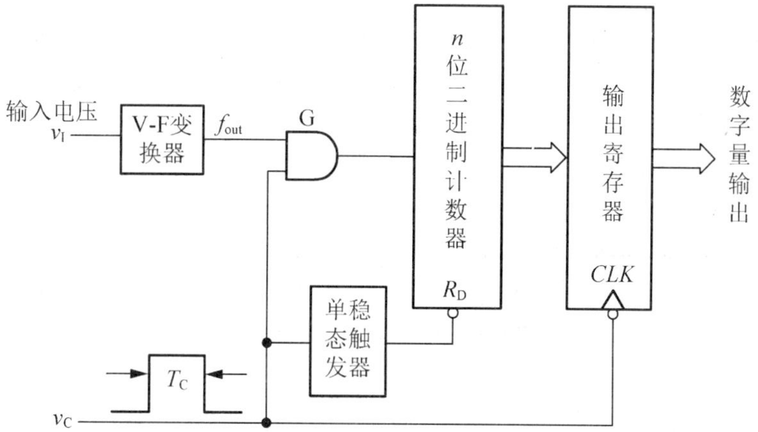

图 9.32　V-F 变换型 ADC 原理框图

V-F 变换器的作用是将输入的模拟电压 v_I 变换成与之成正比的频率信号 f_{out}，当控制信号 v_C 变为高电平后转换开始，频率信号 f_{out} 经与门 G 加载到 n 位二进制计数器的脉冲输入端，n 位二进制计数器对输入的频率信号开始 f_{out} 计数。由于控制信号 v_C 的脉冲宽度 T_C 为固定值，所以 n 位二进制计数器的计数值与输入频率信号 f_{out} 的频率成正比，即计数器的计数值与输入的模拟电压 v_I 成正比。

为了避免在转换过程中输出的数字跳动，通常在电路的输出端设有输出寄存器。在控制信号 v_C 的下降沿到来时，转换结束，v_C 的下降沿将 n 位二进制计数器的计数值装载到输出寄存器中。同时，v_C 的下降沿触发单稳态触发器，用单稳态触发器的输出脉冲将计数器清零。

V-F 型 ADC 的转换精度主要取决于 V-F 变换器的精度，从理论上讲，只要采样时间能够满足 V-F 变换器输出频率分辨率的要求，V-F 型 ADC 的分辨率就可以无限增加。其次，转换精度还受 n 位二进制计数器计数容量的限制，计数容量越大，转换误差就越小。

【思考题】　A/D 转换器的电路结构有哪些类型？它们各有何优缺点？

9.3.6 A/D 转换器的主要参数

A/D 转换器的主要参数是转换精度和转换速度，其名称与 D/A 转换器主要参数的名称相同，但由于 ADC 和 DAC 的输入、输出形式不同，所以转换精度和转换速度的定义有所差异。

1. 转换精度

ADC 的转换精度主要由分辨率和转换误差来决定。

分辨率被定义为 ADC 能够分辨输入信号的最小变化量，通常以输出二进制的位数表示，它表明 ADC 对输入信号的分辨能力。从理论上讲，n 位二进制数字输出的 ADC 共有 2^n 个不同状态，应能区分输入模拟电压的 2^n 个不同等级，即能区分输入电压的最小差异是满量程输入的 $1/2^n$。例如，当 $n=10$ 时，应能区分输入电压的最小差异为 $V_{I(max)}/2^{10}$。为了方便起见，有时也用十进制数表示分辨率，如输出是 3 位半十进制数(8421BCD 码)等。这里所说的 3 位半是指输出的十进制数的范围为 0～1999，最高位只能是 0 或 1，其他位可以为 0～9 中的任何数。

转换误差主要包括量化误差、偏移误差、增益误差等，其中量化误差是 ADC 本身所固有的误差，其他误差是由于电路内部其他元器件产生的。转换误差通常以相对误差的形式给出，它表示 ADC 实际输出的数字量和理论上输出数字量之间的差别，并用最低有效位的倍数来表示。例如，当某 ADC 的转换误差为 $\varepsilon \leqslant \pm LSB/2$ 时，表示 ADC 实际输出的数字量与理论上应得到的数字量之间的误差不大于最低有效位的 1/2。

2. 转换速度

ADC 的转换速度主要是用转换时间来衡量的。ADC 的转换时间是从模拟信号输入开始，到输出端得到稳定的数字量为止，转换过程所经历的时间。ADC 转换时间的长短主要取决于电路的类型，不同类型的 ADC 完成一次转换所需的时间差别很大。并联比较型 ADC 的转换速度最快，其转换时间大约是几十纳秒。逐次渐近型 ADC 的转换速度次之，其转换时间大约在几百纳秒至几十微秒之间。双积分型 ADC 的转换速度最低，其转换时间一般在几十毫秒到几百毫秒之间。

9.3.7 集成 A/D 转换器及其应用

集成 A/D 转换器的分类有多种方法，按照输出数字量的有效位数不同，可以分为 4 位、8 位、10 位、12 位、14 位、16 位等二进制并行输出，或是 3 位半、4 位半、5 位半等 8421BCD 码输出；按照转换速度不同，可以分为超高速型、高速型、中速型、低速型等；按照输入端连接方式不同，可以分为单端输入方式和双端输入方式。

尽管 A/D 转换器的种类很多，但目前广泛应用的主要有逐次渐近型 ADC 和双积分型 ADC。此外，由于 Σ-Δ 型 ADC 具有信噪比高、分辨率高、线性度好等优点，在音频和测量领域得到了广泛的应用。下面以 ADC0809 为例介绍集成 A/D 转换器及其应用。

ADC0809 是 8 位逐次渐近型 ADC，它的转换时间为 100μs，转换误差为±1LSB，可以对 8 路 0～5V 输入模拟电压进行分时转换，采用单电源供电(+5V)。ADC0809 的内部结构如图 9.33 所示，它由 8 路模拟开关、地址锁存与译码器、8 位 ADC、三态输出锁存器组成。ADC0809 的引脚图如图 9.34 所示。

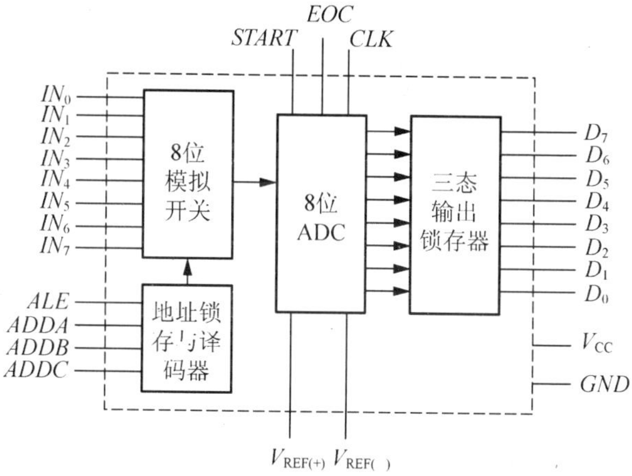

图 9.33　ADC0809 的内部结构框图

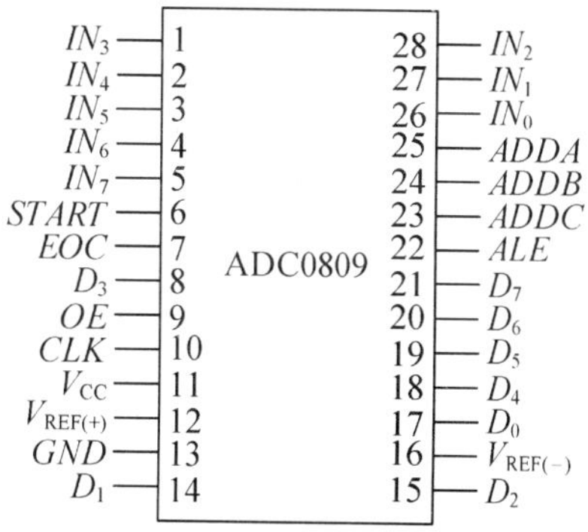

图 9.34　ADC0809 的引脚图

图中 IN_0～IN_7 是 8 路模拟量输入端，*ADDA*、*ADDB*、*ADDC* 是通道选择地址输入端，*ALE* 是地址锁存允许信号输入端，在 *ALE* 的控制作用下，通过 *ADDA*、*ADDB*、*ADDC* 输入端输入变量的不同逻辑组合，将 8 路模拟输入通道 IN_0～IN_7 中的某一路接通，使其能够加载到 8 位 ADC 上。*START* 是 A/D 转换启动信号输入端，*EOC* 是转换结束信号输出端，*CLK* 是时钟信号输入端，*OE* 是输出允许控制端，用来打开三态输出锁存器。$V_{REF(+)}$和 $V_{REF(-)}$是基准电压输入端，V_{CC}是电源输入端，*GND* 是接地输入端。

ADC0809 的工作波形如图 9.35 所示。*ALE* 的上升沿将通道地址存入锁存器，下降沿将 *ADD* 锁存；*START* 上升沿复位 ADC0809，下降沿启动转换；*EOC*=0 表示转换正在进行，*EOC*=1 表示转换结束；转换结束后，*OE* 的上升沿打开三态输出锁存器，输出转换好的数据。

如果将转换启动信号 *START* 与地址锁存允许信号 *ALE* 相连，则在通道地址选定的同时开始进行 A/D 转换。若将 *START* 与转换结束信号 *EOC* 相连，则在本次转换结束后就开始下一次转换。当系统不需要外接基准电压时，两个基准电压输入端可以分别连接到系统电源中。

图 9.36 是 ADC0809 与微控制器 89C51 的一种接口电路。由于 ADC0809 片内没有时钟，在使用时需要外部提供时钟信号，89C51 的 *ALE* 输出脉冲经过二分频以后连接到 ADC0809 的时钟信号输入端，为 ADC0809 提供时钟信号。89C51 的 P0 口输出低 3 位地址信号经 74LS373 送至 ADC0809 的 *ADDA*、*ADDB*、*ADDC*。89C51 的 *WR* 和 P2.7 经或非门输出作为 ADC0809 的启动信号。89C51 的 *RD* 和 P2.7 经或非门输出作为 ADC0809 的输出允许控制信号。A/D 转换结束信号 *EOC* 取反后与 89C51 的 INT_1 端相连，作为中断请求信号。

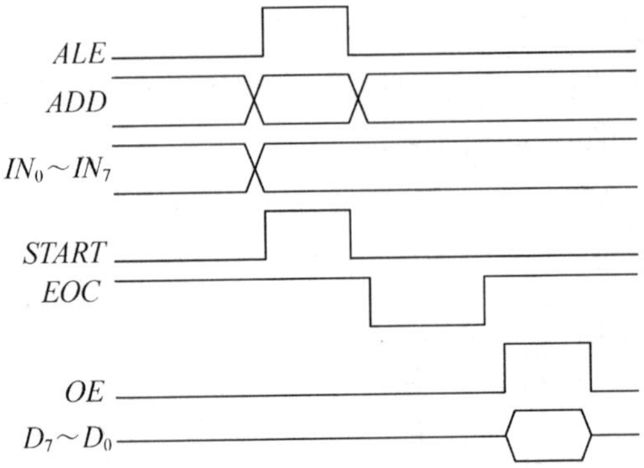

图 9.35　ADC0809 的工作波形图

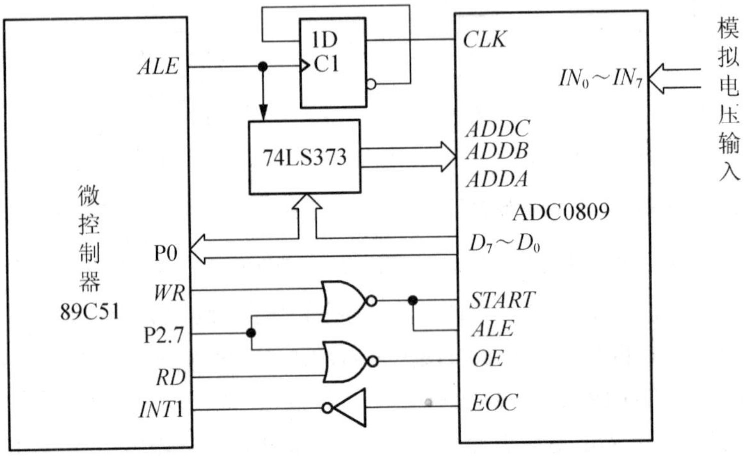

图 9.36　ADC0809 与 89C51 的接口电路图

9.4　用 Multisim 10 分析 D/A 转换器和 A/D 转换器

按照 D/A 转换器和 A/D 转换器构成方法，利用 Multisim 10 可以组建相应的电路，以实现 D/A 转换和 A/D 转换。Multisim 10 的元件库中包含有集成 DAC 和 DAC，通过对它们的仿真测试有助于理解 DAC 和 ADC 的工作原理。

1. 权电阻网络 DAC

权电阻网络 DAC 是利用权电阻解码网络构成的 DAC，为了仿真测试其工作原理，设计了如图 9.37 所示的仿真电路。图中电阻 R1、R2、R3、R4 是权电阻解码网络，且 R1=80kΩ，R2=40kΩ，R3=20kΩ，R4=10kΩ，反馈电阻 R5=5kΩ，基准电压 VREF=−10V，按照权电阻网络 DAC 输出电压的计算公式可以计算出输出模拟电压与输入数字量的关系为：

$$v_O = -\frac{5}{2^3 \times 10} \times (-10) \times (d_3 2^3 + d_2 2^2 + d_1 2^1 + d_0 2^0)\text{V}$$

$$= \frac{5}{8} \times (d_3 2^3 + d_2 2^2 + d_1 2^1 + d_0 2^0)\text{V}$$

所以，输出模拟电压的变化范围为 0～9.375V。

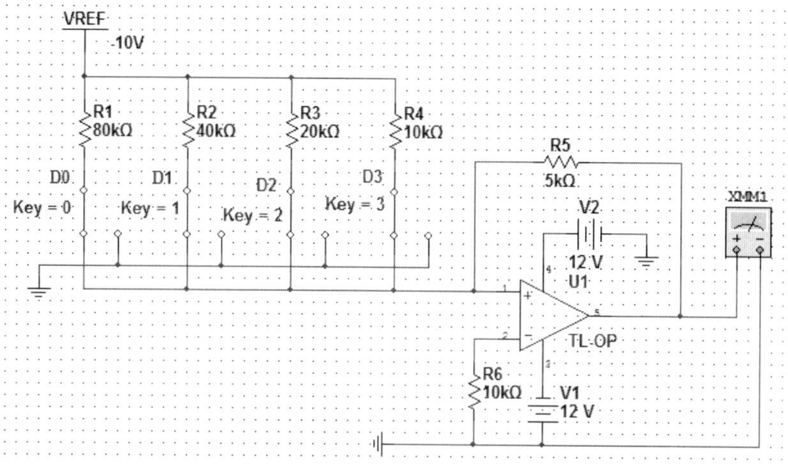

图 9.37　权电阻网络 DAC 仿真电路图

当输入数字量 $d_3d_2d_1d_0$=1100 时，其输出模拟电压为：

$$v_O = \frac{5}{8} \times (1 \times 2^3 + 1 \times 2^2 + 0 \times 2^1 + 0 \times 2^0)\text{V}=7.5\text{V}$$

其仿真结果如图 9.38 所示。当输入数字量为 $d_3d_2d_1d_0$=0101 时，其输出模拟电压为：

$$v_O = \frac{5}{8} \times (0 \times 2^3 + 1 \times 2^2 + 0 \times 2^1 + 1 \times 2^0)\text{V}=3.125\text{V}$$

其仿真结果如图 9.39 所示。

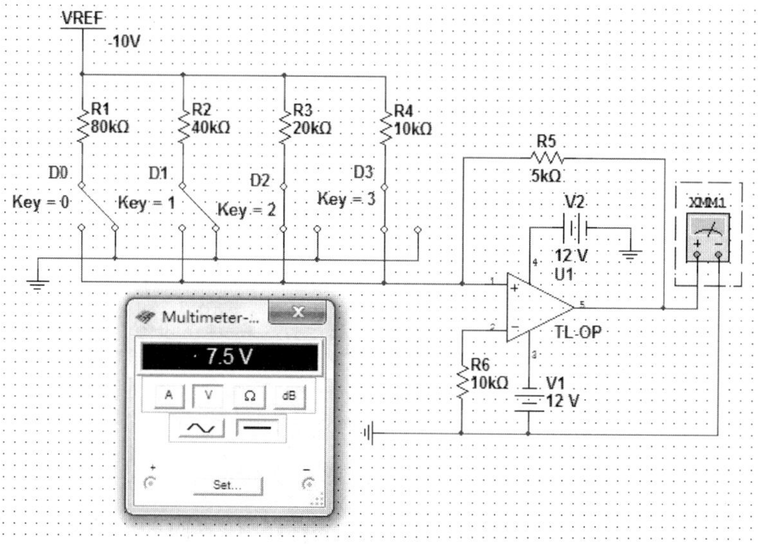

图 9.38　权电阻网络 DAC 仿真结果 1

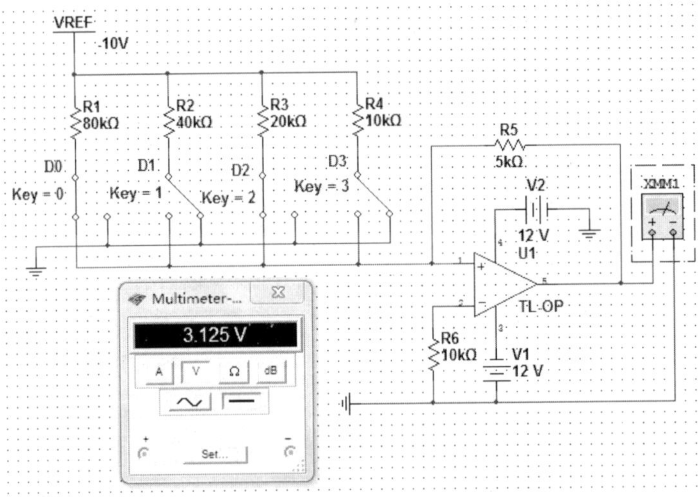

图 9.39　权电阻网络 DAC 仿真结果 2

2. 集成 DAC

为了仿真测试集成 DAC 的电路功能，设计了如图 9.40 所示的仿真电路。图中的集成 DAC 的 D7～D0 是输出的数字量；Vin 是模拟量输入端；SOC 是转换开始控制端，低电平有效；OE 是数据输出使能端，上升沿有效；EOC 是转换结束信号，高电平有效。电路中使用探针 D7～D0 指示输出数字量的状态，当输出数字量某位为 1 时，与其对应的探针被点亮。探针 D8 用以指示转换结束信号的状态，当转换结束时，探针 D8 被点亮。

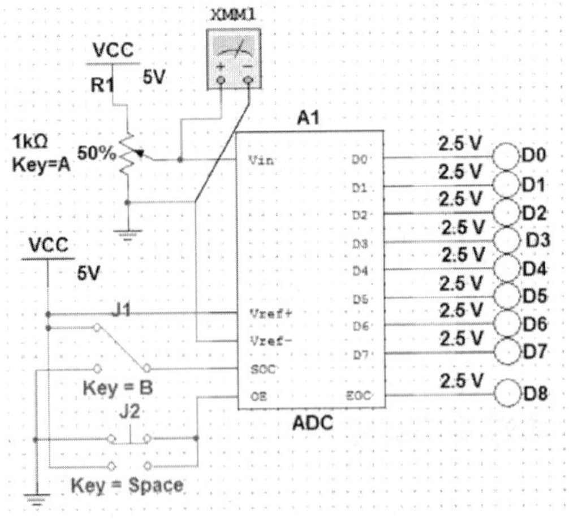

图 9.40　集成 ADC 仿真电路

图 9.40 中的模拟输入电压通过可变电阻 R1 获得，仿真时改变 R1 的控制字 A 可以改变其电阻值的大小，从而改变 ADC 模拟输入电压的大小。仿真时，先令 SOC 处于高电平，将 ADC 复位，然后使 SOC 变为低电平，启动 A/D 转换。当 A/D 转换结束以后，EOC 变为高电平，探针 D8 被点亮，此时给数据输出使能端 OE 一个上升沿，转换后的数字量便被输出，探针 D7～D0 的相应位被点亮。其仿真结果如图 9.41 所示，模拟输入电压为 2.7V，

转换后的数字量为 10001010。由于 ADC 输出分辨率为 8 位，输入模拟电压的最大值为 5V，所以其能分辨的最小电压差异为 $5/2^8$V，而 2.7V 是该最小电压差异的 138 倍，其对应的数字量为 10001010，可见电路仿真结果正确。

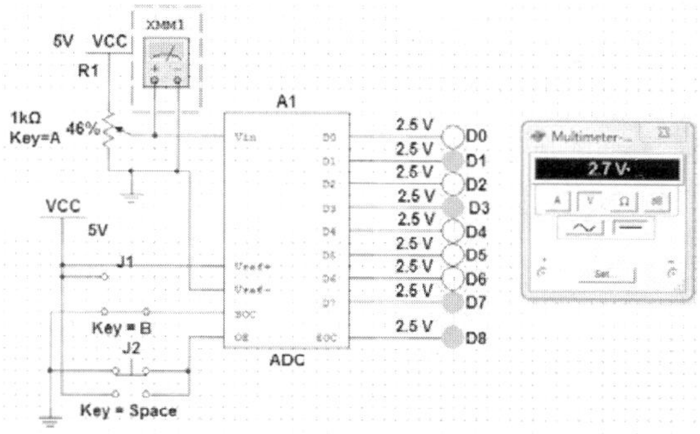

图 9.41 集成 ADC 仿真结果

9.5 用 VHDL 设计 A/D 转换器的控制电路

对 A/D 转换器的采样控制可以用 CPU 或单片机完成，也可以使用 FPGA 完成。本节以 ADC0809 的采样控制电路为例，说明用 VHDL 设计 A/D 转换器控制电路的方法。

在对 ADC0809 进行采样控制时，首先需要了解 ADC0809 的工作时序，然后根据工作时序做出控制状态图，最后写出相应的控制代码。ADC0809 的工作时序可以参考 9.3 节中的图 9.35，根据 ADC0809 的工作时序，可以将其分为 6 个状态。第 1 个状态为初始化状态，用来完成对 ADC0809 的初始化，*ALE*=0、*START*=0、*OE*=0；第 2 个状态为 *ALE*=1、*START*=0、*OE*=0，使输入地址锁存控制端有效；第 3 个状态为 *ALE*=0、*START*=1、*OE*=0，启动 A/D 转换；第 4 个状态为 *ALE*=0、*START*=0、*OE*=0，此时如果 *EOC*=0，表明转换正在进行，系统进入状态 5，否则系统保持状态 4 不变；第 5 个状态为 *ALE*=0、*START*=0、*OE*=0，此时如果 *EOC*=1，表明转换结束，系统进入状态 6，否则系统保持状态 5 不变；第 6 个状态为 *ALE*=0、*START*=0、*OE*=1，输出允许控制端有效。其 VHDL 程序如下：

```
Library IEEE;
Use IEEE.std_logic_1164.all;
Use IEEE.std_logic_unsigned.all;
USE IEEE.std_logic_arith.all;
entity ADC0809ctl is
  port
  (
    D:in std_logic_vector(7 downto 0);
    CLK:in std_logic;
    EOC:in std_logic;
    ALE,START,OE:out std_logic;
    ADDR:out std_logic_vector(2 downto 0);
    DATA:out std_logic_vector(7 downto 0)
```

```
    );
end ADC0809ctl;
architecture behav of ADC0809ctl is
type states is (st0,st1,st2,st3,st4,st5) ;
signal current_state, next_state:states:=st0;
signal regl:std_logic_vector(7 downto 0);
signal ADDRX:std_logic_vector(2 downto 0):="000";
signal lock:std_logic;
begin
PR1:process(current_state,EOC)
   begin
     case current_state is
       when st0=>next_state<=st1;ALE<='0';START<='0';OE<='0';lock<='0';
       when st1=>next_state<=st2;ALE<='1';START<='0';OE<='0';lock<='0';
       when st2=>next_state<=st3;ALE<='0';START<='1';OE<='0';lock<='0';
       when st3=>ALE<='0';START<='0';OE<='0';lock<='0';
          if EOC='1' then next_state<=st3;
          else next_state<=st4;
          end if;
       when st4=>ALE<='0';START<='0';OE<='0';lock<='0';
          if EOC='0' then next_state<=st4;
          else next_state<=st5;
          end if;
       when st5=>next_state<=st0;ALE<='0';START<='0';OE<='1';lock<='1';
       when others=>next_state<=st0;
     end case;
   end process PR1;
PR2:process(CLK)
   begin
     if(CLK'EVENT and CLK='1') then
        current_state<=next_state;
        if(current_state=st0)then
           ADDRX<=ADDRX+1;
        end if;
      end if;
      ADDR<=ADDRX;
   end process PR2;
PR3:process(lock)
   begin
     if(lock'EVENT and lock='1') then
        regl<=D;
     end if;
   end process PR3;
   DATA<=regl;
end behav;
```

程序端口定义中的 D 为 ADC0809 转换结束后的 8 位数据，ADDR 为输入通道选择控制信号，DATA 是为了观察 ADC0809 的转换结果而定义的 8 位数据输出端。进程 PR1 的主要功能是进行状态译码和对 ADC0809 控制端进行采样控制；进程 PR2 的主要作用是进行状态替换，不断地将 next_state 中的内容赋给 current_state，并对输入通道选择控制信号进行加 1 操作；进程 PR3 是一个附加进程，用于将 ADC0809 转换好的数据进行锁存。VHDL 程序的仿真结果如图 9.42 所示。

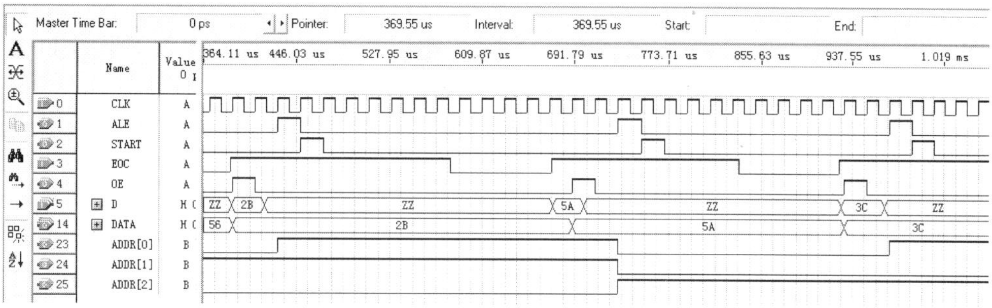

图 9.42　ADC0809 控制程序仿真波形图

本 章 小 结

本章主要介绍了 D/A 转换器和 A/D 转换器的工作原理以及它们常用的电路结构形式，并对集成 DAC 和 ADC 进行了简单的介绍。

D/A 转换器和 A/D 转换器是数字系统与各种模拟信号和被控对象之间的接口，在它们之间起桥梁的作用。通常将模拟信号转换成数字信号的过程称为 A/D 转换，将数字信号转换为模拟信号的过程称为 D/A 转换。实现 A/D 转换的电路被称为 A/D 转换器(ADC)，实现 D/A 转换的电路被称为 D/A 转换器(DAC)。

常用的 DAC 主要有权电阻网络型、倒 T 形电阻网络型、权电流型、权电容型等几种类型，在集成 DAC 中，常采用倒 T 形电阻网络和权电流两种类型的电路。常用的 ADC 可以分为直接型和间接型两大类，直接型 ADC 主要有并联比较型和反馈比较型，间接型 ADC 主要有双积分型和 V-F 变换型等。在集成 ADC 中，经常采用并联比较型、逐次渐近型、双积分型等。

DAC 和 ADC 的主要技术指标是转换精度和转换速度。DAC 和 ADC 在数字系统中的应用越来越广泛，在实际使用时集成电路时，要结合具体的应用环境，综合考虑转换精度、转换速度、功耗等技术指标，不能片面追求某一项技术指标。

习　　题

一、填空题

1. A/D 转换是将输入的_________信号转换为__________信号输出。
2. D/A 转换是将输入的_________信号转换为__________信号输出。
3. DAC 的主要技术指标是_________和__________。
4. D/A 转换器根据输出量的不同类型，可以分为_______输出型和_______输出型。
5. DAC 的转换精度一般用_________和__________来描述。

6. A/D 转换器一般要经过________、________、________和________4 个过程。

7. 量化时的近似方式不同，可以分为________量化方式和________量化方式。

8. 就逐次逼近型和双积分型两种 A/D 转换器而言，________的抗干扰能力强，________的转换速度快。

9. 有一个 8 位 D/A 转换器，它的满量程输出电压为 25.5V，当输入数字量为 11101101 时，输出电压为________。

10. A/D 转换器的输出为 12 位二进制数，最大输入信号为 5V，则转换器输出应能区分输入信号的最小差异为________。

二、分析与设计题

1. 在题图 9.1 所示的 D/A 转换器中，若取 V_{REF}=5V，试求当输入数字量 $d_4d_3d_2d_1d_0$=10101 时输出电压为多少？当输出的电压为−2.5V，其输入数字量为多少？

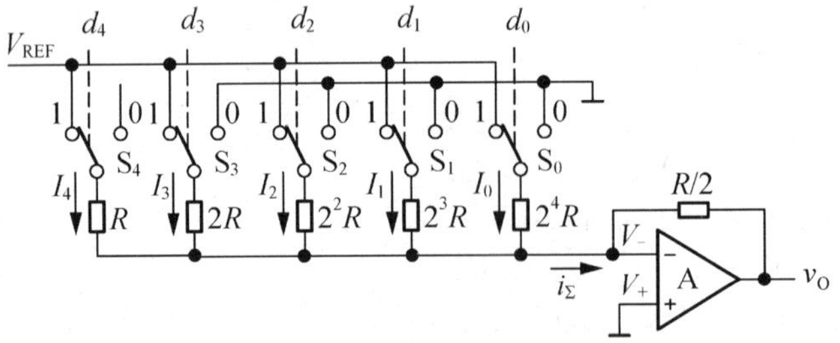

题图 9.1

2. 在题图 9.2 所示的 D/A 转换器中，若取 V_{REF}=10V，试求当输入数字量为全 1、全 0 和 $d_5d_4d_3d_2d_1d_0$=101010 时输出电压各为多少？

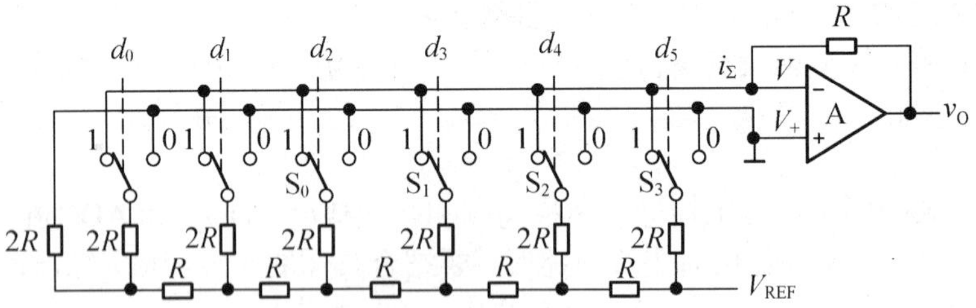

题图 9.2

3. 在图 9.27 所示的计数型 ADC 中，若输出的数字量为 8 位二进制数，时钟信号的频率为 1MHz，则完成一次转换的最长时间是多少？如果要求转换时间不大于 100μs，那么输入时钟信号的频率为多少？

4. 在采用四舍五入的量化方式的 4 位并联比较型 ADC 中，若基准电压 V_{REF}=15V，R=1kΩ，试求当输入的模拟电压为 11.7V 时，输出数字量是多少？如果输出的 4 位数字量为 1100，此时的输入电压范围和量化值分别是多少？

5. 已知某 DAC 的输入数字量位数为 9 位，输出电压的最大值为 5V，试求其最小分辨电压、分辨率和基准电压的值各是多少？

第 10 章

数字系统设计

本章教学目的与要求

(1) 了解数字系统的基本组成。
(2) 理解数字系统设计的基本流程。
(3) 学会应用 Multisim 10 对数字系统进行仿真。
(4) 学会应用 VHDL 对数字系统进行描述。

本章知识结构

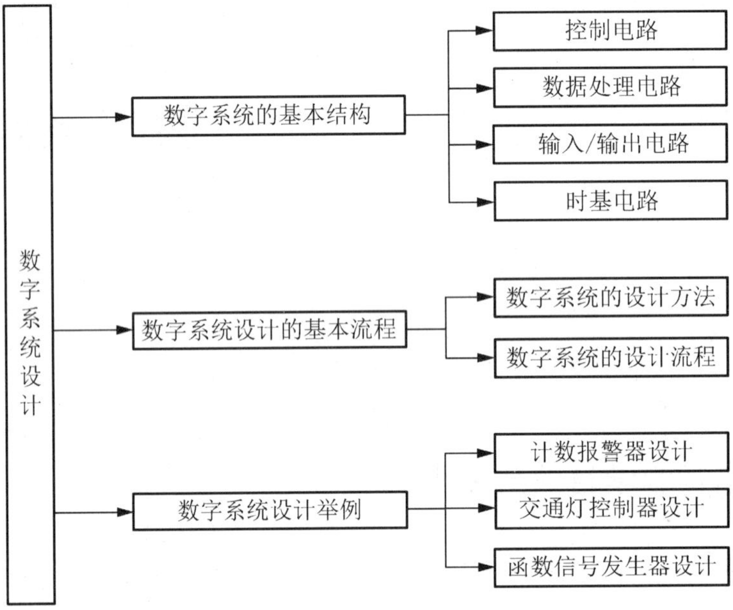

10.1　数字系统设计概述

现代社会中，数字系统已经成为人们工作和生活中不可缺少的一部分，从计算机到家用电器，从固定电话到移动手机，从航天飞机的测控系统到电子广告屏的显示系统，都包含了数字系统。那么什么是数字系统？数字系统是对数字信息进行传输、存储、处理、控制的电子系统。

10.1.1　数字系统的基本结构

一般来说，将门电路、触发器称为逻辑器件；将完成某种特定功能的逻辑电路称为逻辑功能部件，如前面所介绍的数据选择器、译码器、计数器等；将由逻辑功能部件组成的完成较复杂逻辑功能的数字电路称为数字系统。

虽然数字系统的大小不一，功能各异，结构也千差万别，但从完成系统功能的角度看，它们都是由许多能够进行各种逻辑操作的功能部件组成的，各功能部件之间有机配合、相互协调工作，共同实现数字系统的各项功能。

数字系统的基本结构大致可以分为 4 个部分：控制电路、数据处理电路、输入/输出电路和时基电路，其组成框图如图 10.1 所示。

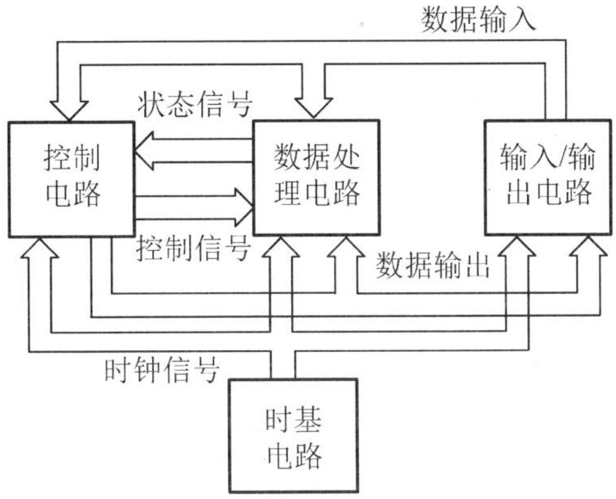

图 10.1 数字系统组成框图

数字系统的核心是数据处理电路和控制电路。数字系统中数据的存储、传送和处理均在数据处理电路进行，它从控制子系统电路接收控制信号，并把数据处理过程中产生的状态信号反馈给控制电路。由于数据处理电路主要完成数据处理功能且受控制电路控制，因此常常把它称为数据处理器或受控电路。控制电路是控制系统内部各部分协调工作的电路，它根据外部输入信号和数据处理电路反馈的状态信号产生对数据处理电路的控制信号和系统对外的输出信号，使系统各部分按照正确的时序进行工作。由于控制电路控制着数字系统的整个操作进程，因此又被称为控制器。输入/输出电路主要用于系统和外界进行信息交换。数字系统通常是一个时序电路，时基电路产生各种时钟信号，保证整个系统在时钟作用下协调工作。

数字系统和逻辑功能部件的区别在于是否含有控制电路。凡是含有控制电路的数字电路，不管其规模大小，均称为数字系统；凡是没有控制电路的数字电路，不论其规模多大，均称为逻辑功能部件。例如，一个存储器，尽管其规模很大，可以达到数 G 字节，但由于它不具备控制电路，且功能比较单一，只能算是逻辑功能部件。数字系统通常是由各种逻辑功能部件连接而成的，整个系统按照一定的要求，实现复杂的逻辑操作。

10.1.2 数字系统设计的基本流程

1. 数字系统的传统设计方法

数字系统的传统设计方法是手工设计法。手工设计法经常采用自底向上的设计方法，在设计系统硬件时，从系统的最底层开始，首先用真值表、卡诺图、状态转换表或状态转换图来描述数字系统的逻辑功能，然后选择具体的逻辑功能部件，用这些逻辑功能部件组成功能模块，最后把功能模块连接起来完成系统硬件设计。采用这种设计方法进行底层设计时，由于缺乏对整个数字系统总体性能的把握，在整个系统设计完成后，如果发现部分性能需要改进，修改起来比较困难，因而设计周期长。

手工设计法只适用于系统变量较少、规模较小的数字系统，而且数字系统的质量与设计者对逻辑功能部件的熟悉程度和设计者的设计经验有关。一般地，数字系统的规模比较大时，系统的输入变量、输出变量和状态变量的数目比较多，用真值表、卡诺图、状态转换表或状态转换图的形式难以清晰地描述，而且系统的控制电路设计比较复杂，很容易出错。在系统设计成功后，对系统功能的验证往往也需要花费大量的时间。所以，手工设计法在设计数字系统时受到的限制比较多，效率比较低，有很大的局限性。

2. 数字系统的现代设计方法

由于数字电子技术的飞速发展，数字系统设计的复杂程度也相应提高，利用传统的手工设计法已经不能满足现代数字系统设计的要求。目前有许多种设计方法适合现代大规模数字系统设计，经常采用的是自顶向下的设计方法。

自顶向下的设计方法，概括地讲就是从整体到局部、最后到细节的设计方法，即设计者先从数字系统的整体功能要求出发，进行最顶层的系统设计，然后将整个系统分成若干子系统，再将每个子系统分为若干功能模块，功能模块还可继续向下划分成子功能模块，直至分成许多可以由最基本的逻辑功能部件实现小功能模块。这就像建造一座大楼，先要进行整体设计，再绘制详细的结构图，最后用建筑材料建造起来。

在自顶向下的设计过程中，最重要的是将整个系统或子系统划分成控制电路和若干数据处理电路，数据处理电路一般都有现成的逻辑功能模块，因而系统设计的主要任务就是设计系统的控制电路，控制电路的逻辑关系最为复杂，是数字系统设计中的关键。

例如，多路抢答器的设计可以把整个系统分为抢答主控电路、倒计时电路、译码显示电路和抢答指示电路等，其中倒计时电路可以由计数器实现，译码显示电路可由显示译码器构成组合逻辑电路实现，抢答指示电路可以由发光二极管和蜂鸣器构成，这 3 部分都是设计者所熟悉的各种逻辑功能部件，设计起来并不困难。因此，多路抢答器设计的主要问题就是设计控制电路，而这是一个规模不大的时序电路，这样就把一个复杂的数字系统设计变成了一个规模较小的时序电路设计，大大简化了设计的复杂程度，缩短了设计周期。

3. 数字系统设计的基本流程

一个数字系统的设计，从提出任务到完成设计，主要包括任务分析、确定总体方案、系统功能划分、逻辑设计和物理设计等几个步骤，其基本流程如图 10.2 所示。

(1) 任务分析，明确设计要求。在开始对一个数字系统进行设计之前，首先应对该数字系统进行充分的调研，深入了解该数字系统的功能、性能指标、工作环境等，明确系统的输入信号有哪些，输出信号有哪些，对输入信号和输出信号有什么特殊的要求等，只有在明确设计要求的基础上才能进行系统设计。

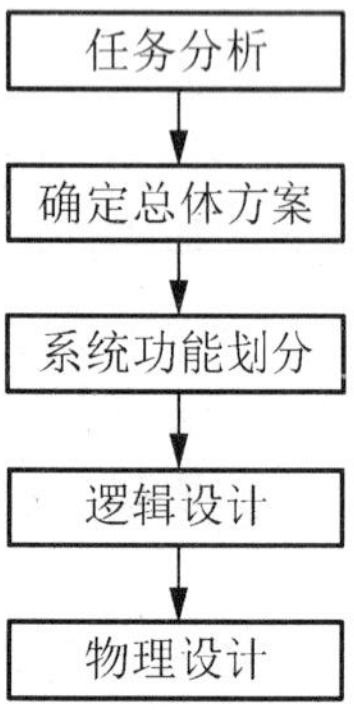

图 10.2　数字系统设计的基本流程图

(2) 确定系统的总体方案。对于一个具体数字系统的设计可能有多种不同的实现方案，方案的优劣直接关系到整个数字系统的质量，因此，要从系统的实现原理、性能、成本、可靠性等方面对不同方案进行论证，最终确定系统的总体设计方案。

(3) 系统功能划分。系统总体设计方案确定以后，可以根据所要设计的数字系统的特点，将整个系统划分为若干个子系统，一般可以分为控制子系统和数据处理子系统。每个子系统还可以划分为不同的功能模块，以实现不同的逻辑功能。

(4) 逻辑设计。把功能模块所描述的逻辑功能进行逻辑设计，详细地给出实现该逻辑功能的硬件描述和软件描述。例如，在设计译码显示功能模块时，要对采用何种显示器件、采用何种显示方法等进行详细说明。

(5) 物理设计。物理设计也称为电路设计，是用具体的电路结构来实现功能模块的逻辑功能。

经过上述 5 个步骤后，数字系统设计在理论上已经完成，为了保证系统设计的正确性和可靠性，需要对系统进行逻辑功能测试。如果测试成功，表明系统设计结束；如果测试不成功，则需要分析原因，对部分电路进行修改，直至系统测试成功。

10.2　数字系统设计实例

上一节介绍了数字系统的基本结构和数字系统设计的基本流程，这一节将通过具体的例子来介绍数字系统的设计方法。

10.2.1　计数报警器设计

1. 设计任务

设计一个计数报警器，对输入的脉冲信号进行计数，当计数达到最大值时，报警器给出 10s 的声光报警。该计数报警器的计数脉冲用按键产生，最大计数值为 60，声报警用蜂鸣器产生，光报警用红色 LED 产生，并要设计一个复位键，当报警信号产生后，可以将电路复位，以重新开始计数。

2. 任务分析

根据设计任务可知，计数报警器的计数脉冲用按键产生，需要设计一个按键脉冲电路；计数报警器能对输入脉冲计数，最大计数值为 60，因此需要设计一个 60 进制的加法计数器；当计数达到最大值时进行 10s 的声光报警，需要设计一个定时电路，用来产生 10s 的定时，并驱动蜂鸣器和 LED 进行声光报警；为了能够对计数值进行显示，需要设计一个显示译码电路。复位键可以控制整个电路的工作情况，用按键产生。由以上分析可知，整个计数报警器电路可以由控制模块、脉冲产生模块、计数模块、译码显示模块、定时模块和报警模块等组成。

3. 模块电路设计

(1) 脉冲产生电路可以用按键产生，当按键按下或松开时，会产生抖动，使输出信号不稳定，因此需要设计一个稳定电路，使按键按下后可以产生一个稳定的脉冲信号。设计电路如图 10.3 所示。图中在按键后面增加了一个由与非门构成的基本 *RS* 触发器，可以起到消抖的效果，当按键 J1 按下去后，在输出 *Q* 端产生一个正脉冲。

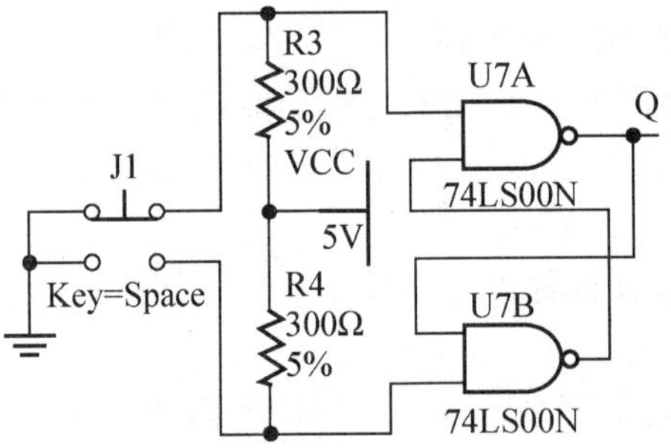

图 10.3　按键脉冲产生电路

(2) 计数模块可以采用多种方案实现，这里采用两片 74LS160 来实现 60 进制的计数器，设计的电路如图 10.4 所示。图中上方的 74LS160 为个位，下方的 74LS160 为十位，当计数达到 60 时，由与非门 74LS00 译出进位信号，以便其他电路使用。

(3) 译码显示电路可以采用七段数码管加显示译码器实现，由于七段数码管有共阳极和共阴极两种，所以对应的显示译码器也应分为两种，一种驱动共阳极的数码管，一种驱动共阴极的数码管。本设计采用共阳极数码管，因此显示译码器采用 74LS47。74LS47 的输入端接对应计数器 74LS160 的输出端，74LS47 的输出端接数码管的输入端，并将 74LS47 的控制端接高电平，数码管的共阳极接电源，即可以实现对计数值的显示。

(4) 定时电路采用 555 构成的单稳态触发器构成，只要电路参数设置合适，就会产生 10s 的定时。利用定时输出驱动发光二极管和蜂鸣器，实现 10s 的报警，其电路连接如图 10.5 所示。图中 555 定时器的触发输入信号为 60 进制计数器的进位输出信号，当计数值达到 60 时，计数进位输出信号产生一个下降沿脉冲，从而触发由 555 定时器构成的单稳态电路，使之产生 10s 的高电平输出，并且发光二极管 LED1 被点亮，蜂鸣器发出声音，即进行声光报警。

(5) 控制电路设计是整个电路设计的核心，它控制着整个电路的工作状态。当电路通电开始工作之前，需要按下控制键，即产生一个控制信号，使电路开始工作，这时计数器开始对输入的脉冲进行计数，当计数达到 60 时，计数器产生进位输出信号，并触发定时电路，使电路产生 10s 的声光报警信号。在报警信号起作用的 10s 内，计数脉冲和控制信号将不起作用，即电路不能再对输入脉冲进行计数，控制信号也不能使电路复位。当报警信号消失后，按下控制信号，将电路复位，以重新对输出脉冲计数。

为了实现上述控制功能，使用了带有预置数功能的 *JK* 触发器 74LS112，刚接通电源时，74LS112 的输出为低电平，使计数电路不能计数，当电路复位后，使 74LS112 输出为高电平，电路开始计数，因此将控制按键的输出接在 *JK* 触发器的预置数输入端，将 *JK* 触发器输出端接在计数器的控制端 *ENP* 上。同时将 *JK* 触发器的 *J*、*K* 端连接在一起，并接高电平，使触发器的输出处于翻转状态，并将 555 定时器的报警输出经过一个反相器后接入 74LS112 的时钟输入端，当报警信号消失后，时钟信号有效，使 *JK* 触发器输出发生翻转，即触发器输出低电平，使计数电路不能计数。为了实现报警信号产生的 10s 内计数器不能计数，可以将 555 定时器的报警输出经过一个反相器接入计数器的控制端 *CLR′*，使计数器清零，不能计数。

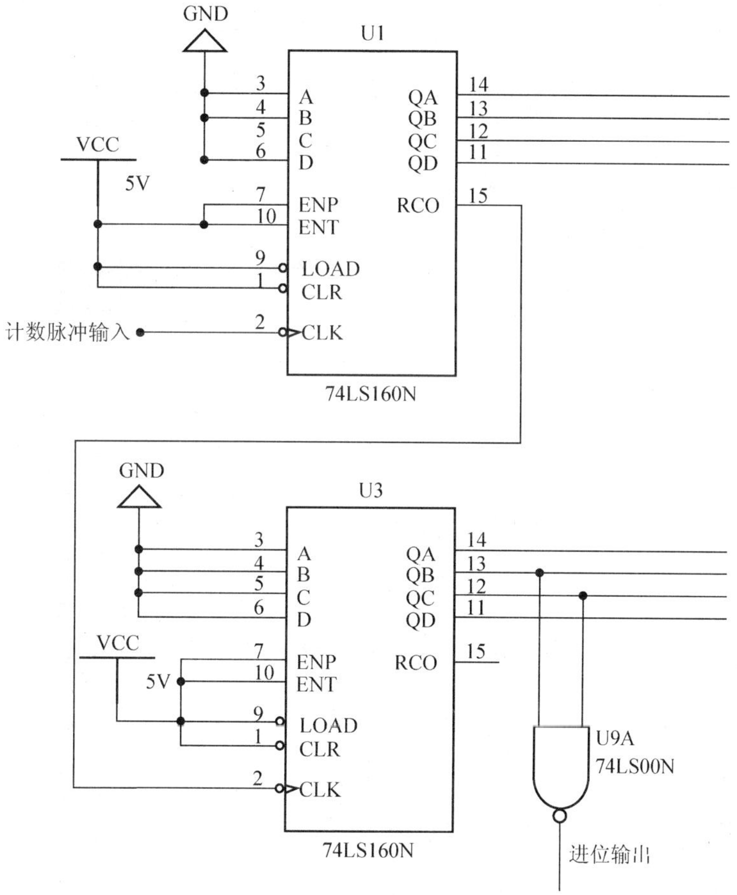

图 10.4　60 进制计数器设计

将上述各个模块进行连接就可以得到设计的计数报警器电路，如图 10.6 所示。图中 J1 为计数脉冲产生按键，J2 为复位按键。利用 Multisim 10 对所设计的电路进行仿真测试，电路可以实现设计任务所要求的功能，表明电路设计正确。

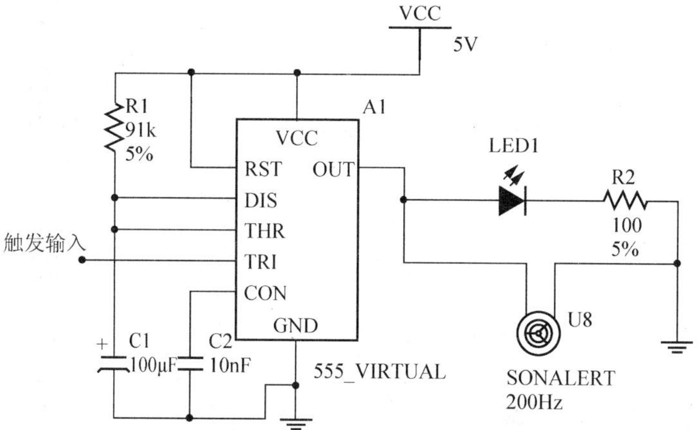

图 10.5　定时报警电路设计

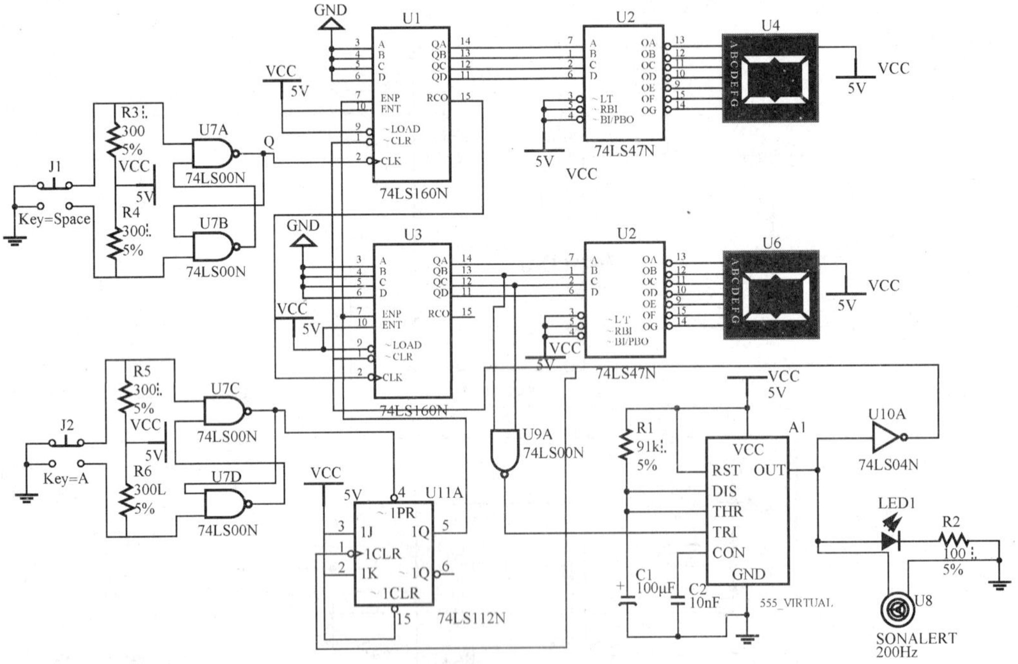

图 10.6　计数报警器电路图

10.2.2　交通灯控制器设计

1. 设计任务

设计一个简易的十字路口交通灯控制器。在十字路口，为了确保车辆和行人的安全，在每个交叉口都设置了交通信号灯，交通信号灯由红灯和绿灯组成，用以指示车辆和行人有序地通行，其中各条道路上的红灯亮表示该条道路禁止通行，绿灯亮表示该条道路允许通行。各条道路允许通行或禁止通行的时间用 LED 数码管进行显示。十字路口交通灯的工作情况可以用图 10.7 进行说明。每次只有一条道路允许通行，假设主干道的通行时间为 60s，次干道的通行时间为 50s。

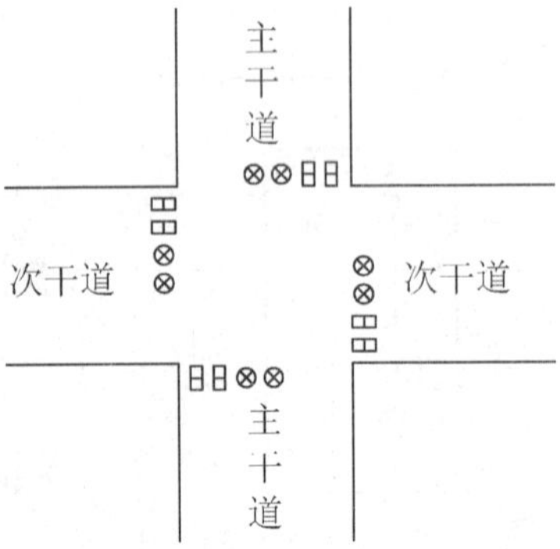

图 10.7　十字路口交通灯显示设置

2. 任务分析

根据设计任务可知，交通灯控制器只有两种工作状态，每个工作状态应保持一定的时间，来确保十字路口车辆和行人的安全通行，并且这两个工作状态能够自动转换。其中一个状态是主干道绿灯亮，次干道红灯亮，即主干道允许通行，次干道禁止通行，此时进行 60s 倒计时；另一个状态是主干道红灯亮，次干道绿灯亮，即主干道禁止通行，次干道允许通行，此时进行 50s 倒计时。因此，控制系统需设置 4 个红灯和 4 个绿灯，分别指示各条道路是否允许通行，每条道路需用两个数码管来显示该条道路剩余的通行时间。

为了使交通灯控制器在每个状态按规定的时间正常工作，需要设置秒脉冲发生电路，它既可作为整个电路的时钟信号，又可以作为倒计时电路的时间信号。为了能够对通行时间进行倒计时，需要设置 60s 和 50s 变模定时电路，它接收外部提供的秒基准信号，设置 60s 定时控制主干道通行、次干道禁止，设置 50s 定时控制次干道通行、主干道禁止。并且控制器在每个状态运行期间，要发出控制信号，以驱动每条道路的指示灯。

经过以上分析可知，交通灯控制器可以由控制模块、秒脉冲产生模块、倒计时和译码显示模块、指示灯驱动模块等组成。

3. 模块电路设计

(1) 秒脉冲产生电路可以用多谐振荡器产生，多谐振荡器采用 555 定时器构成其电路连接如图 10.8 所示。

图 10.8 中 555 定时器的 1 端接地，4 端和 8 端接电源，5 端通过 10nF 的电容接地，7 端经过电阻 R1 接电源，2 端与 6 端接在一起，并通过电阻 R2 接 7 端、通过电容 C 接地，这样便构成了多谐振荡器。如果电阻 R1=R2=48kΩ，C=10μF，根据电路振荡周期 T=(R1+2R2) Cln2 可知，T=0.998s≈1s。

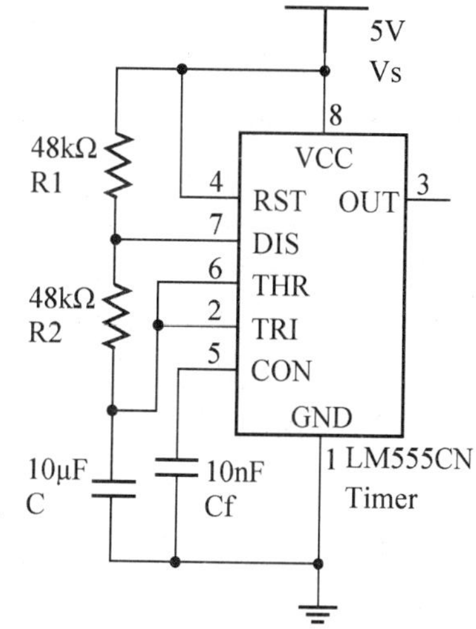

图 10.8　555 定时器构成的多谐振荡器

(2) 倒计时和译码显示模块主要由计数器、显示译码器和数码管组成。由于电路既要进行六十进制减法计数器，又要进行五十进制减法计数器，因此需要设计一个模值可变的减法计数器，这可以利用计数器的置数端实现，进行六十进制减法计数时，计数器初值设定为 60，进行五十进制减法计数时，计数初值设为 50。数码管可以采用共阳极数码管，也可以采用共阴极数码管。另外，显示译码器应和数码管配合使用，以构成显示电路。倒计时和译码显示电路如图 10.9 所示。

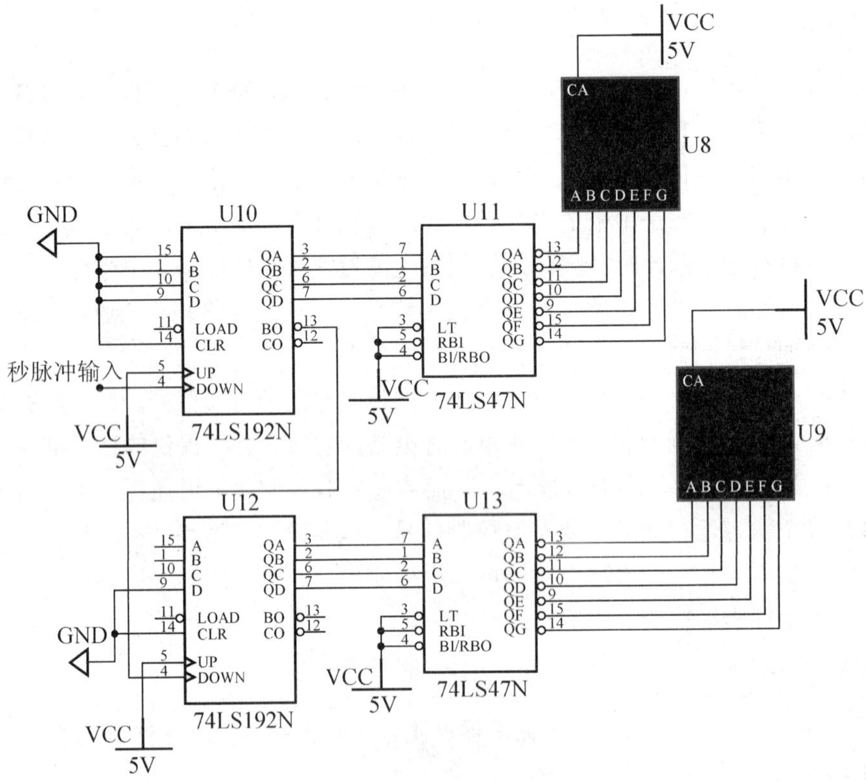

图 10.9 倒计时和显示电路设计

图 10.9 中计数器采用 74LS192，数码管采用共阳极数码管，显示驱动电路采用 74LS47。两片 74LS192 构成减法计数器，U10 为计数器个位，U12 为计数器十位，计数脉冲从个位 74LS192 的 DOMN 端输入，个位的借位输出信号接十位 74LS192 的 DOMN 端，并且两片的 UP 端都接高电平，以保证计数器工作在计数状态。两片 74LS192 的预置数输入端需要接控制信号，在图 10.9 中未给出。十位 74LS192 的数据输入端中 CBA 也需要接控制信号，以实现变模值减法计数，在图 10.9 中也未给出。74LS47 可以将输入的 BCD 代码译成共阳极数码管所需的驱动代码，因此将 74LS47 的数据输入端直接和 74LS192 的输出端相连。

(3) 指示灯驱动模块用于驱动每条道路上的红灯和绿灯，使红灯和绿灯与倒计时显示模块相互配合，指示每条导通的通行状态。指示灯驱动电路设计如图 10.10 所示。

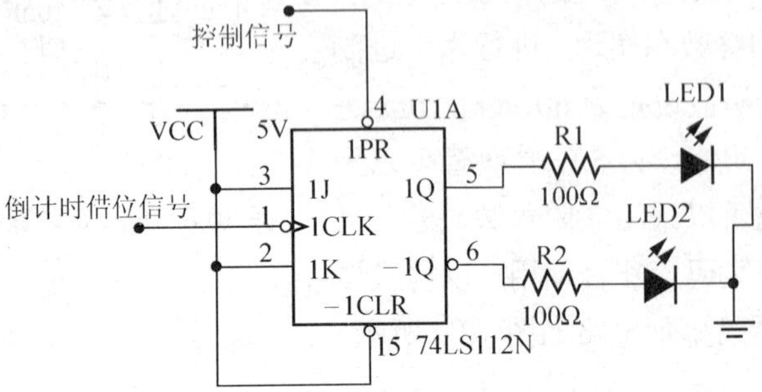

图 10.10 指示灯驱动电路设计

图中 74LS112 是带有清零和置数功能的 *JK* 触发器，74LS112 的预置数端接控制信号，输入端 *J*、*K* 接高电平，时钟输入信号接十位计数器的倒计时借位信号输出端，输出端 *Q* 和 *Q′* 分别经过电阻接一个发光二极管，其中 LED1 为绿灯，LED2 为红灯。当控制信号为低电平时，触发器被置成 *Q*=1、*Q′*=0，LED1 亮，LED2 灭。当控制信号变为高电平后，触发器的状态受时钟信号控制，当倒计时借位信号有效时，触发器输出状态翻转，即变为 *Q*=0、*Q′*=1，LED1 灭，LED2 亮，所以绿灯和红灯能够交替地工作。

(4) 控制模块用于产生各种控制信号，其电路设计如图 10.11 所示。图 10.1 中 J1 为单刀双掷开关，电路通电后，使 J1 接电源，而此时十位计数器的借位输出为高电平，因此异或门 74LS136 的输出为低电平，由于异或门的输出接至两个计数器的预置数输入端，所以此时计数器处于预置数状态。J1 的输出经反相器后接 74LS112 的预置数输入端，当 J1 接高电平时，反相器的输出为低电平，此时 74LS112 的预置数输入端有效，将 *JK* 触发器的输出置成 *Q*=1、*Q′*=0。如果令十位计数器的输入端 A 接 *Q′*，B 接 *Q*，C 接高电平，则此时十位计数器的初值将被置成 0110。

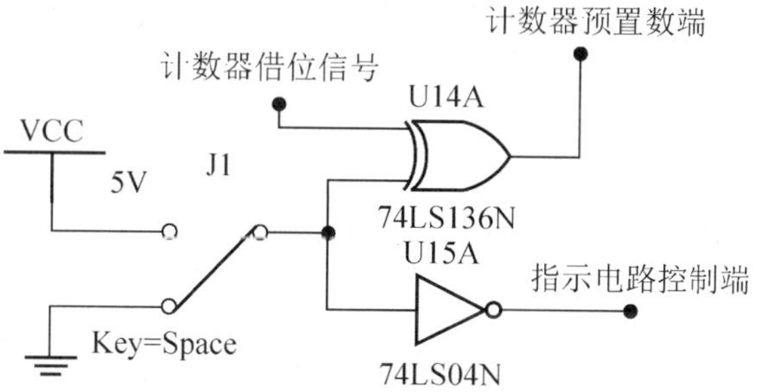

图 10.11　控制电路设计

交通灯控制器的整个电路设计如图 10.12 所示。当 J1 和地接通时，J1 的输出为低电平，此时十位计数器的借位信号为高电平，异或门 74LS136 的输出端为高电平，计数器预置数输入端变为高电平，计数器将工作于计数工作状态，即将进行减法计数，由于之前计数器的初始状态为 60，所以进行 60s 的倒计时。而此时指示电路的控制端将变为高电平，使 *JK* 触发器的预置数端变为高电平，*JK* 触发器的输出受输入脉冲控制。

当 60s 倒计时到 0 时，十位计数器的借位信号有效，即为低电平时，一方面 *JK* 触发器的脉冲输入端变为有效信号，*JK* 触发器的状态发生翻转，使输出 *Q*=0、*Q′*=1，即十位计数器的初值变为 0101。另一方面 74LS136 的输出变为低电平，使计数器的预置数端有效，将计数初值装入计数器，即计数器的初始状态变为 50。与此同时，十位计数器的借位信号变为高电平，74LS136 的输出变为高电平，计数器工作于计数状态，所以进行 50s 的倒计时。

当 50s 倒计时到 0 时，十位计数器的借位信号有效，使 *JK* 触发器的输出变为 *Q*=1、*Q′*=0，即十位计数器的初值变为 0110。同时计数器的预置数信号有效，计数器的初始状态变为 60，即又开始进行 60s 的倒计时。

根据上面的分析可知，当控制开关 J1 接高电平时，电路复位，计数器初值被置成 60；当控制开关 J1 接低电平时，电路进入倒计时状态，先进行 60s 的倒计时，再进行 50s 的倒计时，然后再进行 60s 的倒计时，……，即电路在 60s 倒计时和 50s 倒计时之间不停地变化。

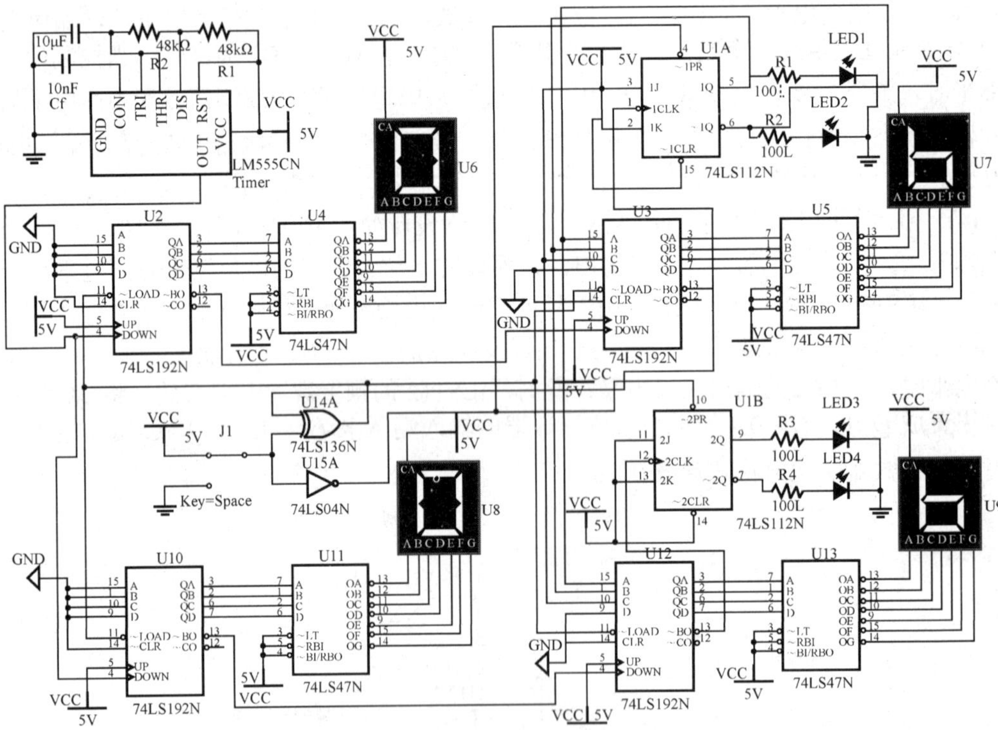

图 10.12　交通灯控制器设计电路图

4. 交通灯控制器的 VHDL 设计

(1) 交通灯控制器实体程序设计。

```
Library IEEE;
Use IEEE.std_logic_1164.all;
Use IEEE.std_logic_unsigned.all;
Use IEEE.std_logic_arith.all;
entity traffic is
   port
      (
       clk,rst: in STD_LOGIC;
       q1_comb:  out  STD_LOGIC_VECTOR(7 downto 0);
       q2_led7l: out  STD_LOGIC_VECTOR(6 downto 0);
       q3_led7h: out  STD_LOGIC_VECTOR(6 downto 0)
      );
end traffic;
```

其中 clk 为控制器时钟脉冲输入信号，为整个电路提供统一的时钟脉冲，并规定时钟信号的周期为 1s。rst 为复位信号，用以控制真个电路的工作状态，当 rst=1 时电路为 q1_comb 为输出变量，用来指示 4 个红灯和 4 个绿灯的工作状态，规定某一位为高电平时，所对应的发光二极管被点亮，即 q1_comb=01011010 表示主干道绿灯亮、红灯灭，次干道绿灯灭、红灯亮，q1_comb=10100101 表示主干道绿灯灭、红灯亮，次干道绿灯亮、红灯灭。q2_led7l 为个位数码管的驱动信号，q3_led7h 为十位数码管的驱动信号，数码管采用共阳极数码管。

(2) 交通灯控制器结构体程序设计。

```
architecture behav of traffic is
type state is (s0,s1) ;
  signal  current_state,next_state:state;
  signal  tml: STD_LOGIC_VECTOR(6 DOWNTO 0);
  signal  tmh: STD_LOGIC_VECTOR(6 DOWNTO 0);
  signal  tm:  STD_LOGIC_VECTOR(6 DOWNTO 0);
  signal  cnt: STD_LOGIC_VECTOR(6 DOWNTO 0);
  signal  q1b: STD_LOGIC_VECTOR(7 DOWNTO 0);
  signal  q2l: STD_LOGIC_VECTOR(6 DOWNTO 0);
  signal  q3h: STD_LOGIC_VECTOR(6 DOWNTO 0);
begin
  Process (clk,rst)
    begin
      if (clk'event and clk='1'and rst='0') then
         if (cnt<"1101111" )then
             cnt<=cnt+1;
         else
             cnt<="0000000";
         end if;
      end if;
  end process;
  pa:process( clk,current_state)
      begin
        if (clk'event and clk='1') THEN
           current_state<=next_state;
        end if;
  end process pa;
  pb:process(current_state, cnt)
      begin
       case current_state is
         when s0=>
             q1b<="01011010";
             tm<=60-cnt;
           if (cnt=60) then
              next_state<=s1;
           else next_state<=s0;
           end if;
         when s1=>
             q1b<="10100101";
             tm<=111-cnt;
           if (cnt=111)  then
             next_state<=s0;
           else next_state<=s1;
```

```
            end if;
        end case;
        q1_comb<=q1b;
    end process pb;
    pc:process(tm)
        begin
         if (tm>=50) then
           tmh<="0000101";
           tml<=tm-50;
         elseif (tm>=40) THEN
           tmh<="0000100";
           tml<=tm-40;
         elseif (tm>=30) THEN
           tmh<="0000011";
           tml<=tm-30;
         elseif (tm>=20) THEN
           tmh<="0000010";
           tml<=tm-20;
         elseif (tm>=10) THEN
           tmh<="0000001";
           tml<=tm-10;
         else
           tmh<="0000000";
           tml<=tm;
         end if;
    end process pc;
    pd:process(tmh,tml)
        begin
         case tmh is
          when"0000000" => q3h<="1000000";
          when"0000001" => q3h<="1111001";
          when"0000010" => q3h<="0100100";
          when"0000011" => q3h<="0110000";
          when"0000100" => q3h<="0011001";
          when"0000101" => q3h<="0010010";
          when"0000110" => q3h<="0000010";
          when others=> null;
         end case;
         case tml is
          when"0000000" => q2l<="1000000";
          when"0000001" => q2l<="1111001";
          when"0000010" => q2l<="0100100";
          when"0000011" => q2l<="0110000";
          when"0000100" => q2l<="0011001";
          when"0000101" => q2l<="0010010";
          when"0000110" => q2l<="0000010";
          when"0000111" => q2l<="1111000";
          when"0001000" => q2l<="0000000";
          when"0001001" => q2l<="0010000";
```

```
         when others => null;
        end case;
        q2_led7l<=q2l;
        q3_led7h<=q3h;
    end process pd;
end behav;
```

在结构体中定义了两个状态 s0 和 s1。s0 表示主干道允许通行，次干道禁止通行；s1 表示主干道禁止通行，次干道允许通行。进程 pa 用来实现 s0 和 s1 之间的相互转换。进程 pb 对工作状态 s0 和 s1 进行判断，如果是状态 s0，则进行 60s 倒计时，如果是状态 s1，则进行 50s 倒计时。进程 pc 用以将倒计时剩余时间的十位和个位分开，并用 tmh 表示十位上的数码，用 tml 表示个位上的数码。进程 pd 将十位和个位上的数码转换成共阳极数码管所需的驱动代码，并将转换后的代码赋值给 q3_led7h 和 q2_led7l。

以上 VHDL 程序的仿真结果如图 10.13、图 10.14、图 10.15 所示。在图 10.13 中，当 rst=1 时，q1_comb=5A，即 q1_comb=01011010，表示主干道允许通行，次干道禁止通行。数码管十位 q3_led7h=02，即 q3_led7h=0000010，个位 q2_led7l=40，即 q2_led7l=1000000，所以 q3_led7h 和 q2_led7l 代表的数值是 60，但此时电路始终保持这个状态不变。当 rst=0 时，电路开始工作，从 60 开始进行倒计时，此时每来一个时钟脉冲，计数值就减 1。例如，当 q3_led7h=12，q2_led7l=10，代表的数值是 59。当再来一个脉冲时，q3_led7h=12，q2_led7l=00，代表的数值是 58。

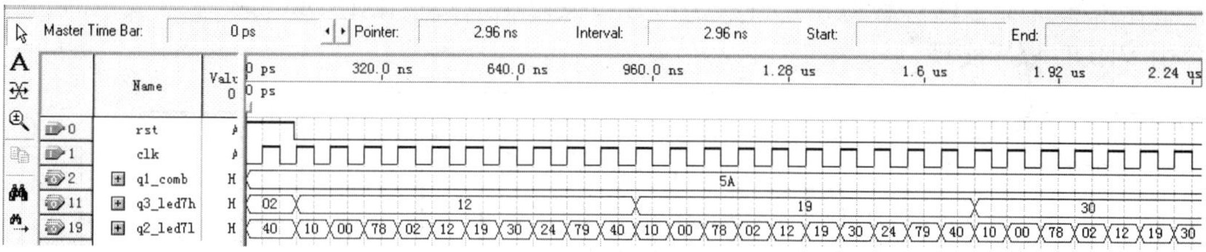

图 10.13　交通灯仿真结果图 1

在图 10.14 中，当计数值为 q3_led7h=40，q2_led7l=40，即计数到 00 时，表示 60s 倒计时结束，再来一个计数脉冲后，计数值变为 q3_led7h=12，q2_led7l=40，即计数值为 50，开始进行 50s 倒计时。同时 q1_comb=A5，即 q1_comb=10100101，表示主干道禁止通行，次干道允许通行。

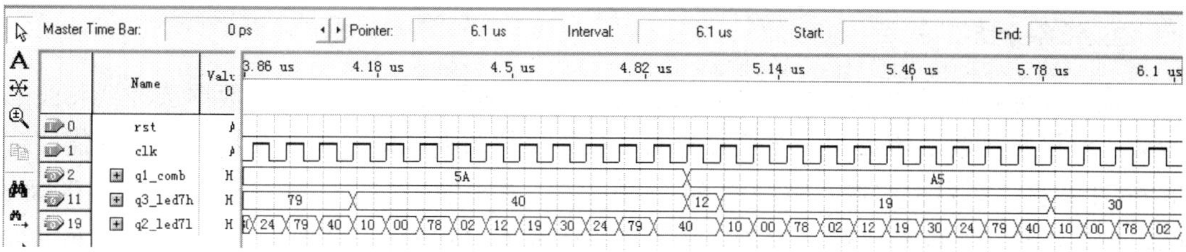

图 10.14　交通灯仿真结果图 2

在图 10.15 中，当计数值为 q3_led7h=40，q2_led7l=40，即计数到 00 时，表示 50s 倒计时结束，再来一个计数脉冲后，计数值变为 q3_led7h=02，q2_led7l=40，即计数值为 60，开始进行 60s 倒计时。同时 q1_comb=5A，即 q1_comb=01011010，表示主干道允许通行，次干道禁止通行。

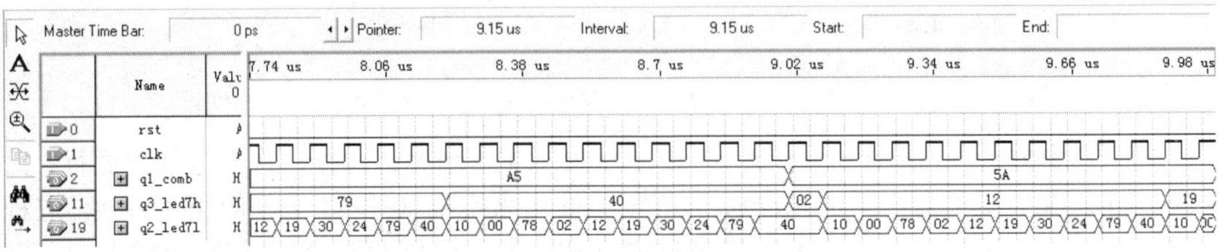

图 10.15 交通灯仿真结果图 3

10.2.3 函数信号发生器设计

1. 设计任务

用 VHDL 程序设计一个能够产生正弦波、三角波、方波和锯齿波的函数发生器，要求输出信号的频率范围为 100Hz～100kHz，频率可以调节。函数发生器的结构框图如图 10.16 所示，先将输入时钟信号和频率控制信号经过分频电路进行分频，以获得合适的频率，产生正弦波、三角波、方波和锯齿波的数据存储在相应的函数中，地址发生器产生地址信号，从波形函数的相应位置读出数据，并根据控制信号从数据选择器中选择某一个波形信号数据输出，最后经过 D/A 转换器，将数字信号转换为模拟信号输出。试将图中虚线框内的内容用 VHDL 程序实现。

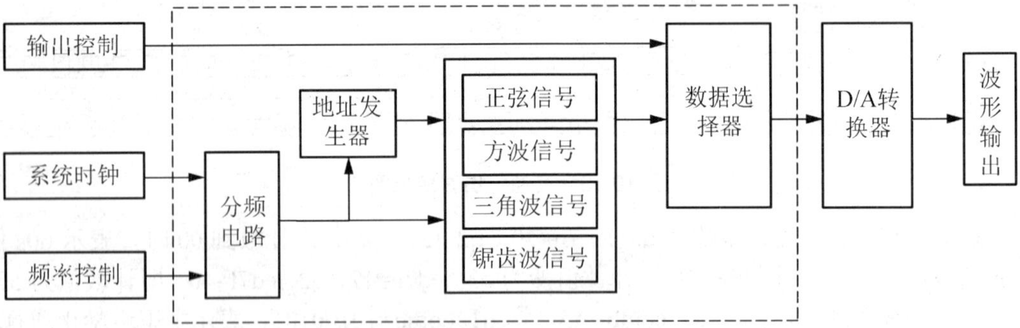

图 10.16 函数信号发生器结构框图

2. 任务分析

根据设计任务可知，需要用 VHDL 程序设计分频器、地址发生器、数据选择器和波形函数。假设每种波形函数的一个周期含有 64 个 8 位数据，即输出一个周期的波形需要读取 64 个数据，相当于对输入脉冲的 64 分频，由于要求输出波形的频率在 100Hz～100kHz 的范围内可调，所以系统输入时钟的频率至少需要 6.4MHz。假设频率控制输入由 16 位代码组成，则分频电路输出可以实现对系统输入时钟的 65535 分频，即最低输出频率为 97.6Hz。再经过波形函数的内部分频，可以使输出波形的频率调节幅度约为 1.5Hz。地址发生器可以用计数器来实现，通过对输入脉冲的计数，以计数器的输出值作为波形函数的地址信号，将相应地址中的波形数据经过数据选择器输出。由于只要求产生正弦波、方波、三角波和锯齿波 4 种波形，所以数据选择器应为 4 选 1 数据选择器。

3. VHDL 程序设计

(1) 参照图 10.16 所示的函数信号发生器结构框图，设计函数发生器的顶层文件及各个模块的连接，其 VHDL 程序如下：

```
Library IEEE;
Use IEEE.std_logic_1164.all;
Use IEEE.std_logic_unsigned.all;
Use IEEE.std_logic_arith.all;
entity signalgt is
  port
    (
      clk0: in  std_logic;
      ffin: in  std_logic_vector(15 DOWNTO 0);
      ssin: in  std_logic_vector(1 DOWNTO 0);
      qout: out std_logic_vector(7 DOWNTO 0)
      );
end signalgt;
architecture behav of signalgt is
component DVF
  port
    ( clk: in std_logic;
      d : in std_logic_vector(15 downto 0);
      fout: out std_logic
     );
end component;
component count6
  port
    ( clk: in std_logic;
      q   : out std_logic_vector(5 downto 0)
     );
end component;
component mux1in4
  port
    ( ss:in std_logic_vector(1 downto 0);
      d0,d1,d2,d3:in std_logic_vector(7 downto 0);
      q:out std_logic_vector(7 downto 0)
     );
end component;
component squ
  port
     ( clk: in  STD_LOGIC;
     DIN: in  STD_LOGIC_VECTOR(5 DOWNTO 0);
     Q  : out STD_LOGIC_VECTOR(7 DOWNTO 0)
     );
end component;
component juchi
  port
```

```
        ( clk: in  STD_LOGIC;
        DIN: in  STD_LOGIC_VECTOR(5 DOWNTO 0);
        Q  : out STD_LOGIC_VECTOR(7 DOWNTO 0)
    );
end component;
component sanjiao
  port
    (
      clk: in  STD_LOGIC;
      DIN: in  STD_LOGIC_VECTOR(5 DOWNTO 0);
      q:   out STD_LOGIC_VECTOR(7 DOWNTO 0)
    );
end component;
component sinyy
 port
    (
    clk: in  STD_LOGIC;
    DIN: in  STD_LOGIC_VECTOR(5 DOWNTO 0);
    Q  : out STD_LOGIC_VECTOR(7 DOWNTO 0)
    );
end component;
     signal clkk : std_logic;
     signal cntout :  std_logic_vector(5 downto 0);
     signal dd0: std_logic_vector(7 downto 0);
     signal dd1: std_logic_vector(7 downto 0);
     signal dd2: std_logic_vector(7 downto 0);
     signal dd3: std_logic_vector(7 downto 0);
  begin
     U1: DVF port map (clk=>clk0,d=>ffin,fout=>clkk);
     U2: count6 port map (clk=>clkk,q=>cntout);
     U3: sinyy port map (clk=>clkk,DIN=>cntout,Q=>dd0);
     U4: sanjiao port map (clk=>clkk,DIN=>cntout,q=>dd1) ;
     U5: squ port map (clk=>clkk,DIN=>cntout,Q=>dd2) ;
     U6: juchi port map (clk=>clkk,DIN=>cntout,q=>dd3) ;
     U7: mux1in4 port map (ss=>ssin,d0=>dd0,d1=>dd1,
                          d2=>dd2,d3=>dd3,q=>qout);
end behav;
```

在顶层文件的 VHDL 程序描述中，architecture 和 begin 之间进行了两项工作，一项是说明结构描述程序中所调用的元件，另一项是定义了连接这些元件的信号。元件说明的顺序是 16 位分频器、6 位二进制计数器、4 选 1 数据选择器、方波函数发生器、锯齿波函数发生器、三角波函数发生器和正弦函数发生器。signal 后面定义了各元件之间的连接信号。在 begin 和 end 之间的结构描述区说明了各模块与定义的信号之间是如何连接的。

(2) 分频电路是对输入的系统时钟进行分频，分频电路输出信号的频率由系统时钟的频率和频率控制共同决定。16 位分频电路的 VHDL 程序如下：

```
Library IEEE;
Use IEEE.std_logic_1164.all;
```

```
Use IEEE.std_logic_unsigned.all;
entity DVF is
  port( clk: in std_logic;
         d : in std_logic_vector(15 downto 0);
        fout: out std_logic
      );
end DVF;
architecture behav of DVF is
   signal full:std_logic;
begin
   DVF1:process(clk)
     variable cnt8:std_logic_vector(15 downto 0);
     begin
       if (clk'event and clk='1') then
         if (cnt8="1111111111111111" )then
           cnt8:=d;
           full<='1';
         else cnt8:=cnt8+1;
           full<='0';
         end if;
       end if;
     end process DVF1;
   DVF2:process(full)
     variable cnt2:std_logic;
     begin
       if (full'event and full='1') then
       cnt2:=not cnt2;
       if (cnt2='1') then
       fout<='1';
       else fout<='0';
     end if;
       end if;
end process DVF2;
end behav;
```

程序中定义的端口 clk 是外部时钟脉冲输入端，d 是输入的频率控制字，fout 是分频以后的输出信号。进程 DVF1 是对输入外部时钟脉冲进行计数，并根据计数值使信号 full 产生一个正脉冲。进程 DVF2 是根据 full 产生的上升沿，使输出 fout 取反，输出是方波信号。

(3) 由于波形函数的一个周期含有 64 个 8 位数据，所以地址发生器的输出只需要 6 位二进制代码，即需要设计一个 6 位二进制计数器，其 VHDL 程序如下：

```
Library IEEE;
Use IEEE.std_logic_1164.all;
Use IEEE.std_logic_unsigned.all;
entity count6 is
   port(
        clk :in std_logic;
        q   :out std_logic_vector(5 downto 0)
      );
```

```
end count6;
architecture behav of count6 is
signal cnt:std_logic_vector(5 downto 0);
begin
  process(clk)
    begin
      if (clk'event and clk='1') then
         cnt<=cnt+1;
      end if;
  end process;
  q<=cnt;
end behav;
```

(4) 4 选 1 数据选择器是在输入控制信号的作用下，将某一个波形函数的数据输出，由于波形数据是 8 位二进制代码，所以数据选择器的输出也应是 8 位二进制代码。4 选 1 数据选择器的 VHDL 程序如下：

```
Library IEEE;
Use IEEE.std_logic_1164.all;
Use IEEE.std_logic_unsigned.all;
USE IEEE.std_logic_arith.all;
entity mux1in4 is
  port
    (
     ss:in std_logic_vector(1 downto 0);
     d0,d1,d2,d3:in std_logic_vector(7 downto 0);
     q:out std_logic_vector(7 downto 0)
    );
end mux1in4;
architecture behav of mux1in4 is
begin
  process(ss,d0,d1,d2,d3)
    begin
      case ss is
        when"00"=> q<=d0;
        when"01"=> q<=d1;
        when"10"=> q<=d2;
        when"11"=> q<=d3;
      end case;
  end process;
end behav;
```

(5) 正弦波函数里面存储的是 64 个 8 位二进制代码，可以根据地址发生器的输出决定哪个地址的数据被输出，64 个数据组成一个周期。其 VHDL 程序如下:

```
Library IEEE;
Use IEEE.std_logic_1164.all;
Use IEEE.std_logic_unsigned.all;
entity sinyy is
  port
```

```
(
    clk: in  STD_LOGIC;
    DIN: in  STD_LOGIC_VECTOR(5 DOWNTO 0);
    Q  : out STD_LOGIC_VECTOR(7 DOWNTO 0)
    );
end sinyy;
architecture behav of sinyy is
begin
  Process (clk)
  variable temp:std_logic_vector(5 DOWNTO 0);
    begin
      if(clk'EVENT and clk='1')then
         temp:=DIN;
      end if;
      case temp is
        when"000000"=>Q<="10000000";when"000001"=>Q<="10001100";
        when"000010"=>Q<="10011000";when"000011"=>Q<="10100101";
        when"000100"=>Q<="10110000";when"000101"=>Q<="10111100";
        when"000110"=>Q<="11000110";when"000111"=>Q<="11010000";
        when"001000"=>Q<="11011010";when"001001"=>Q<="11100010";
        when"001010"=>Q<="11101010";when"001011"=>Q<="11110000";
        when"001100"=>Q<="11110101";when"001101"=>Q<="11111010";
        when"001110"=>Q<="11111101";when"001111"=>Q<="11111110";
        when"010000"=>Q<="11111111";when"010001"=>Q<="11111110";
        when"010010"=>Q<="11111101";when"010011"=>Q<="11111010";
        when"010100"=>Q<="11110101";when"010101"=>Q<="11110000";
        when"010110"=>Q<="11011010";when"010111"=>Q<="11100010";
        when"011000"=>Q<="11011010";when"011001"=>Q<="11010000";
        when"011010"=>Q<="11000110";when"011011"=>Q<="10111100";
        when"011100"=>Q<="10110000";when"011101"=>Q<="10100101";
        when"011110"=>Q<="10011000";when"011111"=>Q<="10001100";
        when"100000"=>Q<="01111111";when"100001"=>Q<="01110011";
        when"100010"=>Q<="01100111";when"100011"=>Q<="01011010";
        when"100100"=>Q<="01001111";when"100101"=>Q<="01000011";
        when"100110"=>Q<="00111001";when"100111"=>Q<="00101111";
        when"101000"=>Q<="00100101";when"101001"=>Q<="00011101";
        when"101010"=>Q<="00010101";when"101011"=>Q<="00001111";
        when"101100"=>Q<="00001010";when"101101"=>Q<="00000101";
        when"101110"=>Q<="00000010";when"101111"=>Q<="00000001";
        when"110000"=>Q<="00000000";when"110001"=>Q<="00000001";
        when"110010"=>Q<="00000010";when"110011"=>Q<="00000101";
        when"110100"=>Q<="00001010";when"110101"=>Q<="00001111";
        when"110110"=>Q<="00010101";when"110111"=>Q<="00011101";
        when"111000"=>Q<="00100101";when"111001"=>Q<="00101111";
        when"111010"=>Q<="00111001";when"111011"=>Q<="01000011";
        when"111100"=>Q<="01001111";when"111101"=>Q<="01011010";
        when"111110"=>Q<="01100111";when"111111"=>Q<="01110011";
        when others=>null;
      end case;
```

```
  end Process;
end behav;
```

(6) 三角波函数里面存储的是 64 个 8 位二进制代码，每 64 个数据组成一个周期。其 VHDL 程序如下:

```
Library IEEE;
Use IEEE.std_logic_1164.all;
Use IEEE.std_logic_unsigned.all;
Use IEEE.std_logic_arith.all;
entity sanjiao is
  port
  (
     clk: in  STD_LOGIC;
     DIN: in  STD_LOGIC_VECTOR(5 DOWNTO 0);
     q:   out STD_LOGIC_VECTOR(7 DOWNTO 0)
     );
end sanjiao;
architecture behav of sanjiao is
begin
  Process (clk)
  variable temp:std_logic_vector(5 DOWNTO 0);
    begin
      if(clk'EVENT and clk='1')then
         temp:=DIN;
      end if;
      case temp is
        when"000000"=>Q<="00000000";when"000001"=>Q<="00001000";
        when"000010"=>Q<="00010000";when"000011"=>Q<="00011000";
        when"000100"=>Q<="00100000";when"000101"=>Q<="00101000";
        when"000110"=>Q<="00110000";when"000111"=>Q<="00111000";
        when"001000"=>Q<="01000000";when"001001"=>Q<="01001000";
        when"001010"=>Q<="01010000";when"001011"=>Q<="01011000";
        when"001100"=>Q<="01100000";when"001101"=>Q<="01101000";
        when"001110"=>Q<="01110000";when"001111"=>Q<="01111000";
        when"010000"=>Q<="10000000";when"010001"=>Q<="10000111";
        when"010010"=>Q<="10001111";when"010011"=>Q<="10010111";
        when"010100"=>Q<="10011111";when"010101"=>Q<="10100111";
        when"010110"=>Q<="10101111";when"010111"=>Q<="10110111";
        when"011000"=>Q<="10111111";when"011001"=>Q<="11000111";
        when"011010"=>Q<="11001111";when"011011"=>Q<="11010111";
        when"011100"=>Q<="11011111";when"011101"=>Q<="11100111";
        when"011110"=>Q<="11101111";when"011111"=>Q<="11110111";
        when"100000"=>Q<="11111111";when"100001"=>Q<="11110111";
        when"100010"=>Q<="11101111";when"100011"=>Q<="11100111";
        when"100100"=>Q<="11011111";when"100101"=>Q<="11010111";
        when"100110"=>Q<="11001111";when"100111"=>Q<="11000111";
        when"101000"=>Q<="10111111";when"101001"=>Q<="10110111";
        when"101010"=>Q<="10101111";when"101011"=>Q<="10100111";
        when"101100"=>Q<="10011111";when"101101"=>Q<="10010111";
```

```
        when"101110"=>Q<="10001111";when"101111"=>Q<="10000111";
        when"110000"=>Q<="10000000";when"110001"=>Q<="01111000";
        when"110010"=>Q<="01110000";when"110011"=>Q<="01101000";
        when"110100"=>Q<="01100000";when"110101"=>Q<="01011000";
        when"110110"=>Q<="01010000";when"110111"=>Q<="01001000";
        when"111000"=>Q<="01000000";when"111001"=>Q<="00111000";
        when"111010"=>Q<="00110000";when"111011"=>Q<="00101000";
        when"111100"=>Q<="00100000";when"111101"=>Q<="00011000";
        when"111110"=>Q<="00010000";when"111111"=>Q<="00001000";
        when others=>null;
      end case;
  end Process;
end behav;
```

(7) 锯齿波函数里面存储的是 64 个 8 位二进制代码，每 64 个数据组成一个周期。其 VHDL 程序如下：

```
Library IEEE;
Use IEEE.std_logic_1164.all;
Use IEEE.std_logic_unsigned.all;
entity juchi is
  port
  (
     clk: in  STD_LOGIC;
     DIN: in  STD_LOGIC_VECTOR(5 DOWNTO 0);
     Q  : out STD_LOGIC_VECTOR(7 DOWNTO 0)
     );
end juchi;
architecture behav of juchi is
begin
  Process (clk)
  variable temp:std_logic_vector(5 DOWNTO 0);
    begin
      if(clk'EVENT and clk='1')then
         temp:=DIN;
      end if;
      case temp is
        when"000000"=>Q<="00000000";when"000001"=>Q<="00000100";
        when"000010"=>Q<="00001000";when"000011"=>Q<="00001100";
        when"000100"=>Q<="00010000";when"000101"=>Q<="00010100";
        when"000110"=>Q<="00011000";when"000111"=>Q<="00011100";
        when"001000"=>Q<="00100000";when"001001"=>Q<="00100100";
        when"001010"=>Q<="00101000";when"001011"=>Q<="00101100";
        when"001100"=>Q<="00110000";when"001101"=>Q<="00110100";
        when"001110"=>Q<="00111000";when"001111"=>Q<="00111100";
        when"010000"=>Q<="01000000";when"010001"=>Q<="01000100";
        when"010010"=>Q<="01001000";when"010011"=>Q<="01001100";
        when"010100"=>Q<="01010000";when"010101"=>Q<="01010100";
        when"010110"=>Q<="01011000";when"010111"=>Q<="01011100";
        when"011000"=>Q<="01100000";when"011001"=>Q<="01100100";
```

```
        when"011010"=>Q<="01101000";when"011011"=>Q<="01101100";
        when"011100"=>Q<="01110000";when"011101"=>Q<="01110100";
        when"011110"=>Q<="01111000";when"011111"=>Q<="01111100";
        when"100000"=>Q<="10000000";when"100001"=>Q<="10000011";
        when"100010"=>Q<="10000111";when"100011"=>Q<="10001011";
        when"100100"=>Q<="10001111";when"100101"=>Q<="10010011";
        when"100110"=>Q<="10010111";when"100111"=>Q<="10011011";
        when"101000"=>Q<="10011111";when"101001"=>Q<="10100011";
        when"101010"=>Q<="10100111";when"101011"=>Q<="10101011";
        when"101100"=>Q<="10101111";when"101101"=>Q<="10110011";
        when"101110"=>Q<="10110111";when"101111"=>Q<="10111011";
        when"110000"=>Q<="10111111";when"110001"=>Q<="11000011";
        when"110010"=>Q<="11000111";when"110011"=>Q<="11001011";
        when"110100"=>Q<="11001111";when"110101"=>Q<="11010011";
        when"110110"=>Q<="11010111";when"110111"=>Q<="11011011";
        when"111000"=>Q<="11011111";when"111001"=>Q<="11100011";
        when"111010"=>Q<="11100111";when"111011"=>Q<="11101011";
        when"111100"=>Q<="11101111";when"111101"=>Q<="11110011";
        when"111110"=>Q<="11110111";when"111111"=>Q<="11111011";
        when others=>null;
      end case;
    end Process;
end behav;
```

(8) 方波函数里面存储的是 64 个 8 位二进制代码，方波的前 32 个数据中存放二进制代码 000000000，后 32 个数据中存放二进制代码 11111111。其 VHDL 程序如下:

```
Library IEEE;
Use IEEE.std_logic_1164.all;
Use IEEE.std_logic_unsigned.all;
entity squ is
  port
  (
     clk: in  STD_LOGIC;
     DIN: in  STD_LOGIC_VECTOR(5 DOWNTO 0);
     Q  : out STD_LOGIC_VECTOR(7 DOWNTO 0)
     );
end squ;
architecture behav of squ is
begin
  Process (clk)
  variable temp:std_logic_vector(5 DOWNTO 0);
    begin
      if(clk'EVENT and clk='1')then
         temp:=DIN;
         if(temp<="011111") then
            Q<="00000000";
         else
            Q<="11111111";
         end if;
```

```
        end if;
    end Process;
end behav;
```

将上述程序进行编译，得到的 RTL 电路如图 10.17 所示。

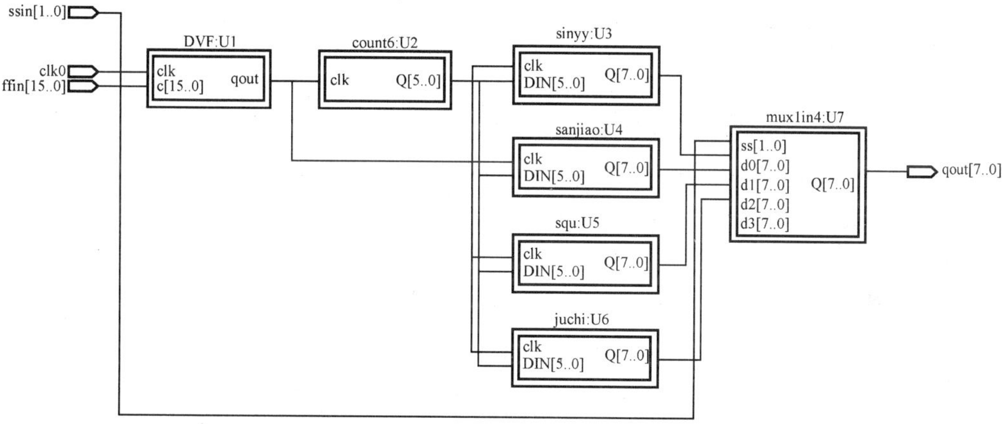

图 10.17　函数发生器的 RTL 电路图

本 章 小 结

本章主要介绍了数字系统设计的基本概念和数字系统设计的基本流程，并通过计数报警器设计、交通灯控制器设计和函数发生器设计介绍了数字系统的设计过程。

数字系统的基本结构主要包括控制电路、数据处理电路、输入/输出电路和时基电路。控制电路和数据处理电路是数字系统的核心，控制电路的任务是协调系统内部各部分工作状态，它根据外部输入信号和数据处理的反馈信号产生相应的控制信号。数据处理电路主要是对数据的存储、传送和处理，它接收控制电路产生的控制信号，并向控制电路发送反馈信号。输入/输出电路主要用于接收外部输入信号和向外部输出信号。时基电路用于为整个系统提供时钟信号。

数字系统和逻辑功能部件的区别在于是否含有控制电路。凡是含有控制电路的数字电路，不管其规模大小，均称为数字系统；凡是没有控制电路的数字电路，不论其规模多大，均称为逻辑功能部件。

数字系统设计的传统方法一般采用的是自底向上的设计思想，先从系统的最底层出发，一级一级逐步向上设计，最终完成对整个系统的设计。这种设计方法由于缺乏对数字系统总体性能的把握，在整个系统设计完成后，如果发现部分性能需要改进，修改起来比较困难，因而设计周期长。

数字系统设计的现代方法一般采用的是自顶向下的设计思想，先从系统的最顶层出发，进行最顶层的系统设计，然后将整个系统分成若干功能模块，再进行功能模块的设计。一个数字系统的设计，从提出任务到完成设计，主要包括任务分析、确定总体方案、系统功能划分、逻辑设计和物理设计等几个步骤。

习　题

一、填空题

1. 数字系统的基本结构一般包括______电路、______电路、______电路和时基电路。
2. 数字系统设计的传统方法一般采用__________设计思想。
3. 数字系统设计的现代方法一般采用__________设计思想。
4. 数字系统和逻辑功能部件的区别在于是否含有__________。
5. 数字系统的核心是________电路和________电路。

二、设计题

1. 设计一个步进电动机的控制电路，使其能够实现对电动机的正转、反转和停止控制，并能控制步进电机的速度。

2. 设计一个循环彩灯控制器。彩灯数量为 8 个，8 彩灯依次循环点亮，点亮时间为 1s。

3. 设计一个可容纳 4 组参赛抢答的数字式抢答器，每组一个抢答按键，抢答器具有第一抢答信号鉴别和锁存功能，并用声光指示第一抢答组别。设置一个抢答开始按键，同时设置抢答定时电路(5s)，且定时起点与抢答命令同步，定时的终点是抢答信号的到来，超时而无人抢答题目作废。

4. 设计一个能测量方波信号频率的频率计，测量结果用 6 位十进制数显示，测量的频率范围是 1～100kHz，用 6 位数码管显示测量频率。

5. 设计一个自动售货机控制系统，用开关电平信号模拟投币过程，每次投一枚硬币，但可以连续投入数枚硬币。控制系统能自动识别硬币金额，最大为 1 元，最小为 5 角，当投入的硬币总金额达到或超过商品的单价时，控制系统发出指示，并提供商品和退出多余的零钱。如果投币总金额未达到商品价格，控制系统发出指示，并将投入的金额全部退还。设定商品的价格为 2.5 元，一次只能购买一个商品。

附　录

附表　常用 74LS 系列集成电路名称与功能表

名　称	功　能
74LS00	2 输入端 4 与非门
74LS01	2 输入端 4 与非门(OC)
74LS02	2 输入端 4 或非门
74LS03	2 输入端 4 与非门(OC)
74LS04	6 反相器
74LS05	6 反相器(OC)
74LS08	2 输入端 4 与门
74LS09	2 输入端 4 与门(OC)
74LS10	3 输入端 3 与非门
74LS103	下降沿触发双主从 *JK* 触发器(带清除端)
74LS106	下降沿触发双主从 *JK* 触发器(带预置端、清除端、时钟端)
74LS107	双主从 *JK* 触发器(带清除端)
74LS108	双主从 *JK* 触发器(带预置端、清除端、时钟端)
74LS109	上升沿触发双 *JK* 触发器(带预置端和清除端)
74LS11	3 输入端 3 与门
74LS111	双主从 *JK* 触发器(带数据锁定)
74LS112	下降沿触发双 *JK* 触发器(带预置端和清除端)
74LS113	下降沿触发双 *JK* 触发器(带预置端)
74LS114	双 *JK* 触发器(带预置端、共清除端和时钟端)
74LS12	3 输入端 3 与非门(OC)
74LS121	单稳态触发器(施密特触发)
74LS122	可再触发单稳态多谐振荡器(带清除端)
74LS123	可再触发双单稳态多谐振荡器
74LS125	4 总线缓冲器(三态输出、高有效)
74LS126	4 总线缓冲器(三态输出、低有效)
74LS13	4 输入端双与非门(施密特触发)
74LS132	2 输入端 4 与非门(施密特触发)

续表

名　称	功　能
74LS136	2 输入端 4 异或门
74LS137	8 选 1 锁存译码器/多路分配器
74LS138	3 线—8 线译码器/多路分配器
74LS139	双 2 线—4 线译码器/多路分配器
74LS14	6 反相器(施密特触发)
74LS145	4 线—10 线译码器/驱动器
74LS147	10 线—4 线优先编码器
74LS148	8 线—3 线优先编码器
74LS15	3 输入端 3 与门(OC)
74LS151	8 选 1 数据选择器
74LS152	8 选 1 数据选择器/多路开关
74LS153	双 4 选 1 数据选择器/多路选择器
74LS154	4 线—16 线译码器
74LS155	双 2 线—4 线译码器/分配器
74LS156	双 2 线—4 线译码器/分配器(OC)
74LS157	4 个 2 选 1 数据选择器/多路选择器
74LS158	4 个 2 选 1 数据选择器(反相输出)
74LS160	同步十进制(BCD)加法计数器(同步预置数、异步清零)
74LS161	同步十六进制(4 位二进制)加法计数器(同步预置数、异步清零)
74LS162	同步十进制(BCD)加法计数器(同步预置数、同步清零)
74LS163	同步十六进制(4 位二进制)加法计数器(同步预置数、同步清零)
74LS164	8 位串行输入/并行输出移位寄存器
74LS165	8 位并行输入/串行输出移位寄存器
74LS166	8 位移位寄存器
74LS169	同步十六进制(4 位二进制)加/减(可逆)计数器
74LS171	4*D* 触发器(带清除端)
74LS173	4 位 *D* 型寄存器(带清除端)
74LS174	6*D* 触发器
74LS175	4*D* 触发器
74LS190	同步十进制(BCD)加/减(可逆)计数器(异步预置数)
74LS191	同步十六进制(4 位二进制)加/减(可逆)计数器(异步预置数)
74LS192	同步十进制(BCD)加/减(可逆)计数器(异步预置数、异步清零)
74LS193	同步十六进制(4 位二进制)加/减(可逆)计数器(异步预置数、异步清零)
74LS194	4 位双向移位寄存器
74LS20	4 输入端 2 与非门

续表

名 称	功 能
74LS21	4 输入端 2 与门
74LS22	4 输入端 2 与非门(OC)
74LS24	2 输入端 4 与非门(施密特触发)
74LS240	8 反相三态缓冲器/线驱动器
74LS241	8 同相三态缓冲器/线驱动器
74LS242	8 三态缓冲器/线驱动器
74LS243	4 同相三态总线收发器
74LS244	8 同相缓冲器/线驱动器
74LS245	8 同相三态总线收发器
74LS246	BCD-7 段译码/驱动器(30V)
74LS247	BCD-7 段译码/驱动器(15V)
74LS248	BCD-7 段译码/驱动器
74LS25	4 输入端 2 或非门(带选通端)
74LS253	双 4 选 1 数据选择器(三态输出)
74LS257	4 个 2 选 1 数据选择器(三态输出)
74LS258	4 个 2 选 1 数据选择器(反码三态输出)
74LS26	2 输入端高电平接口 4 与非门缓冲器
74LS260	双 5 输入端或非门
74LS266	2 输入端 4 异或非门(OC)
74LS27	3 输入端 3 或非门
74LS273	8*D* 触发器
74LS28	2 输入端 4 或非门缓冲器
74LS283	4 位二进制全加器
74LS290	二—五—十进制加法计数器
74LS293	4 位二进制加法计数器
74LS298	4 个 2 输入端多路转换器(带选通端)
74LS30	8 输入端与非门
74LS32	2 输入端 4 或门
74LS33	2 输入端 4 或非缓冲器(OC)
74LS348	8 线—3 线优先编码器(三态输出)
74LS352	双 4 选 1 数据选择器/多路转换器
74LS353	双 4 选 1 数据选择器(三态输出)
74LS37	2 输入端 4 与非缓冲器
74LS373	8*D* 锁存器
74LS374	8*D* 触发器(三态同相)

续表

名　　称	功　　能
74LS375	4 位双稳态锁存器
74LS377	8*D* 触发器(带使能端)
74LS378	6*D* 触发器
74LS390	双十进制计数器
74LS395	4 位移位寄存器
74LS399	4 个 2 输入端多路分配器(带选通端)
74LS40	4 输入端 2 与非缓冲器
74LS42	4 线—10 线译码器
74LS445	BCD—十进制译码器/驱动器
74LS47	BCD—七段译码/驱动器
74LS48	BCD—七段译码/驱动器(上拉电阻)
74LS49	BCD—七段译码/驱动器(OC)
74LS54	4 路 2—2—2—2 输入与或非门
74LS55	2 路 4—4 输入与或非门
74LS70	与门输入上升沿 *JK* 触发器
74LS71	与门输入主从 *RS* 触发器
74LS73	双 *JK* 触发器(带清除端)
74LS74	上升沿触发双 *D* 触发器(带预置端和清除端)
74LS75	4 位双稳锁存器
74LS76	双 *JK* 触发器(带预置端和清除端)
74LS77	4 位双稳锁存器
74LS78	双 *JK* 触发器(带预置端、公共清除端、公共时钟端)
74LS83	4 位二进制全加器
74LS85	4 位数值比较器
74LS86	2 输入端 4 异或门
74LS90	十进制计数器
74LS91	8 位移位寄存器
74LS92	12 分频计数器
74LS93	4 位二进制计数器

参考文献

[1] 康华光．电子技术基础(数字部分)[M]．4 版．北京：高等教育出版社，2000.

[2] 刘宝琴．数字电路与系统[M]．北京：清华大学出版社，2002.

[3] 王毓银．数字电路逻辑设计[M]．北京：高等教育出版社，2001.

[4] 梁龙学．数字电子技术[M]．北京：人民邮电出版社，2010.

[5] 石建平．数字电子技术[M]．北京：国防工业出版社，2011.

[6] 王秀敏．数字电子技术[M]．北京：机械工业出版社，2010.

[7] 阎石．数字电子技术基础[M]．4 版．北京：高等教育出版社，1998.

[8] 褚振勇，翁木云．FPGA 设计及应用[M]．西安：西安电子科技大学出版社，2002.

[9] 潘松，黄继业．EDA 技术实用教程[M]．3 版．北京：科学出版社，2006.

[10] 潘松，王国栋．VHDL 实用教程[M]．西安：西安电子科技大学出版社，2001.

[11] 蔡惟铮．集成电子技术[M]．北京：高等教育出版社，2004.

[12] 张新喜，许军，王新忠，等．Multisim 10 电路仿真及应用[M]．北京：机械工业出版社，2010.

[13] 余孟尝．数字电子技术基础简明教程[M]．2 版．北京：高等教育出版社，2001.

[14] 邓庆元．数字电子与逻辑设计[M]．北京：电子工业出版社，2001.

[15] 江晓安．数字电子技术[M]．西安：西安电子科技大学出版社，1996.

[16] 徐爱钧．智能化测量控制仪表原理与设计[M]．2 版．北京：北京航空航天大学出版社，2004.

[17] 朱明程，董尔令．可编程逻辑器件原理及应用[M]．西安：西安电子科技大学出版社，2004.

[18] 孙延鹏，张芝贤，尹常永．VHDL 与可编程逻辑器件应用[M]．北京：航空工业出版社，2006.

[19] [英]Ken Martin．Digital Integrated Circuit Design[M]．Oxford University Press，2001.

[20] [美]John F.Wakerly．数字设计原理与实践[M]．4 版．林生，葛红，金京林，译．北京：机械工业出版社，2007.

北京大学出版社本科电气信息系列实用规划教材

序号	书名	书号	编著者	定价	出版年份	教辅及获奖情况
物联网工程						
1	物联网概论	7-301-23473-0	王 平	38	2014	电子课件/答案，有“多媒体移动交互式教材”
2	物联网概论	7-301-21439-8	王金甫	42	2012	电子课件/答案
3	现代通信网络(第2版)	7-301-27831-4	赵瑞玉 胡珺珺	45	2017	电子课件/答案
4	物联网安全	7-301-24153-0	王金甫	43	2014	电子课件/答案
5	通信网络基础	7-301-23983-4	王昊	32	2014	
6	无线通信原理	7-301-23705-2	许晓丽	42	2014	电子课件/答案
7	家居物联网技术开发与实践	7-301-22385-7	付 蔚	39	2013	电子课件/答案
8	物联网技术案例教程	7-301-22436-6	崔逊学	40	2013	电子课件
9	传感器技术及应用电路项目化教程	7-301-22110-5	钱裕禄	30	2013	电子课件/视频素材，宁波市教学成果奖
10	网络工程与管理	7-301-20763-5	谢 慧	39	2012	电子课件/答案
11	电磁场与电磁波(第2版)	7-301-20508-2	邬春明	32	2012	电子课件/答案
12	现代交换技术(第2版)	7-301-18889-7	姚 军	36	2013	电子课件/习题答案
13	传感器基础(第2版)	7-301-19174-3	赵玉刚	32	2013	视频
14	物联网基础与应用	7-301-16598-0	李蔚田	44	2012	电子课件
15	通信技术实用教程	7-301-25386-1	谢 慧	36	2015	电子课件/习题答案
16	物联网工程应用与实践	7 301 19853 7	于继明	39	2015	电子课件
17	传感与检测技术及应用	7-301-27543-6	沈亚强 蒋敏兰	43	2016	电子课件/数字资源
单片机与嵌入式						
1	嵌入式系统开发基础-----基于八位单片机的C语言程序设计	7-301-17468-5	侯殿有	49	2012	电子课件/答案/素材
2	嵌入式系统基础实践教程	7-301-22447-2	韩 磊	35	2013	电子课件
3	单片机原理与接口技术	7-301-19175-0	李 升	46	2011	电子课件/习题答案
4	单片机系统设计与实例开发(MSP430)	7-301-21672-9	顾 涛	44	2013	电子课件/答案
5	单片机原理与应用技术(第2版)	7-301-27392-0	魏立峰 王宝兴	42	2016	电子课件/数字资源
6	单片机原理及应用教程(第2版)	7-301-22437-3	范立南	43	2013	电子课件/习题答案，辽宁“十二五”教材
7	单片机原理与应用及C51程序设计	7-301-13676-8	唐 颖	30	2011	电子课件
8	单片机原理与应用及其实验指导书	7-301-21058-1	邵发森	44	2012	电子课件/答案/素材
9	MCS-51单片机原理及应用	7-301-22882-1	黄翠翠	34	2013	电子课件/程序代码
物理、能源、微电子						
1	物理光学理论与应用(第2版)	7-301-26024-1	宋贵才	46	2015	电子课件/习题答案，“十二五”普通高等教育本科国家级规划教材
2	现代光学	7-301-23639-0	宋贵才	36	2014	电子课件/答案
3	平板显示技术基础	7-301-22111-2	王丽娟	52	2013	电子课件/答案
4	集成电路版图设计	7-301-21235-6	陆学斌	32	2012	电子课件/习题答案
5	新能源与分布式发电技术(第2版)	7-301-27495-8	朱永强	45	2016	电子课件/习题答案，北京市精品教材，北京市“十二五”教材
6	太阳能电池原理与应用	7-301-18672-5	靳瑞敏	25	2011	电子课件
7	新能源照明技术	7-301-23123-4	李姿景	33	2013	电子课件/答案

序号	书名	书号	编著者	定价	出版年份	教辅及获奖情况
			基　础　课			
1	电工与电子技术(上册) (第 2 版)	7-301-19183-5	吴舒辞	30	2011	电子课件/习题答案，湖南省“十二五”教材
2	电工与电子技术(下册) (第 2 版)	7-301-19229-0	徐卓农　李士军	32	2011	电子课件/习题答案，湖南省“十二五”教材
3	电路分析	7-301-12179-5	王艳红　蒋学华	38	2010	电子课件，山东省第二届优秀教材奖
4	运筹学(第 2 版)	7-301-18860-6	吴亚丽　张俊敏	28	2011	电子课件/习题答案
5	电路与模拟电子技术	7-301-04595-4	张绪光　刘在娥	35	2009	电子课件/习题答案
6	微机原理及接口技术	7-301-16931-5	肖洪兵	32	2010	电子课件/习题答案
7	数字电子技术	7-301-16932-2	刘金华	30	2010	电子课件/习题答案
8	微机原理及接口技术实验指导书	7-301-17614-6	李干林　李　升	22	2010	课件(实验报告)
9	模拟电子技术	7-301-17700-6	张绪光　刘在娥	36	2010	电子课件/习题答案
10	电工技术	7-301-18493-6	张　莉　张绪光	26	2011	电子课件/习题答案，山东省“十二五”教材
11	电路分析基础	7-301-20505-1	吴舒辞	38	2012	电子课件/习题答案
12	数字电子技术	7-301-21304-9	秦长海　张天鹏	49	2013	电子课件/答案，河南省“十二五”教材
13	模拟电子与数字逻辑	7-301-21450-3	邬春明	39	2012	电子课件
14	电路与模拟电子技术实验指导书	7-301-20351-4	唐　颖	26	2012	部分课件
15	电子电路基础实验与课程设计	7-301-22474-8	武　林	36	2013	部分课件
16	电文化——电气信息学科概论	7-301-22484-7	高　心	30	2013	
17	实用数字电子技术	7-301-22598-1	钱裕禄	30	2013	电子课件/答案/其他素材
18	模拟电子技术学习指导及习题精选	7-301-23124-1	姚娅川	30	2013	电子课件
19	电工电子基础实验及综合设计指导	7-301-23221-7	盛桂珍	32	2013	
20	电子技术实验教程	7-301-23736-6	司朝良	33	2014	
21	电工技术	7-301-24181-3	赵莹	46	2014	电子课件/习题答案
22	电子技术实验教程	7-301-24449-4	马秋明	26	2014	
23	微控制器原理及应用	7-301-24812-6	丁筱玲	42	2014	
24	模拟电子技术基础学习指导与习题分析	7-301-25507-0	李大军　唐　颖	32	2015	电子课件/习题答案
25	电工学实验教程(第 2 版)	7-301-25343-4	王士军　张绪光	27	2015	
26	微机原理及接口技术	7-301-26063-0	李干林	42	2015	电子课件/习题答案
27	简明电路分析	7-301-26062-3	姜　涛	48	2015	电子课件/习题答案
28	微机原理及接口技术(第 2 版)	7-301-26512-3	越志诚　段中兴	49	2016	二维码数字资源
29	电子技术综合应用	7-301-27900-7	沈亚强　林祝亮	37	2017	二维码数字资源
30	电子技术专业教学法	7-301-28329-5	沈亚强　朱伟玲	36	2017	二维码数字资源
			电子、通信			
1	DSP 技术及应用	7-301-10759-1	吴冬梅　张玉杰	26	2011	电子课件，中国大学出版社图书奖首届优秀教材奖一等奖
2	电子工艺实习	7-301-10699-0	周春阳	19	2010	电子课件
3	电子工艺学教程	7-301-10744-7	张立毅　王华奎	32	2010	电子课件，中国大学出版社图书奖首届优秀教材奖一等奖
4	信号与系统	7-301-10761-4	华　容　隋晓红	33	2011	电子课件
5	信息与通信工程专业英语(第 2 版)	7-301-19318-1	韩定定　李明明	32	2012	电子课件/参考译文，中国电子教育学会 2012 年全国电子信息类优秀教材
6	高频电子线路(第 2 版)	7-301-16520-1	宋树祥　周冬梅	35	2009	电子课件/习题答案
7	MATLAB 基础及其应用教程	7-301-11442-1	周开利　邓春晖	24	2011	电子课件
8	通信原理	7-301-12178-8	隋晓红　钟晓玲	32	2007	电子课件

序号	书名	书号	编著者	定价	出版年份	教辅及获奖情况
9	数字图像处理	7-301-12176-4	曹茂永	23	2007	电子课件，“十二五”普通高等教育本科国家级规划教材
10	移动通信	7-301-11502-2	郭俊强　李　成	22	2010	电子课件
11	生物医学数据分析及其 MATLAB 实现	7-301-14472-5	尚志刚　张建华	25	2009	电子课件/习题答案/素材
12	信号处理 MATLAB 实验教程	7-301-15168-6	李　杰　张　猛	20	2009	实验素材
13	通信网的信令系统	7-301-15786-2	张云麟	24	2009	电子课件
14	数字信号处理	7-301-16076-3	王震宇　张培珍	32	2010	电子课件/答案/素材
15	光纤通信	7-301-12379-9	卢志茂　冯进玫	28	2010	电子课件/习题答案
16	离散信息论基础	7-301-17382-4	范九伦　谢　勰	25	2010	电子课件/习题答案
17	光纤通信	7-301-17683-2	李丽君　徐文云	26	2010	电子课件/习题答案
18	数字信号处理	7-301-17986-4	王玉德	32	2010	电子课件/答案/素材
19	电子线路 CAD	7-301-18285-7	周荣富　曾　技	41	2011	电子课件
20	MATLAB 基础及应用	7-301-16739-7	李国朝	39	2011	电子课件/答案/素材
21	信息论与编码	7-301-18352-6	隋晓红　王艳营	24	2011	电子课件/习题答案
22	现代电子系统设计教程	7-301-18496-7	宋晓梅	36	2011	电子课件/习题答案
23	移动通信	7-301-19320-4	刘维超　时　颖	39	2011	电子课件/习题答案
24	电子信息类专业 MATLAB 实验教程	7-301-19452-2	李明明	42	2011	电子课件/习题答案
25	信号与系统	7-301-20340-8	李云红	29	2012	电子课件
26	数字图像处理	7-301-20339-2	李云红	36	2012	电子课件
27	编码调制技术	7-301-20506-8	黄　平	26	2012	电子课件
28	Mathcad 在信号与系统中的应用	7-301-20918-9	郭仁春	30	2012	
29	MATLAB 基础与应用教程	7-301-21247-9	王月明	32	2013	电子课件/答案
30	电子信息与通信工程专业英语	7-301-21688-0	孙桂芝	36	2012	电子课件
31	微波技术基础及其应用	7-301-21849-5	李泽民	49	2013	电子课件/习题答案/补充材料等
32	图像处理算法及应用	7-301-21607-1	李文书	48	2012	电子课件
33	网络系统分析与设计	7-301-20644-7	严承华	39	2012	电子课件
34	DSP 技术及应用	7-301-22109-9	董　胜	39	2013	电子课件/答案
35	通信原理实验与课程设计	7-301-22528-8	邬春明	34	2015	电子课件
36	信号与系统	7-301-22582-0	许丽佳	38	2013	电子课件/答案
37	信号与线性系统	7-301-22776-3	朱明早	33	2013	电子课件/答案
38	信号分析与处理	7-301-22919-4	李会容	39	2013	电子课件/答案
39	MATLAB 基础及实验教程	7-301-23022-0	杨成慧	36	2013	电子课件/答案
40	DSP 技术与应用基础(第 2 版)	7-301-24777-8	俞一彪	45	2015	实验素材/答案
41	EDA 技术及数字系统的应用	7-301-23877-6	包　明	55	2015	
42	算法设计、分析与应用教程	7-301-24352-7	李文书	49	2014	
43	Android 开发工程师案例教程	7-301-24469-2	倪红军	48	2014	
44	ERP 原理及应用	7-301-23735-9	朱宝慧	43	2014	电子课件/答案
45	综合电子系统设计与实践	7-301-25509-4	武　林　陈　希	32	2015	
46	高频电子技术	7-301-25508-7	赵玉刚	29	2015	电子课件
47	信息与通信专业英语	7-301-25506-3	刘小佳	29	2015	电子课件
48	信号与系统	7-301-25984-9	张建奇	45	2015	电子课件
49	数字图像处理及应用	7-301-26112-5	张培珍	36	2015	电子课件/习题答案
50	Photoshop CC 案例教程(第 3 版)	7-301-27421-7	李建芳	49	2016	电子课件/素材
51	激光技术与光纤通信实验	7-301-26609-0	周建华　兰　岚	28	2015	数字资源
52	Java 高级开发技术大学教程	7-301-27353-1	陈沛强	48	2016	电子课件/数字资源
53	VHDL 数字系统设计与应用	7-301-27267-1	黄　卉　李　冰	42	2016	数字资源

序号	书名	书号	编著者	定价	出版年份	教辅及获奖情况
自动化、电气						
1	自动控制原理	7-301-22386-4	佟 威	30	2013	电子课件/答案
2	自动控制原理	7-301-22936-1	邢春芳	39	2013	
3	自动控制原理	7-301-22448-9	谭功全	44	2013	
4	自动控制原理	7-301-22112-9	许丽佳	30	2015	
5	自动控制原理	7-301-16933-9	丁 红 李学军	32	2010	电子课件/答案/素材
6	现代控制理论基础	7-301-10512-2	侯媛彬等	20	2010	电子课件/素材，国家级“十一五”规划教材
7	计算机控制系统(第 2 版)	7-301-23271-2	徐文尚	48	2013	电子课件/答案
8	电力系统继电保护(第 2 版)	7-301-21366-7	马永翔	42	2013	电子课件/习题答案
9	电气控制技术(第 2 版)	7-301-24933-8	韩顺杰 吕树清	28	2014	电子课件
10	自动化专业英语(第 2 版)	7-301-25091-4	李国厚 王春阳	46	2014	电子课件/参考译文
11	电力电子技术及应用	7-301-13577-8	张润和	38	2008	电子课件
12	高电压技术(第 2 版)	7-301-27206-0	马永翔	43	2016	电子课件/习题答案
13	电力系统分析	7-301-14460-2	曹 娜	35	2009	
14	综合布线系统基础教程	7-301-14994-2	吴达金	24	2009	电子课件
15	PLC 原理及应用	7-301-17797-6	缪志农 郭新年	26	2010	电子课件
16	集散控制系统	7-301-18131-7	周荣富 陶文英	36	2011	电子课件/习题答案
17	控制电机与特种电机及其控制系统	7-301-18260-4	孙冠群 于少娟	42	2011	电子课件/习题答案
18	电气信息类专业英语	7-301-19447-8	缪志农	40	2011	电子课件/习题答案
19	综合布线系统管理教程	7-301-16598-0	吴达金	39	2012	电子课件
20	供配电技术	7-301-16367-2	王玉华	49	2012	电子课件/习题答案
21	PLC 技术与应用(西门子版)	7-301-22529-5	丁金婷	32	2013	电子课件
22	电机、拖动与控制	7-301-22872-2	万芳瑛	34	2013	电子课件/答案
23	电气信息工程专业英语	7-301-22920-0	余兴波	26	2013	电子课件/译文
24	集散控制系统(第 2 版)	7-301-23081-7	刘翠玲	36	2013	电子课件，2014 年中国电子教育学会“全国电子信息类优秀教材”一等奖
25	工控组态软件及应用	7-301-23754-0	何坚强	49	2014	电子课件/答案
26	发电厂变电所电气部分(第 2 版)	7-301-23674-1	马永翔	48	2014	电子课件/答案
27	自动控制原理实验教程	7-301-25471-4	丁 红 贾玉瑛	29	2015	
28	自动控制原理(第 2 版)	7-301-25510-0	袁德成	35	2015	电子课件/辽宁省“十二五”教材
29	电机与电力电子技术	7-301-25736-4	孙冠群	45	2015	电子课件/答案
30	虚拟仪器技术及其应用	7-301-27133-9	廖远江	45	2016	

如您需要更多教学资源如电子课件、电子样章、习题答案等，请登录北京大学出版社第六事业部官网 www.pup6.cn 搜索下载。

如您需要浏览更多专业教材，请扫下面的二维码，关注北京大学出版社第六事业部官方微信(微信号：pup6book)，随时查询专业教材、浏览教材目录、内容简介等信息，并可在线申请纸质样书用于教学。

感谢您使用我们的教材，欢迎您随时与我们联系，我们将及时做好全方位的服务。联系方式：010-62750667，szheng_pup6@163.com，pup_6@163.com，lihu80@163.com，欢迎来电来信。客户服务 QQ 号：1292552107，欢迎随时咨询。